中华民族体质表型调查报告

金 力 席焕久 郑连斌 主编

科学出版社

北 京

内 容 简 介

本书为科技基础性工作专项"中国各民族体质人类学表型特征调查"的成果之一。全书根据 2010 年第六次全国人口普查统计数据，按照人口从多到少进行民族排序，共分为六章。每个民族列为一节，内容包括民族简介和民族的表型数据两部分。民族简介部分大多包括人口、分布、语言、测量地点的地理位置和气候特点、样本量、样本量的年龄分布等内容；一般代表人群的民族表型数据包括头面部测量指标、体部测量指标、头面部观察指标、生理指标等内容，并采用表格的方式给出了中国各个民族体质表型数据初步统计的结果。

本书可供人类学、遗传学、法医学、人体工效学等研究者参考。

图书在版编目（CIP）数据

中华民族体质表型调查报告 / 金力，席焕久，郑连斌主编. —北京：科学出版社，2024.1
　ISBN 978-7-03-077368-5

　Ⅰ. ①中…　Ⅱ. ①金…　②席…　③郑…　Ⅲ. ①中华民族-体质人类学-调查报告　Ⅳ. ①Q983

中国国家版本馆 CIP 数据核字（2024）第 001924 号

责任编辑：沈红芬 / 责任校对：张小霞
责任印制：吴兆东 / 封面设计：黄华斌

科 学 出 版 社 出版
北京东黄城根北街 16 号
邮政编码：100717
http://www.sciencep.com
北京厚诚则铭印刷科技有限公司印刷
科学出版社发行　各地新华书店经销
*

2024 年 1 月第 一 版　开本：787×1092　1/16
2024 年 11 月第二次印刷　印张：24 3/4
字数：580 000
定价：188.00 元
（如有印装质量问题，我社负责调换）

《中华民族体质表型调查报告》
编写人员

主　编　金　力　席焕久　郑连斌

编　者　（按姓氏汉语拼音排序）

白静雅　陈　影　陈旺盛　窦春江

范　宁　海向军　何玉秀　胡　荣

姜　东　李　强　李　欣　李　岩

李立安　李文慧　李咏兰　梁　玉

马　斌　马　威　马力扬　莫晓丹

欧阳思维　曲泉颖　隋　杰

谭婧泽　魏　栋　温有锋　徐　飞

徐　林　徐国昌　杨秀琳　于　婷

宇克莉　张海国　张唯一　张文虔

张咸鹏　张兴华　郑连斌

前　言

本书为科技基础性工作专项"中国各民族体质人类学表型特征调查"（项目编号：2015FY111700）的成果之一。体质测量方法参照 2010 年席焕久、陈昭编著的《人体测量方法》（第 2 版），具体研究方法和指标类型可参见本项目的成果《中华民族体质表型调查方法》。项目实施过程中需要开展大量的野外工作，经过 4 年辛苦的采样工作，项目组完成了中国各民族体质人类学表型的采集工作，随后进入数据录入工作和统计工作。

为了提供一份可信、经得住历史检验的中国当代民族体质人类学表型数据，项目组制定了项目执行全过程的质量监控方案，并要求各课题组严格执行方案。各个民族的采样选择该民族最具有代表性的地点，根据一些民族人口较多或多地区分布的特点，适当增加了采样点。各课题组使用国际学术界人体测量标准仪器（人体测高仪、直脚规、弯脚规、卷尺、体重秤、皮褶厚度计等），按照国际人类学界制定的测量人体指标的规定进行测量。各个课题组成员都有多年的人体测量经历，有丰富的现场工作经验。

本书根据 2010 年第六次全国人口普查统计数据，按照人口从多到少进行民族排序。全书共分为六章，第一章为五百万以上人口民族的体质表型调查报告，共包括十个民族，依次是汉族、壮族、回族、满族、维吾尔族、苗族、彝族、土家族、藏族、蒙古族。第二章为一百万到五百万人口民族的体质表型调查报告，共包括八个民族，依次是侗族、布依族、瑶族、白族、哈尼族、黎族、哈萨克族、傣族。第三章为三十万至一百万人口民族的体质表型调查报告，共包括九个民族，依次是畲族、傈僳族、东乡族、仡佬族、拉祜族、佤族、水族、纳西族、羌族。第四章为十万至三十万人口民族的体质表型调查报告，共包括九个民族，依次是土族、仫佬族、锡伯族、柯尔克孜族、景颇族、达斡尔族、撒拉族、布朗族、毛南族。第五章为二万至十万人口民族的体质表型调查报告，共包括九个民族，依次是塔吉克族、普米族、阿昌族、怒族、鄂温克族、京族、基诺族、德昂族、保安族。第六章为二万以下人口民族的体质表型调查报告，共包括九个民族，依次是俄罗斯族、裕固族、乌孜别克族、门巴族、鄂伦春族、独龙族、赫哲族、珞巴族、塔塔尔族。

每个民族列为一节，内容包括民族简介和民族的表型数据两部分。民族简介部分包括人口、分布、语言、测量地点的地理位置和气候特点、样本量、样本量的年龄分布等内容。在进行人体表型数据统计之前，对各个民族样本的原始数据再次逐个进行了核准。考虑到中国人口老龄化现状及老年人的体质变化更应该受到重视，适当放宽被测量者的年龄上限。被测量者年龄为 18～85 岁。样本按照年龄分为 18～、30～、40～、50～、60～、70～85 岁分别进行统计，并且计算合计数据的均数（$\bar{x}$）和标准差（s）。

一般代表人群的民族表型数据包括头面部测量指标、体部测量指标、头面部观察指标、生理指标。本书采用表格的方式给出了中国各个民族体质表型数据初步统计的结果。

实际测量的体质指标和计算得到的派生指数很多，但由于书稿篇幅所限而无法全部列出，因此只能选择体质人类学中最重要的指标和指数展现给读者，其中头面部测量指标 18 项、体部测量指标 14 项、观察指标 13 项、生理指标 3 项，根据指标计算出的派生指数 16 项。

一些人口较多的民族还增加了其他调查指标。汉族、南宁壮族还增加了人体关节活动度指标 12 项、生化指标 13 项，还有多项肤纹指标。回族、苗族还增加了人体关节活动度指标 12 项，还有多项肤纹指标。河池壮族、蒙古族增加了人体关节活动度指标 12 项。

本书总样本量 42 145 例，其中男性 18 040 例，女性 24 105 例。应该说明的是，有些民族因为人口较多，分布地域较广，因此采样地点不止一处。例如，汉族采样点为中原地区、华东地区、华南地区，土家族采样点为湖北、湖南、贵州三个省，彝族采样点为四川、云南、贵州三个省，侗族采样点为贵州、湖南两个省，瑶族采样点为广西的桂林、来宾两个市，壮族采样点为广西壮族自治区南宁、百色、河池三个市，藏族采样点为西藏自治区的林芝市和云南省的迪庆藏族自治州，锡伯族采样点为辽宁省和新疆维吾尔自治区，达斡尔族采样点为内蒙古自治区和新疆维吾尔自治区，柯尔克孜族采样点为南疆克孜勒苏柯尔克孜自治州和北疆塔城地区。怒江州贡山县怒族和福贡县怒族是两个不同的支系，研究组对这两个支系均进行了采样。在统计过程中，考虑到本书的篇幅，书中只收录了四川大凉山彝族和福贡怒族的数据统计结果。遗传结构与环境因素共同塑造了中华民族独特的体质表型特征及其丰富的多样性。

中国各民族的体质人类学表型数据是中国人了解自我的重要基础，是分析中华民族体质特征和体质类型的主要依据，为精确绘制中华民族表型组图谱、深入解析体质特征与差异、系统揭示各种表型的发生和发展机制奠定核心基础，为大规模研究中国人群表型特征与基因型的关系奠定基础，同时为我国国防科技、交通运输、刑事侦破、工矿企业标准化与规范化和通用化工作、建筑设计、工程安装设计、医药卫生、科技教育、体育锻炼、征兵招生、家具设计、服装制作诸领域提供基础数据支撑。

本书的目的是给出表型调查主要指标的初步统计结果，未对本项目所测得的数据进行大数据多指标综合分析。

本书各个民族文稿的撰写工作分别由开展该民族测量的单位承担。复旦大学承担了中原汉族、华东汉族、华南汉族、广西南宁壮族文稿的撰写工作；锦州医科大学承担了满族、维吾尔族、哈萨克族、柯尔克孜族、塔吉克族、鄂温克族、俄罗斯族、达斡尔族、鄂伦春族、赫哲族、塔塔尔族文稿的撰写工作；天津师范大学承担了彝族、土家族、藏族、白族、哈尼族、仡佬族、布朗族、基诺族、门巴族、独龙族、珞巴族、拉祜族、佤族、羌族、回族、苗族、蒙古族、河池壮族文稿的撰写工作；内蒙古师范大学承担了广西百色壮族、侗族、布依族、瑶族、黎族、傣族、水族文稿的撰写工作；大连医科大学承担了傈僳族、景颇族、纳西族、普米族、阿昌族、德昂族、怒族、独龙族文稿的撰写工作；广西医科大学承担了仫佬族、毛南族、京族文稿的撰写工作；西北民族大学承担了东乡族、保安族、裕固族文稿的撰写工作；南阳理工学院承担了锡伯族、乌孜别克族文稿的撰写工作；河北师范大学承担了土族、撒拉族文稿的撰写工作；厦门大学承担了畲族文稿的撰写工作。需要特殊说明的是，河池壮族、苗族、回族、蒙古族的调查工作由中国人民解放军总医院、复旦大学、北京大学口腔医院、中央民族大学、北京邮电大学、复旦大学泰州健康科学研究院完成，而这四个群体的数据统计、文稿撰写工作则是由天津师范大学郑连斌完成。

　　根据 u 检验的 P 值大小对检验结果进行判断，表格中"*"为 $P<0.05$，"**"为 $P<0.01$，分别表示差异在不同检验水平上均具有统计学意义；u 检验无数据（空白格）表示不适用。一般数字保留一位小数，u 值保留两位小数。长度、高度、围度、厚度指标的单位一律为毫米（mm），质量单位为千克（kg）。身体质量指数（body mass index，BMI）又叫卡甫指数，BMI=体重（kg）/ [身高（m）]²，学术界常用于对个体或群体超重、肥胖程度的评定。2011 年 Bergman 提出用身体肥胖指数衡量人体肥胖程度，身体肥胖指数（body adiposity index，BAI）= [臀围（cm）/身高（m）¹·⁵]–18。体脂率是反映体内含脂肪量的比例，计算体脂率的方法较多，国际上最常见的是测量肱三头肌皮褶、肱二头肌皮褶、肩胛下皮褶、髂嵴上皮褶厚度，计算四项皮褶厚度之和的对数值 L，再按照 Durnin-Womersley（德宁-沃默斯利）公式计算身体密度 D。根据身体密度值，按照 Siri（西丽）公式计算体脂率。如果在实际测量过程中，个别民族缺少某个年龄组的样本，则在表格中用"—"表示。

　　数据采集是数据统计、文稿撰写的基础，数据的全面、准确、可靠则是本书质量的保证。参加本项目数据采集和统计的老师、学生有上百人，他们调查的每一例样本、记录和统计的每一个指标都是本书的基石。对他们的付出，在此深表谢意！此外，还要感谢在数据采集工作中给予我们大力支持的当地相关政府工作人员，他们为我们组织被调查对象。还要感谢每一位被调查者，他们见证了项目的实施过程。

编　者

2023 年 10 月

目　录

第一章　五百万以上人口民族的体质表型调查报告 ……………………………………… 1

　第一节　汉族 ………………………………………………………………………………… 1

　第二节　壮族 ………………………………………………………………………………… 38

　第三节　回族 ………………………………………………………………………………… 61

　第四节　满族 ………………………………………………………………………………… 73

　第五节　维吾尔族 …………………………………………………………………………… 78

　第六节　苗族 ………………………………………………………………………………… 84

　第七节　彝族 ………………………………………………………………………………… 96

　第八节　土家族 ……………………………………………………………………………… 101

　第九节　藏族 ………………………………………………………………………………… 107

　第十节　蒙古族 ……………………………………………………………………………… 117

第二章　一百万到五百万人口民族的体质表型调查报告 …………………………… 125

　第一节　侗族 ………………………………………………………………………………… 125

　第二节　布依族 ……………………………………………………………………………… 131

　第三节　瑶族 ………………………………………………………………………………… 136

　第四节　白族 ………………………………………………………………………………… 142

　第五节　哈尼族 ……………………………………………………………………………… 147

　第六节　黎族 ………………………………………………………………………………… 153

　第七节　哈萨克族 …………………………………………………………………………… 158

　第八节　傣族 ………………………………………………………………………………… 163

第三章　三十万至一百万人口民族的体质表型调查报告 …………………………… 169

　第一节　畲族 ………………………………………………………………………………… 169

　第二节　傈僳族 ……………………………………………………………………………… 174

　第三节　东乡族 ……………………………………………………………………………… 180

　第四节　仡佬族 ……………………………………………………………………………… 185

　第五节　拉祜族 ……………………………………………………………………………… 190

　第六节　佤族 ………………………………………………………………………………… 196

　第七节　水族 ………………………………………………………………………………… 201

　　第八节　纳西族 ···················· 207
　　第九节　羌族 ···················· 212
第四章　十万至三十万人口民族的体质表型调查报告 ···················· 218
　　第一节　土族 ···················· 218
　　第二节　仫佬族 ···················· 223
　　第三节　锡伯族 ···················· 229
　　第四节　柯尔克孜族 ···················· 239
　　第五节　景颇族 ···················· 250
　　第六节　达斡尔族 ···················· 255
　　第七节　撒拉族 ···················· 266
　　第八节　布朗族 ···················· 272
　　第九节　毛南族 ···················· 278
第五章　二万至十万人口民族的体质表型调查报告 ···················· 284
　　第一节　塔吉克族 ···················· 284
　　第二节　普米族 ···················· 290
　　第三节　阿昌族 ···················· 295
　　第四节　怒族 ···················· 301
　　第五节　鄂温克族 ···················· 306
　　第六节　京族 ···················· 312
　　第七节　基诺族 ···················· 317
　　第八节　德昂族 ···················· 323
　　第九节　保安族 ···················· 328
第六章　二万以下人口民族的体质表型调查报告 ···················· 334
　　第一节　俄罗斯族 ···················· 334
　　第二节　裕固族 ···················· 340
　　第三节　乌孜别克族 ···················· 345
　　第四节　门巴族 ···················· 351
　　第五节　鄂伦春族 ···················· 356
　　第六节　独龙族 ···················· 361
　　第七节　赫哲族 ···················· 367
　　第八节　珞巴族 ···················· 372
　　第九节　塔塔尔族 ···················· 378
参考文献 ···················· 384
附录　体质表型调查各个民族的样本量 ···················· 385

第一章　五百万以上人口民族的体质表型调查报告

根据 2010 年第六次全国人口普查统计数据，我国人口在五百万以上的民族共有十个。按照人口数由多到少排序，依次是汉族、壮族、回族、满族、维吾尔族、苗族、彝族、土家族、藏族、蒙古族。

第一节　汉　族

一、汉族简介

汉族是中国的主体民族，也是世界上人口规模最大的民族。根据 2010 年第六次全国人口普查统计数据，汉族人口为 1 220 844 520 人（国务院人口普查办公室，国家统计局人口和就业统计司，2012），占全国总人口的 91.59%。汉族广泛分布于我国各地，并且有相当数量的人口移居海外，广布于世界各地。汉族的语言称为汉语，是世界上历史最悠久、内涵最丰富和最发达的语言之一。在语言学分类上，汉语属汉藏语系汉语族，现代汉语主要有七大方言，即北方方言、吴方言、粤方言、湘方言、闽方言、赣方言、客家方言，各方言之间存在很大差异，难以交流，因此采用以北方方言为基础和北京语音为标准音而形成的普通话作为汉语的标准语，进行各地区人群之间的交流。汉字是世界上最古老的文字之一，已有大约六千年的历史，由甲骨文、金文逐渐演变成现今的方块字，现为国际通用文字之一（杨圣敏，2001；宋蜀华，陈克进，丁宏，2008；金力，褚嘉祐，2006）。

汉族在遗传结构和体质形态特征上表现为同质的东亚人群，但其内部又呈现出多样化。遗传学 Y 染色体单倍群研究发现，在汉族人口中 O 单倍群占 77%，而其中有 40% 的汉族人口来自 5000～6000 年前的三个超级祖先，他们分别为 O3 单倍群下面的三个分支（Oα、Oβ、Oγ），起源于新石器时代晚期的农业发展和快速扩张时期，以农业社会为标志的华夏族取代了绝大多数狩猎采集部落成为汉族的雏形，起源地点则在黄河流域（Yan et al.，2014）。然而，Y-DNA 和 mtDNA（线粒体 DNA）的研究发现，现代汉族存在明显的南北人群差异（Wen et al.，2004）。通过 Y-STR（Y 短串联重复序列）单倍型数据也得出：汉族人群表现出很大的遗传同质性（即父系遗传上具有很高的一致性），但可以清晰观察到连续的南北梯度变化（Nothnagel et al.，2017）。全基因组分析显示，现代汉族不仅存在显著的南北差异，还存在一个中间汉族群体（Xu et al.，2009）。同时，大量研究发现，在体质形态上现代汉族内部也存在明显的南北地域差异（张振标，1988；刘武等，1991；李咏兰等，2014；宇克莉等，2016；殷杏等，2020；李紫君等，2020）。除此之外，姓氏、语言、肤纹、牙齿、血型蛋白等的研究也发现汉族及其他东亚人群同样存在南北地区差异，以长江流域、北纬 30° 或秦岭淮河为界。现代汉族的遗传结构和体质形态的南北差异，是在漫长的过程中与周边各少数民族群体不断交流和基因融合的结果。

中原是汉族发展壮大的重要地区，河南省郑州市汉族具有中原汉族较好的代表性。郑州位于华北平原南部、河南省中部、黄河下游，地处东经 112°42′～114°14′、北纬 34°16′～34°58′，平均海拔 108m，属温带季风气候，年平均气温 15.6℃，年日照时数 1869.7h，年降雨量 542.15mm，全年有霜期 156d 左右。

华东地区是汉族人口最密集的地区之一，江苏省泰州市汉族具有华东汉族较好的代表性。泰州市位于华东地区中部，长江下游长江三角洲中心区，地处东经 119°38′～120°32′、北纬 32°01′～33°10′，最高海拔 55.6m，最低海拔 1.5m，属湿润的亚热带季风气候，年平均气温 14.4～15.1℃，年日照时数 2125h，年降雨量 1037.7mm，全年有霜期 145d 左右。

华南地区汉族生活在比较温暖的南方，与中原及华东汉族在文化、遗传和体质形态上都有较大的区别，广西壮族自治区南宁市汉族具有华南汉族较好的代表性。南宁市位于华南地区的南部、岭南汉族粤语族群分布区的西部，地处东经 107°45′～108°51′、北纬 22°13′～23°32′，平均海拔 76.5m，属湿润的亚热带季风气候，年平均气温 21.7℃，年日照时数 1584h，年降雨量 1300mm，全年无霜期高达 365d。

2015～2019 年，研究团队前往河南省郑州市新密市、江苏省泰州市白马镇、广西壮族自治区南宁市苏圩镇和沙井镇，开展了中原汉族、华东汉族和华南汉族的体质表型数据采集工作。样本采集经过复旦大学生命科学学院伦理委员会批准，所有被调查者均为在选样地居住 5 年以上的健康成人，且均签署了书面知情同意书。采样工作人员进行过专业培训，并有专人进行质量控制。随机取样，共采集 3002 例汉族样本，其中中原汉族 1022 例（男性 393 例、女性 629 例），华东汉族 963 例（男性 365 例、女性 598 例），华南汉族 1017 例（男性 431 例、女性 586 例）。同时，通过油墨捺印法和电子扫描捺印法，共获得完整有效的汉族肤纹数据 2896 例，肤纹的测量方法参照《肤纹学之经典和活力》（张海国，2011）。

二、中原汉族的表型数据（表 1-1-1～表 1-1-19）

表 1-1-1　中原汉族男性头面部指标　　　　　　　（单位：mm）

指标	不同年龄组（岁）的指标值（$\bar{x} \pm s$）						合计
	18～	30～	40～	50～	60～	70～85	
头长	188.3±6.3	188.0±5.7	190.0±6.7	190.7±6.2	190.7±5.9	188.0±4.2	189.6±6.3
头宽	157.6±6.4	158.2±5.9	155.5±6.1	152.8±5.5	153.5±4.8	153.5±0.7	155.4±6.2
额最小宽	111.2±5.5	109.5±5.4	109.0±5.6	109.0±5.2	108.2±5.2	110.5±4.9	109.4±5.5
面宽	149.2±6.9	151.7±5.0	149.2±5.5	147.8±5.0	147.8±4.9	147.5±2.1	149.0±5.7
下颌角间宽	114.7±6.3	115.6±7.0	114.5±6.2	115.3±6.6	114.7±6.0	109.0±5.7	114.9±6.4
眼内角间宽	38.4±3.3	37.3±3.2	36.0±3.7	35.7±4.0	36.2±3.5	31.0±1.3	36.7±3.7

续表

指标	不同年龄组（岁）的指标值（$\bar{x} \pm s$）						合计
	18～	30～	40～	50～	60～	70～85	
眼外角间宽	93.6±4.7	93.8±3.7	91.7±4.1	91.6±4.3	90.1±4.2	87.0±3.2	92.2±4.4
鼻宽	37.8±3.0	38.8±2.6	38.7±3.2	38.9±2.8	39.4±3.2	40.4±0.9	38.7±3.0
口宽	46.4±3.5	47.6±3.4	48.6±3.9	49.3±3.7	49.1±3.9	47.9±3.5	48.2±3.9
容貌面高	185.6±9.5	188.8±8.2	190.5±9.1	191.4±9.3	192.8±8.9	188.0±11.3	189.7±9.4
形态面高	118.2±6.3	119.2±5.9	122.1±5.5	122.9±5.8	124.5±7.0	129.2±0.1	121.4±6.4
鼻高	53.1±3.4	54.1±3.1	55.4±3.5	55.4±3.7	56.6±3.7	57.1±5.1	54.9±3.7
上唇皮肤部高	15.7±2.6	16.7±3.0	17.6±2.5	18.9±3.0	19.5±3.0	18.6±1.9	17.7±3.1
唇高	18.3±3.2	17.2±3.2	15.5±3.5	15.3±2.9	13.3±4.0	16.9±0.5	16.0±3.7
红唇厚度	8.6±1.6	8.0±2.0	7.4±1.6	7.2±1.5	6.5±2.0	7.4±0.0	7.6±1.8
容貌耳长	62.8±4.3	65.3±4.3	67.0±4.8	67.9±5.0	68.5±6.1	68.5±2.9	66.2±5.3
容貌耳宽	30.2±3.4	30.6±2.8	31.1±2.8	31.7±2.5	32.5±3.5	31.8±1.7	31.2±3.1
耳上头高	128.7±9.3	128.5±9.7	126.2±8.3	123.5±10.3	122.4±8.9	126.5±3.5	125.9±9.6

表 1-1-2　中原汉族女性头面部指标

指标	不同年龄组（岁）的指标值（$\bar{x} \pm s$）/mm						合计/mm	u
	18～	30～	40～	50～	60～	70～85		
头长	176.6±6.6	178.5±6.5	179.6±6.0	180.9±5.7	181.6±6.5	181.5±7.8	179.3±6.4	25.27**
头宽	150.3±5.3	148.6±5.0	147.0±4.8	146.4±5.3	146.2±5.0	150.5±2.1	147.8±5.4	20.02**
额最小宽	106.5±4.6	104.5±4.8	104.4±4.7	104.5±4.6	104.0±4.4	103.0±2.8	104.9±4.7	13.44**
面宽	140.3±5.1	139.9±5.1	140.1±4.5	140.6±5.6	139.9±4.4	142.5±4.9	140.3±5.0	24.87**
下颌角间宽	107.1±4.6	108.4±5.3	109.1±5.2	108.5±5.5	108.2±5.2	116.0±7.1	108.3±5.2	17.20**
眼内角间宽	36.8±2.9	35.8±3.2	34.7±3.3	34.5±3.2	34.4±3.7	31.9±0.5	35.3±3.3	6.13**
眼外角间宽	89.7±3.7	88.8±3.8	88.4±4.2	87.8±4.0	86.7±3.6	82.3±0.3	88.4±4.0	13.90**
鼻宽	34.0±2.4	34.5±2.5	35.0±2.4	35.4±2.5	36.4±2.6	37.2±1.8	35.0±2.6	20.15**
口宽	42.8±3.4	44.2±3.1	45.6±3.1	46.6±3.4	47.0±3.8	46.8±0.9	45.1±3.7	12.61**
容貌面高	180.0±7.5	181.7±8.1	179.9±7.5	179.5±7.9	179.5±7.8	181.0±2.8	180.0±7.7	17.13**
形态面高	111.6±5.3	112.9±5.7	113.5±5.8	115.7±5.9	117.1±5.8	123.1±6.6	114.0±6.0	18.42**
鼻高	50.7±3.4	51.5±3.6	51.0±4.0	51.9±3.5	52.6±3.6	56.5±1.5	51.5±3.6	14.40**
上唇皮肤部高	14.2±2.3	15.1±2.7	15.6±2.4	16.8±2.6	17.4±2.1	17.9±0.6	15.7±2.7	10.51**
唇高	18.2±2.3	16.8±3.1	15.9±3.3	15.0±3.0	13.4±3.4	11.9±0.4	16.1±3.3	0.44
红唇厚度	8.4±1.3	7.8±1.6	7.5±1.5	7.1±1.6	6.6±1.7	5.3±0.6	7.6±1.6	0.00
容貌耳长	60.0±3.6	60.9±4.2	61.7±4.1	63.9±4.4	66.0±4.4	62.7±2.3	62.2±4.5	12.41**
容貌耳宽	28.8±2.6	29.1±2.7	30.1±2.5	30.6±2.9	31.7±2.7	31.7±4.9	30.0±2.8	6.24**
耳上头高	123.6±8.9	123.2±8.0	119.0±9.2	117.5±8.6	117.2±7.6	120.5±9.2	120.1±9.0	9.60**

注：u 为性别间的 u 检验值。

**$P<0.01$，差异具有统计学意义。

表 1-1-3　中原汉族男性体部指标

指标	不同年龄组（岁）的指标值（$\bar{x} \pm s$）						合计
	18～	30～	40～	50～	60～	70～85	
体重	71.5±14.2	73.5±12.3	75.0±11.6	73.3±10.5	67.9±8.5	75.1±6.4	72.5±11.8
身高	1699.6±54.3	1692.8±63.3	1675±54.4	1655.4±61.3	1638.8±51.9	1668.0±32.5	1673.1±60.9
髂前上棘点高	897.4±38.6	892.4±48.8	893.8±38.2	884.1±45.5	884.4±37.9	896.0±12.7	890.6±42.0
坐高	925.6±29.3	923.9±33.5	907.9±29.7	893.9±36.8	883.6±24.5	887.0±24.0	907.2±35.0
肱骨内外上髁间径	64.7±3.8	65.7±4.1	66.6±4.4	67.7±3.5	67.4±3.2	64.0±4.2	66.4±4.0
股骨内外上髁间径	94.8±5.6	94.4±5.7	94.2±4.7	94.8±4.8	94.9±3.5	93.5±4.9	94.6±4.9
肩宽	385.1±17.7	386.8±18.1	383.6±20.2	379.0±20.5	372.8±16.8	360.0±14.1	381.6±19.4
骨盆宽	291.1±25.8	296.3±19.4	307.1±18.5	307.3±20.1	301.6±16.3	320.0±14.1	301.1±21.5
平静胸围	915.6±90.6	943.2±72.1	967.3±75.4	966.1±66.0	950.1±56.4	1007.5±24.7	949.5±76.1
腰围	847.5±117.7	883.6±99.4	923.5±95.0	915.8±98.3	886.1±88.1	974.0±82.0	893.1±104.4
臀围	976.8±80.6	977.0±60.3	977.5±66.5	976.1±57.9	958.1±47.4	1009.0±32.5	974.2±64.5
大腿围	537.3±53.4	533.3±45.0	526.0±48.0	513.8±37.9	501.4±32.4	517.0±4.2	522.9±45.8
上肢全长	711.1±32.9	703.5±38.2	715.3±30.0	710.4±37.8	706.3±30.2	701.0±11.3	709.9±34.1
下肢全长	857.7±35.6	853.4±45.0	856.1±34.5	848.3±41.8	850.7±34.7	861.0±5.7	853.3±38.4

注：体重的单位为 kg，其余指标值的单位为 mm。

表 1-1-4　中原汉族女性体部指标

指标	不同年龄组（岁）的指标值（$\bar{x} \pm s$）						合计	u
	18～	30～	40～	50～	60～	70～85		
体重	56.7±9.6	59.4±8.9	60.4±8.1	62.5±8.6	61.1±8.7	60.0±11.3	60.0±9.0	17.98**
身高	1589.9±56.5	1573.4±51.1	1555.6±51.1	1550.5±54.3	1539.6±54.5	1539.5±75.7	1563.5±56.5	28.77**
髂前上棘点高	844.6±44.1	836.1±37.9	838.1±37.2	836.3±38.7	834.4±41.0	866.0±42.4	838.7±40.0	19.57**
坐高	872.2±29.3	865.0±31.6	855.4±29.5	848.3±29.8	832.2±30.3	830.0±50.9	856.3±32.4	23.27**
肱骨内外上髁间径	56.2±3.2	57.4±3.7	59.1±3.1	60.8±3.7	61.0±3.4	65.0±4.2	58.8±3.9	29.83**
股骨内外上髁间径	85.4±5.3	85.1±6.1	85.8±4.7	87.3±5.9	87.3±5.2	87.5±0.7	86.2±5.5	25.42**
肩宽	347.9±14.8	348.1±17.4	346.1±18.2	344.0±15.6	339.6±17.0	335.0±7.1	345.5±16.6	30.56**
骨盆宽	274.5±22.5	284.0±20.8	289.0±21.7	299.9±21.1	300.3±17.6	292.5±3.5	288.8±23.4	8.60**
平静胸围	871.3±70.6	905.7±65.7	933.9±64.9	955.8±62.8	945.5±76.3	922.5±67.2	921.4±74.8	5.78**
腰围	745.6±89.0	791.2±85.9	811.1±81.0	865.0±84.0	887.5±90.7	870.0±101.8	814.9±99.2	11.87**
臀围	934.3±58.5	950.4±64.5	948.6±54.1	963.4±53.7	946.1±59.6	940.0±42.4	948.9±57.9	6.34**
大腿围	500.3±46.8	502.1±41.7	505.5±39.5	511.1±38.4	487.2±46.6	476.5±40.3	503.1±42.7	6.90**
上肢全长	653.5±28.5	649.7±26.7	647.4±30.0	655.7±34.6	657.6±34.3	651.0±29.7	652.6±31.1	27.02**
下肢全长	813.7±41.1	806.6±36.5	809.3±34.7	808.6±36.4	807.0±38.4	841.0±35.4	809.7±37.5	17.82**

注：u 为性别间的 u 检验值；体重的单位为 kg，其余指标值的单位为 mm。

**$P < 0.01$，差异具有统计学意义。

表 1-1-5 中原汉族观察指标情况

指标	分型	男性		女性		合计		u
		人数	占比/%	人数	占比/%	人数	占比/%	
上眼睑褶皱	有	349	89.0	588	93.9	937	92.0	2.81**
	无	43	11.0	38	6.1	81	8.0	2.81**
内眦褶	有	127	32.3	213	33.9	340	33.3	0.51
	无	266	67.7	416	66.1	682	66.7	0.51
眼裂高度	狭窄	32	8.2	23	3.7	55	5.4	3.06**
	中等	326	83.2	519	83.3	845	83.3	0.06
	较宽	34	8.7	81	13.0	115	11.3	2.12*
眼裂倾斜度	内角高	14	3.6	17	2.7	31	3.0	0.78
	平行	290	73.8	395	62.9	685	67.1	3.60**
	外角高	89	22.6	216	34.4	305	29.9	3.99**
鼻背侧面观	凹型	64	16.3	231	36.7	295	28.9	7.02**
	直型	221	56.2	281	44.7	502	49.1	3.60**
	凸型	94	23.9	90	14.3	184	18.0	3.89**
	波型	14	3.6	27	4.3	41	4.0	0.58
鼻基底方向	上翘	249	63.4	532	84.6	781	76.4	7.77**
	水平	141	35.9	96	15.3	237	23.2	7.60**
	下垂	3	0.8	1	0.2	4	0.4	1.51
鼻翼宽	狭窄	4	1.0	14	2.2	18	1.8	1.43
	中等	344	87.5	594	94.7	938	92.0	4.12**
	宽阔	45	11.5	19	3.0	64	6.3	5.40**
耳垂类型	三角形	202	51.5	305	48.5	507	49.7	0.95
	方形	110	28.1	220	35.0	330	32.3	2.30*
	圆形	80	20.4	104	16.5	184	18.0	1.57
上唇皮肤部高	低	9	2.3	48	7.6	57	5.6	3.59**
	中等	259	66.4	518	82.4	777	76.3	5.81**
	高	122	31.3	63	10.0	185	18.2	8.56**
红唇厚度	薄唇	231	59.1	372	59.3	603	59.2	0.08
	中唇	127	32.5	219	34.9	346	34.0	0.80
	厚唇	33	8.4	36	5.7	69	6.8	1.67
利手	左型	13	3.3	6	1.0	19	1.9	2.73**
	右型	377	96.7	622	99.0	999	98.1	2.73**
扣手	左型	142	36.2	205	32.6	347	34.0	1.19
	右型	250	63.8	424	67.4	674	66.0	1.19
卷舌	否	167	42.7	243	38.7	410	40.2	1.27
	是	224	57.3	385	61.3	609	59.8	1.27

注：因数字修约问题，占比合计不一定是 100%，全书下同。u 为性别间率的 u 检验值。

* $P<0.05$，** $P<0.01$，差异具有统计学意义。

表 1-1-6　中原汉族男性生理指标

指标	不同年龄组（岁）的指标值（$\bar{x}\pm s$）						合计
	18～	30～	40～	50～	60～	70～85	
收缩压/mmHg①	124.4±12.1	124.8±10.0	128.2±15.7	129.4±16.7	131.4±14.7	147.5±10.5	127.7±14.5
舒张压/mmHg	80.8±9.0	84.4±8.2	87.6±11.3	86.6±11.7	82.7±8.5	88.5±9.5	84.6±10.4
心率/（次/分）	77.6±10.8	74.9±10.5	73.0±9.5	71.2±11.1	68.6±9.0	74.0±22.0	73.2±10.8
握力/kg	44.6±8.1	45.4±7.1	43.0±7.4	38.5±8.0	33.3±6.6	27.9±3.6	41.1±8.6

① 1mmHg=133.32Pa。

表 1-1-7　中原汉族女性生理指标

指标	不同年龄组（岁）的指标值（$\bar{x}\pm s$）						合计	u
	18～	30～	40～	50～	60～	70～85		
收缩压/mmHg	109.4±9.2	113.9±10.3	120.8±18.1	132.6±19.2	138.2±19.7	163.0±57.0	122.3±19.5	5.06**
舒张压/mmHg	72.5±7.1	75.7±8.5	80.3±11.8	83.5±10.8	81.8±10.4	87.0±20.0	78.8±10.9	8.51**
心率/（次/分）	78.1±10.0	76.1±8.5	72.7±9.9	70.2±8.9	68.5±8.7	75.5±9.5	73.4±10.0	0.30
握力/kg	26.6±4.1	26.6±5.5	26.5±4.9	24.4±4.4	22.0±4.8	15.1±2.1	25.4±4.9	33.02**

注：u 为性别间的 u 检验值。

**$P<0.01$，差异具有统计学意义。

表 1-1-8　中原汉族男性头面部指数、体部指数和体脂率

指数	不同年龄组（岁）的指标值（$\bar{x}\pm s$）						合计
	18～	30～	40～	50～	60～	70～85	
头长宽指数	83.8±3.8	84.2±4.3	81.9±4.1	80.2±3.7	80.5±3.2	81.7±1.5	82.1±4.1
头长高指数	68.4±5.1	68.4±5.3	66.4±4.4	64.8±5.3	64.2±4.4	67.3±3.4	66.4±5.2
头宽高指数	81.7±6.1	81.3±6.0	81.2±5.7	80.9±6.6	79.8±5.7	82.4±2.7	81.0±6.1
形态面指数	79.3±4.3	78.7±4.1	82.0±4.7	83.2±4.4	84.3±5.6	87.6±1.4	81.5±5.0
鼻指数	71.5±7.1	71.9±6.6	70.1±7.6	70.3±6.7	69.8±7.1	70.9±4.7	70.7±7.0
口指数	39.6±7.0	36.4±7.8	32.1±7.4	31.1±6.2	27.2±8.1	35.2±1.6	33.5±8.3
身高坐高指数	54.5±1.2	54.6±1.2	54.2±1.2	54.0±1.9	53.9±1.0	53.2±0.4	54.2±1.4
身高体重指数	420.2±80.0	433.5±65.3	448.0±63.5	442.2±57.1	413.7±45.7	450.7±47.0	433.0±65.0
身高胸围指数	53.9±5.3	55.8±4.3	57.8±4.3	58.4±4.0	58.0±3.6	60.4±2.7	56.8±4.7
身高肩宽指数	22.7±1.0	22.9±1.1	22.9±1.0	22.9±1.2	22.8±1.0	21.6±1.3	22.8±1.1
身高骨盆宽指数	17.1±1.5	17.5±1.1	18.3±1.1	18.6±1.1	18.4±1.0	19.2±1.3	18.0±1.3
马氏躯干腿长指数	83.7±4.0	83.3±4.0	84.5±4.1	84.7±4.6	85.5±3.6	88.1±1.4	84.3±4.2
身高下肢长指数	50.5±1.6	50.4±1.8	51.1±1.5	51.2±1.6	51.9±1.5	51.7±0.6	51.0±1.7
身体质量指数/（kg/m²）	24.7±4.6	25.6±3.7	26.7±3.6	26.7±3.4	25.2±2.6	27.1±3.3	25.9±3.8
身体肥胖指数	26.1±3.6	26.4±2.9	27.2±3.1	27.9±3.1	27.7±2.8	28.9±2.9	27.1±3.2
体脂率/%	21.6±6.1	23.9±5.0	25.4±3.8	26.3±4.7	27.0±4.3	28.4±0.2	24.8±5.2

表 1-1-9　中原汉族女性头面部指数、体部指数和体脂率

指数	不同年龄组（岁）的指标值（$\bar{x}\pm s$）						合计	u
	18～	30～	40～	50～	60～	70～85		
头长宽指数	85.2±4.3	83.4±4.1	82.0±3.8	81.0±4.0	80.6±3.6	83.0±2.4	82.6±4.3	1.86
头长高指数	70.0±5.0	69.1±4.9	66.3±5.3	65.0±4.6	64.6±4.2	66.4±2.2	67.1±5.3	2.07*
头宽高指数	82.3±6.2	82.9±5.6	80.9±6.0	80.3±6.6	80.2±5.4	80.1±5.0	81.3±6.2	0.76
形态面指数	79.6±4.0	80.8±4.5	81.1±4.3	82.4±4.7	83.8±4.9	86.4±1.6	81.3±4.6	0.64
鼻指数	67.3±6.2	67.2±6.6	68.9±7.2	68.5±6.3	69.5±6.3	65.9±4.9	68.2±6.6	5.66**
口指数	42.7±6.1	38.0±7.0	34.8±7.0	32.3±6.5	28.5±6.9	25.4±0.2	35.8±8.1	4.35**
身高坐高指数	54.9±1.3	55.0±1.2	55.0±1.3	54.7±1.2	54.1±1.4	53.9±0.7	53.9±0.7	6.85**
身高体重指数	356.6±57.0	377.4±54.3	388.0±48.0	402.9±49.2	396.4±53.1	388.4±54.4	388.4±54.4	12.56**
身高胸围指数	54.8±4.6	57.6±4.4	60.1±4.3	61.7±4.0	61.5±5.1	59.9±1.4	59.9±1.4	6.99**
身高肩宽指数	21.9±0.9	22.1±0.9	22.3±1.0	22.2±0.9	22.1±1.0	21.8±0.6	21.8±0.6	10.59**
身高骨盆宽指数	17.3±1.4	18.1±1.4	18.6±1.3	19.4±1.3	19.5±1.3	19.0±0.7	19.0±0.7	5.47**
马氏躯干腿长指数	82.3±4.2	81.9±4.1	81.9±4.5	82.8±3.9	85.1±4.7	85.6±2.3	85.6±2.3	6.24**
身高下肢长指数	51.2±1.7	51.3±1.7	52.0±1.4	52.2±1.6	52.4±1.6	54.7±0.4	54.7±0.4	7.32**
身体质量指数/（kg/m²）	22.4±3.5	24.0±3.5	24.9±3.0	26.0±3.0	25.8±3.5	25.2±2.3	25.2±2.3	5.43**
身体肥胖指数	28.7±3.2	30.2±3.8	30.9±3.1	32.0±3.1	31.6±4.0	31.2±1.4	31.2±1.4	16.40**
体脂率/%	27.2±4.6	30.0±4.1	32.0±3.7	34.6±3.0	36.1±3.4	36.4±1.8	36.4±1.8	21.10**

注：u 为性别间的 u 检验值。

*$P<0.05$，**$P<0.01$，差异具有统计学意义。

表 1-1-10　中原汉族男性关节活动度指标　　　　　[单位：（°）]

指标	不同年龄组（岁）的指标值（$\bar{x}\pm s$）						合计
	18～	30～	40～	50～	60～	70～85	
颈关节弯曲	73.5±10.1	70.8±9.9	72.1±10.4	71.9±9.9	68.2±10.9	70.0±0.0	71.6±10.2
颈关节伸展	52.5±13.2	48.3±11.2	47.2±11.1	44.2±10.9	42.5±8.8	41.5±9.2	47.1±11.7
颈关节侧屈	52.1±9.2	48.5±9.2	46.9±8.4	46.1±9.3	42.3±9.6	35.0±7.1	47.3±9.6
肩关节屈曲	148.7±8.4	147.1±8.6	144.7±7.2	142.5±8.7	139.2±9.5	128.0±9.9	144.5±9.0
肩关节伸展	62.8±6.8	64.0±7.1	63.6±7.8	62.6±7.6	61.1±8.6	49.0±1.4	62.8±7.6
肩关节外展	140.4±8.8	139.0±9.6	136.9±10.4	135.6±10.9	130.6±10.0	128.5±0.7	136.7±10.4
肩关节内收	61.2±8.3	63.0±7.8	63.4±7.1	63.2±8.1	62.4±6.3	56.5±12.0	62.6±7.7
肘关节由伸至屈	124.4±9.5	124.3±9.6	120.0±9.0	120.3±10.6	122.4±11.2	121.5±0.7	122.1±10.1
腕关节屈腕	65.1±9.7	63.1±9.9	60.0±10.0	59.4±8.9	52.6±12.9	55.0±14.1	60.4±10.8
腕关节伸腕	55.6±11.0	55.7±10.6	52.4±11.0	49.3±11.5	43.9±14.7	59.0±1.4	51.7±12.3
腕关节桡屈	21.2±7.4	20.2±8.0	19.6±8.2	19.9±7.9	17.3±5.4	10.5±0.7	19.7±7.6
腕关节尺屈	49.5±13.3	46.6±14.0	42.0±13.3	39.0±13.3	42.5±15.0	29.0±1.4	43.7±14.2

表 1-1-11　中原汉族女性关节活动度指标

指标	不同年龄组（岁）的指标值（$\bar{x}\pm s$）/（°）						合计/（°）	u
	18～	30～	40～	50～	60～	70～85		
颈关节弯曲	75.4±11.4	75.1±11.2	72.9±12.5	71.0±11.0	70.7±10.7	60.0±7.1	73.0±11.6	2.10*
颈关节伸展	59.3±12.7	55.9±12.0	51.2±9.9	49.8±11.2	46.9±11.2	37.5±10.6	53.0±12.2	7.69**
颈关节侧屈	49.7±8.8	49.6±8.4	48.0±9.1	47.7±8.6	45.3±9.5	46.0±5.7	48.2±8.9	1.51
肩关节屈曲	147.5±7.9	146.5±9.1	143.7±8.7	141.7±10.1	140.2±9.7	147.5±12.0	144.1±9.4	0.74
肩关节伸展	66.2±7.5	65.6±7.7	63.7±7.9	64.7±7.4	65.4±7.9	68.5±10.6	65.1±7.7	4.63**
肩关节外展	143.2±8.2	140.7±8.5	140.7±9.8	137.9±10.7	138.5±11.8	124.5±2.1	140.3±10.0	5.43**
肩关节内收	66.4±7.8	65.9±6.8	65.0±6.7	66.6±6.4	65.8±6.1	64.5±3.5	66.0±6.9	7.07**
肘关节由伸至屈	127.1±10.8	125.4±9.3	124.9±7.9	125.1±8.1	123.3±8.5	125.0±12.7	125.4±9.1	5.29**
腕关节屈腕	67.5±9.7	64.5±9.0	61.3±9.4	57.3±9.1	57.1±9.9	52.0±15.6	61.7±10.3	1.98*
腕关节伸腕	55.7±11.7	52.0±10.8	51.0±10.9	47.1±10.5	48.1±11.9	37.0±14.1	50.9±11.6	0.96
腕关节桡屈	25.6±8.6	25.7±10.1	23.8±8.9	22.9±8.3	22.8±7.8	23.0±4.2	24.1±8.8	8.48**
腕关节尺屈	54.4±10.7	50.7±12.8	48.8±14.0	47.5±14.2	46.3±11.0	57.0±4.2	49.9±13.1	6.95**

注：u 为性别间的 u 检验值。

*P＜0.05，**P＜0.01，差异具有统计学意义。

表 1-1-12　中原汉族男性生化指标

指标	不同年龄组（岁）的指标值（$\bar{x}\pm s$）						合计
	18～	30～	40～	50～	60～	70～85	
总胆红素/（μmol/L）	16.0±6.3	15.6±6.3	15.6±6.3	16.1±6.1	16.6±6.5	14.6±0.0	16.0±6.3
直接胆红素/（μmol/L）	3.7±1.5	3.4±1.4	3.2±1.2	3.4±1.2	3.6±1.4	3.7±0.0	3.5±1.4
间接胆红素/（μmol/L）	12.4±4.9	12.2±5.0	12.4±5.2	12.7±5.0	13.0±5.2	10.9±0.0	12.5±5.0
丙氨酸氨基转移酶/（U/L）	32.7±25.7	37.2±17.6	37.1±26.1	30.2±14.3	27.7±15.5	54.0±0.0	33.2±21.0
天冬氨酸氨基转移酶/（U/L）	22.2±8.9	25.4±6.6	26.2±13.5	24.0±6.8	24.3±7.9	44.0±0.0	24.4±9.3
总胆固醇/（mmol/L）	4.2±0.8	4.6±0.9	4.9±1.1	4.8±0.9	4.8±0.9	5.2±0.0	4.6±1.0
甘油三酯/（mmol/L）	1.4±1.1	2.0±1.3	2.9±3.0	2.0±1.6	1.6±0.9	0.8±0.0	2.0±1.9
高密度脂蛋白胆固醇/（mmol/L）	1.2±0.2	1.1±0.3	1.1±0.3	1.2±0.3	1.2±0.3	1.1±0.0	1.1±0.3
低密度脂蛋白胆固醇/（mmol/L）	2.2±0.6	2.4±0.6	2.4±0.6	2.5±0.7	2.5±0.7	3.1±0.0	2.4±0.6
血糖/（mmol/L）	5.1±0.4	5.4±1.0	5.9±1.4	6.1±2.3	6.1±2.1	5.3±0.0	5.7±1.7
肌酐/（μmol/L）	71.5±8.6	78.2±67.7	68.4±10.4	66.7±10.5	68.5±13.0	60.0±0.0	70.3±29.6
尿酸/（μmol/L）	403.8±85.1	411.7±97.5	388.3±83.0	350.9±84.0	355.1±88.9	406.0±0.0	381.7±90.0
尿素氮/（mmol/L）	5.1±1.3	5.5±2.1	5.5±1.3	6.2±1.6	6.4±1.7	5.1±0.0	5.7±1.7

表 1-1-13 中原汉族女性生化指标

指标	不同年龄组（岁）的指标值（$\bar{x} \pm s$）						合计	u
	18～	30～	40～	50～	60～	70～85		
总胆红素/（μmol/L）	13.2±6.5	12.4±5.0	12.7±4.7	12.7±3.9	14.2±6.1	14.5±2.0	12.9±5.2	7.98**
直接胆红素/（μmol/L）	3.0±1.4	2.8±1.1	2.7±1.0	2.5±0.8	2.9±1.1	2.6±0.4	2.8±1.1	8.22**
间接胆红素/（μmol/L）	10.1±5.1	9.6±4.0	9.9±3.8	10.1±3.2	11.3±5.0	11.9±2.4	10.2±4.2	7.42**
丙氨酸氨基转移酶/（U/L）	15.8±11.6	16.6±6.6	20.9±13.1	24.9±13.7	22.7±11.4	20.0±2.8	20.3±12.5	10.74**
天冬氨酸氨基转移酶/（U/L）	18.6±7.3	18.6±4.3	21.4±7.7	23.8±7.2	24.2±8.9	20.0±4.2	21.3±7.6	5.42**
总胆固醇/（mmol/L）	4.1±0.7	4.3±0.6	4.7±0.8	5.1±0.9	5.0±1.0	5.5±0.5	4.6±0.9	0.00
甘油三酯/（mmol/L）	0.8±0.4	1.2±0.7	1.4±1.3	2.0±1.3	1.8±1.0	2.4±1.8	1.4±1.1	5.55**
高密度脂蛋白胆固醇/（mmol/L）	1.4±0.3	1.3±0.3	1.3±0.3	1.2±0.3	1.3±0.3	1.2±0.0	1.3±0.3	10.15**
低密度脂蛋白胆固醇/（mmol/L）	2.0±0.5	2.1±0.5	2.4±0.6	2.6±0.6	2.5±0.7	2.8±0.3	2.3±0.6	2.54*
血糖/（mmol/L）	5.1±0.4	5.2±0.4	5.4±0.9	5.7±1.2	5.7±1.1	5.7±0.2	5.4±0.9	3.14**
肌酐/（μmol/L）	52.9±7.1	51.5±7.0	51.8±7.6	51.2±8.5	56.7±19.2	67.0±0.0	52.5±9.7	11.21**
尿酸/（μmol/L）	293.6±74.2	269.1±63.7	273.0±75.9	285.9±70.7	308.1±82.5	442.0±158.4	285.7±74.8	17.27**
尿素氮/（mmol/L）	4.1±1.1	4.1±1.3	4.5±1.2	5.1±1.5	5.9±2.0	5.9±0.8	4.7±1.5	9.35**

注：u 为性别间的 u 检验值。

*$P<0.05$，**$P<0.01$，差异具有统计学意义。

表 1-1-14 中原汉族肤纹观察指标情况

指标	分型		男性		女性		合计		u
	左	右	人数	占比/%	人数	占比/%	人数	占比/%	
通贯手	+	+	5	1.3	10	1.6	15	1.5	0.40
	+	−	16	4.1	13	2.1	29	2.9	1.90
	−	+	13	3.3	19	3.0	32	3.1	0.38
掌"川"字线	+	+	7	1.8	25	4.0	32	3.1	1.94
	+	−	13	3.3	26	4.1	39	3.8	0.65
	−	+	6	1.5	24	3.8	30	3.0	2.09*
缺掌 c 三角	+	+	15	3.9	13	2.1	28	2.8	1.69
	+	−	17	4.4	16	2.6	33	3.2	1.59
	−	+	6	1.5	15	2.4	21	2.1	0.93
缺掌 d 三角	+	+	1	0.3	0	0.0	1	0.1	1.27
	+	−	1	0.3	0	0.0	1	0.1	1.27
	−	+	1	0.3	3	0.5	4	0.4	0.55
掌Ⅳ2枚真实纹	+	+	16	4.1	15	2.4	31	3.1	1.55
	+	−	0	0.0	0	0.0	0	0.0	
	−	+	0	0.0	0	0.0	0	0.0	
掌Ⅱ/Ⅲ跨区纹	+	+	0	0.0	0	0.0	0	0.0	
	+	−	1	0.3	1	0.2	2	0.2	0.34
	−	+	0	0.0	0	0.0	0	0.0	

续表

指标	分型		男性		女性		合计		u
	左	右	人数	占比/%	人数	占比/%	人数	占比/%	
掌Ⅲ/Ⅳ跨区纹	+	+	10	2.6	11	1.8	21	2.1	0.89
	+	−	25	6.4	30	4.8	55	5.4	1.12
	−	+	17	4.4	24	3.8	41	4.0	0.43
足跟真实纹	+	+	2	0.5	0	0.0	2	0.2	1.80
	+	−	0	0.0	1	0.2	1	0.1	0.79
	−	+	6	1.5	4	0.6	10	1.0	1.42

注：u 为性别间率的 u 检验值；空白格表示不适用，全书下同。

*$P<0.05$，差异具有统计学意义。

表 1-1-15　中原汉族指纹情况

河南汉族	简弓	帐弓	尺箕	桡箕	简斗	双箕斗	弓	箕	斗
男性									
人数	5	14	1301	81	2227	262	19	1382	2489
占比/%	0.1	0.4	33.4	2.1	57.3	6.7	0.5	35.5	64.0
女性									
人数	75	74	3616	226	2182	97	149	3842	2279
占比/%	1.2	1.2	57.7	3.6	34.8	1.5	2.4	61.3	36.3
合计									
人数	80	88	4917	307	4409	359	168	5224	4768
占比/%	0.8	0.9	48.4	3.0	43.4	3.5	1.7	51.4	46.9
u	5.92**	4.34**	23.75**	4.36**	22.19**	13.77**	7.25**	25.24**	27.13**

注：u 为性别间率的 u 检验值。

**$P<0.01$，差异具有统计学意义。

表 1-1-16　中原汉族指纹频率　　　　　　　　（单位：%）

类型	左手					右手				
	拇指	示指	中指	环指	小指	拇指	示指	中指	环指	小指
	男性									
简弓	0.0	0.3	0.0	0.0	0.3	0.0	0.2	0.5	0.0	0.0
帐弓	0.0	0.5	0.8	0.0	0.0	0.3	1.5	0.3	0.0	0.3
尺箕	0.0	31.9	43.2	25.4	60.4	18.0	35.5	47.6	20.8	51.7
桡箕	0.0	9.0	1.8	0.3	0.0	1.0	6.9	1.5	0.3	0.0
简斗	69.4	54.0	48.3	71.2	37.8	69.7	51.4	46.5	78.4	45.7
双箕斗	30.6	4.3	5.9	3.1	1.5	11.0	4.4	3.6	0.5	2.3

续表

类型	左手					右手				
	拇指	示指	中指	环指	小指	拇指	示指	中指	环指	小指
女性										
简弓	2.6	2.2	1.3	0.8	0.3	1.4	1.7	0.9	0.3	0.3
帐弓	0.6	3.7	2.4	0.0	0.2	0.8	2.6	1.3	0.2	0.2
尺箕	67.3	45.9	59.3	42.9	79.9	52.0	47.5	67.6	40.7	73.5
桡箕	2.2	13.6	3.0	1.1	0.2	1.0	11.3	1.9	1.1	0.6
简斗	27.3	32.1	31.3	52.6	18.8	41.1	35.1	27.3	57.4	25.1
双箕斗	0.0	2.5	2.7	2.6	0.6	3.7	1.8	1.0	0.3	0.3

表 1-1-17　中原汉族单手 5 指、双手 10 指指纹的组合情况

序号	组合			男性		女性		合计		u
	弓	箕	斗	人数	占比/%	人数	占比/%	人数	占比/%	
单手 5 指										
1	0	0	5	208	26.8	100	8.0	308	15.2	11.46**
2	0	1	4	155	19.9	160	12.8	315	15.5	4.34**
3	0	2	3	135	17.4	152	12.1	287	14.1	3.29**
4	0	3	2	138	17.7	186	14.8	324	15.9	1.74
5	0	4	1	113	14.5	243	19.4	356	17.5	2.80**
6	0	5	0	11	1.4	305	24.3	316	15.5	13.85**
7	1	0	4	2	0.3	2	0.2	4	0.2	0.48
8	1	1	3	4	0.5	3	0.2	7	0.3	1.03
9	1	2	2	4	0.5	13	1.0	17	0.8	1.26
10	1	3	1	7	0.9	22	1.8	29	1.4	1.58
11	1	4	0	0	0.0	39	3.0	39	1.9	4.97**
12	2	0	3	0	0.0	0	0.0	0	0.0	
13	2	1	2	0	0.0	0	0.0	0	0.0	
14	2	2	1	0	0.0	2	0.2	2	0.1	1.11
15	2	3	0	1	0.1	19	1.5	20	1.0	3.08**
16	3	0	2	0	0.0	0	0.0	0	0.0	
17	3	1	1	0	0.0	0	0.0	0	0.0	
18	3	2	0	0	0.0	5	0.4	5	0.3	1.76
19	4	0	1	0	0.0	1	0.1	1	0.1	0.79
20	4	1	0	0	0.0	1	0.1	1	0.1	0.79
21	5	0	0	0	0.0	1	0.1	1	0.1	0.79
合计	35	35	35	778	100.0	1254	100.0	2032	100.0	

续表

序号	组合			男性		女性		合计		u
	弓	箕	斗	人数	占比/%	人数	占比/%	人数	占比/%	
				双手10指						
1	0	0	10	71	18.2	31	4.9	102	10.0	6.86**
2	0	1	9	50	12.9	24	3.8	74	7.3	5.38**
3	0	2	8	33	8.5	44	7.0	77	7.6	0.86
4	0	3	7	48	12.3	36	5.7	84	8.2	3.71**
5	0	4	6	29	7.5	48	7.7	77	7.6	0.12
6	0	5	5	35	9.0	41	6.5	76	7.5	1.45
7	0	6	4	34	8.7	40	6.4	74	7.3	1.41
8	0	7	3	41	10.5	65	10.4	106	10.4	0.09
9	0	8	2	25	6.4	69	11.0	94	9.2	2.45*
10	0	9	1	6	1.5	60	9.6	66	6.5	5.05**
11	0	10	0	0	0.0	88	14.0	88	8.7	7.73**
12	1	0	9	0	0.0	0	0.0	0	0.0	
13	1	1	8	1	0.3	1	0.2	2	0.2	0.34
14	1	2	7	2	0.5	0	0.0	2	0.2	1.80
15	1	3	6	1	0.3	0	0.0	1	0.1	1.27
16	1	4	5	1	0.3	1	0.2	2	0.2	0.34
17	1	5	4	2	0.5	4	0.6	6	0.6	0.25
18	1	6	3	4	1.0	4	0.6	8	0.8	0.68
19	1	7	2	4	1.0	8	1.3	12	1.2	0.36
20	1	8	1	0	0.0	8	1.3	8	0.8	2.25*
21	1	9	0	0	0.0	21	3.4	21	2.1	3.65**
22	2	0	8	0	0.0	0	0.0	0	0.0	
23	2	1	7	0	0.0	0	0.0	0	0.0	
24	2	2	6	0	0.0	1	0.2	1	0.1	0.79
25	2	3	5	0	0.0	1	0.2	1	0.1	0.79
26	2	4	4	0	0.0	2	0.3	2	0.2	1.12
27	2	5	3	1	0.3	2	0.3	3	0.3	0.18
28	2	6	2	0	0.0	4	0.6	4	0.4	1.58
29	2	7	1	1	0.3	2	0.3	3	0.3	0.18
30	2	8	0	0	0.0	7	1.1	7	0.7	2.09*
	其他组合			0	0.0	15	2.4	15	1.4	43.2**
合计	220	220	220	389	100.0	627	100.0	1016	100.0	

注：u为性别间率的u检验值。

*P<0.05，**P<0.01，差异具有统计学意义。

表 1-1-18　中原汉族肤纹频率　　　　　　　　（单位：%）

类型		男左	男右	女左	女右	男性	女性	合计
		掌肤纹						
大鱼际	真实纹	15.7	15.7	10.2	10.2	15.7	10.2	12.3
Ⅱ	真实纹	1.5	1.5	0.5	0.5	1.5	0.5	0.9
Ⅲ	真实纹	6.2	6.2	8.1	8.1	6.2	8.1	7.4
Ⅳ	真实纹	68.9	68.9	71.8	71.8	68.9	71.8	70.7
小鱼际	真实纹	15.4	15.4	16.8	16.8	15.4	16.8	16.2
		足肤纹						
Ⅱ	真实纹	9.0	7.5	7.5	7.9	8.2	7.7	7.9
Ⅲ	真实纹	62.2	64.8	53.3	57.3	63.5	55.3	58.4
Ⅳ	真实纹	8.7	14.9	4.5	8.5	11.8	6.5	8.5
小鱼际	真实纹	6.4	10.0	4.6	5.6	8.2	5.1	6.3
		踇趾球纹						
弓	胫弓	6.4	4.6	4.3	3.2	5.5	3.7	4.4
	其他弓	1.8	2.1	3.3	2.8	2.0	3.1	2.7
箕	远箕	55.8	57.1	56.5	59.2	56.4	57.8	57.3
	其他箕	8.0	11.0	10.1	10.5	9.5	10.3	10.0
斗	一般斗	26.7	23.4	25.2	23.2	25.1	24.2	24.5
	其他斗	1.3	1.8	0.6	1.1	1.5	0.9	1.1

表 1-1-19　中原汉族表型组肤纹指标组合情况

掌		大鱼际纹			指间Ⅱ区纹			指间Ⅲ区纹			指间Ⅳ区纹			小鱼际纹		
组合	左	+	+	−	+	+	−	+	+	−	+	+	−	+	+	−
	右	+	−	+	+	−	+	+	−	+	+	−	+	+	−	+
合计	人数	123	0	0	9	0	0	75	0	0	718	0	0	163	0	0
	频率/%	12.1	0.0	0.0	0.9	0.0	0.0	7.4	0.0	0.0	70.7	0.0	0.0	16.0	0.0	0.0
足		踇趾弓纹	踇趾箕纹	踇趾斗纹	趾间Ⅱ区纹			趾间Ⅲ区纹			趾间Ⅳ区纹			小鱼际纹		
组合	左	+	+	+	+	+	−	+	+	−	+	+	−	+	+	−
	右	+	+	+	+	−	+	+	−	+	+	−	+	+	−	+
合计	人数	31	498	170	43	38	36	494	82	117	48	14	63	30	24	44
	频率/%	3.1	49.0	16.7	4.2	3.7	3.5	48.6	8.1	11.5	4.7	1.4	6.2	3.0	2.4	4.3

三、华东汉族的表型数据（表 1-1-20～表 1-1-40）

表 1-1-20 华东汉族男性头面部指标　　　（单位：mm）

指标	不同年龄组（岁）的指标值（$\bar{x} \pm s$）						合计
	18～	30～	40～	50～	60～	70～85	
头长	186.9±5.9	186.8±5.6	186.4±6.4	187.4±6.0	185.5±6.2	—	186.4±6.1
头宽	158.2±4.9	158.8±5.1	156.8±5.8	155.2±5.5	154.8±6.7	—	156.0±6.1
额最小宽	108.5±4.9	110.6±5.6	108.3±5.3	108.3±5.5	106.6±5.3	—	107.9±5.5
面宽	148.0±5.0	148.2±5.4	145.9±7.7	144.3±6.5	143.6±5.7	—	145.0±6.5
下颌角间宽	111.6±5.7	113.4±5.7	113.5±7.1	113.0±6.4	111.5±5.7	—	112.5±6.2
眼内角间宽	35.7±2.4	33.7±2.5	33.9±2.8	33.5±3.4	33.1±3.5	—	33.6±3.2
眼外角间宽	92.3±4.2	89.5±3.5	89.3±4.5	89.5±4.4	87.1±4.3	—	88.8±4.5
鼻宽	38.2±2.2	39.5±2.0	38.8±2.6	38.3±3.3	38.4±3.2	—	38.6±2.9
口宽	49.2±3.8	50.8±3.4	49.8±4.1	50.7±3.7	50.4±3.7	—	50.3±3.8
容貌面高	185.5±8.4	188.1±8.9	186.5±9.5	190.4±9.5	188.2±9.6	—	188.2±9.5
形态面高	121.2±6.0	124.2±5.4	124.7±7.6	126.6±7.0	126.6±7.0	—	125.6±7.0
鼻高	53.6±3.3	54.8±2.6	54.6±4.4	56.8±4.6	57.3±4.4	—	56.1±4.4
上唇皮肤部高	12.9±2.3	14.7±2.2	16.5±2.4	17.8±3.1	18.4±3.2	—	17.1±3.3
唇高	18.4±3.8	18.8±3.4	16.4±3.3	16.2±3.4	14.0±3.6	—	15.9±3.9
红唇厚度	7.9±1.9	8.1±1.5	7.1±1.7	7.5±1.8	6.2±1.8	—	7.0±1.9
容貌耳长	63.4±5.0	64.2±5.3	65.1±5.2	66.9±5.0	66.5±4.8	—	65.8±5.1
容貌耳宽	33.0±3.8	34.3±3.6	32.6±3.1	32.7±3.1	32.8±2.7	—	32.9±3.1
耳上头高	127.1±11.0	130.5±14.6	127.0±12.8	129.5±13.1	129.0±14.1	—	128.7±13.4

注：表中"—"表示未获得数据，全书下同。

表 1-1-21 华东汉族女性头面部指标

指标	不同年龄组（岁）的指标值（$\bar{x} \pm s$）/mm						合计/mm	u
	18～	30～	40～	50～	60～	70～85		
头长	177.0±6.5	179.5±5.6	177.7±5.8	176.7±6.1	176.6±5.6	178.3±5.8	177.3±6.0	22.58**
头宽	151.5±6.1	150.7±6.2	150.0±5.9	148.7±5.3	147.1±5.2	146.0±5.6	149.1±5.7	17.45**
额最小宽	107.7±5.5	107.5±5.9	106.1±5.0	104.8±5.9	104.0±5.3	106.3±2.3	105.4±5.7	6.74**
面宽	140.5±5.4	140.3±6.7	137.9±5.7	136.4±6.1	135.4±5.5	139.7±4.2	137.3±6.1	18.25**
下颌角间宽	107.6±4.8	108.9±5.4	107.4±5.4	107.1±5.4	107.6±5.5	110.0±4.4	107.5±5.4	12.73**
眼内角间宽	35.0±2.2	34.2±2.7	33.2±2.6	32.5±2.9	32.6±3.1	35.0±3.5	33.0±2.9	2.92**
眼外角间宽	87.6±4.3	86.9±4.0	86.1±4.1	85.5±4.4	83.2±4.3	83.1±6.7	85.5±4.4	11.10**
鼻宽	35.5±2.3	35.6±2.2	35.5±2.5	35.4±2.5	36.3±2.4	36.5±0.8	35.6±2.4	16.57**
口宽	45.8±3.3	46.7±3.6	47.1±3.2	47.0±3.5	47.9±3.6	48.3±5.2	47.1±3.5	13.04**
容貌面高	180.0±8.1	178.6±8.8	178.5±8.8	176.1±8.1	174.1±8.0	167.3±5.1	176.8±8.5	18.72**
形态面高	113.9±5.4	116.1±5.6	117.3±6.6	118.5±6.9	117.7±7.2	109.6±5.6	117.5±6.8	17.59**

续表

指标	不同年龄组（岁）的指标值（$\bar{x} \pm s$）/mm						合计/mm	u
	18～	30～	40～	50～	60～	70～85		
鼻高	49.8±4.2	51.4±4.3	51.4±4.4	53.0±4.7	53.3±5.2	47.6±1.8	52.3±4.8	12.52**
上唇皮肤部高	13.0±2.0	13.4±2.1	15.0±2.5	16.4±2.7	16.8±2.6	15.4±1.4	15.6±2.8	7.22**
唇高	18.3±2.6	17.2±2.4	16.3±3.0	15.2±3.3	14.2±3.3	13.4±0.9	15.7±3.3	0.81
红唇厚度	8.1±1.4	7.9±1.3	7.3±1.7	7.1±1.6	6.7±1.5	7.3±1.0	7.2±1.6	1.67
容貌耳长	58.3±4.4	59.9±4.4	60.4±4.0	62.4±4.7	64.1±4.7	66.3±7.4	61.7±4.8	12.37**
容貌耳宽	31.2±3.5	32.3±3.1	31.5±3.1	31.0±3.2	31.8±3.1	32.6±4.9	31.5±3.2	6.71**
耳上头高	136.5±9.9	131.1±11.0	132.0±10.3	131.6±12.4	129.4±10.6	138.7±4.0	131.5±11.3	3.31**

注：u 为性别间的 u 检验值。

**$P<0.01$，差异具有统计学意义。

表 1-1-22 华东汉族男性体部指标

指标	不同年龄组（岁）的指标值（$\bar{x} \pm s$）						合计
	18～	30～	40～	50～	60～	70～85	
体重	69.6±15.1	74.7±10.3	72.2±11.9	68.8±9.7	66.6±10.1	—	69.5±11.1
身高	1727.3±57.8	1716.2±55.7	1681.1±58.0	1665.8±59.8	1652.6±63.3	—	1673.9±64.3
髂前上棘点高	941.3±42.4	931.5±39.5	911.2±41.4	907.1±43.7	910.7±54.0	—	914.0±47.5
坐高	928.2±30.6	933.8±26.6	912.0±31.5	905.1±33.3	887.7±33.4	—	905.1±35.5
肱骨内外上髁间径	66.5±3.9	69.3±4.5	69.5±4.4	68.8±4.4	69.9±4.3	—	69.2±4.4
股骨内外上髁间径	95.2±5.5	96.0±5.4	96.1±6.1	94.1±4.8	94.7±5.2	—	95.0±5.4
肩宽	387.3±29.5	392.3±16.4	380.3±22.2	373.9±19.0	370.5±20.7	—	376.9±22.0
骨盆宽	288.8±27.7	295.7±23.8	300.5±18.5	301.7±20.6	302.9±21.0	—	300.4±21.4
平静胸围	903.8±100.6	958.1±67.3	948.7±78.0	937.3±60.1	943.8±64.5	—	942.1±70.4
腰围	822.9±122.8	892.6±100.0	895.0±105.8	880.4±84.1	879.6±90.7	—	880.8±96.9
臀围	962.1±77.0	977.8±54.8	962.1±61.9	945.2±52.5	939.6±54.9	—	951.4±58.7
大腿围	543.4±58.9	546.1±45.4	526.6±43.2	505.2±40.1	494.6±41.1	—	513.0±46.8
上肢全长	758.0±38.1	752.3±28.4	737.2±31.8	741.5±37.2	744.1±40.6	—	743.6±36.8
下肢全长	898.3±37.7	890.7±35.9	873.1±36.9	870.9±39.9	876.3±50.2	—	877.1±43.2

注：体重的单位为 kg，其余指标值单位为 mm。

表 1-1-23 华东汉族女性体部指标

指标	不同年龄组（岁）的指标值（$\bar{x} \pm s$）						合计	u
	18～	30～	40～	50～	60～	70～85		
体重	60.9±15.5	62.8±9.7	61.6±9.3	62.4±9.2	58.2±9.1	52.5±1.2	61.3±9.8	11.62**
身高	1596.1±42.0	1586.4±52.6	1576.2±53.0	1559.5±53.7	1529.0±53.9	1533.3±24.6	1562.7±56.2	27.29**
髂前上棘点高	863.2±37.6	865.1±40.7	861.5±42.2	855.8±38.4	842.7±43.6	845.3±31.8	856.1±41.1	19.29**
坐高	875.9±28.4	874.4±27.6	866.0±26.8	852.8±33.2	825.5±35.6	822.3±14.2	854.6±35.2	21.49**
肱骨内外上髁间径	59.0±4.2	60.4±4.7	62.0±4.3	62.2±4.5	63.7±4.1	62.9±3.6	62.1±4.5	24.08**

续表

指标	不同年龄组（岁）的指标值（$\bar{x}\pm s$）						合计	u
	18～	30～	40～	50～	60～	70～85		
股骨内外上髁间径	91.2±8.2	90.4±6.0	89.3±5.0	88.3±5.8	88.7±6.0	89.6±8.1	89.0±5.9	16.15**
肩宽	346.8±23.2	343.1±22.9	345.7±22.0	347.2±24.5	342.5±18.9	348.3±2.9	345.5±22.6	21.27**
骨盆宽	288.6±32.4	294.5±22.7	304.3±23.1	310.4±24.9	303.0±22.2	305.0±5.0	304.5±24.8	2.71**
平静胸围	904.4±126.4	931.3±72.1	923.5±67.3	940.9±72.2	934.6±77.1	857.3±37.5	931.7±76.3	2.15*
腰围	816.4±167.4	837.9±100.9	825.4±79.2	855.7±87.2	868.5±86.8	798.3±93.4	846.0±94.1	5.47**
臀围	955.4±85.5	970.2±67.8	960.9±58.1	966.8±59.4	950.9±64.0	921.3±44.7	961.7±62.7	2.57*
大腿围	526.4±60.4	533.2±50.5	520.4±39.4	510.2±40.5	493.6±41.7	482.0±31.0	512.9±44.4	0.03
上肢全长	671.2±22.9	675.1±37.6	672.8±39.6	672.6±35.5	671.5±31.2	677.0±30.4	672.7±35.4	29.42**
下肢全长	832.9±36.1	834.8±38.8	831.3±39.9	827.0±36.1	815.5±40.8	815.3±31.8	827.0±38.7	18.15**

注：u 为性别间的 u 检验值；体重的单位为 kg，其余指标值的单位为 mm。

*$P<0.05$，**$P<0.01$，差异具有统计学意义。

表 1-1-24　华东汉族观察指标情况

指标	分型	男性		女性		合计		u
		人数	占比/%	人数	占比/%	人数	占比/%	
上眼睑褶皱	无	6	1.7	10	1.7	16	1.7	0.02
	有	357	98.3	588	98.3	945	98.3	0.02
内眦褶	无	197	54.3	258	43.2	455	47.4	3.33**
	有	166	45.7	339	56.8	505	52.6	3.33**
眼裂高度	狭窄	46	12.8	84	14.1	130	13.6	0.60
	中等	291	80.8	463	78.0	754	79.0	1.06
	较宽	23	6.4	47	7.9	70	7.3	0.87
眼裂倾斜度	内角高	2	0.6	4	0.7	6	0.6	0.22
	平行	189	52.1	315	52.6	504	52.4	0.16
	外角高	172	47.4	280	46.7	452	47.0	0.19
鼻背侧面观	凹型	46	12.6	194	32.4	240	24.9	6.87**
	直型	178	48.9	320	53.4	498	51.7	1.36
	凸型	135	37.1	80	13.4	215	22.3	8.58**
	波型	5	1.4	5	0.8	10	1.0	0.80
鼻基底方向	上翘	231	63.6	452	75.5	683	71.0	3.92**
	水平	127	35.0	147	24.5	274	28.5	3.48**
	下垂	5	1.4	0	0.0	5	0.5	2.88**
鼻翼宽	狭窄	16	4.4	8	1.3	24	2.5	2.95**
	中等	293	80.5	484	80.8	777	80.7	0.12
	宽阔	55	15.1	107	17.9	162	16.8	1.11

续表

指标	分型	男性 人数	男性 占比/%	女性 人数	女性 占比/%	合计 人数	合计 占比/%	u
耳垂类型	三角形	146	40.2	254	42.4	400	41.6	0.67
	方形	149	41.1	262	43.7	411	42.7	0.82
	圆形	68	18.7	83	13.9	151	15.7	2.02*
上唇皮肤部高	低	15	4.1	61	10.2	76	7.9	3.40**
	中等	251	69.0	463	77.6	714	74.3	2.96**
	高	98	26.9	73	12.2	171	17.8	5.78**
红唇厚度	薄唇	246	68.0	398	66.8	644	67.2	0.38
	中唇	94	26.0	176	29.5	270	28.2	1.19
	厚唇	22	6.1	22	3.7	44	4.6	1.71
利手	左型	7	1.9	16	2.7	23	2.4	0.73
	右型	353	98.1	578	97.3	931	97.6	0.73
扣手	左型	143	39.4	262	43.8	405	42.1	1.34
	右型	220	60.6	336	56.2	556	57.9	1.34
卷舌	否	192	52.7	300	50.1	492	51.1	0.80
	是	172	47.3	299	49.9	471	48.9	0.80

注：u 为性别间率的 u 检验值。

*$P<0.05$，**$P<0.01$，差异具有统计学意义。

表 1-1-25　华东汉族男性生理指标

指标	18～	30～	40～	50～	60～	70～85	合计
收缩压/mmHg	120.4±11.3	117.4±10.3	125.8±15.0	130.9±17.5	131.3±22.6	—	127.9±18.7
舒张压/mmHg	71.7±11.4	75.3±11.2	81.1±11.4	82.6±11.2	78.8±12.5	—	79.4±12.1
心率/（次/分）	77.6±10.8	74.7±10.1	72.8±10.1	70.3±9.6	70.6±9.6	—	72.1±10.4
握力/kg	45.5±8.9	46.9±8.1	42.9±8.7	37.4±6.4	33.8±7.6	—	38.8±9.0

不同年龄组（岁）的指标值（$\bar{x}\pm s$）

表 1-1-26　华东汉族女性生理指标

指标	18～	30～	40～	50～	60～	70～85	合计	u
收缩压/mmHg	105.0±10.3	109.4±12.3	120.5±19.7	132.5±21.4	132.2±20.9	148.0±57.0	125.3±21.7	1.97*
舒张压/mmHg	69.7±9.5	70.9±10.5	74.8±12.3	79.1±11.7	76.3±11.5	73.3±1.7	76.0±11.9	4.26**
心率/（次/分）	85.4±9.8	75.7±9.2	74.3±9.6	70.2±9.1	71.3±10.1	64.7±0.5	72.9±10.2	1.17
握力/kg	26.6±3.8	26.0±4.4	25.7±5.6	23.2±5.2	19.1±5.1	17.1±5.3	23.5±5.7	28.99**

不同年龄组（岁）的指标值（$\bar{x}\pm s$）

注：u 为性别间的 u 检验值。

*$P<0.05$，**$P<0.01$，差异具有统计学意义。

表 1-1-27 华东汉族男性头面部指数、体部指数和体脂率

| 指数 | 不同年龄组（岁）的指标值（$\bar{x} \pm s$） | | | | | | 合计 |
	18～	30～	40～	50～	60～	70～85	
头长宽指数	84.7±3.4	85.0±3.6	84.2±3.6	82.9±3.4	83.5±4.0	—	83.7±3.7
头长高指数	68.0±5.9	69.9±7.9	68.7±8.5	69.5±8.0	69.7±8.0	—	69.3±7.9
头宽高指数	80.4±6.5	82.2±8.4	81.7±10.0	84.0±9.3	83.4±9.5	—	82.8±9.3
形态面指数	80.3±4.9	82.6±5.0	83.2±6.0	83.8±5.6	84.9±5.1	—	83.7±5.5
鼻指数	71.4±5.0	72.2±5.1	71.5±7.5	67.8±7.2	67.5±7.6	—	69.2±7.4
口指数	37.5±7.3	37.3±7.1	33.2±7.4	32.0±7.7	27.8±7.2	—	31.7±8.1
身高坐高指数	53.7±1.3	54.4±1.3	54.3±1.3	54.3±1.3	53.7±1.6	—	54.1±1.4
身高体重指数	402.5±82.5	435.2±59.2	429.0±64.9	412.8±53.1	402.4±52.4	—	414.5±59.6
身高胸围指数	52.3±5.8	55.9±4.3	56.5±4.5	56.3±3.6	57.2±3.6	—	56.3±4.2
身高肩宽指数	22.4±1.6	22.9±1.2	22.6±1.2	22.5±1.2	22.4±1.2	—	22.5±1.3
身高骨盆宽指数	16.7±1.4	17.2±1.3	17.9±1.0	18.1±1.2	18.3±1.1	—	17.9±1.2
马氏躯干腿长指数	86.1±4.4	83.8±4.6	84.4±4.3	84.1±4.3	86.2±5.4	—	85.0±4.8
身高下肢长指数	52.0±1.5	51.9±1.5	51.9±1.4	52.3±1.7	53.0±2.1	—	52.4±1.8
身体质量指数/（kg/m²）	23.3±4.6	25.4±3.5	25.5±3.7	24.8±3.1	24.3±2.9	—	24.8±3.4
身体肥胖指数	24.4±3.7	25.6±3.0	26.2±2.8	26.0±2.6	26.4±2.6	—	26.0±2.8
体脂率/%	18.0±6.2	22.8±4.7	24.1±5.4	25.3±4.7	25.1±5.1	—	24.2±5.4

表 1-1-28 华东汉族女性头面部指数、体部指数和体脂率

| 指数 | 不同年龄组（岁）的指标值（$\bar{x} \pm s$） | | | | | | 合计 | u |
	18～	30～	40～	50～	60～	70～85		
头长宽指数	85.7±4.4	84.0±4.1	84.5±3.8	84.2±3.8	83.4±3.7	81.9±1.2	84.2±3.8	2.01*
头长高指数	77.2±6.1	73.0±6.3	74.4±5.9	75.0±8.8	73.3±6.3	77.9±4.7	74.4±7.3	9.95**
头宽高指数	90.2±6.7	87.0±8.0	88.2±7.1	89.0±10.2	88.1±7.6	95.1±6.2	88.5±8.6	9.45**
形态面指数	79.6±5.1	80.9±4.8	81.5±5.0	81.8±5.0	83.0±5.5	77.4±4.5	81.7±5.1	5.62**
鼻指数	71.8±7.1	69.9±7.1	69.6±7.2	67.2±7.4	68.7±7.0	76.7±2.6	68.7±7.3	1.02
口指数	40.2±7.4	37.1±5.6	34.6±6.8	32.6±7.4	29.7±7.1	28.1±3.9	33.5±7.5	3.43**
身高坐高指数	54.9±1.0	55.1±1.3	55.0±1.3	54.7±1.4	54.1±1.9	53.6±0.8	54.7±1.5	6.28**
身高体重指数	381.1±94.7	395.4±56.8	390.4±54.6	400.0±55.0	380.6±56.2	342.2±2.4	392.0±58.4	5.73**
身高胸围指数	56.7±8.0	58.8±4.7	58.6±4.4	60.4±5.0	61.2±5.2	55.9±2.4	59.7±5.2	11.12**
身高肩宽指数	21.7±1.4	21.6±1.5	21.9±1.5	22.3±1.6	22.4±1.3	22.7±0.6	22.1±1.5	4.37**
身高骨盆宽指数	18.1±2.0	18.6±1.4	19.3±1.4	19.9±1.6	19.8±1.4	19.9±0.1	19.5±1.6	17.64**
马氏躯干腿长指数	82.3±3.4	81.5±4.4	82.0±4.2	82.9±4.6	85.2±6.3	86.5±2.8	82.9±4.9	6.53**
身高下肢长指数	52.2±1.5	52.6±1.8	52.7±1.6	53.0±1.6	53.3±2.0	53.2±2.4	52.9±1.7	4.27**
身体质量指数/（kg/m²）	23.9±5.8	24.9±3.5	24.8±3.4	25.7±3.5	24.9±3.6	22.3±0.3	25.1±3.7	1.28
身体肥胖指数	29.4±4.4	30.6±3.5	30.6±3.0	31.7±3.3	32.4±3.8	30.5±2.0	31.3±3.5	25.87**
体脂率/%	28.4±5.9	30.8±4.2	31.5±4.3	34.3±4.3	34.1±4.0	32.7±4.4	32.8±4.7	25.16**

注：u 为性别间的 u 检验值。

*$P<0.05$，**$P<0.01$，差异具有统计学意义。

表 1-1-29　华东汉族男性关节活动度指标　　　　　　　　　　　[单位:(°)]

指标	不同年龄组（岁）的指标值（$\bar{x}\pm s$）						合计
	18～	30～	40～	50～	60～	70～85	
颈关节弯曲	58.8±13.7	50.7±12.7	45.6±12.2	46.2±13.9	40.5±10.6	—	45.3±13.1
颈关节伸展	42.1±9.0	41.6±9.2	36.2±7.0	35.4±8.6	33.1±7.2	—	35.8±8.4
颈关节侧屈	39.9±10.3	41.1±10.0	35.3±9.7	34.1±8.3	30.5±7.7	—	34.2±9.4
肩关节屈曲	165.0±13.4	164.5±11.2	155.4±15.1	144.5±15.1	143.6±15.1	—	150.0±16.7
肩关节伸展	65.2±10.2	60.7±9.2	61.6±12.2	64.3±8.7	62.0±10.9	—	62.6±10.5
肩关节外展	151.9±12.2	149.4±17.3	144.6±12.2	138.3±12.2	135.0±12.6	—	140.6±14.1
肩关节内收	67.6±5.3	72.1±13.6	69.4±7.3	70.0±8.8	67.7±8.9	—	69.1±9.0
肘关节由伸至屈	134.4±5.2	132.0±6.4	128.4±6.8	127.6±7.4	126.4±10	—	128.2±8.4
腕关节屈腕	67.3±10.2	65.8±8.9	61.3±8.6	60.1±8.0	58.1±10.7	—	60.7±9.8
腕关节伸腕	67.0±10.9	63.8±9.4	58.1±10.7	56.4±11.6	52.5±13.6	—	56.8±12.6
腕关节桡屈	21.8±5.7	22.5±6.6	20.8±6.7	20.3±5.9	18.4±6.0	—	20.1±6.3
腕关节尺屈	43.0±10.5	37.3±10.2	30.6±6.8	28.4±8.2	27.4±7.8	—	30.4±9.2

表 1-1-30　华东汉族女性关节活动度指标

指标	不同年龄组（岁）的指标值（$\bar{x}\pm s$）/（°）						合计/（°）	u
	18～	30～	40～	50～	60～	70～85		
颈关节弯曲	49.5±16.0	39.1±11.4	38.4±10.4	39.7±9.9	34.5±11.6	37.0±8.2	38.8±11.3	7.84**
颈关节伸展	42.9±11.5	37.7±8.9	34.4±7.4	34.0±6.9	30.6±7.0	27.3±6.4	34.3±8.1	2.76**
颈关节侧屈	45.8±9.7	36.4±8.5	36.5±7.5	34.1±7.7	31.3±7.6	22.0±9.5	35.0±8.5	1.38
肩关节屈曲	156.3±11.3	152.9±9.3	145.1±13.8	141.4±12.8	140.3±13.3	131.7±5.1	144.2±13.6	5.63**
肩关节伸展	66.2±9.0	63.2±9.0	62.2±10.2	63.7±10.6	60.4±12.7	53.7±12.5	62.7±10.8	0.15
肩关节外展	156.3±12.9	151.1±12.0	143.7±14.3	138.3±12.5	136.1±12.8	121.7±2.1	141.6±14.2	1.07
肩关节内收	66.8±5.2	69.5±8.1	68.6±7.6	70.8±8.1	67.2±10.5	63.0±12.3	69.1±8.5	0.01
肘关节由伸至屈	132.1±7.9	130.7±6.2	128.8±6.4	127.7±7.9	127.9±6.9	129.0±15.1	128.6±7.3	0.70
腕关节屈腕	64.5±8.6	62.8±8.2	61.7±8.6	60.4±9.6	59.6±10.5	58.7±9.1	61.1±9.4	0.55
腕关节伸腕	52.5±10.9	55.9±14.4	55.6±14.6	57.6±13.1	50.6±14.3	46.7±18.1	55.2±14.0	1.84
腕关节桡屈	24.4±5.7	20.8±6.3	20.5±6.3	19.3±5.9	19.2±6.7	20.0±1.7	20.0±6.3	0.16
腕关节尺屈	39.6±12.5	32.9±8.5	28.7±7.9	27.2±5.7	25.3±7.9	27.7±8.4	28.5±8.3	3.19**

注:u 为性别间的 u 检验值。

**$P<0.01$,差异具有统计学意义。

表 1-1-31　华东汉族男性生化指标

指标	不同年龄组（岁）的指标值（$\bar{x}\pm s$）						合计
	18～	30～	40～	50～	60～	70～85	
总胆红素/（μmol/L）	34.3±38.2	25.6±32.2	21.0±26.1	15.8±13.9	18.6±21.6	—	20.1±24.0
直接胆红素/（μmol/L）	4.7±2.0	4.7±1.6	4.8±1.3	5.3±4.7	4.7±1.6	—	4.9±2.7

续表

指标	不同年龄组（岁）的指标值（$\bar{x}\pm s$）						合计
	18～	30～	40～	50～	60～	70～85	
间接胆红素/（μmol/L）	8.9±4.5	6.6±1.6	8.4±3.4	9.9±3.5	9.8±4.8	—	9.5±4.1
丙氨酸氨基转移酶/（U/L）	26.9±22.0	50.9±46.1	37.2±23.0	33.8±35.6	30.6±24.8	—	34.6±30.4
天冬氨酸氨基转移酶/（U/L）	21.4±7.6	27.5±3.7	26.4±9.6	28.8±25.9	26.9±9.7	—	27.4±17.1
总胆固醇/（mmol/L）	4.1±0.8	4.9±1.2	5.0±1.2	5.1±0.9	5.1±1.0	—	5.0±1.1
甘油三酯/（mmol/L）	1.2±0.9	1.6±1.3	1.6±1.2	1.4±1.1	1.3±1.5	—	1.4±1.3
高密度脂蛋白胆固醇/（mmol/L）	1.3±0.2	1.2±0.4	1.3±0.3	1.5±0.3	1.5±0.4	—	1.4±0.4
低密度脂蛋白胆固醇/（mmol/L）	2.1±0.6	2.5±0.6	2.6±0.7	2.7±0.9	2.6±0.6	—	2.6±0.7
血糖/（mmol/L）	5.1±0.6	5.2±0.7	6.1±2.4	5.5±1.5	6.0±1.8	—	5.8±1.8
肌酐/（μmol/L）	95.6±18.8	96.3±14.7	91.2±16	85.5±21.8	88.5±18.2	—	89.5±18.7
尿酸/（μmol/L）	332.0±62.5	323.7±78.5	407.8±665.4	356.4±99.0	347.9±88.5	—	360.2±326.5
尿素氮/（mmol/L）	6.5±1.4	6.1±1.2	6.2±1.4	6.6±1.6	6.5±1.5	—	6.4±1.5

表 1-1-32　华东汉族女性生化指标

指标	不同年龄组（岁）的指标值（$\bar{x}\pm s$）						合计	u
	18～	30～	40～	50～	60～	70～85		
总胆红素/（μmol/L）	25.8±33.6	14.2±14.3	13.7±11.8	12.3±6.2	15.5±15.4	12.0±1.4	14.2±13.7	4.29**
直接胆红素/（μmol/L）	4.1±1.4	4.3±1.2	4.3±1.4	4.0±1.2	4.4±1.4	4.2±0.8	4.2±1.3	4.64**
间接胆红素/（μmol/L）	5.4±3.1	8.2±2.9	8.3±2.6	8.4±2.6	8.8±2.8	9.3±0.0	8.4±0.0	5.13**
丙氨酸氨基转移酶/（U/L）	24.8±56.8	30.0±26.7	20.9±11.4	26.5±15.5	23.1±10.5	19.6±6.5	24.6±20.1	5.59**
天冬氨酸氨基转移酶/（U/L）	17.9±7.5	22.4±15.6	20.2±4.0	23.2±6.8	22.3±5.0	20.5±0.0	22.1±0.0	5.92**
总胆固醇/（mmol/L）	4.3±1.1	4.6±0.8	4.8±1.0	5.2±1.1	5.3±1.1	4.9±0.1	5.0±1.1	0.00
甘油三酯/（mmol/L）	0.9±0.6	1.1±0.7	1.0±0.7	1.4±1.1	1.2±0.7	0.8±0.4	1.2±0.9	2.59**
高密度脂蛋白胆固醇/（mmol/L）	1.4±0.3	1.3±0.4	1.5±0.4	1.5±0.4	1.6±0.4	1.7±0.0	1.5±0.4	3.77**
低密度脂蛋白胆固醇/（mmol/L）	2.1±0.6	2.2±0.6	2.4±0.7	2.7±0.7	2.6±0.7	2.4±0.2	2.5±0.7	2.15*
血糖/（mmol/L）	5.5±1.1	5.4±0.9	5.7±1.6	5.7±1.9	6.2±2.0	6.4±1.7	5.8±1.7	0.00
肌酐/（μmol/L）	83.4±19.7	80.4±18.5	73.3±18.9	67.7±19.8	76.1±19.9	80.9±17.4	73.1±20.0	12.87**
尿酸/（μmol/L）	317.6±79.2	302.0±84.4	297.3±79.4	295.5±83.5	313.5±86.5	344.0±70.8	301.7±82.9	3.36**
尿素氮/（mmol/L）	5.5±1.4	5.2±1.3	5.3±1.4	5.8±1.3	6.2±1.6	4.5±1.2	5.7±1.4	7.21**

注：u 为性别间的 u 检验值。

*$P<0.05$，**$P<0.01$，差异具有统计学意义。

表 1-1-33　华东汉族肤纹观察指标情况

指标	分型		男性		女性		合计		u
	左	右	人数	占比/%	人数	占比/%	人数	占比/%	
通贯手	+	+	22	6.1	28	4.2	50	4.9	1.32
	+	−	10	2.8	25	3.8	35	3.4	0.85
	−	+	14	3.9	19	2.9	33	3.2	0.87

续表

指标	分型		男性		女性		合计		u
	左	右	人数	占比/%	人数	占比/%	人数	占比/%	
掌 "川" 字线	+	+	1	0.3	22	3.3	23	2.2	3.14**
	+	−	0	0.0	9	1.4	9	0.9	2.23*
	−	+	2	0.6	3	0.5	5	0.5	0.22
缺掌 c 三角	+	+	4	1.1	5	0.8	9	0.9	0.58
	+	−	12	3.3	6	0.9	18	1.8	2.81**
	−	+	1	0.3	11	1.7	12	1.2	1.97
掌Ⅳ2枚真实纹	+	+	1	0.3	0	0.0	1	0.1	1.35
	+	−	10	2.8	8	1.2	18	1.8	1.81
	−	+	0	0.0	3	0.5	3	0.3	1.28
掌Ⅱ/Ⅲ跨区纹	+	+	0	0.0	0	0.0	0	0.0	0.00
	+	−	1	0.3	0	0.0	1	0.1	1.35
	+	+	0	0.0	0	0.0	0	0.0	0.00
掌Ⅲ/Ⅳ跨区纹	+	+	7	1.9	7	1.1	14	1.4	1.16
	+	−	18	5.0	38	5.7	56	5.5	0.51
	−	+	14	3.9	18	2.7	32	3.1	1.01
足跟真实纹	+	+	2	0.6	5	0.8	7	0.7	0.37
	+	−	1	0.3	5	0.8	6	0.6	0.96
	−	+	3	0.8	5	0.5	8	0.8	0.10

注：u 为性别间率的 u 检验值。

*$P < 0.05$，**$P < 0.01$，差异具有统计学意义。

表 1-1-34 华东汉族指纹情况

华东汉族	简弓	帐弓	尺箕	桡箕	简斗	双箕斗	弓	箕	斗
男性									
人数	35	29	1693	143	1598	122	64	1836	1720
占比/%	1.0	0.8	46.8	3.9	44.1	3.4	1.8	50.7	47.5
女性									
人数	137	27	3505	199	2553	208	164	3705	2761
占比/%	2.1	0.4	52.9	3.0	38.5	3.1	2.5	55.9	41.6
合计									
人数	172	56	5199	342	4151	330	228	5541	4481
占比/%	1.7	0.6	50.7	3.3	40.5	3.2	2.2	54.1	43.7
u	4.14**	2.59**	5.99**	2.56*	5.56**	0.64	2.32*	5.03**	5.73**

注：u 为性别间率的 u 检验值。

*$P < 0.05$，**$P < 0.01$，差异具有统计学意义。

表 1-1-35　华东汉族指纹频率　　　　　　（单位：%）

类型	左手					右手				
	拇指	示指	中指	环指	小指	拇指	示指	中指	环指	小指
男性										
简弓	2.5	1.7	0.8	0.0	0.3	0.8	2.7	0.6	0.0	0.3
帐弓	0.0	3.0	0.3	0.0	0.8	0.0	3.0	0.8	0.0	0.0
尺箕	35.1	35.9	55.5	41.1	76.2	28.7	32.9	58.8	34.2	69.0
桡箕	1.9	15.7	3.3	0.0	0.0	1.4	14.1	1.7	1.1	0.3
简斗	47.0	41.2	37.6	57.2	21.3	63.8	43.4	36.2	64.1	29.8
双箕斗	13.5	2.5	2.5	1.7	1.4	5.3	3.9	1.9	0.6	0.6
女性										
简弓	3.3	3.6	2.7	0.7	1.5	1.8	4.1	1.4	0.3	1.2
帐弓	0.0	1.3	0.5	0.1	0.1	0.0	1.6	0.1	0.2	0.0
尺箕	43.3	39.4	59.4	42.1	79.2	43.0	40.9	68.2	39.8	73.6
桡箕	2.0	12.2	2.7	1.2	0.2	0.6	9.2	0.1	0.9	0.9
简斗	40.7	40.0	32.3	54.5	17.6	48.3	40.4	29.0	58.5	23.8
双箕斗	10.7	3.5	2.4	1.4	1.4	6.3	3.8	1.2	0.3	0.5

表 1-1-36　华东汉族单手 5 指、双手 10 指指纹的组合情况

序号	组合			男性		女性		合计		u
	弓	箕	斗	人数	占比/%	人数	占比/%	人数	占比/%	
单手 5 指										
1	0	0	5	107	14.8	176	13.3	283	13.8	0.94
2	0	1	4	127	17.5	217	16.4	344	16.8	0.68
3	0	2	3	91	12.6	171	12.9	262	12.8	0.21
4	0	3	2	105	14.5	220	16.6	325	15.8	1.24
5	0	4	1	133	18.4	232	17.5	365	17.8	0.49
6	0	5	0	107	14.8	204	15.4	311	15.2	0.37
7	1	0	4	5	0.7	7	0.5	12	0.6	0.46
8	1	1	3	2	0.3	3	0.2	5	0.2	0.22
9	1	2	2	8	1.1	10	0.7	18	0.9	0.81
10	1	3	1	15	2.1	26	2.0	41	2.0	0.17
11	1	4	0	16	2.2	35	2.6	51	2.5	0.60
12	2	0	3	1	0.1	1	0.1	2	0.1	0.43
13	2	1	2	0	0.0	2	0.2	2	0.1	1.05
14	2	2	1	1	0.1	3	0.2	4	0.2	0.43
15	2	3	0	4	0.6	10	0.7	14	0.7	0.53
16	3	0	2	0	0.0	0	0.0	0	0.0	0.00
17	3	1	1	0	0.0	1	0.1	1	0.0	0.74

续表

| 序号 | 组合 | | | 男性 | | 女性 | | 合计 | | u |
	弓	箕	斗	人数	占比/%	人数	占比/%	人数	占比/%	
					单手5指					
18	3	2	0	2	0.3	4	0.3	6	0.3	0.10
19	4	0	1	0	0.0	0	0.0	0	0.0	0.00
20	4	1	0	0	0.0	1	0.1	1	0.0	0.74
21	5	0	0	0	0.0	3	0.2	3	0.1	1.28
合计				724	100.1	1326	100.0	2050	100.1	
					双手10指					
1	0	0	10	37	10.2	61	9.2	98	9.6	0.53
2	0	1	9	23	6.3	37	5.6	60	5.8	0.50
3	0	2	8	40	11.0	67	10.1	107	10.4	0.47
4	0	3	7	22	6.1	45	6.8	67	6.5	0.44
5	0	4	6	34	9.4	53	8.0	87	8.5	0.77
6	0	5	5	22	6.1	42	6.3	64	6.2	0.16
7	0	6	4	24	6.6	56	8.4	80	7.8	1.04
8	0	7	3	20	5.5	49	7.4	69	6.7	1.14
9	0	8	2	34	9.4	66	9.9	100	9.8	0.29
10	0	9	1	36	9.9	57	8.6	93	9.1	0.27
11	0	10	0	27	7.4	52	7.8	79	7.7	0.22
12	1	0	9	0	0.0	0	0.0	0	0.0	0.00
13	1	1	8	1	0.3	1	0.2	2	0.2	0.43
14	1	2	7	0	0.0	2	0.3	2	0.2	1.05
15	1	3	6	1	0.3	1	0.2	2	0.2	0.43
16	1	4	5	1	0.3	1	0.2	2	0.2	0.43
17	1	5	4	3	0.8	4	0.6	7	0.7	0.20
18	1	6	3	5	1.4	7	1.0	12	1.2	0.46
19	1	7	2	7	1.9	9	1.3	16	1.6	0.71
20	1	8	1	4	1.1	7	1.0	11	1.1	0.07
21	1	9	0	8	2.2	15	2.3	23	2.2	0.05
22	2	0	8	2	0.6	2	0.3	4	0.4	0.62
23	2	1	7	0	0.0	0	0.0	0	0.0	0.00
24	2	2	6	0	0.0	0	0.0	0	0.0	0.00
25	2	3	5	0	0.0	0	0.0	0	0.0	0.00
26	2	4	4	0	0.0	1	0.2	1	0.1	0.74
27	2	5	3	0	0.0	1	0.2	1	0.1	0.74
28	2	6	2	2	0.6	4	0.6	6	0.6	0.10
29	2	7	1	1	0.3	2	0.3	3	0.3	0.07

续表

序	组合			男性		女性		合计		u
	弓	箕	斗	人数	占比/%	人数	占比/%	人数	占比/%	
					双手 10 指					
30	2	8	0	3	0.8	5	0.8	8	0.8	0.13
31	3	0	7	0	0.0	0	0.0	0	0.0	0.00
32	3	1	6	0	0.0	0	0.0	0	0.0	0.00
33	3	2	5	1	0.3	1	0.2	2	0.2	0.43
34	3	3	4	0	0.0	0	0.0	0	0.0	0.00
35	3	4	3	1	0.3	1	0.2	2	0.2	0.43
36	3	5	2	0	0.0	0	0.0	0	0.0	0.00
37	3	6	1	1	0.3	2	0.3	3	0.3	0.07
38	3	7	0	0	0.0	4	0.6	4	0.4	1.48
	其他组合			2	0.6	7	1.1	9	0.9	1.56
合计	220	220	220	362	100.0	663	100.0	1025	100.0	

注：u 为性别间率的 u 检验值。

表 1-1-37　华东汉族肤纹频率　　　　（单位：%）

类型		男左	男右	女左	女右	男性	女性	合计
				掌肤纹				
大鱼际	真实纹	17.1	2.5	9.1	3.2	9.8	6.1	7.4
Ⅱ	真实纹	1.7	1.4	0.2	0.5	1.5	0.3	0.7
Ⅲ	真实纹	6.1	16.9	5.0	17.2	11.5	11.1	11.2
Ⅳ	真实纹	71.3	66.9	72.7	63.4	69.1	68.0	68.4
小鱼际	真实纹	20.2	19.1	18.4	17.0	19.6	17.7	18.4
				足肤纹				
Ⅱ	真实纹	5.3	7.2	5.4	5.3	6.2	5.4	5.7
Ⅲ	真实纹	58.8	58.6	45.9	52.3	58.7	49.1	52.3
Ⅳ	真实纹	5.8	7.7	1.8	3.2	6.8	2.5	4.0
小鱼际	真实纹	38.4	33.7	28.8	29.7	36.1	29.3	31.7
				踇趾球纹				
弓	胫弓	8.3	8.0	7.4	8.0	8.1	7.7	7.8
	其他弓	1.9	1.4	2.1	1.5	1.7	1.8	1.8
箕	远箕	48.3	53.6	55.9	56.5	51.0	56.3	54.4
	其他箕	10.8	10.5	11.2	11.5	10.6	11.3	11.1
斗	一般斗	30.4	26.5	23.1	22.5	28.5	22.8	24.8
	其他斗	0.3	0.0	0.3	0.0	0.1	0.1	0.1

表 1-1-38　华东汉族表型组肤纹指标组合情况

掌		大鱼际纹			指间Ⅱ区纹			指间Ⅲ区纹			指间Ⅳ区纹			小鱼际纹		
组合	左	+	+	−	+	+	−	+	+	−	+	+	−	+	+	−
	右	+	−	+	+	−	+	+	−	+	+	−	+	+	−	+
合计	人数	22	100	8	2	5	6	32	23	143	590	167	76	95	100	87
	频率/%	2.2	9.8	0.8	0.2	0.5	0.6	3.1	2.3	14.0	57.6	16.3	7.4	9.3	9.8	8.5

足		踇趾弓纹	踇趾箕纹	踇趾斗纹	趾间Ⅱ区纹			趾间Ⅲ区纹			趾间Ⅳ区纹			小鱼际纹		
组合	左	+	+	+	+	+	−	+	+	−	+	+	−	+	+	−
	右	+	+	+	+	−	+	+	−	+	+	−	+	+	−	+
合计	人数	51	466	172	31	24	30	466	71	113	19	14	30	252	78	67
	频率/%	5.0	45.5	16.8	3.0	2.3	2.9	45.5	6.9	11.0	1.9	1.4	2.9	24.6	7.6	6.5

表 1-1-39　华东汉族指纹三种斗取嵴线数侧别的出现情况

指标	男性			女性		
	尺偏斗	平衡斗	桡偏斗	尺偏斗	平衡斗	桡偏斗
取桡侧						
人数	615	19	15	924	6	18
占比/%	94.3	51.4	4.5	95.1	15.0	4.7
两侧相等						
人数	5	9	4	7	21	2
占比/%	0.8	24.3	1.2	0.7	52.5	0.5
取尺侧						
人数	32	9	314	41	13	367
占比/%	4.9	24.3	94.3	4.2	32.5	94.8
合计						
人数	652	37	333	972	40	387
占比/%	100.0	100.0	100.0	100.0	100.0	100.0

表 1-1-40　华东汉族掌纹 TFRC、a-b RC、atd、at′d、tPD 和 t′PD 参数

指标		男左	男右	女左	女右	男性	女性	合计
TFRC[△]/条	大指	19.8±6.8	20.9±6.7	17.1±7.2	18.7±7.1	20.4±6.8	17.9±7.2	18.8±7.1
	示指	15.2±7.9	14.8±8.5	14.6±7.8	14.6±7.6	15.0±8.2	14.6±7.7	14.7±7.9
	中指	16.7±7.1	15.1±7.3	15.5±6.9	14.3±6.7	15.9±7.2	14.9±6.9	15.3±7.0
	环指	19.4±5.8	18.5±6.4	18.2±6.0	18.1±6.2	19.0±6.1	18.2±6.1	18.5±6.1
	小指	15.3±6.0	14.6±6.5	13.6±6.2	13.4±6.2	14.9±6.3	13.6±6.2	14.1±6.2
	各手	86.4±28.1	83.9±29.3	79.2±28.7	79.1±28.6	170.3±56.1	158.3±56.1	162.6±56.1
a-b RC[△]/条		42.1±3.7	40.5±4.3	41.4±3.6	40.4±3.6	41.3±4.1	40.7±3.7	40.9±3.9
atd[△]/(°)		40.3±4.6	39.7±4.5	42.0±4.5	41.9±4.7	40.0±4.5	42.0±4.6	41.2±4.7

续表

指标	男左	男右	女左	女右	男性	女性	合计
atd 例数	203	210	308	311	413	619	1032
at′d$^{\triangle}$/（°）	40.7±5.1	40.3±5.3	42.4±5.3	42.3±4.8	40.51±5.2	42.4±5.1	41.6±5.2
at′d/例	7	12	11	13	19	24	43
tPD$^{\triangle}$	14.2±6.7	14.9±6.7	15.7±5.9	16.1±6.4	14.6±6.7	15.9±6.1	15.4±6.4
t′PD$^{\triangle}$	14.9±7.4	16.0±7.5	16.2±7.1	16.8±6.5	15.43±7.4	16.5±6.8	16.1±7.1

注：TFRC. 总指嵴数；a-b RC. 指三角 a-b 嵴数；tPD. t 百分距离；t′PD. 远轴三角 t′百分距离。

△ 为均数±标准差（$\bar{x}±s$），其余为均数。

四、华南汉族的表型数据（表 1-1-41～表 1-1-59）

表 1-1-41　华南汉族男性头面部指标　（单位：mm）

指标	不同年龄组（岁）的指标值（$\bar{x}±s$）						合计
	18～	30～	40～	50～	60～	70～85	
头长	177.6±4.4	186.1±7.1	187.0±7.0	186.6±6.5	186.7±5.9	186.8±4.3	186.5±6.4
头宽	158.9±5.5	154.7±5.8	152.2±5.0	150.4±5.0	149.7±5.0	148.3±5.0	150.9±5.4
额最小宽	108.6±2.9	109.0±5.9	107.4±5.9	107.7±6.4	106.2±6.6	103.9±6.0	107.1±6.3
面宽	150.4±4.8	146.4±4.8	145.3±5.6	143.6±4.7	142.1±5.2	140.5±5.3	143.6±5.4
下颌角间宽	109.0±6.4	113.3±6.1	111.9±6.4	113.1±6.5	111.9±6.4	110.6±5.3	112.3±6.3
眼内角间宽	37.0±4.4	35.3±2.9	34.2±2.6	33.3±2.6	33.0±2.8	33.2±3.2	33.6±2.9
眼外角间宽	92.8±2.7	92.3±3.8	91.8±4.6	90.9±4.1	90.1±3.9	88.5±4.7	90.8±4.2
鼻宽	39.0±2.5	39.9±3.4	40.5±3.1	40.4±3.0	40.5±2.5	40.9±3.3	40.4±3.0
口宽	50.0±3.8	49.6±3.0	50.3±4.1	50.2±3.9	50.7±3.8	50.4±3.6	50.3±3.8
容貌面高	191.7±8.1	183.2±10.6	186.0±9.5	184.4±9.8	185.1±9.7	186.9±9.9	185.1±9.8
形态面高	121.8±7.6	118.2±7.3	119.7±7.0	120.4±6.2	120.4±6.5	121.2±6.2	120.2±6.6
鼻高	51.6±4.1	53.2±3.5	53.6±4.0	53.2±3.4	53.0±3.5	55.1±3.8	53.3±3.7
上唇皮肤部高	14.1±2.5	16.1±2.6	17.6±2.6	19.0±2.5	19.5±2.4	20.3±2.0	18.6±2.7
唇高	20.2±3.6	18.8±3.5	17.2±3.1	15.8±3.1	14.9±3.3	13.9±2.0	16.0±3.4
红唇厚度	9.7±1.8	8.7±1.6	8.1±1.5	7.7±1.5	7.4±1.5	6.9±1.3	7.7±1.6
容貌耳长	61.5±4.5	61.3±4.0	62.9±4.6	64.4±4.6	65.3±4.7	67.7±4.7	64.3±4.8
容貌耳宽	29.8±1.3	29.4±2.9	30.0±2.5	29.9±2.9	30.5±3.2	31.3±3.0	30.2±2.9
耳上头高	138.4±15.6	128.1±13.5	129.1±10.2	125.7±11.4	126.2±10.6	122.7±11.1	126.7±11.4

表 1-1-42　华南汉族女性头面部指标

指标	不同年龄组（岁）的指标值（$\bar{x}±s$）/mm						合计/mm	u
	18～	30～	40～	50～	60～	70～85		
头长	174.9±2.9	176.7±6.6	177.8±6.5	178.7±5.4	178.4±5.5	177.7±5.5	178.2±5.8	21.23**
头宽	148.1±6.4	144.9±5.8	144.5±5.3	142.8±4.6	142.0±5.2	142.7±4.6	143.3±5.2	22.52**

续表

指标	不同年龄组（岁）的指标值（$\bar{x}\pm s$）/mm						合计/mm	u
	18～	30～	40～	50～	60～	70～85		
额最小宽	105.3±5.5	106.3±5.6	105.0±6.1	104.0±5.4	103.2±5.9	98.9±6.2	104.1±5.8	7.75**
面宽	137.0±5.0	137.1±4.7	137.2±4.9	135.9±4.6	134.9±5.0	132.0±4.9	135.9±4.9	23.35**
下颌角间宽	104.9±3.8	106.0±6.0	105.9±5.0	106.4±5.6	105.7±5.4	105.4±4.5	106.0±5.4	16.72**
眼内角间宽	35.2±3.6	33.3±2.6	33.6±3.1	32.7±2.7	32.6±3.1	31.7±3.0	32.9±2.9	3.80**
眼外角间宽	87.8±3.9	89.5±4.3	88.5±4.2	87.8±3.7	86.9±4.0	84.5±4.8	87.7±4.0	11.85**
鼻宽	35.6±2.8	37.2±2.3	37.1±2.6	37.1±2.6	37.5±2.6	38.1±2.5	37.2±2.6	17.75**
口宽	44.6±2.4	46.9±3.5	47.7±3.4	48.4±3.2	48.0±3.6	45.9±2.7	47.9±3.4	10.37**
容貌面高	177.8±7.3	174.6±8.3	175.3±8.0	176.0±8.9	177.0±9.8	172.1±6.7	175.9±8.8	15.43**
形态面高	114.7±7.8	113.1±5.6	113.1±6.2	114.0±6.0	113.5±6.5	111.3±6.1	113.5±6.2	16.39**
鼻高	50.8±4.4	50.3±4.0	50.3±4.2	50.4±3.5	50.4±3.6	49.2±4.4	50.4±3.8	12.17**
上唇皮肤部高	14.3±1.8	15.0±2.1	16.0±2.1	16.7±2.2	17.5±2.4	19.0±2.5	16.6±2.4	12.23**
唇高	19.0±2.8	18.0±3.0	16.9±2.8	15.5±2.9	13.7±2.9	14.3±4.3	15.6±3.2	1.90
红唇厚度	8.8±1.6	8.4±1.4	8.0±1.4	7.2±1.3	7.0±1.4	6.9±2.1	7.4±1.5	3.03**
容貌耳长	55.6±1.9	57.2±2.6	59.0±4.3	60.4±4.0	62.3±4.3	66.9±4.6	60.5±4.5	12.79**
容貌耳宽	27.3±1.7	28.0±2.6	28.8±2.8	29.8±2.7	30.8±3.1	31.4±2.3	29.7±3.0	2.68**
耳上头高	122.5±8.7	124.0±12.9	122.1±11.2	120.0±13.0	118.9±12.0	123.2±11.3	120.6±12.3	8.12**

注：u 为性别间的 u 检验值。

**$P<0.01$，差异具有统计学意义。

表 1-1-43　华南汉族男性体部指标

指标	不同年龄组（岁）的指标值（$\bar{x}\pm s$）						合计
	18～	30～	40～	50～	60～	70～85	
体重	63.5±13.3	66.4±10.9	67.2±10.3	64.9±9.6	63.2±8.9	58.1±8.7	64.5±9.9
身高	1680.7±30.4	1645.5±60.4	1634.8±59.7	1624.6±57.6	1613.2±51.4	1597.6±58.2	1624.1±57.8
髂前上棘点高	894.0±31.0	877.7±39.9	872.5±42.4	877.4±45.3	876.8±37.9	877.1±41.4	876.5±41.8
坐高	905.7±20.8	884.1±32.8	875.1±36.1	865.4±34.7	853.2±36.3	849.5±31.0	865.0±36.5
肱骨内外上髁间径	61.9±3.3	63.8±2.7	64.2±3.6	64.8±3.6	65.2±3.3	64.8±4.9	64.7±3.6
股骨内外上髁间径	91.6±7.4	91.9±6.0	91.8±5.4	92.2±5.9	92.0±4.9	92.1±5.3	92.0±5.5
肩宽	368.6±33.3	379.1±18.1	378.0±20.6	380.2±17.1	380.1±15.1	370.2±13.3	378.7±17.7
骨盆宽	287.1±43.0	303.9±21.2	308.6±20.9	305.5±19.1	310.0±18.6	310.5±17.9	307.3±20.1
平静胸围	853.0±78.1	901.7±75.1	908.8±69.0	903.5±63.6	902.6±60.3	881.6±63.1	901.7±65.3
腰围	793.6±113.5	834.4±94.5	852.0±91.4	850.0±90.4	845.0±84.9	817.7±88.8	844.4±90.0
臀围	910.6±67.7	928.0±74.1	931.4±63.8	919.5±62.0	912.6±54.6	892.4±57.5	918.6±61.8
大腿围	479.9±44.5	484.6±40.6	472.9±43.6	449.9±41.3	441.2±42.1	421.9±42.7	453.5±45.2
上肢全长	732.7±20.4	723.3±45.1	712.3±34.8	708.8±38.7	707.0±33.0	695.1±34.8	709.7±37.0
下肢全长	855.4±30.4	842.4±36.6	839.0±38.7	844.3±42.7	844.9±36.4	842.9±35.5	843.3±39.0

注：体重的单位为 kg，其余指标值的单位为 mm。

表 1-1-44　华南汉族女性体部指标

指标	不同年龄组（岁）的指标值（$\bar{x} \pm s$）						合计	u
	18～	30～	40～	50～	60～	70～85		
体重	49.9±7.6	54.6±6.0	57.0±8.1	56.0±8.1	52.5±8.7	50.4±7.5	54.9±8.3	16.38**
身高	1536.4±67.9	1537.0±60.4	1529.4±48.8	1524.1±51.2	1497.4±51.7	1494.6±51.5	1518.7±53.8	29.65**
髂前上棘点高	837.7±49.3	845.0±41.0	839.0±38.4	836.2±37.9	826.8±42.5	837.9±33.3	835.1±39.9	15.94**
坐高	848.6±38.0	835.3±32.8	830.0±29.9	817.9±32.3	793.7±35.4	781.5±36.0	815.1±36.6	21.56**
肱骨内外上髁间径	54.7±2.6	55.1±3.1	57.4±3.5	57.9±3.3	57.6±3.3	55.7±3.2	57.3±3.4	33.23**
股骨内外上髁间径	81.4±4.5	84.3±5.8	85.7±5.4	85.6±5.8	85.1±6.0	82.7±5.3	85.2±5.8	19.08**
肩宽	343.2±25.7	344.7±17.6	344.1±20.4	347.9±20.5	342.5±20.7	331.4±19.5	344.8±20.6	28.21**
骨盆宽	277.5±26.9	292.9±18.6	298.1±21.5	298.3±19.2	296.9±24.6	287.5±16.5	296.6±21.5	8.16**
平静胸围	826.4±58.7	866.5±53.8	885.4±60.9	880.8±70.3	856.0±82.9	870.8±64.1	872.5±71.6	6.78**
腰围	677.4±86.4	738.4±66.3	764.6±85.7	797.2±86.2	806.2±102.0	826.2±65.9	786.2±92.5	10.09**
臀围	876.3±53.8	908.5±54.3	927.1±57.1	919.1±59.9	893.9±72.0	889.2±59.5	911.4±63.5	1.82
大腿围	491.1±48.5	503.4±42.6	509.3±47.3	484.1±43.1	454.8±43.5	442.5±37.1	482.0±48.6	9.64**
上肢全长	647.8±30.3	655.0±33.2	660.6±35.0	662.4±32.2	663.2±35.2	651.3±38.1	660.9±33.8	21.60**
下肢全长	809.1±45.4	817.6±38.0	812.2±35.8	809.3±35.1	803.5±39.7	817.9±28.7	809.3±36.9	14.08**

注：u 为性别间的 u 检验值；体重的单位为 kg，其余指标值的单位为 mm。

**$P<0.01$，差异具有统计学意义。

表 1-1-45　华南汉族观察指标情况

指标	分型	男性		女性		合计		u
		人数	占比/%	人数	占比/%	人数	占比/%	
上眼睑褶皱	有	410	95.1	571	97.9	981	96.7	2.50*
	无	21	4.9	12	2.1	33	3.3	2.50*
内眦褶	有	83	19.3	95	16.3	178	17.6	1.25
	无	346	80.7	487	83.7	833	82.4	1.25
眼裂高度	狭窄	61	14.2	83	14.2	144	14.2	0.00
	中等	334	77.7	448	76.6	782	77.0	0.41
	较宽	35	8.1	54	9.2	89	8.8	0.61
眼裂倾斜度	内角高	5	1.2	3	0.5	8	0.8	1.16
	水平	258	60.1	206	35.2	464	45.8	7.87**
	外角高	166	38.7	376	64.3	542	53.5	8.07**
鼻背侧面观	凹型	91	21.2	308	52.6	399	39.3	10.15**
	直型	227	52.8	193	33.0	420	41.4	6.33**
	凸型	92	21.4	66	11.3	158	15.6	4.39**
	波型	20	4.7	18	3.1	38	3.7	1.31

续表

指标	分型	男性		女性		合计		u
		人数	占比/%	人数	占比/%	人数	占比/%	
鼻基底方向	上翘	302	70.2	498	85.4	800	79.0	5.86**
	水平	123	28.6	84	14.4	207	20.4	5.54**
	下垂	5	1.2	1	0.2	6	0.6	2.03*
鼻翼宽	狭窄	2	0.5	1	0.2	3	0.3	0.85
	中等	87	20.2	165	28.2	252	24.8	2.91**
	宽阔	342	79.4	420	71.7	762	74.9	2.79**
耳垂类型	三角形	133	30.9	234	39.9	367	36.1	2.95**
	方形	150	34.9	198	33.8	348	34.3	0.36
	圆形	147	34.2	154	26.3	301	29.6	2.73**
上唇皮肤部高	低	4	0.9	9	1.5	13	1.3	0.86
	中等	225	52.2	491	83.9	716	70.5	10.96**
	高	202	46.9	85	14.5	287	28.2	11.32**
红唇厚度	薄唇	243	56.4	384	65.6	627	61.7	3.00**
	中唇	157	36.4	183	31.3	340	33.5	1.72
	厚唇	31	7.2	18	3.1	49	4.8	3.03**
利手	左型	7	1.7	6	1.0	13	1.3	0.85
	右型	417	98.3	573	99.0	990	98.7	0.85
扣手	左型	181	42.1	242	41.3	423	41.6	0.25
	右型	249	57.9	344	58.7	593	58.4	0.25
卷舌	否	299	69.5	409	69.9	708	69.8	0.13
	是	131	30.5	176	30.1	307	30.2	0.13

注：u 为性别间率的 u 检验值。

*$P<0.05$，**$P<0.01$，差异具有统计学意义。

表 1-1-46　华南汉族男性生理指标

指标	不同年龄组（岁）的指标值（$\bar{x}\pm s$）						合计
	18～	30～	40～	50～	60～	70～85	
收缩压/mmHg	124.7±8.8	123.1±11.1	128.4±14.7	136.9±17.7	142.7±22.4	145.8±22.7	136.1±19.7
舒张压/mmHg	76.9±7.3	80.0±7.5	85.4±10.1	87.6±11.1	85.2±11.0	83.0±12.9	85.4±11.0
心率/（次/分）	80.1±8.3	74.9±11.3	74.6±10.2	75.2±10.7	74.1±12.7	75.2±9.6	74.8±11.1
握力/kg	43.9±4.8	40.6±9.4	40.4±7.1	35.3±6.8	31.1±6.4	27.2±6.3	35.2±8.1

表 1-1-47　华南汉族女性生理指标

指标	不同年龄组（岁）的指标值（$\bar{x}\pm s$）						合计	u
	18～	30～	40～	50～	60～	70～85		
收缩压/mmHg	105.4±8.9	114.6±10.9	123.4±16.5	132.2±20.0	138.3±21.0	143.0±21.4	130.3±20.6	4.56**

续表

指标	不同年龄组（岁）的指标值（$\bar{x}\pm s$）						合计	u
	18～	30～	40～	50～	60～	70～85		
舒张压/mmHg	71.4±7.6	76.4±9.9	78.1±11.7	81.0±10.9	80.7±11.6	78.9±15.1	79.7±11.4	8.06**
心率/（次/分）	78.9±11.8	78.0±10.1	75.7±9.4	75.3±11.5	77.9±10.9	77.9±5.7	76.5±10.8	2.03*
握力/kg	25.3±6.4	24.7±4.6	25.4±5.4	21.9±5.0	20.0±3.9	18.1±3.0	22.3±5.2	28.77**

注：u 为性别间的 u 检验值。

*$P<0.05$，**$P<0.01$，差异具有统计学意义。

表 1-1-48 华南汉族男性头面部指数、体部指数和体脂率

指数	不同年龄组（岁）的指标值（$\bar{x}\pm s$）						合计
	18～	30～	40～	50～	60～	70～85	
头长宽指数	89.5±4.1	83.2±4.7	81.5±3.9	80.7±3.7	80.3±3.5	79.4±3.3	81.0±4.0
头长高指数	77.9±8.3	69.7±8.9	69.1±5.5	67.4±6.2	67.6±5.7	65.7±5.5	68.1±6.4
头宽高指数	87.2±10.6	83.7±9.4	84.9±7.0	83.6±7.5	84.3±7.2	82.8±8.1	84.1±7.6
形态面指数	81.0±5.2	80.8±5.0	82.4±5.5	83.9±4.5	84.8±5.1	86.4±5.5	83.7±5.2
鼻指数	75.9±7.6	75.4±8.2	75.9±8.6	76.1±6.8	76.8±7.5	74.7±8.9	76.1±7.7
口指数	40.4±7.0	38.1±7.3	34.4±6.3	31.7±6.5	29.5±6.4	27.7±4.3	32.0±7.0
身高坐高指数	53.9±1.5	53.7±1.5	53.5±1.4	53.3±1.5	52.9±1.7	53.2±1.4	53.3±1.6
身高体重指数	377.7±76.5	400.5±61.8	410.4±58.1	399.2±53.5	391.2±49.7	363.2±47.4	396.2±55.1
身高胸围指数	50.8±4.5	54.6±4.5	55.6±4.1	55.7±3.8	56.0±3.6	55.2±3.9	55.5±3.9
身高肩宽指数	21.9±1.7	23.0±1.2	23.1±1.2	23.4±1.1	23.6±1.0	23.2±0.9	23.3±1.1
身高骨盆宽指数	17.1±2.6	18.5±1.3	18.9±1.1	18.8±1.1	19.2±1.1	19.4±1.2	18.9±1.2
马氏躯干腿长指数	85.6±5.4	86.5±5.2	87.0±4.9	87.8±5.4	89.3±6.1	88.1±5.0	87.9±5.5
身高下肢长指数	50.9±2.2	51.2±1.7	51.3±1.7	52.0±2.2	52.4±2.1	52.9±1.9	52.0±2.1
身体质量指数/（kg/m²）	22.5±4.4	24.4±3.8	25.1±3.4	24.6±3.2	24.2±2.9	22.7±2.8	24.4±3.2
身体肥胖指数	23.8±3.0	25.9±3.8	26.6±3.2	26.5±3.1	26.6±2.6	26.2±2.7	26.4±3.0
体脂率/%	18.9±7.1	21.5±5.5	23.2±4.9	23.8±5.1	25.5±4.4	26.8±5.4	24.1±5.2

表 1-1-49 华南汉族女性头面部指数、体部指数和体脂率

指数	不同年龄组（岁）的指标值（$\bar{x}\pm s$）						合计	u
	18～	30～	40～	50～	60～	70～85		
头长宽指数	84.7±4.0	82.1±4.9	81.4±4.5	80.0±3.4	79.7±3.6	80.3±2.7	80.5±3.9	1.99*
头长高指数	70.1±5.0	70.1±6.9	69.3±7.5	67.6±6.7	66.6±6.6	72.0±8.3	68.1±7.0	0.00
头宽高指数	82.8±5.2	85.6±8.8	85.3±9.6	84.6±8.3	83.8±9.0	89.9±11.1	84.7±8.8	1.16
形态面指数	83.7±4.8	82.5±4.7	82.5±4.5	84.0±4.9	84.2±5.1	84.4±5.5	83.6±4.9	0.31
鼻指数	70.4±5.7	74.2±5.7	74.1±7.1	73.9±7.0	74.7±7.2	78.0±7.6	74.3±7.1	3.79**
口指数	43.2±5.4	38.7±7.1	35.6±6.0	32.2±6.1	28.7±6.0	31.2±9.5	32.7±7.1	1.56
身高坐高指数	55.3±1.2	54.4±1.5	54.3±1.4	53.7±1.6	53.0±1.6	52.2±1.3	53.7±1.6	3.95**

续表

指数	不同年龄组（岁）的指标值（$\bar{x}\pm s$）						合计	u
	18～	30～	40～	50～	60～	70～85		
身高体重指数	324.4±43.4	355.4±37.6	371.3±48.1	367.2±49.6	352.0±53.7	335.3±46.1	361.2±50.3	10.40**
身高胸围指数	53.9±4.2	56.5±4.5	57.8±3.9	57.8±4.6	57.3±5.8	58.2±4.4	57.5±4.8	7.34**
身高肩宽指数	22.4±2.0	22.4±1.3	22.5±1.3	22.8±1.3	22.9±1.5	22.2±1.1	22.7±1.4	7.67**
身高骨盆宽指数	18.1±1.8	19.1±1.1	19.5±1.4	19.6±1.2	19.9±1.6	19.3±1.1	19.6±1.4	8.58**
马氏躯干腿长指数	81.1±4.1	84.1±5.1	84.3±4.8	86.5±5.5	88.9±5.7	91.8±4.8	86.5±5.7	3.96**
身高下肢长指数	52.7±1.3	53.2±1.8	53.1±1.8	53.1±1.7	53.7±2.2	54.8±1.8	53.3±1.9	10.17**
身体质量指数/（kg/m²）	21.1±2.8	23.2±2.7	24.3±3.1	24.1±3.2	23.5±3.6	22.4±2.9	23.8±3.3	2.92**
身体肥胖指数	28.1±3.4	29.9±3.7	31.0±3.2	30.9±3.5	30.9±3.7	30.7±4.1	30.8±3.6	21.27**
体脂率/%	23.7±3.8	29.0±3.7	30.7±4.2	32.3±4.0	33.6±4.5	34.1±4.0	31.9±4.5	25.06**

注：u 为性别间的 u 检验值。

*$P<0.05$，**$P<0.01$，差异具有统计学意义。

表 1-1-50　华南汉族男性关节活动度指标　　　　　　　　[单位：（°）]

指标	不同年龄组（岁）的指标值（$\bar{x}\pm s$）						合计
	18～	30～	40～	50～	60～	70～85	
颈关节弯曲	62.3±19.8	59.8±14.5	55.4±17.1	58.9±13.8	57.5±12.1	53.3±12.2	57.5±14.2
颈关节伸展	51.0±13.0	39.5±7.9	38.3±8.1	36.1±8.3	34.9±8.1	34.9±8.0	36.7±8.5
颈关节侧屈	48.1±17.3	48.5±11.8	45.6±12.7	45.9±9.4	44.3±10.2	40.6±8.0	45.2±10.7
肩关节屈曲	160.3±14.5	153.4±9.0	150.6±9.1	149.8±7.9	146.3±9.0	142.9±9.2	149.0±9.2
肩关节伸展	65.1±4.3	60.7±8.5	60.4±9.9	62.9±9.2	62.2±9.3	63.0±7.1	62.1±9.1
肩关节外展	146.4±12.4	140.0±10.5	143.5±9.2	139.6±11.6	137.1±10.7	133.9±11.1	139.4±11.1
肩关节内收	60.9±9.9	63.9±8.3	63.6±7.6	62.4±8.4	61.5±6.9	60.9±5.4	62.4±7.7
肘关节由伸至屈	138.0±4.6	131.1±6.5	130.7±7.1	130.5±7.2	132.2±6.3	132.5±6.0	131.3±6.8
腕关节屈腕	63.0±6.2	55.8±7.7	55.1±9.1	53.9±8.4	52.1±9.1	50.2±9.4	53.7±8.9
腕关节伸腕	57.3±5.2	54.6±10.4	55.8±11.7	49.1±11.9	48.3±11.8	47.9±11.9	50.7±12.0
腕关节桡屈	31.6±11.0	21.8±6.8	22.3±7.3	21.6±6.9	22.0±6.5	21.0±6.1	22.0±7.0
腕关节尺屈	34.3±22.3	36.2±17.4	34.2±15.7	39.9±13.8	41.9±10.6	41.8±11.0	39.0±14.0

表 1-1-51　华南汉族女性关节活动度指标

指标	不同年龄组（岁）的指标值（$\bar{x}\pm s$）/（°）						合计/（°）	u
	18～	30～	40～	50～	60～	70～85		
颈关节弯曲	62.0±17.0	62.6±13.2	57.4±14.2	58.3±13.5	55.8±10.4	49.8±8.6	57.6±13.0	0.13
颈关节伸展	49.8±14.3	44.5±10.4	41.1±9.1	39.3±9.0	39.8±7.5	38.8±9.1	40.5±9.1	6.82**
颈关节侧屈	46.4±8.6	50.4±10.1	47.0±9.2	46.6±9.3	45.1±8.5	41.2±6.8	46.4±9.2	1.87
肩关节屈曲	152.5±9.6	152.3±8.9	152.9±7.2	150.1±8.5	148.7±8.5	142.6±7.5	150.3±8.5	2.42*
肩关节伸展	63.1±10.3	62.4±10.1	63.7±9.0	62.9±9.2	63.8±8.3	64.4±8.8	63.3±9.0	2.15*

续表

指标	不同年龄组（岁）的指标值（$\bar{x} \pm s$）/（°）						合计/（°）	u
	18～	30～	40～	50～	60～	70～85		
肩关节外展	142.7±9.6	147.5±8.7	148.7±9.3	143.6±11.1	141.5±10.2	136.8±9.6	144.2±10.7	6.91**
肩关节内收	68.9±5.7	68.8±6.7	66.7±7.5	66.6±6.3	65.0±6.6	63.8±4.7	66.4±6.7	8.58**
肘关节由伸至屈	136.6±5.8	136.1±5.3	135.1±5.8	134.8±5.5	136.5±5.3	135.3±4.4	135.5±5.5	10.39**
腕关节屈腕	63.3±10.0	59.9±7.8	55.7±9.4	53.4±9.2	51.5±8.9	52.2±7.7	54.1±9.4	0.69
腕关节伸腕	55.8±17.5	53.7±12.1	50.4±12.5	46.9±12.4	45.8±13.3	48.8±14.7	48.2±13.1	3.23**
腕关节桡屈	26.6±7.7	29.4±9.4	26.5±7.9	27.0±8.5	27.2±8.0	26.1±8.4	27.1±8.3	10.70**
腕关节尺屈	37.2±18.6	42.9±17.1	38.4±17.1	42.6±14.5	45.4±11.1	48.3±10.4	42.5±14.7	3.85**

注：u 为性别间的 u 检验值。

*$P<0.05$，**$P<0.01$，差异具有统计学意义。

表 1-1-52　华南汉族男性生化指标

指标	不同年龄组（岁）的指标值（$\bar{x} \pm s$）						合计
	18～	30～	40～	50～	60～	70～85	
总胆红素/（μmol/L）	11.8±4.1	10.4±3.9	10.9±4.4	11.2±4.5	11.3±6.2	10.3±4.0	11.0±4.9
直接胆红素/（μmol/L）	3.2±1.3	3.2±2.1	3.4±1.6	3.3±1.7	3.5±2.2	4.1±1.9	3.4±1.9
间接胆红素/（μmol/L）	8.6±3.3	7.2±3.6	7.4±4.7	7.9±4.0	7.8±5.6	6.2±3.4	7.6±4.5
丙氨酸氨基转移酶/（U/L）	38.2±19.0	32.0±24.6	35.9±22.9	30.6±31.5	25.4±15.9	19.2±9.0	29.7±24.6
天冬氨酸氨基转移酶/（U/L）	23.5±8.7	25.5±9.8	26.0±12.6	28.1±23.0	25.8±11.7	21.9±5.6	26.3±16.4
总胆固醇/（mmol/L）	5.1±1.0	5.0±0.8	5.4±1.1	5.4±1.1	5.3±1.0	5.4±1.0	5.4±1.1
甘油三酯/（mmol/L）	1.7±0.6	1.9±1.7	1.6±1.2	1.7±1.6	1.6±1.3	1.5±1.4	1.6±1.4
高密度脂蛋白胆固醇/（mmol/L）	1.2±0.1	1.2±0.3	1.3±0.3	1.3±0.4	1.3±0.4	1.3±0.3	1.3±0.4
低密度脂蛋白胆固醇/（mmol/L）	3.4±0.9	3.3±0.7	3.6±0.9	3.7±0.9	3.6±1.0	3.6±0.8	3.6±0.9
血糖/（mmol/L）	4.9±0.4	5.1±0.5	5.5±1.3	5.5±1.3	6.2±2.6	5.6±1.5	5.6±1.8
肌酐/（μmol/L）	105.3±13.3	93.6±12.9	97.1±12.3	94.2±15.4	97.0±20.1	103.1±22.2	96.4±16.8
尿酸/（μmol/L）	485.8±126.0	374.5±84.4	402.9±90.5	381.0±84.8	376.7±90.7	372.7±82.4	384.8±89.1
尿素氮/（mmol/L）	4.5±1.1	4.8±1.1	4.9±1.2	5.0±1.2	5.4±2.0	5.5±1.5	5.1±1.5

表 1-1-53　华南汉族女性生化指标

指标	不同年龄组（岁）的指标值（$\bar{x} \pm s$）						合计	u
	18～	30～	40～	50～	60～	70～85		
总胆红素/（μmol/L）	9.6±2.1	11.1±3.6	11.6±4.6	10.8±3.8	10.5±3.8	9.4±3.3	10.8±3.9	0.70
直接胆红素/（μmol/L）	2.9±1.1	2.7±1.5	2.8±1.8	2.7±1.2	2.8±1.5	3.3±1.3	2.8±1.5	5.44**
间接胆红素/（μmol/L）	6.8±2.2	8.4±3.2	8.8±4.1	8.1±3.4	7.5±3.8	6.1±3.2	8.0±3.6	1.53
丙氨酸氨基转移酶/（U/L）	21.2±13.9	18.8±9.6	23.5±40.1	22.4±12.0	25.2±14.4	15.3±7.4	22.8±21.4	4.68**
天冬氨酸氨基转移酶/（U/L）	20.5±6.6	19.1±5.0	23.2±31.2	23.1±7.7	26.1±11.2	23.3±8.7	23.5±16.3	2.71**
总胆固醇/（mmol/L）	4.7±0.8	4.9±0.9	5.0±1.0	5.5±1.0	5.7±1.0	5.6±0.7	5.4±1.0	0.00

续表

指标	不同年龄组（岁）的指标值（$\bar{x} \pm s$）						合计	u
	18～	30～	40～	50～	60～	70～85		
甘油三酯/（mmol/L）	1.0±0.3	1.0±0.5	1.1±0.6	1.4±1.0	1.4±1.0	1.6±1.1	1.3±0.9	3.90**
高密度脂蛋白胆固醇/（mmol/L）	1.5±0.4	1.5±0.3	1.5±0.4	1.5±0.3	1.5±0.4	1.4±0.3	1.5±0.4	7.90**
低密度脂蛋白胆固醇/（mmol/L）	2.9±0.9	3.1±0.8	3.2±0.8	3.6±0.9	3.8±0.9	3.9±0.7	3.5±0.9	1.76
血糖/（mmol/L）	4.8±0.3	4.9±0.4	5.0±0.4	5.5±2.0	5.6±1.6	6.3±3.3	5.4±1.7	1.80
肌酐/（μmol/L）	80.7±6.3	77.1±13.7	75.7±13.2	77.7±14.2	78.6±17.6	85.0±27.5	77.7±15.4	18.22**
尿酸/（μmol/L）	309.1±52.0	296.5±64.1	290.4±64.3	302.3±72.9	315.7±72.9	314.7±80.2	303.4±70.6	15.73**
尿素氮/（mmol/L）	3.9±0.5	4.3±1.1	4.3±1.1	5.0±1.2	5.3±1.5	5.4±2.3	4.9±1.4	2.17*

注：u 为性别间的 u 检验值。

*P＜0.05，**P＜0.01，差异具有统计学意义。

表 1-1-54　华南汉族肤纹观察指标出现率

指标	分型		男性		女性		合计		u
	左	右	人数	占比/%	人数	占比/%	人数	占比/%	
通贯手	+	+	16	4.6	11	2.2	27	3.2	1.98*
	+	−	16	4.6	15	3.0	31	3.6	1.25
	−	+	20	5.7	12	2.4	32	3.7	2.54*
掌"川"字线	+	+	6	1.7	33	6.5	39	4.6	3.31**
	+	−	11	3.2	13	2.6	24	2.8	0.51
	−	+	6	1.7	18	3.6	24	2.8	1.60
缺掌 c 三角	+	+	2	0.6	3	0.6	5	0.6	0.04
	+	−	3	0.9	6	1.2	9	1.1	0.46
	−	+	1	0.3	3	0.6	4	0.5	0.65
掌Ⅳ2 枚真实纹	+	+	0	0.0	0	0.0	0	0.0	
	+	−	13	3.7	11	2.2	24	2.8	1.35
	−	+	0	0.0	0	0.0	0	0.0	
掌Ⅱ/Ⅲ跨区纹	+	+	0	0.0	0	0.0	0	0.0	
	+	−	0	0.0	0	0.0	0	0.0	
	+	+	1	0.3	1	0.2	2	0.2	0.26
掌Ⅲ/Ⅳ跨区纹	+	+	3	0.9	10	2.0	13	1.5	1.31
	+	−	25	7.2	39	7.7	64	7.5	0.30
	−	+	12	3.4	18	3.6	30	3.5	0.09
足跟真实纹	+	+	1	0.3	0	0.0	1	0.1	1.20
	+	−	0	0.0	0	0.0	0	0.0	
	−	+	0	0.0	0	0.0	0	0.0	

注：u 为性别间率的 u 检验值。

*P＜0.05，**P＜0.01，差异具有统计学意义。

表 1-1-55　华南汉族指纹情况

华南汉族	简弓	帐弓	尺箕	桡箕	简斗	双箕斗	弓	箕	斗
男性									
人数	58	16	1773	97	1378	168	74	1870	1546
占比/%	1.6	0.5	50.8	2.8	39.5	4.8	2.1	53.6	44.3
女性									
人数	105	10	2742	134	1880	189	115	2876	2069
占比/%	2.1	0.2	54.2	2.7	37.1	3.7	2.3	56.8	40.9
合计									
人数	163	26	4515	231	3258	357	189	4746	3615
占比/%	1.9	0.3	52.8	2.7	38.1	4.2	2.2	55.5	42.3
u	1.37	2.15*	3.08**	0.37	2.18*	2.45*	0.47	2.98**	3.14**

注：u 为性别间率的 u 检验值。

*$P<0.05$，**$P<0.01$，差异具有统计学意义。

表 1-1-56　华南汉族指纹频率　　　　　　（单位：%）

类型	左手					右手				
	拇指	示指	中指	环指	小指	拇指	示指	中指	环指	小指
男性										
简弓	2.6	3.7	2.3	0.9	0.6	1.1	4.3	1.2	0.0	0.0
帐弓	0.0	1.1	0.3	0.0	0.3	0.0	1.7	0.6	0.3	0.3
尺箕	38.1	40.7	61.9	41.8	77.3	33.5	42.7	67.6	32.9	71.3
桡箕	0.3	11.8	1.2	0.6	0.0	0.0	10.9	1.4	1.2	0.6
简斗	40.4	39.3	28.9	54.7	19.2	54.2	38.4	27.5	65.0	27.2
双箕斗	18.6	3.4	5.4	2.0	2.6	11.2	2.0	1.7	0.6	0.6
女性										
简弓	3.6	4.1	2.8	0.4	1.4	2.2	3.9	1.0	1.0	0.4
帐弓	0.0	0.2	0.6	0.0	0.0	0.0	1.0	0.0	0.2	0.0
尺箕	41.5	43.7	62.6	44.8	78.4	41.7	47.6	71.1	38.5	71.7
桡箕	1.0	12.6	2.4	0.8	0.2	0.2	7.7	0.6	0.8	0.2
简斗	37.3	36.2	28.4	52.6	18.6	50.4	37.4	25.1	58.7	26.9
双箕斗	16.6	3.2	3.2	1.4	1.4	5.5	2.4	2.2	0.8	0.8

表 1-1-57　华南汉族单手 5 指、双手 10 指指纹的组合情况

序号	组合			男性		女性		合计		u
	弓	箕	斗	人数	占比/%	人数	占比/%	人数	占比/%	
单手 5 指										
1	0	0	5	72	10.3	106	10.5	178	10.4	0.11
2	0	1	4	103	14.8	143	14.1	246	14.4	0.36

续表

序号	组合			男性		女性		合计		u
	弓	箕	斗	人数	占比/%	人数	占比/%	人数	占比/%	
单手5指										
3	0	2	3	125	17.9	139	13.7	264	15.4	2.35*
4	0	3	2	125	17.9	164	16.2	289	16.9	0.92
5	0	4	1	114	16.3	186	18.4	300	17.5	1.09
6	0	5	0	98	14.0	201	19.9	299	17.5	3.11**
7	1	0	4	0	0.0	0	0.0	0	0.0	
8	1	1	3	0	0.0	2	0.2	2	0.1	1.18
9	1	2	2	8	1.2	5	0.5	13	0.8	1.53
10	1	3	1	15	2.2	16	1.6	31	1.8	0.87
11	1	4	0	26	3.7	28	2.8	54	3.2	1.11
12	2	0	3	0	0.0	0	0.0	0	0.0	
13	2	1	2	1	0.1	0	0.0	1	0.1	1.20
14	2	2	1	2	0.3	4	0.4	6	0.4	0.37
15	2	3	0	8	1.2	8	0.8	16	0.9	0.75
16	3	0	2	0	0.0	0	0.0	0	0.0	
17	3	1	1	0	0.0	0	0.0	0	0.0	
18	3	2	0	1	0.1	3	0.3	4	0.2	0.64
19	4	0	1	0	0.0	0	0.0	0	0.0	
20	4	1	0	0	0.0	4	0.4	4	0.2	1.66
21	5	0	0	0	0.0	3	0.3	3	0.2	1.44
合计				698	100.0	1012	100.1	1710	100.0	
双手10指										
1	0	0	10	23	6.7	26	5.0	49	5.7	0.90
2	0	1	9	16	4.6	41	8.1	57	6.7	2.00*
3	0	2	8	32	9.2	33	6.5	65	7.6	1.40
4	0	3	7	27	7.7	39	7.7	66	7.7	0.00
5	0	4	6	37	10.6	32	6.3	69	8.1	2.26*
6	0	5	5	29	8.3	42	8.3	71	8.3	0.00
7	0	6	4	34	9.7	44	8.7	78	9.1	0.52
8	0	7	3	27	7.7	43	8.5	70	8.2	0.40
9	0	8	2	35	10.0	51	10.1	86	10.1	0.02
10	0	9	1	16	4.6	43	8.5	59	6.9	2.22*
11	0	10	0	26	7.4	61	12.1	87	10.2	2.19*
12	1	0	9	0	0.0	0	0.0	0	0.0	
13	1	1	8	0	0.0	0	0.0	0	0.0	
14	1	2	7	0	0.0	0	0.0	0	0.0	

续表

序号	组合			男性		女性		合计		u
	弓	箕	斗	人数	占比/%	人数	占比/%	人数	占比/%	
				双手10指						
15	1	3	6	0	0.0	0	0.0	0	0.0	
16	1	4	5	1	0.3	1	0.2	2	0.2	0.26
17	1	5	4	1	0.3	1	0.2	2	0.2	0.26
18	1	6	3	5	1.4	3	0.6	8	0.9	1.25
19	1	7	2	6	1.7	4	0.8	10	1.2	1.24
20	1	8	1	5	1.4	9	1.8	14	1.6	0.39
21	1	9	0	13	3.7	9	1.8	22	2.6	1.77
22	2	0	8	0	0.0	0	0.0	0	0.0	
23	2	1	7	0	0.0	0	0.0	0	0.0	
24	2	2	6	1	0.3	0	0.0	1	0.1	1.20
25	2	3	5	0	0.0	0	0.0	0	0.0	
26	2	4	4	0	0.0	0	0.0	0	0.0	
27	2	5	3	0	0.0	1	0.2	1	0.1	0.83
28	2	6	2	0	0.0	2	0.4	2	0.2	1.18
29	2	7	1	0	0.0	3	0.6	3	0.4	1.44
30	2	8	0	9	2.6	3	0.6	12	1.4	2.43*
31	3	0	7	0	0.0	0	0.0	0	0.0	
32	3	1	6	0	0.0	0	0.0	0	0.0	
33	3	2	5	0	0.0	0	0.0	0	0.0	
34	3	3	4	0	0.0	0	0.0	0	0.0	
35	3	4	3	1	0.3	1	0.2	2	0.2	0.26
36	3	5	2	3	0.9	0	0.0	3	0.4	2.09*
37	3	6	1	1	0.3	1	0.2	2	0.2	0.26
38	3	7	0	0	0.0	3	0.6	3	0.4	1.44
39	9	1	0	0	0.0	1	0.2	1	0.1	0.83
40	10	0	0	0	0.0	1	0.2	1	0.1	0.83
	其他组合			1	0.3	8	1.6	9	1.1	0.90
合计	220	220	220	349	100.0	506	100.0	855	100.0	

注：u 为性别间率的 u 检验值。

*P<0.05，差异具有统计学意义。

表 1-1-58　华南汉族肤纹频率　　　（单位：%）

	类型	男左	男右	女左	女右	男性	女性	合计
				掌肤纹				
大鱼际	真实纹	3.7	0.3	3.6	1.0	2.0	2.3	2.2
Ⅱ	真实纹	0.3	0.6	1.0	0.8	0.4	0.9	0.7

续表

类型		男左	男右	女左	女右	男性	女性	合计
				掌肤纹				
Ⅲ	真实纹	1.2	16.3	4.4	16.2	8.7	10.3	9.7
Ⅳ	真实纹	72.5	57.9	72.1	55.9	65.2	64.0	64.5
小鱼际	真实纹	9.2	11.2	7.7	8.5	10.2	8.1	9.0
				足肤纹				
Ⅱ	真实纹	6.3	4.3	6.3	6.5	5.3	6.4	6.0
Ⅲ	真实纹	50.2	53.9	54.6	56.9	52.0	55.7	54.2
Ⅳ	真实纹	6.3	10.3	3.2	6.3	8.3	4.7	6.2
小鱼际	真实纹	4.3	7.2	4.4	4.9	5.7	4.7	5.1
				踇趾球纹				
弓	胫弓	4.6	6.3	3.4	5.9	5.5	4.6	5.0
	其他弓	2.6	2.8	0.6	1.2	2.7	0.9	1.6
箕	远箕	58.7	59.3	62.6	63.0	59.0	62.8	61.3
	其他箕	12.6	11.5	12.4	11.9	12.0	12.2	12.1
斗	一般斗	20.6	19.2	21.0	17.4	19.9	19.2	19.5
	其他斗	0.9	0.9	0.0	0.6	0.9	0.3	0.5

表 1-1-59　华南汉族表型组肤纹指标组合情况

掌		大鱼际纹			指间Ⅱ区纹			指间Ⅲ区纹			指间Ⅳ区纹			小鱼际纹		
组合	左	+	+	−	+	+	−	+	+	−	+	+	−	+	+	−
	右	+	−	+	+	−	+	+	−	+	+	−	+	+	−	+
合计	人数	6	25	0	3	3	3	20	6	119	432	186	53	40	31	42
	频率/%	0.7	2.9	0.0	0.4	0.4	0.4	2.3	0.7	13.9	50.5	21.8	6.2	4.7	3.6	4.9

足		踇趾弓纹	踇趾箕纹	踇趾斗纹	趾间Ⅱ区纹			趾间Ⅲ区纹			趾间Ⅳ区纹			小鱼际纹		
组合	左	+	+	+	+	+	−	+	+	−	+	+	−	+	+	−
	右	+	+	+	+	−	+	+	−	+	+	−	+	+	−	+
合计	人数	30	468	119	21	33	27	389	64	87	28	10	40	23	14	27
	频率/%	3.5	54.7	13.9	2.5	3.9	3.2	45.5	7.3	10.2	3.3	1.2	4.7	2.7	1.6	3.2

（谭婧泽　张海国）

第二节　壮　族

一、壮 族 简 介

壮族是我国人口最多的少数民族，根据 2010 年第六次全国人口普查统计数据，壮族人口为 16 926 381 人，占全国总人口的 1.27%（国务院人口普查办公室，国家统计局人口和就业统计司，2012）。壮族主要分布在广西壮族自治区，在广东、贵州、云南、湖南等省份也有聚集。壮族是一个跨境族群，与越南境内的岱人、侬人有同源异流的关系（杨筑慧，2003）。壮语属汉藏语系壮侗语族壮傣语支，有南部和北部两大方言区、十二个土语区，其语音结构和语法结构基本相同，1955 年创制了以拉丁字母为基础的壮文（宋蜀华，陈克进，2001；杨筑慧，2003；金力，褚嘉祐，2006）。

壮族在遗传结构上表现为东亚人群南方类型，Y 染色体单倍群分布主要集中在 O*、O1、O2a、O3 等，其中壮族各支系中数量最多的是单倍群 O*，O2a 和 O1 次之，这和东亚南方人群的 Y 染色体单倍型频率分布特点相同（徐杰舜，李辉，2017）。而东亚北方人群的 Y 染色体单倍群 O3、O3e、O3e1 也存在于壮族群体中，表明壮族与东亚北部人群之间也存在较频繁的基因交流（徐杰舜，李辉，2014）。壮族各支系人群的 mtDNA 单倍群频率分布主要是 B、F、M7 等，与东南亚人群的 mtDNA 组成相同（徐杰舜，李辉，2014）。群体遗传结构研究显示，壮族和黎族、傣族、广西汉族之间存在密切的关系，表明壮族是一个较为典型的南方群体（袁志刚等，2001；徐杰舜，李辉，2014）。壮族在语言上虽然有南部和北部两大方言的差异，但是南部和北部人群在遗传形态上却十分近似，然而在东西部却出现了以红水河作为支点的渐变扩散的生物学散布轨迹，也即壮族各分支的发展蔓延是东西向而非南北向。

2015～2019 年，研究团队三次在广西壮族自治区开展了壮族体质表型数据采集工作。随机取样，共采集 1753 例壮族样本，其中南宁壮族 480 例（男性 127 例、女性 353 例），百色壮族 479 例（男性 208 例、女性 271 例），河池壮族 794 例（男性 327 例、女性 467 例）。同时，使用电子扫描法获得完整有效的南宁壮族肤纹数据 464 例，肤纹的测量方法参照《肤纹学之经典和活力》（张海国，2011）。

二、南宁壮族的表型数据（表 1-2-1～表 1-2-19）

表 1-2-1　广西南宁壮族男性头面部指标　　　　　　　　　　（单位：mm）

指标	不同年龄组（岁）的指标值（$\bar{x} \pm s$）						合计
	18～	30～	40～	50～	60～	70～85	
头长	—	184.0±6.1	184.9±6.9	185.0±5.4	186.7±5.1	185.2±6.0	185.5±5.7
头宽	—	151.2±6.3	150.1±6.0	151.5±6.6	149.1±4.9	149.2±4.7	150.0±5.5
额最小宽	—	104.2±5.8	103.0±5.0	104.2±6.2	104.4±4.8	103.8±4.1	104.0±5.0
面宽	—	143.6±5.5	142.4±5.2	143.5±5.8	141.5±5.8	139.1±4.0	141.8±5.5

续表

指标	不同年龄组（岁）的指标值（$\bar{x}\pm s$）						合计
	18～	30～	40～	50～	60～	70～85	
下颌角间宽	—	114.1±5.7	111.0±7.5	112.6±5.9	110.7±6.7	108.4±6.2	111.0±6.6
眼内角间宽	—	33.1±2.7	33.5±2.3	32.9±2.8	33.6±2.6	33.1±3.2	33.3±2.7
眼外角间宽	—	92.0±4.8	92.0±4.5	90.7±4.3	89.5±4.6	87.2±3.6	90.0±4.6
鼻宽	—	40.5±2.6	40.1±2.4	39.6±3.0	39.9±2.9	39.8±3.0	39.9±2.8
口宽	—	48.7±5.0	48.3±3.5	48.3±3.5	49.6±4.4	50.3±2.8	49.1±3.9
容貌面高	—	175.2±9.2	178.0±10.7	182.6±11.3	184.2±13.2	187.6±12.2	182.7±12.3
形态面高	—	115.8±5.3	117.3±5.9	119.1±6.0	120.5±6.7	120.5±6.3	119.3±6.4
鼻高	—	51.2±3.3	53.0±3.7	52.2±3.8	54.6±3.7	54.9±4.4	53.6±4.0
上唇皮肤部高	—	17.2±3.2	18.1±3.3	19.2±2.3	20.2±2.7	19.9±3.1	19.3±3.0
唇高	—	18.4±3.2	16.8±2.7	16.8±2.4	13.5±3.4	14.4±5.0	15.3±3.8
红唇厚度	—	8.4±1.3	7.7±1.4	7.9±1.3	6.6±1.7	6.9±2.0	7.2±1.7
容貌耳长	—	63.5±4.6	63.3±4.4	65.6±5.1	66.4±4.4	66.7±5.0	65.6±4.8
容貌耳宽	—	30.0±2.1	29.3±3.0	30.6±2.6	30.2±2.7	30.7±3.0	30.2±2.7
耳上头高	—	126.1±9.9	126.5±11.6	129.9±8.7	131.0±11.4	122.9±12.5	128.1±11.3

表 1-2-2 广西南宁壮族女性头面部指标

指标	不同年龄组（岁）的指标值（$\bar{x}\pm s$）/mm						合计/mm	u
	18～	30～	40～	50～	60～	70～85		
头长	171.5±14.8	176.1±7.7	178.1±6.6	178.3±5.8	177.4±6.3	177.2±6.2	177.7±6.4	12.90**
头宽	150.0±0.0	144.8±5.4	143.1±5.1	143.6±5.2	143.2±4.9	142.5±4.6	143.4±5.1	11.73**
额最小宽	105.0±0.0	101.6±7.0	102.3±5.6	101.2±6.4	100.7±6.2	99.8±5.9	101.2±6.2	5.02**
面宽	139.5±2.1	134.9±5.7	134.9±5.0	134.6±5.5	134.4±5.2	132.7±5.0	134.5±5.3	12.94**
下颌角间宽	103.0±5.7	103.3±5.1	104.3±4.9	104.7±5.9	103.6±5.7	103.6±6.1	104.1±5.6	10.47**
眼内角间宽	34.6±0.6	33.8±2.8	33.0±2.8	33.1±2.9	32.2±2.8	33.0±2.7	32.9±2.8	1.63
眼外角间宽	89.2±2.5	89.1±3.5	87.8±4.6	86.6±4.1	85.9±4.2	85.9±4.7	86.8±4.3	6.75**
鼻宽	35.4±2.2	35.7±2.9	36.6±2.5	37.2±2.8	37.3±2.7	38.0±3.1	37.1±2.8	9.62**
口宽	48.1±2.2	46.4±3.6	47.5±3.4	47.6±3.2	47.2±3.5	46.7±3.6	47.3±3.4	4.80**
容貌面高	175.5±9.2	173.6±8.2	173.1±10.2	173.4±8.6	175.8±9.5	173.1±10.4	174.0±9.3	7.25**
形态面高	109.4±2.5	109.1±4.7	111.6±5.6	112.3±5.6	113.7±7.3	112.2±4.9	112.3±6.1	10.78**
鼻高	50.7±5.7	47.9±2.7	49.5±3.6	49.8±3.1	51.4±4.3	50.7±4.3	50.1±3.8	8.50**
上唇皮肤部高	15.3±3.3	15.4±2.4	15.7±2.2	17.7±2.4	18.2±2.6	19.0±2.1	17.4±2.7	6.63**
唇高	18.9±1.3	17.4±3.6	17.3±2.7	15.1±2.8	14.2±3.2	13.6±3.4	15.3±3.3	0.00
红唇厚度	8.6±0.3	8.1±1.4	7.9±1.4	7.1±1.3	6.8±1.6	6.6±1.6	7.2±1.5	0.31
容貌耳长	52.7±5.5	56.5±3.4	57.8±3.8	60.0±4.1	63.0±4.4	64.5±4.7	60.6±4.9	10.08**
容貌耳宽	28.8±0.1	27.8±2.4	28.6±2.4	29.3±2.8	30.7±2.9	31.6±2.9	29.7±2.9	1.81
耳上头高	136.5±3.5	127.9±11.3	123.2±12.6	125.0±9.9	124.1±12.3	125.4±10.2	124.7±11.3	2.87**

注：u 为性别间的 u 检验值。

**$P<0.01$，差异具有统计学意义。

表 1-2-3　广西南宁壮族男性体部指标

指标	不同年龄组（岁）的指标值（$\bar{x}\pm s$）						合计
	18～	30～	40～	50～	60～	70～85	
体重	—	64.5±9.0	63.6±8.2	64.6±10.5	60.9±9.7	57.3±7.1	61.7±9.4
身高	—	1658.4±68.2	1620.6±66.2	1624.7±66.9	1611.5±61.3	1601.6±59.8	1617.5±64.1
髂前上棘点高	—	895.2±41.9	880.2±42.6	881.8±42.5	896.8±40.5	889.2±57.9	889.3±44.9
坐高	—	879.9±41.3	861.7±37.8	867.7±23.0	847.6±33.9	842.6±32.6	855.7±34.4
肱骨内外上髁间径	—	61.1±3.4	63.5±3.4	65.4±4.4	64.5±4.1	63.6±5.1	64.1±4.3
股骨内外上髁间径	—	92.6±3.8	91.0±5.1	91.2±4.2	91.8±4.9	90.8±4.8	91.4±4.6
肩宽	—	389.4±12.1	386.4±11.5	381.7±13.4	377.2±15.0	370.9±15.5	379.4±14.9
骨盆宽	—	306.7±13.2	307.4±21.4	314.1±16.4	313.3±18.9	316.1±22.7	312.5±19.2
平静胸围	—	861.7±34.1	869.8±60.4	895.9±63.6	887.8±51.0	878.5±53.1	882.8±55.3
腰围	—	786.3±88.5	793.0±97.4	827.4±99.1	822.6±89.3	819.6±75.5	815.3±90.3
臀围	—	896.7±60.0	888.9±70.0	911.7±56.9	899.2±58.2	880.7±52.2	896.5±59.2
大腿围	—	456.6±44.9	445.5±49.7	454.2±45.1	448.1±43.6	425.2±32.6	445.3±43.9
上肢全长	—	705.9±42.6	696.7±46.3	703.6±40.0	709.1±34.4	704.6±37.1	704.8±38.4
下肢全长	—	860.8±35.2	847.3±38.9	849.5±39.8	865.5±37.8	857.5±55.1	857.2±41.9

注：体重的单位为 kg，其余指标值的单位为 mm。

表 1-2-4　广西南宁壮族女性体部指标

指标	不同年龄组（岁）的指标值（$\bar{x}\pm s$）						合计	u
	18～	30～	40～	50～	60～	70～85		
体重	49.5±2.8	52.4±8.0	54.6±9.3	53.8±9.0	51.4±8.8	49.7±8.0	52.7±8.9	9.35**
身高	1554.0±2.8	1534.5±47.9	1529.7±45.4	1520.6±51.3	1497.7±58.6	1488.8±50.3	1514.2±54.0	16.16**
髂前上棘点高	851.0±5.7	830.9±34.1	843.8±31.6	832.9±37.9	829.7±40.7	842.7±40.3	834.8±37.7	12.18**
坐高	827.0±1.4	831.7±34.3	824.6±30.0	815.8±30.5	790.2±36.7	772.5±34.7	807.6±37.5	13.15**
肱骨内外上髁间径	56.0±4.2	55.6±3.4	56.8±3.7	57.0±3.4	57.2±3.4	57.8±2.3	57.0±3.4	16.76**
股骨内外上髁间径	81.0±1.4	82.9±3.8	84.8±6.7	84.1±6.0	84.0±5.5	83.9±7.0	84.0±5.9	14.33**
肩宽	347.5±17.7	337.6±15.5	340.9±20.2	339.7±19.3	338.0±18.7	335.3±16.2	338.9±18.7	24.41**
骨盆宽	262.5±10.6	286.9±25.7	293.3±20.9	292.0±21.1	291.8±21.7	288.2±21.8	291.2±21.8	10.31**
平静胸围	822.5±10.6	843.9±58.3	866.9±66.5	863.7±76.5	841.3±75.2	847.3±70.5	854.3±72.6	4.55**
腰围	675.0±7.1	695.9±78.6	734.9±89.4	768.2±93.3	787.8±87.8	799.9±98.4	763.9±94.4	5.42**
臀围	865.0±35.4	881.9±60.4	907.0±68.7	889.5±67.0	873.5±68.4	866.4±77.2	885.1±68.9	1.77
大腿围	485.0±35.4	486.1±39.9	490.8±48.7	468.8±46.5	455.0±45.7	440.8±38.6	467.8±47.7	4.83**
上肢全长	643.5±12.0	651.9±25.6	656.9±33.2	653.6±34.5	659.9±34.3	656.6±27.3	656.1±32.7	12.69**
下肢全长	821.0±5.7	803.8±31.3	817.2±30.3	806.6±35.3	804.8±37.8	818.8±36.9	809.0±35.2	11.54**

注：u 为性别间的 u 检验值；体重的单位为 kg，其余指标值的单位为 mm。

**$P<0.01$，差异具有统计学意义。

表 1-2-5　广西南宁壮族观察指标情况

指标	分型	男性		女性		合计		u
		人数	占比/%	人数	占比/%	人数	占比/%	
上眼睑褶皱	有	120	94.5	326	92.4	446	92.9	0.80
	无	7	5.5	27	7.6	34	7.1	0.80
内眦褶	有	15	11.8	57	16.1	72	15.0	1.16
	无	112	88.2	297	83.9	409	85.0	1.16
眼裂高度	狭窄	15	11.8	32	9.1	47	9.8	0.88
	中等	109	85.8	297	84.4	406	84.8	0.39
	较宽	3	2.4	23	6.5	26	5.4	1.78
眼裂倾斜度	内角高	1	0.8	0	0.0	1	0.2	1.67
	平行	94	74.0	190	54.0	284	59.3	3.94**
	外角高	32	25.2	162	46.0	194	40.5	4.10**
鼻背侧面观	凹型	25	19.7	192	54.4	217	45.2	6.74**
	直型	72	56.7	127	36.0	199	41.5	4.06**
	凸型	22	17.3	25	7.1	47	9.8	3.33**
	波型	8	6.3	9	2.5	17	3.5	1.96
鼻基底方向	上翘	83	65.4	273	77.6	356	74.3	2.70**
	水平	40	31.5	78	22.2	118	24.6	2.09*
	下垂	4	3.1	1	0.3	5	1.0	2.72**
鼻翼宽	狭窄	0	0.0	0	0.0	0	0.0	
	中等	44	34.9	130	36.7	174	36.3	0.36
	宽阔	82	65.1	224	63.3	306	63.8	0.36
耳垂类型	三角形	29	23.0	121	34.3	150	31.3	2.34*
	方形	30	23.8	116	32.9	146	30.5	1.89
	圆形	67	53.2	116	32.9	183	38.2	4.03**
上唇皮肤部高	低	0	0.0	8	2.3	8	1.7	1.71
	中等	56	44.1	250	71.0	306	63.9	5.42**
	高	71	55.9	94	26.7	165	34.4	5.94**
红唇厚度	薄唇	81	63.8	238	67.4	319	66.5	0.75
	中唇	41	32.3	106	30.0	147	30.6	0.47
	厚唇	5	3.9	9	2.5	14	2.9	0.80
利手	左型	0	0.0	3	0.9	3	0.6	1.04
	右型	125	100.0	348	99.1	473	99.4	1.04
扣手	左型	42	33.1	131	37.0	173	36.0	0.79
	右型	85	66.9	223	63.0	308	64.0	0.79
卷舌	否	101	80.2	269	76.2	370	77.2	0.91
	是	25	19.8	84	23.8	109	22.8	0.91

注：u 为性别间率的 u 检验值。

*$P<0.05$，**$P<0.01$，差异具有统计学意义。

表 1-2-6　广西南宁壮族男性生理指标

指标	不同年龄组（岁）的指标值（$\bar{x} \pm s$）						合计
	18～	30～	40～	50～	60～	70～85	
收缩压/mmHg	—	122.3±22.5	129.9±20.4	140.7±25.1	148.9±19.9	152.3±19.4	142.6±23.3
舒张压/mmHg	—	83.6±13.5	86.4±13.8	88.1±12.3	89.1±14.1	84.5±12.0	87.2±13.4
心率/（次/分）	—	71.7±7.5	76.9±11.0	76.4±11.7	78.0±13.8	73.3±11.0	76.2±12.2
握力/kg	—	43.2±6.5	37.1±9.6	33.3±6.7	29.0±6.9	27.4±6.9	32.1±8.6

表 1-2-7　广西南宁壮族女性生理指标

指标	不同年龄组（岁）的指标值（$\bar{x} \pm s$）						合计	u
	18～	30～	40～	50～	60～	70～85		
收缩压/mmHg	112.0±5.0	115.4±10.4	129.2±21.4	130.8±20.6	146.0±21.6	146.2±23.5	134.9±22.8	3.20**
舒张压/mmHg	73.0±8.0	75.1±9.6	80.6±12.6	78.4±11.5	82.9±11.4	83.9±12.2	80.3±11.9	5.10**
心率/（次/分）	82.5±3.5	79.4±15.0	74.3±9.9	73.8±10.2	74.6±9.9	78.5±9.6	75.1±10.7	0.90
握力/kg	33.4±1.1	24.3±5.3	24.3±4.9	21.2±5.0	18.1±4.4	16.0±4.3	20.7±5.6	13.85**

注：u 为性别间的 u 检验值。

**$P<0.01$，差异具有统计学意义。

表 1-2-8　广西南宁壮族男性头面部指数、体部指数和体脂率

指数	不同年龄组（岁）的指标值（$\bar{x} \pm s$）						合计
	18～	30～	40～	50～	60～	70～85	
头长宽指数	—	82.3±4.7	81.3±5.0	81.9±3.9	79.9±2.8	80.6±3.4	80.9±3.8
头长高指数	—	68.6±5.1	68.6±6.7	70.3±4.0	70.2±6.4	66.5±7.6	69.1±6.2
头宽高指数	—	83.4±6.0	84.3±7.3	85.8±6.6	87.9±7.4	82.5±8.7	85.5±7.6
形态面指数	—	80.8±5.2	82.4±4.4	83.0±4.5	85.2±5.6	86.7±4.6	84.2±5.2
鼻指数	—	79.5±8.4	76.0±8.0	76.3±8.4	73.4±7.9	73.1±7.8	74.9±8.1
口指数	—	37.9±5.3	35.1±6.3	35.0±5.6	27.3±7.0	28.7±10.2	31.4±8.1
身高坐高指数	—	53.1±1.7	53.2±1.4	53.5±1.5	52.6±1.4	52.6±1.5	52.9±1.5
身高体重指数	—	388.6±49.2	394.0±39.8	397.0±56.8	377.1±51.5	357.8±40.4	381.3±50.1
身高胸围指数	—	52.0±2.5	53.7±3.3	55.2±3.5	55.1±2.6	54.9±3.6	54.6±3.2
身高肩宽指数	—	23.5±0.8	23.9±0.7	23.5±0.8	23.4±1.0	23.2±1.0	23.5±0.9
身高骨盆宽指数	—	18.5±0.7	19.0±0.9	19.3±0.8	19.5±1.1	19.7±1.4	19.3±1.1
马氏躯干腿长指数	—	88.6±6.2	88.2±4.9	87.2±5.1	90.2±5.0	90.2±5.3	89.1±5.2
身高下肢长指数	—	46.9±1.7	46.8±1.4	46.5±1.5	47.4±1.4	47.4±1.5	47.1±1.5
身体质量指数/（kg/m²）	—	23.4±2.9	24.2±2.2	24.4±3.3	23.4±2.9	22.4±2.5	23.5±2.9
身体肥胖指数	—	24.1±3.8	25.5±2.9	26.2±3.3	26.0±2.2	25.5±2.8	25.7±2.8
体脂率/%	—	19.3±5.1	20.7±5.1	24.1±3.8	24.0±4.3	24.6±3.4	23.3±4.5

表 1-2-9 广西南宁壮族女性头面部指数、体部指数和体脂率

指数	不同年龄组（岁）的指标值（$\bar{x}\pm s$）						合计	u
	18～	30～	40～	50～	60～	70～85		
头长宽指数	87.8±7.6	82.1±5.4	80.4±3.8	80.6±3.4	80.8±3.6	80.5±3.2	80.8±3.8	0.33
头长高指数	79.8±4.8	72.7±6.1	69.2±6.8	70.1±5.6	70.0±7.0	70.8±5.5	70.3±6.3	1.74
头宽高指数	91.0±2.4	88.8±7.9	86.3±9.5	87.2±7.3	86.6±8.6	88.0±7.4	87.1±8.2	2.00*
形态面指数	78.4±0.6	81.0±4.4	82.7±4.3	83.5±5.2	84.7±5.9	84.7±4.3	83.6±5.2	1.19
鼻指数	70.4±12.2	74.9±7.7	74.2±6.0	75.1±7.4	73.0±7.5	75.3±7.2	74.3±7.2	0.68
口指数	39.3±0.8	37.7±7.8	36.6±6.2	31.7±6.2	30.2±7.0	29.2±7.3	32.5±7.2	1.42
身高坐高指数	53.2±0.2	54.2±1.6	53.9±1.6	53.7±1.6	52.8±1.6	51.9±1.8	53.3±1.7	2.48*
身高体重指数	318.2±17.2	340.8±48.0	356.3±56.1	353.0±54.4	342.6±53.0	333.1±49.2	347.5±53.4	6.39**
身高胸围指数	52.9±0.6	55.0±3.6	56.7±4.1	56.8±4.7	56.1±5.0	56.9±4.6	56.4±4.6	4.79**
身高肩宽指数	22.4±1.1	22.0±1.1	22.3±1.3	22.3±1.1	22.6±1.2	22.5±1.1	22.4±1.2	10.73**
身高骨盆宽指数	16.9±0.7	18.7±1.5	19.2±1.3	19.2±1.2	19.5±1.4	19.4±1.5	19.2±1.4	0.81
马氏躯干腿长指数	87.9±0.7	84.6±5.3	85.6±5.4	86.5±5.3	89.7±5.7	92.9±6.8	87.7±6.0	2.49*
身高下肢长指数	46.8±0.2	45.8±1.6	46.1±1.6	46.3±1.6	47.2±1.6	48.1±1.8	46.7±1.7	2.48*
身体质量指数/（kg/m²）	20.5±1.1	22.2±3.0	23.3±3.5	23.2±3.4	22.9±3.4	22.4±3.2	22.9±3.4	1.90
身体肥胖指数	26.6±1.7	28.4±3.5	30.0±3.5	29.5±3.5	29.7±3.9	29.7±3.7	29.5±3.6	12.08**
体脂率/%	21.7±2.1	27.3±5.0	29.9±4.1	30.5±4.6	33.2±4.9	33.6±5.0	31.2±5.1	16.32**

注：u 为性别间的 u 检验值。

*$P<0.05$，**$P<0.01$，差异具有统计学意义。

表 1-2-10 广西南宁壮族男性关节活动度指标 ［单位：（°）］

指标	不同年龄组（岁）的指标值（$\bar{x}\pm s$）						合计
	18～	30～	40～	50～	60～	70～85	
颈关节弯曲	—	61.9±11.8	66.6±8.2	61.1±14.2	53.2±11.9	53.5±9.4	57.9±12.5
颈关节伸展	—	40.8±4.7	42.3±5.3	36.5±7.1	36.2±8.4	33.4±7.2	37.1±7.7
颈关节侧屈	—	54.3±10.7	50.1±6.6	48.2±7.4	43.9±8.5	43.0±8.4	46.5±8.7
肩关节屈曲	—	152.3±8.7	152.1±6.9	147.5±7.3	142.7±17.1	142.7±6.5	146.0±12.2
肩关节伸展	—	60.3±7.2	61.9±7.2	59.9±12.1	62.8±7.6	63.7±6.5	62.0±8.5
肩关节外展	—	141.2±8.9	146.1±5.9	137.8±8.6	132.8±10.6	129.5±7.9	136.2±10.4
肩关节内收	—	58.1±6.3	60.6±6.6	59.8±5.7	60.8±5.7	56.7±6.6	59.6±6.2
肘关节由伸至屈	—	129.8±4.1	130.9±4.3	130.9±5.8	132.8±4.8	131.6±4.7	131.6±4.9
腕关节屈腕	—	56.3±4.9	58.4±7.8	52.6±9.7	51.2±8.6	51.2±9.0	53.1±8.9
腕关节伸腕	—	50.6±11.6	53.9±11.0	45.8±10.4	40.2±10.6	41.3±11.1	44.7±11.8
腕关节桡屈	—	21.3±7.6	22.0±6.0	19.6±4.3	20.6±5.8	19.0±4.9	20.4±5.5
腕关节尺屈	—	47.6±11.4	44.2±9.2	44.6±8.9	43.8±8.4	46.0±8.9	44.7±8.9

表 1-2-11 广西南宁壮族女性关节活动度指标

指标	不同年龄组（岁）的指标值（$\bar{x}\pm s$）/（°）						合计/（°）	u
	18～	30～	40～	50～	60～	70～85		
颈关节弯曲	75.0±7.1	59.1±11.7	62.7±10.5	55.9±10.8	51.0±9.9	54.5±9.6	56.0±11.2	1.53
颈关节伸展	40.0±21.2	42.9±8.5	43.4±8.8	41.0±8.4	40.0±8.3	41.6±9.7	41.3±8.7	5.12**
颈关节侧屈	48.0±4.2	48.0±8.7	49.4±9.1	46.3±8.2	42.6±8.6	45.2±7.1	45.8±8.7	0.74
肩关节屈曲	157.0±4.2	150.8±6.6	151.7±7.3	149.0±8.3	145.6±9.3	143.8±8.8	148.2±8.7	1.85
肩关节伸展	69.5±12.0	60.9±10.0	61.8±9.0	62.4±8.0	60.2±8.7	59.7±8.3	61.3±8.7	0.78
肩关节外展	143.0±2.8	142.9±9.1	144.5±9.4	141.4±10.4	136.6±10.1	133.3±10.8	139.9±10.6	3.44**
肩关节内收	62.0±8.5	66.4±5.8	65.1±6.2	64.7±8.0	63.4±6.2	62.9±8.3	64.4±7.1	7.12**
肘关节由伸至屈	136.5±9.2	135.1±4.9	134.4±4.9	134.8±5.0	135.8±5.7	137.3±5.7	135.3±5.3	7.12**
腕关节屈腕	61.0±5.7	55.9±6.8	55.2±9.0	54.2±8.2	49.3±8.9	52.2±11.1	52.9±9.0	0.20
腕关节伸腕	42.5±13.4	48.5±14.3	49.1±13.0	44.5±12.0	44.7±11.8	44.7±13.5	45.8±12.5	0.83
腕关节桡屈	27.5±3.5	24.7±6.3	26.4±7.7	24.7±6.8	23.6±6.5	23.8±9.2	24.6±7.1	6.82**
腕关节尺屈	45.5±0.7	46.3±8.8	49.1±10.9	47.7±9.6	47.0±9.6	50.9±9.9	47.9±9.8	3.36**

注：u 为性别间的 u 检验值；握力的单位为 kg，其余指标值的单位为度（°）。

**$P<0.01$，差异具有统计学意义。

表 1-2-12 广西南宁壮族男性生化指标

指标	不同年龄组（岁）的指标值（$\bar{x}\pm s$）						合计
	18～	30～	40～	50～	60～	70～85	
总胆红素/（μmol/L）	—	8.7±3.1	8.7±2.9	9.3±4.1	9.8±3.3	9.7±3.2	9.4±3.4
直接胆红素/（μmol/L）	—	3.8±1.3	3.3±1.2	3.9±1.8	4.1±1.9	3.9±1.9	3.9±1.7
间接胆红素/（μmol/L）	—	4.9±2.7	5.4±3.1	5.4±3.1	5.7±2.8	5.8±3.4	5.6±3.0
丙氨酸氨基转移酶/（U/L）	—	25.6±11.8	28.6±12.3	24.0±7.7	21.6±8.1	16.8±6.5	22.7±9.5
天冬氨酸氨基转移酶/（U/L）	—	24.1±8.0	27.3±15.2	24.6±7.3	25.1±7.3	21.3±3.9	24.6±8.9
总胆固醇/（mmol/L）	—	5.3±0.8	5.1±1.1	5.5±1.0	5.5±1.2	5.4±1.1	5.4±1.1
甘油三酯/（mmol/L）	—	1.2±0.7	1.5±1.4	1.7±1.0	1.2±0.9	1.3±1.0	1.4±1.0
高密度脂蛋白胆固醇/（mmol/L）	—	1.4±0.3	1.3±0.4	1.3±0.3	1.5±0.5	1.5±0.3	1.4±0.4
低密度脂蛋白胆固醇/（mmol/L）	—	3.7±0.8	3.4±0.9	3.7±0.7	3.5±1.1	3.7±0.9	3.6±0.9
血糖/（mmol/L）	—	5.5±0.9	5.6±1.5	5.8±1.4	6.0±2.0	5.3±0.6	5.7±1.5
肌酐/（μmol/L）	—	93.7±11.3	97.0±12.8	99.6±15.1	100.5±20.0	96.5±18.0	98.5±16.9
尿酸/（μmol/L）	—	398.3±116.3	355.4±64.6	370.7±94.5	383.8±98.2	361.7±86.5	373.0±91.2
尿素氮/（mmol/L）	—	5.0±1.1	4.8±1.3	5.2±1.1	5.7±1.5	5.5±1.7	5.3±1.4

表 1-2-13 广西南宁壮族女性生化指标

指标	不同年龄组（岁）的指标值（$\bar{x} \pm s$）						合计	u
	18～	30～	40～	50～	60～	70～85		
总胆红素/（μmol/L）	8.8±3.8	9.0±2.5	10.4±3.4	9.3±3.3	9.5±3.2	9.6±2.9	9.6±3.2	0.58
直接胆红素/（μmol/L）	3.9±2.0	3.1±1.3	2.9±1.4	3.0±1.3	3.4±1.4	3.2±1.0	3.1±1.3	4.82**
间接胆红素/（μmol/L）	5.0±1.8	5.9±2.7	7.5±3.1	6.3±3.3	6.1±3.1	6.4±2.9	6.4±3.2	2.53*
丙氨酸氨基转移酶/（U/L）	12.9±9.7	20.3±10.8	20.0±13.8	22.1±13.6	18.8±7.5	17.1±6.6	20.1±11.4	2.50*
天冬氨酸氨基转移酶/（U/L）	13.7±2.3	22.7±9.0	20.9±9.0	23.7±7.8	23.6±7.8	22.0±4.5	22.8±7.9	2.01*
总胆固醇/（mmol/L）	4.4±1.1	4.8±1.0	5.1±0.7	5.4±1.0	5.4±1.0	5.5±0.9	5.3±1.0	0.90
甘油三酯/（mmol/L）	0.3±0.1	1.3±1.6	1.2±0.7	1.4±1.0	1.4±1.3	1.2±0.6	1.3±1.1	0.94
高密度脂蛋白胆固醇/（mmol/L）	1.8±0.6	1.6±0.4	1.6±0.3	1.5±0.4	1.5±0.4	1.5±0.3	1.5±0.4	2.42*
低密度脂蛋白胆固醇/（mmol/L）	2.3±0.4	2.9±0.8	3.3±0.6	3.6±0.9	3.5±0.9	3.9±0.7	3.5±0.9	1.07
血糖/（mmol/L）	4.6±0.1	4.9±0.6	5.3±2.1	5.5±1.7	5.7±2.1	5.6±1.3	5.5±1.8	1.22
肌酐/（μmol/L）	76.8±2.1	70.4±12.9	73.5±19.0	73.9±12.7	74.9±14.2	73.6±10.0	73.8±14.2	14.71**
尿酸/（μmol/L）	297.1±23.4	272.4±68.1	263.9±67.5	280.4±68.4	288.1±73.6	296.5±54.1	280.5±68.8	10.42**
尿素氮/（mmol/L）	4.8±0.1	4.2±0.9	4.7±1.4	5.1±1.3	5.2±1.2	5.3±1.3	5.0±1.3	2.11*

注：u 为性别间的 u 检验值。

*$P<0.05$，**$P<0.01$，差异具有统计学意义。

表 1-2-14 广西南宁壮族肤纹观察指标情况

指标	分型		男性		女性		合计		u
	左	右	人数	占比/%	人数	占比/%	人数	占比/%	
通贯手	+	+	7	5.8	6	1.7	13	2.8	2.31*
	+	－	5	4.2	6	1.7	11	2.4	1.48
	－	+	6	5.0	8	2.3	14	3.0	1.45
掌"川"字线	+	+	2	1.7	37	10.8	39	8.4	3.11**
	+	－	4	3.3	17	5.0	21	4.5	0.75
	－	+	4	3.3	14	4.1	18	3.9	0.38
缺掌 c 三角	+	+	0	0.0	4	1.2	4	0.9	1.19
	+	－	1	0.8	5	1.5	6	1.3	0.53
	－	+	1	0.8	3	0.9	4	0.9	0.05
掌Ⅳ2枚真实纹	+	+	0	0.0	0	0.0	0	0.0	
	+	－	1	0.8	10	2.9	11	2.4	1.30
	－	+	0	0.0	0	0.0	0	0.0	
掌Ⅱ/Ⅲ跨区纹	+	+	0	0.0	0	0.0	0	0.0	
	+	－	1	0.8	0	0.0	1	0.2	1.69
	－	+	0	0.0	0	0.0	0	0.0	
掌Ⅲ/Ⅳ跨区纹	+	+	4	3.3	2	0.6	6	1.3	2.28*
	+	－	4	3.3	16	4.7	20	4.3	0.63
	－	+	8	6.6	16	4.7	24	5.2	0.83

续表

指标	分型		男性		女性		合计		u
	左	右	人数	占比/%	人数	占比/%	人数	占比/%	
足跟真实纹	+	+	0	0.0	0	0.0	0	0.0	
	+	−	0	0.0	0	0.0	0	0.0	
	−	+	1	0.8	0	0.0	1	0.0	1.69

注：u 为性别间率的 u 检验值。

*$P<0.05$，**$P<0.01$，差异具有统计学意义。

表1-2-15　广西南宁壮族指纹情况

广西壮族	简弓	帐弓	尺箕	桡箕	简斗	双箕斗	弓	箕	斗
男性									
人数	34	4	550	41	513	68	38	591	581
占比/%	2.8	0.3	45.5	3.4	42.4	5.6	3.2	48.8	48.0
女性									
人数	80	8	1815	72	1285	170	88	1887	1455
占比/%	2.3	0.2	52.9	2.1	37.5	5.0	2.6	55.0	42.4
合计									
人数	114	12	2365	113	1798	238	126	2478	2036
占比/%	2.5	0.3	51.0	2.4	38.7	5.1	2.7	53.4	43.9
u	0.92	0.57	4.46**	2.50*	3.03**	0.90	1.06	3.70**	3.37**

注：u 为性别间率的 u 检验值。

**$P<0.01$，差异具有统计学意义。

表1-2-16　广西南宁壮族指纹频率　　　　　　　（单位：%）

类型	左手					右手				
	拇指	示指	中指	环指	小指	拇指	示指	中指	环指	小指
男性										
简弓	3.3	7.4	4.1	0.8	1.6	1.7	5.0	1.6	1.6	0.8
帐弓	0.0	2.5	0.0	0.0	0.0	0.0	0.8	0.0	0.0	0.0
尺箕	46.3	32.2	61.2	36.4	62.0	27.3	35.5	62.0	29.8	62.0
桡箕	0.0	13.2	0.0	1.6	0.8	0.0	14.9	2.5	0.0	0.8
简斗	28.1	39.7	30.6	56.2	33.1	57.8	42.1	33.1	67.8	35.6
双箕斗	22.3	5.0	4.1	5.0	2.5	13.2	1.7	0.8	0.8	0.8
女性										
简弓	3.8	5.5	2.9	0.6	1.7	2.0	3.8	1.2	0.6	1.1
帐弓	0.3	1.2	0.6	0.0	0.0	0.0	0.3	0.0	0.0	0.0
尺箕	42.0	41.1	59.8	40.2	77.0	40.2	48.1	72.0	35.3	73.5
桡箕	0.3	10.5	0.9	0.6	0.3	0.6	6.1	0.3	0.8	0.6
简斗	37.9	31.8	28.8	56.3	20.1	49.6	37.9	24.5	63.0	24.8
双箕斗	15.7	9.9	7.0	2.3	0.9	7.6	3.8	2.0	0.3	0.0

表 1-2-17　广西南宁壮族单手 5 指、双手 10 指指纹的组合情况

序号	组合			男性		女性		合计		u
	弓	箕	斗	人数	占比/%	人数	占比/%	人数	占比/%	
单手 5 指										
1	0	0	5	39	16.1	78	11.5	117	12.6	1.91
2	0	1	4	40	16.5	99	14.5	139	15.0	0.79
3	0	2	3	35	14.5	83	12.1	118	12.7	0.95
4	0	3	2	34	14.1	132	19.2	166	17.9	1.81
5	0	4	1	41	16.9	132	19.2	173	18.6	0.79
6	0	5	0	31	12.8	106	15.5	137	14.8	1.00
7	0	0	4	0	0.0	0	0.0	0	0.0	
8	1	1	3	1	0.4	1	0.1	2	0.2	0.77
9	1	2	2	2	0.8	5	0.7	7	0.8	0.15
10	1	3	1	5	2.1	9	1.3	14	1.5	0.83
11	1	4	0	6	2.5	20	2.9	26	2.8	0.35
12	2	0	3	0	0.0	0	0.0	0	0.0	
13	2	1	2	0	0.0	0	0.0	0	0.0	
14	2	2	1	0	0.0	2	0.3	2	0.2	0.84
15	2	3	0	4	1.7	11	1.6	15	1.6	0.05
16	3	0	2	0	0.0	0	0.0	0	0.0	
17	3	1	1	0	0.0	0	0.0	0	0.0	
18	3	2	0	2	0.8	5	0.7	7	0.8	0.15
19	4	0	1	0	0.0	0	0.0	0	0.0	
20	4	1	0	0	0.0	3	0.4	3	0.3	1.03
21	5	0	0	2	0.8	0	0.0	2	0.2	2.38*
合计	35	35	35	242	100.0	686	100.0	928	100.0	
双手 10 指										
1	0	0	10	13	10.8	24	7.0	37	8.0	1.31
2	0	1	9	12	9.9	19	5.4	31	6.7	1.66
3	0	2	8	7	5.9	32	9.3	39	8.4	1.21
4	0	3	7	9	7.4	20	5.8	29	6.3	0.63
5	0	4	6	11	9.1	22	6.4	33	7.1	0.99
6	0	5	5	7	5.8	28	8.2	35	7.6	0.85
7	0	6	4	12	9.9	33	9.6	45	9.7	0.09
8	0	7	3	11	9.1	35	10.2	46	9.9	0.35
9	0	8	2	8	6.6	35	10.2	43	9.3	1.17
10	0	9	1	8	6.6	26	7.6	34	7.3	0.35
11	0	10	0	8	6.6	30	8.7	38	8.2	0.74

序号	组合			男性		女性		合计		u
	弓	箕	斗	人数	占比/%	人数	占比/%	人数	占比/%	
双手10指										
12	1	0	9	0	0.0	0	0.0	0	0.0	
13	1	1	8	0	0.0	0	0.0	0	0.0	
14	1	2	7	0	0.0	0	0.0	0	0.0	
15	1	3	6	0	0.0	0	0.0	0	0.0	
16	1	4	5	0	0.0	1	0.3	1	0.2	0.59
17	1	5	4	1	0.8	2	0.6	3	0.7	0.29
18	1	6	3	1	0.8	2	0.6	3	0.7	0.29
19	1	7	2	1	0.8	5	1.5	6	1.3	0.53
20	1	8	1	0	0.0	4	1.2	4	0.9	1.19
21	1	9	0	4	3.3	5	1.5	9	1.9	1.27
22	2	0	8	0	0.0	0	0.0	0	0.0	
23	2	1	7	0	0.0	0	0.0	0	0.0	
24	2	2	6	0	0.0	0	0.0	0	0.0	
25	2	3	5	1	0.8	0	0.0	1	0.2	1.69
26	2	4	4	0	0.0	1	0.3	1	0.2	0.59
27	2	5	3	0	0.0	0	0.0	0	0.0	
28	2	6	2	1	0.8	1	0.3	2	0.4	0.77
29	2	7	1	2	1.7	0	0.0	2	0.4	2.39*
30	2	8	0	0	0.0	7	2.0	7	1.5	1.58
31	3	0	7	0	0.0	0	0.0	0	0.0	
32	3	1	6	0	0.0	0	0.0	0	0.0	
33	3	2	5	0	0.0	0	0.0	0	0.0	
34	3	3	4	0	0.0	0	0.0	0	0.0	
35	3	4	3	0	0.0	1	0.3	1	0.2	0.59
36	3	5	2	0	0.0	0	0.0	0	0.0	
37	3	6	1	0	0.0	0	0.0	0	0.0	
38	3	7	0	0	0.0	2	0.6	2	0.4	0.84
39	4	0	6	0	0.0	0	0.0	0	0.0	
40	10	0	0	1	0.8	0	0.0	1	0.2	1.69
	其他组合			3	2.5	8	2.3	11	2.4	0.66
合计	220	220	220	121	100.0	343	99.9	464	100.1	—

注：u 为性别间率的 u 检验值。

*$P < 0.05$，差异具有统计学意义。

表 1-2-18　广西南宁壮族肤纹频率　　　　（单位：%）

类型		男左	男右	女左	女右	男性	女性	合计
掌肤纹								
大鱼际	真实纹	3.3	0.0	1.2	0.0	1.7	0.6	0.9
Ⅱ	真实纹	0.0	0.0	0.0	0.0	0.0	0.0	0.0
Ⅲ	真实纹	1.7	19.0	6.4	16.0	10.3	11.2	11.0
Ⅳ	真实纹	68.6	69.4	75.2	52.2	69.0	63.7	65.1
小鱼际	真实纹	8.3	14.1	9.9	12.0	11.2	10.9	11.0
足肤纹								
Ⅱ	真实纹	5.8	5.0	5.8	5.5	5.4	5.7	5.6
Ⅲ	真实纹	60.3	60.3	49.3	53.4	60.3	51.3	53.7
Ⅳ	真实纹	9.1	17.4	6.1	7.9	13.2	7.0	8.6
小鱼际	真实纹	4.1	7.4	4.7	7.3	5.8	6.0	5.9
跚趾球纹								
弓	胫弓	4.1	8.2	0.8	3.5	6.2	2.2	3.2
	其他弓	2.5	2.5	0.6	0.6	2.5	0.6	1.1
箕	远箕	62.8	55.4	65.0	65.6	59.1	65.3	63.7
	其他箕	11.6	11.6	14.3	13.7	11.6	14.0	13.4
斗	一般斗	19.0	21.5	17.8	16.3	20.2	17.0	17.9
	其他斗	0.0	0.8	1.5	0.3	0.4	0.9	0.7

表 1-2-19　南宁壮族表型组肤纹指标组合情况

掌		掌大鱼际纹			指间Ⅱ区纹			指间Ⅲ区纹			指间Ⅳ区纹			掌小鱼际纹		
组合	左	+	+	−	+	+	−	+	+	−	+	+	−	+	+	−
	右	+	−	+	+	−	+	+	−	+	+	−	+	+	−	+
合计	人数	0	8	0	0	0	0	9	15	69	191	150	72	22	21	36
	频率/%	0.0	1.7	0.0	0.0	0.0	0.0	1.9	3.2	14.9	41.2	32.3	15.5	4.7	4.5	7.8

足		跚趾弓纹	跚趾箕纹	跚趾斗纹	趾间Ⅱ区纹			趾间Ⅲ区纹			趾间Ⅳ区纹			足小鱼际纹		
组合	左	+	+	+	+	+	−	+	+	−	+	+	−	+	+	−
	右	+	+	+	+	−	+	+	−	+	+	−	+	+	−	+
合计	人数	7	258	58	15	12	10	209	33	47	27	5	21	18	3	16
	频率/%	1.5	55.6	12.5	3.2	2.6	2.2	45.0	7.1	10.1	5.8	1.1	4.5	3.9	0.7	3.5

三、百色壮族的表型数据（表 1-2-20～表 1-2-28）

表 1-2-20　百色壮族男性头面部指标　　　　　（单位：mm）

指标	不同年龄组（岁）的指标值（$\bar{x} \pm s$）						合计
	18～	30～	40～	50～	60～	70～85	
头长	176.7±7.7	181.8±5.8	184.9±7.8	184.5±5.5	183.5±7.9	182.2±6.5	183.4±6.8
头宽	151.3±13.8	152.0±6.2	150.7±6.2	148.8±6.0	147.9±5.0	147.8±4.0	149.6±6.0
额最小宽	110.0±5.5	109.7±4.3	110.3±5.4	109.1±4.5	109.0±4.2	106.4±4.4	109.1±4.7
面宽	140.1±9.1	139.9±4.8	139.6±5.4	137.8±5.5	137.4±5.4	135.4±6.6	138.2±5.7
下颌角间宽	116.0±9.6	116.7±5.5	115.6±6.7	115.4±7.0	115.4±7.0	111.0±7.8	115.2±6.9
眼内角间宽	37.3±4.1	36.2±2.7	36.0±3.5	36.1±3.2	37.0±3.3	36.2±3.3	36.3±3.2
眼外角间宽	95.9±4.1	95.9±4.1	92.9±5.1	91.5±4.2	89.4±4.6	86.1±4.1	91.8±5.3
鼻宽	39.1±2.1	40.1±2.5	40.9±2.8	41.6±2.9	41.2±3.9	39.9±2.6	40.8±3.0
口宽	49.6±1.3	51.0±2.9	52.2±3.8	52.2±2.9	52.4±3.3	51.7±3.2	51.8±3.2
容貌面高	190.6±10.4	188.1±7.2	187.2±10.8	188.9±8.0	188.8±8.5	188.3±9.3	188.3±8.8
形态面高	127.7±8.2	122.7±5.8	124.3±5.8	123.8±6.1	124.8±7.6	129.0±5.4	124.4±6.3
鼻高	47.6±3.6	45.9±3.2	46.4±3.2	46.4±3.4	46.9±3.8	48.3±3.5	46.6±3.4
上唇皮肤部高	16.9±2.6	16.5±3.2	18.5±2.7	18.9±2.7	20.0±3.3	21.4±2.8	18.7±3.2
唇高	17.7±2.3	16.2±3.4	14.4±4.1	13.2±4.2	13.2±4.6	11.6±3.7	14.0±4.2
红唇厚度	8.3±1.1	7.3±2.0	6.9±2.8	5.7±2.2	5.8±2.4	5.0±1.7	6.3±2.4
容貌耳长	63.7±4.9	63.8±4.0	64.4±3.2	67.8±4.8	67.3±5.0	68.2±3.5	66.0±4.5
容貌耳宽	32.1±1.9	31.9±2.3	31.9±2.3	32.4±2.6	33.2±2.3	33.1±2.2	32.5±2.4
耳上头高	129.4±12.6	123.6±13.1	124.4±10.0	122.7±8.6	124.3±10.3	121.9±8.2	123.7±10.1

表 1-2-21　百色壮族女性头面部指标

指标	不同年龄组（岁）的指标值（$\bar{x} \pm s$）/mm						合计/mm	u
	18～	30～	40～	50～	60～	70～85		
头长	174.6±5.7	179.6±9.3	185.1±6.3	175.1±5.7	175.4±6.0	174.3±5.6	178.4±7.8	7.54**
头宽	147.3±7.2	151.7±6.9	162.1±6.7	156.7±6.4	144.3±5.0	142.8±4.2	153.3±9.5	5.14**
额最小宽	104.4±4.5	105.4±4.6	106.4±4.3	105.8±3.8	104.4±4.2	103.4±4.6	105.3±4.4	9.14**
面宽	132.1±5.3	131.1±5.7	133.7±4.5	131.3±4.9	130.1±4.8	129.7±4.3	131.6±5.1	13.32**
下颌角间宽	110.4±6.1	108.9±6.5	112.7±5.7	108.5±5.4	108.2±6.2	105.5±5.2	109.3±6.3	9.73**
眼内角间宽	35.2±2.4	34.9±2.4	35.0±2.7	35.3±2.7	36.6±3.7	38.6±3.5	35.8±3.2	1.45
眼外角间宽	91.9±3.4	90.0±3.4	89.4±4.3	87.4±4.5	84.9±4.7	82.7±4.9	87.6±5.1	8.60**
鼻宽	33.6±1.6	31.9±2.4	31.2±2.4	33.3±2.7	33.1±2.8	34.9±2.9	32.8±2.9	29.64**
口宽	47.9±2.4	48.1±3.2	49.2±3.1	49.9±3.7	48.2±3.1	48.8±3.3	49.0±3.3	9.47**

续表

指标	不同年龄组（岁）的指标值（$\bar{x}\pm s$）/mm						合计/mm	u
	18～	30～	40～	50～	60～	70～85		
容貌面高	179.8±8.0	179.4±7.7	178.9±7.7	182.6±6.9	182.1±8.9	182.1±6.0	180.8±7.7	9.76**
形态面高	120.1±6.3	110.6±4.6	111.6±5.6	114.4±6.0	114.6±5.0	116.1±7.0	113.6±6.3	18.62**
鼻高	41.5±2.1	42.6±3.1	42.8±3.3	44.7±3.0	44.2±3.1	45.8±3.7	43.8±3.4	8.93**
上唇皮肤部高	15.2±2.0	15.6±2.7	16.8±1.9	17.7±2.8	19.0±2.4	19.4±2.9	17.4±2.8	4.78**
唇高	16.5±3.1	16.8±3.0	15.4±3.2	15.3±2.9	13.5±4.0	11.7±3.8	14.9±3.7	2.36*
红唇厚度	7.1±1.1	7.2±1.4	7.1±1.7	7.0±1.6	6.4±1.9	5.8±2.2	6.8±1.8	2.61**
容貌耳长	59.1±2.1	59.7±3.5	61.4±3.7	63.1±5.5	63.2±3.7	65.5±4.9	62.3±4.7	8.89**
容貌耳宽	29.0±2.2	29.1±2.6	29.7±2.3	30.9±2.4	31.7±2.8	31.3±2.8	30.4±2.7	9.08**
耳上头高	116.4±10.0	123.7±11.5	130.3±8.5	126.1±10.7	120.3±7.6	119.0±7.2	124.6±10.5	0.99

注：u 为性别间的 u 检验值。

*$P<0.05$，**$P<0.01$，差异具有统计学意义。

表 1-2-22　百色壮族男性体部指标

指标	不同年龄组（岁）的指标值（$\bar{x}\pm s$）						合计
	18～	30～	40～	50～	60～	70～85	
体重	65.5±13.3	61.7±7.5	62.0±9.3	63.7±10.0	62.7±10.3	60.1±13.2	62.2±9.7
身高	1658.6±50.7	1614.8±49.6	1608.6±49.9	1602.2±53.8	1609.1±57.3	1602.7±59.0	1607.6±52.2
髂前上棘点高	895.4±25.8	873.0±27.8	871.7±32.4	870.9±38.1	877.8±43.1	883.9±47.6	873.8±36.5
坐高	855.4±30.9	856.3±24.7	840.5±34.9	836.1±33.8	833.3±38.5	831.1±42.7	840.1±34.3
肱骨内外上髁间径	67.3±2.7	65.2±3.8	65.5±3.7	65.3±4.8	66.8±4.8	65.2±4.8	65.5±4.3
股骨内外上髁间径	87.7±5.6	87.7±7.3	87.7±6.8	86.2±6.2	88.4±5.9	89.0±7.3	87.5±6.5
肩宽	408.9±25.4	402.2±18.0	397.0±24.4	399.8±15.3	396.6±18.1	388.4±17.5	397.5±19.0
骨盆宽	300.7±22.2	292.3±15.5	297.4±18.2	300.0±18.0	305.6±18.2	301.0±20.5	298.6±17.7
平静胸围	910.4±91.5	902.4±62.4	902.8±67.9	919.7±59.4	922.3±63.4	916.4±68.7	911.9±63.6
腰围	853.3±106.6	841.0±75.0	866.1±85.7	892.4±87.5	912.1±88.1	908.9±87.4	879.2±85.5
臀围	938.3±89.7	932.3±59.8	930.9±58.1	935.1±66.8	936.2±64.6	933.8±85.1	933.6±64.6
大腿围	529.4±62.4	533.8±48.9	520.4±47.5	520.9±46.6	509.9±49.3	503.8±58.7	519.2±50.0
上肢全长	760.0±24.1	719.9±35.1	719.4±32.7	722.3±32.4	728.5±33.5	736.0±43.9	725.5±34.2
下肢全长	861.1±21.1	841.3±25.9	840.4±30.7	839.6±35.7	846.4±41.3	851.9±43.9	842.4±34.4

注：体重的单位为 kg，其余指标值的单位为 mm。

表 1-2-23　百色壮族女性体部指标

指标	不同年龄组（岁）的指标值（$\bar{x}\pm s$）						合计	u
	18～	30～	40～	50～	60～	70～85		
体重	51.5±6.3	53.6±8.2	56.0±8.5	53.9±8.9	52.5±8.2	47.5±7.8	53.2±8.8	10.50**
身高	1527.9±56.1	1507.6±53.8	1518.6±51.8	1513.4±51.1	1488.5±46.4	1445.5±58.7	1501.5±58.4	20.99**

续表

指标	不同年龄组（岁）的指标值（$\bar{x}\pm s$）						合计	u
	18～	30～	40～	50～	60～	70～85		
髂前上棘点高	849.3±34.2	838.0±37.7	847.6±38.0	840.1±40.8	832.1±35.2	797.7±46.4	834.8±42.7	10.79**
坐高	819.6±34.1	797.7±43.3	805.7±27.8	799.0±36.4	779.4±35.7	742.4±37.2	790.7±41.7	14.25**
肱骨内外上髁间径	55.7±3.4	57.9±3.8	59.2±3.7	59.5±3.8	58.4±3.7	57.4±4.2	58.6±3.9	18.35**
股骨内外上髁间径	82.6±6.1	82.7±6.2	83.6±5.7	82.5±6.8	82.4±5.9	78.8±6.0	82.3±6.3	8.90**
肩宽	358.7±15.1	361.3±14.1	367.0±14.9	361.1±14.2	354.7±17.3	346.8±12.0	359.7±16.0	23.15**
骨盆宽	273.3±15.8	284.0±17.4	292.8±18.5	293.3±18.1	295.4±15.1	301.6±14.0	292.1±18.2	3.96**
平静胸围	861.0±61.0	897.3±78.8	923.6±70.6	904.9±78.9	899.9±87.9	874.9±67.5	902.3±77.8	1.48
腰围	766.4±60.5	813.3±85.8	855.5±76.5	851.8±94.9	882.8±74.3	905.3±80.0	854.2±89.6	3.11**
臀围	922.3±60.5	935.7±65.8	945.1±61.6	925.3±64.2	913.1±64.9	893.3±59.8	926.0±65.5	1.27
大腿围	527.0±61.8	552.0±49.6	554.2±48.5	530.5±49.6	506.3±44.4	468.3±49.2	528.7±57.6	1.92
上肢全长	656.0±35.9	662.2±31.7	670.6±34.4	691.1±36.6	685.3±41.4	679.3±31.1	676.9±36.3	15.04**
下肢全长	822.1±29.6	813.7±34.4	821.7±35.0	814.8±38.7	808.0±31.6	776.4±44.4	810.2±39.6	9.54**

注：u 为性别间的 u 检验值；体重的单位为 kg，其余指标值的单位为 mm。

**P<0.01，差异具有统计学意义。

表 1-2-24　百色壮族观察指标情况

指标	分型	男性		女性		合计		u
		人数	占比/%	人数	占比/%	人数	占比/%	
上眼睑皱褶	有	201	96.6	264	97.4	465	97.1	0.50
	无	7	3.4	7	2.6	14	2.9	0.50
内眦褶	有	2	1.0	10	3.7	12	2.5	1.89
	无	206	99.0	261	96.3	467	97.5	1.89
眼裂高度	狭窄	12	5.8	111	41.0	123	25.7	8.74**
	中等	123	59.1	155	57.2	278	58.0	0.43
	较宽	73	35.1	5	1.8	78	16.3	9.77**
眼裂倾斜度	内角高	9	4.3	12	4.4	21	4.4	0.05
	水平	123	59.1	152	56.1	275	57.4	0.67
	外角高	76	36.6	107	39.5	183	38.2	0.66
鼻背侧面观	凹型	28	13.5	119	43.9	147	30.7	7.16**
	直型	176	84.6	152	56.1	328	68.5	6.66**
	凸型或波型	4	1.9	0	0.0	4	0.8	2.29*
鼻基底方向	上翘	195	93.8	265	97.8	460	96.0	2.24*
	水平	13	6.2	6	2.2	19	4.0	2.24*
	下垂	0	0.0	0	0.0	0	0.0	

续表

指标	分型	男性		女性		合计		u
		人数	占比/%	人数	占比/%	人数	占比/%	
鼻翼宽	狭窄	11	5.3	20	7.4	31	6.5	0.92
	中等	72	34.6	145	53.5	217	45.3	4.12**
	宽阔	125	60.1	106	39.1	231	48.2	4.56**
耳垂类型	三角形	123	59.1	168	62.0	291	60.7	0.63
	方形	17	8.2	14	5.2	31	6.5	1.33
	圆形	68	32.7	89	32.8	157	32.8	0.03
上唇皮肤部高	低	2	1.0	3	1.1	5	1.1	0.16
	中等	132	63.4	203	74.9	335	69.9	2.71**
	高	74	35.6	65	24.0	139	29.0	2.77**
红唇厚度	薄唇	143	68.7	183	67.5	326	68.1	0.28
	中唇	63	30.3	87	32.1	150	31.3	0.42
	厚唇	2	1.0	1	0.4	3	0.6	0.81
利手	左型	10	4.8	12	4.4	22	4.6	0.20
	右型	198	95.2	259	95.6	457	95.4	0.20
扣手	左型	80	38.5	104	38.4	184	38.4	0.02
	右型	128	61.5	167	61.6	295	61.6	0.02
卷舌	否	189	90.9	237	87.5	426	88.9	1.18
	是	19	9.1	34	12.5	53	11.1	1.18

注：u 为性别间率的 u 检验值。

*$P<0.05$，**$P<0.01$，差异具有统计学意义。

表 1-2-25　百色壮族男性生理指标

指标	不同年龄组（岁）的指标值（$\bar{x}\pm s$）						合计
	18～	30～	40～	50～	60～	70～85	
收缩压/mmHg	121.9±7.7	128.3±16.1	127.4±19.2	140.8±21.2	154.9±19.3	147.2±22.1	138.1±22.0
舒张压/mmHg	70.4±11.9	79.5±10.8	79.2±10.6	77.8±12.2	78.3±13.9	82.9±15.2	78.9±12.4
心率/（次/分）	74.6±6.6	80.0±12.1	81.4±12.0	87.6±12.4	87.8±12.7	82.3±10.7	83.8±12.5

表 1-2-26　百色壮族女性生理指标

指标	不同年龄组（岁）的指标值（$\bar{x}\pm s$）						合计	u
	18～	30～	40～	50～	60～	70～85		
收缩压/mmHg	114.9±14.1	116.2±16.8	123.0±15.4	131.9±22.7	139.1±18.0	160.2±23.7	131.1±24.0	3.31**
舒张压/mmHg	82.3±9.7	77.1±10.9	79.1±10.6	78.8±10.2	79.6±11.9	82.9±11.2	79.4±11.0	0.39
心率/（次/分）	74.1±8.4	73.9±9.4	76.7±10.3	81.3±12.1	80.9±11.9	82.9±11.2	78.7±11.4	4.54**

注：u 为性别间的 u 检验值。

**$P<0.01$，差异具有统计学意义。

表 1-2-27　百色壮族男性头面部指数、体部指数和体脂率

指数	不同年龄组（岁）的指标值（ $\bar{x}\pm s$ ）						合计
	18～	30～	40～	50～	60～	70～85	
头长宽指数	85.6±7.3	83.7±4.5	81.6±4.4	80.7±3.8	80.7±4.1	81.2±2.8	81.7±4.2
头长高指数	73.2±5.8	68.0±7.2	67.4±6.1	66.6±4.8	67.8±5.7	66.9±4.0	67.5±5.7
头宽高指数	85.6±4.9	81.3±8.0	82.6±6.8	82.6±6.2	84.1±8.3	82.5±5.8	82.7±7.0
形态面指数	91.3±5.5	87.8±4.3	89.1±4.2	90.0±5.8	91.0±6.0	95.5±5.9	90.1±5.6
鼻指数	82.8±8.8	87.9±9.1	88.6±8.8	90.1±9.4	88.3±9.6	83.0±8.2	88.1±9.2
口指数	35.8±5.1	31.9±6.8	27.8±8.5	25.4±8.1	25.2±8.7	22.5±7.2	27.2±8.4
身高坐高指数	51.6±1.3	53.0±1.5	52.3±2.0	52.2±2.0	51.8±1.4	51.9±1.7	52.3±1.8
身高体重指数	394.5±79.0	382.3±46.8	384.9±52.5	396.8±55.0	389.0±56.0	373.6±72.6	386.6±55.4
身高胸围指数	54.9±5.3	55.9±4.1	56.1±3.8	57.4±3.3	57.3±3.8	57.2±3.5	56.7±3.8
身高肩宽指数	24.6±1.2	24.9±1.1	24.7±1.4	25.0±0.9	24.7±0.9	24.2±0.9	24.7±1.1
身高骨盆宽指数	18.1±1.4	18.1±1.0	18.5±1.0	18.7±0.9	19.0±0.9	18.8±1.0	18.6±1.0
马氏躯干腿长指数	94.0±5.0	88.7±5.4	91.6±7.2	91.8±7.6	93.3±5.1	93.0±5.9	91.5±6.6
身高下肢长指数	51.9±0.5	52.1±1.3	52.3±1.5	52.4±1.6	52.6±2.0	53.1±1.5	52.4±1.6
身体质量指数/（kg/m²）	23.8±4.8	23.7±3.1	23.9±3.1	24.8±3.2	24.2±3.2	23.2±4.0	24.0±3.3
身体肥胖指数	26.0±4.9	27.5±3.8	27.7±2.8	28.1±3.0	27.9±2.9	28.0±3.6	27.8±3.2
体脂率/%	21.1±1.8	23.0±1.7	26.4±1.9	28.5±2.2	28.9±2.2	28.4±1.9	26.8±3.1

表 1-2-28　百色壮族女性头面部指数、体部指数和体脂率

指数	不同年龄组（岁）的指标值（ $\bar{x}\pm s$ ）						合计	u
	18～	30～	40～	50～	60～	70～85		
头长宽指数	84.4±4.0	84.6±5.2	87.7±5.0	89.6±4.3	82.3±2.9	82.0±3.4	86.0±5.2	10.05**
头长高指数	66.6±5.0	68.9±5.8	70.4±4.7	72.1±6.1	68.6±3.9	68.3±4.2	69.9±5.4	4.71**
头宽高指数	79.1±7.1	81.5±6.5	80.5±6.1	80.5±5.7	83.4±5.1	83.4±5.6	81.4±6.1	2.19*
形态面指数	91.1±5.6	84.5±5.6	83.6±4.5	87.2±4.8	88.1±4.3	89.6±5.9	86.5±5.6	7.06**
鼻指数	81.1±6.0	75.3±7.7	73.5±8.0	74.8±7.4	75.3±8.9	76.7±9.0	75.3±8.2	15.84**
口指数	34.5±6.2	35.1±6.8	31.4±7.0	30.9±6.3	27.9±7.8	23.8±7.5	30.5±7.8	4.43**
身高坐高指数	53.7±2.1	52.9±2.2	53.1±1.5	52.8±1.7	52.4±2.2	51.4±1.4	52.7±1.9	2.30*
身高体重指数	337.6±45.9	355.8±53.5	368.6±52.0	356.0±54.7	352.1±51.9	328.0±49.9	354.1±54.2	6.43**
身高胸围指数	56.5±5.3	59.6±5.8	60.8±4.4	59.8±5.4	60.5±5.9	60.6±5.5	60.2±5.4	8.13**
身高肩宽指数	23.5±1.0	24.0±0.8	24.2±0.9	23.9±0.9	23.8±1.0	24.0±1.1	24.0±1.0	7.94**
身高骨盆宽指数	17.9±1.1	18.8±1.2	19.3±1.0	19.4±1.1	19.9±1.1	20.9±1.2	19.5±1.3	8.56**
马氏躯干腿长指数	86.6±7.2	89.4±8.5	88.6±5.4	89.6±6.0	91.2±8.1	94.9±5.5	90.1±7.0	2.21*
身高下肢长指数	53.8±1.0	54.0±1.6	54.1±1.6	53.9±2.0	54.3±1.3	53.7±1.9	54.0±1.7	10.31**
身体质量指数/（kg/m²）	22.2±3.5	23.6±3.7	24.3±3.4	23.5±3.5	23.7±3.4	22.7±3.4	23.6±3.6	1.43
身体肥胖指数	31.0±4.7	32.6±4.2	32.6±3.8	31.8±3.6	32.3±3.7	33.5±3.9	32.4±4.0	13.93**
体脂率/%	27.6±1.2	29.3±1.3	32.3±1.2	34.0±1.4	34.2±1.4	33.9±1.3	32.4±2.4	21.69**

注：u 为性别间的 u 检验值。

*P<0.05，**P<0.01，差异具有统计学意义。

四、河池壮族的表型数据（表 1-2-29～表 1-2-39）

表 1-2-29　河池壮族男性头面部指标　　　　　（单位：mm）

指标	不同年龄组（岁）的指标值（$\bar{x} \pm s$）						合计
	18～	30～	40～	50～	60～	70～85	
头长	182.5±2.1	183.4±7.5	185.8±6.4	184.1±7.1	184.5±6.3	178.0±9.9	184.5±6.7
头宽	158.0±2.8	149.5±8.6	149.7±7.6	148.0±7.1	147.5±7.2	151.5±3.5	148.4±7.4
额最小宽	89.5±0.7	92.7±5.0	92.4±6.9	91.3±13.1	90.6±8.3	92.0±2.8	91.5±9.7
面宽	140.5±0.7	142.4±10.9	142.5±9.4	139.6±9.2	138.3±9.3	147.5±3.5	140.2±9.5
下颌角间宽	115.0±5.7	121.3±10.8	123.5±10.2	119.9±8.7	118.4±9.9	113.5±3.5	120.3±9.8
眼内角间宽	33.2±4.9	31.9±3.3	31.5±4.3	30.3±4.2	31.0±21.3	32.6±3.6	31.0±12.4
眼外角间宽	101.8±0.5	104.5±6.7	104.2±5.9	104.0±9.6	101.9±12.4	105.4±3.7	103.4±9.7
鼻宽	41.2±2.7	41.6±3.4	42.5±3.4	42.8±3.2	42.9±3.7	43.4±1.7	42.6±3.4
口宽	48.7±4.8	50.9±5.0	50.9±7.4	52.1±6.8	52.4±4.2	51.4±6.1	51.8±6.1
容貌面高	187.5±6.4	186.0±9.5	188.7±10.3	186.9±15.2	187.7±15.2	180.0±7.1	187.5±13.6
形态面高	113.6±11.7	109.4±5.2	112.9±6.7	111.1±5.8	111.7±6.2	114.2±3.5	111.6±6.1
鼻高	51.8±8.1	47.6±3.3	49.7±4.3	48.4±3.9	48.7±4.1	49.3±1.1	48.8±4.0
上唇皮肤部高	15.3±2.1	16.0±2.2	15.8±2.3	16.7±2.9	16.5±3.0	19.6±0.8	16.4±2.7
唇高	18.4±3.0	18.0±3.5	17.6±3.6	15.5±5.5	15.0±5.2	14.4±3.5	16.1±4.9
红唇厚度	7.9±1.6	9.0±2.0	8.5±1.9	7.8±4.3	7.1±1.9	6.1±2.9	7.9±3.0
容貌耳长	56.5±6.7	61.5±4.2	63.5±8.4	63.7±5.4	64.4±5.9	67.3±6.1	63.6±6.3
容貌耳宽	30.5±2.1	30.9±2.5	30.9±3.2	32.8±8.0	31.5±4.5	31.8±3.8	31.7±5.6
耳上头高	128.5±0.7	130.7±8.6	127.9±14.9	124.8±11.7	125.5±10.8	113.0±7.1	126.3±12.0

表 1-2-30　河池壮族女性头面部指标

指标	不同年龄组（岁）的指标值（$\bar{x} \pm s$）/mm						合计/mm	u
	18～	30～	40～	50～	60～	70～85		
头长	175.6±10.2	176.8±7.6	177.5±6.6	177.4±6.7	176.6±8.9	183.8±2.5	177.1±7.5	6.37**
头宽	144.0±8.4	145.7±5.8	143.1±5.4	143.3±6.3	143.2±6.9	146.0±2.8	143.5±6.2	9.80**
额最小宽	88.4±2.5	91.0±7.6	88.6±6.4	89.1±25.6	87.0±10.8	95.3±3.9	88.5±16.3	3.24**
面宽	141.2±23.4	134.1±9.5	131.9±14.1	133.6±8.7	132.4±8.8	137.8±9.5	132.9±10.7	10.11**
下颌角间宽	112.6±2.9	114.7±8.0	112.5±10.4	113.2±10.5	111.9±8.4	116.8±1.9	112.8±9.6	10.7**
眼内角间宽	31.5±2.2	32.3±3.7	30.7±3.9	29.4±4.0	28.9±4.1	29.5±4.0	29.8±4.1	0.86
眼外角间宽	98.9±4.2	100.8±10.6	99.3±10.6	99.1±10.5	97.5±8.8	98.6±9.2	98.9±9.4	1.52
鼻宽	37.1±2.2	39.1±2.9	38.6±4.8	38.5±4.6	39.5±3.7	40.9±3.2	38.9±4.2	13.68**
口宽	47.6±2.2	49.3±4.9	48.8±6.2	48.8±5.9	50.1±6.5	52.1±4.5	49.3±6.1	5.68**

续表

指标	不同年龄组（岁）的指标值（$\bar{x} \pm s$）/mm						合计/mm	u
	18～	30～	40～	50～	60～	70～85		
容貌面高	177.6±7.9	179.7±7.9	178.5±7.2	178.2±9.8	178.0±9.0	172.8±7.6	178.3±8.7	10.78**
形态面高	104.6±3.3	105.6±6.0	105.6±5.9	111.1±74.7	106.9±6.3	103.3±6.4	105.8±6.0	0.57
鼻高	50.0±6.5	44.5±4.2	45.3±4.4	44.4±4.7	45.8±4.8	43.7±7.9	45.1±4.7	11.93**
上唇皮肤部高	9.7±2.1	13.2±2.8	14.1±2.5	15.0±5.4	15.7±4.3	16.1±1.8	14.8±4.3	6.43**
唇高	16.8±1.9	16.9±3.2	16.0±3.0	14.9±3.3	14.4±6.1	11.9±2.2	15.2±4.4	2.66**
红唇厚度	7.8±1.7	7.8±1.7	7.6±1.7	7.0±1.6	6.5±2.0	5.1±0.9	7.0±1.9	4.79**
容貌耳长	60.8±3.1	56.7±3.8	58.6±6.2	60.2±6.8	66.0±54.7	66.0±5.0	61.4±31.3	1.48
容貌耳宽	29.3±2.1	30.1±3.4	32.3±3.7	32.1±3.8	32.8±5.2	29.6±4.3	32.1±4.3	1.09
耳上头高	120.8±8.0	120.3±10.5	120.8±11.4	118.0±12.9	117.9±10.2	113.3±4.3	118.9±11.4	8.73**

注：u 为性别间的 u 检验值。

**$P<0.01$，差异具有统计学意义。

表 1-2-31　河池壮族男性体部指标

指标	不同年龄组（岁）的指标值（$\bar{x} \pm s$）						合计
	18～	30～	40～	50～	60～	70～85	
体重	59.9±11.0	66.9±13.5	68.8±8.9	65.5±9.8	63.5±8.9	69.2±17.3	65.7±10.0
身高	1651.0±5.7	1654.4±58.8	1633.1±55.4	1619.2±56.4	1616.4±44.3	1580.5±13.4	1625.0±53.7
髂前上棘点高	871.0±69.3	900.6±51.0	902.7±48.5	909.3±42.5	907.9±53.7	886.5±9.2	906.1±48.4
坐高	868.5±24.7	878.2±34.2	856.1±31.5	845.7±34.1	843.6±45.8	824.0±14.1	850.7±38.9
肱骨内外上髁间径	80.1±3.5	81.6±7.7	81.7±8.3	81.3±8.7	80.5±5.1	85.2±6.6	81.2±7.5
股骨内外上髁间径	94.5±4.3	98.8±9.0	99.4±6.5	97.4±6.0	96.7±6.4	108.7±17.0	97.8±6.7
肩宽	349.5±9.2	346.9±19.4	349.5±16.9	344.1±16.4	342.7±51.0	324.5±30.4	345.1±32.0
骨盆宽	315.5±27.6	320.9±20.3	324.1±19.1	319.9±16.2	319.8±13.9	354.5±14.8	321.1±16.9
平静胸围	830.0±77.8	902.4±90.5	922.3±62.1	919.9±55.9	911.9±60.0	949.5±108.2	915.8±63.4
腰围	718.0±106.1	820.1±120.1	863.4±88.5	861.9±84.8	847.4±99.5	872.0±138.6	852.6±95.5
臀围	932.0±79.2	935.2±81.2	955.9±57.1	940.7±52.2	921.0±72.4	975.5±113.8	937.6±64.7
大腿围	531.5±82.7	526.2±55.5	528.3±59.7	513.0±47.8	501.7±65.3	516.5±94.0	514.4±58.2
上肢全长	743.5±17.7	733.8±28.0	741.4±71.0	731.2±37.3	734.8±33.8	736.5±34.6	735.1±45.5
下肢全长	841.0±69.3	866.0±47.0	869.6±45.6	876.8±40.0	876.7±52.4	856.5±9.2	873.7±46.2

注：体重的单位为 kg，其余指标值的单位为 mm。

表 1-2-32　河池壮族女性体部指标

指标	不同年龄组（岁）的指标值（$\bar{x}\pm s$）/mm						合计	u
	18～	30～	40～	50～	60～	70～85		
体重	51.6±4.8	55.2±7.4	57.4±7.7	57.0±8.3	55.2±9.0	55.9±8.9	56.3±8.3	13.96**
身高	1515.4±17.8	1530.8±54.9	1531.0±52.1	1512.1±50.3	1497.0±53.0	1521.3±59.6	1513.8±53.5	28.76**
髂前上棘点高	852.2±26.8	855.6±49.2	863.1±102.5	844.7±41.7	840.7±42.9	797.5±140.9	848.7±65.0	14.26**
坐高	806.6±33.1	813.3±33.3	809.5±32.5	795.8±30.7	775.7±32.7	781.5±25.9	794.4±34.9	20.93**
肱骨内外上髁间径	70.4±5.1	74.4±5.0	74.6±6.9	75.6±6.4	73.9±7.2	77.4±6.2	74.6±6.7	12.75**
股骨内外上髁间径	98.3±8.8	95.7±7.5	96.6±7.0	96.1±8.7	95.6±9.4	96.6±6.6	96.0±8.4	3.35**
肩宽	302.0±25.0	311.4±18.0	309.0±17.3	309.5±17.9	307.6±20.6	320.5±17.2	308.9±18.7	18.38**
骨盆宽	305.4±14.4	313.5±15.1	315.8±20.2	314.6±18.4	317.3±24.6	305.8±8.7	315.5±20.7	4.18**
平静胸围	850.4±41.5	883.7±50.9	906.2±59.1	910.3±71.2	899.8±83.0	914.5±107.9	903.0±71.3	2.66**
腰围	771.0±100.1	767.8±72.3	777.8±77.4	808.1±85.0	820.6±95.4	841.5±143.1	800.7±88.1	7.78**
臀围	907.8±33.5	896.1±122.0	928.7±52.1	922.9±75.5	913.2±67.2	896.8±75.8	918.6±73.2	3.86**
大腿围	525.8±40.8	535.0±38.6	538.2±40.7	526.3±56.4	509.9±66.5	464.3±40.1	524.3±56.1	2.39*
上肢全长	662.2±20.6	664.6±32.3	675.1±31.2	670.6±48.1	675.5±35.0	694.5±24.0	672.9±38.6	20.16**
下肢全长	826.2±26.4	829.0±45.6	836.0±101.0	819.5±38.9	816.4±40.0	772.5±136.2	823.2±62.8	13.05**

注：u 为性别间的 u 检验值；体重的单位为 kg，其余指标值的单位为 mm。

*$P<0.05$，**$P<0.01$，差异具有统计学意义。

表 1-2-33　河池壮族观察指标情况

指标	分型	男性		女性		合计		u
		人数	占比/%	人数	占比/%	人数	占比/%	
上眼睑皱褶	有	254	77.7	350	74.9	604	76.1	0.89
	无	73	22.3	117	25.1	190	23.9	0.89
眼裂高度	狭窄	137	41.9	137	29.3	274	34.5	3.66**
	中等	155	47.4	285	61.1	440	55.4	3.80**
	较宽	35	10.7	45	9.6	80	10.1	0.49
眼裂倾斜度	内角高	47	14.4	76	16.3	123	15.5	0.73
	水平	237	72.5	313	67.0	550	69.3	1.64
	外角高	43	13.1	78	16.7	121	15.2	1.37
鼻背侧面观	凹型	8	2.4	44	9.4	52	6.6	3.90**
	直型	221	67.6	315	67.5	536	67.5	0.04
	凸型	95	29.1	106	22.7	201	25.3	2.03*
	波型	3	0.9	2	0.4	5	0.6	0.86

续表

指标	分型	男性		女性		合计		u
		人数	占比/%	人数	占比/%	人数	占比/%	
鼻基底方向	上翘	89	27.2	205	43.9	294	37.0	4.79**
	水平	158	48.3	196	42.0	354	44.6	1.77
	下垂	80	24.5	66	14.1	146	18.4	3.70**
鼻翼宽	狭窄	1	0.3	10	2.1	11	1.4	2.18*
	中等	8	2.4	37	7.9	45	5.7	3.28**
	宽阔	318	97.3	420	90.0	738	92.9	3.96**
耳垂类型	三角形	101	30.9	180	38.5	281	35.4	2.22*
	方形	45	13.8	58	12.4	103	13.0	0.55
	圆形	181	55.3	229	49.1	410	51.6	1.75
上唇皮肤部高	低	11	3.4	48	10.3	59	7.4	3.66**
	中等	271	82.8	394	84.3	665	83.8	0.56
	高	45	13.8	25	5.4	70	8.8	4.11**
红唇厚度	薄唇	122	37.3	244	52.2	366	46.1	4.16**
	中唇	163	49.9	197	42.2	360	45.3	2.13*
	厚唇	42	12.8	26	5.6	68	8.6	3.61**
利手	左型	39	11.9	21	4.5	60	7.6	3.90**
	右型	288	88.1	446	95.5	734	92.4	3.90**
扣手	左型	115	35.2	202	43.3	317	39.9	2.29*
	右型	212	64.8	265	56.7	477	60.1	2.29*
卷舌	否	179	54.7	264	56.5	443	55.8	0.50
	是	148	45.3	203	43.5	351	44.2	0.50

注：u 为性别间率的 u 检验值。

*$P<0.05$，**$P<0.01$，差异具有统计学意义。

表 1-2-34　河池壮族男性生理指标

指标	不同年龄组（岁）的指标值（$\bar{x}\pm s$）						合计
	18～	30～	40～	50～	60～	70～85	
收缩压/mmHg	122.0±4.2	123.6±12.5	136.3±18.7	142.5±21.6	147.4±21.3	131.5±13.4	140.5±21.2
舒张压/mmHg	79.5±0.7	83.7±10.2	91.1±13.1	91.2±12.0	88.2±11.4	80.5±19.1	89.3±12.1
心率/（次/分）	67.5±4.9	74.4±9.6	76.1±9.7	73.8±10.0	75.9±12.4	64.5±7.8	74.9±10.7
左手握力/kg	41.9±4.5	41.1±5.0	38.7±7.6	34.9±6.8	30.6±5.9	21.6±2.7	35.0±7.5
右手握力/kg	47.2±3.3	44.3±7.1	41.2±8.6	38.0±7.1	32.7±6.2	19.5±4.8	37.6±8.3
左眼视力	4.1±0.1	4.9±0.3	4.9±0.3	4.9±0.2	4.8±0.2	4.9±0.1	4.9±0.2
右眼视力	4.1±0.1	4.9±0.3	4.9±0.3	4.9±0.2	4.8±0.2	4.6±0.8	4.9±0.3
肺活量/ml	4177.0±210.7	3587.9±670.3	3250.4±689.3	3081.1±627.8	2683.0±649.7	1964.5±728.0	3044.8±717.8

表 1-2-35　河池壮族女性生理指标

指标	不同年龄组（岁）的指标值（$\bar{x}\pm s$）						合计	u
	18～	30～	40～	50～	60～	70～85		
收缩压/mmHg	112.4±11.0	119.5±12.0	124.8±17.4	138.6±18.1	146.4±20.5	156.0±23.3	135.7±20.8	3.16**
舒张压/mmHg	77.0±11.3	79.3±10.0	82.4±11.0	89.3±10.6	88.5±11.4	88.5±10.1	86.3±11.5	3.51**
心率/（次/分）	82.6±9.4	76.1±10.1	76.6±11.7	75.5±11.6	76.6±11.9	73.8±5.9	76.2±11.5	1.63
左手握力/kg	24.3±3.5	23.6±4.2	23.3±4.6	21.7±4.7	18.7±4.7	13.3±3.6	21.3±5.0	28.85**
右手握力/kg	23.6±3.1	24.7±4.1	25.0±4.5	22.7±5.3	19.6±4.5	15.6±3.3	22.4±5.2	29.33**
左眼视力	4.6±0.4	4.8±0.3	4.9±0.2	4.9±0.2	4.7±0.3	4.6±0.1	4.8±0.2	6.93**
右眼视力	4.6±0.4	4.8±0.3	4.9±0.2	4.9±0.2	4.8±0.3	4.6±0.2	4.8±0.2	5.26**
肺活量/ml	2250.6±323.3	2511.0±655.3	2228.4±467.5	1967.2±445.3	1760.7±473.0	1369.8±571.6	2014.1±536.6	22.01**

注：u 为性别间的 u 检验值。

**P<0.01，差异具有统计学意义。

表 1-2-36　河池壮族男性头面部指数、体部指数和体脂率

指数	不同年龄组（岁）的指标值（$\bar{x}\pm s$）						合计
	18～	30～	40～	50～	60～	70～85	
头长宽指数	86.6±2.6	81.6±4.5	79.9±7.7	80.4±4.1	80.0±3.4	85.2±2.8	80.5±4.0
头长高指数	70.4±1.2	71.4±5.9	68.3±9.9	67.8±6.3	68.1±6.1	63.7±7.5	68.4±6.8
头宽高指数	81.3±1.0	87.7±7.2	85.6±10.3	84.5±8.5	85.3±8.8	74.7±6.4	85.3±8.9
形态面指数	80.8±8.7	77.2±6.1	79.5±6.5	79.9±6.9	81.1±7.1	77.4±0.5	79.9±6.8
鼻指数	93.0±14.7	105.4±12.6	104.0±10.4	109.9±25.7	107.6±13.2	102.2±8.9	107.2±18.1
口指数	38.2±10.0	35.6±7.1	36.1±13.5	30.3±11.9	28.6±8.7	27.8±3.6	31.7±11.4
身高坐高指数	52.6±1.3	53.1±1.3	52.4±1.3	52.2±1.5	52.2±2.7	51.1±1.3	52.4±1.9
身高体重指数	362.6±67.6	402.9±73.9	421.2±50.6	404.3±56.0	392.4±52.7	438.3±112.9	404.2±56.9
身高胸围指数	50.3±4.9	54.5±4.8	56.5±3.9	56.8±3.4	56.4±3.8	60.1±7.4	56.4±3.9
身高肩宽指数	21.2±0.6	21.0±0.9	21.4±1.1	21.3±1.0	21.2±3.2	20.5±2.1	21.2±2.0
身高骨盆宽指数	19.1±1.7	19.4±1.1	19.9±1.1	19.8±0.9	19.8±0.9	22.4±1.1	19.8±1.0
马氏躯干腿长指数	90.2±4.8	88.5±4.6	90.8±4.7	91.6±5.3	92.0±8.3	91.9±4.9	91.2±6.3
身高下肢长指数	50.9±4.0	52.3±2.1	53.2±1.9	54.1±1.7	54.2±2.9	54.2±0.1	53.8±2.3
身体质量指数/（kg/m²）	22.0±4.2	24.3±4.1	25.8±3.1	25.0±3.4	24.3±3.2	27.8±7.4	24.9±3.4
身体肥胖指数	25.9±4.0	25.9±3.3	27.9±3.1	27.7±2.8	26.9±3.7	31.1±6.4	27.3±3.3
体脂率/%	16.4±4.4	24.6±5.3	29.8±4.3	31.5±4.1	30.7±5.9	31.7±6.9	30.1±5.3

表 1-2-37　河池壮族女性头面部指数、体部指数和体脂率

指数	不同年龄组（岁）的指标值（$\bar{x}\pm s$）						合计	u
	18～	30～	40～	50～	60～	70～85		
头长宽指数	82.1±4.1	82.5±4.2	80.7±3.6	80.9±3.9	81.3±6.1	79.5±2.4	81.1±4.7	1.99*
头长高指数	69.1±7.9	68.1±5.5	68.1±6.6	66.6±7.2	67.0±7.4	61.6±2.6	67.2±7.0	2.34*

续表

指数	不同年龄组（岁）的指标值（ $\bar{x}\pm s$ ）						合计	u
	18～	30～	40～	50～	60～	70～85		
头宽高指数	84.2±8.6	82.6±7.6	84.5±8.5	82.5±9.8	82.4±7.6	77.6±2.1	83.0±8.6	3.63**
形态面指数	75.4±9.9	79.1±6.9	86.6±74.8	83.7±59.7	81.1±6.7	75.0±2.6	79.8±6.4	1.64
鼻指数	75.5±12.4	88.6±11.0	85.8±12.8	87.4±12.3	87.0±11.0	96.1±20.2	86.9±12.1	17.7**
口指数	35.3±4.2	34.6±7.8	35.3±28.7	31.5±13.4	29.6±14.6	23.0±5.5	32.1±18.5	0.38
身高坐高指数	53.2±2.1	53.1±1.5	52.9±1.4	52.3±4.5	51.8±1.5	51.4±1.3	52.4±2.9	0.00
身高体重指数	340.8±32.1	360.6±46.1	374.5±45.6	376.6±48.7	368.4±54.7	367.6±61.3	371.6±49.8	8.36**
身高胸围指数	56.1±2.9	57.8±3.7	59.2±4.0	60.2±4.4	60.1±5.4	60.3±8.7	59.7±4.7	10.77**
身高肩宽指数	19.9±1.7	20.3±1.0	20.2±1.1	20.5±1.0	20.5±1.2	21.1±1.7	20.4±1.1	6.57**
身高骨盆宽指数	20.2±1.1	20.5±1.0	20.6±1.2	20.8±1.1	21.1±2.3	20.1±1.2	20.8±1.6	10.82**
马氏躯干腿长指数	88.1±7.4	88.3±5.2	89.2±4.9	90.1±4.9	93.1±5.8	94.7±4.8	90.7±5.5	1.16
身高下肢长指数	54.5±1.6	54.1±1.9	54.6±6.2	54.2±2.0	54.5±1.9	50.6±7.3	54.4±3.6	2.86**
身体质量指数/（kg/m²）	22.5±2.2	23.6±3.1	24.5±2.9	24.9±3.0	24.6±3.5	24.2±4.5	24.6±3.2	1.25
身体肥胖指数	30.7±2.2	29.4±6.7	31.1±3.0	31.7±3.9	31.6±5.7	30.0±6.0	31.3±4.7	14.09**
体脂率/%	35.1±2.4	35.0±3.2	38.1±3.0	41.0±3.8	40.0±4.5	37.4±4.9	39.3±4.2	26.16**

注： u 为性别间的 u 检验值。

*$P<0.05$，**$P<0.01$，差异具有统计学意义。

表 1-2-38　　河池壮族男性关节活动度指标　　　　　　[单位：（°）]

指标	不同年龄组（岁）的指标值（ $\bar{x}\pm s$ ）						合计
	18～	30～	40～	50～	60～	70～85	
颈关节弯曲	58.0±12.7	57.5±11.8	49.2±11.6	49.9±10.5	48.4±12.2	42.0±9.9	50.0±11.7
颈关节伸展	34.5±13.4	42.2±9.0	36.6±9.5	37.9±8.9	36.9±9.3	32.0±9.9	37.7±9.3
颈关节侧屈	47.0±11.3	46.1±9.0	42.7±8.1	40.7±8.2	36.8±7.3	31.0±1.4	40.4±8.5
肩关节屈曲	149.5±0.7	152.2±6.3	147.6±8.9	144.2±8.3	141.8±9.9	133.5±3.5	145.0±9.3
肩关节伸展	65.5±17.7	64.4±7.4	62.3±8.6	61.6±7.4	59.5±8.0	54.5±6.4	61.4±8.0
肩关节外展	139.5±2.1	144.3±12.7	138.1±10.1	136.2±11.1	131.7±10.3	134.0±2.8	136.1±11.3
肩关节内收	51.0±2.8	62.8±6.5	59.4±7.2	59.5±7.0	58.0±7.9	56.5±2.1	59.3±7.4
肘关节由伸至屈	134.5±0.7	134.7±5.4	134.1±4.7	134.4±4.9	137.0±5.5	135.5±2.1	135.2±5.2
腕关节屈腕	61.5±0.7	62.0±9.6	57.3±9.7	54.7±8.7	54.0±9.6	68.5±7.8	55.9±9.6
腕关节伸腕	75.5±4.9	64.6±9.4	61.5±14.2	56.9±13.1	54.9±16.4	78.0±11.3	58.4±14.6
腕关节桡屈	13.0±4.2	17.0±6.0	16.3±6.1	15.9±5.7	14.9±5.0	11.0±1.4	15.8±5.6
腕关节尺屈	46.0±9.9	44.1±10.2	40.5±9.6	37.7±9.5	37.5±9.2	38.5±9.2	39.0±9.7

表 1-2-39　河池壮族女性关节活动度指标

指标	不同年龄组（岁）的指标值（$\bar{x}\pm s$）/（°）						合计/（°）	u
	18～	30～	40～	50～	60～	70～85		
颈关节弯曲	40.0±14.7	50.7±13.2	49.9±12.7	46.4±11.6	44.6±10.4	27.0±2.9	46.9±12.0	3.64**
颈关节伸展	45.0±12.4	43.2±10.7	41.7±10.4	40.4±9.0	38.8±9.2	30.0±9.6	40.4±9.7	3.96**
颈关节侧屈	40.2±6.2	43.9±8.7	41.9±8.1	38.9±7.8	38.0±8.2	35.5±9.9	39.8±8.3	0.99
肩关节屈曲	135.8±10.5	147.0±9.5	148.5±8.2	144.5±9.1	142.0±9.9	126.3±11.8	144.7±9.7	0.44
肩关节伸展	58.4±7.3	62.1±10.1	63.3±8.0	60.3±8.4	61.1±8.5	55.5±6.1	61.4±8.5	0.00
肩关节外展	131.2±16.1	136.7±11.3	140.3±11.4	136.4±12.2	132.3±11.7	119.3±13.9	135.9±12.2	0.24
肩关节内收	58.6±8.4	60.3±8.9	63.3±8.1	60.9±7.1	60.9±8.1	43.5±7.2	61.3±8.0	3.62**
肘关节由伸至屈	141.2±5.3	137.7±3.9	138.3±3.9	137.7±4.4	138.4±5.7	140.0±3.4	138.1±4.7	8.04**
腕关节屈腕	69.6±8.8	57.5±11.3	60.7±8.9	56.2±9.2	56.1±10.6	53.0±6.7	57.5±10.0	2.27*
腕关节伸腕	80.8±8.6	65.4±15.9	64.5±17.5	60.6±15.9	57.3±17.6	66.8±19.9	61.3±17.2	2.56*
腕关节桡屈	20.0±5.9	19.0±7.7	18.7±5.5	18.7±7.2	17.9±6.8	15.8±4.3	18.5±6.7	6.16**
腕关节尺屈	51.6±12.7	43.5±7.8	43.9±8.7	40.6±8.6	39.3±10.0	37.3±7.3	41.4±9.3	3.49**

注：u 为性别间的 u 检验值。

*$P<0.05$，**$P<0.01$，差异具有统计学意义。

（谭婧泽　李咏兰　张海国　李立安　张唯一　郑连斌）

第三节　回　　族

一、回族简介

　　根据 2010 年第六次全国人口普查统计数据，回族人口为 10 586 087 人（国务院人口普查办公室，国家统计局人口和就业统计司，2012），是中国少数民族中人口较多的民族之一。回族是中国分布最广的少数民族之一，主要聚居于宁夏、新疆、青海、甘肃、陕西等省份，其他省份也有分布。

　　2018 年研究组在宁夏回族自治区银川市贺兰县进行了回族人体表型数据采集工作。被调查回族成年男性年龄 52.2 岁±11.2 岁，女性年龄 50.8 岁±10.2 岁。2018 年 11 月 10 日至 12 月 5 日，肤纹采样于银川市贺兰县高岗镇卫生中心。电子扫描捺印回族指掌足肤纹1000 余例，筛选后正式留用回族肤纹样本共计 970 例，年龄 51.3 岁±10.67 岁。测量指标和肤纹指标样本量：男性 366 例，女性 604 例。观察指标样本量：男性 384 例，女性 623 例。按照国际规范对回族肤纹数据进行统计。

二、回族的表型数据（表 1-3-1～表 1-3-17）

表 1-3-1　回族男性头面部指标　　　　　　　　　　（单位：mm）

指标	不同年龄组（岁）的指标值（$\bar{x}\pm s$）						合计
	18～	30～	40～	50～	60～	70～85	
头长	181.8±7.7	180.6±7.3	181.6±7.0	183.0±6.1	181.0±6.8	183.4±6.0	181.9±6.7
头宽	156.7±6.3	154.4±7.3	154.0±6.8	153.6±6.0	151.8±6.7	152.7±3.0	153.4±6.5
额最小宽	116.3±5.8	114.6±7.7	115.0±6.3	115.3±5.3	111.1±7.0	108.0±9.0	114.0±6.6
面宽	141.8±6.5	137.6±7.1	137.3±6.9	137.7±11.5	133.8±6.8	131.3±6.7	136.7±9.1
下颌角间宽	114.7±6.6	115.4±7.2	113.8±10.4	114.1±6.2	112.6±6.1	107.6±5.2	113.7±7.4
眼内角间宽	36.6±2.6	34.5±2.8	34.7±3.1	34.6±4.2	33.1±2.9	35.8±1.8	34.3±3.5
眼外角间宽	91.1±15.0	90.8±4.6	90.4±4.4	90.2±4.4	86.9±4.4	86.3±3.0	89.5±5.4
鼻宽	38.9±3.0	38.5±2.1	39.6±3.1	40.6±3.7	40.2±2.8	40.0±2.0	40.0±3.2
口宽	52.7±5.7	53.1±3.8	54.5±3.6	56.1±3.7	54.8±5.7	55.7±4.8	55.0±4.5
容貌面高	193.7±10.0	189.9±9.8	193.4±10.0	195.0±8.3	191.0±8.4	167.6±37.9	192.6±10.8
形态面高	125.1±7.0	124.3±7.5	124.9±6.5	127.8±6.8	125.9±6.8	127.3±7.0	126.2±6.9
鼻高	54.4±3.2	53.9±4.9	53.9±3.9	55.2±4.2	55.0±6.2	54.9±4.4	54.7±4.8
上唇皮肤部高	14.8±2.7	15.0±2.6	16.6±2.9	18.0±4.2	17.7±2.6	17.1±1.8	17.2±3.5
唇高	17.3±2.9	17.5±3.2	16.1±3.0	15.9±3.7	13.9±3.4	13.6±2.9	15.6±3.6
红唇厚度	8.4±1.8	8.1±2.0	7.8±2.0	7.6±1.9	6.9±1.9	6.2±1.7	7.5±2.0
容貌耳长	66.2±5.7	65.2±5.0	66.8±4.6	68.8±4.4	69.4±4.1	71.5±3.3	68.1±4.7
容貌耳宽	33.3±3.4	32.3±2.1	33.3±2.7	33.9±2.9	34.1±3.5	33.9±2.8	33.7±3.0
耳上头高	150.8±16.5	143.9±12.4	142.0±16.0	138.1±12.3	136.1±11.9	133.9±19.0	139.5±13.8

表 1-3-2　回族女性头面部指标

指标	不同年龄组（岁）的指标值（$\bar{x}\pm s$）/mm						合计/mm	u
	18～	30～	40～	50～	60～	70～85		
头长	170.4±5.3	170.5±5.8	173.0±6.2	174.1±6.3	174.4±7.0	170.0±2.6	173.3±6.5	20.03**
头宽	149.0±7.4	145.9±5.4	146.7±5.8	146.4±5.5	145.7±5.8	144.7±6.8	146.4±5.8	17.30**
额最小宽	113.0±8.2	110.7±6.8	111.5±6.5	111.2±5.5	110.0±5.9	111.3±8.7	111.0±6.1	7.22**
面宽	131.7±7.2	131.1±6.7	133.6±39.7	130.5±6.2	129.3±6.8	128.7±8.0	131.2±21.5	5.63**
下颌角间宽	106.7±6.9	106.3±5.9	107.6±6.3	107.4±6.4	107.7±6.3	102.3±2.1	107.4±6.3	13.89**
眼内角间宽	34.6±3.0	34.4±2.8	35.0±8.3	35.3±18.5	33.5±2.8	30.2±1.5	34.7±12.1	0.77
眼外角间宽	88.2±4.9	86.7±4.8	87.1±4.2	86.7±5.3	85.7±4.2	84.7±1.7	86.6±4.7	8.70**
鼻宽	36.3±3.0	35.4±1.9	36.7±2.3	37.4±2.6	38.2±2.8	29.1±11.1	37.1±2.8	14.65**
口宽	49.0±3.4	49.3±3.6	51.4±5.8	52.3±3.4	51.9±6.6	52.1±1.8	51.5±5.1	11.40**
容貌面高	174.3±23.2	183.5±8.5	184.4±7.7	183.5±8.3	181.6±11.8	174.3±4.0	182.9±10.2	14.15**

续表

指标	不同年龄组（岁）的指标值（$\bar{x} \pm s$）/mm						合计/mm	u
	18～	30～	40～	50～	60～	70～85		
形态面高	113.3±5.9	115.8±5.7	117.9±5.5	118.9±5.6	119.3±7.1	113.5±2.8	118.2±6.1	18.69**
鼻高	48.8±3.9	50.0±3.7	50.6±4.1	51.0±3.9	52.1±4.1	49.9±2.3	50.9±4.0	13.00**
上唇皮肤部高	12.9±2.4	13.0±2.2	15.2±2.3	16.3±2.6	17.6±11.9	16.4±1.1	15.9±6.2	4.25**
唇高	16.9±2.4	17.2±3.3	16.2±3.0	15.4±3.2	13.6±4.2	13.3±2.6	15.4±3.6	0.86
红唇厚度	8.9±2.2	8.3±2.0	8.0±1.8	7.6±1.8	6.8±2.1	7.7±1.5	7.7±2.0	1.54
容貌耳长	60.7±4.0	61.7±3.6	63.1±4.1	65.1±4.2	66.5±4.8	67.6±2.8	64.4±4.6	12.25**
容貌耳宽	30.7±2.8	30.6±2.3	32.1±5.7	32.5±2.5	33.1±2.8	33.1±2.8	32.3±3.8	6.49**
耳上头高	136.9±11.4	136.6±12.7	133.3±13.3	130.1±12.1	131.3±13.0	130.3±10.1	132.1±12.8	8.50**

注：u 为性别间的 u 检验值。

**P＜0.01，差异具有统计学意义。

表 1-3-3　回族男性体部指标

指标	不同年龄组（岁）的指标值（$\bar{x} \pm s$）						合计
	18～	30～	40～	50～	60～	70～85	
体重	70.8±12.7	73.6±14.5	71.9±11.1	74.5±11.5	69.0±11.0	66.7±13.7	72.2±11.9
身高	1732.3±46.0	1711.5±60.3	1692.8±56.2	1683.4±53.3	1659.7±61.4	1626.1±75.9	1683.3±59.9
髂前上棘点高	944.1±37.3	946.3±38.3	941.0±44.6	951.4±47.1	933.9±46.4	908.7±60.7	943.2±46.0
坐高	918.3±28.4	906.3±37.1	900.5±35.7	886.1±27.4	873.7±35.1	866.0±39.0	889.1±34.8
肩宽	418.1±22.7	424.6±26.3	423.8±23.7	422.9±43.8	418.4±27.9	414.7±20.7	421.8±33.6
骨盆宽	296.7±36.0	301.8±28.1	317.8±31.4	325.3±29.7	329.1±32.4	341.7±28.3	321.4±32.1
平静胸围	905.9±80.8	923.3±80.8	929.0±65.8	959.9±96.7	941.2±113.1	967.0±89.7	942.9±94.0
腰围	815.3±102.2	856.0±103.1	873.1±95.0	915.2±115.1	893.0±100.7	900.7±152.5	890.4±108.8
臀围	965.8±64.0	973.6±83.2	977.7±57.9	986.1±119.2	973.7±110.0	960.0±73.1	978.7±99.9
大腿围	545.4±51.4	542.4±60.7	546.1±59.3	549.3±58.3	541.5±58.3	505.3±49.3	545.0±58.3
肱三头肌皮褶	21.2±6.1	23.3±5.0	21.8±5.4	22.7±6.1	23.3±5.8	20.9±5.9	22.6±5.8
肩胛下皮褶	21.4±6.9	23.7±5.8	23.1±5.7	24.4±5.5	23.8±5.4	23.0±7.1	23.8±5.7

注：体重的单位为 kg，其余指标值的单位为 mm。

表 1-3-4　回族女性体部指标

指标	不同年龄组（岁）的指标值（$\bar{x} \pm s$）						合计	u
	18～	30～	40～	50～	60～	70～85		
体重	59.4±11.5	60.6±10.2	63.9±9.2	64.2±9.0	63.3±10.1	58.3±12.1	63.4±9.6	12.26**
身高	1585.8±76.7	1581.6±53.7	1579.6±52.4	1568.9±52.1	1548.0±55.1	1541.0±46.3	1568.9±55.4	30.32**
髂前上棘点高	895.8±50.6	893.9±43.7	894.3±71.7	894.7±39.1	872.5±80.8	909.0±44.2	889.6±61.5	15.77**
坐高	869.0±31.7	853.7±33.1	852.6±29.2	845.0±29.0	822.4±34.3	817.3±10.2	843.6±33.2	20.53**

指标	不同年龄组（岁）的指标值（$\bar{x}\pm s$）						合计	u
	18～	30～	40～	50～	60～	70～85		
肩宽	379.5±25.3	375.4±83.8	382.1±21.8	374.0±31.8	379.2±23.1	360.3±8.5	377.7±36.1	19.68**
骨盆宽	302.3±42.5	294.5±38.7	313.6±33.1	319.3±31.3	331.4±33.6	318.7±20.5	317.5±34.9	1.81
平静胸围	900.2±84.4	910.1±75.3	930.6±69.3	933.4±82.7	932.1±117.7	933.3±42.3	928.9±88.1	2.35*
腰围	785.0±96.5	793.7±91.3	836.6±106.7	874.5±98.6	906.7±113.4	890.0±60.6	860.3±109.5	4.26**
臀围	946.2±75.0	952.5±62.3	974.5±61.8	980.8±58.1	984.9±68.8	960.0±46.6	975.9±63.4	0.49
大腿围	529.5±57.3	532.2±50.5	540.2±59.1	538.3±39.2	543.4±66.4	504.3±31.9	538.9±53.6	1.66
肱三头肌皮褶	25.1±4.9	25.3±4.7	25.5±4.9	26.0±5.0	26.3±5.1	26.7±4.2	25.8±4.9	9.02**
肩胛下皮褶	23.5±5.6	24.9±5.0	25.0±5.1	25.4±5.2	25.6±5.2	28.5±7.3	25.2±5.2	3.92**
上肢全长	689.5±54.8	677.8±34.2	685.5±33.9	685.7±54.2	687.2±62.5	681.7±27.2	685.4±49.8	13.74**
下肢全长	865.0±46.3	863.9±41.8	864.7±70.7	865.5±37.5	844.7±79.6	882.3±41.8	860.5±60.2	13.95**

注：u 为性别间的 u 检验值；体重的单位为 kg，其余指标值的单位为 mm。

*$P<0.05$，**$P<0.01$，差异具有统计学意义。

表 1-3-5　回族观察指标情况

指标	分型	男性		女性		合计		u
		人数	占比%	人数	占比%	人数	占比%	
上眼睑皱褶	有	272	70.8	471	75.6	743	73.8	1.67
	无	112	29.2	152	24.4	264	26.2	1.67
内眦褶	有	11	2.9	24	3.9	35	3.5	0.83
	无	373	97.1	599	96.1	972	96.5	0.83
眼裂高度	狭窄	209	54.4	276	44.3	485	48.2	3.12**
	中等	120	31.3	268	43.0	388	38.5	3.73**
	较宽	55	14.3	79	12.7	134	13.3	0.75
眼裂倾斜度	内角高	67	17.4	107	17.2	174	17.3	0.11
	水平	288	75.0	411	66.0	699	69.4	3.02**
	外角高	29	7.6	105	16.8	134	13.3	4.22**
鼻背侧面观	凹型	2	0.5	6	1.0	8	0.8	0.77
	直型	217	56.5	308	49.4	525	52.2	2.18*
	凸型	64	16.7	185	29.7	249	24.7	4.65**
	波型	101	26.3	124	19.9	225	22.3	2.37*
鼻基底方向	上翘	12	3.1	58	9.3	70	7.0	3.75**
	水平	293	76.3	470	75.5	763	75.7	0.31
	下垂	79	20.6	95	15.2	174	17.3	2.17*

续表

指标	分型	男性		女性		合计		u
		人数	占比%	人数	占比%	人数	占比%	
鼻翼宽	狭窄	6	1.6	31	5.0	37	3.7	2.80**
	中等	89	23.2	288	46.2	377	37.4	7.34**
	宽阔	289	75.2	304	48.8	593	58.9	8.29**
耳垂类型	三角形	95	24.7	120	19.3	215	21.4	2.06*
	方形	200	52.1	398	63.8	598	59.3	3.70**
	圆形	89	23.2	105	16.9	194	19.3	2.47*
上唇皮肤部高	低	11	2.9	32	5.1	43	4.3	1.73
	中等	283	73.7	524	84.1	807	80.1	4.02**
	高	90	23.4	67	10.8	157	15.6	5.39**
红唇厚度	薄唇	155	40.4	247	39.6	402	39.9	0.23
	中唇	198	51.5	299	48.0	497	49.4	1.10
	厚唇	31	8.1	77	12.4	108	10.7	2.14*
利手	左型	49	12.8	72	11.6	121	12.0	0.57
	右型	335	87.2	551	88.4	886	88.0	0.57
扣手	左型	193	50.3	290	46.5	483	48.0	1.15
	右型	191	49.7	333	53.5	524	52.0	1.15
卷舌	否	307	79.9	467	75.0	774	76.9	1.82
	是	77	20.1	156	25.0	233	23.1	1.82

注：u 为性别间率的 u 检验值。

*$P<0.05$，**$P<0.01$，差异具有统计学意义。

表1-3-6 回族男性生理指标

指标	不同年龄组（岁）的指标值（$\bar{x} \pm s$）						合计
	18～	30～	40～	50～	60～	70～85	
收缩压/mmHg	123.3±12.9	126.9±17.9	127.7±17.7	137.0±19.6	141.3±22.7	144.7±12.8	134.6±20.4
舒张压/mmHg	79.3±7.9	82.8±12.3	85.9±12.3	87.4±13.7	86.6±11.0	85.9±6.0	86.1±12.4
心率/（次/分）	80.8±11.8	77.5±15.4	78.1±11.3	75.0±10.2	74.8±10.3	76.7±15.2	76.1±11.3
左手握力/kg	42.3±8.4	41.2±7.3	38.8±7.8	33.1±6.3	27.9±7.6	20.1±10.6	34.0±8.8
右手握力/kg	43.8±9.4	42.6±7.9	39.4±8.1	34.7±6.9	28.7±8.8	22.6±8.8	35.2±9.3
左眼视力	4.7±0.4	4.9±0.2	4.9±0.3	4.8±0.3	4.8±0.3	4.8±0.2	4.8±0.3
右眼视力	4.7±0.4	4.9±0.2	4.9±0.3	4.8±0.3	4.8±0.3	4.7±0.3	4.8±0.3
肺活量/ml	4353.0±603.8	3814.2±773.8	3328.7±893.5	2992.5±776.5	2494.0±738.6	2123.0±663.9	3064.8±920.5

表 1-3-7 回族女性生理指标

指标	不同年龄组（岁）的指标值（$\bar{x}\pm s$）						合计	u
	18～	30～	40～	50～	60～	70～85		
收缩压/mmHg	113.5±14.0	119.2±10.9	137.2±17.6	144.3±21.0	152.2±23.8	142.3±9.5	140.6±22.4	4.37**
舒张压/mmHg	74.8±10.8	79.1±9.6	84.7±12.0	88.0±11.5	88.7±12.5	86.0±13.0	85.9±12.2	0.25
心率/（次/分）	87.0±11.8	78.0±8.4	76.7±10.4	77.8±10.8	81.3±11.1	90.3±9.2	78.7±10.8	3.61**
左手握力/kg	25.7±4.5	25.8±5.1	23.6±5.5	21.9±5.5	16.5±5.4	17.9±0.4	21.7±6.2	24.00**
右手握力/kg	26.5±5.8	27.3±5.6	25.3±5.7	22.8±5.5	17.4±5.3	17.1±2.8	22.8±6.4	23.01**
左眼视力	4.8±0.3	4.9±0.3	4.8±0.3	4.8±0.3	4.6±0.3	4.8±0.2	4.8±0.3	0.00
右眼视力	4.7±0.4	4.9±0.3	4.8±0.3	4.8±0.3	4.6±0.3	4.6±0.4	4.8±0.3	0.00
肺活量/ml	2323.2±718.5	2283.7±766.4	2094.0±635.6	1931.7±591.0	1753.6±612.0	1352.3±740.6	1982.0±653.6	20.16**

注：u 为性别间的 u 检验值。

**$P<0.01$，差异具有统计学意义。

表 1-3-8 回族男性关节活动度指标 [单位：（°）]

指标	不同年龄组（岁）的指标值（$\bar{x}\pm s$）						合计
	18～	30～	40～	50～	60～	70～85	
颈关节弯曲	62.8±14.7	52.6±15.8	49.9±14.6	48.1±15.9	42.0±15.4	45.7±10.8	48.0±15.9
颈关节伸展	39.3±9.6	40.0±10.8	37.4±10.4	32.9±9.5	29.2±9.9	25.0±8.0	33.8±10.6
颈关节侧屈	44.3±13.3	42.1±10.1	38.2±10.5	35.8±9.3	32.1±10.7	32.7±15.5	36.3±10.8
肩关节屈曲	147.7±9.9	148.3±10.2	144.8±9.4	139.0±9.9	133.8±14.1	122.1±8.0	140.0±12.2
肩关节伸展	58.9±9.9	58.5±11.2	56.0±11.0	54.5±9.3	54.1±9.2	49.7±10.3	55.2±10.0
肩关节外展	146.7±15.4	142.7±12.6	140.5±9.9	136.9±11.3	129.2±13.5	124.9±14.9	136.5±13.0
肩关节内收	52.7±6.1	55.7±8.7	55.9±8.2	57.4±8.0	56.1±9.2	59.9±10.0	56.4±8.4
肘关节由伸至屈	126.3±4.4	121.2±9.4	120.7±9.1	120.0±8.9	116.9±9.9	113.9±8.5	119.6±9.3
腕关节屈腕	63.9±10.8	61.3±10.8	55.6±11.6	51.7±13.3	46.3±16.0	53.0±14.5	52.7±14.2
腕关节伸腕	66.6±7.1	67.7±12.0	63.2±11.2	61.3±9.8	54.3±14.2	52.3±10.1	60.7±12.2
腕关节桡屈	59.2±13.3	54.4±14.5	53.6±15.8	48.2±16.2	43.2±17.7	41.6±13.8	49.1±16.7
腕关节尺屈	20.6±7.8	19.3±7.9	18.0±8.2	19.0±7.7	16.7±7.8	10.3±3.0	18.2±7.9

表 1-3-9 回族女性关节活动度指标

指标	不同年龄组（岁）的指标值（$\bar{x}\pm s$）/（°）						合计/（°）	u
	18～	30～	40～	50～	60～	70～85		
颈关节弯曲	52.3±16.6	50.9±17.4	46.1±15.2	42.7±14.4	39.1±14.9	38.7±14.8	44.0±15.5	3.92**
颈关节伸展	42.0±11.0	38.2±10.8	35.8±9.4	33.6±9.8	31.2±9.9	23.3±5.8	34.4±10.2	0.89
颈关节侧屈	37.7±10.5	41.9±9.7	37.1±10.9	35.5±10.9	32.0±10.1	34.7±3.1	35.9±10.9	0.57
肩关节屈曲	146.2±8.5	144.2±9.4	142.2±10.2	139.0±10.8	131.3±13.0	141.3±11.5	138.9±11.8	1.41
肩关节伸展	55.8±9.7	54.6±10.5	53.6±9.6	54.0±9.3	52.8±11.2	56.7±2.9	53.7±9.9	2.32*
肩关节外展	142.8±6.9	140.9±10.3	138.3±12.4	135.8±11.2	129.4±14.1	132.0±10.0	135.8±12.6	0.84

续表

指标	不同年龄组（岁）的指标值（$\bar{x} \pm s$）/（°）						合计/（°）	u
	18～	30～	40～	50～	60～	70～85		
肩关节内收	58.9±7.7	61.6±7.0	59.6±8.2	60.0±8.2	58.3±10.2	65.7±4.0	59.6±8.6	5.82**
肘关节由伸至屈	128.4±6.7	127.8±7.8	125.4±8.0	124.6±8.5	121.9±13.4	127.0±11.5	124.7±9.7	8.32**
腕关节屈腕	58.8±11.1	59.2±12.6	55.6±12.8	55.3±12.4	55.2±12.6	64.3±3.5	55.9±12.6	3.63**
腕关节伸腕	61.9±12.5	61.7±12.5	59.3±12.5	57.5±12.0	54.1±13.7	46.0±6.0	57.7±12.8	3.72**
腕关节桡屈	51.1±14.8	54.7±15.9	48.9±14.7	48.4±16.8	45.8±16.8	54.3±15.8	48.7±16.2	0.37
腕关节尺屈	18.7±7.3	19.9±7.0	19.0±7.4	19.7±7.6	18.9±8.0	14.7±6.1	19.3±7.6	2.18*

注：u 为性别间的 u 检验值。

*$P<0.05$，**$P<0.01$，差异具有统计学意义。

表 1-3-10　回族男性头面部指数、体部指数和体脂率

指数	不同年龄组（岁）的指标值（$\bar{x} \pm s$）						合计
	18～	30～	40～	50～	60～	70～85	
头长宽指数	86.2±3.4	85.6±5.2	84.9±5.0	84.0±4.4	84.0±4.9	83.3±2.8	84.4±4.7
头长高指数	83.0±8.7	79.8±7.1	78.3±9.2	75.5±6.8	75.3±6.9	73.1±10.7	76.7±7.8
头宽高指数	96.3±10.2	93.3±7.9	92.3±10.4	90.0±8.1	89.8±7.9	87.8±13.7	91.0±8.9
形态面指数	88.4±6.1	90.6±6.8	91.1±6.2	93.2±7.5	94.3±6.9	97.1±5.8	92.6±7.1
鼻指数	81.8±8.9	82.3±9.0	84.1±8.6	84.4±10.9	84.8±16.1	85.4±11.1	84.1±11.7
口指数	33.3±6.5	33.1±5.6	29.6±5.5	28.5±6.9	26.0±9.9	24.7±6.3	28.7±7.7
身高坐高指数	53.0±1.8	53.0±1.9	53.2±1.3	52.7±1.6	52.7±1.5	53.3±1.3	52.8±1.5
身高体重指数	408.6±72.8	428.9±78.0	424.2±59.5	442.2±64.7	415.7±62.0	408.7±71.7	428.5±65.5
身高胸围指数	52.3±4.9	53.9±4.3	54.9±3.9	57.0±5.7	56.8±7.0	59.4±4.0	56.1±5.7
身高肩宽指数	24.1±1.3	24.8±1.2	25.0±1.2	25.1±2.5	25.2±1.7	25.6±1.9	25.1±1.9
身高骨盆宽指数	17.1±2.1	17.6±1.6	18.8±1.7	19.3±1.9	19.8±1.9	21.0±1.5	19.1±2.0
马氏躯干腿长指数	88.8±6.5	89.0±6.7	88.1±4.7	90.1±5.8	90.1±5.4	87.8±4.4	89.4±5.6
身高下肢长指数	52.1±2.0	53.0±2.0	53.3±2.1	54.3±2.2	54.2±2.1	53.8±1.4	53.8±2.2
上下肢全长指数	83.1±3.0	81.1±7.2	82.0±4.9	80.6±5.1	82.3±10.3	81.9±3.5	81.5±6.9
身体质量指数/（kg/m²）	23.6±4.2	25.0±4.3	25.0±3.4	26.3±3.8	25.1±3.7	25.1±3.8	25.5±3.8
身体肥胖指数	24.4±3.2	25.5±3.0	26.4±2.6	27.2±5.7	27.6±5.5	28.3±2.8	26.9±4.8
体脂率/%	23.4±3.2	26.4±2.7	30.8±3.3	33.8±4.0	34.1±3.5	33.2±5.1	32.0±4.6

表 1-3-11　回族女性头面部指数、体部指数和体脂率

指数	不同年龄组（岁）的指标值（$\bar{x} \pm s$）						合计	u
	18～	30～	40～	50～	60～	70～85		
头长宽指数	87.6±5.1	85.7±4.8	84.9±4.8	84.2±4.3	83.7±4.4	85.1±5.1	84.6±4.6	0.66
头长高指数	80.4±6.8	80.2±7.7	77.2±8.0	74.8±7.6	75.3±7.4	76.7±7.1	76.3±7.8	0.79

续表

指数	不同年龄组（岁）的指标值（$\bar{x}\pm s$）						合计	u
	18～	30～	40～	50～	60～	70～85		
头宽高指数	92.1±9.4	93.7±9.7	91.0±9.3	88.9±8.4	90.2±9.2	90.0±3.5	90.3±9.1	1.20
形态面指数	86.3±6.4	88.6±6.0	90.1±8.3	91.3±6.0	91.8±10.2	88.4±5.2	90.6±7.9	4.16**
鼻指数	74.6±6.8	71.0±6.0	73.1±7.5	73.8±7.3	73.6±6.9	59.1±24.3	73.3±7.3	16.26**
口指数	34.5±4.8	35.0±6.2	32.0±8.5	29.5±6.5	26.8±10.8	25.6±5.0	30.3±8.5	3.08**
身高坐高指数	54.8±1.5	54.0±1.5	54.0±1.4	53.6±3.9	53.1±1.5	53.1±1.1	53.7±2.6	6.97**
身高体重指数	374.4±69.6	382.8±59.1	399.6±70.5	408.9±53.4	408.2±59.1	377.5±72.2	402.2±61.6	6.34**
身高胸围指数	56.9±5.7	57.6±4.6	59.0±4.7	59.6±5.6	60.2±7.4	60.6±1.8	59.3±5.8	8.60**
身高肩宽指数	24.0±1.6	23.7±5.0	24.2±1.4	23.9±2.1	24.5±1.3	23.4±0.3	24.1±2.2	7.64**
身高骨盆宽指数	19.1±2.5	18.6±2.5	19.9±2.1	20.4±2.0	21.4±2.2	20.7±1.0	20.3±2.3	8.74**
马氏躯干腿长指数	82.5±4.9	85.4±5.3	85.3±4.8	85.8±5.2	88.3±5.4	88.5±3.8	86.1±5.3	9.28**
身高下肢长指数	54.6±2.5	54.6±2.0	54.8±4.4	55.2±2.0	54.6±4.9	57.3±1.9	54.9±3.6	6.02**
身体质量指数/（kg/m²）	23.7±4.5	24.2±3.6	25.3±4.5	26.1±3.4	26.4±3.6	24.5±4.4	25.7±3.9	0.80
身体肥胖指数	29.5±4.4	30.0±3.5	31.2±3.6	32.0±3.4	33.2±3.8	32.2±2.1	31.7±3.7	16.78**
体脂率/%	34.5±3.1	35.6±2.7	38.2±2.4	41.2±2.6	41.5±2.7	41.6±3.8	39.7±3.4	28.38**

注：u 为性别间的 u 检验值。

**$P<0.01$，差异具有统计学意义。

表1-3-12　回族肤纹各表型观察指标情况

指标	分型		男性		女性		合计		u
	左	右	人数	占比/%	人数	占比/%	人数	占比/%	
通贯手	+	+	1	0.3	8	1.3	9	0.9	1.6
	+	−	0	0.0	2	0.3	2	0.2	0.3
	−	+	4	1.1	4	0.6	8	0.8	0.8
掌"川"字纹	+	+	14	3.8	43	7.1	57	5.9	2.1*
	+	−	8	2.2	27	4.5	35	3.6	1.9
	−	+	3	0.8	17	2.8	20	2.1	0.9
缺掌 c 三角	+	+	2	0.5	2	0.3	2	0.2	0.1
	+	−	12	3.3	10	1.7	22	2.3	1.6
	−	+	11	3.0	9	1.5	20	2.1	1.6
掌Ⅳ2枚真实纹	+	+	17	4.6	4	0.7	21	2.2	2.5
	+	−	0	0.0	13	2.2	13	1.3	2.8**
	−	+	0	0.0	2	0.3	2	0.2	1
掌Ⅲ/Ⅳ跨区纹	+	+	0	0.0	2	0.3	2	0.2	1
	+	−	11	3.0	10	1.7	21	2.2	1.3
	−	+	11	3.3	9	1.5	20	2.1	1.9

续表

指标	分型		男性		女性		合计		u
	左	右	人数	占比/%	人数	占比/%	人数	占比/%	
足跟真实纹	+	+	1	0.3	8	1.3	7	0.7	1.8
	+	−	4	1.1	13	2.2	17	1.8	1.3
	−	+	0	0.0	7	1.2	7	0.7	1.9

注：u 为性别间率的 u 检验值。

*$P<0.05$，**$P<0.01$，差异具有统计学意义。

表 1-3-13 回族指纹情况

回族	简弓	帐弓	尺箕	桡箕	简斗	双箕斗	弓	箕	斗
男性									
人数	23	11	1633	153	1596	244	34	1786	1840
占比/%	0.6	0.3	44.6	4.2	43.6	6.7	0.9	48.8	50.3
女性									
人数	51	15	3010	243	2326	395	66	3253	2721
占比/%	0.8	0.2	49.8	4.0	38.5	6.5	1.1	53.9	45.0
合计									
人数	74	26	4643	396	3922	639	100	5039	4561
占比/%	0.7	0.3	47.9	4.1	40.4	6.6	1.0	52.0	47.0
u	1.18	0.48	4.99**	0.38	4.96**	0.24	0.77	4.83**	5.00**

注：u 为性别间率的 u 检验值。

**$P<0.01$，差异具有统计学意义。

表 1-3-14 回族指纹频率 （单位：%）

类型	左手					右手				
	拇指	示指	中指	环指	小指	拇指	示指	中指	环指	小指
男性										
简弓	1.4	2.2	0.3	0.3	0.0	0.3	1.4	0.5	0.0	0.0
帐弓	0.0	0.5	0.3	0.0	0.0	0.0	1.6	0.5	0.0	0.0
尺箕	32.0	42.9	58.5	36.6	76.5	25.1	30.9	51.4	28.4	63.9
桡箕	0.8	10.4	1.6	0.2	0.3	1.9	19.4	5.2	1.1	0.8
简斗	45.6	36.6	33.0	56.3	19.1	64.8	41.5	37.2	67.8	34.2
双箕斗	20.2	7.4	6.3	6.6	4.1	7.9	5.2	5.2	2.7	1.1
女性										
简弓	2.1	1.7	0.7	0.3	0.5	0.5	1.7	0.5	0.3	0.2
帐弓	0.2	0.8	0.2	0.0	0.0	0.0	0.5	0.7	0.0	0.2
尺箕	38.4	40.2	50.6	39.4	81.0	37.9	40.7	59.8	34.1	76.1
桡箕	3.3	13.8	5.1	1.0	0.3	1.0	11.1	2.0	1.7	1.0
简斗	41.4	37.4	35.6	55.2	15.9	48.0	37.1	31.6	61.9	21.0
双箕斗	14.6	6.1	7.8	4.1	2.3	12.6	8.9	5.4	2.0	1.5

表 1-3-15　回族单手 5 指、双手 10 指指纹的组合情况

序	组合			男性		女性		合计		u
	弓	箕	斗	人数	占比/%	人数	占比/%	人数	占比/%	
单手 5 指										
1	0	0	5	117	16.0	140	11.6	257	13.2	2.84**
2	0	1	4	122	16.7	213	17.6	335	17.3	0.53
3	0	2	3	116	15.8	159	13.2	275	14.2	1.61
4	0	3	2	138	18.9	213	17.6	351	18.1	0.69
5	0	4	1	127	17.3	228	18.9	355	18.3	0.78
6	0	5	0	85	11.6	199	16.5	284	14.6	2.90**
7	1	0	4	0	0.0	0	0.0	0	0.0	
8	1	1	3	0	0.0	4	0.3	4	0.2	1.60
9	1	2	2	3	0.4	8	0.7	11	0.6	0.71
10	1	3	1	8	1.1	9	0.7	17	0.9	0.81
11	1	4	0	9	1.2	28	2.3	37	1.9	1.71
12	2	0	3	0	0.0	0	0.0	0	0.0	
13	2	1	2	0	0.0	0	0.0	0	0.0	
14	2	2	1	2	0.3	1	0.1	3	0.2	0.96
15	2	3	0	5	0.7	3	0.2	8	0.4	1.35
16	3	0	2	0	0.0	0	0.0	0	0.0	
17	3	1	1	0	0.0	0	0.0	0	0.0	
18	3	2	0	0	0.0	3	0.2	3	0.2	1.28
19	4	0	1	0	0.0	0	0.0	0	0.0	
20	4	1	0	0	0.0	0	0.0	0	0.0	
21	5	0	0	0	0.0	0	0.0	0	0.0	
合计				732	100.0	1208	99.9	1940	100.1	
双手 10 指										
1	0	0	10	37	10.1	37	6.1	74	7.6	2.27*
2	0	1	9	25	6.8	48	8.0	73	7.5	0.64
3	0	2	8	35	9.5	57	9.4	92	9.5	0.06
4	0	3	7	36	9.8	39	6.5	75	7.7	1.91
5	0	4	6	25	6.8	51	8.4	76	7.9	0.91
6	0	5	5	41	11.2	47	7.8	88	9.1	1.80
7	0	6	4	33	9.0	60	9.9	93	9.6	0.47
8	0	7	3	35	9.5	60	9.9	95	9.8	0.19
9	0	8	2	35	9.5	57	9.4	92	9.5	0.06
10	0	9	1	24	6.6	47	7.8	71	7.3	0.71
11	0	10	0	20	5.5	57	9.4	77	8.0	2.22*
12	1	0	9	0	0.0	0	0.0	0	0.0	

续表

序	组合			男性		女性		合计		u
	弓	箕	斗	人数	占比/%	人数	占比/%	人数	占比/%	
					双手10指					
13	1	1	8	0	0.0	0	0.0	0	0.0	
14	1	2	7	0	0.0	1	0.2	1	0.1	0.78
15	1	3	6	0	0.0	3	0.5	3	0.3	1.35
16	1	4	5	2	0.6	2	0.3	4	0.4	0.51
17	1	5	4	0	0.0	2	0.3	2	0.2	1.1
18	1	6	3	1	0.3	0	0.0	1	0.1	1.29
19	1	7	2	2	0.6	6	1.0	8	0.8	0.75
20	1	8	1	3	0.8	4	0.7	7	0.7	0.28
21	1	9	0	3	0.8	13	2.2	16	1.7	1.58
22	2	0	8	0	0.0	0	0.0	0	0.0	
23	2	1	7	0	0.0	0	0.0	0	0.0	
24	2	2	6	0	0.0	0	0.0	0	0.0	
25	2	3	5	0	0.0	0	0.0	0	0.0	
26	2	4	4	0	0.0	1	0.2	1	0.1	0.78
27	2	5	3	1	0.3	0	0.0	1	0.1	1.29
28	2	6	2	0	0.0	1	0.2	1	0.1	0.78
29	2	7	1	1	0.3	1	0.2	2	0.2	0.36
30	2	8	0	3	0.8	5	0.8	8	0.8	0.01
31	3	0	7	0	0.0	0	0.0	0	0.0	
32	3	1	6	0	0.0	0	0.0	0	0.0	
33	3	2	5	0	0.0	0	0.0	0	0.0	
34	3	3	4	0	0.0	0	0.0	0	0.0	
35	3	4	3	0	0.0	0	0.0	0	0.0	
36	3	5	2	1	0.3	1	0.2	2	0.2	0.36
37	3	6	1	0	0.0	0	0.0	0	0.0	0.00
38	3	7	0	2	0.6	0	0.0	2	0.2	1.82
	其他组合			1	0.3	4	0.7	5	0.5	0.81
合计	220	220	220	366	100.0	604	100.1	970	100.0	

注：u 为性别间率的 u 检验值。

*P＜0.05，差异具有统计学意义。

表 1-3-16　回族肤纹表型频率　　　　　　　　　（单位：%）

类型		男左	男右	女左	女右	男性	女性	合计
				掌肤纹				
大鱼际	真实纹	17.2	5.5	10.3	3.0	11.3	6.6	8.4
Ⅱ	真实纹	0.0	0.6	0.0	0.2	0.3	0.1	0.2

续表

类型		男左	男右	女左	女右	男性	女性	合计
掌肤纹								
III	真实纹	9.8	23.2	10.8	20.2	16.5	15.5	15.9
IV	真实纹	88.0	77.3	87.6	83.1	82.7	85.4	84.3
小鱼际	真实纹	16.9	16.1	20.4	21.4	16.5	20.8	19.2
足肤纹								
II	真实纹	9.0	7.7	7.5	8.1	8.3	7.8	8.0
III	真实纹	58.2	59.0	58.9	62.9	58.6	60.9	60.1
IV	真实纹	5.2	7.7	5.5	7.1	6.4	6.3	6.3
小鱼际	真实纹	13.4	20.5	13.6	20.2	16.9	16.9	16.9
踇趾球纹								
弓	胫弓	2.7	2.7	4.8	4.0	2.7	4.4	3.8
	其他弓	2.7	2.5	1.3	1.0	2.6	1.2	1.7
箕	远箕	71.3	71.4	66.9	69.0	71.3	67.9	69.2
	其他箕	8.8	7.0	9.3	9.9	7.9	9.6	8.9
斗	一般斗	14.2	16.1	17.0	15.9	15.2	16.5	16.0
	其他斗	0.3	0.3	0.7	0.2	0.3	0.4	0.4

表 1-3-17　回族表型组肤纹指标组合情况

掌		大鱼际纹			指间II区纹			指间III区纹			指间IV区纹			小鱼际纹		
组合	左	+	+	−	+	+	−	+	+	−	+	+	−	+	+	−
	右	+	−	+	+	−	+	+	−	+	+	−	+	+	−	+
合计	人数	35	89	3	0	0	3	49	52	158	724	61	127	121	66	67
	频率/%	3.6	9.2	0.3	0	0	0.3	5.1	5.4	16.3	74.6	6.3	13.1	12.5	6.8	6.9

足		踇趾弓纹	踇趾箕纹	踇趾斗纹	趾间II区纹			趾间III区纹			趾间IV区纹			小鱼际纹		
组合	左	+	+	+	+	+	−	+	+	−	+	+	−	+	+	−
	右	+	+	+	+	−	+	+	−	+	+	−	+	+	−	+
合计	人数	20	606	109	23	26	25	498	68	66	38	14	33	99	32	98
	频率/%	2.1	62.5	11.2	2.4	2.7	2.6	51.3	7.0	6.8	3.9	1.4	3.4	10.2	3.3	10.1

（李立安　张海国　张唯一　郑连斌）

第四节　满　　族

一、满　族　简　介

在我国少数民族中，满族人口仅次于壮族、回族，居于第三位。根据 2010 年第六次全国人口普查统计数据，满族在中国境内共有 10 387 958 人（国务院人口普查办公室，国家统计局人口和就业统计司，2012），主要分布在辽宁、吉林、黑龙江、河北、北京等省份，与汉族杂居。全国共有 12 个满族自治县，其分布特点是大分散之中有小聚居。满族历史上曾有语言文字，满语属于阿尔泰语系满–通古斯语族满语支（杨圣敏等，2008）。辽宁省有满族自治县 7 个，占满族人口的 50% 以上。

新宾满族自治县地处北纬 41°14′10″～41°58′50″、东经 124°15′56″～125°27′46″，最高海拔 1346.7m，最低海拔 123.8m，属北温带季节性大陆气候，年降水量 750～850mm，全年无霜期 150d 左右。锦州位于辽宁省的西南部、"辽西走廊"东端，南临渤海、北依松岭山脉，地处东经 120°43′～122°36′、北纬 40°48′～42°08′，属暖温带半湿润气候，大气环流以西风带和副热带系统为主，为大陆性季风区，年平均气温 7.8～9℃，年降水量 567mm，全年无霜期 144～180d。

研究组在辽宁省锦州市及新宾满族自治县开展了满族人体表型数据采集工作。被调查满族成年男性年龄 64.9 岁 ±10.0 岁，女性年龄 60.7 岁 ±11.4 岁。

二、满族的表型数据（表 1-4-1～表 1-4-9）

表 1-4-1　满族男性头面部指标　　　　　　　　　　（单位：mm）

指标	不同年龄组（岁）的指标值（$\bar{x} \pm s$）						合计
	18～	30～	40～	50～	60～	70～85	
头长	178.0±8.0	182.2±11.5	174.3±20.0	176.7±15.1	174.1±15.6	173.4±13.8	175.4±13.8
头宽	157.2±5.8	158.4±10.3	160.3±12.8	153.8±13.4	152.1±12.0	150.5±13.7	153.6±11.8
额最小宽	116.8±7.7	113.1±12.3	111.9±17.0	106.9±13.8	106.0±13.2	107.0±13.8	109.4±13.1
面宽	140.9±7.4	138.6±14.7	143.4±12.3	135.2±14.3	133.6±14.1	137.3±15.2	137.0±13.3
下颌角间宽	107.2±10.4	107.8±15.8	109.9±9.2	103.5±16.2	101.1±16.6	105.5±11.6	104.4±14.0
眼内角间宽	37.1±3.4	32.2±5.8	30.2±5.9	31.4±5.8	30.2±4.7	29.9±4.3	32.1±5.4
眼外角间宽	95.9±5.8	97.8±10.7	96.2±10.1	97.1±8.0	93.4±10.4	95.6±11.0	95.3±9.3
鼻宽	39.3±2.7	39.9±4.1	39.5±4.7	41.0±4.3	40.5±5.1	40.3±5.2	40.2±4.5
口宽	56.9±4.5	55.8±5.2	50.0±8.0	53.7±8.0	53.2±8.3	54.3±8.0	54.4±7.5
容貌面高	193.7±8.3	194.2±13.5	189.6±13.6	188.6±13.0	190.6±12.6	190.5±14.1	191.1±12.2
形态面高	131.9±6.3	122.8±12.5	113.2±12.9	120.6±13.0	122.4±12.9	119.2±11.7	123.5±12.4

续表

指标	不同年龄组（岁）的指标值（$\bar{x}\pm s$）						合计
	18～	30～	40～	50～	60～	70～85	
鼻高	59.9±5.6	52.9±12.5	51.2±7.6	55.0±9.1	55.6±8.7	54.7±7.7	56.2±8.1
上唇皮肤部高	14.2±2.4	20.6±4.0	17.4±3.1	17.8±3.1	18.8±3.7	19.4±3.7	17.6±3.9
唇高	20.1±3.0	16.8±4.1	15.2±3.2	14.7±4.0	14.0±4.0	13.1±4.8	15.5±4.8
红唇厚度	8.2±1.9	6.2±1.7	5.2±1.4	5.6±2.6	5.2±2.3	4.7±2.9	5.9±2.8
容貌耳长	60.1±4.2	62.5±3.7	62.4±6.5	64.0±5.2	65.4±6.0	67.7±7.3	64.3±6.4
容貌耳宽	32.7±3.1	28.6±2.9	29.7±4.0	31.8±4.1	33.2±4.2	33.9±4.6	32.8±4.1
耳上头高	141.7±10.1	133.6±17.2	135.4±8.6	135.1±11.7	133.6±12.4	131.6±12.9	135.5±12.4

表 1-4-2　满族女性头面部指标

指标	不同年龄组（岁）的指标值（$\bar{x}\pm s$）/mm						合计/mm	u
	18～	30～	40～	50～	60～	70～85		
头长	171.3±8.1	168.8±16.1	166.9±14.5	169.4±14.4	168.7±14.7	166.1±14.9	168.7±14.0	8.44**
头宽	152.3±6.4	146.5±12.4	148.1±12.1	148.3±11.4	146.2±12.5	144.2±15.1	147.4±12.2	8.92**
额最小宽	103.9±8.1	105.9±11.7	104.1±12.2	103.4±11.9	99.6±12.8	99.9±13.3	101.7±12.2	10.63**
面宽	128.3±8.7	135.1±12.5	130.7±13.3	133.2±11.6	129.5±13.6	131.1±13.8	130.7±12.6	8.45**
下颌角间宽	103.0±9.1	102.6±13.9	99.8±15.9	101.0±13.4	98.7±14.7	100.5±12.9	100.4±13.6	5.13**
眼内角间宽	31.6±3.2	31.0±5.5	31.0±4.7	30.6±5.1	30.7±5.0	29.3±4.5	30.6±4.7	5.13**
眼外角间宽	91.0±6.5	92.9±12.2	94.1±9.7	93.9±10.0	92.6±9.5	91.2±10.2	92.6±9.5	4.93**
鼻宽	35.0±2.1	36.7±4.6	36.9±4.2	38.3±4.1	39.0±4.6	38.4±4.0	37.9±4.3	8.98**
口宽	46.6±5.5	46.7±5.3	47.0±7.3	49.6±7.0	50.4±7.8	50.0±7.2	49.2±7.3	12.33**
容貌面高	180.8±8.2	187.4±7.8	181.2±11.3	183.1±10.8	182.0±10.8	181.1±11.2	182.0±10.6	14.20**
形态面高	125.3±8.3	116.4±14.6	112.4±11.0	112.5±11.1	112.8±11.4	110.5±11.5	114.2±11.9	13.50**
鼻高	55.5±6.8	50.9±9.4	51.5±9.0	50.0±8.3	51.0±8.4	49.5±7.4	51.2±8.3	10.66**
上唇皮肤部高	12.8±2.3	16.5±3.3	16.6±3.1	17.8±3.4	17.8±3.7	17.9±4.0	17.0±3.9	2.90**
唇高	20.1±2.9	17.4±3.7	15.2±4.3	14.5±4.4	14.0±4.3	12.4±4.4	14.9±4.7	2.18*
红唇厚度	9.1±1.7	7.2±2.2	6.0±2.6	5.8±2.4	5.4±2.6	4.6±2.5	6.0±2.8	0.37
容貌耳长	57.6±3.7	59.2±6.6	60.6±6.0	61.9±5.9	63.2±6.8	63.6±7.3	61.8±6.5	6.56**
容貌耳宽	31.3±2.6	28.7±4.2	30.0±4.1	30.3±4.2	31.7±4.3	31.5±4.1	31.0±4.1	7.70**
耳上头高	131.6±9.9	131.3±12.7	129.7±15.7	131.1±12.2	129.1±14.2	130.4±14.2	130.3±13.3	6.98**

注：u 为性别间的 u 检验值。

*$P<0.05$，**$P<0.01$，差异具有统计学意义。

表 1-4-3　满族男性体部指标

指标	不同年龄组（岁）的指标值（$\bar{x} \pm s$）						合计
	18～	30～	40～	50～	60～	70～85	
体重	69.4±14.1	70.8±41.9	67.6±10.0	66.9±11.1	64.1±10.4	61.2±9.1	65.4±11.6
身高	1735.1±56.8	1680.0±84.6	1662.5±60.9	1645.6±72.5	1635.2±62.6	1626.9±70.1	1661.4±77.9
髂前上棘点高	992.5±39.8	967.8±53.0	952.5±45.0	942.0±63.3	937.2±51.2	932.9±58.5	951.7±57.4
坐高	929.8±31.7	901.7±88.2	876.3±36.5	867.6±45.4	862.6±38.8	845.0±37.7	877.0±50.1
肱骨内外上髁间径	61.7±5.4	66.3±8.7	64.3±10.5	61.5±12.2	58.9±11.1	58.9±10.6	60.3±10.1
股骨内外上髁间径	93.0±6.5	92.0±20.4	87.9±11.9	88.1±12.2	89.2±13.7	90.3±11.7	90.2±11.6
肩宽	396.4±20.1	399.9±37.5	401.5±26.2	386.7±24.0	383.5±23.5	379.7±22.4	387.1±23.7
骨盆宽	269.5±29.0	273.5±19.4	280.3±27.4	288.0±25.9	285.0±30.3	287.7±23.9	281.9±28.6
平静胸围	851.9±80.4	943.6±52.5	914.5±62.8	944.1±72.4	933.8±71.5	928.2±66.2	912.8±80.5
腰围	770.3±114.2	896.6±54.1	864.7±75.0	892.0±100.6	894.1±109.1	897.4±97.4	862.4±117.7
臀围	946.4±79.7	972.0±36.7	968.3±82.1	970.7±66.0	966.1±65.4	957.1±58.1	959.8±68.4
大腿围	513.9±50.6	498.5±36.9	498.4±65.4	486.9±45.4	470.9±47.9	457.1±50.7	482.1±53.6
上肢全长	748.6±37.3	716.8±49.3	735.9±38.2	730.9±45.7	726.5±42.0	725.2±44.9	732.6±43.0
下肢全长	950.3±35.9	931.8±49.0	917.2±42.6	907.6±59.4	903.3±48.8	899.6±54.9	915.7±53.0

注：体重的单位为 kg，其余指标值的单位为 mm。

表 1-4-4　满族女性体部指标

指标	不同年龄组（岁）的指标值（$\bar{x} \pm s$）						合计	u
	18～	30～	40～	50～	60～	70～85		
体重	54.5±9.4	60.4±11.0	62.3±10.8	60.3±9.9	58.0±9.9	53.2±9.3	57.8±10.2	12.41**
身高	1610.6±52.4	1597.7±54.1	1562.7±57.8	1561.2±59.2	1538.3±60.1	1506.6±60.5	1552.7±66.1	27.03**
髂前上棘点高	944.7±35.3	913.5±28.1	898.8±47.0	894.5±54.8	882.0±50.9	857.0±60.7	892.2±56.7	18.26**
坐高	880.8±34.1	859.0±33.7	846.7±33.9	836.4±35.6	814.8±36.6	788.8±39.6	829.2±45.5	17.76**
肱骨内外上髁间径	54.4±4.5	55.0±8.5	54.2±9.8	55.2±9.4	54.1±10.1	52.2±9.1	54.2±9.1	11.29**
股骨内外上髁间径	84.5±8.1	88.7±12.9	82.7±15.0	85.8±14.0	84.2±12.4	85.8±12.5	84.8±12.6	7.64**
肩宽	348.5±16.0	365.0±21.7	363.3±22.5	362.9±18.9	354.9±22.5	348.8±19.0	356.0±21.1	24.74**
骨盆宽	268.6±18.5	273.1±28.6	286.7±28.3	280.7±25.2	286.3±26.3	283.0±25.7	281.6±25.9	0.19
平静胸围	871.1±74.2	926.0±85.3	951.5±81.7	942.8±80.3	937.5±88.5	925.6±86.0	928.6±86.8	3.25**
腰围	744.1±85.1	839.7±120.6	891.3±107.2	900.3±97.4	912.0±104.8	921.7±102.3	883.5±116.0	3.16**
臀围	929.3±58.1	975.6±85.3	981.6±73.1	974.0±63.8	967.5±65.7	956.4±70.3	963.5±67.8	0.94
大腿围	525.7±47.3	475.2±54.1	493.0±52.5	473.7±50.3	458.7±46.4	439.9±49.0	472.2±55.0	3.12**
上肢全长	707.0±31.9	697.8±32.4	676.2±36.3	684.8±41.3	683.2±40.0	668.0±39.8	684.3±40.3	20.49**
下肢全长	913.3±32.6	882.7±26.5	870.3±45.4	865.9±52.6	855.1±48.3	831.9±58.3	864.3±53.8	16.77**

注：u 为性别间的 u 检验值；体重的单位为 kg，其余指标值的单位为 mm。

**P<0.01，差异具有统计学意义。

表 1-4-5 满族观察指标情况

指标	分型	男性		女性		合计		u
		人数	占比/%	人数	占比/%	人数	占比/%	
上眼睑皱褶	有	104	22.8	285	30.9	389	28.2	3.13**
	无	352	77.2	638	69.1	990	71.8	3.13**
内眦褶	有	339	74.3	581	62.9	920	66.7	4.22**
	无	117	25.7	342	37.1	459	33.3	4.22**
眼裂高度	狭窄	77	16.9	136	14.7	213	15.4	1.04
	中等	359	78.7	719	77.9	1078	78.2	0.35
	较宽	20	4.4	68	7.4	88	6.4	2.13*
眼裂倾斜度	内角高	47	10.3	121	13.1	168	12.2	1.50
	水平	328	71.9	653	70.8	981	71.1	0.46
	外角高	81	17.8	149	16.1	230	16.7	0.76
鼻背侧面观	凹型	34	7.5	69	7.5	103	7.5	0.01
	直型	314	68.9	750	81.2	1064	77.1	5.16**
	凸型	100	21.9	93	10.1	193	14.0	5.97**
	波型	8	1.7	11	1.2	19	1.4	0.84
鼻基底方向	上翘	72	15.8	263	28.5	335	24.3	5.18**
	水平	312	68.4	576	62.4	888	64.4	2.19*
	下垂	72	15.8	84	9.1	156	11.3	3.69**
鼻翼宽	狭窄	25	5.5	24	2.6	49	3.6	2.72**
	中等	24	5.3	36	3.9	60	4.3	1.17
	宽阔	407	89.2	863	93.5	1270	92.1	2.75**
耳垂类型	三角形	86	18.9	155	16.8	241	17.5	0.95
	方形	165	36.2	322	34.9	487	35.3	0.47
	圆形	205	44.9	446	48.3	651	47.2	1.18
上唇皮肤部高	低	22	4.8	86	9.3	108	7.8	2.92**
	中等	276	60.5	569	61.7	845	61.3	0.40
	高	158	34.7	268	29.0	426	30.9	2.12*
红唇厚度	薄唇	336	73.7	689	74.7	1025	74.3	0.39
	中唇	92	20.2	169	18.3	261	18.9	0.83
	厚唇	28	6.1	65	7.0	93	6.8	0.63
利手	左型	43	9.4	122	13.2	165	12.0	2.04*
	右型	413	90.6	801	86.8	1214	88.0	2.04*
扣手	左型	244	53.5	483	52.3	727	52.7	0.41
	右型	212	46.5	440	47.7	652	47.3	0.41
卷舌	否	186	40.8	427	46.3	613	44.5	1.92
	是	270	59.2	496	53.7	766	55.5	1.92

注：u 为性别间率的 u 检验值。

*P＜0.05，**P＜0.01，差异具有统计学意义。

表 1-4-6　满族男性生理指标

指标	不同年龄组（岁）的指标值（$\bar{x} \pm s$）						合计
	18～	30～	40～	50～	60～	70～85	
收缩压/mmHg	120.5±15.0	109.8±6.4	124.0±24.7	134.9±23.6	137.1±24.9	140.9±27.9	132.7±24.6
舒张压/mmHg	62.9±10.3	70.6±7.8	72.6±19.9	75.3±12.4	72.9±13.1	71.4±14.7	70.4±13.7
心率/（次/分）	80.7±11.6	78.4±10.3	80.9±17.1	78.3±13.2	74.2±10.7	75.1±12.6	76.9±12.3

表 1-4-7　满族女性生理指标

指标	不同年龄组（岁）的指标值（$\bar{x} \pm s$）						合计	u
	18～	30～	40～	50～	60～	70～85		
收缩压/mmHg	107.0±12.1	109.3±18.1	119.0±21.7	127.2±23.3	135.0±24.2	141.1±22.0	128.0±24.5	3.34**
舒张压/mmHg	65.2±9.7	67.4±13.1	70.0±13.3	71.6±14.0	70.7±12.9	70.2±14.3	69.9±13.2	0.53
心率/（次/分）	88.8±11.5	80.0±12.3	82.3±12.8	79.5±10.6	78.4±12.3	79.1±13.4	80.6±12.5	5.21**

注：u 为性别间的 u 检验值。

**$P < 0.01$，差异具有统计学意义。

表 1-4-8　满族男性头面部指数、体部指数和体脂率

指数	不同年龄组（岁）的指标值（$\bar{x} \pm s$）						合计
	18～	30～	40～	50～	60～	70～85	
头长宽指数	88.4±4.1	87.2±8.3	92.7±8.8	87.2±6.1	87.7±7.5	87.1±8.6	87.8±7.0
头长高指数	79.8±6.9	73.5±10.3	78.9±12.6	76.8±7.8	77.4±10.8	76.5±10.4	77.7±9.5
头宽高指数	90.3±7.5	84.3±9.2	85.0±8.8	88.4±9.9	88.4±10.6	88.1±11.6	88.6±10.0
形态面指数	93.8±5.9	89.9±17.1	79.4±11.3	90.2±14.3	92.9±15.2	87.8±12.8	91.0±12.9
鼻指数	66.3±8.3	78.9±21.4	78.3±13.2	76.6±15.3	74.3±13.8	74.8±13.3	72.9±13.4
口指数	35.5±6.1	30.0±6.1	30.8±7.1	28.0±8.5	27.0±9.0	24.6±9.5	28.9±9.2
身高坐高指数	53.6±1.2	53.6±3.0	52.7±1.3	52.7±1.7	52.8±1.7	52.0±1.5	52.8±1.7
身高体重指数	399.5±77.1	422.0±24.7	407.4±63.8	406.0±61.6	392.0±60.4	375.6±51.5	392.9±63.9
身高胸围指数	49.1±4.4	56.4±5.6	55.0±3.3	57.5±4.9	57.1±4.4	57.1±4.4	55.1±5.7
身高肩宽指数	22.9±1.1	23.8±1.8	24.2±1.7	23.5±1.3	23.5±1.3	23.3±1.2	23.3±1.3
身高骨盆宽指数	15.5±1.6	16.3±1.8	16.8±1.3	17.5±1.6	17.4±1.9	17.7±1.5	17.0±1.9
马氏躯干腿长指数	86.7±4.2	87.1±10.8	89.8±4.7	89.8±6.2	89.7±6.0	92.6±5.7	89.6±5.9
身高下肢长指数	54.8±1.5	55.5±2.6	55.2±2.0	55.2±2.6	55.3±2.8	55.3±2.5	55.1±2.4
身体质量指数/（kg/m²）	23.0±4.4	25.2±2.3	24.6±4.4	24.7±3.7	24.0±3.8	23.1±3.2	23.7±3.8
身体肥胖指数	23.5±3.6	26.8±3.9	27.2±3.9	28.1±3.9	28.3±3.7	28.2±3.6	27.0±4.2
体脂率/%	17.9±5.7	25.4±1.3	24.0±5.0	25.5±5.5	23.7±5.8	23.8±5.8	22.6±6.3

表 1-4-9　满族女性头面部指数、体部指数和体脂率

指数	不同年龄组（岁）的指标值（$\bar{x} \pm s$）						合计	u
	18～	30～	40～	50～	60～	70～85		
头长宽指数	89.0±4.8	87.2±8.1	89.1±6.6	87.8±6.9	86.9±5.5	86.9±6.1	87.6±6.1	0.66
头长高指数	77.0±7.1	78.6±12.3	78.2±10.9	78.0±10.0	77.2±11.0	79.1±11.4	77.8±10.4	0.10
头宽高指数	86.5±7.4	90.3±12.3	88.0±12.0	89.0±10.8	88.9±12.0	91.3±13.6	88.9±11.5	0.45
形态面指数	98.1±9.0	87.0±14.5	86.9±13.0	85.3±12.3	88.2±13.8	85.3±13.6	88.3±13.4	3.65**
鼻指数	64.1±9.1	74.3±14.8	73.8±14.1	78.3±14.1	78.6±15.5	79.0±12.7	76.0±14.7	3.79**
口指数	43.8±7.8	37.8±9.4	33.3±11.2	30.0±10.4	28.5±9.8	25.4±10.0	31.2±11.3	3.74**
身高坐高指数	54.7±1.6	53.8±1.7	54.2±1.6	53.6±1.5	53.0±1.7	52.4±1.8	53.4±1.8	6.08**
身高体重指数	338.2±56.6	378.5±68.7	398.1±64.3	385.9±58.3	376.2±59.1	353.0±58.6	371.6±61.8	5.95**
身高胸围指数	54.1±4.8	58.1±6.0	60.9±5.3	60.4±5.2	61.0±5.6	61.5±5.8	59.9±5.9	14.43**
身高肩宽指数	21.6±0.9	22.9±1.5	23.3±1.3	23.3±1.1	23.1±1.4	23.2±1.2	22.9±1.3	4.96**
身高骨盆宽指数	16.7±1.1	17.1±2.0	18.4±1.7	18.0±1.6	18.6±1.7	18.8±1.8	18.2±1.8	11.18**
马氏躯干腿长指数	83.0±5.4	86.1±5.8	84.7±5.3	86.8±5.4	88.9±6.2	91.2±6.5	87.5±6.4	6.00**
身高下肢长指数	56.7±1.5	55.3±1.8	55.7±2.6	55.5±2.7	55.6±2.6	55.2±3.2	55.7±2.6	3.64**
身体质量指数/（kg/m²）	21.0±3.5	23.7±4.4	25.5±4.0	24.7±3.6	24.5±3.7	23.5±3.9	24.0±4.0	1.24
身体肥胖指数	27.5±3.2	30.4±5.0	32.3±3.8	32.0±3.6	32.8±3.8	33.8±4.6	31.9±4.3	20.33**
体脂率/%	29.0±4.0	31.6±4.1	34.3±3.8	36.3±3.8	34.8±3.9	34.5±3.6	34.2±4.4	39.62**

注：u 为性别间的 u 检验值。

**$P<0.01$，差异具有统计学意义。

（李文慧　温有锋）

第五节　维　吾　尔　族

一、维吾尔族简介

根据 2010 年第六次全国人口普查统计数据，维吾尔族共有 10 069 346 人（国务院人口普查办公室，国家统计局人口和就业统计司，2012），主要聚居在天山以南的南疆地区，其中和田、喀什、阿克苏、吐鲁番和哈密地区的维吾尔族人口占全自治区总人口的 90%，北疆的伊犁、塔城、乌鲁木齐等城市和农村也有部分维吾尔族人居住（杨圣敏，2008）。维吾尔语属于阿尔泰语系突厥语族西匈语支，有三种方言：中心方言、和田方言和罗布方言。维吾尔语的标准语言以中心方言为基础，以伊犁-乌鲁木齐语音为标准音。

南疆包括喀什地区、阿克苏地区、和田地区、克孜勒苏柯尔克孜自治州、巴音郭楞蒙古自治州、阿拉尔市等，地处东经 72°22′～84°56′、北纬 35°30′～41°03′，平均海拔 1289m 左右。

2017 年、2018 年研究组先后两次在新疆维吾尔自治区的南疆部分地区开展了维吾尔

族人体表型数据采集工作。被调查维吾尔族成年男性年龄 32.7 岁±14.5 岁，女性年龄 26.4 岁±10.8 岁。

二、维吾尔族的表型数据（表 1-5-1～表 1-5-9）

表 1-5-1　维吾尔族男性面部指标　　　　　　　　（单位：mm）

指标	不同年龄组（岁）的指标值（$\bar{x}\pm s$）						合计
	18～	30～	40～	50～	60～	70～85	
头长	178.9±9.6	183.9±8.1	180.9±9.5	180.3±8.9	178.0±7.6	172.4±10.4	180.0±9.4
头宽	150.8±7.9	156.5±8.6	156.2±9.4	149.5±7.3	148.3±8.2	148.9±4.9	152.4±8.7
额最小宽	112.7±9.9	111.2±6.4	111.5±6.9	109.3±6.5	108.5±10.9	110.1±9.4	111.8±8.8
面宽	133.12±12.5	151.1±10.5	147.9±14.1	137.5±9.7	136.6±8.6	135.8±13.6	139.1±14.2
下颌角间宽	110.8±7.4	116.0±8.6	115.6±9.4	109.9±8.6	109.0±9.1	110.9±8.0	112.3±8.5
眼内角间宽	32.4±3.8	32.8±3.2	33.1±4.1	32.0±4.2	30.6±3.2	30.9±2.8	32.4±3.8
眼外角间宽	94.4±9.0	92.9±6.4	95.6±7.3	98.1±6.4	97.1±3.9	95.9±8.1	94.8±8.0
鼻宽	38.2±4.3	35.4±3.2	36.7±3.8	37.6±3.9	37.4±4.5	38.0±2.8	37.4±4.1
口宽	52.5±4.7	46.6±4.4	47.4±4.4	51.4±4.8	52.1±2.9	52.1±4.9	50.5±5.2
容貌面高	181.5±16.4	192.0±8.0	192.7±8.4	195.1±9.6	198.6±12.6	198.6±12.8	187.2±14.8
形态面高	117.9±7.9	124.9±6.4	127.6±7.2	130.0±8.2	134.4±7.1	134.6±7.4	122.7±9.3
鼻高	50.5±4.1	49.8±3.6	50.7±4.3	53.1±4.2	54.2±4.5	56.7±6.7	50.8±4.3
上唇皮肤部高	14.3±3.1	16.5±2.5	17.7±2.5	18.7±3.3	20.7±3.3	18.6±3.9	15.9±3.5
唇高	18.3±3.9	14.5±3.2	13.4±3.7	12.8±4.1	11.1±4.4	8.8±5.7	15.9±4.7
红唇厚度	8.4±2.1	6.3±1.9	6.0±2.1	5.9±2.1	4.7±1.8	3.9±2.9	7.2±2.4
容貌耳长	62.7±4.0	62.6±4.8	64.5±5.2	66.1±5.1	66.7±5.2	67.2±5.0	63.5±4.7
容貌耳宽	32.8±3.9	32.6±3.6	33.8±3.3	33.5±3.0	33.0±2.6	33.0±3.1	33.0±3.6
耳上头高	137.2±19.3	129.1±9.4	130.1±9.9	122.6±11.7	124.0±11.0	127.8±9.0	132.8±16.4

表 1-5-2　维吾尔族女性面部指标

指标	不同年龄组（岁）的指标值（$\bar{x}\pm s$）/mm						合计/mm	u
	18～	30～	40～	50～	60～	70～85		
头长	170.0±9.1	174.3±9.8	169.7±9.7	165.8±6.5	170.1±12.4	166.0±11.3	170.3±9.3	19.13**
头宽	145.7±7.7	147.1±16.1	145.6±6.9	143.1±6.0	144.8±8.1	146.5±0.7	145.7±8.8	14.16**
额最小宽	104.3±9.2	107.8±8.4	106.9±5.5	106.0±5.0	107.1±13.3	105.5±3.5	104.9±9.0	14.36**
面宽	128.7±11.2	142.1±11.3	136.2±12.0	131.5±8.2	128.7±8.6	132.5±0.7	130.7±11.9	11.54**
下颌角间宽	105.5±7.6	106.5±7.1	106.1±7.3	105.2±6.6	105.4±9.0	100.5±6.4	105.6±7.5	15.16**
眼内角间宽	31.4±3.4	31.6±3.2	31.5±3.2	31.0±2.8	30.6±3.1	31.0±2.8	31.4±3.3	5.08**
眼外角间宽	91.3±8.6	91.1±7.9	93.7±6.8	95.7±4.4	94.3±6.6	93.5±4.9	91.7±8.3	7.06**

续表

指标	不同年龄组（岁）的指标值（$\bar{x} \pm s$）/mm						合计/mm	u
	18～	30～	40～	50～	60～	70～85		
鼻宽	35.0±3.7	32.9±3.0	34.3±3.7	34.4±3.3	34.6±3.1	35.5±4.9	34.7±3.7	12.58**
口宽	48.9±5.2	43.4±4.1	46.4±4.9	48.1±4.3	48.7±5.8	48.5±4.9	48.2±5.3	8.11**
容貌面高	172.3±15.6	178.8±12.5	181.7±8.0	185.1±9.6	181.5±9.8	175.0±9.9	174.3±15.1	15.98**
形态面高	108.9±9.5	115.1±12.6	119.5±7.4	123.6±6.5	123.2±8.3	118.0±15.6	111.1±10.6	21.91**
鼻高	46.5±3.9	45.6±3.6	46.1±3.8	48.8±5.0	49.7±4.3	49.0±2.8	46.5±4.0	18.92**
上唇皮肤部高	13.0±2.9	14.8±2.1	16.1±2.3	16.9±3.5	17.7±3.9	14.5±0.7	13.6±3.1	12.62**
唇高	17.1±3.7	14.2±3.1	13.3±4.1	12.2±4.2	12.4±5.1	11.5±12.0	16.1±4.1	0.82
红唇厚度	7.6±2.3	6.0±2.0	5.9±2.2	5.3±1.8	4.7±2.4	4.0±1.0.	7.0±2.4	1.54
容貌耳长	60.2±4.3	60.2±4.5	61.3±4.3	61.6±4.1	65.7±5.9	60.0±0.0	60.4±4.4	12.45**
容貌耳宽	31.0±3.3	31.1±3.2	30.9±3.6	31.6±3.2	32.5±3.4	31.0±4.2	31.0±3.3	10.56**
耳上头高	127.1±19.3	123.8±8.7	120.8±9.9	116.9±13.4	121.9±12.1	114.0±5.7	125.8±17.8	7.65**

注：u 为性别间的 u 检验值。

**$P<0.01$，差异具有统计学意义。

表 1-5-3　维吾尔族男性体部指标

指标	不同年龄组（岁）的指标值（$\bar{x} \pm s$）						合计
	18～	30～	40～	50～	60～	70～85	
体重	64.6±9.9	74.8±9.5	77.2±11.1	75.0±11.5	71.5±9.6	70.9±14.6	69.6±11.6
身高	1707.9±66.4	1681.5±54.6	1667.0±53.0	1643.2±70.1	1650.5±47.9	1642.7±57.5	1688.1±65.7
髂前上棘点高	954.7±71.8	925.5±37.4	926.3±37.5	921.2±43.6	930.3±42.9	905.2±53.3	940.7±60.6
坐高	905.6±42.1	907.0±29.7	899.0±30.7	878.5±36.2	873.9±25.5	863.9±33.4	900.5±38.6
肱骨内外上髁间径	62.3±6.7	67.5±5.4	68.0±6.5	63.3±5.8	62.0±4.8	63.3±3.3	64.2±6.7
股骨内外上髁间径	93.6±9.0	97.4±6.6	98.9±4.9	96.7±7.9	96.1±5.8	99.2±5.8	95.6±8.1
肩宽	389.3±23.3	386.1±20.6	389.7±15.7	377.8±19.7	384.7±15.8	384.7±20.1	387.8±21.3
骨盆宽	287.5±21.8	293.9±20.1	298.0±19.2	307.0±20.6	312.0±19.8	316.1±25.7	293.5±22.3
平静胸围	888.2±65.7	968.5±67.4	997.7±97.9	998.2±65.0	993.0±68.4	985.1±91.9	934.7±88.1
腰围	818.4±81.9	938.0±88.5	972.9±94.5	954.6±96.9	948.9±109.6	932.8±122.4	882.4±111.7
臀围	941.6±60.5	1011.0±62.5	1027.5±67.1	1023.5±63.5	1022.0±70.7	1024.2±123.2	978.9±75.0
大腿围	510.9±51.3	537.5±51.9	535.0±41.0	518.9±39.0	498.1±39.8	491.4±49.3	519.0±50.0
上肢全长	750.0±40.2	745.7±35.0	740.3±33.9	741.7±47.4	750.7±26.0	743.2±28.2	747.0±38.2
下肢全长	915.2±68.3	888.5±33.5	891.1±34.2	887.1±39.5	897.0±41.9	871.4±48.5	903.1±56.9

注：体重的单位为 kg，其余指标值的单位为 mm。

表 1-5-4 维吾尔族女性体部指标

指标	不同年龄组（岁）的指标值（$\bar{x}\pm s$）						合计	u
	18～	30～	40～	50～	60～	70～85		
体重	53.3±8.1	63.3±10.4	68.2±11.1	72.6±13.3	69.4±12.4	54.8±1.1	56.4±10.7	21.59**
身高	1577.2±59.5	1567.7±57.2	1534.1±58.4	1524.2±49.1	1536.8±56.9	1568.5±10.6	1570.3±60.6	34.01**
髂前上棘点高	903.0±59.5	889.2±34.5	875.3±34.9	869.7±33.6	873.6±38.6	856.0±9.9	897.7±55.7	13.47**
坐高	851.9±33.9	852.3±35.3	838.5±38.6	822.9±40.3	817.4±33.6	832.5±14.8	849.2±35.4	25.26**
肱骨内外上髁间径	55.5±8.9	68.5±16.1	58.7±6.2	57.6±5.1	58.0±6.5	56.5±0.7	57.1±10.3	16.10**
股骨内外上髁间径	84.8±9.6	83.6±14.5	92.5±7.2	94.2±9.0	95.4±5.6	84.0±1.4	85.8±10.3	20.26**
肩宽	349.1±19.2	356.6±15.2	354.4±15.6	358.8±13.7	350.0±29.5	353.0±1.4	350.6±18.9	33.52**
骨盆宽	278.6±23.4	290.9±23.5	298.6±21.4	315.9±21.7	309.3±17.0	297.0±14.1	283.3±24.9	8.10**
平静胸围	854.4±60.2	918.0±92.1	964.2±102.8	1016.7±82.8	937.1±204.2	885.0±21.2	876.3±85.8	12.35**
腰围	761.7±83.7	910.3±110.2	917.7±115.2	996.5±102.3	966.1±232.3	857.5±123.7	800.6±119.6	13.19**
臀围	923.0±62.0	988.5±111.3	1039.9±119.4	1104.3±113.4	1017.6±237.8	955.0±35.4	946.5±95.0	7.25**
大腿围	515.4±46.7	548.3±49.5	560.6±52.2	549.6±63.1	518.2±73.1	476.0±59.4	523.2±51.1	1.54
上肢全长	682.6±43.3	691.1±30.3	677.1±30.9	685.4±31.1	695.8±36.2	726.5±36.1	683.5±41.0	29.91**
下肢全长	873.6±57.5	860.2±32.4	848.6±32.6	843.8±30.8	847.4±34.9	826.0±9.9	868.7±53.6	11.39**

注：u 为性别间的 u 检验值；体重的单位为 kg，其余指标值的单位为 mm。

**$P<0.01$，差异具有统计学意义。

表 1-5-5 维吾尔族观察指标情况

指标	分型	男性		女性		合计		u
		人数	占比/%	人数	占比/%	人数	占比/%	
上眼睑皱褶	有	469	89.3	942	97.5	1411	94.6	6.70**
	无	56	10.7	24	2.5	80	5.4	6.70**
内眦褶	有	173	33	382	39.5	555	37.2	2.52*
	无	352	67.0	584	60.4	936	62.8	2.52*
眼裂高度	狭窄	82	15.7	41	4.2	123	8.3	7.64**
	中等	330	63.1	579	60.0	909	61.1	1.17
	较宽	111	21.2	345	35.8	456	30.6	5.80**
眼裂倾斜度	内角高	38	7.2	21	2.2	59	4.0	4.80**
	水平	314	59.8	609	63.0	923	61.9	1.20
	外角高	173	33.0	337	34.9	510	34.2	0.74
鼻背侧面观	凹型	7	2.8	71	10.5	78	8.4	3.78**
	直型	203	80.2	540	79.8	743	79.9	0.16
	凸型	28	11.1	45	6.6	73	7.8	2.23*
	波型	15	5.9	21	3.1	36	3.9	1.99*

续表

指标	分型	男性		女性		合计		u
		人数	占比/%	人数	占比/%	人数	占比/%	
鼻基底方向	上翘	292	56.0	486	50.5	778	52.4	2.07*
	水平	159	30.5	387	40.1	546	36.8	3.67**
	下垂	70	13.4	91	9.4	161	10.8	2.36*
鼻翼宽	狭窄	21	5.2	103	12.6	124	10.1	4.07**
	中等	125	30.7	162	19.9	287	23.5	4.22**
	宽阔	261	64.1	551	67.5	812	66.4	1.19
耳垂类型	三角形	107	20.5	177	18.2	284	19.0	1.07
	方形	144	27.6	410	42.3	554	37.2	5.57**
	圆形	270	51.8	383	39.5	653	43.8	4.58**
上唇皮肤部高	低	190	36.2	401	41.2	591	39.5	1.90
	中等	218	41.5	412	42.3	630	42.1	0.31
	高	117	22.3	160	16.4	277	18.5	2.78**
红唇厚度	薄唇	130	24.8	347	35.7	477	31.8	4.32**
	中唇	127	24.2	260	26.7	387	25.8	1.07
	厚唇	268	17.9	366	37.6	634	42.3	5.02**
利手	左型	12	4.7	39	5.7	51	5.4	0.57
	右型	241	95.3	645	94.3	886	94.6	0.57
扣手	左型	146	57.9	311	45.4	457	48.8	3.40**
	右型	106	42.1	374	54.6	480	51.2	3.40**
卷舌	否	112	44.1	340	49.6	452	48.1	1.51
	是	142	55.9	345	50.4	487	51.9	1.51

注：u 为性别间率的 u 检验值。

*P＜0.05，**P＜0.01，差异具有统计学意义。

表 1-5-6　维吾尔族男性生理指标

指标	不同年龄组（岁）的指标值（$\bar{x} \pm s$）						合计
	18～	30～	40～	50～	60～	70～85	
收缩压/mmHg	116.3±11.2	116.2±10.6	117.7±10.8	114.6±10.0	122.3±14.8	115.4±6.4	116.7±11.2
舒张压/mmHg	71.9±10.2	71.8±10.2	74.7±10.2	73.5±9.9	77.5±12.5	73.8±8.6	72.8±10.4
心率/（次/分）	87.1±12.7	88.2±14.6	91.4±12.1	98.5±15.2	92.0±15.8	89.9±13.3	89.1±13.6

表 1-5-7　维吾尔族女性生理指标

指标	不同年龄组（岁）的指标值（$\bar{x} \pm s$）						合计	u
	18～	30～	40～	50～	60～	70～85		
收缩压/mmHg	117.6±20.3	101.5±22.9	119.7±23.8	130.6±24.0	140.1±18.0	126.5±19.1	117.1±21.8	0.47
舒张压/mmHg	82.0±20.5	87.8±22.8	85.8±18.4	83.6±14.2	81.4±9.3	73.5±2.1	82.8±20.3	12.60**
心率/（次/分）	87.4±14.1	83.8±9.2	84.5±10.1	82.3±10.5	84.0±13.5	80.5±13.4	86.6±13.3	3.42**

注：u 为性别间的 u 检验值。

**P＜0.01，差异具有统计学意义。

表 1-5-8　维吾尔族男性头面部指数、体部指数和体脂率

指数	不同年龄组（岁）的指标值（ $\bar{x}\pm s$ ）						合计
	18～	30～	40～	50～	60～	70～85	
头长宽指数	84.3±6.7	79.2±7.2	81.8±7.2	81.7±5.7	82.7±6.6	80.5±8.7	82.7±7.1
头长高指数	75.7±14.6	60.3±17.5	66.6±14.9	68.2±15.3	68.9±9.5	63.3±12.3	70.5±16.0
头宽高指数	89.5±12.4	75.7±20.6	81.5±16.2	83.1±17.4	83.2±9.3	78.1±8.3	84.9±15.8
形态面指数	96.0±14.5	91.8±10.3	90.4±11.5	90.8±10.6	87.4±6.5	95.4±12.2	93.5±13.1
鼻指数	76.6±12.6	73.2±7.4	74.4±10.6	74.8±8.7	73.2±6.5	71.0±6.9	75.2±11.0
口指数	36.2±7.8	34.1±9.1	33.7±7.3	33.7±7.2	33.3±6.7	38.1±4.1	35.2±7.9
身高坐高指数	53.5±1.7	53.9±1.7	54.1±1.5	54.1±1.5	53.8±1.6	53.6±1.0	53.7±1.7
身高体重指数	351.8±60.6	365.6±65.5	360.7±56.9	363.4±52.8	367.5±65.6	424.4±62.2	358.4±61.2
身高胸围指数	53.0±4.7	54.9±5.0	55.4±4.6	56.0±4.9	55.4±5.2	58.6±5.6	54.1±5.0
身高肩宽指数	22.4±1.2	22.4±1.1	22.4±1.1	22.8±1.5	22.8±1.5	22.7±0.7	22.5±1.2
身高骨盆宽指数	16.9±1.3	16.9±1.7	16.9±0.5	19.6±3.2	20.7±1.6	21.2±.1.1	16.9±1.4
马氏躯干腿长指数	82.1±19.3	37.0±9.6	36.5±7.6	40.1±16.3	37.3±13.7	41.1±22.2	61.0±27.4
身高下肢长指数	53.8±3.4	53.7±2.0	53.9±1.8	53.9±2.1	53.4±1.9	54.5±2.7	53.8±2.8
身体质量指数/（kg/m²）	21.7±3.5	22.9±4.1	22.7±3.6	23.1±3.4	22.8±3.9	26.9±4.5	22.3±3.8
身体肥胖指数	24.2±3.2	21.3±1.9	25.8±1.9	31.6±8.5	28.4±2.9	26.4±3.9	27.1±4.0
体脂率/%	19.3±5.2	26.0±7.4	27.0±6.3	28.6±5.9	25.3±7.1	32.5±6.4	22.9±7.1

表 1-5-9　维吾尔族女性头面部指数、体部指数和体脂率

指数	不同年龄组（岁）的指标值（ $\bar{x}\pm s$ ）						合计	u
	18～	30～	40～	50～	60～	70～85		
头长宽指数	81.9±35.6	80.4±7.2	80.1±6.9	78.4±7.7	79.1±7.6	84.4±20.2	81.4±31.4	1.23
头长高指数	68.0±27.2	66.6±16.4	68.2±13.6	66.5±17.0	68.0±16.2	61.9±19.3	67.8±25.0	2.54*
头宽高指数	83.0±15.4	82.6±17.8	84.8±13.7	84.2±19.1	85.7±17.6	72.8±5.4	83.1±15.7	2.11*
形态面指数	94.2±13.2	92.9±11.5	95.5±11.4	97.4±10.4	98.2±10.7	94.4±16.0	94.3±12.8	1.14
鼻指数	74.3±10.0	76.0±8.8	75.0±8.5	74.6±9.5	75.7±5.3	77.2±20.4	74.6±9.7	1.05
口指数	32.7±8.9	31.1±8.6	30.8±9.0	29.6±9.9	29.7±11.1	33.5±7.0	32.2±9.0	6.67**
身高坐高指数	53.8±1.6	54.3±1.7	54.2±2.6	53.5±2.7	53.1±2.2	54.9±1.3	53.9±1.8	2.13*
身高体重指数	385.7±75.6	407.1±79.4	413.8±91.2	379.9±78.3	404.8±84.9	346.2±0.3	390.1±77.9	8.67**
身高胸围指数	55.8±5.8	59.9±7.1	60.3±7.6	57.7±8.0	58.0±7.7	55.7±2.7	56.7±6.4	8.68**
身高肩宽指数	22.6±1.3	22.6±1.4	22.8±1.1	22.8±1.2	22.7±1.3	22.0±1.0	22.6±1.3	1.49
身高骨盆宽指数	17.6±1.4	18.6±1.7	18.3±0.9	22.6±1.1.	18.9±1.0	17.7±1.0	17.7±1.5	10.29**
马氏躯干腿长指数	80.6±15.6	37.4±7.8	38.4±10.6	37.3±10.1	45.0±22.0	33.9±2.0	70.8±23.1	6.97**
身高下肢长指数	55.3±3.1	54.6±2.1	54.6±2.0	54.6±1.6	54.5±2.2	53.3±0.2	55.2±2.9	9.12**
身体质量指数/（kg/m²）	23.7±4.3	26.0±5.5	26.6±6.3	24.1±5.5	25.5±6.0	21.8±0.5	24.2±4.8	8.40**

续表

指数	不同年龄组（岁）的指标值（$\bar{x} \pm s$）						合计	u
	18～	30～	40～	50～	60～	70～85		
身体肥胖指数	28.4±3.4	21.2±27.4	21.5±17.9	33.6±1.0	16.5±19.5	28.3±1.0	28.3±4.0	20.40**
体脂率/%	27.6±5.2	31.5±7.4	33.3±6.9	29.9±8.6	30.8±9.1	33.9±0.9	28.6±6.1	15.56**

注：u 为性别间的 u 检验值。

*$P<0.05$，**$P<0.01$，差异具有统计学意义。

（温有锋　郑连斌　李咏兰　陈　影）

第六节　苗　　族

一、苗　族　简　介

根据 2010 年第六次全国人口普查统计数据，苗族人口为 9 426 007 人（国务院人口普查办公室，国家统计局人口和就业统计司，2012）。苗族在历史上多次迁徙，大致路线是由黄河流域至湖南、贵州、云南。苗族有自己的语言，属汉藏语系苗瑶语族苗语支，现今大部分人通用汉文。

2015 年研究组在黔东南苗族侗族自治州县开展了苗族人体表型数据采集工作。被调查苗族成年男性年龄 49.7 岁±12.5 岁，女性年龄 48.0 岁±11.5 岁。2015 年 9 月研究组在贵州麻江县使用油墨捺印法采集肤纹样本，共捺印肤纹 600 余例，选留有效资料 597 例（男 245 例，女 352 例）。本章苗族肤纹群体共计 597 例，年龄 48.5 岁±12.2 岁。其中，男性 245 例，年龄 49.4 岁±12.9 岁；女性 352 例，年龄 47.9 岁±11.7 岁。

二、苗族的表型数据（表 1-6-1～表 1-6-19）

表 1-6-1　苗族男性头面部指标　　　　　　　　　（单位：mm）

指标	不同年龄组（岁）的指标值（$\bar{x} \pm s$）						合计
	18～	30～	40～	50～	60～	70～85	
头长	182.8±8.8	184.2±8.0	187.7±53.9	183.9±8.5	181.7±7.5	180.0±8.7	184.3±33.7
头宽	152.0±4.9	153.1±7.4	151.0±5.8	150.2±5.4	148.5±6.5	146.4±6.4	150.4±5.9
额最小宽	108.4±5.0	109.2±7.1	108.1±6.1	105.8±5.6	105.4±6.3	110.2±5.8	107.0±6.0
面宽	145.1±5.5	146.6±5.5	146.5±5.6	143.5±6.7	142.4±6.1	142.6±3.6	144.5±6.2
下颌角间宽	109.0±8.1	112.5±9.6	113.9±9.0	110.9±6.9	110.6±9.3	111.6±6.0	111.6±8.4
眼内角间宽	35.7±3.5	37.1±11.3	33.6±6.8	33.0±3.8	33.2±4.3	35.4±4.9	33.9±5.2
眼外角间宽	93.5±6.7	87.6±17.4	90.2±10.5	87.6±6.6	84.9±9.6	84.6±7.2	88.2±9.3
鼻宽	38.7±2.7	38.4±6.3	39.5±4.2	40.3±3.1	38.8±4.4	43.5±8.5	39.5±4.0

续表

指标	不同年龄组（岁）的指标值（$\bar{x}\pm s$）						合计
	18～	30～	40～	50～	60～	70～85	
口宽	50.2±4.1	50.8±9.1	52.5±6.8	52.4±3.5	51.0±10.3	54.6±5.0	51.8±6.9
容貌面高	186.8±7.4	179.7±21.2	190.2±13.6	189.3±10.4	188.4±14.6	190.2±15.7	188.3±12.5
形态面高	115.2±5.3	114.5±8.2	115.5±16.4	118.1±7.6	116.9±7.1	118.0±4.9	116.5±11.5
鼻高	50.9±3.1	52.8±13.0	50.4±7.5	52.4±5.8	53.1±8.7	51.1±3.0	51.9±7.1
上唇皮肤部高	12.4±2.3	15.0±10.4	14.4±5.6	15.3±8.3	16.9±6.1	16.9±5.5	15.2±6.5
唇高	21.0±3.3	18.0±3.3	18.5±3.4	17.2±3.7	15.3±3.7	12.9±3.3	17.5±3.9
红唇厚度	9.7±2.0	8.9±2.3	8.7±2.1	8.3±1.8	7.5±2.4	7.3±1.8	8.4±2.1
容貌耳长	59.7±4.7	62.1±5.1	61.1±5.4	61.7±6.8	64.7±4.3	67.3±2.1	62.1±5.8
容貌耳宽	28.8±2.9	33.2±14.2	29.7±7.7	31.5±7.0	30.8±5.1	30.1±3.3	30.7±6.6
耳上头高	135.9±11.1	132.3±19.4	133.2±16.3	127.3±22.7	129.4±15.5	134.2±9.2	130.8±17.9

表 1-6-2 苗族女性头面部指标

指标	不同年龄组（岁）的指标值（$\bar{x}\pm s$）/mm						合计/mm	u
	18～	30～	40～	50～	60～	70～85		
头长	178.9±9.1	180.4±10.9	181.0±8.6	180.8±8.8	180.7±7.9	188.0±9.9	180.7±9.0	1.70
头宽	144.9±4.3	143.9±5.2	145.4±5.0	144.1±5.1	141.3±6.7	139.0±1.4	144.0±5.5	13.9**
额最小宽	104.7±5.4	104.4±5.0	103.5±5.4	101.7±5.3	101.0±5.4	100.5±0.7	102.8±5.4	9.09**
面宽	137.4±6.5	136.9±4.5	137.7±4.9	135.0±12.9	134.2±5.2	130.0±8.5	136.2±8.2	14.54**
下颌角间宽	106.9±8.5	106.2±7.4	106.9±7.7	104.4±7.0	104.8±7.4	100.0±0.7	105.7±7.5	9.14**
眼内角间宽	34.8±4.1	33.1±3.3	32.3±4.0	31.9±4.3	31.7±4.2	28.8±1.2	32.4±4.1	1.16
眼外角间宽	88.6±3.8	85.7±5.5	85.8±5.6	83.6±7.1	83.1±5.8	76.9±1.6	84.9±6.2	5.05**
鼻宽	36.5±2.6	36.2±2.6	36.5±2.8	36.2±3.2	38.0±4.6	33.9±3.3	36.6±3.3	9.70**
口宽	48.1±3.8	49.1±3.1	50.0±3.7	50.2±3.5	50.1±4.9	50.9±3.2	49.8±3.8	4.29**
容貌面高	174.2±19.8	178.4±8.8	180.5±7.8	178.6±10.7	176.1±10.8	175.5±6.4	178.3±10.7	10.57**
形态面高	105.0±4.9	109.1±5.5	109.9±5.8	107.6±11.2	108.0±13.6	60.2±69.8	108.2±10.5	9.32**
鼻高	44.7±3.5	46.8±5.4	49.9±38.3	47.0±5.9	48.1±5.2	48.2±1.8	47.9±21.4	3.35**
上唇皮肤部高	12.0±2.5	12.3±2.6	12.9±2.8	13.1±3.1	14.1±2.7	14.1±1.4	13.0±2.8	5.19**
唇高	19.6±3.4	17.9±3.1	18.1±3.0	16.9±3.6	15.8±4.0	11.0±1.2	17.4±3.6	0.33
红唇厚度	9.4±1.6	8.6±1.8	8.6±1.4	8.1±1.7	7.6±2.1	4.3±0.3	8.3±1.8	0.63
容貌耳长	54.7±7.7	56.9±3.6	59.3±3.8	60.0±6.2	62.7±4.5	64.7±6.9	59.4±5.5	5.92**
容貌耳宽	26.8±2.9	28.3±4.8	29.4±4.2	28.6±2.8	29.7±3.6	28.0±3.3	28.8±3.9	4.20**
耳上头高	132.1±20.5	124.7±25.5	124.7±16.9	123.1±13.1	124.5±16.4	127.0±4.2	124.8±17.9	0.82

注：u 为性别间的 u 检验值。

**$P<0.01$，差异具有统计学意义。

表 1-6-3 苗族男性体部指标

指标	不同年龄组（岁）的指标值（$\bar{x} \pm s$）						合计
	18～	30～	40～	50～	60～	70～85	
体重	62.7±11.8	66.0±10.7	66.1±10.8	59.8±8.6	56.0±9.6	55.0±6.1	61.4±10.7
身高	1631.3±50.3	1636.5±47.7	1617.1±55.2	1586.6±49.1	1579.3±60.1	1570.0±28.5	1601.8±57.5
髂前上棘点高	889.8±41.9	887.6±65.9	885.5±54.3	876.7±62.0	873.6±72.8	847.2±105.8	880.1±61.6
坐高	883.6±30.8	914.0±154.8	868.7±83.0	844.2±49.7	847.0±117.3	815.6±28.0	861.1±82.9
肱骨内外上髁间径	68.1±4.3	65.7±10.3	68.8±6.6	68.2±4.2	68.9±6.8	71.2±5.8	68.4±5.8
股骨内外上髁间径	94.1±5.8	91.4±9.2	91.7±10.8	91.9±5.3	91.4±6.6	90.4±5.4	91.9±8.1
肩宽	371.5±26.1	366.9±32.6	368.3±30.0	357.2±26.1	348.8±28.0	362.0±24.6	360.6±29.0
骨盆宽	277.5±18.6	294.2±29.8	292.7±28.0	285.3±17.2	286.7±24.2	295.0±12.2	287.9±23.7
平静胸围	892.0±77.6	901.4±136.7	934.7±92.4	907.6±56.6	884.6±94.3	884.8±55.1	907.2±83.3
腰围	770.6±88.2	826.9±99.3	843.9±101.5	795.8±88.1	775.0±92.4	781.0±53.4	804.2±97.3
臀围	924.8±66.1	945.0±67.9	945.9±65.6	909.6±51.8	882.1±63.1	874.6±34.5	917.2±65.7
大腿围	531.7±51.0	554.2±101.6	533.4±66.4	506.2±43.9	491.2±73.5	467.8±33.2	516.2±64.0
肱三头肌皮褶	11.9±7.3	12.1±6.0	12.5±5.7	9.6±4.7	9.0±4.1	9.3±3.8	10.7±5.4
肩胛下皮褶	15.4±7.8	17.8±8.9	18.3±7.8	13.5±5.5	12.0±5.5	12.5±3.8	15.0±7.1
上肢全长	714.5±47.7	718.8±34.0	720.6±45.7	709.6±47.6	714.8±42.7	713.8±26.1	715.2±45.5
下肢全长	857.5±39.6	855.1±65.9	853.4±52.8	846.6±61.4	843.8±72.5	817.2±105.8	849.1±60.6

注：体重的单位为 kg，其余指标值的单位为 mm。

表 1-6-4 苗族女性体部指标

指标	不同年龄组（岁）的指标值（$\bar{x} \pm s$）						合计	u
	18～	30～	40～	50～	60～	70～85		
体重	52.4±7.6	56.3±9.7	57.9±8.8	53.8±9.5	51.1±10.1	44.3±5.4	54.8±9.6	8.02**
身高	1525.5±45.0	1493.3±53.0	1500.0±42.3	1480.6±51.9	1459.0±55.3	1433.5±26.2	1487.8±52.6	2.35**
髂前上棘点高	852.5±35.9	824.6±59.9	823.3±67.2	821.4±79.4	808.6±53.3	824.5±30.4	822.5±66.1	11.29**
坐高	825.6±49.2	807.8±40.7	807.1±30.1	789.0±33.0	768.2±36.8	746.0±8.5	796.4±39.3	11.83**
肱骨内外上髁间径	59.6±5.5	61.5±4.2	63.2±7.1	62.0±7.0	62.9±4.4	69.6±17.6	62.3±6.3	12.63**
股骨内外上髁间径	82.4±7.8	85.7±6.0	86.7±8.7	86.0±6.7	85.3±7.6	85.2±5.4	85.8±7.5	9.67**
肩宽	325.8±25.7	336.1±22.7	339.2±51.8	329.0±21.1	324.9±19.0	315.0±7.1	332.2±33.9	11.35**
骨盆宽	276.4±22.6	283.0±24.7	291.8±21.6	285.2±22.4	286.6±21.8	292.5±17.7	286.4±22.8	0.80
平静胸围	871.1±59.2	907.8±75.7	926.2±75.5	892.3±83.8	882.8±105.3	844.5±84.1	901.4±84.6	0.86
腰围	738.3±83.8	808.3±101.7	826.1±95.2	805.5±100.0	808.2±119.4	745.0±141.4	807.1±103.5	0.36
臀围	911.6±56.9	938.5±60.2	940.0±67.6	915.0±66.0	894.4±61.5	860.0±39.6	922.1±66.2	0.93
大腿围	524.0±49.7	545.8±45.1	536.8±44.5	518.1±53.6	488.5±52.7	463.5±14.8	523.1±52.6	1.44
肱三头肌皮褶	20.3±6.0	21.0±5.9	21.1±7.1	18.5±6.6	16.8±6.5	12.8±3.2	19.5±6.8	18.18**
肩胛下皮褶	20.0±6.8	21.4±7.5	22.2±8.3	17.8±6.7	16.7±8.4	11.0±2.1	19.6±8.0	7.65**
上肢全长	663.2±31.8	650.1±36.4	660.9±39.3	661.3±37.1	649.1±44.8	670.0±36.8	657.3±39.0	16.81**
下肢全长	826.1±35.0	800.4±58.2	799.1±65.2	798.6±78.4	786.6±51.7	804.5±30.4	799.0±64.5	10.03**

注：u 为性别间的 u 检验值；体重的单位为 kg，其余指标值的单位为 mm。

**$P<0.01$，差异具有统计学意义。

表 1-6-5 苗族观察指标情况

指标	分型	男性		女性		合计		u
		人数	占比/%	人数	占比/%	人数	占比/%	
上眼睑皱褶	有	262	98.1	365	98.6	627	98.4	0.52
	无	5	1.9	5	1.4	10	1.6	0.52
内眦褶	有	67	25.1	102	27.6	169	26.5	0.70
	无	200	74.9	268	72.4	468	73.5	0.70
眼裂高度	狭窄	60	22.5	63	17.0	123	19.3	1.72
	中等	199	74.5	289	78.1	488	76.6	1.55
	较宽	8	3.0	18	4.9	26	4.1	1.18
眼裂倾斜度	内角高	11	4.1	6	1.6	17	2.7	1.93
	水平	103	38.6	102	27.6	205	32.2	2.93**
	外角高	153	57.3	262	70.8	415	65.1	3.53**
鼻背侧面观	凹型	21	7.9	75	20.3	96	15.1	4.32**
	直型	202	75.7	224	60.5	426	66.9	4.00**
	凸型	44	16.5	71	19.2	115	18.0	0.88
	波型	0	0.0	0	0.0	0	0.0	
鼻基底方向	上翘	98	36.7	175	47.3	273	42.9	2.67**
	水平	168	62.9	192	51.9	360	56.5	2.77**
	下垂	1	0.4	3	0.8	4	0.6	0.69
鼻翼宽	狭窄	11	4.1	33	8.9	44	6.9	2.36*
	中等	63	23.6	112	30.3	175	27.5	1.86
	宽阔	193	72.3	225	60.8	418	65.6	3.01**
耳垂类型	三角形	59	22.1	82	22.2	141	22.1	0.02
	方形	93	34.8	162	43.8	255	40.0	2.28*
	圆形	115	43.1	126	34.1	241	37.8	2.32*
上唇皮肤部高	低	35	13.1	89	24.1	124	19.5	3.44**
	中等	215	80.5	273	73.8	488	76.6	1.98*
	高	17	6.4	8	2.2	25	3.9	2.70**
红唇厚度	薄唇	71	26.6	88	23.8	159	25.0	0.81
	中唇	145	54.3	229	61.9	374	58.7	1.92
	厚唇	51	19.1	53	14.3	104	16.3	1.61
利手	左型	11	4.1	7	1.9	18	2.8	1.67
	右型	256	95.9	363	98.1	619	97.2	1.67
扣手	左型	75	28.1	123	33.2	198	31.1	1.39
	右型	192	71.9	247	66.8	439	68.9	1.39
卷舌	否	135	50.6	157	42.4	292	45.8	2.03*
	是	132	49.4	213	57.6	345	54.2	2.03*

注：u 为性别间率的 u 检验值。

*$P < 0.05$，**$P < 0.01$，差异具有统计学意义。

表 1-6-6　苗族男性生理指标

指标	不同年龄组（岁）的指标值（$\bar{x}\pm s$）						合计
	18～	30～	40～	50～	60～	70～85	
收缩压/mmHg	126.0±15.7	127.5±15.5	126.4±14.2	131.0±23.2	138.2±26.0	142.0±18.8	130.8±20.9
舒张压/mmHg	77.5±15.6	79.5±10.7	81.4±12.1	80.3±10.0	80.6±12.7	82.8±10.5	80.4±12.0
心率/（次/分）	72.8±10.9	68.8±9.7	70.8±10.9	67.3±10.0	70.2±14.3	71.4±9.1	69.7±11.6
左手握力/kg	40.5±6.0	41.0±6.6	35.9±7.2	31.6±6.5	27.4±6.6	30.3±9.6	33.5±8.1
右手握力/kg	45.0±6.4	44.1±6.5	38.6±8.0	34.5±7.6	29.4±6.8	29.1±9.9	36.2±9.0
左眼视力	5.0±0.3	5.0±0.3	5.0±0.2	4.9±0.3	4.9±0.2	4.7±0.2	4.9±0.2
右眼视力	4.9±0.4	5.0±0.3	5.0±0.2	4.9±0.2	4.9±0.2	4.8±0.3	4.9±0.2
肺活量/ml	3948.2±700.6	4126.0±606.8	3644.7±749.3	3209.5±736.5	2669.1±924.1	2642.6±503.2	3347.0±907.9

表 1-6-7　苗族女性生理指标

指标	不同年龄组（岁）的指标值（$\bar{x}\pm s$）						合计	u
	18～	30～	40～	50～	60～	70～85		
收缩压/mmHg	106.1±10.4	116.5±14.8	121.9±17.6	133.4±26.0	142.6±23.7	140.5±14.8	126.8±23.2	2.28*
舒张压/mmHg	69.3±7.8	75.0±9.3	76.5±11.8	79.8±13.9	79.2±12.8	75.0±1.4	77.1±12.3	3.39**
心率/（次/分）	77.3±10.8	73.1±7.5	70.6±8.9	69.4±9.4	69.4±11.9	68.0±17.0	70.1±9.8	1.49
左手握力/kg	24.2±3.9	23.8±4.8	23.2±4.2	21.6±4.7	19.3±5.1	19.3±5.9	22.2±4.9	20.28**
右手握力/kg	25.8±4.0	26.6±5.5	25.3±5.0	23.4±5.2	20.1±4.4	19.3±1.3	24.0±5.4	19.73**
左眼视力	4.9±0.2	5.0±0.2	5.0±0.2	4.9±0.1	4.8±0.3	4.7±0.0	4.9±0.2	0.00
右眼视力	5.0±0.2	5.0±0.2	5.0±0.1	4.9±0.1	4.8±0.2	4.7±0.3	4.9±0.2	0.00
肺活量/ml	2653.6±378.3	2575.0±466.2	2488.8±478.2	2322.8±555.4	1866.5±523.8	1112.5±208.6	2351.6±565.1	15.84**

注：u 为性别间的 u 检验值。

*$P<0.05$，**$P<0.01$，差异具有统计学意义。

表 1-6-8　苗族男性关节活动度指标　　　　　　　　　　　[单位：（°）]

指标	不同年龄组（岁）的指标值（$\bar{x}\pm s$）						合计
	18～	30～	40～	50～	60～	70～85	
颈关节弯曲	63.9±11.2	61.0±8.1	56.4±9.9	54.1±9.7	52.7±9.9	53.2±9.9	56.0±10.3
颈关节伸展	50.2±10.5	50.3±9.6	43.3±10.9	42.1±10.2	40.7±11.2	32.0±15.2	43.4±11.2
颈关节侧屈	50.6±10.2	48.7±9.7	43.0±10.0	41.1±9.3	40.6±10.0	40.2±7.7	43.1±10.1
肩关节屈曲	155.2±8.5	153.9±8.8	150.8±8.2	148.9±9.2	143.1±8.9	145.6±7.8	149.1±9.4
肩关节伸展	60.3±9.1	60.2±9.3	58.6±8.1	58.4±9.2	59.2±9.4	63.4±9.1	59.1±8.8
肩关节外展	141.1±9.9	140.0±11.8	133.6±10.1	134.7±11.2	128.4±12.8	124.0±17.7	133.8±11.8
肩关节内收	59.9±10.5	58.3±9.3	60.1±10.1	59.0±8.9	58.6±9.3	60.0±7.7	59.3±9.5
肘关节由伸至屈	129.1±6.3	128.6±6.6	128.3±7.5	129.0±6.8	131.1±8.2	133.2±6.0	129.3±7.4
腕关节屈腕	59.7±8.1	57.2±6.8	54.7±7.0	52.2±8.2	52.4±8.7	47.6±6.9	54.0±8.2
腕关节伸腕	52.8±10.1	54.0±9.2	47.5±11.1	42.9±11.9	39.6±10.6	47.2±22.7	45.4±12.2
腕关节桡屈	22.1±6.1	20.5±5.2	2.0±5.8	20.1±6.1	20.1±6.2	21.4±5.8	20.6±6.0
腕关节尺屈	49.8±11.0	43.5±8.6	45.2±10.5	42.2±9.7	41.8±12.5	40.0±16.4	43.7±11.1

表 1-6-9　苗族女性关节活动度指标

指标	不同年龄组（岁）的指标值（$\bar{x}\pm s$）/（°）						合计/（°）	u
	18～	30～	40～	50～	60～	70～85		
颈关节弯曲	66.5±12.6	57.6±11.4	54.4±11.0	53.2±10.9	49.7±12.2	52.5±3.5	54.7±12.0	1.47
颈关节伸展	55.8±9.7	47.1±11.6	45.0±10.1	43.2±10.7	39.1±9.9	28.5±4.9	44.5±11.2	1.22
颈关节侧屈	54.0±1.01	44.2±10.9	44.2±8.5	42.7±8.1	40.0±8.9	39.5±7.8	43.8±9.6	0.88
肩关节屈曲	156.5±9.6	152.4±9.6	150.6±9.7	148.5±10.7	147.6±8.5	146.0±5.7	150.2±10.0	1.42
肩关节伸展	61.4±8.7	57.8±9.0	56.6±9.0	58.5±10.4	58.5±8.5	60.0±0.0	58.0±9.3	1.52
肩关节外展	144.1±11.6	139.9±12.4	138.3±13.2	137.7±14.3	128.1±10.7	123.0±4.2	137.0±13.6	3.17**
肩关节内收	67.8±8.4	68.1±10.6	66.3±7.8	65.1±10.3	63.5±9.4	69.0±4.2	65.9±9.4	8.69**
肘关节由伸至屈	134.0±4.7	129.7±10.9	130.1±6.7	131.4±10.6	132.7±6.9	134.0±5.7	131.4±8.7	3.28**
腕关节屈腕	62.4±8.6	58.1±9.3	55.9±8.6	55.1±7.4	53.4±8.0	62.5±16.3	56.1±8.6	3.12**
腕关节伸腕	49.5±12.1	49.1±10.3	45.7±10.0	46.7±10.2	43.3±8.4	56.5±13.4	46.5±10.2	1.20
腕关节桡屈	23.8±6.7	24.2±6.5	23.0±7.9	22.6±6.4	23.5±8.4	21.5±12.0	23.2±7.3	4.92**
腕关节尺屈	51.2±16.4	46.6±12.0	46.7±12.2	45.2±11.6	44.3±12.3	41.5±4.9	46.1±12.3	2.57

注：u 为性别间的 u 检验值。

**$P<0.01$，差异具有统计学意义。

表 1-6-10　苗族男性头面部指数、体部指数和体脂率

指数	不同年龄组（岁）的指标值（$\bar{x}\pm s$）						合计
	18～	30～	40～	50～	60～	70～85	
头长宽指数	83.3±4.7	83.3±5.9	83.1±8.4	81.9±5.0	82.0±5.0	81.4±4.0	82.5±6.4
头长高指数	74.5±6.8	72.0±11.3	73.3±11.1	69.3±12.6	71.6±8.8	74.5±3.0	71.8±10.8
头宽高指数	89.5±8.4	86.8±14.5	88.3±11.4	84.9±15.6	87.2±10.9	91.8±7.6	87.1±12.4
形态面指数	79.5±4.2	78.1±5.9	78.9±11.3	82.5±7.1	82.3±6.1	82.8±3.8	80.8±8.7
鼻指数	88.6±11.4	89.7±20.5	92.7±18.1	92.0±18.1	88.3±16.3	99.8±29.1	91.0±17.4
口指数	42.0±6.9	39.6±26.1	35.8±14.9	32.7±6.7	38.3±49.5	23.8±6.7	36.2±25.9
身高坐高指数	54.2±1.5	55.8±8.4	53.7±4.4	53.2±2.9	53.6±6.1	51.9±1.1	53.7±4.3
身高体重指数	383.7±65.8	402.7±59.6	408.2±61.1	376.7±51.3	353.6±53.7	351.1±43.9	382.5±60.2
身高胸围指数	54.7±4.2	55.1±8.4	57.8±5.7	57.3±3.8	56.1±6.0	56.4±4.3	56.7±5.2
身高肩宽指数	22.8±1.4	22.5±2.2	22.8±1.9	22.5±1.6	21.1±1.8	23.1±2.0	22.5±1.8
身高骨盆宽指数	17.0±1.0	18.0±1.6	18.1±1.6	18.0±1.1	18.1±1.3	18.8±1.1	18.0±1.3
马氏躯干腿长指数	84.7±5.4	81.7±16.8	86.3±9.5	88.6±12.6	88.1±13.5	92.6±4.1	86.9±11.3
身高下肢长指数	52.6±1.6	52.3±4.1	52.8±3.0	53.4±3.6	53.5±4.6	52.0±6.3	53.0±3.6
身体质量指数/（kg/m²）	23.5±3.7	24.6±3.4	25.2±3.6	23.8±3.2	22.4±3.1	22.4±3.1	23.9±3.5
身体肥胖指数	26.4±2.9	27.2±3.1	28.0±3.1	27.6±3.0	26.5±3.1	26.5±2.8	27.3±3.1
体脂率/%	17.8±5.9	21.5±5.3	25.4±5.8	22.9±6.3	21.1±6.8	22.7±7.2	22.5±6.4

表 1-6-11 苗族女性头面部指数、体部指数和体脂率

指数	不同年龄组（岁）的指标值（$\bar{x}\pm s$）						合计	u
	18～	30～	40～	50～	60～	70～85		
头长宽指数	81.2±3.8	80.1±6.5	80.6±4.9	79.9±4.7	78.3±5.4	74.0±3.1	79.9±5.2	5.46**
头长高指数	73.9±10.7	69.5±16.0	69.1±10.3	68.2±8.3	69.0±9.8	67.7±5.8	69.3±11.0	0.87
头宽高指数	91.1±14.1	86.8±17.8	85.8±11.7	85.5±9.5	88.3±12.4	91.4±4.0	86.8±12.7	0.99
形态面指数	76.5±3.9	79.7±4.2	79.9±4.8	84.8±58.9	80.6±10.2	48.1±56.8	80.9±31.7	0.06
鼻指数	82.0±7.0	78.2±10.4	79.0±12.0	78.2±11.7	79.8±11.5	70.2±4.3	79.0±11.3	9.87**
口指数	41.0±8.1	36.5±6.3	36.5±6.6	33.8±6.9	31.8±8.5	21.7±3.7	35.2±7.6	0.61
身高坐高指数	54.1±3.1	54.1±2.3	53.8±1.6	53.3±1.5	52.7±1.7	52.0±0.4	53.5±1.9	0.96
身高体重指数	343.5±48.7	376.5±59.4	382.3±67.1	362.9±57.6	349.5±65.2	309.1±43.6	366.9±62.9	3.26**
身高胸围指数	57.1±4.1	60.8±4.8	61.8±5.3	60.3±5.2	60.5±7.1	59.0±6.9	60.6±5.6	8.32**
身高肩宽指数	21.3±1.5	22.5±1.4	22.6±3.6	22.2±1.4	22.3±1.3	22.0±0.1	22.3±2.3	1.17
身高骨盆宽指数	18.1±1.4	18.9±1.5	19.5±1.5	19.3±1.4	19.7±1.4	20.4±1.6	19.3±1.5	9.77**
马氏躯干腿长指数	85.5±13.6	85.2±9.1	86.0±5.5	87.8±5.5	90.1±6.1	92.2±1.3	87.1±7.3	1.01
身高下肢长指数	54.2±2.1	53.6±3.4	53.3±4.0	53.9±4.9	53.9±3.2	56.1±1.1	53.7±3.9	1.82
身体质量指数/（kg/m²）	22.5±3.3	25.2±3.8	25.5±4.5	24.5±3.6	24.0±4.4	21.6±3.4	24.7±4.1	2.26*
身体肥胖指数	30.4±3.4	33.5±3.5	33.2±3.8	32.8±3.4	32.8±4.0	32.2±3.7	32.9±3.7	17.93**
体脂率/%	32.0±4.5	33.4±4.1	35.9±4.8	36.0±5.5	34.5±6.0	30.5±1.7	34.9±5.2	26.06**

注：u 为性别间的 u 检验值。

*$P<0.05$，**$P<0.01$，差异具有统计学意义。

表 1-6-12 苗族肤纹各表型观察指标情况

指标	分型		男性		女性		合计		u
	左	右	人数	占比/%	人数	占比/%	人数	占比/%	
通贯手	+	+	27	11.0	12	3.4	39	6.5	3.70**
	+	−	14	5.7	15	4.3	29	4.9	0.81
	−	+	6	2.4	14	4.0	20	3.4	1.02
缺掌 d 三角	+	+	0	0.0	0	0.0	0	0.0	
	+	−	4	1.6	4	1.1	8	1.3	0.52
	−	+	1	0.4	2	0.6	3	0.5	0.27
缺掌 c 三角	+	+	7	2.9	13	3.7	20	3.4	0.56
	+	−	4	1.6	16	4.5	20	3.4	1.95
	−	+	1	0.4	4	1.1	5	0.8	0.96
掌Ⅳ2枚真实纹	+	+	0	0.0	1	0.3	1	0.2	0.83
	+	−	5	2.0	3	0.9	8	1.3	1.24
	−	+	0	0.0	4	1.1	4	0.7	1.67

续表

指标	分型		男性		女性		合计		u
	左	右	人数	占比/%	人数	占比/%	人数	占比/%	
掌Ⅲ/Ⅳ跨区纹	+	+	0	0.0	0	0.0	0	0.0	
	+	−	1	0.4	2	0.6	3	0.5	0.27
	+	+	0	0.0	0	0.0	0	0.0	
掌 t'三角	+	+	2	0.8	1	0.3	3	0.5	0.90
	+	−	3	1.2	7	2.0	10	1.7	0.72
	−	+	10	4.1	8	2.3	18	3.0	1.27
足跟真实纹	+	+	2	0.8	3	0.9	5	0.8	0.05
	+	−	1	0.4	7	2.0	8	1.3	1.65
	−	+	1	0.4	5	1.4	6	1.0	1.22

注：u 为性别间率的 u 检验值。

$**P<0.01$，差异具有统计学意义。

表 1-6-13　苗族指纹情况

性别	简弓	帐弓	尺箕	桡箕	简斗	双箕斗	弓	箕	斗
男性									
人数	15	18	1135	90	1070	122	33	1225	1192
占比/%	0.6	0.7	46.3	3.7	43.7	5.0	1.3	50.0	48.7
女性									
人数	91	35	1721	96	1388	189	126	1817	1577
占比/%	2.6	1.0	48.9	2.7	39.4	5.4	3.6	51.6	44.8
合计									
人数	106	53	2856	186	2458	311	159	3042	2769
占比/%	1.8	0.9	47.8	3.1	41.2	5.2	2.7	50.9	46.4
u	5.68**	1.05	1.95	2.07*	3.28**	0.67	5.27**	1.23	2.94**

注：u 为性别间率的 u 检验值。

$*P<0.05$，$**P<0.01$，差异具有统计学意义。

表 1-6-14　苗族手指指纹频率　　　　　　（单位：%）

类型	左手					右手				
	拇指	示指	中指	环指	小指	拇指	示指	中指	环指	小指
					男性					
简弓	0.4	0.8	0.4	0.0	0.8	0.8	2.5	0.4	0.0	0.0
帐弓	0.4	2.9	0.4	0.4	0.8	0.0	2.0	0.4	0.0	0.0
尺箕	37.1	32.2	57.6	37.1	78.4	31.0	33.5	60.8	29.8	65.7
桡箕	1.2	15.1	2.0	0.0	0.0	0.4	14.7	2.9	0.4	0.0
简斗	43.3	45.7	34.7	60.0	17.5	58.8	41.6	33.1	68.6	33.5
双箕斗	17.6	3.3	4.9	2.5	2.5	9.0	5.7	2.4	1.2	0.8

续表

类型	左手					右手				
	拇指	示指	中指	环指	小指	拇指	示指	中指	环指	小指
					女性					
简弓	4.0	3.7	3.1	1.4	1.7	2.6	5.4	2.3	0.8	0.8
帐弓	0.0	2.6	1.1	0.0	1.1	0.0	3.7	0.8	0.3	0.3
尺箕	33.5	35.5	55.1	39.5	73.3	36.4	35.8	68.5	36.9	74.4
桡箕	1.1	11.9	2.6	1.1	0.6	0.8	8.5	0.0	0.3	0.3
简斗	40.6	40.9	33.5	56.3	21.9	48.3	41.8	26.4	61.1	23.6
双箕斗	20.8	5.4	4.6	1.7	1.4	11.9	4.8	2.0	0.6	0.6

表 1-6-15　苗族单手 5 指、双手 10 指指纹的组合情况

序号	组合			男性		女性		合计		u
	弓	箕	斗	人数	占比/%	人数	占比/%	人数	占比/%	
					单手 5 指					
1	0	0	5	69	14.1	88	12.5	157	13.2	0.80
2	0	1	4	80	16.3	98	13.9	178	14.9	1.15
3	0	2	3	83	17.0	112	15.9	195	16.3	0.47
4	0	3	2	84	17.1	110	15.6	194	16.3	0.70
5	0	4	1	90	18.4	129	18.3	219	18.3	0.02
6	0	5	0	58	11.9	82	11.7	140	11.7	0.10
7	1	0	4	0	0.0	1	0.1	1	0.1	0.83
8	1	1	3	1	0.2	3	0.4	4	0.3	0.65
9	1	2	2	2	0.4	10	1.4	12	1.0	1.73
10	1	3	1	9	1.8	23	3.3	32	2.7	1.51
11	1	4	0	9	1.8	23	3.3	32	2.7	1.51
12	2	0	3	0	0.0	0	0.0	0	0.0	
13	2	1	2	1	0.2	0	0.0	1	0.1	1.20
14	2	2	1	0	0.0	4	0.6	4	0.3	1.67
15	2	3	0	2	0.4	10	1.4	12	1.0	1.73
16	3	0	2	1	0.2	0	0.0	1	0.1	1.20
17	3	1	1	0	0.0	0	0.0	0	0.0	
18	3	2	0	1	0.2	7	1.0	8	0.7	1.65
19	4	0	1	0	0.0	0	0.0	0	0.0	
20	4	1	0	0	0.0	3	0.4	3	0.3	1.45
21	5	0	0	0	0.0	1	0.1	1	0.1	0.83
合计	35	35	35	490	100.0	704	99.9	1194	100.1	

续表

序号	组合			男性		女性		合计		u
	弓	箕	斗	人数	占比/%	人数	占比/%	人数	占比/%	
							双手 10 指			
1	0	0	10	20	8.2	31	8.8	51	8.5	0.28
2	0	1	9	22	9.0	16	4.5	38	6.4	2.18*
3	0	2	8	20	8.2	28	7.9	48	8.0	0.09
4	0	3	7	19	7.8	27	7.7	46	7.7	0.04
5	0	4	6	18	7.4	26	7.4	44	7.4	0.02
6	0	5	5	26	10.6	30	8.5	56	9.4	0.86
7	0	6	4	28	11.4	30	8.5	58	9.7	1.18
8	0	7	3	18	7.4	27	7.7	45	7.5	0.15
9	0	8	2	24	9.8	41	11.6	65	10.9	0.71
10	0	9	1	15	6.1	17	4.8	32	5.3	0.69
11	0	10	0	15	6.1	17	4.8	32	5.3	0.69
12	1	0	9	0	0.0	0	0.0	0	0.0	
13	1	1	8	0	0.0	1	0.3	1	0.2	0.83
14	1	2	7	0	0.0	1	0.3	1	0.2	0.83
15	1	3	6	0	0.0	1	0.3	1	0.2	0.83
16	1	4	5	0	0.0	2	0.6	2	0.3	1.18
17	1	5	4	1	0.4	2	0.6	3	0.5	0.27
18	1	6	3	3	1.2	6	1.7	9	1.5	0.47
19	1	7	2	4	1.6	6	1.7	10	1.7	0.07
20	1	8	1	4	1.6	10	2.8	14	2.3	0.96
21	1	9	0	2	0.8	5	1.4	7	1.2	0.67
22	2	0	8	0	0.0	0	0.0	0	0.0	
23	2	1	7	0	0.0	0	0.0	0	0.0	
24	2	2	6	0	0.0	1	0.3	1	0.2	0.83
25	2	3	5	0	0.0	0	0.0	0	0.0	
26	2	4	4	0	0.0	0	0.0	0	0.0	
27	2	5	3	1	0.4	1	0.3	2	0.3	0.26
28	2	6	2	0	0.0	4	1.1	4	0.7	1.67
29	2	7	1	1	0.4	3	0.9	4	0.7	0.65
30	2	8	0	0	0.0	6	1.7	6	1.0	2.05*
31	3	0	7	0	0.0	0	0.0	0	0.0	
32	3	1	6	0	0.0	0	0.0	0	0.0	
33	3	2	5	0	0.0	0	0.0	0	0.0	
34	3	3	4	0	0.0	0	0.0	0	0.0	
35	3	4	3	0	0.0	1	0.3	1	0.2	0.00

续表

序号	组合			男性		女性		合计		*u*
	弓	箕	斗	人数	占比/%	人数	占比/%	人数	占比/%	
				双手10指						
36	3	5	2	0	0.0	0	0.0	0	0.0	
37	3	6	1	1	0.4	0	0.0	1	0.2	1.20
38	3	7	0	1	0.4	3	0.9	4	0.7	0.65
	其他组合			2	0.8	9	2.6	11	1.8	17.4**
合计	220	220	220	245	100.0	352	100.0	597	100.0	

注：*u* 为性别间率的 *u* 检验值。

*$P<0.05$，差异具有统计学意义。

表 1-6-16　苗族肤纹表型频率 （单位：%）

类型		男左	男右	女左	女右	男性	女性	合计
				掌肤纹				
大鱼际	真实纹	8.2	1.6	4.6	1.7	4.9	3.1	3.9
Ⅱ	真实纹	0.8	1.2	0.0	0.3	1.0	0.1	0.5
Ⅲ	真实纹	6.1	25.3	8.2	21.6	15.7	14.9	15.2
Ⅳ	真实纹	76.3	66.5	70.7	67.3	71.4	69.0	70.0
小鱼际	真实纹	14.3	15.9	14.8	14.8	15.1	14.8	14.9
				足肤纹				
Ⅱ	真实纹	7.8	8.6	7.7	8.2	8.17	8.0	8.0
Ⅲ	真实纹	55.5	57.6	50.0	53.4	56.5	51.7	53.7
Ⅳ	真实纹	11.0	12.2	7.7	9.7	11.6	8.7	9.9
小鱼际	真实纹	50.2	43.7	43.2	37.2	46.9	40.2	43.0
				踇趾球纹				
弓	胫弓	16.3	11.9	7.9	7.9	14.1	7.9	10.5
	其他弓	1.2	2.0	2.3	2.0	1.6	2.1	1.9
箕	远箕	51.8	53.5	62.2	58.8	52.7	60.5	57.3
	其他箕	8.6	11.4	7.7	9.7	10.0	8.7	9.2
斗	一般斗	19.2	19.6	18.2	20.2	19.4	19.2	19.3
	其他斗	2.9	1.6	1.7	1.4	2.2	1.6	1.8

表 1-6-17　苗族表型组肤纹指标组合情况

掌		大鱼际纹			指间Ⅱ区纹			指间Ⅲ区纹			指间Ⅳ区纹			小鱼际纹		
组合	左	+	+	−	+	+	−	+	+	−	+	+	−	+	+	−
	右	+	−	+	+	−	+	+	−	+	+	−	+	+	−	+
合计	人数	9	27	1	1	1	3	25	19	113	343	94	58	43	44	48
	频率/%	1.5	4.5	0.2	0.2	0.2	0.5	4.2	3.2	18.9	57.4	15.8	9.7	7.2	7.4	8.0

续表

足		踇趾弓纹	踇趾箕纹	踇趾斗纹	趾间Ⅱ区纹			趾间Ⅲ区纹			趾间Ⅳ区纹			小鱼际纹		
组合	左	+	+	+	+	+	−	+	+	−	+	+	−	+	+	−
	右	+	+	+	+	−	+	+	−	+	+	−	+	+	−	+
合计	人数	37	285	67	18	28	32	263	49	66	35	19	29	197	78	41
	频率/%	6.2	47.7	11.2	3.0	4.7	5.4	44.1	8.2	11.1	5.9	3.2	4.9	33.0	13.1	6.9

表 1-6-18　苗族指纹三种斗取嵴线数侧别情况

指标	男性			女性		
	尺偏斗	平衡斗	桡偏斗	尺偏斗	平衡斗	桡偏斗
取桡侧						
人数	680	58	60	893	70	71
占比/%	85.5	50.0	18.0	86.2	41.4	17.0
两侧相等						
人数	31	22	21	43	34	18
占比/%	4	19	6	4	20	4
取尺侧						
人数	84	36	252	100	65	328
占比/%	10.6	31.0	75.7	9.7	38.5	78.7
合计						
人数	795	116	333	1036	169	417
占比/%	100.0	100.0	100.0	100.0	100.0	100.0

表 1-6-19　苗族掌纹 TFRC、a-b RC、atd、at′d、tPD 和 t′PD 参数

指标		男左	男右	女左	女右	男性	女性	合计
TFRC$^{\triangle}$/条	拇指	17.5±6.0	19.5±6.4	13.5±6.4	17.5±6.4	18.5±6.3	16.4±6.5	17.3±6.4
	示指	12.9±6.3	13.0±6.6	12.3±6.3	12.4±6.4	12.9±6.4	12.3±6.4	12.6±6.4
	中指	14.6±5.5	13.8±5.3	13.4±6.4	13.1±6.1	14.2±5.4	13.3±5.8	13.6±5.6
	环指	16.8±5.0	17.1±4.5	15.6±5.7	16.2±5.4	17.0±4.3	15.9±5.6	16.4±5.2
	小指	13.0±4.5	13.5±4.7	12.3±5.5	12.7±5.1	13.3±4.6	12.5±5.3	12.8±5.0
	各手	74.8±21.9	76.9±21.9	67.1±24.2	71.9±23.1	151.7±42.8	139.0±46.4	144.2±44.9
a-b RC$^{\triangle}$/条		40.1±5.5	39.7±5.8	39.8±6.3	39.1±6.2	39.9±5.7	39.5±6.2	39.6±6.0
atd$^{\triangle}$/(°)		39.6±4.8	40.1±4.6	41.9±4.9	41.8±4.6	39.9±4.7	41.8±4.7	41.0±4.8
atd 例数		241	244	347	350	485	697	1182
at′d/(°)		39.8±4.9	40.5±4.7	42.1±5.1	42.0±4.8	40.2±4.8	42.0±4.9	41.3±5.0
at′d/例		6	11	8	9	17	17	34
tPD$^{\triangle}$		17.0±5.7	17.3±5.8	18.0±6.3	18.0±6.0	17.1±5.7	18.0±6.1	17.6±6.0
t′PD$^{\triangle}$		17.3±5.8	17.9±6.3	18.3±6.5	18.4±6.2	17.6±6.1	18.3±6.3	18.0±6.2

注：表中字母的含义参见表 1-1-40。

△为均数±标准差（$\bar{x}±s$），其余为均数。

（郑连斌　李立安　张唯一　张海国）

第七节　彝　族

一、彝族简介

彝族是一个支系繁杂的民族。根据 2010 年第六次全国人口普查统计数据，彝族在中国境内共有 8 714 393 人（国务院人口普查办公室，国家统计局人口和就业统计司，2012）。彝族是一个跨境族群，在东南亚的越南、缅甸、老挝、泰国、柬埔寨等国均有分布。中国彝族主要分布在云南、四川、贵州、广西、重庆 5 个省份，云南是彝族分布最多的省份（普忠良，2012）。四川大凉山是彝族最主要的聚居区。彝族有独立完整的语言、文字系统，彝语属汉藏语系藏缅语族彝语支（李绍明，冯敏，1993；普忠良，2012）。

昭觉县隶属四川省凉山彝族自治州，位于四川省西南部，地处东经 102°22′～103°19′、北纬 27°45′～28°21′，最高海拔 3873m，最低海拔 520m，平均海拔 2170m，属川西高原雅砻江温带气候区，具有高原气候特点，年平均气温 10.9℃，年日照时数 1827.7h，年降水量 1060.2mm。

2016 年研究组在四川凉山彝族自治州昭觉县开展了彝族人体表型数据采集工作。被调查四川彝族成年男性年龄 45.6 岁±15.6 岁，女性年龄 44.7 岁±13.4 岁。

二、彝族的表型数据（表 1-7-1～表 1-7-9）

表 1-7-1　彝族男性头面部指标　　（单位：mm）

指标	不同年龄组（岁）的指标值（$\bar{x}\pm s$）						合计
	18～	30～	40～	50～	60～	70～85	
头长	188.8±7.3	188.7±6.8	188.1±6.9	187.4±7.7	189.4±7.7	185.0±7.7	188.1±7.3
头宽	156.0±6.6	154.3±5.9	154.2±6.5	152.8±5.7	153.4±6.6	151.4±6.1	153.9±6.3
额最小宽	111.4±6.9	110.9±6.9	109.2±6.9	109.7±6.5	109.1±7.1	108.5±7.3	110.0±6.9
面宽	143.4±4.6	142.6±5.3	141.7±6.3	141.4±5.4	142.9±5.6	140.3±5.4	142.2±5.5
下颌角间宽	114.1±6.8	114.0±6.7	112.9±7.6	111.4±6.8	114.1±5.9	110.7±6.4	113.0±6.9
眼内角间宽	31.3±3.6	30.6±2.8	29.5±2.7	29.4±2.6	30.0±3.5	30.8±3.1	30.2±3.1
眼外角间宽	92.7±5.4	90.9±5.4	90.4±5.1	88.6±4.3	88.3±4.8	87.1±3.8	90.0±5.2
鼻宽	37.6±2.9	38.1±2.9	38.1±2.8	38.8±3.1	39.7±3.2	39.1±2.2	38.4±3.0
口宽	51.1±5.5	51.5±5.8	51.1±5.9	51.5±5.8	53.5±5.5	52.8±6.2	51.7±5.8
容貌面高	190.6±7.2	192.3±7.1	192.0±7.9	191.8±8.1	190.8±6.6	191.9±8.0	191.6±7.5
形态面高	124.2±7.5	124.7±8.1	123.3±8.6	123.6±7.6	123.1±7.0	124.1±10.0	123.8±8.0
鼻高	49.0±3.9	49.2±4.2	48.8±4.2	48.8±3.8	49.8±3.1	50.0±4.2	49.2±3.9
上唇皮肤部高	13.8±1.7	15.7±2.4	16.3±2.3	16.8±2.7	17.0±2.3	18.7±2.5	16.1±2.7
唇高	18.8±2.5	17.8±3.1	16.2±3.5	15.0±3.4	14.9±3.3	12.8±3.4	16.3±3.6

续表

指标	不同年龄组（岁）的指标值（$\bar{x}\pm s$）						合计
	18～	30～	40～	50～	60～	70～85	
红唇厚度	9.2±1.4	8.3±1.7	7.7±1.7	7.1±2.2	7.3±2.0	6.2±1.8	7.8±2.0
容貌耳长	61.9±4.6	63.7±5.1	64.2±4.7	66.3±5.2	67.9±5.9	67.8±4.9	64.9±5.4
容貌耳宽	29.2±4.5	30.5±4.2	31.8±4.4	32.0±5.8	32.7±5.5	33.1±4.3	31.3±5.0
耳上头高	119.4±9.1	122.2±11.0	118.4±9.4	119.7±10.0	119.7±9.5	121.5±11.4	119.9±10.0

表 1-7-2　彝族女性头面部指标

指标	不同年龄组（岁）的指标值（$\bar{x}\pm s$）/mm						合计/mm	u
	18～	30～	40～	50～	60～	70～85		
头长	183.2±6.7	181.2±6.4	180.6±7.2	181.7±7.0	181.1±6.4	178.6±8.4	181.4±6.8	13.65**
头宽	148.1±5.7	148.9±5.2	149.2±6.2	147.8±5.9	147.2±6.7	146.5±5.2	148.3±6.0	13.26**
额最小宽	107.8±6.4	105.4±6.4	104.8±6.0	105.0±6.0	104.0±6.7	103.7±4.6	105.2±6.3	10.25**
面宽	136.1±5.1	134.3±5.4	133.8±6.0	134.0±6.3	132.2±5.9	131.6±4.6	134.0±5.9	20.83**
下颌角间宽	108.3±6.9	106.5±6.3	106.3±6.2	107.2±6.4	107.5±6.8	105.6±4.7	107.0±6.4	12.90**
眼内角间宽	30.5±3.2	28.8±2.7	29.3±2.9	29.5±2.9	29.5±3.2	29.8±2.5	29.5±3.0	3.33**
眼外角间宽	91.8±4.7	89.6±4.4	88.4±4.8	87.4±5.0	86.7±4.3	85.3±5.5	88.6±5.0	4.20**
鼻宽	34.7±2.2	34.5±2.7	34.7±2.5	35.1±2.5	35.7±2.9	36.3±2.7	35.0±2.6	17.72**
口宽	48.6±5.1	47.4±5.7	47.7±5.6	47.9±5.0	49.0±5.6	48.4±4.9	48.1±5.4	9.31**
容貌面高	183.1±8.5	180.6±6.7	181.9±8.2	180.4±9.3	180.1±8.6	176.5±8.1	181.0±8.3	19.32**
形态面高	115.9±8.1	113.8±8.0	113.5±7.4	114.5±8.0	114.4±8.5	112.5±7.4	114.2±7.9	17.38**
鼻高	45.4±3.5	44.9±3.5	45.3±3.7	45.8±3.4	45.5±3.9	46.4±2.7	45.4±3.6	14.34**
上唇皮肤部高	13.3±2.0	13.9±2.2	14.4±2.2	15.1±2.1	15.4±2.4	14.8±2.2	14.5±2.3	9.33**
唇高	17.1±2.8	15.7±2.9	14.9±2.4	14.6±3.1	13.5±3.3	11.5±2.3	15.0±3.1	5.52**
红唇厚度	8.2±1.4	7.5±1.4	7.2±1.3	7.0±1.7	6.3±1.7	5.6±1.5	7.2±1.6	5.12**
容貌耳长	58.5±4.9	58.9±4.0	59.5±4.5	60.5±5.3	62.8±5.9	63.2±4.8	60.1±5.1	13.03**
容貌耳宽	28.9±4.3	29.0±3.5	30.3±4.1	30.9±4.3	30.4±4.3	31.2±3.8	30.0±4.1	4.08**
耳上头高	114.5±9.5	114.4±11.2	116.0±10.7	114.9±11.2	117.2±11.1	121.6±8.7	115.5±10.8	6.14**

注：u 为性别间的 u 检验值。

**$P<0.01$，差异具有统计学意义。

表 1-7-3　彝族男性体部指标

指标	不同年龄组（岁）的指标值（$\bar{x}\pm s$）						合计
	18～	30～	40～	50～	60～	70～85	
体重	62.7±8.9	61.4±8.9	62.7±10.3	61.7±10.7	62.2±9.2	58.8±8.8	61.9±9.6
身高	1659.9±46.9	1650.6±57.9	1641.1±54.4	1626.3±62.4	1640.0±54.1	1598.9±58.3	1640.1±57.7
髂前上棘点高	918.3±33.6	922.8±38.4	920.4±35.2	914.7±38.9	934.7±33.7	911.0±42.9	920.4±37.0

续表

指标	不同年龄组（岁）的指标值（$\bar{x} \pm s$）						合计
	18～	30～	40～	50～	60～	70～85	
坐高	886.3±35.4	871.5±31.9	867.6±29.9	858.6±32.3	860.7±35.5	835.9±39.6	866.8±35.5
肱骨内外上髁间径	66.6±3.0	66.7±3.7	66.9±3.0	67.0±4.2	68.4±3.9	69.1±3.3	67.2±3.6
股骨内外上髁间径	93.4±4.5	91.8±4.1	92.3±4.9	92.2±5.0	93.2±5.5	93.3±5.0	92.6±4.8
肩宽	382.3±16.3	380.7±16.0	373.7±18.3	372.7±15.3	372.2±16.9	363.1±18.8	375.4±17.5
骨盆宽	277.9±17.4	277.7±14.8	279.1±17.4	276.2±18.7	280.2±14.0	279.3±18.0	278.1±16.8
平静胸围	876.2±61.3	889.5±58.7	904.2±65.1	910.0±67.4	918.3±62.1	912.6±55.8	899.9±64.0
腰围	771.4±77.7	781.0±88.0	818.6±99.0	827.1±110.2	828.7±89.8	820.7±91.4	806.1±96.5
臀围	917.9±57.1	915.0±53.2	920.2±65.2	918.4±66.5	919.1±46.6	919.0±51.5	918.2±58.5
大腿围	484.5±40.1	463.6±38.0	459.4±48.6	459.9±39.7	461.4±37.2	455.3±35.5	465.0±41.8
上肢全长	733.4±32.5	729.8±30.6	726.2±32.5	730.3±41.9	740.4±33.7	736.2±44.3	731.6±35.5
下肢全长	883.8±30.5	888.3±34.9	886.6±32.7	881.6±34.7	900.8±30.6	880.6±41.0	886.7±33.8

注：体重的单位为 kg，其余指标值的单位为 mm。

表 1-7-4　彝族女性体部指标

指标	不同年龄组（岁）的指标值（$\bar{x} \pm s$）/mm						合计/mm	u
	18～	30～	40～	50～	60～	70～85		
体重	53.8±8.2	55.7±8.6	57.6±8.8	58.7±13.2	54.0±10.7	49.7±9.5	56.1±10.3	8.45**
身高	1550.0±43.2	1546.5±46.2	1546.1±45.5	1526.0±56.1	1523.0±52.4	1496.1±47.3	1537.2±50.5	27.13**
髂前上棘点高	878.7±32.9	876.1±33.1	878.9±30.3	871.9±37.1	865.3±37.2	861.1±57.4	874.1±35.1	18.45**
坐高	830.3±29.2	821.3±26.1	821.3±27.9	809.6±30.8	805.0±34.3	778.9±34.1	816.3±31.3	21.58**
肱骨内外上髁间径	60.2±3.2	60.9±3.3	61.9±3.5	62.4±3.8	62.6±3.1	62.6±2.9	61.7±3.5	22.16**
股骨内外上髁间径	85.5±5.3	86.1±5.1	87.5±4.9	88.2±6.7	87.1±5.3	86.2±3.7	87.0±5.6	15.67**
肩宽	345.0±17.2	343.0±15.6	346.4±14.0	341.1±19.1	335.3±15.5	327.5±13.9	342.1±16.8	28.03**
骨盆宽	268.5±17.2	269.2±19.3	268.9±18.1	269.6±21.3	271.1±17.8	270.0±16.2	269.4±18.8	7.08**
平静胸围	844.3±59.9	859.3±66.7	879.8±68.5	893.9±88.2	866.8±78.0	848.2±56.6	870.6±74.8	6.13**
腰围	734.0±86.1	779.7±96.0	806.0±102.5	832.4±126.7	807.1±108.1	803.4±81.1	796.0±109.5	1.42
臀围	905.3±56.0	924.2±59.0	935.5±62.6	939.8±82.0	913.0±74.2	896.2±79.9	925.1±69.2	1.56
大腿围	487.0±38.4	493.2±46.2	492.8±41.6	491.5±58.2	461.8±41.2	445.6±51.9	485.5±48.1	6.63**
上肢全长	683.4±30.8	682.4±33.6	682.2±29.3	676.2±35.2	677.9±30.8	671.8±30.7	680.1±32.1	21.82**
下肢全长	850.6±30.4	848.3±31.1	851.3±27.8	845.6±33.6	839.3±34.7	838.8±56.5	847.1±32.4	17.19**

注：u 为性别间的 u 检验值；体重的单位为 kg，其余指标值的单位为 mm。

**$P < 0.01$，差异具有统计学意义。

表 1-7-5　彝族观察指标情况

指标	分型	男性		女性		合计		u
		人数	占比/%	人数	占比/%	人数	占比/%	
上眼睑皱褶	有	108	63.5	165	60.0	273	61.3	0.74
	无	62	36.5	110	40.0	172	38.7	0.74
内眦褶	有	66	38.8	88	32.0	154	34.6	1.47
	无	104	61.2	187	68.0	291	65.4	1.47
眼裂高度	狭窄	179	48.8	246	51.2	425	50.2	0.71
	中等	160	43.6	216	45.0	376	44.4	0.41
	较宽	28	7.6	18	3.8	46	5.4	2.47*
眼裂倾斜度	内角高	16	4.4	9	1.9	25	3.0	2.12*
	水平	104	28.3	123	25.6	227	26.8	0.88
	外角高	247	67.3	348	72.5	595	70.2	1.64
鼻背侧面观	凹型	32	8.7	80	16.7	112	13.2	3.38**
	直型	289	78.8	363	75.6	652	77.0	1.07
	凸型	33	9.0	31	6.5	64	7.6	1.38
	波型	13	3.5	6	1.2	19	2.2	2.23*
鼻基底方向	上翘	64	17.4	84	17.5	148	17.5	0.02
	水平	277	75.5	379	79.0	656	77.4	1.20
	下垂	26	7.1	17	3.5	43	5.1	2.33*
鼻翼宽	狭窄	1	0.3	10	2.1	11	1.3	2.31*
	中等	46	12.5	120	25.0	166	19.6	4.53**
	宽阔	320	87.2	350	72.9	670	79.1	5.06**
耳垂类型	三角形	50	29.4	66	24.0	116	26.0	1.26
	方形	35	20.6	45	16.4	80	18.0	1.13
	圆形	85	50.0	164	59.6	249	56.0	1.99*
上唇皮肤部高	低	8	2.2	34	7.1	42	5.0	3.26**
	中等	327	89.1	439	91.5	766	90.4	1.16
	高	32	8.7	7	1.5	39	4.6	5.00**
红唇厚度	薄唇	164	44.7	292	60.8	456	53.8	4.67**
	中唇	168	45.8	176	36.7	344	40.6	2.68**
	厚唇	35	9.5	12	2.5	47	5.6	4.43**
利手	左型	12	7.1	18	6.5	30	6.7	0.21
	右型	158	92.9	257	93.5	415	93.3	0.21
扣手	左型	63	37.1	124	45.1	187	42.0	1.67
	右型	107	62.9	151	54.9	258	58.0	1.67
卷舌	否	68	40.0	101	36.7	169	38.0	0.69
	是	102	60.0	174	63.3	276	62.0	0.69

注：u 为性别间率的 u 检验值。

*P＜0.05，**P＜0.01，差异具有统计学意义。

表 1-7-6 彝族男性生理指标

指标	不同年龄组（岁）的指标值（$\bar{x}\pm s$）						合计
	18～	30～	40～	50～	60～	70～85	
收缩压/mmHg	123.9±12.5	120.4±13.1	118.9±15.1	121.7±15.4	127.9±16.8	131.7±15.5	122.8±15.0
舒张压/mmHg	80.6±11.9	78.3±13.2	77.4±10.5	80.6±11.4	80.3±7.4	79.8±7.5	79.4±10.9
心率/（次/分）	77.5±11.0	79.5±11.3	77.1±11.8	77.5±14.3	76.8±11.8	78.4±13.6	77.7±12.2

表 1-7-7 彝族女性生理指标

指标	不同年龄组（岁）的指标值（$\bar{x}\pm s$）						合计	u
	18～	30～	40～	50～	60～	70～85		
收缩压/mmHg	111.6±12.3	107.1±13.1	112.3±14.2	120.1±19.6	120.2±19.8	123.4±11.6	114.5±16.9	5.40**
舒张压/mmHg	70.8±9.3	70.3±10.8	72.9±10.2	77.5±13.9	76.5±13.9	75.1±9.9	73.8±12.1	5.00**
心率/（次/分）	77.9±9.9	76.8±10.9	75.9±12.0	74.3±11.3	74.8±10.4	85.0±20.6	76.0±11.5	1.50

注：u 为性别间的 u 检验值。

**$P<0.01$，差异具有统计学意义。

表 1-7-8 彝族男性头面部指数、体部指数和体脂率

指数	不同年龄组（岁）的指标值（$\bar{x}\pm s$）						合计
	18～	30～	40～	50～	60～	70～85	
头长宽指数	82.8±4.7	81.8±3.5	82.0±3.7	81.6±3.6	81.1±4.1	81.9±3.9	81.9±3.9
头长高指数	63.3±5.0	64.8±5.9	63.0±5.0	64.0±5.6	63.2±4.9	65.8±7.1	63.8±5.5
头宽高指数	76.7±6.8	79.2±7.2	77.0±7.1	78.5±7.0	78.1±6.8	80.3±7.3	78.0±7.0
形态面指数	86.6±4.6	87.5±6.0	87.2±6.5	87.5±6.1	86.2±4.7	88.5±7.3	87.2±5.8
鼻指数	77.0±7.4	78.0±8.6	78.6±8.5	79.9±8.3	80.0±8.6	78.8±8.7	78.6±8.3
口指数	37.0±5.0	34.7±5.8	31.8±7.0	29.5±7.3	28.1±7.3	24.2±6.2	31.8±7.4
身高坐高指数	53.4±1.5	52.8±1.3	52.9±1.4	52.8±1.2	52.5±1.1	52.3±1.4	52.9±1.3
身高体重指数	377.8±51.7	372.0±50.7	381.5±57.4	379.0±60.6	378.4±50.8	367.3±48.1	377.1±54.3
身高胸围指数	52.8±3.8	53.9±3.6	55.1±3.6	56.0±4.0	56.0±3.6	57.1±3.2	54.9±3.9
身高肩宽指数	23.0±0.9	23.1±0.9	22.8±1.0	22.9±1.0	22.7±1.1	22.7±1.0	22.9±1.0
身高骨盆宽指数	16.7±1.1	16.8±0.8	17.0±1.0	17.0±1.1	17.1±0.9	17.5±1.0	17.0±1.0
马氏躯干腿长指数	87.4±5.3	89.5±4.5	89.2±4.8	89.5±4.5	90.6±4.0	91.4±5.2	89.3±4.8
身高下肢长指数	53.2±1.4	53.8±1.3	54.0±1.6	54.2±1.3	54.9±1.3	55.1±1.9	54.1±1.5
身体质量指数/（kg/m²）	22.8±3.1	22.5±3.1	23.2±3.3	23.3±3.6	23.1±3.0	23.0±2.8	23.0±3.2
身体肥胖指数	25.0±3.0	25.2±2.9	25.8±2.8	26.3±3.3	25.8±2.6	27.5±2.3	25.8±3.0
体脂率/%	14.8±4.8	17.5±4.4	20.9±5.4	22.9±5.9	23.5±6.2	23.9±6.6	20.1±6.3

表 1-7-9 彝族女性头面部指数、体部指数和体脂率

指数	不同年龄组（岁）的指标值（$\bar{x} \pm s$）						合计	u
	18～	30～	40～	50～	60～	70～85		
头长宽指数	80.9±3.8	82.2±3.2	82.7±3.5	81.4±3.3	81.3±4.1	82.1±3.3	81.8±3.6	0.41
头长高指数	62.6±5.1	63.2±6.3	64.3±6.6	63.3±6.1	64.7±6.2	68.2±5.5	63.8±6.2	0.13
头宽高指数	77.5±6.9	76.9±8.0	77.9±7.7	77.8±7.6	79.8±8.6	83.1±6.8	78.0±7.8	0.03
形态面指数	85.2±6.2	84.8±5.8	84.9±5.7	85.6±6.2	86.5±5.9	85.5±6.0	85.4±5.9	4.44**
鼻指数	76.9±7.5	77.2±7.9	77.2±8.1	77.2±8.5	78.9±8.2	78.5±6.7	77.5±8.0	2.07*
口指数	35.2±5.3	33.4±6.6	31.5±5.7	30.8±6.9	27.8±6.9	23.9±4.2	31.5±6.8	0.67
身高坐高指数	53.6±1.2	53.1±1.3	53.1±1.4	53.1±1.4	52.9±1.3	52.1±1.3	53.1±1.3	2.70**
身高体重指数	346.9±48.8	359.8±54.4	372.5±55.2	383.2±80.1	353.8±64.0	332.1±61.2	364.5±63.5	3.12**
身高胸围指数	54.5±3.7	55.6±4.4	56.9±4.7	58.6±5.3	56.9±4.7	56.7±4.0	56.7±4.8	5.85**
身高肩宽指数	22.3±0.9	22.2±0.9	22.4±0.9	22.4±1.1	22.0±0.9	21.9±0.7	22.3±1.0	9.50**
身高骨盆宽指数	17.3±1.1	17.4±1.2	17.4±1.1	17.7±1.3	17.8±1.0	18.1±1.2	17.5±1.2	7.59**
马氏躯干腿长指数	86.8±4.2	88.4±4.7	88.3±4.8	88.6±4.9	89.3±4.7	92.2±4.9	88.4±4.8	2.71**
身高下肢长指数	54.9±1.3	54.9±1.3	55.1±1.3	55.4±1.2	55.1±1.9	56.1±3.6	55.1±1.5	9.78**
身体质量指数/（kg/m²）	22.4±3.0	23.3±3.6	24.1±3.6	25.1±5.0	23.2±3.9	22.2±4.1	23.7±4.0	2.85**
身体肥胖指数	28.9±2.8	30.1±3.4	30.7±3.6	31.9±4.2	30.6±3.8	31.0±4.5	30.6±3.8	20.76**
体脂率/%	19.0±3.8	22.6±3.5	26.6±5.2	30.2±5.6	29.1±5.1	27.5±6.6	25.9±6.2	13.28**

注：u 为性别间的 u 检验值。

* $P<0.05$，** $P<0.01$，差异具有统计学意义。

（宇克莉 郑连斌）

第八节 土 家 族

一、土家族简介

根据 2010 年第六次全国人口普查统计数据，中国境内土家族共有 8 353 912 人（国务院人口普查办公室，国家统计局人口和就业统计司，2012）。土家族主要分布在湖北、湖南、重庆、贵州交界地带的武陵山区。湖南省的土家族主要分布在湘西土家族苗族自治州；湖北省的土家族主要分布在恩施土家族苗族自治州；重庆市的土家族主要分布在酉阳、秀山、黔江、彭水、石柱等区县；贵州省的土家族主要分布在沿河、印江、思南、铜仁等县（杨圣敏等，2008）。土家族有民族语言，土家语属汉藏语系藏缅语族，没有本民族文字，通用汉文（刘孝瑜，1989）。

土家族聚居的武陵山区地处东经 106°56'～111°49'、北纬 27°10'～31°28'，平均海拔 1000m 左右，属亚热带向暖温带过渡气候，年平均气温 13～16℃，年降雨量 1100～1600mm，全年无霜期 280d 左右。

2016 年研究组在湖北省宜昌市长阳土家族自治县、湖南省湘西土家族苗族自治州龙山县、贵州省铜仁市沿河土家族自治县、遵义市务川仡佬族苗族自治县开展了土家族人体表型数据采集工作。被调查土家族成年男性年龄 51.4 岁±14.4 岁，女性年龄 48.3 岁±14.1 岁。

二、土家族的表型数据（表 1-8-1～表 1-8-9）

表 1-8-1　土家族男性头面部指标　（单位：mm）

指标	不同年龄组（岁）的指标值（$\bar{x}\pm s$）						合计
	18～	30～	40～	50～	60～	70～85	
头长	189.0±6.3	190.9±7.1	190.4±6.7	190.1±7.1	189.8±6.8	190.4±7.4	190.1±6.9
头宽	156.7±5.9	157.7±5.7	155.6±5.8	154.3±6.0	152.9±6.2	152.3±5.4	154.7±6.1
额最小宽	114.5±5.1	114.2±6.0	111.7±5.4	111.2±5.7	109.2±5.5	109.3±6.4	111.3±5.9
面宽	147.7±6.0	150.1±5.7	147.1±6.1	145.9±5.6	145.0±6.6	145.0±5.1	146.5±6.2
下颌角间宽	118.4±7.0	118.8±7.4	117.9±8.3	118.5±8.3	115.2±8.1	115.0±7.8	117.2±8.1
眼内角间宽	34.2±3.1	34.0±3.3	33.3±3.4	32.6±3.2	32.2±3.4	31.5±4.0	32.8±3.4
眼外角间宽	92.1±5.7	93.2±6.8	91.1±6.7	89.2±5.9	89.7±6.7	88.1±5.9	90.4±6.5
鼻宽	35.8±3.2	36.4±3.7	36.3±3.6	36.7±3.6	37.2±3.7	36.9±4.0	36.7±3.6
口宽	47.2±4.6	47.8±5.2	47.9±5.6	48.3±5.4	49.5±6.0	48.6±5.8	48.4±5.6
容貌面高	185.7±7.1	186.9±7.7	187.7±8.4	188.0±8.1	188.0±7.6	187.1±9.2	187.5±8.0
形态面高	116.4±5.8	117.3±5.4	117.2±6.6	118.7±6.2	119.6±6.4	118.9±7.0	118.2±6.4
鼻高	47.8±3.3	47.6±3.3	47.4±3.4	48.2±3.4	49.0±3.5	50.0±3.9	48.3±3.5
上唇皮肤部高	14.1±2.3	14.6±2.2	15.6±2.8	16.4±2.6	17.1±3.0	17.4±2.8	16.1±2.9
唇高	17.7±3.9	17.6±4.1	16.4±3.7	15.8±3.8	14.8±3.7	13.7±3.6	15.8±4.0
红唇厚度	7.9±2.3	7.9±2.8	7.0±2.3	6.8±2.3	6.3±2.5	5.2±1.9	6.8±2.5
容貌耳长	60.7±4.6	61.6±4.7	62.1±5.1	64.1±4.5	64.2±5.2	65.3±5.4	63.2±5.1
容貌耳宽	31.7±3.6	32.7±3.9	32.6±3.8	32.8±3.8	33.4±4.4	33.0±4.3	32.8±4.0
耳上头高	129.2±9.9	128.7±8.9	126.8±10.6	125.7±9.3	127.2±10.5	127.3±9.9	127.1±10.0

表 1-8-2　土家族女性头面部指标

指标	不同年龄组（岁）的指标值（$\bar{x}\pm s$）/mm						合计/mm	u
	18～	30～	40～	50～	60～	70～85		
头长	182.3±6.6	182.4±6.0	182.3±6.5	181.8±6.3	181.4±6.1	181.7±6.2	182.0±6.3	27.26**
头宽	150.2±6.1	150.3±5.6	149.6±5.2	148.5±5.0	147.0±5.2	145.2±5.2	148.8±5.5	22.41**
额最小宽	111.2±6.5	111.1±6.9	109.9±6.6	108.3±6.1	106.2±5.8	106.1±6.5	108.9±6.6	8.35**
面宽	140.8±5.4	140.6±5.2	140.3±5.5	139.6±5.3	137.8±5.7	136.4±4.7	139.5±5.5	26.44**
下颌角间宽	112.3±7.5	111.9±7.6	112.2±7.5	110.9±8.3	110.0±8.0	109.7±8.8	111.3±7.9	16.58**
眼内角间宽	33.7±3.1	32.9±2.8	32.3±3.1	31.7±2.9	31.8±2.9	31.7±3.4	32.3±3.0	3.76**
眼外角间宽	89.9±6.2	88.9±6.3	88.6±6.3	88.6±6.2	87.4±6.6	86.5±6.5	88.4±6.4	6.82**

续表

| 指标 | 不同年龄组（岁）的指标值（$\bar{x} \pm s$）/mm | | | | | | 合计/mm | u |
	18～	30～	40～	50～	60～	70～85		
鼻宽	33.4±3.2	33.3±3.0	34.0±3.1	34.3±3.0	34.8±3.1	35.1±2.7	34.1±3.1	16.71**
口宽	43.5±3.7	44.9±4.4	45.9±4.4	46.2±4.2	47.1±4.8	45.9±4.9	45.8±4.5	11.48**
容貌面高	179.5±7.6	178.7±7.4	179.6±7.2	178.5±7.0	177.9±8.1	177.7±7.6	178.7±7.4	25.24**
形态面高	109.1±6.4	110.1±5.7	110.0±5.5	111.0±5.6	111.0±5.7	110.7±6.6	110.4±5.8	28.59**
鼻高	43.6±3.1	43.7±3.3	44.2±3.3	44.0±3.7	44.0±3.6	45.0±3.7	44.0±3.5	27.14**
上唇皮肤部高	12.8±2.3	13.4±1.9	14.0±2.4	14.9±2.4	15.3±2.5	16.0±2.9	14.4±2.5	13.95**
唇高	17.2±3.2	16.6±2.8	15.5±3.1	15.5±3.3	14.5±3.6	13.3±3.3	15.6±3.4	1.75
红唇厚度	7.6±2.0	7.1±1.8	6.7±1.8	6.3±1.8	5.7±2.0	5.2±1.8	6.5±2.0	2.61**
容貌耳长	56.1±3.8	56.9±4.5	58.6±4.6	59.0±4.6	60.9±4.8	62.0±4.3	58.8±4.8	19.89**
容貌耳宽	29.6±2.5	30.3±2.8	31.1±3.6	32.1±3.7	32.5±3.7	31.9±3.3	31.3±3.5	8.57**
耳上头高	123.0±8.8	123.1±8.7	122.0±8.9	121.9±9.7	121.0±9.1	121.2±8.9	122.0±9.1	11.78**

注：u 为性别间的 u 检验值。

**$P<0.01$，差异具有统计学意义。

表 1-8-3　土家族男性体部指标

| 指标 | 不同年龄组（岁）的指标值（$\bar{x} \pm s$） | | | | | | 合计 |
	18～	30～	40～	50～	60～	70～85	
体重	62.3±10.1	68.7±9.2	66.1±10.9	65.0±9.5	62.3±9.9	58.1±8.4	64.2±10.2
身高	1662.0±57.1	1645.5±62.4	1627.0±51.7	1614.0±56.4	1602.6±59.4	1585.3±67.1	1619.3±61.6
髂前上棘点高	898.7±41.6	886.1±41.4	884.9±34.9	886.7±39.1	884.3±39.8	876.6±53.8	885.7±40.6
坐高	900.2±30.3	897.6±34.4	884.6±30.8	874.8±32.3	863.6±34.1	848.1±40.6	876.7±36.6
肱骨内外上髁间径	66.8±3.8	67.8±4.7	68.0±4.0	68.2±3.8	68.2±4.5	69.1±4.9	68.1±4.3
股骨内外上髁间径	93.1±5.8	94.5±4.5	93.9±5.6	93.7±5.0	93.0±5.1	93.6±4.5	93.6±5.1
肩宽	377.9±21.8	375.8±22.8	373.6±18.6	371.8±18.1	366.8±18.3	364.6±18.6	371.3±19.6
骨盆宽	264.2±14.5	269.5±15.3	269.0±16.2	271.7±16.1	270.8±16.9	272.4±18.4	270.0±16.4
平静胸围	838.4±70.8	894.9±62.0	894.8±67.4	896.0±62.8	889.3±65.5	868.3±54.1	886.5±66.3
腰围	745.5±87.0	828.5±80.9	823.5±91.1	828.1±88.4	820.0±92.6	810.5±75.7	816.5±90.5
臀围	896.0±61.4	930.7±50.7	915.6±63.1	914.2±57.0	904.1±58.5	881.0±51.7	909.4±59.2
大腿围	514.3±45.0	526.4±42.7	517.9±45.9	511.3±44.4	496.7±45.7	470.9±53.8	507.4±48.1
上肢全长	728.4±32.2	723.5±36.8	720.3±30.7	720.3±33.4	721.9±32.5	721.9±35.8	722.0±33.2
下肢全长	863.5±38.3	851.5±37.9	852.1±33.0	854.4±36.5	853.4±37.4	847.0±50.3	853.4±37.9

注：体重的单位为 kg，其余指标值的单位为 mm。

表1-8-4　土家族女性体部指标

指标	不同年龄组（岁）的指标值（$\bar{x} \pm s$）						合计	u
	18～	30～	40～	50～	60～	70～85		
体重	52.8±8.1	55.4±7.5	58.1±8.5	57.8±9.0	54.9±8.6	53.2±9.0	56.1±8.6	18.81**
身高	1543.4±52.3	1535.4±47.3	1525.1±52.3	1516.9±53.1	1493.2±53.5	1471.6±49.3	1517.5±55.1	38.62**
髂前上棘点高	860.4±34.7	860.6±36.6	855.8±39.4	847.7±36.6	834.4±38.9	819.6±33.4	848.9±39.1	20.54**
坐高	849.5±29.4	843.6±27.1	835.7±28.5	825.5±30.6	810.3±33.8	791.0±27.3	828.5±33.7	30.33**
肱骨内外上髁间径	58.2±4.2	60.6±4.0	61.9±4.3	62.3±4.2	61.7±4.1	61.8±4.1	61.3±4.3	34.85**
股骨内外上髁间径	85.1±6.0	85.9±4.6	86.3±5.6	86.8±4.9	87.0±5.5	87.3±5.8	86.4±5.4	30.53**
肩宽	343.6±16.8	340.4±18.3	340.2±19.1	338.1±17.9	333.2±17.4	330.8±17.5	338.2±18.3	38.67**
骨盆宽	261.1±17.1	264.2±17.4	266.8±18.6	268.1±17.6	266.8±18.9	273.4±16.2	266.4±18.1	4.67**
平静胸围	816.4±55.7	844.5±60.8	867.0±67.3	873.7±69.4	855.4±67.2	855.2±68.1	856.2±67.6	10.07**
腰围	742.8±87.1	774.6±80.2	814.2±83.9	834.9±87.4	838.2±83.6	862.1±98.3	812.1±91.7	1.09
臀围	885.6±64.9	905.4±56.9	922.7±59.5	917.9±60.8	899.1±67.3	902.2±64.2	908.7±62.8	0.26
大腿围	514.6±58.8	559.8±111.8	526.7±41.2	514.2±44.1	495.8±48.7	488.9±50.6	520.1±67.1	4.88**
上肢全长	665.8±33.7	666.7±29.9	666.2±30.1	670.5±30.7	662.4±32.0	665.5±36.5	666.5±31.4	38.09**
下肢全长	832.8±32.3	833.5±34.4	829.4±36.9	822.2±33.7	810.7±36.3	797.3±31.1	823.2±36.3	18.08**

注：u 为性别间的 u 检验值；体重的单位为 kg，其余指标值的单位为 mm。

**$P<0.01$，差异具有统计学意义。

表1-8-5　土家族观察指标情况

指标	分型	男性		女性		合计		u
		人数	占比/%	人数	占比/%	人数	占比/%	
上眼睑皱褶	有	732	80.3	925	85.3	1657	83.0	2.96**
	无	180	19.7	160	14.7	340	17.0	2.96**
内眦褶	有	252	27.6	374	34.5	626	31.3	3.28**
	无	660	72.4	711	65.5	1371	68.7	3.28**
眼裂高度	狭窄	491	53.8	402	37.1	893	44.7	7.52**
	中等	404	44.3	635	58.5	1039	52.0	6.34**
	较宽	17	1.9	48	4.4	65	3.3	3.21**
眼裂倾斜度	内角高	7	0.8	3	0.3	10	0.5	1.55
	水平	487	53.4	454	41.8	941	47.1	5.15**
	外角高	418	45.8	628	57.9	1046	52.4	5.37**
鼻背侧面观	凹型	64	7.0	189	17.4	253	12.7	6.96**
	直型	778	85.3	791	72.9	1569	78.6	6.73**
	凸型	63	6.9	103	9.5	166	8.3	2.08*
	波型	7	0.8	2	0.2	9	0.4	1.94

续表

指标	分型	男性		女性		合计		u
		人数	占比/%	人数	占比/%	人数	占比/%	
鼻基底方向	上翘	377	41.4	571	52.6	948	47.5	5.03**
	水平	522	57.2	502	46.3	1024	51.3	4.89**
	下垂	13	1.4	12	1.1	25	1.2	0.64
鼻翼宽	狭窄	85	9.3	135	12.4	220	11.0	2.21*
	中等	344	37.8	585	54.0	929	46.6	7.21**
	宽阔	481	52.9	364	33.6	845	42.4	8.68**
耳垂类型	三角形	412	45.2	490	45.2	902	45.2	0.01
	方形	65	7.1	89	8.2	154	7.7	0.90
	圆形	435	47.7	506	46.6	941	47.1	0.47
上唇皮肤部高	低	50	5.5	113	10.4	163	8.2	4.00**
	中等	719	79.0	949	87.6	1668	83.6	5.13**
	高	141	15.5	22	2.0	163	8.2	10.93**
红唇厚度	薄唇	608	66.8	818	75.5	1426	71.5	4.26**
	中唇	239	26.3	232	21.4	471	23.6	2.55*
	厚唇	63	6.9	34	3.1	97	4.9	3.91**
利手	左型	64	7.0	58	5.3	122	6.1	1.59
	右型	848	93.0	1033	94.7	1881	93.9	1.59
扣手	左型	345	37.8	448	41.1	793	39.6	1.51
	右型	567	62.2	641	58.9	1208	60.4	1.51
卷舌	否	405	44.4	470	43.5	875	43.9	0.40
	是	507	55.6	610	56.5	1117	56.1	0.40

注：u 为性别间率的 u 检验值。

*$P<0.05$，**$P<0.01$，差异具有统计学意义。

表 1-8-6　土家族男性生理指标

指标	不同年龄组（岁）的指标值（$\bar{x}\pm s$）						合计
	18～	30～	40～	50～	60～	70～85	
收缩压/mmHg	122.6±12.6	121.3±14.1	124.0±17.2	133.6±17.3	140.2±23.2	144.5±24.7	131.8±20.7
舒张压/mmHg	76.1±9.6	78.6±10.7	79.0±11.9	83.7±11.6	83.3±13.1	78.9±10.3	80.9±12.0
心率/（次/分）	78.1±11.9	78.2±12.2	76.5±11.8	75.4±12.4	75.9±12.3	74.5±11.1	76.3±12.1

表 1-8-7　土家族女性生理指标

指标	不同年龄组（岁）的指标值（$\bar{x}\pm s$）						合计	u
	18～	30～	40～	50～	60～	70～85		
收缩压/mmHg	112.6±12.2	112.4±12.0	121.4±18.9	130.2±20.1	142.2±22.7	147.3±23.6	126.6±22.1	5.35**
舒张压/mmHg	74.1±10.5	73.2±10.6	76.2±12.7	78.6±11.2	79.8±11.7	81.0±13.4	77.0±11.9	7.24**
心率/（次/分）	79.5±11.2	79.0±10.5	75.6±10.1	74.6±9.5	75.4±10.2	77.7±9.0	76.5±10.3	0.38

注：u 为性别间的 u 检验值。

**$P<0.01$，差异具有统计学意义。

表 1-8-8　土家族男性头面部指数、体部指数和体脂率

指数	不同年龄组（岁）的指标值（$\bar{x} \pm s$）						合计
	18～	30～	40～	50～	60～	70～85	
头长宽指数	83.0±3.8	82.7±4.2	81.8±3.8	81.3±4.1	80.6±4.1	80.1±3.7	81.4±4.1
头长高指数	68.4±5.4	67.5±4.3	66.6±5.8	66.2±5.0	67.1±6.0	67.0±5.9	66.9±5.5
头宽高指数	82.5±6.2	81.8±5.8	81.5±6.5	81.5±6.2	83.3±6.7	83.6±6.4	82.3±6.4
形态面指数	78.9±4.7	78.3±4.6	79.7±5.3	81.5±5.0	82.6±5.3	82.0±5.3	80.8±5.3
鼻指数	75.1±8.3	76.9±9.4	77.0±9.0	76.6±9.8	76.3±9.3	74.4±10.9	76.3±9.5
口指数	37.7±8.2	36.7±7.2	34.2±7.2	32.8±7.4	30.0±7.6	28.2±6.7	32.9±7.9
身高坐高指数	54.2±1.2	54.6±1.4	54.4±1.3	54.2±1.3	53.9±1.3	53.5±1.5	54.1±1.4
身高体重指数	374.6±56.7	417.1±52.0	405.7±61.9	402.6±54.3	388.0±54.8	365.5±44.4	395.6±57.1
身高胸围指数	50.5±4.5	54.5±4.0	55.0±3.9	55.6±4.0	55.5±3.9	54.8±3.4	54.8±4.2
身高肩宽指数	22.7±1.2	22.8±1.4	23.0±1.1	23.0±1.1	22.9±1.2	23.0±1.0	22.9±1.2
身高骨盆宽指数	15.9±0.8	16.4±0.8	16.5±0.9	16.8±0.9	16.9±1.1	17.2±1.3	16.7±1.0
马氏躯干腿长指数	84.7±4.2	83.4±4.9	84.0±4.4	84.6±4.6	85.6±4.4	87.0±5.3	84.8±4.7
身高下肢长指数	52.0±1.7	51.8±1.5	52.4±1.7	52.9±1.6	53.3±1.9	53.4±2.1	52.7±1.8
身体质量指数/（kg/m²）	22.5±3.3	25.4±3.2	24.9±3.6	25.0±3.3	24.2±3.2	23.1±2.6	24.4±3.4
身体肥胖指数	23.9±3.0	26.2±3.1	26.2±2.9	26.6±3.2	26.6±3.0	26.2±3.0	26.2±3.1
体脂率/%	17.2±4.7	22.7±3.7	24.0±4.9	25.9±5.2	25.2±5.4	24.1±4.8	24.0±5.5

表 1-8-9　土家族女性头面部指数、体部指数和体脂率

指数	不同年龄组（岁）的指标值（$\bar{x} \pm s$）						合计	u
	18～	30～	40～	50～	60～	70～85		
头长宽指数	82.5±4.3	82.5±3.9	82.2±3.8	81.7±3.8	81.1±3.7	80.0±3.5	81.8±3.9	2.08*
头长高指数	67.5±4.8	67.6±5.2	67.0±5.0	67.1±5.5	66.7±5.3	66.8±5.5	67.1±5.2	0.64
头宽高指数	81.9±5.6	82.0±6.0	81.6±6.2	82.2±6.6	82.3±6.0	83.6±5.9	82.1±6.1	0.61
形态面指数	77.5±4.8	78.4±4.7	78.5±4.7	79.6±4.8	80.6±4.9	81.2±4.9	79.2±4.9	7.04**
鼻指数	77.1±8.9	76.5±9.3	77.3±8.9	78.5±10.2	79.7±9.8	78.6±8.9	78.0±9.5	3.85**
口指数	39.6±7.1	37.1±6.0	33.9±6.6	33.8±7.3	30.9±7.2	29.3±7.8	34.2±7.5	3.74**
身高坐高指数	55.1±1.2	54.9±1.4	54.8±1.4	54.4±1.4	54.3±1.4	53.8±1.7	54.6±1.4	7.24**
身高体重指数	341.7±50.8	361.1±47.6	381.0±52.0	380.9±54.8	366.9±51.8	361.0±56.3	369.4±53.4	10.53**
身高胸围指数	52.9±3.9	55.0±4.3	56.9±4.6	57.6±4.6	57.3±4.5	58.1±4.5	56.5±4.7	8.41**
身高肩宽指数	22.3±1.1	22.2±1.2	22.3±1.2	22.3±1.2	22.3±1.1	22.4±1.1	22.3±1.2	12.40**
身高骨盆宽指数	16.9±1.2	17.2±1.1	17.5±1.2	17.7±1.2	17.9±1.2	18.6±1.2	17.6±1.2	17.40**
马氏躯干腿长指数	81.7±4.0	82.1±4.6	82.5±4.7	83.9±4.7	84.4±4.8	86.2±5.9	83.3±4.9	7.18**
身高下肢长指数	54.0±1.7	54.3±1.6	54.4±1.7	54.2±1.5	54.3±1.7	54.2±1.4	54.3±1.6	19.53**
身体质量指数/（kg/m²）	22.2±3.3	23.5±3.2	25.0±3.4	25.1±3.5	24.6±3.3	24.5±3.6	24.4±3.5	0.49
身体肥胖指数	28.2±3.8	29.6±3.4	31.1±3.5	31.2±3.6	31.3±3.7	32.6±3.8	30.7±3.8	28.95**
体脂率/%	30.8±4.1	33.0±3.6	35.7±3.2	37.9±3.2	37.3±3.2	36.9±4.4	35.6±4.2	52.43**

注：u 为性别间的 u 检验值。

*$P<0.05$，**$P<0.01$，差异具有统计学意义。

（宇克莉　郑连斌　张兴华）

第九节　藏　族

一、藏族简介

藏族分布在中国、印度、不丹等国家。在中国境内，藏族主要分布在西藏自治区、青海省、四川省西部、云南迪庆、甘肃甘南等地区（龙珠多杰，2006）。根据 2010 年第六次全国人口普查统计数据，藏族在中国境内共有 6 282 187 人（国务院人口普查办公室，国家统计局人口和就业统计司，2012）。藏族有自己的语言和文字，藏语属汉藏语系藏缅语族藏语支。藏族使用的文字藏文属拼音文字，藏语虽有三大方言区，但藏文的使用规则全藏区基本一致（杨圣敏等，2008）。

林芝位于西藏自治区东南部，地处北纬 26°52′～30°40′、东经 92°09′～98°47′，市中心所在地白玛岗街道海拔 3000m，属热带湿润和半湿润气候，年降雨量 650mm 左右，年平均温度 8.7℃，年日照时数 2022.2h，全年无霜期 180d。

迪庆藏族自治州位于云南西北部，是云南、四川、西藏三省区交会地区，地处青藏高原南缘，横断山脉腹地，是云贵高原向青藏高原过渡地带，处于东经 98°20′～100°19′、北纬 26°52′～29°16′，最高海拔 6740m，最低海拔 1486m。迪庆藏族自治州属温带-寒温带季风气候（河谷属北亚热带季风气候），年平均气温 4.7～16.5℃。

2019 年研究组在西藏自治区林芝市巴宜区、米林派镇开展了西藏藏族人体表型数据采集工作，2017～2018 年在云南省迪庆藏族自治州香格里拉市建塘镇、小中甸镇和丽江市藏族新村开展了康巴藏族人体表型数据采集工作。被调查西藏藏族成年男性年龄 46.0 岁±13.6 岁，女性年龄 44.5 岁±14.0 岁；被调查云南藏族成年男性年龄 47.9 岁±16.1 岁，女性年龄 50.3 岁±14.1 岁。

二、西藏藏族的表型数据（表 1-9-1～表 1-9-9）

表 1-9-1　西藏藏族男性头面部指标　　　　　　　　（单位：mm）

指标	不同年龄组（岁）的指标值（$\bar{x}\pm s$）						合计
	18～	30～	40～	50～	60～	70～85	
头长	199.0±6.6	197.9±6.7	198.9±6.4	200.1±5.9	200.3±6.6	199.9±3.4	199.2±6.3
头宽	162.8±5.9	159.9±5.4	159.9±6.2	160.9±5.4	159.5±6.7	160.1±6.4	160.4±5.9
额最小宽	121.7±4.2	121.8±4.3	121.6±4.2	121.6±4.1	119.9±5.4	118.3±5.8	121.3±4.5
面宽	153.0±5.4	151.9±5.7	152.7±5.1	152.8±5.6	150.5±7.1	151.5±7.9	152.2±5.8
下颌角间宽	116.9±5.0	116.3±4.9	119.2±4.8	120.3±5.2	118.5±6.9	117.6±6.2	118.4±5.5
眼内角间宽	34.1±3.0	33.8±2.8	33.7±2.6	34.1±2.6	32.8±2.7	35.2±3.8	33.9±2.8
眼外角间宽	94.3±3.3	94.2±4.9	93.5±4.1	93.4±3.9	88.8±8.7	90.0±5.6	93.0±5.3
鼻宽	37.5±2.2	37.5±2.7	37.6±2.6	38.5±3.0	39.7±3.5	38.2±3.5	38.1±2.9

续表

指标	不同年龄组（岁）的指标值（$\bar{x}\pm s$）						合计
	18～	30～	40～	50～	60～	70～85	
口宽	47.5±4.2	51.0±3.5	50.9±3.5	50.3±3.5	51.4±4.9	48.7±4.3	50.4±4.0
容貌面高	192.7±8.4	195.2±10.8	197.0±9.0	197.0±9.0	197.2±9.6	193.1±12.9	195.9±9.7
形态面高	121.3±6.4	123.2±7.7	123.8±6.4	124.2±7.0	127.1±7.1	124.3±12.1	123.9±7.4
鼻高	47.8±3.3	48.4±3.2	49.0±3.5	49.7±2.9	49.3±3.2	49.6±4.9	49.0±3.3
上唇皮肤部高	13.6±1.8	15.9±2.7	16.1±2.7	17.1±2.8	18.5±2.8	17.4±3.6	16.4±3.0
唇高	16.3±3.4	14.6±3.1	14.0±3.4	13.1±3.5	12.8±3.5	8.7±4.4	13.7±3.7
红唇厚度	7.7±1.8	6.2±1.5	6.1±1.9	5.6±1.9	5.8±1.8	3.9±2.0	6.0±1.9
容貌耳长	61.6±4.9	63.5±5.0	65.1±3.8	66.9±4.8	67.8±5.0	71.1±4.0	65.4±5.2
容貌耳宽	33.7±3.2	33.9±3.1	35.2±3.1	35.7±3.0	36.1±3.4	35.5±2.5	35.0±3.2
耳上头高	131.0±9.7	128.0±10.0	126.8±9.7	125.0±9.1	131.3±10.2	130.4±12.8	127.8±10.0

表 1-9-2　西藏藏族女性头面部指标

指标	不同年龄组（岁）的指标值（$\bar{x}\pm s$）/mm						合计/mm	u
	18～	30～	40～	50～	60～	70～85		
头长	187.2±6.3	186.7±6.9	189.8±6.6	189.7±5.3	191.6±4.8	194.3±6.1	189.0±6.4	18.12**
头宽	154.1±4.6	153.8±5.9	153.6±5.4	155.1±5.0	155.6±6.1	157.8±7.3	154.5±5.5	11.72**
额最小宽	116.2±3.6	116.6±5.1	117.0±4.1	116.6±4.3	116.3±5.1	115.6±4.8	116.5±4.5	11.98**
面宽	142.3±3.8	143.7±5.6	143.4±5.6	145.1±4.8	144.8±6.0	144.0±5.4	143.9±5.2	16.97**
下颌角间宽	110.8±4.4	110.9±5.9	112.7±5.9	112.8±5.3	113.3±5.5	112.0±8.7	112.0±5.7	12.89**
眼内角间宽	33.1±2.2	33.3±2.4	32.4±2.6	32.7±3.0	32.9±2.9	33.7±1.3	32.9±2.6	3.96**
眼外角间宽	90.9±3.6	90.3±3.9	89.3±4.4	89.2±4.5	86.8±8.0	89.6±4.9	89.5±4.8	7.76**
鼻宽	33.2±2.3	34.1±2.4	33.8±2.7	34.1±2.4	34.9±2.8	36.2±2.6	34.1±2.6	16.53**
口宽	47.1±2.7	47.2±3.2	48.6±3.5	48.2±3.1	47.5±3.5	47.8±4.4	47.8±3.3	8.15**
容貌面高	183.1±8.5	184.5±8.0	183.0±8.9	183.8±8.6	180.9±10.3	182.4±7.7	183.3±8.6	15.48**
形态面高	111.0±5.6	113.6±6.6	115.3±5.7	116.5±4.7	113.5±6.9	115.1±6.0	114.3±6.1	15.99**
鼻高	43.0±3.4	44.6±4.7	43.9±2.8	44.4±2.7	45.4±6.8	44.9±2.9	44.3±4.0	14.41**
上唇皮肤部高	13.2±2.1	13.7±1.9	15.3±2.5	16.0±2.2	15.7±2.3	17.2±2.8	14.9±2.5	6.12**
唇高	14.9±2.6	14.8±3.1	13.1±3.0	11.8±3.1	10.4±3.7	10.2±4.5	13.1±3.5	2.10*
红唇厚度	6.5±1.3	6.6±1.7	6.0±1.5	5.4±1.6	4.6±1.6	4.6±2.2	5.9±1.7	0.92
容貌耳长	59.1±3.7	59.6±4.2	61.4±4.5	63.3±4.9	64.4±6.0	66.5±5.0	61.6±5.1	8.41**
容貌耳宽	30.3±2.5	30.8±3.2	31.9±2.4	32.6±2.7	33.4±2.9	33.4±3.3	31.8±3.0	11.63**
耳上头高	126.8±9.1	123.6±10.8	124.5±9.6	124.4±10.7	127.1±9.8	135.0±12.2	125.3±10.4	2.70**

注：u 为性别间的 u 检验值。

*$P<0.05$，**$P<0.01$，差异具有统计学意义。

表 1-9-3　西藏藏族男性体部指标

指标	不同年龄组（岁）的指标值（$\bar{x} \pm s$）						合计
	18～	30～	40～	50～	60～	70～85	
体重	67.8±9.5	73.9±12.5	75.2±11.9	76.5±10.5	76.6±13.5	64.6±14.8	74.0±12.2
身高	1685.1±58.4	1683.1±60.1	1673.5±55.8	1667.8±52.0	1662.8±71.8	1610.9±78.3	1670.9±61.2
髂前上棘点高	905.3±44.1	915.7±46.3	906.3±42.3	910.4±35.5	910.1±45.3	895.9±58.5	909.3±43.1
坐高	886.3±38.2	885.0±37.0	879.7±34.0	884.5±33.3	869.2±43.7	849.5±40.3	880.0±37.4
肱骨内外上髁间径	70.3±4.4	72.2±3.8	72.8±3.5	74.4±3.4	73.8±5.1	74.0±5.2	73.0±4.1
股骨内外上髁间径	98.6±5.5	98.6±5.7	100.6±4.9	103.3±5.3	102.9±8.9	103.9±6.9	101.1±6.3
肩宽	385.1±14.3	388.6±16.1	384.7±20.7	385.5±14.2	377.1±18.4	360.6±20.4	383.7±18.2
骨盆宽	297.5±14.6	302.4±15.8	307.2±15.1	312.5±13.3	309.6±15.0	307.4±9.1	306.7±15.2
平静胸围	904.4±56.0	954.8±78.1	977.4±71.6	985.4±69.1	1001.2±71.2	934.8±93.4	966.4±76.9
腰围	801.8±84.6	880.6±102.4	911.6±92.8	927.5±78.4	955.7±86.0	876.4±125.1	899.3±100.6
臀围	946.4±55.2	985.3±64.9	995.4±64.0	1003.1±52.6	1006.1±59.3	971.1±73.9	989.5±62.6
大腿围	515.1±34.5	532.5±44.4	535.4±45.3	533.6±35.9	529.9±41.2	497.7±50.8	529.4±42.3
上肢全长	749.4±38.3	745.4±40.7	740.2±34.3	739.6±34.8	735.5±35.4	726.4±41.7	740.9±37.0
下肢全长	870.4±37.1	877.7±42.4	869.7±39.3	874.6±33.0	874.3±40.8	864.4±53.7	873.2±39.2

注：体重的单位为 kg，其余指标值的单位为 mm。

表 1-9-4　西藏藏族女性体部指标

指标	不同年龄组（岁）的指标值（$\bar{x} \pm s$）						合计	u
	18～	30～	40～	50～	60～	70～85		
体重	57.5±7.9	61.7±12.1	66.8±11.5	68.2±12.0	63.8±12.4	63.4±14.8	64.0±12.1	9.23**
身高	1574.6±37.7	1570.9±64.1	1564.4±56.8	1555.5±54.1	1524.3±56.3	1491.5±72.2	1557.8±59.1	21.09**
髂前上棘点高	877.5±32.4	877.1±41.8	873.1±39.5	876.2±34.6	860.1±41.0	839.1±34.8	872.7±38.4	10.05**
坐高	838.3±29.8	836.9±30.9	831.9±32.5	833.2±40.0	806.2±27.9	783.7±36.9	829.5±35.8	15.43**
肱骨内外上髁间径	63.8±3.3	65.7±4.3	67.3±3.7	68.2±4.7	69.7±4.5	71.3±5.7	67.0±4.6	15.35**
股骨内外上髁间径	89.8±5.4	91.2±8.7	94.4±7.0	96.9±6.9	97.8±7.4	102.6±9.8	94.3±8.1	10.45**
肩宽	349.0±18.2	353.4±14.1	350.3±15.3	350.0±17.5	346.1±12.8	343.5±19.9	350.0±16.1	22.17**
骨盆宽	294.8±14.6	299.6±20.2	304.9±13.4	310.8±15.4	310.3±14.5	303.4±13.8	304.1±17.0	1.81
平静胸围	852.9±80.1	889.2±76.7	929.7±79.3	954.0±88.2	931.2±88.9	932.9±96.4	914.1±89.5	7.05**
腰围	757.7±52.9	795.0±96.1	848.5±91.4	882.4±97.5	871.7±107.5	894.3±130.5	834.1±103.5	7.19**
臀围	935.5±63.9	960.6±72.9	1015.0±87.0	1022.0±83.3	1017.1±104.0	1019.5±113.1	991.3±88.9	0.27
大腿围	518.7±39.8	527.2±49.5	550.3±44.2	539.8±45.3	516.0±53.5	509.3±57.5	531.5±48.0	0.53
上肢全长	688.4±31.6	690.8±40.7	685.9±29.4	681.9±40.3	673.4±40.2	676.8±47.3	684.7±37.6	16.84**
下肢全长	847.8±32.1	848.1±38.6	844.8±36.9	848.1±31.6	834.6±37.9	815.1±32.2	844.6±35.7	8.53**

注：u 为性别间的 u 检验值；体重的单位为 kg，其余指标值的单位为 mm。

**$P<0.01$，差异具有统计学意义。

表 1-9-5　西藏藏族观察指标情况

指标	分型	男性		女性		合计		u
		人数	占比/%	人数	占比/%	人数	占比/%	
上眼睑皱褶	有	204	77.9	209	86.0	413	81.8	2.37*
	无	58	22.1	34	14.0	92	18.2	2.37*
内眦褶	有	64	24.4	99	40.7	163	32.3	3.92**
	无	198	75.6	144	59.3	342	67.7	3.92**
眼裂高度	狭窄	92	35.1	63	26.3	155	30.9	2.15*
	中等	164	62.6	165	68.8	329	65.5	1.45
	较宽	6	2.3	12	5.0	18	3.6	1.63
眼裂倾斜度	内角高	2	0.8	2	0.8	4	0.8	0.08
	水平	112	42.7	66	27.2	178	35.2	3.66**
	外角高	148	56.5	175	72.0	323	64.0	3.63**
鼻背侧面观	凹型	49	18.7	86	35.4	135	26.7	4.23**
	直型	179	68.3	141	58.0	320	63.4	2.40*
	凸型	29	11.1	14	5.8	43	8.5	2.14*
	波型	5	1.9	2	0.8	7	1.4	1.04
鼻基底方向	上翘	98	37.4	119	49.0	217	43.0	2.62**
	水平	147	56.1	115	47.3	262	51.9	1.97*
	下垂	17	6.5	9	3.7	26	5.1	1.41
鼻翼宽	狭窄	11	4.2	29	11.7	40	7.8	3.19**
	中等	114	43.2	161	65.2	275	53.8	4.99**
	宽阔	139	52.7	57	23.1	196	38.4	6.87**
耳垂类型	三角形	113	43.1	70	28.8	183	36.2	3.35**
	方形	39	14.9	23	9.5	62	12.3	1.85
	圆形	110	42.0	150	61.7	260	51.5	4.44**
上唇皮肤部高	低	7	2.7	16	6.5	23	4.5	2.07*
	中等	220	83.3	221	89.5	441	86.3	1.82
	高	37	14.0	10	4.0	47	9.2	3.92**
红唇厚度	薄唇	210	79.5	211	85.4	421	82.4	1.57
	中唇	51	19.4	36	14.6	87	17.0	1.46
	厚唇	3	1.1	0	0.0	3	0.6	1.69
利手	左型	9	3.4	8	3.3	17	3.3	0.11
	右型	254	96.6	238	96.7	492	96.7	0.11
扣手	左型	113	43.0	115	46.9	228	44.9	0.90
	右型	150	57.0	130	53.1	280	55.1	0.90
卷舌	否	51	19.5	48	19.8	99	19.6	0.08
	是	211	80.5	195	80.2	406	80.4	0.08

注：u 为性别间率的 u 检验值。

*P<0.05，**P<0.01，差异具有统计学意义。

表 1-9-6　西藏藏族男性生理指标

指标	不同年龄组（岁）的指标值（$\bar{x}\pm s$）						合计
	18～	30～	40～	50～	60～	70～85	
收缩压/mmHg	126.6±10.8	123.5±16.7	128.9±19.1	131.7±19.7	147.4±21.9	151.5±18.2	131.5±20.0
舒张压/mmHg	81.0±11.0	80.5±13.2	85.2±12.4	88.9±12.8	91.7±14.2	92.3±13.1	85.7±13.4
心率/（次/分）	74.0±11.0	74.2±12.1	77.7±14.4	75.0±10.2	76.6±12.0	77.4±12.3	75.6±12.1

表 1-9-7　西藏藏族女性生理指标

指标	不同年龄组（岁）的指标值（$\bar{x}\pm s$）						合计	u
	18～	30～	40～	50～	60～	70～85		
收缩压/mmHg	112.2±13.7	115.4±12.0	123.0±20.0	135.8±17.7	148.6±30.0	147.7±28.3	126.7±22.5	2.52*
舒张压/mmHg	73.8±9.5	76.8±10.2	78.9±13.5	90.0±11.6	91.5±13.0	87.1±17.0	82.2±13.5	2.92**
心率/（次/分）	75.5±10.7	74.4±8.7	71.9±11.7	75.6±10.4	80.1±10.3	81.6±16.6	75.3±10.8	0.31

注：u 为性别间的 u 检验值。

*$P<0.05$，**$P<0.01$，差异具有统计学意义。

表 1-9-8　西藏藏族男性头面部指数、体部指数和体脂率

指数	不同年龄组（岁）的指标值（$\bar{x}\pm s$）						合计
	18～	30～	40～	50～	60～	70～85	
头长宽指数	81.9±4.0	80.9±3.3	80.4±3.8	80.5±3.4	79.7±3.6	80.2±3.7	80.6±3.6
头长高指数	65.9±5.0	64.8±5.2	63.8±4.9	62.5±4.5	65.6±5.5	65.3±6.1	64.2±5.1
头宽高指数	80.5±6.0	80.1±6.1	79.6±6.5	77.9±6.1	82.5±6.7	81.4±6.8	79.8±6.4
形态面指数	79.4±4.8	81.1±5.3	81.1±4.4	81.4±5.6	84.6±5.4	82.1±7.1	81.5±5.4
鼻指数	79.0±8.2	78.1±8.0	77.2±8.2	77.7±7.1	81.0±9.6	78.1±14.0	78.2±8.4
口指数	34.8±8.7	28.6±6.4	27.5±6.8	26.2±7.3	25.2±7.1	18.2±9.6	27.4±7.9
身高坐高指数	52.6±1.4	52.6±1.6	52.6±1.4	53.0±1.6	52.3±1.2	52.8±1.8	52.7±1.5
身高体重指数	401.8±51.8	438.3±68.1	448.2±62.0	458.5±58.2	460.1±73.4	400.1±86.1	442.3±66.8
身高胸围指数	53.7±3.6	56.6±4.5	58.3±3.7	59.0±4.1	60.3±4.2	58.1±5.7	57.8±4.5
身高肩宽指数	22.9±0.9	23.1±1.0	23.0±1.0	23.1±0.9	22.7±1.1	22.4±1.2	23.0±1.0
身高骨盆宽指数	17.7±0.7	17.9±0.8	18.3±0.7	18.7±0.7	18.6±0.9	19.1±1.0	18.3±0.9
马氏躯干腿长指数	90.3±5.3	90.3±5.7	90.3±4.9	88.7±5.7	91.4±4.3	89.7±6.3	90.0±5.4
身高下肢长指数	51.7±1.3	52.2±1.7	52.0±2.0	52.5±1.7	52.6±1.9	53.7±2.1	52.3±1.8
身体质量指数/（kg/m²）	23.8±3.0	26.0±3.8	26.7±3.3	27.5±3.4	27.7±4.2	24.9±5.3	26.5±3.8
身体肥胖指数	25.3±3.1	27.0±3.1	27.9±2.4	28.6±2.9	29.0±2.6	29.6±4.1	27.8±3.1
体脂率/%	18.6±3.6	22.7±3.0	26.2±3.3	28.4±4.2	29.6±4.1	26.3±5.3	25.4±5.0

表 1-9-9　西藏藏族女性头面部指数、体部指数和体脂率

指数	不同年龄组（岁）的指标值（$\bar{x} \pm s$）						合计	u
	18～	30～	40～	50～	60～	70～85		
头长宽指数	82.4±3.4	82.4±3.3	81.0±3.1	81.8±3.1	81.2±3.0	81.3±4.0	81.8±3.3	4.00**
头长高指数	67.8±5.1	66.2±5.6	65.6±5.1	65.6±5.6	66.4±5.5	69.6±7.9	66.3±5.6	4.47**
头宽高指数	82.4±6.1	80.4±6.9	81.1±5.9	80.2±6.4	81.9±8.3	85.6±7.8	81.2±6.7	2.32*
形态面指数	78.0±3.8	79.1±5.1	80.5±4.9	80.3±3.5	78.5±5.0	79.9±3.2	79.5±4.5	4.52**
鼻指数	77.7±7.9	77.3±9.2	77.2±8.1	77.2±7.7	78.2±10.8	81.0±8.2	77.5±8.5	0.87
口指数	31.7±5.8	31.6±7.2	27.1±5.9	24.5±6.7	22.2±8.2	21.6±10.0	27.5±7.7	0.07
身高坐高指数	53.2±1.4	53.3±1.6	53.2±1.6	53.6±2.4	52.9±1.9	52.6±2.0	53.3±1.9	4.03**
身高体重指数	364.8±45.8	391.9±71.8	426.0±67.3	437.7±70.2	418.6±79.3	414.7±90.7	410.1±72.7	5.14**
身高胸围指数	54.0±4.9	56.7±5.0	59.4±4.9	61.3±5.3	61.1±6.0	62.5±5.1	58.8±5.8	2.09*
身高肩宽指数	22.2±1.1	22.5±0.9	22.4±0.8	22.5±1.0	22.7±0.9	23.0±1.1	22.5±1.0	5.53**
身高骨盆宽指数	18.8±0.8	19.1±1.0	19.5±0.8	20.0±0.9	20.4±0.9	20.4±0.9	19.5±1.1	13.66**
马氏躯干腿长指数	88.0±5.1	87.6±5.7	88.2±5.8	86.9±7.5	89.2±6.9	90.4±7.2	87.9±6.3	3.98**
身高下肢长指数	53.8±1.6	54.1±1.9	54.0±1.7	54.5±1.3	54.8±2.1	54.7±2.0	54.2±1.7	12.33**
身体质量指数/（kg/m²）	23.2±2.7	25.0±4.4	27.2±4.1	28.1±4.2	27.5±5.3	28.0±6.0	26.3±4.6	0.34
身体肥胖指数	29.5±2.9	30.9±3.8	33.9±4.5	34.7±4.5	36.2±6.1	38.1±6.4	33.2±5.0	14.23**
体脂率/%	29.1±2.6	30.1±3.3	33.9±3.0	36.3±3.1	36.4±2.6	35.9±3.5	33.2±4.3	18.87**

注：u 为性别间的 u 检验值。

**$P<0.01$，差异具有统计学意义。

三、云南藏族的表型数据（表 1-9-10～表 1-9-18）

表 1-9-10　云南藏族男性头面部指标　　　　　　（单位：mm）

指标	不同年龄组（岁）的指标值（$\bar{x} \pm s$）						合计
	18～	30～	40～	50～	60～	70～85	
头长	191.7±6.8	195.0±8.0	196.4±5.2	198.5±7.3	198.2±5.7	193.7±5.9	195.9±6.9
头宽	157.0±6.0	157.8±5.5	157.8±4.3	156.6±5.4	156.5±4.9	156.0±5.2	156.9±5.2
额最小宽	112.5±4.5	112.8±3.9	114.6±5.0	113.2±5.5	112.2±3.9	111.3±5.9	112.8±4.8
面宽	149.5±6.0	151.1±5.4	150.4±3.9	150.7±4.8	149.2±4.4	148.3±3.1	149.9±4.8
下颌角间宽	112.7±4.8	115.8±6.7	116.9±4.9	116.7±3.9	114.8±5.3	114.2±5.4	115.2±5.2
眼内角间宽	35.3±2.8	34.3±3.0	36.5±2.3	36.1±2.9	36.3±2.7	38.4±3.7	36.1±3.0
眼外角间宽	93.9±4.2	93.8±4.1	94.8±4.5	93.0±4.1	91.2±4.6	89.2±4.5	92.7±4.6
鼻宽	37.3±3.4	37.3±3.4	36.7±2.1	39.9±3.7	39.6±3.5	40.4±2.6	38.7±3.5
口宽	47.5±3.4	49.5±3.0	49.6±4.1	50.2±4.0	52.0±4.8	50.7±3.9	50.0±4.2
容貌面高	189.9±6.7	190.1±8.0	192.4±7.8	193.6±6.2	195.5±7.4	192.4±10.2	192.6±7.7
形态面高	122.9±5.3	121.2±5.5	124.4±7.3	126.9±5.9	127.4±5.7	126.4±5.3	125.2±6.2
鼻高	52.9±3.2	51.9±4.1	53.0±4.0	53.5±3.2	54.4±3.0	55.2±3.3	53.5±3.5

续表

指标	不同年龄组（岁）的指标值（$\bar{x}\pm s$）						合计
	18～	30～	40～	50～	60～	70～85	
上唇皮肤部高	13.6±1.9	15.5±3.3	16.7±3.1	17.8±3.2	18.2±2.5	19.4±2.8	16.9±3.3
唇高	16.9±3.0	15.0±3.8	15.0±2.7	14.1±3.6	13.0±3.3	12.5±3.4	14.4±3.6
红唇厚度	7.8±2.0	6.9±2.2	6.4±1.4	6.4±2.0	5.9±1.9	5.9±1.9	6.5±2.0
容貌耳长	62.1±5.5	64.4±4.4	64.5±5.4	67.2±4.9	67.7±3.7	70.4±4.8	66.0±5.4
容貌耳宽	34.5±3.3	34.0±3.9	34.0±2.8	34.3±3.7	35.8±3.9	36.0±3.8	34.8±3.6
耳上头高	134.1±10.4	130.8±7.7	131.1±9.6	126.4±11.2	126.4±10.4	123.1±12.6	128.9±10.8

表 1-9-11　云南藏族女性头面部指标

指标	不同年龄组（岁）的指标值（$\bar{x}\pm s$）/mm						合计/mm	u
	18～	30～	40～	50～	60～	70～85		
头长	183.6±5.7	187.5±5.5	185.2±6.0	187.5±6.0	186.9±6.5	187.0±7.3	186.5±6.2	13.85**
头宽	149.7±5.4	151.3±3.7	150.6±6.1	151.0±4.9	150.1±4.2	149.4±3.8	150.5±4.9	12.30**
额最小宽	106.7±3.8	107.9±3.8	109.7±5.7	109.1±5.4	108.2±4.6	106.8±4.6	108.5±5.0	8.57**
面宽	141.2±5.9	142.5±3.9	141.4±5.9	142.3±4.7	142.2±5.1	140.8±4.5	141.9±5.0	16.09**
下颌角间宽	105.7±5.8	108.6±4.4	110.1±5.8	111.1±5.5	110.7±6.0	109.3±4.6	109.9±5.6	9.64**
眼内角间宽	33.3±1.6	33.8±2.9	34.8±5.0	34.2±3.7	34.5±3.5	35.9±3.4	34.4±3.8	5.09**
眼外角间宽	91.8±3.2	91.6±4.4	89.1±4.7	88.2±4.3	86.9±4.0	84.3±4.1	88.5±4.7	8.86**
鼻宽	33.9±1.9	34.4±2.4	34.7±2.2	35.4±2.5	36.3±2.8	38.4±4.0	35.4±2.8	9.84**
口宽	44.8±2.6	46.0±3.5	47.2±3.4	48.7±3.8	48.4±3.1	48.7±4.6	47.7±3.7	5.71**
容貌面高	183.1±6.6	184.7±7.3	182.7±7.6	183.6±7.3	184.5±8.9	176.1±8.9	183.1±8.1	11.95**
形态面高	114.7±5.2	115.3±5.9	116.7±6.0	118.2±6.1	119.5±5.2	116.2±5.2	117.3±5.9	12.75**
鼻高	50.3±2.8	50.1±3.2	49.0±3.9	49.5±3.4	50.5±2.9	50.7±2.6	49.8±3.3	10.60**
上唇皮肤部高	12.6±1.9	14.6±2.5	14.6±2.3	16.6±2.6	17.1±2.6	16.3±3.1	15.7±2.9	3.70
唇高	17.7±2.6	16.7±2.2	14.9±3.0	13.7±3.0	13.2±2.9	11.3±2.7	14.4±3.3	0.19
红唇厚度	8.0±1.8	7.5±1.2	7.1±1.7	6.6±2.1	6.1±1.6	4.7±2.1	6.7±1.9	0.57
容貌耳长	58.7±3.7	60.4±5.1	61.8±5.1	64.6±4.5	66.1±4.5	68.0±4.9	63.6±5.4	4.42**
容貌耳宽	30.6±2.6	31.3±3.6	30.6±3.7	31.7±3.8	32.5±2.9	34.0±4.7	31.7±3.7	8.25**
耳上头高	126.1±9.4	124.4±8.6	119.0±10.4	119.5±9.9	117.1±11.0	116.9±10.7	119.9±10.4	9.37**

注：u 为性别间的 u 检验值。

**$P<0.01$，差异具有统计学意义。

表 1-9-12　云南藏族男性体部指标

指标	不同年龄组（岁）的指标值（$\bar{x}\pm s$）						合计
	18～	30～	40～	50～	60～	70～85	
体重	67.0±11.5	72.9±10.0	73.3±11.4	73.7±11.6	68.7±12.4	65.3±12.0	70.8±11.8
身高	1712.3±51.4	1701.4±62.3	1685.7±58.2	1685.0±53.0	1652.0±65.2	1650.5±62.2	1683.3±61.6

续表

指标	不同年龄组（岁）的指标值（$\bar{x}\pm s$）						合计
	18～	30～	40～	50～	60～	70～85	
髂前上棘点高	941.2±40.3	922.0±35.3	914.8±33.7	956.8±32.6	973.6±30.6	958.3±34.4	945.3±40.0
坐高	903.9±31.3	900.4±37.2	882.9±35.8	882.3±29.6	871.8±40.5	855.8±37.7	884.1±37.9
肱骨内外上髁间径	69.5±3.0	69.3±3.9	69.6±3.0	72.1±4.2	70.8±4.7	72.7±4.3	70.7±4.1
股骨内外上髁间径	92.8±4.4	93.3±5.1	92.7±5.5	94.7±4.7	94.0±4.6	95.2±4.5	93.7±4.9
肩宽	384.3±14.8	386.2±16.0	378.3±13.4	386.3±15.7	374.8±16.0	364.6±18.2	379.7±17.1
骨盆宽	273.8±17.6	278.4±11.8	286.2±15.0	297.8±16.9	281.3±17.2	291.4±17.1	285.2±18.2
平静胸围	910.0±78.4	959.5±62.0	980.1±73.8	994.6±61.9	979.9±72.6	958.7±57.1	966.5±73.5
腰围	824.6±94.9	881.0±65.9	909.7±81.9	926.9±79.0	920.0±84.3	902.9±75.7	896.1±87.7
臀围	950.9±64.2	979.0±48.0	985.3±61.7	1001.5±54.3	980.4±66.0	975.7±57.6	980.5±60.5
大腿围	514.2±44.6	526.9±39.3	514.4±33.8	515.5±34.3	496.6±47.5	477.6±35.7	510.1±41.4
上肢全长	750.3±28.8	740.0±38.8	737.8±28.7	746.0±33.2	733.1±33.9	744.1±37.9	741.9±33.4
下肢全长	901.0±37.4	882.7±31.7	878.5±30.1	918.0±31.4	939.1±29.2	923.7±32.2	907.9±38.5

注：体重的单位为 kg，其余指标值的单位为 mm。

表 1-9-13　云南藏族女性体部指标

指标	不同年龄组（岁）的指标值（$\bar{x}\pm s$）						合计	u
	18～	30～	40～	50～	60～	70～85		
体重	53.9±5.7	59.1±6.7	61.6±9.9	63.7±10.3	61.5±10.4	55.0±9.7	60.7±9.9	10.96**
身高	1611.8±36.0	1600.1±48.3	1568.0±62.4	1563.9±53.3	1541.3±49.2	1498.7±46.9	1564.3±59.5	23.44**
髂前上棘点高	901.0±24.9	902.2±37.0	890.9±42.9	881.6±38.2	877.7±38.9	853.1±36.9	884.4±40.2	6.83**
坐高	870.7±24.8	851.4±29.9	828.4±36.9	827.4±31.1	816.5±32.4	783.5±32.9	827.9±38.1	16.41**
肱骨内外上髁间径	62.0±3.9	61.5±4.4	64.2±3.9	65.6±3.4	65.8±4.6	65.4±5.3	64.5±4.4	14.66**
股骨内外上髁间径	84.7±4.3	86.3±4.1	87.9±4.8	89.5±4.5	88.6±4.7	88.7±3.8	88.1±4.7	13.01**
肩宽	348.8±10.8	352.1±13.0	351.6±16.0	348.8±16.0	342.9±17.4	336.9±12.7	347.6±15.9	19.06**
骨盆宽	268.6±12.0	273.8±13.6	284.4±16.8	292.5±15.1	290.0±16.2	292.1±17.6	285.9±17.3	0.41
平静胸围	838.3±43.1	892.1±56.6	909.7±68.1	937.7±72.3	924.3±71.1	898.8±72.3	911.7±71.8	9.02**
腰围	731.4±59.8	766.6±68.7	792.6±90.9	835.4±91.3	832.9±103.0	812.4±92.3	805.6±93.8	11.99**
臀围	905.2±44.3	934.3±57.8	964.0±69.0	983.6±70.1	977.6±81.2	940.7±66.2	961.3±72.1	3.51**
大腿围	509.6±40.0	525.5±30.3	522.5±45.0	521.3±44.1	509.2±46.6	464.3±43.7	514.3±45.3	1.18
上肢全长	693.4±21.8	701.0±34.8	689.7±32.0	680.9±31.4	679.3±38.4	672.4±44.3	685.4±35.0	18.4**
下肢全长	870.1±24.2	871.0±35.7	861.7±39.9	853.3±35.4	850.9±36.0	828.5±33.9	855.9±37.2	15.14**

注：u 为性别间的 u 检验值；体重的单位为 kg，其余指标值的单位为 mm。

**$P<0.01$，差异具有统计学意义。

表 1-9-14 云南藏族观察指标情况

指标	分型	男性		女性		合计		u
		人数	占比/%	人数	占比/%	人数	占比/%	
上眼睑皱褶	有	123	66.8	199	69.8	322	68.7	0.68
	无	61	33.2	86	30.2	147	31.3	0.68
内眦褶	有	113	62.4	161	57.3	274	59.3	1.10
	无	68	37.6	120	42.7	188	40.7	1.10
眼裂高度	狭窄	25	15.4	91	38.9	116	29.3	5.04**
	中等	114	70.4	123	52.6	237	59.8	3.55**
	较宽	23	14.2	20	8.5	43	10.9	1.78
眼裂倾斜度	内角高	7	4.8	14	6.1	21	5.6	0.52
	水平	38	26.0	84	36.4	122	32.4	2.09*
	外角高	101	69.2	133	57.5	234	62.0	2.26*
鼻背侧面观	凹型	11	5.9	24	8.3	35	7.3	1.03
	直型	144	77.0	242	83.4	386	80.9	1.75
	凸型	19	10.2	19	6.6	38	8.0	1.42
	波型	13	6.9	5	1.7	18	3.8	2.93**
鼻基底方向	上翘	13	7.0	41	14.1	54	11.3	2.42*
	水平	162	86.6	241	83.1	403	84.5	1.04
	下垂	12	6.4	8	2.8	20	4.2	1.95
鼻翼宽	狭窄	22	13.6	40	16.5	62	15.3	0.81
	中等	74	45.7	143	59.1	217	53.7	2.65**
	宽阔	66	40.7	59	24.4	125	31.0	3.49**
耳垂类型	三角形	41	23.3	39	14.4	80	17.9	2.38*
	方形	22	12.5	30	11.1	52	11.7	0.45
	圆形	113	64.2	201	74.4	314	70.4	2.32*
上唇皮肤部高	低	7	4.3	14	5.8	21	5.2	0.65
	中等	123	75.9	205	84.7	328	81.2	2.21*
	高	32	19.8	23	9.5	55	13.6	2.94**
红唇厚度	薄唇	118	72.8	163	67.4	281	69.6	1.17
	中唇	38	23.5	76	31.4	114	28.2	1.74
	厚唇	6	3.7	3	1.2	9	2.2	1.64
利手	左型	8	5.0	7	3.0	15	3.8	1.04
	右型	152	95.0	229	97.0	381	96.2	1.04
扣手	左型	63	39.4	103	43.1	166	41.6	0.74
	右型	97	60.6	136	56.9	233	58.4	0.74
卷舌	否	53	34.4	68	28.2	121	30.6	1.30
	是	101	65.6	173	71.8	274	69.4	1.30

注：u 为性别间率的 u 检验值。

*$P<0.05$，**$P<0.01$，差异具有统计学意义。

表 1-9-15　云南藏族男性生理指标

指标	不同年龄组（岁）的指标值（$\bar{x}\pm s$）						合计
	18～	30～	40～	50～	60～	70～85	
收缩压/mmHg	124.0±10.2	121.0±14.1	132.6±21.1	130.7±19.7	131.1±25.5	137.4±26.0	129.3±20.4
舒张压/mmHg	75.1±8.7	75.7±11.4	80.0±14.2	81.2±14.1	81.8±14.0	77.4±12.5	78.9±12.9
心率/（次/分）	80.8±10.2	75.5±12.5	77.7±12.8	76.1±14.4	74.3±11.2	72.1±15.9	76.3±12.9

表 1-9-16　云南藏族女性生理指标

指标	不同年龄组（岁）的指标值（$\bar{x}\pm s$）						合计	u
	18～	30～	40～	50～	60～	70～85		
收缩压/mmHg	109.8±7.8	114.0±9.9	120.8±14.7	127.2±19.6	134.1±23.9	142.9±19.7	125.1±19.8	2.46*
舒张压/mmHg	70.9±6.9	70.1±10.2	74.0±15.9	76.9±12.4	77.6±15.6	80.7±11.5	75.2±13.4	3.30**
心率/（次/分）	81.0±13.7	73.8±10.0	71.8±9.8	74.1±12.3	72.0±10.2	74.3±9.5	73.8±11.1	2.50*

注：u 为性别间的 u 检验值。

*$P<0.05$，**$P<0.01$，差异具有统计学意义。

表 1-9-17　云南藏族男性头面部指数、体部指数和体脂率

指数	不同年龄组（岁）的指标值（$\bar{x}\pm s$）						合计
	18～	30～	40～	50～	60～	70～85	
头长宽指数	82.0±4.3	81.0±4.2	80.4±2.8	79.0±3.9	79.0±2.7	80.6±3.2	80.2±3.7
头长高指数	70.6±5.2	67.0±4.1	65.9±5.5	64.0±5.6	64.4±5.0	63.9±7.0	66.0±5.9
头宽高指数	86.3±7.6	82.8±4.2	82.1±6.3	81.0±7.0	81.6±6.8	79.4±8.8	82.3±7.2
形态面指数	82.3±4.7	80.3±4.8	82.7±4.7	84.3±4.5	85.5±5.0	85.2±3.7	83.6±4.8
鼻指数	70.6±6.2	72.3±8.9	69.6±6.0	74.8±6.7	73.1±7.0	73.5±7.4	72.5±7.1
口指数	35.8±6.9	30.4±8.2	30.5±6.1	28.3±8.1	25.2±6.3	24.8±7.0	29.2±8.0
身高坐高指数	52.8±1.7	52.9±1.7	52.8±1.7	52.2±1.5	52.9±1.3	51.9±1.4	52.6±1.6
身高体重指数	391.7±66.6	427.7±52.1	434.2±61.0	437.1±63.0	414.7±65.8	395.1±68.0	419.8±64.4
身高胸围指数	53.2±5.0	56.4±3.5	58.2±4.1	59.1±3.6	59.3±3.9	58.2±3.9	57.5±4.5
身高肩宽指数	22.3±0.8	22.7±0.8	22.7±0.8	22.8±0.7	22.7±1.0	22.2±1.3	22.6±0.9
身高骨盆宽指数	15.9±1.0	16.4±0.7	17.2±0.9	17.6±0.9	17.0±0.8	17.7±1.3	17.0±1.1
马氏躯干腿长指数	89.8±6.4	89.1±6.2	89.6±6.0	91.8±5.7	89.1±4.7	92.9±5.3	90.3±5.8
身高下肢长指数	52.6±1.5	51.9±1.5	52.5±1.5	54.3±2.2	57.1±2.6	56.1±2.6	54.1±2.8
身体质量指数/（kg/m²）	22.9±4.0	25.1±2.9	25.7±3.4	25.9±3.6	25.1±3.6	23.9±4.1	24.9±3.7
身体肥胖指数	24.5±3.4	26.2±2.2	27.1±2.9	27.8±2.7	28.2±2.9	28.1±3.3	27.0±3.1
体脂率/%	17.9±3.6	22.0±2.5	24.5±5.5	26.0±5.5	25.8±4.2	24.9±6.5	23.6±5.5

表 1-9-18　云南藏族女性头面部指数、体部指数和体脂率

指数	不同年龄组（岁）的指标值（$\bar{x} \pm s$）						合计	u
	18～	30～	40～	50～	60～	70～85		
头长宽指数	81.6±4.5	80.8±3.6	81.4±3.7	80.6±3.1	80.4±2.8	79.9±2.6	80.8±3.3	1.64
头长高指数	69.3±4.8	66.0±4.5	64.5±6.1	64.1±5.6	62.9±5.9	61.1±5.5	64.3±5.9	2.69**
头宽高指数	85.0±6.5	81.9±6.4	79.3±7.3	79.7±7.0	78.2±7.4	76.5±7.2	79.7±7.3	3.51**
形态面指数	81.4±5.3	81.0±4.2	82.6±4.8	83.1±4.6	84.1±4.0	82.5±3.7	82.8±4.5	1.76
鼻指数	67.6±5.4	68.8±6.9	71.3±7.7	71.9±6.8	72.0±6.3	75.8±8.2	71.4±7.2	1.52
口指数	39.6±6.2	36.4±4.7	31.7±6.8	28.4±6.7	27.3±5.9	23.4±6.1	30.4±7.5	1.51
身高坐高指数	53.9±1.3	53.2±1.1	52.8±1.3	53.0±1.4	53.0±1.5	52.3±1.6	53.0±1.4	2.67**
身高体重指数	334.4±36.1	369.8±42.6	392.3±58.5	407.0±62.2	398.1±64.2	366.1±59.5	387.7±60.6	6.12**
身高胸围指数	52.0±3.1	55.9±4.1	58.0±4.5	59.9±4.7	60.0±4.6	60.0±4.5	58.3±5.0	2.18*
身高肩宽指数	21.6±0.6	22.0±0.6	22.4±0.9	22.3±0.9	22.2±1.0	22.3±0.7	22.2±0.9	4.21**
身高骨盆宽指数	16.7±0.8	17.1±0.9	18.1±1.0	18.7±1.0	18.8±1.1	19.4±1.0	18.3±1.2	10.94**
马氏躯干腿长指数	85.6±4.4	88.1±4.1	89.6±4.7	88.9±4.9	88.9±5.1	91.5±6.0	88.9±5.0	2.72**
身高下肢长指数	53.9±1.1	54.4±1.9	54.9±1.9	54.7±1.7	55.2±1.7	55.3±1.7	54.8±1.8	3.36**
身体质量指数/（kg/m²）	20.8±2.4	23.1±2.9	25.0±3.7	26.0±4.0	25.8±4.1	24.4±3.8	24.8±3.9	0.43
身体肥胖指数	26.3±2.6	28.4±3.6	31.2±3.9	32.4±4.0	33.1±4.4	33.3±3.4	31.2±4.4	13.69**
体脂率/%	27.1±3.0	30.3±2.9	33.5±3.8	36.4±4.5	36.2±3.7	34.3±4.2	33.9±4.8	25.75**

注：u 为性别间的 u 检验值。

*$P<0.05$，**$P<0.01$，差异具有统计学意义。

（宇克莉　郑连斌　张兴华）

第十节　蒙　古　族

一、蒙古族简介

根据 2010 年第六次全国人口普查统计数据，蒙古族人口为 5 981 840 人（国务院人口普查办公室，国家统计局人口和就业统计司，2012），主要分布在内蒙古、东北三省、新疆、河北、青海。蒙古人是东北亚主要种族之一。蒙古语有内蒙古、卫拉特、巴尔虎-布里亚特三种方言。现在通用的文字是蒙古文。

鄂托克旗位于内蒙古自治区鄂尔多斯市西部，地处东经 106°41′～108°54′、北纬 38°18′～40°11′，属于典型的温带大陆性季风气候，年日照时数 3000h 左右，年平均气温 6.4℃，年降水量 250mm，年蒸发量 3000mm，降水主要集中在 7～9 月份，全年无霜期 122d 左右。

2017 年研究组在内蒙古自治区鄂尔多斯市鄂托克旗进行了蒙古族人体表型数据采集工作。被调查蒙古族成年男性年龄 52.7 岁±10.8 岁，女性年龄 52.3 岁±10.6 岁。

二、蒙古族的表型数据（表 1-10-1～表 1-10-11）

表 1-10-1　蒙古族男性头面部指标　　　　　　　（单位：mm）

指标	不同年龄组（岁）的指标值（ $\bar{x}\pm s$)						合计
	18～	30～	40～	50～	60～	70～85	
头长	185.0±11.1	186.2±6.9	184.8±7.5	188.6±7.0	187.9±5.9	196.4±2.8	187.4±7.1
头宽	161.4±8.8	160.3±7.6	157.7±6.1	157.2±6.5	155.5±6.7	158.4±9.7	157.3±6.8
额最小宽	119.1±9.6	115.1±8.7	116.9±9.5	114.8±8.6	112.9±11.4	113.4±3.4	114.9±9.7
面宽	144.9±10.5	139.7±12.1	141.7±9.3	138.6±8.0	137.0±8.0	147.8±9.4	139.3±9.1
下颌角间宽	127.4±12.3	123.8±14.8	127.1±14.0	121.6±12.2	120.8±9.4	131.8±12.9	123.2±12.4
眼内角间宽	31.7±5.4	31.8±3.6	29.9±4.0	30.6±11.3	29.3±7.6	28.3±1.7	30.2±8.2
眼外角间宽	116.6±7.0	112.9±5.0	111.6±14.5	110.2±19.2	111.7±11.0	112.8±1.6	111.4±14.6
鼻宽	41.0±3.3	41.4±4.0	41.6±3.3	41.8±5.0	42.4±3.9	49.0±6.3	42.0±4.3
口宽	57.4±10.9	60.9±5.9	61.7±7.3	62.3±9.0	64.1±7.5	67.5±8.0	62.5±8.1
容貌面高	187.3±8.2	189.8±10.5	193.4±8.6	193.0±11.3	193.1±11.3	196.2±10.2	192.7±10.6
形态面高	137.2±5.3	135.8±6.8	138.3±7.6	137.9±8.1	140.4±16.2	145.4±8.0	138.6±10.8
鼻高	56.9±4.3	60.8±6.9	59.6±7.1	63.5±7.2	65.5±7.9	63.0±10.3	62.7±7.7
上唇皮肤部高	15.3±2.3	13.5±3.3	15.1±3.4	15.1±3.4	15.8±4.0	15.6±3.4	15.2±3.5
唇高	19.0±3.0	18.9±4.9	17.5±9.6	16.0±4.0	15.7±4.3	15.3±2.5	16.6±5.9
红唇厚度	9.2±1.7	7.8±2.0	7.0±2.0	6.6±2.0	6.4±2.6	6.6±1.8	6.8±2.2
容貌耳长	62.3±14.3	66.0±6.1	69.6±5.0	71.1±6.3	72.4±7.3	111.9±74.7	71.2±13.1
容貌耳宽	33.9±4.9	33.6±3.7	34.7±3.2	35.8±3.5	34.9±4.0	41.2±4.7	35.1±3.8
耳上头高	134.9±11.5	129.5±6.9	128.2±10.5	125.8±12.8	122.2±16.1	122.4±6.7	125.8±13.1

表 1-10-2　蒙古族女性头面部指标

指标	不同年龄组（岁）的指标值（ $\bar{x}\pm s$) /mm						合计/mm	u
	18～	30～	40～	50～	60～	70～85		
头长	177.6±7.4	178.1±9.3	184.1±58.0	180.5±7.1	179.7±6.6	179.2±7.6	180.7±28.6	4.82**
头宽	154.0±11.0	152.1±7.3	151.7±6.4	151.0±5.5	149.5±6.6	151.5±5.2	151.0±6.5	12.07**
额最小宽	109.7±7.4	113.7±9.1	111.9±7.2	110.1±7.8	107.2±7.0	106.5±6.6	110.1±7.8	6.78**
面宽	133.4±9.5	132.7±7.9	131.6±7.9	131.3±6.8	133.2±47.3	128.8±5.3	132.0±24.1	5.85**
下颌角间宽	116.3±10.4	113.6±8.9	114.8±7.7	113.0±8.7	110.8±8.9	110.2±7.8	113.0±8.7	11.64**
眼内角间宽	31.6±3.6	30.3±4.2	31.3±12.7	30.8±16.2	28.7±6.5	29.0±4.4	30.3±12.0	0.13
眼外角间宽	109.5±5.7	107.0±15.4	108.8±10.5	109.0±10.4	107.5±15.2	105.3±27.5	108.3±12.9	2.84**
鼻宽	36.8±3.0	37.5±2.8	38.4±3.1	38.6±3.6	38.7±4.1	36.9±7.6	38.4±3.7	11.27**
口宽	51.2±12.5	55.3±5.6	58.7±6.7	58.1±8.0	59.5±8.5	60.7±6.7	58.2±7.9	6.87**
容貌面高	186.7±14.0	184.9±9.5	184.5±9.7	184.3±11.8	182.7±10.4	185.6±9.1	184.2±10.8	10.22**

续表

指标	不同年龄组（岁）的指标值（$\bar{x}\pm s$）/mm						合计/mm	u
	18～	30～	40～	50～	60～	70～85		
形态面高	130.4±9.9	126.3±8.4	129.4±7.7	130.6±8.0	131.2±8.5	135.5±5.3	130.1±8.2	10.94**
鼻高	54.2±8.0	56.2±7.1	58.1±6.8	59.8±7.2	59.0±8.7	63.5±7.8	58.7±7.6	6.70**
上唇皮肤部高	12.5±2.7	12.9±3.0	14.1±3.2	14.8±4.5	15.0±3.4	16.3±3.6	14.4±3.8	2.85**
唇高	18.3±3.5	17.6±3.8	16.6±3.1	15.8±3.8	15.1±3.3	14.1±3.8	16.1±3.6	1.23
红唇厚度	8.5±2.2	8.1±1.9	7.1±1.8	6.5±1.8	6.2±1.7	5.4±1.5	6.8±1.9	0.00
容貌耳长	62.2±3.8	62.5±4.9	66.0±5.0	67.5±5.3	69.8±4.9	71.8±5.8	67.1±5.6	4.75**
容貌耳宽	31.2±3.9	30.9±3.1	32.3±3.2	33.5±3.9	34.6±4.5	34.2±2.6	33.1±4.0	6.63**
耳上头高	125.4±15.3	125.3±10.4	124.2±14.8	121.8±25.9	123.2±27.4	119.2±16.9	123.1±22.3	2.05*

注：u为性别间的u检验值。

*$P<0.05$，**$P<0.01$，差异具有统计学意义。

表 1-10-3　蒙古族男性体部指标

指标	不同年龄组（岁）的指标值（$\bar{x}\pm s$）						合计
	18～	30～	40～	50～	60～	70～85	
体重	77.0±19.6	78.4±17.7	78.4±13.4	78.2±13.3	77.3±13.6	90.6±18.3	78.2±14.1
身高	1708.6±59.5	1683.7±68.8	1693.8±58.5	1676.9±62.1	1657.1±68.0	1674.4±31.9	1676.7±64.3
髂前上棘点高	956.6±44.3	934.4±78.5	950.4±65.2	948.1±44.3	918.0±149.4	927.0±21.6	938.7±93.3
坐高	913.0±26.7	888.0±40.0	890.6±49.9	889.8±36.3	877.4±35.8	900.8±33.5	887.2±40.0
肩宽	355.6±26.9	352.3±23.5	354.4±20.6	352.6±19.9	351.4±22.3	360.6±25.3	352.9±21.3
平静胸围	963.9±135.6	988.3±98.8	999.5±87.3	1000.9±80.1	997.5±134.0	1095.2±100.1	999.2±103.6
腰围	893.5±169.5	905.9±202.8	960.0±131.2	959.8±120.1	980.1±116.7	1105.4±147.5	961.5±135.3
臀围	1008.4±108.6	1036.3±165.6	1008.4±104.7	1014.4±67.9	1036.1±78.7	1085.2±65.7	1022.4±93.7
大腿围	571.5±79.0	556.3±66.6	555.1±75.0	551.8±46.7	565.8±70.9	617.4±78.7	558.9±64.7
肱三头肌皮褶	26.8±9.7	28.9±9.3	26.0±9.4	23.2±8.0	25.1±6.8	31.8±9.1	25.2±8.4
肩胛下皮褶	31.3±13.2	28.5±9.1	28.2±9.7	27.7±8.0	28.4±8.3	34.0±4.7	28.3±8.7

注：体重的单位为kg，其余指标值的单位为mm。

表 1-10-4　蒙古族女性体部指标

指标	不同年龄组（岁）的指标值（$\bar{x}\pm s$）						合计	u
	18～	30～	40～	50～	60～	70～85		
体重	60.5±11.6	63.8±10.9	66.7±12.0	68.7±11.8	65.8±10.9	70.4±12.3	66.8±11.6	11.02**
身高	1570.1±45.3	1586.9±51.2	1583.9±57.5	1565.4±57.1	1546.8±59.8	1541.8±47.5	1567.0±58.4	22.60**
髂前上棘点高	880.2±72.4	907.6±54.8	896.6±62.0	891.3±48.7	958.2±740.6	856.5±68.4	909.2±367.1	1.65
坐高	849.8±26.4	850.8±49.0	852.1±36.9	842.4±34.8	824.8±32.6	824.3±30.1	841.0±37.6	15.13**

续表

指标	不同年龄组（岁）的指标值（$\bar{x} \pm s$）						合计	u
	18～	30～	40～	50～	60～	70～85		
肩宽	312.6±21.5	316.0±14.7	315.8±33.2	322.0±21.2	321.1±49.4	321.1±14.7	319.4±32.4	16.71**
平静胸围	908.5±86.7	931.6±69.1	969.8±84.3	994.2±87.7	990.0±90.1	1028.7±113.3	979.1±89.4	2.61**
腰围	793.9±106.0	830.3±168.3	865.8±114.9	912.4±113.2	929.6±108.0	972.0±124.7	894.9±125.4	6.48**
臀围	958.7±81.4	977.2±93.8	1007.4±81.0	1017.1±111.1	1008.0±87.1	1030.6±80.5	1006.9±96.3	2.10*
大腿围	563.9±67.6	571.4±51.5	582.6±51.6	569.3±52.3	550.7±66.8	562.9±58.6	567.8±57.3	1.84
肱三头肌皮褶	28.1±6.0	30.9±5.4	31.2±6.1	29.9±5.6	29.2±5.1	29.9±7.0	30.1±5.7	8.31**
肩胛下皮褶	27.0±9.3	29.5±7.4	30.2±7.6	30.5±7.4	29.9±7.3	28.8±7.3	30.0±7.4	2.64**
上肢全长	687.5±25.9	698.7±81.9	686.2±40.6	687.8±45.2	684.4±32.2	647.2±118.7	686.7±50.3	15.50**
下肢全长	850.2±68.9	877.2±52.4	866.4±60.5	862.4±46.7	930.7±740.1	828.8±68.5	880.2±366.7	1.21**

注：u 为性别间的 u 检验值；体重的单位为 kg，其余指标值的单位为 mm。

*$P<0.05$，**$P<0.01$，差异具有统计学意义。

表 1-10-5　蒙古族观察指标情况

指标	分型	男性		女性		合计		u
		人数	占比/%	人数	占比/%	人数	占比/%	
上眼睑皱褶	有	242	95.7	448	94.9	690	95.2	0.44
	无	11	4.3	24	5.1	35	4.8	0.44
内眦褶	有	221	87.4	409	86.7	630	86.9	0.27
	无	32	12.6	63	13.3	95	13.1	0.27
眼裂高度	狭窄	75	29.6	117	24.8	192	26.5	1.41
	中等	172	68.0	340	72.0	512	70.6	1.14
	较宽	6	2.4	15	3.2	21	2.9	0.62
眼裂倾斜度	内角高	23	9.1	34	7.2	57	7.9	0.90
	水平	214	84.6	375	79.5	589	81.2	1.69
	外角高	16	6.3	63	13.3	79	10.9	2.89**
鼻背侧面观	凹型	5	2.0	21	4.4	26	3.6	1.71
	直型	143	56.5	341	72.3	484	66.8	4.28**
	凸型	100	39.5	99	21.0	199	27.4	5.34**
	波型	5	2.0	11	2.3	16	2.2	0.31
鼻基底方向	上翘	176	69.6	265	56.2	441	60.8	3.53**
	水平	66	26.1	163	34.5	229	31.6	2.33*
	下垂	11	4.3	44	9.3	55	7.6	2.41*
鼻翼宽	狭窄	4	1.6	12	2.5	16	2.2	0.84
	中等	11	4.3	43	9.1	54	7.5	2.33*
	宽阔	238	94.1	417	88.4	655	90.3	2.49*

续表

指标	分型	男性		女性		合计		U
		人数	占比/%	人数	占比/%	人数	占比/%	
耳垂类型	三角形	88	34.7	129	27.3	217	29.9	2.09*
	方形	73	28.9	154	32.6	227	31.3	1.04
	圆形	92	36.4	189	40.1	281	38.8	0.97
上唇皮肤部高	低	30	11.9	67	14.2	97	13.4	0.88
	中等	187	73.9	359	76.1	546	75.3	0.64
	高	36	14.2	46	9.7	82	11.3	1.82
红唇厚度	薄唇	141	55.7	276	58.4	417	57.5	0.71
	中唇	94	37.2	166	35.2	260	35.9	0.53
	厚唇	18	7.1	30	6.4	48	6.6	0.39
利手	左型	14	5.5	41	8.7	55	7.6	1.53
	右型	239	94.5	431	91.3	670	92.4	1.53
扣手	左型	72	28.5	176	37.3	248	34.2	2.39*
	右型	181	71.5	296	62.7	477	65.8	2.39**
卷舌	否	55	21.7	135	28.6	190	26.2	2.00*
	是	198	78.3	337	71.4	535	73.8	2.00**
前额倾斜度	后斜	40	15.8	24	5.1	64	8.8	4.85**
	直	74	29.2	124	26.3	198	27.3	0.86
	前凸	139	55.0	324	68.6	463	63.9	3.66**
颧部突出度	微弱	99	39.1	24	5.1	123	17.0	11.64**
	中等	2	0.8	85	18.0	87	12.0	6.80**
	突出	152	60.1	363	76.9	515	71.0	4.76**
下颏突出度	后缩	21	8.3	20	4.2	41	5.7	2.26*
	直	81	32.0	116	24.6	197	27.2	2.15*
	凸型	151	59.7	336	71.2	487	67.1	3.14**

注：u 为性别间率的 u 检验值。

*P＜0.05，**P＜0.01，差异具有统计学意义。

表 1-10-6　蒙古族男性生理指标

指标	不同年龄组（岁）的指标值（$\bar{x}\pm s$）						合计
	18～	30～	40～	50～	60～	70～85	
收缩压/mmHg	117.8±10.9	121.9±12.7	121.2±15.9	126.1±14.0	132.5±16.7	136.4±21.9	126.4±15.8
舒张压/mmHg	81.1±12.0	78.5±8.4	83.6±12.4	85.0±10.0	85.9±11.7	94.2±12.6	84.4±11.2
心率/（次/分）	80.0±17.0	74.0±8.3	72.9±10.5	75.5±11.3	74.7±12.5	78.4±10.0	74.7±11.4
左手握力/kg	39.7±6.5	44.8±7.1	38.8±7.1	34.4±7.4	30.2±8.0	31.9±7.6	35.3±8.6
右手握力/kg	47.4±10.5	47.7±8.7	42.0±7.6	36.4±8.9	32.2±9.2	30.4±6.3	37.7±10.0
左眼视力	4.7±0.4	5.1±0.3	5.1±0.3	5.0±0.3	4.9±0.3	4.9±0.1	5.0±0.3
右眼视力	4.7±0.3	5.1±0.3	5.1±0.3	5.0±0.3	4.9±0.3	5.0±0.1	5.0±0.3
肺活量/ml	3688.4±778.6	3363.9±829.1	3132.6±610.0	2883.3±769.0	2528.3±1294.2	1976.2±648.1	2889.7±975.6

表 1-10-7　蒙古族女性生理指标

指标	不同年龄组（岁）的指标值（$\bar{x}\pm s$）						合计	u
	18～	30～	40～	50～	60～	70～85		
收缩压/mmHg	117.6±19.0	112.3±11.4	119.4±16.4	126.8±20.7	131.0±18.6	132.1±19.5	124.4±19.2	1.50
舒张压/mmHg	76.0±23.6	74.1±10.7	78.7±11.1	81.1±13.8	81.2±13.5	82.4±13.2	79.7±13.3	5.04**
心率/（次/分）	82.0±16.7	76.3±9.1	75.5±9.2	74.6±11.1	74.3±10.3	74.3±10.8	75.2±10.5	0.58
左手握力/kg	22.9±6.5	25.9±6.4	25.2±5.8	21.2±6.2	18.5±5.7	17.1±4.7	21.9±6.6	21.61**
右手握力/kg	23.5±5.9	27.9±6.9	26.3±5.9	22.4±5.9	19.0±5.5	18.0±4.8	23.0±6.6	21.05**
左眼视力	4.8±0.3	5.1±0.3	5.0±0.2	5.0±0.3	4.9±0.3	4.9±0.2	5.0±0.3	0.00
右眼视力	4.8±0.3	5.1±0.2	5.0±0.2	5.0±0.3	4.9±0.2	4.9±0.2	5.0±0.2	0.00
肺活量/ml	2164.8±723.6	2470.7±683.0	2046.4±590.1	1922.3±814.6	1775.5±570.7	1458.7±347.4	1970.3±715.2	13.21**

注：u 为性别间的 u 检验值。

**$P<0.01$，差异具有统计学意义。

表 1-10-8　蒙古族男性关节活动度指标　　　　　　　　　[单位：（°）]

指标	不同年龄组（岁）的指标值（$\bar{x}\pm s$）						合计
	18～	30～	40～	50～	60～	70～85	
颈关节弯曲	66.0±13.2	68.0±9.3	67.3±10.7	62.3±9.0	58.3±12.1	62.8±11.4	63.0±11.1
颈关节伸展	45.6±15.2	40.3±11.1	39.7±9.9	38.1±10.4	33.2±9.3	37.4±9.2	37.5±10.6
颈关节侧屈	46.6±15.2	46.8±12.2	41.7±8.8	38.6±9.4	34.3±10.4	35.8±6.8	39.0±10.7
肩关节屈曲	136.5±9.8	138.7±7.8	138.4±11.3	136.9±11.1	131.8±12.5	131.2±16.2	135.8±11.6
肩关节伸展	53.5±12.0	52.9±10.5	54.8±12.0	55.3±11.7	55.4±11.1	53.0±9.0	54.9±11.4
肩关节外展	137.8±9.8	129.5±8.6	128.9±10.7	125.5±11.0	119.8±11.7	122.0±2.1	125.3±11.6
肩关节内收	59.8±7.5	58.5±7.7	61.0±8.3	60.4±7.8	61.3±9.2	69.4±5.0	60.8±8.3
肘关节由伸至屈	123.9±8.4	117.3±9.5	116.9±11.5	115.2±11.7	113.3±11.8	114.4±10.4	115.5±11.5
腕关节屈腕	59.6±10.1	55.1±8.7	54.0±9.1	55.3±7.9	53.5±9.4	53.2±9.7	54.6±8.8
腕关节伸腕	68.1±15.0	65.0±9.8	63.6±10.5	59.5±14.4	56.1±12.8	65.4±6.8	60.3±13.0
腕关节桡屈	15.5±5.2	18.4±5.1	17.7±5.7	17.3±7.2	15.2±5.6	15.4±4.5	16.8±6.2
腕关节尺屈	43.5±17.3	39.2±9.9	39.3±10.2	36.7±9.9	34.1±11.3	44.0±10.8	37.1±10.8

表 1-10-9　蒙古族女性关节活动度指标

指标	不同年龄组（岁）的指标值（$\bar{x}\pm s$）/（°）						合计/（°）	u
	18～	30～	40～	50～	60～	70～85		
颈关节弯曲	67.5±15.8	65.6±11.1	64.9±12.4	61.9±12.6	59.8±13.4	55.5±11.6	62.5±12.9	0.55
颈关节伸展	47.3±14.5	49.9±11.0	45.5±8.9	42.9±9.6	38.7±8.1	39.5±9.6	43.3±10.0	7.16**
颈关节侧屈	41.7±10.3	42.2±9.5	42.4±9.0	39.8±9.6	38.5±9.1	37.9±8.6	40.4±9.4	1.75
肩关节屈曲	138.8±10.9	141.6±11.1	140.0±12.0	137.4±11.7	133.7±13.3	132.4±13.2	137.5±12.4	1.84
肩关节伸展	53.8±9.9	57.4±11.9	55.4±13.0	54.4±13.0	53.4±11.7	48.6±13.0	54.6±12.5	0.33
肩关节外展	139.0±10.1	136.0±10.9	131.8±10.7	130.6±10.8	124.9±12.4	128.7±14.3	130.3±11.8	5.50**

续表

指标	不同年龄组（岁）的指标值（$\bar{x} \pm s$）/（°）						合计/（°）	u
	18～	30～	40～	50～	60～	70～85		
肩关节内收	56.9±9.9	63.1±8.9	63.0±9.3	62.6±8.1	62.0±8.1	60.4±9.9	62.4±8.6	2.44*
肘关节由伸至屈	126.8±9.6	123.6±10.1	122.3±10.4	120.0±9.8	118.6±9.8	116.9±12.2	120.7±10.2	6.03**
腕关节屈腕	64.6±9.9	59.6±7.6	56.1±8.9	56.0±8.3	55.5±8.1	57.9±12.2	56.6±8.6	2.94**
腕关节伸腕	54.9±12.1	53.1±11.2	49.3±11.9	47.3±11.7	47.9±12.3	55.5±17.4	49.0±12.2	2.57*
腕关节桡屈	23.1±9.3	22.6±6.7	20.0±6.7	19.8±7.0	19.1±6.1	19.4±4.4	20.1±6.8	6.60**
腕关节尺屈	45.1±16.0	43.2±12.9	42.1±12.1	39.6±10.8	38.5±10.5	31.4±9.2	40.3±11.6	3.70**

注：u 为性别间的 u 检验值。

*$P<0.05$，**$P<0.01$，差异具有统计学意义。

表 1-10-10　蒙古族男性头面部指数、体部指数和体脂率

指数	不同年龄组（岁）的指标值（$\bar{x} \pm s$）						合计
	18～	30～	40～	50～	60～	70～85	
头长宽指数	87.3±1.8	86.2±4.2	85.5±4.5	83.5±4.6	82.8±4.4	80.6±4.2	84.0±4.6
头长高指数	73.1±6.9	69.7±5.2	69.4±5.6	66.8±7.1	65.1±8.8	62.3±3.2	67.3±7.4
头宽高指数	83.7±7.0	80.9±5.0	81.3±6.5	80.1±8.2	78.7±10.3	77.3±3.0	80.1±8.2
形态面指数	95.0±6.6	97.8±8.3	97.9±7.6	99.7±7.2	102.7±12.6	98.7±7.7	99.8±9.4
鼻指数	90.8±12.5	84.9±12.9	90.0±14.5	82.7±15.6	80.9±12.8	99.4±22.9	84.6±14.9
口指数	33.8±6.5	30.9±7.2	28.5±14.4	27.4±17.6	24.8±6.8	23.1±5.3	27.3±13.3
身高坐高指数	53.5±1.3	52.8±1.7	52.6±2.3	53.1±1.3	53.0±1.5	53.8±1.2	52.9±1.7
身高体重指数	449.7±109.3	463.7±94.4	462.6±76.3	465.0±70.0	465.9±77.7	539.7±100.1	465.6±77.9
身高胸围指数	56.4±7.9	58.6±4.8	59.0±5.3	59.7±4.4	60.3±8.4	65.4±5.1	59.6±6.2
身高肩宽指数	20.8±1.1	20.9±1.3	20.9±1.1	21.0±1.1	21.2±1.3	21.5±1.1	21.1±1.2
身高骨盆宽指数	20.2±1.8	20.6±1.1	20.7±1.0	20.8±1.0	21.3±1.1	21.5±1.0	20.9±1.2
马氏躯干腿长指数	87.2±4.5	89.7±6.1	90.7±10.8	88.5±4.7	88.9±5.2	86.0±4.2	89.1±6.8
身高下肢长指数	53.7±1.7	53.2±3.5	53.9±3.5	54.4±2.2	53.3±8.9	53.2±1.9	53.8±5.3
身体质量指数/（kg/m²）	26.3±6.3	27.5±5.1	27.3±4.5	27.7±3.8	28.1±4.7	32.2±5.5	27.8±4.5
身体肥胖指数	27.2±4.7	29.4±6.8	27.8±5.1	28.8±3.1	30.7±4.6	32.1±1.9	29.2±4.6
体脂率/%	28.7±4.6	29.8±4.5	34.3±5.0	36.2±4.5	37.7±4.5	40.7±3.4	35.5±5.3

表 1-10-11　蒙古族女性头面部指数、体部指数和体脂率

指数	不同年龄组（岁）的指标值（$\bar{x} \pm s$）						合计	u
	18～	30～	40～	50～	60～	70～85		
头长宽指数	86.7±4.8	85.6±4.9	84.5±7.8	83.8±4.3	83.3±3.9	84.7±5.3	84.1±5.4	0.26
头长高指数	70.6±7.6	70.5±5.7	69.1±9.8	67.6±14.4	68.6±15.6	66.5±8.9	68.6±12.8	1.73
头宽高指数	81.4±6.2	82.5±6.7	82.0±9.6	80.7±17.6	82.4±18.8	78.8±11.2	81.6±15.1	1.73

续表

指数	不同年龄组（岁）的指标值（$\bar{x} \pm s$）						合计	u
	18～	30～	40～	50～	60～	70～85		
形态面指数	98.2±9.0	95.4±7.2	98.7±7.7	99.7±7.5	101.3±10.6	105.4±6.3	99.5±8.6	0.42
鼻指数	69.1±10.1	67.8±10.6	66.7±7.7	65.5±9.8	68.3±24.2	59.1±15.0	66.6±14.5	15.65**
口指数	46.5±49.6	32.0±7.3	28.5±5.5	29.0±22.4	27.3±18.5	24.2±10.0	29.2±18.9	1.57
身高坐高指数	54.1±0.7	53.6±2.8	53.8±1.9	53.8±1.4	53.3±1.5	53.5±1.4	53.7±1.7	6.04**
身高体重指数	384.1±66.7	401.4±64.7	420.9±70.6	438.8±71.7	424.9±66.4	455.6±74.8	426.0±70.5	6.74**
身高胸围指数	57.8±5.0	58.7±4.4	61.3±5.3	63.6±5.9	64.1±6.2	66.7±6.8	62.5±6.0	6.07**
身高肩宽指数	19.9±1.2	19.9±0.9	19.9±2.1	20.6±1.3	20.8±3.3	20.8±1.0	20.4±2.1	5.71**
身高骨盆宽指数	21.2±1.0	21.4±1.3	21.8±1.3	22.3±1.4	22.7±1.3	22.7±1.5	22.2±1.4	13.10**
马氏躯干腿长指数	84.8±2.4	87.2±13.9	86.1±7.7	85.9±4.9	87.6±5.0	87.1±5.1	86.5±7.1	4.83**
身高下肢长指数	54.1±3.6	55.3±2.6	54.7±3.4	55.1±2.3	60.2±47.7	53.8±4.5	56.2±23.6	2.11*
上下肢全长指数	81.3±6.1	79.8±8.5	79.8±10.5	79.9±6.0	79.1±8.6	78.8±17.2	79.7±8.5	1.65
身体质量指数/（kg/m²）	24.4±3.9	25.3±4.0	26.6±4.3	28.1±4.6	27.5±4.3	29.5±4.7	27.2±4.5	1.71
身体肥胖指数	30.7±3.4	30.9±4.8	32.6±4.3	34.0±5.9	34.5±4.9	35.8±4.0	33.4±5.2	11.19**
体脂率/%	37.5±3.6	38.9±2.4	41.7±2.8	44.3±3.0	44.3±2.9	44.3±3.2	42.9±3.5	19.99**

注：u 为性别间的 u 检验值。

*$P<0.05$，**$P<0.01$，差异具有统计学意义。

（李立安　郑连斌　张唯一）

第二章 一百万到五百万人口民族的体质表型调查报告

根据 2010 年第六次全国人口普查统计数据，人口在一百万至五百万的民族一共有八个。按照人口数由多到少排序，依次是侗族、布依族、瑶族、白族、哈尼族、黎族、哈萨克族、傣族。

第一节 侗 族

一、侗族简介

根据 2010 年第六次全国人口普查统计数据，侗族总人口数为 2 879 974 人（国务院人口普查办公室，国家统计局人口和就业统计司，2012），主要分布在贵州、湖南和广西交界的山区（杨圣敏等，2008）。侗语属汉藏语系壮侗语族侗水语支。

新晃侗族自治县隶属于湖南省怀化市，地处东经 108°47′13″～109°26′45″、北纬 27°4′16″～27°29′58″，属中亚热带季风湿润气候，年平均气温 16.6℃，年降水量 1160.7mm，年日照时数 1014.5～1590.2h，全年无霜期 297.4d。黔东南苗族侗族自治州位于贵州省东南部，地处东经 107°17′20″～109°35′24″、北纬 25°19′20″～27°31′40″，属中亚热带季风湿润气候，年平均气温 14～18℃，年日照时数 1068～1296h，全年无霜期 270～330d，年降雨量 1000～1500mm，相对湿度为 78%～84%。榕江县的车江三宝侗寨是全国侗族人口居住最密集的地区，其中侗族人口占 94%。

2015 年 10 月和 2018 年 11 月研究组两次在榕江县的车江三宝侗寨开展了贵州侗族人体表型数据采集工作，共调查侗族成年人 951 例（其中男性 333 例、女性 618 例）。2017 年 10 月研究组在新晃侗族自治县共调查侗族成年人 634 例（其中男性 247 例、女性 387 例）。被调查侗族成年男性年龄 56.3 岁±14.4 岁，女性年龄 54.7 岁±13.5 岁。

二、侗族的表型数据（表 2-1-1～表 2-1-9）

表 2-1-1　侗族男性头面部指标　　　　　　　　　　（单位：mm）

指标	不同年龄组（岁）的指标值（$\bar{x} \pm s$）						合计
	18～	30～	40～	50～	60～	70～85	
头长	184.0±6.3	185.5±7.6	184.4±7.6	184.7±6.6	184.9±6.6	185.2±7.4	184.8±7.0
头宽	152.1±6.5	150.2±6.5	150.6±5.4	148.2±5.8	148.3±5.2	148.4±6.1	149.0±5.8
额最小宽	111.5±6.3	108.8±5.4	108.2±4.6	107.4±5.3	107.9±4.9	106.8±5.2	107.9±5.2
面宽	142.6±6.5	142.8±7.3	141.4±5.8	139.4±6.2	139.6±6.7	138.5±7.2	140.0±6.7
下颌角间宽	115.0±8.0	109.7±7.5	112.4±7.6	110.1±7.7	110.5±8.3	109.0±7.7	110.6±8.0
眼内角间宽	37.3±3.5	36.3±4.0	35.1±2.9	34.6±2.7	34.9±3.2	34.4±3.4	35.0±3.3
眼外角间宽	95.0±6.1	93.3±5.2	94.1±5.6	93.5±5.3	92.5±6.1	90.4±4.9	92.8±5.7
鼻宽	39.1±2.7	38.7±3.5	39.3±3.4	40.0±3.6	39.9±3.5	40.3±3.3	39.8±3.4
口宽	49.2±2.7	51.0±3.8	51.6±3.3	53.3±3.4	53.2±4.2	53.8±4.0	52.6±3.9
容貌面高	188.0±9.2	192.4±10.0	190.9±9.1	193.8±10.0	193.3±10.8	193.7±11.3	192.7±10.4
形态面高	118.4±9.4	120.1±11.8	116.9±9.2	119.7±10.0	119.8±11.3	121.8±12.1	119.6±10.9
鼻高	52.6±6.2	55.0±6.0	53.4±5.5	54.8±6.0	55.9±6.2	57.6±6.6	55.3±6.3
上唇皮肤部高	14.1±2.7	13.6±1.7	14.9±2.3	15.6±2.4	16.4±2.6	17.1±2.5	15.8±2.6
唇高	17.5±3.1	16.6±3.6	16.0±3.3	15.5±3.0	13.7±3.2	12.7±3.4	14.7±3.6
红唇厚度	8.2±1.9	8.0±2.3	7.7±2.0	7.4±1.7	6.4±1.7	5.7±1.8	6.9±2.0
容貌耳长	60.5±4.1	60.5±4.4	62.9±4.4	62.6±4.3	63.5±4.7	64.5±4.8	63.0±4.7
容貌耳宽	30.6±2.4	30.1±2.6	31.2±3.2	31.6±2.8	31.8±3.1	32.9±3.1	31.7±3.1
耳上头高	129.2±11.4	127.3±10.3	124.6±11.9	124.2±10.3	124.6±10.1	124.2±11.9	124.9±11.0

表 2-1-2　侗族女性头面部指标

指标	不同年龄组（岁）的指标值（$\bar{x} \pm s$）/mm						合计/mm	u
	18～	30～	40～	50～	60～	70～85		
头长	176.0±6.8	175.5±7.4	175.2±6.6	177.4±6.3	176.6±6.1	177.7±6.3	176.5±6.5	23.37**
头宽	145.6±5.8	144.0±5.4	144.5±5.7	144.2±5.2	143.7±5.2	143.9±5.4	144.1±5.4	16.58**
额最小宽	106.7±5.6	105.0±5.3	106.1±5.0	106.0±4.7	104.5±4.6	104.5±5.1	105.4±4.9	9.48**
面宽	135.9±6.1	133.2±5.8	134.7±5.3	134.1±5.1	133.1±5.8	130.3±6.5	133.5±5.8	19.70**
下颌角间宽	104.8±6.9	105.0±8.1	105.5±9.2	106.4±9.8	104.9±8.1	105.8±8.3	105.6±8.8	11.67**
眼内角间宽	37.4±3.3	34.6±2.3	34.2±2.4	34.0±2.8	34.0±3.3	33.4±3.0	34.1±3.0	5.13**
眼外角间宽	90.7±4.2	90.4±4.6	89.2±3.9	88.8±4.1	88.3±4.1	87.3±4.9	88.8±4.3	14.80**
鼻宽	35.0±2.5	35.8±3.5	36.3±2.8	36.7±2.9	37.1±3.1	37.5±2.8	36.7±3.0	18.13**
口宽	46.8±3.3	48.1±4.1	49.6±3.7	50.1±3.4	50.3±3.8	50.3±3.8	49.8±3.8	14.24**

续表

指标	不同年龄组（岁）的指标值（$\bar{x} \pm s$）/mm						合计/mm	u
	18～	30～	40～	50～	60～	70～85		
容貌面高	184.2±8.3	181.3±7.5	179.2±8.9	179.6±9.3	178.7±9.9	176.8±10.5	179.2±9.5	25.66**
形态面高	112.3±11.0	109.9±8.7	108.5±11.5	109.2±11.7	111.5±9.0	108.2±10.1	109.7±10.6	17.63**
鼻高	52.1±6.7	50.0±5.1	51.1±4.6	51.8±4.7	51.9±4.6	51.5±5.9	51.5±5.0	12.51**
上唇皮肤部高	12.8±2.5	13.4±2.4	13.8±2.3	14.8±2.3	15.4±2.2	16.0±2.5	14.7±2.5	7.60**
唇高	16.1±3.0	16.1±3.1	15.6±3.0	14.6±3.1	13.2±2.9	11.6±3.3	14.2±3.4	2.84**
红唇厚度	7.4±1.7	7.8±1.7	7.5±1.7	6.9±1.7	6.3±1.8	5.3±1.9	6.8±1.9	1.42
容貌耳长	56.3±4.2	56.9±3.8	59.0±4.8	60.3±4.9	61.3±5.2	62.3±4.7	60.1±5.1	11.38**
容貌耳宽	29.1±4.3	29.6±2.6	30.3±2.6	31.0±3.3	31.9±3.3	31.8±3.4	31.0±3.3	4.07**
耳上头高	122.3±13.7	121.8±10.1	118.2±9.9	119.1±9.9	118.4±10.6	120.1±11.8	119.2±10.6	10.03**

注：u 为性别间的 u 检验值。

**$P<0.01$，差异具有统计学意义。

表 2-1-3　侗族男性体部指标

指标	不同年龄组（岁）的指标值（$\bar{x} \pm s$）						合计
	18～	30～	40～	50～	60～	70～85	
体重	61.5±9.5	62.9±11.8	67.2±10.0	63.6±9.9	59.5±9.7	57.5±10.1	61.6±10.6
身高	1642.5±47.2	1629.8±57.5	1617.9±50.8	1602.9±53.5	1585.3±55.9	1572.2±56.3	1598.6±58.0
髂前上棘点高	889.0±48.6	878.4±50.6	893.0±50.8	889.2±47.9	879.6±45.8	856.9±46.5	879.8±49.2
坐高	874.5±29.0	872.5±36.1	867.5±27.0	856.0±30.5	841.8±34.3	828.8±32.0	850.8±35.2
肱骨内外上髁间径	63.9±4.4	64.4±4.1	64.7±6.2	65.3±3.9	65.7±4.1	65.6±4.3	65.2±4.5
股骨内外上髁间径	95.4±9.2	92.4±6.6	94.8±7.2	93.1±7.3	92.0±6.0	91.6±5.3	92.9±6.7
肩宽	367.4±19.8	363.9±16.9	364.3±22.8	357.9±19.9	352.8±19.4	351.2±19.7	357.2±20.7
骨盆宽	281.3±20.6	277.1±17.5	284.5±17.3	286.4±19.1	285.0±17.4	289.6±17.4	285.3±18.2
平静胸围	876.5±74.3	881.6±79.5	928.6±62.9	909.5±70.0	890.1±66.5	886.9±64.7	898.6±69.6
腰围	790.5±91.9	798.2±108.4	868.8±89.7	840.7±92.6	814.9±102.0	827.7±94.3	829.3±98.7
臀围	907.8±58.9	899.7±57.5	921.3±58.4	906.8±62.5	884.3±64.2	882.5±63.9	897.5±63.5
大腿围	504.8±50.0	487.1±52.8	493.6±44.1	477.7±42.3	458.4±45.7	443.8±44.7	470.4±49.1
上肢全长	727.9±35.6	708.2±40.7	701.0±42.1	697.4±53.5	699.2±42.2	707.0±39.6	703.0±44.4
下肢全长	855.9±46.7	845.4±48.5	860.8±48.7	857.9±46.5	849.6±44.3	827.5±44.7	848.8±47.4

注：体重的单位为 kg，其余指标值的单位为 mm。

表 2-1-4　侗族女性体部指标

指标	不同年龄组（岁）的指标值（$\bar{x} \pm s$）						合计	u
	18～	30～	40～	50～	60～	70～85		
体重	51.8±6.8	53.0±8.2	57.5±9.2	57.3±8.3	54.2±9.0	51.0±7.6	55.1±8.8	12.61**
身高	1535.2±49.2	1513.2±48.9	1508.7±50.7	1499.0±52.6	1477.3±50.2	1448.1±49.9	1491.1±55.5	36.10**
髂前上棘点高	841.8±42.7	841.9±35.0	838.7±39.2	833.5±42.5	814.8±43.5	805.9±47.5	826.9±44.2	21.35**

续表

指标	不同年龄组（岁）的指标值（$\bar{x} \pm s$）						合计	u
	18～	30～	40～	50～	60～	70～85		
坐高	837.6±28.2	824.9±27.9	814.3±34.4	803.3±34.2	785.7±34.0	758.0±34.0	798.0±39.6	27.46**
肱骨内外上髁间径	56.6±3.4	58.0±5.6	59.6±4.0	59.7±4.1	59.9±3.6	59.9±3.7	59.5±4.1	25.18**
股骨内外上髁间径	85.5±5.8	86.1±8.2	89.2±7.8	87.7±6.7	86.2±6.0	84.7±5.8	87.0±6.9	16.59**
肩宽	324.8±20.5	323.4±21.9	329.2±19.0	327.2±20.5	322.7±17.9	322.4±21.6	325.4±19.9	29.91**
骨盆宽	266.9±18.1	271.4±17.7	281.3±18.0	287.4±16.8	288.9±16.6	291.8±16.4	285.0±18.2	0.32
平静胸围	823.5±52.6	844.7±59.8	881.5±71.0	887.7±70.4	872.4±77.2	863.0±74.8	872.9±73.1	6.95**
腰围	690.5±69.3	739.5±85.9	803.4±92.6	831.4±90.7	835.9±99.6	840.5±96.4	814.7±100.2	2.82**
臀围	876.6±53.4	889.2±63.7	915.2±66.0	915.8±64.3	901.3±68.3	898.4±65.6	905.8±66.0	2.45*
大腿围	493.2±61.6	494.2±46.2	507.9±52.8	490.5±44.7	466.8±44.3	448.1±40.1	482.5±50.7	4.69**
上肢全长	672.4±38.9	656.2±39.7	653.6±41.0	660.0±40.8	656.5±39.2	662.6±39.9	658.4±40.5	19.88**
下肢全长	815.1±39.9	815.8±33.2	813.7±36.7	809.2±40.6	792.1±41.8	784.7±46.3	803.1±42.0	19.28**

注：u 为性别间的 u 检验值；体重的单位为 kg，其余指标值的单位为 mm。

*$P<0.05$，**$P<0.01$，差异有统计学意义。

表 2-1-5　侗族观察指标情况

指标	分型	男性		女性		合计		u
		人数	占比/%	人数	占比/%	人数	占比/%	
上眼睑皱褶	有	517	89.1	931	92.6	1448	91.4	2.39*
	无	63	10.9	74	7.4	137	8.6	2.39*
内眦褶	有	302	52.1	161	16.0	463	29.2	15.20**
	无	278	47.9	844	84.0	1122	70.8	15.20**
眼裂高度	狭窄	305	52.5	276	27.5	581	36.7	10.00**
	中等	266	45.9	500	49.7	766	48.3	1.49
	较宽	9	1.6	229	22.8	238	15.0	11.40**
眼裂倾斜度	内角高	19	3.3	32	3.2	51	3.2	0.10
	水平	414	71.4	623	62.0	1037	65.4	3.79**
	外角高	147	25.3	350	34.8	497	31.4	3.92**
鼻背侧面观	凹型	34	5.9	247	24.6	281	17.7	9.40**
	直型	502	86.5	755	75.1	1257	79.3	5.41**
	凸型	44	7.6	3	0.3	47	3.0	8.24**
鼻基底方向	上翘	423	72.9	869	86.5	1292	81.5	6.69**
	水平	155	26.7	132	13.1	287	18.1	6.77**
	下垂	2	0.4	4	0.4	6	0.4	0.17

续表

指标	分型	男性		女性		合计		u
		人数	占比/%	人数	占比/%	人数	占比/%	
鼻翼宽	狭窄	260	44.8	130	12.9	390	24.6	14.20**
	中等	105	18.1	509	50.7	614	38.7	12.81**
	宽阔	215	37.1	366	36.4	581	36.7	0.26
耳垂类型	三角形	234	40.3	709	70.5	943	59.5	11.80**
	方形	196	33.8	50	5.0	246	15.5	15.26**
	圆形	150	25.9	246	24.5	396	25.0	0.61
上唇皮肤部高	低	24	4.1	100	10.0	124	7.8	4.15**
	中等	496	85.5	863	85.9	1359	85.7	0.19
	高	60	10.4	42	4.1	102	6.5	4.82**
红唇厚度	薄唇	365	62.9	626	62.3	991	62.5	0.25
	中唇	192	33.1	359	35.7	551	34.8	1.05
	厚唇	23	4.0	20	2.0	43	2.7	2.33*
利手	左型	31	5.3	35	3.5	66	4.2	1.79
	右型	549	94.7	970	96.5	1519	95.8	1.79
扣手	左型	234	40.3	373	37.1	607	38.3	1.27
	右型	346	59.7	632	62.9	978	61.7	1.27
卷舌	否	387	66.7	627	62.4	1014	64.0	1.73
	是	193	33.3	378	37.6	571	36.0	1.73

注：u为性别间率的u检验值。

*$P<0.05$，**$P<0.01$，差异具有统计学意义。

表 2-1-6　侗族男性生理指标

指标	不同年龄组（岁）的指标值（$\bar{x}\pm s$）						合计
	18～	30～	40～	50～	60～	70～85	
收缩压/mmHg	125.0±16.4	129.4±14.2	132.4±18.5	141.2±22.8	143.0±20.6	149.7±24.9	140.1±22.2
舒张压/mmHg	78.2±17.3	85.3±13.2	85.9±12.5	89.5±14.0	87.9±17.5	84.8±12.0	86.5±14.8
心率/（次/分）	80.5±12.1	79.0±13.8	76.3±11.4	77.2±11.6	78.8±12.4	76.4±12.2	77.7±12.2

表 2-1-7　侗族女性生理指标

指标	不同年龄组（岁）的指标值（$\bar{x}\pm s$）						合计	u
	18～	30～	40～	50～	60～	70～85		
收缩压/mmHg	113.4±9.2	112.5±11.0	125.7±22.1	132.1±21.9	142.0±22.1	153.7±26.1	134.0±24.8	5.07**
舒张压/mmHg	74.1±8.8	73.8±9.5	80.0±12.7	82.3±13.0	83.1±11.9	85.7±15.9	81.5±13.2	6.83**
心率/（次/分）	79.8±7.9	77.4±10.5	79.0±9.9	77.6±10.7	76.5±10.1	78.8±11.9	77.8±10.4	0.27

注：u为性别间的u检验值。

**$P<0.01$，差异具有统计学意义。

表 2-1-8　侗族男性头面部指数、体部指数和体脂率

指数	不同年龄组（岁）的指标值（$\bar{x}\pm s$）						合计
	18～	30～	40～	50～	60～	70～85	
头长宽指数	82.8±4.4	81.1±4.7	81.8±3.9	80.3±3.6	80.3±3.1	80.2±4.3	80.7±3.9
头长高指数	70.3±6.1	68.7±5.5	67.6±6.2	67.3±5.4	67.4±5.4	67.1±6.1	67.6±5.8
头宽高指数	85.0±7.2	84.8±6.6	82.8±8.2	83.8±7.0	84.0±6.9	83.8±8.0	83.9±7.4
形态面指数	83.0±4.9	84.1±7.2	82.7±6.3	85.9±6.7	85.8±7.1	87.9±7.4	85.5±7.0
鼻指数	75.3±10.2	71.1±8.5	74.4±9.6	73.8±9.7	72.3±10.4	70.9±10.1	72.8±10.0
口指数	35.8±6.7	32.7±7.1	31.2±6.9	29.1±5.8	25.8±6.3	23.7±6.5	28.1±7.3
身高坐高指数	53.3±1.4	53.5±1.4	53.6±1.3	53.4±1.3	53.1±1.5	52.7±1.6	53.2±1.5
身高体重指数	374.2±55.9	385.5±69.2	414.9±57.1	396.1±57.5	374.8±55.6	364.7±57.1	384.9±60.0
身高胸围指数	53.4±5.0	54.1±4.9	57.4±3.7	56.8±4.3	56.2±3.9	56.4±3.7	56.2±4.2
身高肩宽指数	22.4±1.5	22.3±1.1	22.5±1.4	22.3±1.1	22.3±1.2	22.3±1.2	22.4±1.2
身高骨盆宽指数	17.2±1.5	17.0±1.1	17.6±0.9	17.9±1.1	18.0±1.0	18.4±1.0	17.9±1.1
马氏躯干腿长指数	87.9±5.0	86.9±5.0	86.6±4.7	87.3±4.7	88.4±5.5	89.8±5.9	88.0±5.3
身高下肢长指数	52.1±2.7	51.9±2.7	53.2±2.7	53.5±2.5	53.6±2.4	52.6±2.2	53.1±2.5
身体质量指数/（kg/m²）	22.8±3.4	23.7±4.2	25.6±3.4	24.7±3.5	23.6±3.3	23.2±3.3	24.1±3.6
身体肥胖指数	25.2±3.4	25.3±3.2	26.8±2.9	26.7±3.1	26.3±3.2	26.8±3.1	26.4±3.2
体脂率/%	19.4±4.5	22.2±3.5	26.2±3.9	26.7±4.3	26.5±4.8	27.1±4.8	25.9±4.9

表 2-1-9　侗族女性头面部指数、体部指数和体脂率

指数	不同年龄组（岁）的指标值（$\bar{x}\pm s$）						合计	u
	18～	30～	40～	50～	60～	70～85		
头长宽指数	82.8±3.6	82.2±4.2	82.5±3.7	81.4±3.1	81.4±3.4	81.1±3.4	81.7±3.5	5.03**
头长高指数	69.6±8.4	69.4±5.7	67.5±5.9	67.2±5.8	67.1±6.2	67.7±6.7	67.6±6.2	0.01
头宽高指数	84.2±10.2	84.7±7.8	81.9±7.2	82.7±7.1	82.5±7.8	83.5±8.2	82.8±7.7	2.69**
形态面指数	82.6±7.5	82.6±6.2	80.6±8.0	81.4±8.1	83.8±6.1	83.0±6.4	82.2±7.3	8.71**
鼻指数	68.1±9.7	72.2±9.6	71.6±8.3	71.5±8.7	72.1±9.1	73.7±10.0	71.9±9.1	1.81
口指数	34.5±6.5	33.7±6.5	31.6±6.3	29.2±6.4	26.2±5.8	23.0±6.4	28.6±7.1	1.37
身高坐高指数	54.6±1.3	54.5±1.3	54.0±1.7	53.6±1.6	53.2±1.6	52.4±1.9	53.5±1.8	3.42**
身高体重指数	337.0±40.0	349.7±50.3	380.4±56.9	381.9±51.2	366.5±56.3	352.1±48.9	369.1±54.5	5.23**
身高胸围指数	53.7±3.4	55.9±4.0	58.5±4.7	59.3±4.7	59.1±5.1	59.6±5.3	58.6±5.0	10.02**
身高肩宽指数	21.2±1.3	21.4±1.4	21.8±1.3	21.8±1.4	21.9±1.2	22.3±1.4	21.8±1.3	7.85**
身高骨盆宽指数	17.4±1.1	17.9±1.2	18.7±1.2	19.2±1.1	19.6±1.1	20.2±1.1	19.1±1.3	20.29**
马氏躯干腿长指数	83.4±4.4	83.5±4.4	85.4±6.0	86.8±5.7	88.2±5.8	91.2±6.7	87.1±6.2	3.20**
身高下肢长指数	53.1±2.0	53.9±2.0	54.0±2.0	54.0±2.4	53.6±2.2	54.2±2.9	53.9±2.3	5.96**
身体质量指数/（kg/m²）	22.0±2.5	23.1±3.2	25.2±3.7	25.5±3.4	24.8±3.7	24.3±3.3	24.8±3.6	3.71**
身体肥胖指数	28.1±2.7	29.8±3.6	31.4±3.6	32.0±3.9	32.3±3.9	33.6±4.4	31.8±4.0	29.43**
体脂率/%	29.7±2.3	30.8±2.8	34.1±2.6	36.7±2.7	36.5±2.7	35.6±2.4	35.2±3.3	41.17**

注：u 为性别间的 u 检验值。

**$P<0.01$，差异具有统计学意义。

（李咏兰）

第二节　布　依　族

一、布依族简介

　　布依族主要分布在贵州省，贵州省的布依族人口占全国布依族总人口的 97%，主要聚居在黔南和黔西南两个布依族苗族自治州。根据 2010 年全国第六次人口普查统计数据，布依族有 2 870 034 人（国务院人口普查办公室，国家统计局人口和就业统计司，2012）。布依族自古以来生息、繁衍于南北盘江、红水河流域及其以北地带，是贵州的原住民民族之一。布依族与壮族有同源的关系。布依语属汉藏语系壮侗语族，布依语划分为黔南、黔中、黔西三个土语区。

　　册亨县位于贵州省西南部，属亚热带温暖湿润季风气候，年平均气温 19.7℃，极端最高气温 36.5℃，极端最低气温−4℃，年降水量 1035mm，全年日照时数 1514.6h，全年无霜期 345d。安顺市地处东经 105°13′～106°34′、北纬 25°21′～26°38′，平均海拔 1102～1694m，属典型的高原型湿润亚热带季风气候，年降雨量 1360mm，年平均气温 14℃，年平均相对湿度 80%。三都水族自治县年平均气温 18.2℃，年降雨量 1326.1mm，年日照时数 1131.4h，全年无霜期 326d，平均海拔 500～1000m。

　　研究组在黔西南布依族苗族自治州册亨县、安顺市、黔南州三都水族自治县共采集布依族样本 1382 例，其中男性为 602 例、女性为 780 例。被调查者男性年龄为 54.2 岁±14.3 岁，女性年龄为 55.3 岁±14.2 岁。

二、布依族的表型数据（表 2-2-1～表 2-2-9）

表 2-2-1　布依族男性头面部指标　　　　　　　　（单位：mm）

指标	不同年龄组（岁）的指标值（$\bar{x} \pm s$）						合计
	18～	30～	40～	50～	60～	70～85	
头长	184.0±6.3	184.5±6.4	185.1±6.4	185.0±6.2	184.6±6.1	184.1±6.8	184.7±6.3
头宽	148.7±6.4	148.0±6.7	147.0±6.2	146.6±6.3	145.5±6.9	145.9±5.4	146.6±6.4
额最小宽	110.8±6.8	109.9±6.2	109.6±4.7	107.9±5.3	106.7±4.7	107.3±5.3	108.3±5.4
面宽	140.7±4.3	140.6±5.9	140.0±5.5	138.6±5.5	137.9±5.2	137.7±5.6	138.9±5.5
下颌角间宽	108.7±8.6	110.3±8.9	108.9±8.9	108.3±8.2	106.9±7.3	107.5±7.8	108.2±8.2
眼内角间宽	34.9±3.1	35.3±2.6	35.1±4.8	34.2±3.6	33.8±3.3	33.9±3.1	34.4±3.7
眼外角间宽	91.4±4.3	91.0±5.1	89.6±4.6	88.7±6.0	86.8±4.7	86.5±4.6	88.5±5.3
鼻宽	39.5±3.3	39.5±3.3	39.9±4.1	39.7±3.2	40.4±3.5	41.0±3.6	40.1±3.6
口宽	51.8±4.0	50.2±3.7	51.6±4.1	52.6±3.3	52.7±4.6	54.1±3.6	52.4±4.0
容貌面高	182.8±9.9	187.3±9.5	187.5±8.5	189.2±9.2	189.5±10.6	188.4±10.5	188.3±9.8
形态面高	111.6±6.3	114.7±6.9	116.2±7.3	117.7±7.3	117.7±8.0	116.3±8.1	116.5±7.7

指标	不同年龄组（岁）的指标值（$\bar{x} \pm s$）						合计
	18～	30～	40～	50～	60～	70～85	
鼻高	50.3±5.1	49.9±4.5	51.3±4.5	52.0±4.8	52.4±5.2	52.6±4.6	51.7±4.8
上唇皮肤部高	13.6±2.4	24.4±78.6	14.4±2.4	15.3±2.8	15.4±2.5	15.8±2.6	16.0±24.1
唇高	16.4±2.7	16.5±2.6	15.2±3.5	14.6±3.5	12.5±3.3	12.0±4.0	14.1±3.8
红唇厚度	7.9±1.8	7.6±2.0	7.0±2.0	6.7±2.1	5.5±1.9	5.3±2.4	6.4±2.2
容貌耳长	57.4±4.3	59.3±4.2	59.6±4.3	61.0±5.4	61.9±4.5	63.3±4.9	60.9±5.0
容貌耳宽	29.3±3.1	29.5±2.7	30.5±3.0	30.6±3.2	30.6±3.0	31.5±3.2	30.5±3.1
耳上头高	126.2±9.6	127.2±9.0	125.0±9.2	123.2±9.2	124.8±9.1	124.5±9.6	124.7±9.3

表 2-2-2　布依族女性头面部指标

指标	不同年龄组（岁）的指标值（$\bar{x} \pm s$）/mm						合计/mm	u
	18～	30～	40～	50～	60～	70～85		
头长	176.0±5.8	174.8±6.1	176.5±5.9	176.2±6.9	176.6±6.7	177.2±6.2	176.4±6.5	23.93**
头宽	143.9±6.3	140.4±6.4	140.2±5.7	141.1±6.5	141.3±6.3	140.4±6.4	140.9±6.3	16.42**
额最小宽	106.6±4.3	105.9±4.1	105.9±5.2	105.1±5.1	104.2±5.0	102.9±5.1	104.8±5.1	12.20**
面宽	134.6±5.7	133.2±4.3	132.8±5.0	132.3±5.3	131.3±5.1	129.5±4.9	131.8±5.2	24.24**
下颌角间宽	101.1±5.8	100.2±7.1	101.3±6.7	101.1±8.0	102.1±8.0	99.7±7.8	101.0±7.6	16.59**
眼内角间宽	34.4±2.5	33.8±2.3	33.5±2.7	33.2±3.0	33.1±3.0	33.5±3.4	33.4±3.0	5.35**
眼外角间宽	87.4±7.9	85.9±4.6	85.7±4.2	85.3±5.4	84.7±4.7	83.2±5.0	85.0±5.1	12.23**
鼻宽	36.6±2.5	36.2±2.5	36.8±2.7	37.1±3.4	37.4±3.2	37.5±3.3	37.1±3.1	16.34**
口宽	47.1±3.6	48.2±2.9	49.2±3.7	49.5±3.4	50.3±3.5	50.4±4.1	49.6±3.7	13.46**
容貌面高	183.3±7.9	183.2±9.2	183.4±8.6	182.6±9.9	181.6±9.6	180.3±10.4	182.2±9.6	11.58**
形态面高	109.7±6.4	107.2±6.3	108.4±6.6	109.1±7.2	109.1±7.4	108.5±8.1	108.7±7.2	19.37**
鼻高	48.4±4.4	48.5±4.4	48.1±4.3	48.9±4.8	48.9±4.7	49.3±4.9	48.8±4.6	11.44**
上唇皮肤部高	12.1±2.4	12.3±2.3	12.8±2.2	13.9±2.1	14.7±2.4	14.4±2.7	13.7±2.5	2.27*
唇高	15.6±3.6	14.9±2.8	14.2±2.8	13.3±3.2	12.2±3.5	10.5±3.5	13.0±3.6	5.79**
红唇厚度	7.1±1.9	6.7±1.6	6.4±1.6	6.0±1.9	5.5±2.0	4.5±2.3	5.8±2.1	5.16**
容貌耳长	55.4±4.0	55.3±4.3	55.8±4.7	57.1±4.5	57.7±5.2	58.7±3.9	57.0±4.7	14.68**
容貌耳宽	28.3±2.4	28.6±2.5	29.4±3.0	29.6±2.9	30.4±3.0	30.3±2.9	29.7±2.9	4.94**
耳上头高	124.1±8.4	122.4±11.5	121.3±9.6	121.5±9.7	120.0±9.9	120.1±10.7	121.1±10.1	6.95**

注：u 为性别间的 u 检验值。

*$P<0.05$，**$P<0.01$，差异具有统计学意义。

表 2-2-3　布依族男性体部指标

指标	不同年龄组（岁）的指标值（$\bar{x} \pm s$）						合计
	18～	30～	40～	50～	60～	70～85	
体重	58.6±7.5	60.9±8.8	59.6±10.3	57.8±9.4	55.6±7.7	53.1±9.1	57.3±9.4
身高	1625.5±58.4	1606.9±50.8	1598.1±62.0	1584.1±53.2	1583.3±55.2	1553.9±64.2	1586.5±60.1
髂前上棘点高	860.2±43.7	865.1±41.2	861.9±38.6	863.7±38.0	869.0±43.4	858.1±47.7	863.5±41.6
坐高	866.0±27.2	852.0±26.1	843.1±38.6	833.4±31.9	831.6±34.8	802.6±37.5	833.7±37.9
肱骨内外上髁间径	64.1±6.5	63.6±4.0	64.9±4.8	65.5±5.7	64.6±3.9	65.3±3.9	64.9±4.8
股骨内外上髁间径	89.2±5.9	89.9±7.1	90.4±5.8	90.6±5.4	90.6±4.7	91.1±4.6	90.5±5.4
肩宽	364.0±25.7	363.0±23.8	359.0±22.5	356.6±23.9	349.3±21.0	348.5±19.8	355.2±23.0
骨盆宽	266.9±19.8	273.5±19.8	278.9±20.3	278.6±20.1	278.1±17.4	280.1±18.0	277.7±19.4
平静胸围	839.3±56.8	868.1±62.7	864.3±70.1	866.2±71.7	857.6±57.7	853.7±72.6	860.6±67.1
腰围	730.4±84.5	777.0±92.8	778.2±108.3	771.9±104.3	750.5±92.9	767.0±102.9	765.9±101.0
臀围	873.7±60.2	890.3±67.8	878.0±67.7	876.1±74.5	858.8±59.6	859.0±72.0	871.1±68.7
大腿围	481.5±46.7	486.4±53.8	475.4±48.6	465.7±46.9	451.4±44.1	437.1±44.6	462.8±49.3
上肢全长	729.2±35.4	724.2±34.3	726.3±37.1	719.7±34.3	719.1±34.7	720.3±34.9	722.0±35.2
下肢全长	827.2±41.1	833.7±39.6	831.0±36.0	833.7±36.4	838.9±41.6	829.9±44.9	833.3±39.5

注：体重的单位为 kg，其余指标值的单位为 mm。

表 2-2-4　布依族女性体部指标

指标	不同年龄组（岁）的指标值（$\bar{x} \pm s$）						合计	u
	18～	30～	40～	50～	60～	70～85		
体重	49.3±8.7	51.8±7.9	51.9±8.1	51.9±9.1	50.4±9.0	45.7±7.4	50.3±8.7	14.16**
身高	1527.4±50.9	1516.4±53.1	1500.3±54.2	1488.8±51.5	1473.6±55.7	1436.0±57.6	1482.2±60.1	32.01**
髂前上棘点高	846.5±31.6	840.7±33.8	830.0±36.5	824.8±38.8	821.7±35.8	800.6±38.8	823.2±38.8	18.39**
坐高	819.1±35.8	799.2±34.2	792.7±32.0	783.3±33.0	771.1±37.6	736.5±38.0	776.8±41.4	26.59**
肱骨内外上髁间径	56.2±3.9	57.7±3.9	57.7±3.7	58.4±3.7	58.8±4.0	59.0±4.2	58.3±3.9	27.33**
股骨内外上髁间径	83.5±5.9	84.6±5.9	85.3±5.8	85.6±5.8	85.2±5.5	83.9±5.7	85.0±5.8	18.26**
肩宽	317.1±23.2	317.8±21.9	316.1±18.8	318.7±19.7	315.1±20.8	309.1±21.4	315.4±20.7	33.30**
骨盆宽	262.0±17.0	267.4±18.7	271.1±21.6	275.5±21.1	278.0±19.0	281.1±17.5	274.9±20.3	2.61**
平静胸围	791.6±61.1	807.7±60.2	820.9±61.0	824.3±82.1	825.1±79.5	802.2±72.1	816.8±73.6	11.50**
腰围	677.4±88.4	706.2±90.9	737.2±95.6	760.3±108.7	775.5±116.0	770.8±99.1	752.6±107.2	2.36*
臀围	845.0±68.6	867.4±65.8	869.4±68.9	880.3±71.4	875.7±73.1	857.9±70.5	870.3±70.9	0.24
大腿围	473.7±57.6	473.2±44.8	477.3±46.2	477.0±52.2	462.8±47.9	428.9±44.2	464.4±51.1	0.57
上肢全长	675.4±26.8	679.9±33.9	675.8±34.3	671.8±33.9	671.1±35.8	674.3±33.1	673.8±34.0	25.64**
下肢全长	820.6±29.3	814.7±31.0	805.8±34.1	801.3±36.5	799.0±33.8	779.8±37.5	799.9±36.4	16.11**

注：u 为性别间的 u 检验值；体重的单位为 kg，其余指标值的单位为 mm。

*$P<0.05$，**$P<0.01$，差异具有统计学意义。

表 2-2-5 布依族观察指标情况

指标	分型	男性		女性		合计		u
		人数	占比/%	人数	占比/%	人数	占比/%	
上眼睑皱褶	有	547	90.9	739	94.7	1286	93.1	2.81**
	无	55	9.1	41	5.3	96	6.9	2.81**
内眦褶	有	68	11.3	91	11.7	159	11.5	0.21
	无	534	88.7	689	88.3	1223	88.5	0.21
眼裂高度	狭窄	260	43.2	349	44.7	609	44.1	0.58
	中等	321	53.3	402	51.6	723	52.3	0.66
	较宽	21	3.5	29	3.7	50	3.6	0.23
眼裂倾斜度	内角高	18	3.0	25	3.2	43	3.1	0.23
	水平	275	45.7	298	38.2	573	41.5	2.80**
	外角高	309	51.3	457	58.6	766	55.4	2.69**
鼻背侧面观	凹型	76	12.6	214	27.4	290	21.0	6.70**
	直型	466	77.4	549	70.4	1015	73.4	2.93**
	凸型	24	4.0	16	2.1	40	2.9	2.13*
	波型	36	6.0	1	0.1	37	2.7	6.68**
鼻基底方向	上翘	469	77.9	711	91.2	1180	85.4	6.91**
	水平	130	21.6	68	8.7	198	14.3	6.77**
	下垂	3	0.5	1	0.1	4	0.3	1.27
鼻翼宽	狭窄	11	1.8	29	3.7	40	2.9	2.08*
	中等	238	39.5	358	45.9	596	43.1	2.37*
	宽阔	353	58.7	393	50.4	746	54.0	3.05**
耳垂类型	三角形	189	31.4	229	29.4	418	30.3	0.82
	方形	58	9.6	49	6.3	107	7.7	2.31*
	圆形	355	59.0	502	64.3	857	62.0	2.05*
上唇皮肤部高	低	53	8.8	162	20.8	215	15.6	6.09**
	中等	517	85.9	608	77.9	1125	81.4	3.76**
	高	32	5.3	10	1.3	42	3.0	4.33**
红唇厚度	薄唇	420	69.8	631	80.9	1051	76.0	4.81**
	中唇	157	26.1	141	18.1	298	21.6	3.59**
	厚唇	25	4.1	8	1.0	33	2.4	3.78**
利手	左型	61	10.1	72	9.2	133	9.6	0.56
	右型	541	89.9	708	90.8	1249	90.4	0.56
扣手	左型	219	36.4	289	37.1	508	36.8	0.26
	右型	383	63.6	491	62.9	874	63.2	0.26
卷舌	否	350	58.1	463	59.4	813	58.8	0.46
	是	252	41.9	317	40.6	569	41.2	0.46

注：u 为性别间率的 u 检验值。

*$P<0.05$，**$P<0.01$，差异具有统计学意义。

表 2-2-6 布依族男性生理指标

指标	不同年龄组（岁）的指标值（$\bar{x} \pm s$）						合计
	18～	30～	40～	50～	60～	70～85	
收缩压/mmHg	121.4±10.5	117.9±17.3	125.9±16.9	131.4±19.8	136.5±21.2	142.2±30.6	131.3±22.2
舒张压/mmHg	75.3±8.8	76.3±9.3	81.4±11.9	83.6±12.8	84.4±12.9	80.8±16.3	81.7±13.0
心率/（次/分）	80.1±12.4	76.4±11.7	79.7±12.3	78.7±13.3	77.8±13.0	76.5±13.2	78.2±12.8

表 2-2-7 布依族女性生理指标

指标	不同年龄组（岁）的指标值（$\bar{x} \pm s$）						合计	u
	18～	30～	40～	50～	60～	70～85		
收缩压/mmHg	109.4±10.4	112.5±12.5	118.1±15.2	128.3±21.9	133.1±21.0	145.1±26.3	128.2±23.0	2.54*
舒张压/mmHg	70.3±7.8	72.3±10.1	75.3±10.5	80.0±13.3	78.6±12.4	81.0±12.7	77.8±12.3	5.74**
心率/（次/分）	77.8±11.6	78.9±10.7	76.3±11.2	77.1±11.4	76.7±10.4	78.9±11.6	77.4±11.1	1.31

注：u 为性别间的 u 检验值。

*$P<0.05$，**$P<0.01$，差异具有统计学意义。

表 2-2-8 布依族男性头面部指数、体部指数和体脂率

指数	不同年龄组（岁）的指标值（$\bar{x} \pm s$）						合计
	18～	30～	40～	50～	60～	70～85	
头长宽指数	80.9±3.3	80.3±3.4	79.5±3.8	79.3±3.6	78.9±3.9	79.4±3.7	79.4±3.7
头长高指数	68.6±5.2	69.0±4.5	67.6±4.8	66.6±4.9	67.6±5.0	67.7±5.0	67.5±4.9
头宽高指数	85.0±7.0	86.1±6.2	85.1±6.4	84.1±6.6	85.9±6.5	85.4±6.8	85.2±6.6
形态面指数	79.3±4.3	81.6±5.1	83.1±5.8	85.0±6.2	85.4±6.0	84.6±5.7	84.0±6.0
鼻指数	79.1±9.4	79.7±8.8	78.4±10.3	76.9±9.1	77.8±9.7	78.5±8.7	78.1±9.5
口指数	31.8±5.8	33.1±5.6	29.6±7.1	27.8±7.0	23.8±6.6	22.4±7.5	27.1±7.6
身高坐高指数	53.3±1.3	53.0±1.4	52.8±1.4	52.6±1.5	52.5±1.5	51.7±1.4	52.6±1.5
身高体重指数	360.9±46.8	379.0±50.9	372.1±56.6	364.5±54.7	350.8±44.3	341.4±52.1	360.6±52.9
身高胸围指数	51.7±3.9	54.0±3.8	54.1±3.9	54.7±4.3	54.2±3.8	55.0±4.7	54.3±4.2
身高肩宽指数	22.4±1.4	22.6±1.5	22.5±1.3	22.5±1.3	22.1±1.3	22.5±1.3	22.4±1.3
身高骨盆宽指数	16.4±1.1	17.0±1.1	17.4±1.0	17.6±1.1	17.6±1.0	18.1±1.1	17.5±1.1
马氏躯干腿长指数	87.7±4.6	88.7±5.0	89.7±5.2	90.2±5.4	90.5±5.6	93.6±5.2	90.4±5.5
身高下肢长指数	50.9±1.8	51.9±1.8	52.0±1.8	52.6±1.9	53.0±2.2	53.5±2.3	52.6±2.1
身体质量指数/（kg/m²）	22.2±3.1	23.6±3.1	23.3±3.2	23.0±3.3	22.2±2.7	22.0±3.2	22.7±3.2
身体肥胖指数	24.2±3.6	25.8±3.4	25.5±2.9	26.0±3.4	25.2±3.5	26.5±4.2	25.7±3.5
体脂率/%	19.8±4.7	23.0±4.5	24.1±47.0	25.8±5.4	25.1±5.2	25.4±5.6	24.6±5.3

表 2-2-9　布依族女性头面部指数、体部指数和体脂率

指数	不同年龄组（岁）的指标值（$\bar{x} \pm s$）						合计	u
	18～	30～	40～	50～	60～	70～85		
头长宽指数	81.9±4.6	80.4±4.5	79.5±3.7	80.2±4.1	80.1±3.9	79.3±3.7	80.0±4.0	2.65**
头长高指数	70.6±5.0	70.1±6.3	68.8±5.6	69.0±5.7	68.0±5.9	67.8±5.7	68.7±5.8	3.92**
头宽高指数	86.4±7.1	87.3±8.8	86.6±7.5	86.2±7.0	85.0±7.3	85.7±7.9	86.0±7.5	2.22*
形态面指数	81.6±5.9	80.6±5.1	81.7±5.5	82.6±6.2	83.2±5.5	83.8±5.9	82.5±5.8	4.50**
鼻指数	76.3±7.8	75.1±7.7	77.0±8.1	76.5±9.7	77.0±9.1	76.8±10.9	76.6±9.2	2.84**
口指数	33.1±7.2	31.1±6.1	29.0±6.0	27.0±6.4	24.3±6.7	20.9±6.9	26.3±7.4	2.11*
身高坐高指数	53.6±1.1	52.7±1.5	52.8±1.4	52.6±1.6	52.3±1.6	51.3±1.7	52.4±1.6	1.85
身高体重指数	322.1±51.6	341.5±49.0	345.6±48.2	348.0±58.2	341.6±57.0	318.1±47.2	338.8±54.0	7.50**
身高胸围指数	51.8±3.6	53.3±4.1	54.7±3.9	55.4±5.6	56.0±5.5	55.9±5.3	55.2±5.1	3.55**
身高肩宽指数	20.8±1.4	21.0±1.4	21.1±1.2	21.4±1.3	21.4±1.4	21.5±1.4	21.3±1.3	15.28**
身高骨盆宽指数	17.2±1.0	17.6±1.1	18.1±1.2	18.5±1.4	18.9±1.3	19.6±1.3	18.6±1.4	15.17**
马氏躯干腿长指数	86.6±4.0	89.9±5.5	89.4±5.2	90.2±5.7	91.3±5.9	95.2±6.4	91.0±6.1	1.94
身高下肢长指数	53.7±1.6	53.7±1.6	53.7±1.8	53.8±1.9	54.2±1.9	54.3±2.1	54.0±1.9	13.25**
身体质量指数/（kg/m²）	21.1±3.2	22.5±3.2	23.0±3.0	23.4±3.9	23.2±3.8	22.2±3.2	22.9±3.5	0.76
身体肥胖指数	26.8±3.3	28.5±3.7	29.3±3.6	30.5±4.3	31.0±4.5	31.9±4.3	30.3±4.3	22.17**
体脂率/%	28.7±3.7	30.5±3.0	33.1±3.1	35.3±3.6	35.7±3.4	34.6±3.0	34.1±3.8	36.92**

注：u 为性别间的 u 检验值。

*$P<0.05$，**$P<0.01$，差异具有统计学意义。

（李咏兰）

第三节　瑶　　族

一、瑶　族　简　介

瑶族是中国最古老的民族之一。瑶族主体在中国，是华南地区分布最广的少数民族。根据 2010 年第六次全国人口普查统计数据，瑶族人口为 2 796 003 人（国务院人口普查办公室，国家统计局人口和就业统计司，2012）。瑶族大体上可以划分为四大支系：操勉语的盘瑶支系，又称瑶语支系；操苗瑶语族苗语支的布努瑶，又称苗语支系；操壮侗语族侗水语支的茶山瑶和那溪瑶支系，又称侗水语支系；汉语方言支系（杨圣敏等，2008）。

桂林市位于南岭山系西南部，地处东经 109°36′50″～111°29′30″、北纬 24°15′23″～26°23′30″，属亚热带季风气候，年平均气温接近 19.4℃，年降雨量 1974mm，年日照时数 1670h，全年无霜期 309d。来宾市地处东经 108°24′～110°28′、北纬 23°16′～24°29′，属中亚热带向南亚热带过渡的季风气候区，年平均气温 20.30℃，年日照时数 1582h，年降雨

量 1360mm，全年无霜期 331d。

2017 年研究团队在广西桂林和来宾开展了瑶族人体表型数据采集工作。被调查者男性年龄 58.1 岁±15.0 岁，女性年龄 57.5 岁±14.8 岁。

二、瑶族的表型数据（表 2-3-1～表 2-3-9）

表 2-3-1　瑶族男性头面部指标　　　　　　　　　　（单位：mm）

指标	不同年龄组（岁）的指标值（$\bar{x}\pm s$）						合计
	18～	30～	40～	50～	60～	70～85	
头长	178.1±6.4	184.2±5.9	183.6±6.9	184.9±6.3	184.3±6.9	184.9±5.3	184.2±6.4
头宽	152.2±5.3	151.1±6.9	148.9±6.3	148.0±6.3	145.5±5.8	145.6±5.5	147.3±6.3
额最小宽	109.3±4.1	110.7±5.2	107.7±5.1	106.6±4.9	106.8±5.3	105.5±5.3	106.9±5.3
面宽	130.5±5.2	132.4±5.4	132.0±5.8	130.7±4.9	129.1±5.9	128.1±5.6	129.9±5.7
下颌角间宽	111.2±6.3	115.3±5.9	113.2±6.9	113.5±6.5	110.9±6.6	111.1±7.0	112.2±6.8
眼内角间宽	35.7±3.3	35.5±3.9	33.8±3.3	33.3±3.5	32.8±3.4	32.7±3.6	33.3±3.6
眼外角间宽	99.6±4.9	99.3±5.4	95.8±4.8	93.9±4.7	92.4±5.2	91.2±5.8	93.7±5.8
鼻宽	38.1±2.4	37.6±2.6	37.6±2.3	38.0±2.7	37.7±2.8	38.2±2.7	37.9±2.7
口宽	48.1±4.4	49.9±3.9	51.8±4.0	52.1±4.3	52.4±4.3	52.4±4.0	51.9±4.2
容貌面高	187.7±8.3	189.7±9.4	189.4±9.7	190.8±10.9	192.3±9.2	192.3±9.6	191.2±9.8
形态面高	127.4±6.4	126.1±6.6	129.0±7.1	129.4±7.4	130.9±6.9	130.2±7.4	129.7±7.2
鼻高	48.1±3.9	47.2±3.5	49.5±3.1	48.9±3.6	49.8±3.4	50.3±4.0	49.4±3.7
上唇皮肤部高	13.9±2.3	15.5±2.2	16.7±2.9	17.6±3.1	18.3±3.0	18.5±3.1	17.6±3.2
唇高	20.4±3.3	17.5±2.9	16.8±3.7	15.8±3.0	14.4±3.7	11.8±4.0	14.9±4.2
红唇厚度	10.1±2.1	8.8±1.7	8.2±2.0	7.8±1.8	7.0±2.1	5.5±2.4	7.2±2.4
容貌耳长	57.3±3.2	60.2±4.8	61.8±4.3	63.1±4.9	63.9±4.3	65.7±4.8	63.4±5.0
容貌耳宽	28.9±2.5	29.5±2.8	30.3±3.3	31.0±3.0	31.0±3.1	31.9±3.3	30.9±3.2
耳上头高	129.8±7.5	125.1±8.3	122.8±9.9	122.6±9.0	123.3±8.9	123.9±9.7	123.6±9.2

表 2-3-2　瑶族女性头面部指标

指标	不同年龄组（岁）的指标值（$\bar{x}\pm s$）/mm						合计/mm	u
	18～	30～	40～	50～	60～	70～85		
头长	172.1±4.9	174.1±5.4	175.9±5.4	175.8±5.6	177.0±6.3	176.3±5.8	176.0±5.8	23.03**
头宽	147.2±5.4	143.7±5.6	143.6±4.8	142.3±5.4	141.4±5.4	141.6±5.4	142.4±5.5	14.02**
额最小宽	104.3±3.8	104.1±4.6	103.8±4.6	103.1±4.8	101.8±6.6	101.6±5.4	102.7±5.4	13.65**
面宽	125.4±5.2	125.0±5.4	124.8±6.2	123.8±5.7	123.4±5.5	121.3±5.4	123.4±5.8	19.37**
下颌角间宽	105.3±6.1	107.0±6.0	107.8±6.5	106.7±6.4	105.9±6.2	103.7±6.3	106.0±6.4	16.02**

续表

指标	不同年龄组（岁）的指标值（$\bar{x}\pm s$）/mm						合计/mm	u
	18～	30～	40～	50～	60～	70～85		
眼内角间宽	32.7±2.8	32.8±3.2	32.4±3.1	31.8±3.0	32.0±3.3	32.2±3.3	32.1±3.2	6.05**
眼外角间宽	93.1±5.4	93.6±5.4	91.2±4.9	90.0±5.0	89.1±5.0	87.9±5.2	89.9±5.4	11.66**
鼻宽	35.3±2.5	35.1±2.2	35.2±2.2	35.5±2.3	35.7±2.6	36.3±2.3	35.7±2.4	15.14**
口宽	48.1±4.5	48.3±3.8	49.1±3.7	49.5±3.5	49.8±3.7	49.2±4.1	49.3±3.8	11.11**
容貌面高	179.0±6.6	179.9±7.0	180.9±8.4	180.8±8.6	179.6±7.9	179.9±8.4	180.2±8.1	20.81**
形态面高	118.1±5.2	119.6±6.2	120.2±6.6	120.8±6.7	122.1±8.0	121.8±8.3	121.1±7.4	20.27**
鼻高	43.3±2.6	45.4±2.7	45.6±3.4	46.0±3.4	46.5±3.6	46.7±3.6	46.1±3.5	15.97**
上唇皮肤部高	14.6±2.5	14.5±2.7	15.1±2.7	15.8±2.6	17.2±3.0	16.9±2.8	16.1±2.9	8.35**
唇高	17.5±2.3	16.7±2.9	16.1±2.9	15.4±3.4	14.1±3.6	11.2±4.0	14.4±4.0	1.93
红唇厚度	8.6±1.3	8.1±1.5	7.9±1.7	7.4±1.8	6.7±1.9	5.1±2.2	6.9±2.2	2.68**
容貌耳长	55.5±3.8	55.9±3.9	57.9±3.5	58.7±4.0	60.5±4.5	62.3±4.4	59.5±4.6	13.82**
容貌耳宽	28.4±2.6	29.0±2.9	29.5±2.8	29.7±2.7	30.4±2.7	31.1±3.4	30.1±3.0	4.88**
耳上头高	122.6±12.8	122.9±11.1	120.3±9.3	118.7±10.0	119.5±11.3	133.8±25.9	123.2±16.6	0.56

注：u 为性别间的 u 检验值。

**$P<0.01$，差异具有统计学意义。

表 2-3-3　瑶族男性体部指标

指标	不同年龄组（岁）的指标值（$\bar{x}\pm s$）						合计
	18～	30～	40～	50～	60～	70～85	
体重	59.9±7.9	63.7±8.8	62.8±8.5	61.8±8.3	57.2±9.3	54.9±8.4	59.0±9.2
身高	1652.0±61.8	1626.5±69.1	1616.7±59.1	1597.6±65.9	1578.6±62.4	1568.5±62.1	1592.0±66.8
髂前上棘点高	855.4±46.5	839.3±52.3	842.1±48.6	842.2±46.3	841.2±42.9	833.2±47.1	840.0±46.4
坐高	883.0±27.1	860.9±34.3	862.7±35.7	849.3±41.6	833.4±39.7	821.9±38.6	842.1±41.9
肱骨内外上髁间径	64.3±4.2	65.3±3.6	64.5±3.0	64.6±3.6	65.5±4.1	65.5±3.5	65.1±3.7
股骨内外上髁间径	96.6±5.5	93.9±6.1	94.1±6.5	93.1±6.2	92.0±6.1	93.1±5.1	93.1±6.0
肩宽	388.1±16.6	388.9±20.7	381.7±21.1	378.3±17.3	372.8±18.6	367.5±15.1	375.7±19.1
骨盆宽	289.7±13.2	292.2±16.2	293.9±17.6	292.6±15.8	292.6±16.5	294.6±16.4	293.1±16.3
平静胸围	823.2±57.1	863.5±48.1	870.9±62.3	877.2±52.6	865.4±59.0	863.1±57.5	866.4±57.6
腰围	710.8±78.9	784.0±79.3	784.9±91.2	802.7±85.1	784.3±90.9	787.4±88.6	786.2±89.1
臀围	870.0±46.9	891.2±57.0	880.0±72.3	885.4±65.9	869.9±58.7	866.0±57.8	875.3±61.9
大腿围	480.5±29.5	484.5±40.5	478.1±38.9	482.3±48.9	454.3±49.0	441.5±51.1	463.9±49.9
上肢全长	730.5±39.1	725.1±35.2	726.4±32.9	718.5±33.7	720.4±35.2	717.4±37.1	720.8±35.3
下肢全长	820.4±41.9	806.2±48.1	810.1±46.0	811.5±43.6	811.6±40.0	803.9±44.7	809.4±43.5

注：体重的单位为 kg，其余指标值的单位为 mm。

表 2-3-4 瑶族女性体部指标

指标	不同年龄组（岁）的指标值（$\bar{x} \pm s$）						合计	u
	18～	30～	40～	50～	60～	70～85		
体重	52.0±8.6	53.1±7.3	55.7±8.5	54.0±8.5	51.4±8.9	48.6±8.8	52.3±8.9	12.75**
身高	1524.6±51.1	1511.9±58.9	1515.8±47.0	1496.0±51.9	1485.5±53.5	1448.9±59.9	1488.2±59.2	28.07**
髂前上棘点高	821.7±32.7	798.7±44.6	805.2±33.4	795.4±40.1	785.9±36.0	767.6±42.0	789.4±41.2	19.68**
坐高	828.5±23.5	821.9±33.8	818.3±31.4	801.7±33.1	788.8±37.0	759.5±41.2	794.3±42.0	19.59**
肱骨内外上髁间径	56.2±3.7	57.6±6.8	57.9±3.2	57.8±3.5	59.2±3.8	59.2±5.6	58.4±4.5	28.20**
股骨内外上髁间径	87.3±6.1	87.1±6.2	87.7±7.2	88.6±6.2	87.1±6.1	86.6±7.2	87.4±6.6	15.61**
肩宽	343.3±18.0	348.1±13.9	346.7±14.7	345.0±16.7	338.3±16.8	334.0±14.8	341.4±16.6	32.82**
骨盆宽	280.3±16.4	283.7±14.1	286.6±16.6	289.3±16.5	289.7±17.8	290.4±18.6	288.4±17.3	4.84**
平静胸围	815.4±54.2	830.6±53.9	845.1±65.9	839.6±67.7	829.1±73.1	825.0±74.5	833.0±69.1	9.11**
腰围	699.6±73.3	708.8±71.0	732.7±81.9	761.8±90.8	767.3±97.8	787.7±100.5	757.4±94.6	5.40**
臀围	856.1±62.9	872.8±47.0	887.6±69.0	882.8±58.7	878.0±60.7	877.0±61.7	879.3±60.9	1.12
大腿围	477.7±51.6	480.0±39.7	491.3±49.4	478.9±43.0	456.3±41.8	432.4±45.4	464.8±49.1	0.33
上肢全长	667.1±26.4	671.2±36.0	674.1±32.6	674.5±31.6	677.3±31.7	667.1±32.4	672.9±32.4	24.22**
下肢全长	795.0±31.2	774.1±43.4	779.5±31.5	771.6±37.3	762.4±34.2	746.3±40.8	765.8±39.0	18.03**

注：u 为性别间的 u 检验值；体重的单位为 kg，其余指标值的单位为 mm。

**P<0.01，差异具有统计学意义。

表 2-3-5 瑶族观察指标情况

指标	分型	男性		女性		合计		u
		人数	占比/%	人数	占比/%	人数	占比/%	
上眼睑皱褶	有	491	91.9	623	94.3	1114	93.2	1.57
	无	43	8.1	38	5.7	81	6.8	1.57
内眦褶	有	49	9.2	91	13.8	140	11.7	2.67**
	无	485	90.8	570	86.2	1055	88.3	2.45*
眼裂高度	狭窄	342	64.0	421	63.7	763	63.9	0.13
	中等	174	32.6	222	33.6	396	33.1	0.37
	较宽	18	3.4	18	2.7	36	3.0	0.65
眼裂倾斜度	内角高	38	7.1	40	6.1	78	6.5	0.74
	水平	322	60.3	361	54.6	683	57.2	1.97*
	外角高	174	32.6	260	39.3	434	36.3	2.41*
鼻背侧面观	凹型	55	10.3	223	33.7	278	23.3	9.53**
	直型	447	83.7	428	64.8	875	73.2	7.36**
	凸型	28	5.2	9	1.3	37	3.1	3.85**
	波型	4	0.8	1	0.2	5	0.4	1.59

续表

指标	分型	男性		女性		合计		u
		人数	占比/%	人数	占比/%	人数	占比/%	
鼻基底方向	上翘	468	87.6	623	94.3	1091	91.3	4.03**
	水平	66	12.4	38	5.7	104	8.7	4.03**
	下垂	0	0.0	0	0.0	0	0.0	
鼻翼宽	狭窄	17	3.2	5	0.8	22	1.8	3.10**
	中等	189	35.4	482	72.9	671	56.2	13.00**
	宽阔	328	61.4	174	26.3	502	42.0	12.22**
耳垂类型	三角形	322	60.3	446	67.5	768	64.3	2.57**
	方形	42	7.9	48	7.3	90	7.5	0.39
	圆形	170	31.8	167	25.2	337	28.2	2.51*
上唇皮肤部高	低	6	1.1	22	3.3	28	2.3	2.50*
	中等	399	74.7	87	13.2	486	40.7	21.54**
	高	129	24.2	552	83.5	681	57.0	20.60**
红唇厚度	薄唇	267	50.0	392	59.3	659	55.1	3.22**
	中唇	231	43.3	168	25.4	399	33.4	6.50**
	厚唇	36	6.7	101	15.3	137	11.5	4.61**
利手	左型	51	9.6	34	5.1	85	7.1	2.95**
	右型	483	90.4	627	94.9	1110	92.9	2.95**
扣手	左型	203	38.0	230	34.8	433	36.2	1.15
	右型	331	62.0	431	65.2	762	63.8	1.15
卷舌	否	356	66.7	430	65.1	786	65.8	0.58
	是	178	33.3	231	34.9	409	34.2	0.58

注：u 为性别间率的 u 检验值。

*$P<0.05$，**$P<0.01$，差异具有统计学意义。

表 2-3-6　瑶族男性生理指标

指标	不同年龄组（岁）的指标值（$\bar{x}\pm s$）						合计
	18～	30～	40～	50～	60～	70～85	
收缩压/mmHg	127.4±10.7	128.5±16.1	127.3±18.3	135.7±22.4	143.2±21.3	151.5±21.5	139.7±22.3
舒张压/mmHg	76.4±9.7	82.3±10.8	80.7±13.6	84.0±14.1	84.0±11.9	84.0±12.2	83.1±12.6
心率/（次/分）	84.5±11.7	75.0±14.9	72.3±11.5	75.3±14.1	76.4±14.3	76.5±13.5	75.8±13.8

表 2-3-7　瑶族女性生理指标

指标	不同年龄组（岁）的指标值（$\bar{x}\pm s$）						合计	u
	18～	30～	40～	50～	60～	70～85		
收缩压/mmHg	110.6±12.7	115.8±14.7	127.4±21.3	133.5±19.1	141.8±24.1	154.8±21.9	137.0±24.4	1.97**
舒张压/mmHg	73.7±12.0	72.6±10.4	78.9±14.0	79.6±11.0	81.9±12.8	82.8±13.5	79.9±12.9	4.27**
心率/（次/分）	78.5±9.0	76.8±12.6	75.1±11.1	74.0±10.0	76.6±11.1	79.8±11.3	76.5±11.2	0.95

注：u 为性别间的 u 检验值。

**$P<0.01$，差异具有统计学意义。

表 2-3-8 瑶族男性头面部指数、体部指数和体脂率

指数	不同年龄组（岁）的指标值（$\bar{x}\pm s$）						合计
	18～	30～	40～	50～	60～	70～85	
头长宽指数	85.6±4.2	82.1±4.7	81.2±4.8	80.2±4.6	79.1±3.9	78.8±3.3	80.0±4.4
头长高指数	72.9±4.1	67.9±4.7	66.9±5.2	66.3±4.9	67.0±5.2	67.0±5.2	67.1±5.2
头宽高指数	85.3±4.4	82.8±5.1	82.5±6.8	82.9±6.5	84.8±6.6	85.2±6.9	84.0±6.6
形态面指数	97.8±5.2	95.3±6.0	97.9±6.4	99.1±6.4	101.6±6.6	101.8±6.6	100.0±6.7
鼻指数	79.6±7.9	79.9±7.2	76.2±6.2	78.2±7.8	76.1±7.8	76.5±7.9	77.1±7.7
口指数	42.8±8.2	35.3±6.5	32.6±7.4	30.4±5.9	27.7±7.2	22.6±7.8	28.9±8.6
身高坐高指数	53.5±1.2	53.0±1.4	53.4±1.5	53.2±1.5	52.8±1.4	52.4±1.8	52.9±1.5
身高体重指数	361.9±40.9	391.7±49.6	388.3±47.5	386.1±47.0	361.6±53.3	349.7±49.3	370.0±51.8
身高胸围指数	49.8±3.0	53.2±3.2	53.9±4.0	55.0±3.7	54.9±3.7	55.1±3.8	54.5±3.8
身高肩宽指数	23.5±0.8	23.9±1.4	23.6±1.3	23.7±0.9	23.6±1.1	23.4±1.0	23.6±1.1
身高骨盆宽指数	17.5±0.6	18.0±1.1	18.2±1.1	18.3±0.9	18.5±0.9	18.8±1.1	18.4±1.0
马氏躯干腿长指数	87.1±4.2	89.0±5.1	87.5±5.4	88.2±5.2	89.5±5.0	91.0±6.4	89.2±5.6
身高下肢长指数	49.7±2.0	49.6±2.0	50.1±2.0	50.8±2.1	51.4±2.2	51.3±2.3	50.9±2.2
身体质量指数/（kg/m²）	21.9±2.3	24.1±3.1	24.0±2.9	24.2±2.9	22.9±3.2	22.3±3.1	23.2±3.1
身体肥胖指数	23.0±2.2	25.0±3.1	24.9±3.7	25.9±3.6	25.9±3.1	26.2±3.4	25.7±3.4
体脂率/%	17.6±2.8	20.5±3.3	22.6±4.6	24.8±4.3	24.3±4.8	24.5±4.2	23.7±4.7

表 2-3-9 瑶族女性头面部指数、体部指数和体脂率

指数	不同年龄组（岁）的指标值（$\bar{x}\pm s$）						合计	u
	18～	30～	40～	50～	60～	70～85		
头长宽指数	85.6±4.5	82.6±4.3	81.7±3.6	81.0±4.1	80.0±3.9	80.4±3.7	81.0±4.1	4.00**
头长高指数	71.3±7.8	70.6±6.2	68.4±5.5	67.6±5.8	67.6±6.5	75.9±15.0	70.0±9.6	6.68**
头宽高指数	83.3±8.1	85.7±8.3	83.9±6.4	83.5±7.4	84.5±7.4	94.5±18.1	86.6±11.7	4.72**
形态面指数	94.3±4.5	95.8±5.8	96.6±7.0	97.7±6.4	99.1±7.4	100.6±7.8	98.2±7.1	4.29**
鼻指数	81.9±7.8	77.5±6.1	77.7±7.8	77.7±7.8	77.2±7.7	78.2±7.7	77.8±7.6	1.63
口指数	36.8±6.2	34.7±5.3	32.8±6.1	31.1±6.9	28.4±7.4	22.9±8.2	29.4±8.2	0.96
身高坐高指数	54.4±0.9	54.4±1.9	54.0±1.4	53.6±1.6	53.1±1.8	52.4±1.9	53.4±1.8	4.83**
身高体重指数	340.6±51.5	351.1±48.2	367.4±52.9	360.4±52.9	345.3±55.5	334.8±55.0	350.6±54.7	6.28**
身高胸围指数	53.5±3.6	55.0±4.0	55.8±4.5	56.2±4.5	55.8±4.8	52.2±13.2	54.9±7.6	1.28
身高肩宽指数	22.5±1.1	23.0±1.0	22.9±1.0	23.1±1.1	22.8±1.0	23.9±2.6	23.1±1.6	6.21**
身高骨盆宽指数	18.4±1.0	18.8±1.0	18.9±1.0	19.3±1.0	19.5±1.1	20.2±1.6	19.4±1.3	14.87**
马氏躯干腿长指数	84.0±3.0	84.1±6.7	85.3±4.7	86.7±5.4	88.5±6.5	91.0±6.9	87.6±6.4	4.60**
身高下肢长指数	52.2±1.6	51.2±2.7	51.4±1.9	51.6±2.0	51.3±2.0	51.5±2.1	51.5±2.1	4.84**
身体质量指数/（kg/m²）	22.3±3.2	23.3±3.4	24.2±3.4	24.1±3.4	23.2±3.6	40.8±35.9	27.7±18.9	5.90**
身体肥胖指数	27.5±3.3	29.0±3.1	29.6±3.8	30.3±3.1	30.6±3.5	32.4±4.1	30.5±3.8	23.42**
体脂率/%	27.7±3.2	29.1±2.5	32.0±2.9	34.5±2.9	34.3±3.1	34.4±3.2	33.3±3.6	39.46**

注：u 为性别间的 u 检验值。

**$P<0.01$，差异具有统计学意义。

（李咏兰）

第四节 白 族

一、白 族 简 介

2010 年第六次全国人口普查统计数据显示，白族人口为 1 933 510 人（国务院人口普查办公室，国家统计局人口和就业统计司，2012）。白族主要分布在云南、贵州、湖南等省份，其中以云南省的白族人口最多，80%以上聚居在云南省大理白族自治州。白语属于汉藏语系藏缅语族。

大理白族自治州鹤庆县位于云南省西北部，地处北纬 25°57′～26°42′、东经 100°01′～100°29′，属冬干夏湿的高原季风气候，是介于亚热带与温带之间的过渡性气候区，海拔 1162～3925m。年平均气温 13.5℃，年日照时数 2300.2h，年降雨量 966.4mm，全年无霜期 210d。丽江市玉龙纳西族自治县九河白族乡位于玉龙县西南部，全乡最高海拔 4207m、最低海拔 2090m，为低纬度高海拔区，属南亚高原季风气候，干季时间长，湿季时间短。

2016 年和 2018 年研究组分别在云南省大理白族自治州鹤庆县和丽江市玉龙纳西族自治县九河白族乡开展了白族人体表型数据采集工作。被调查白族成年男性年龄 55.4 岁±12.8 岁，女性年龄 55.4 岁±12.9 岁。

二、白族的表型数据（表 2-4-1～表 2-4-9）

表 2-4-1 白族男性头面部指标 （单位：mm）

指标	不同年龄组（岁）的指标值（$\bar{x}\pm s$）						合计
	18～	30～	40～	50～	60～	70～85	
头长	191.9±8.1	191.5±6.8	195.1±6.6	195.4±6.9	194.8±8.1	195.9±8.9	194.8±7.5
头宽	161.0±6.9	154.5±5.9	153.1±6.0	151.6±6.8	150.9±5.6	151.3±6.1	152.2±6.4
额最小宽	113.6±3.5	108.0±4.5	107.9±9.0	108.6±6.6	106.9±5.9	105.3±5.8	107.7±6.9
面宽	150.1±6.2	146.7±5.4	145.5±7.0	144.8±6.7	143.0±5.8	143.5±5.7	144.6±6.4
下颌角间宽	115.4±4.8	116.5±7.3	115.7±7.5	116.6±9.4	114.4±6.6	115.1±6.3	115.6±7.6
眼内角间宽	35.0±3.5	33.5±3.5	33.0±4.5	34.1±4.4	34.0±4.2	36.1±4.4	34.1±4.4
眼外角间宽	90.7±8.6	93.0±6.7	91.6±6.4	89.8±4.9	88.7±5.5	88.4±5.5	90.0±5.9
鼻宽	38.2±3.7	38.7±3.2	40.5±3.0	40.2±3.4	40.5±3.8	41.9±3.4	40.4±3.5
口宽	47.6±5.1	48.6±2.8	48.1±3.8	48.7±3.3	49.3±4.1	51.7±3.4	49.1±3.8
容貌面高	188.1±7.9	192.6±7.7	191.4±6.8	190.5±7.6	188.8±9.1	190.6±8.8	190.4±8.0
形态面高	117.1±8.3	119.0±5.1	118.5±6.7	119.8±5.9	119.3±7.1	121.1±7.7	119.4±6.7

续表

指标	不同年龄组（岁）的指标值（$\bar{x} \pm s$）						合计
	18～	30～	40～	50～	60～	70～85	
鼻高	47.1±5.3	49.9±3.4	48.3±3.9	49.1±3.7	49.6±3.9	50.9±4.3	49.3±4.0
上唇皮肤部高	15.6±2.0	16.2±3.4	16.9±2.7	18.1±2.7	18.6±2.9	18.1±2.7	17.8±2.9
唇高	15.8±3.3	16.6±2.2	15.2±3.3	14.2±3.2	13.3±3.6	12.9±4.1	14.2±3.6
红唇厚度	7.2±1.6	6.9±1.3	6.8±2.4	6.4±1.8	5.9±2.0	5.2±2.2	6.2±2.1
容貌耳长	64.1±3.9	64.1±6.7	63.4±6.1	67.0±6.8	64.0±6.5	66.3±6.4	65.0±6.5
容貌耳宽	32.6±3.3	35.1±3.9	35.8±4.8	36.5±4.8	36.4±3.6	38.1±4.3	36.3±4.4
耳上头高	132.8±3.8	126.9±6.7	125.1±9.4	122.4±9.7	123.4±9.5	127.6±9.8	124.7±9.5

表 2-4-2　白族女性头面部指标

指标	不同年龄组（岁）的指标值（$\bar{x} \pm s$）/mm						合计/mm	u
	18～	30～	40～	50～	60～	70～85		
头长	185.3±6.1	186.8±5.4	186.5±6.4	187.6±6.5	186.1±5.5	187.0±6.0	186.8±6.1	15.28**
头宽	148.9±4.0	148.8±4.6	148.8±5.9	147.1±4.4	146.1±5.1	145.0±4.4	147.1±5.1	11.39**
额最小宽	104.8±5.3	103.4±5.8	104.7±5.6	105.2±6.7	103.4±6.8	101.3±6.7	103.9±6.5	7.49**
面宽	137.8±4.9	139.1±6.4	138.6±5.4	137.9±5.0	135.8±6.7	134.7±5.6	137.2±5.9	16.04**
下颌角间宽	107.5±6.5	110.0±5.1	109.8±5.8	108.9±5.9	108.2±6.1	106.8±6.7	108.7±6.1	13.05**
眼内角间宽	31.3±3.1	31.7±3.2	33.0±3.1	33.5±4.0	34.2±4.6	33.5±3.7	33.3±3.9	2.32*
眼外角间宽	91.6±4.6	89.2±8.2	90.4±5.2	88.4±5.2	86.4±5.5	85.7±5.2	88.2±5.8	4.17**
鼻宽	35.2±1.2	35.6±2.1	36.3±2.7	36.6±3.0	37.3±2.8	37.8±3.5	36.8±3.0	14.68**
口宽	44.2±2.5	45.5±2.8	45.6±3.2	46.3±3.1	46.8±3.3	47.8±3.5	46.4±3.3	9.93**
容貌面高	183.5±7.1	183.1±7.7	182.3±7.6	181.3±8.8	176.6±8.2	175.1±9.7	179.7±8.9	17.07**
形态面高	108.8±5.0	110.4±4.8	110.6±5.6	111.3±6.5	109.0±6.6	108.4±7.6	110.0±6.4	19.09**
鼻高	42.1±3.0	43.7±3.3	44.2±3.2	45.2±3.5	44.9±4.2	45.7±3.4	44.8±3.6	15.80**
上唇皮肤部高	13.2±1.3	14.1±2.4	14.9±2.4	15.9±2.4	16.4±2.5	16.7±3.3	15.7±2.7	9.92**
唇高	16.5±2.6	15.3±2.8	14.7±2.8	13.7±2.8	11.3±3.1	10.4±3.0	13.1±3.4	4.49**
红唇厚度	7.6±1.9	6.9±1.7	6.6±1.6	6.0±1.8	4.7±1.7	4.2±1.7	5.7±2.0	3.74**
容貌耳长	59.6±4.2	58.5±4.7	60.1±5.1	61.8±5.8	61.7±5.8	62.0±6.4	61.1±5.7	8.41**
容貌耳宽	32.3±2.7	33.2±3.2	33.3±4.1	33.2±3.8	33.9±3.9	34.7±4.1	33.6±3.9	8.62**
耳上头高	124.3±5.9	120.9±8.2	121.8±10.7	117.5±8.7	118.0±10.0	118.3±9.4	119.2±9.7	7.64**

注：u 为性别间的 u 检验值。

*$P<0.05$，**$P<0.01$，差异具有统计学意义。

表 2-4-3 白族男性体部指标

指标	不同年龄组（岁）的指标值（$\bar{x} \pm s$）						合计
	18～	30～	40～	50～	60～	70～85	
体重	62.2±8.2	67.3±11.3	67.1±11.6	65.3±11.7	61.8±9.8	58.3±8.5	63.9±11.0
身高	1720.3±70.3	1666.8±60.1	1659.6±57.7	1654.3±44.7	1627.8±63.1	1613.2±61.2	1646.0±60.8
髂前上棘点高	941.1±66.4	921.1±41.6	926.8±39.2	936.1±41.4	923.9±47.3	910.1±44.0	926.4±44.3
坐高	917.6±28.8	902.4±32.1	890.5±35.1	880.7±30.2	865.1±35.1	854.9±34.6	878.1±36.6
肱骨内外上髁间径	69.6±10.6	67.0±3.9	68.1±7.1	67.4±3.4	68.3±6.7	67.8±4.2	67.9±5.7
股骨内外上髁间径	91.2±10.3	92.7±7.9	93.4±6.3	93.5±5.2	92.7±4.8	94.9±3.5	93.4±5.6
肩宽	395.0±18.0	388.9±21.1	385.9±17.5	376.6±18.9	372.0±19.1	365.9±18.3	377.5±20.2
骨盆宽	272.7±15.4	275.9±18.2	277.5±22.3	278.6±18.2	274.2±23.2	275.3±19.7	276.4±20.5
平静胸围	862.4±54.8	898.7±74.5	911.5±76.3	909.0±74.4	890.7±71.5	874.0±58.1	897.7±72.3
腰围	743.0±80.5	830.5±112.4	841.8±103.4	833.6±110.1	810.8±94.4	804.7±84.8	822.3±101.9
臀围	908.9±54.6	925.8±62.7	944.6±71.0	939.6±71.1	929.0±65.0	904.4±51.0	931.0±66.7
大腿围	467.3±52.6	494.4±41.8	487.1±46.9	481.8±47.7	467.1±46.8	449.6±43.3	475.2±47.9
上肢全长	747.2±29.0	724.1±36.3	729.1±32.5	731.5±31.0	721.4±39.3	728.5±36.0	728.0±34.7
下肢全长	901.1±61.6	885.9±36.8	891.3±35.3	901.5±39.0	891.3±44.4	878.8±41.7	892.3±41.1

注：体重的单位为 kg，其余指标值的单位为 mm。

表 2-4-4 白族女性体部指标

指标	不同年龄组（岁）的指标值（$\bar{x} \pm s$）						合计	u
	18～	30～	40～	50～	60～	70～85		
体重	57.3±10.0	57.9±8.9	57.5±8.6	57.6±9.1	52.9±8.4	51.1±8.8	55.5±9.2	10.79**
身高	1596.6±58.8	1556.7±59.7	1556.0±45.4	1548.2±51.4	1509.4±54.8	1493.7±53.6	1534.6±58.2	24.92**
髂前上棘点高	891.8±39.9	884.1±37.8	882.3±36.6	877.2±44.1	857.0±35.8	855.7±38.1	871.5±40.7	17.09**
坐高	869.5±33.6	838.7±33.1	835.0±25.2	822.1±32.1	801.1±32.4	784.0±45.8	816.9±39.2	21.86**
肱骨内外上髁间径	59.5±3.7	60.0±4.3	60.3±3.3	60.8±4.1	60.5±3.3	60.7±4.0	60.5±3.7	19.39**
股骨内外上髁间径	88.0±4.3	87.8±4.8	88.0±4.9	88.3±4.8	87.4±5.4	87.9±5.1	87.9±5.0	13.41**
肩宽	350.0±19.8	348.2±16.7	349.7±13.0	345.2±15.6	336.1±14.3	329.9±19.9	342.2±17.3	24.66**
骨盆宽	268.1±19.3	264.7±17.7	269.4±20.1	274.5±18.7	274.3±17.9	276.8±18.1	272.7±19.0	2.48*
平静胸围	834.6±84.4	864.4±66.5	862.1±66.0	877.2±70.7	856.2±68.9	848.0±68.0	862.2±69.4	6.68**
腰围	734.4±117.0	766.7±92.2	769.7±91.9	810.5±91.0	798.0±91.4	799.3±92.5	790.8±93.9	4.26**
臀围	926.7±72.1	925.3±56.9	930.8±60.8	927.3±61.4	904.9±59.9	900.3±64.1	918.7±62.4	2.52*
大腿围	511.7±45.5	508.9±40.2	506.7±41.9	493.5±41.2	470.7±40.9	447.7±43.0	485.9±46.8	3.02**
上肢全长	683.8±29.0	678.8±40.8	672.3±30.5	677.8±32.2	669.1±33.1	675.0±33.5	674.4±32.9	21.06**
下肢全长	861.0±36.2	855.9±34.9	853.7±35.0	849.3±41.4	831.8±32.7	832.3±35.5	844.6±37.7	16.01**

注：u 为性别间的 u 检验值；体重的单位为 kg，其余指标值的单位为 mm。

*$P<0.05$，**$P<0.01$，差异具有统计学意义。

表 2-4-5 白族观察指标情况

指标	分型	男性		女性		合计		u
		人数	占比/%	人数	占比/%	人数	占比/%	
上眼睑皱褶	有	151	67.7	296	69.5	447	68.9	0.46
	无	72	32.3	130	30.5	202	31.1	0.46
内眦褶	有	36	16.1	101	23.7	137	21.1	2.24*
	无	187	83.9	325	76.3	512	78.9	2.24*
眼裂高度	狭窄	103	46.2	152	35.7	255	39.3	2.60**
	中等	116	52.0	262	61.5	378	58.2	2.33*
	较宽	4	1.8	12	2.8	16	2.5	0.80
眼裂倾斜度	内角高	3	1.3	4	0.9	7	1.1	0.48
	水平	122	54.7	166	39.0	288	44.4	3.83**
	外角高	98	44.0	256	60.1	354	54.5	3.92**
鼻背侧面观	凹型	18	8.1	72	16.9	90	13.9	3.09**
	直型	166	74.4	322	75.6	488	75.2	0.32
	凸型	33	14.8	26	6.1	59	9.1	3.66**
	波型	6	2.7	6	1.4	12	1.8	1.15
鼻基底方向	上翘	75	33.6	157	36.8	232	35.7	0.81
	水平	140	62.8	250	58.7	390	60.1	1.01
	下垂	8	3.6	19	4.5	27	4.2	0.53
鼻翼宽	狭窄	24	8.7	60	11.6	84	10.6	1.27
	中等	50	18.1	169	32.7	219	27.6	4.37**
	宽阔	202	73.2	288	55.7	490	61.8	4.83**
耳垂类型	三角形	98	44.0	146	34.3	244	37.6	2.42*
	方形	17	7.6	39	9.1	56	8.6	0.66
	圆形	108	48.4	241	56.6	349	53.8	1.98*
上唇皮肤部高	低	1	0.4	16	3.1	17	2.1	2.53*
	中等	193	69.9	457	88.4	650	82.0	6.44**
	高	82	29.7	44	8.5	126	15.9	7.78**
红唇厚度	薄唇	209	75.7	427	82.6	636	80.2	2.31*
	中唇	62	22.5	86	16.6	148	18.7	2.01*
	厚唇	5	1.8	4	0.8	9	1.1	1.31
利手	左型	25	9.2	35	6.8	60	7.6	1.18
	右型	248	90.8	479	93.2	727	92.4	1.18
扣手	左型	80	29.3	166	32.3	246	31.3	0.86
	右型	193	70.7	348	67.7	541	68.7	0.86
卷舌	否	110	49.3	203	47.7	313	48.2	0.41
	是	113	50.7	223	52.3	336	51.8	0.41

注：u 为性别间率的 u 检验值。

*$P<0.05$，**$P<0.01$，差异具有统计学意义。

表 2-4-6　白族男性生理指标

指标	不同年龄组（岁）的指标值（$\bar{x}\pm s$）						合计
	18～	30～	40～	50～	60～	70～85	
收缩压/mmHg	117.9±14.2	123.9±20.1	126.5±17.2	130.2±20.4	134.8±19.2	139.0±24.4	131.0±20.4
舒张压/mmHg	72.8±13.0	81.2±14.4	79.7±10.8	80.5±14.7	79.0±11.8	79.8±12.8	79.6±12.8
心率/（次/分）	71.4±12.4	78.9±12.8	79.6±12.8	79.9±13.8	76.0±13.0	79.4±13.4	78.5±13.3

表 2-4-7　白族女性生理指标

指标	不同年龄组（岁）的指标值（$\bar{x}\pm s$）						合计	u
	18～	30～	40～	50～	60～	70～85		
收缩压/mmHg	104.4±6.2	112.5±14.1	119.6±20.4	130.6±21.8	137.0±23.1	144.7±20.8	130.0±23.3	0.65
舒张压/mmHg	65.5±8.5	72.0±11.2	75.6±14.5	76.9±13.4	79.2±13.5	83.7±19.9	77.7±15.1	1.90
心率/（次/分）	78.4±12.2	78.7±9.1	75.4±10.4	75.5±10.3	76.8±10.9	80.4±11.1	76.9±10.7	1.69

表 2-4-8　白族男性头面部指数、体部指数和体脂率

指数	不同年龄组（岁）的指标值（$\bar{x}\pm s$）						合计
	18～	30～	40～	50～	60～	70～85	
头长宽指数	84.1±6.3	80.8±4.5	78.5±3.8	77.7±4.6	77.6±3.9	77.4±4.9	78.2±4.6
头长高指数	69.3±3.6	66.3±3.9	64.2±4.9	62.7±5.3	63.5±5.3	65.2±4.7	64.1±5.2
头宽高指数	82.6±3.8	82.2±5.5	81.8±5.9	80.9±7.2	81.8±6.4	84.4±6.5	82.0±6.4
形态面指数	78.2±6.9	81.2±4.1	81.6±5.3	82.9±5.3	83.5±5.4	84.5±6.3	82.7±5.6
鼻指数	89.9±12.4	83.7±9.5	91.6±11.0	89.3±10.2	88.6±11.0	89.4±10.9	89.2±10.8
口指数	33.4±7.6	34.2±5.0	31.9±7.8	29.3±7.2	27.2±8.0	25.1±8.2	29.3±8.0
身高坐高指数	53.4±0.9	54.1±1.0	53.7±1.2	53.2±1.3	53.2±1.4	53.0±1.3	53.4±1.3
身高体重指数	360.9±41.6	403.0±62.3	403.7±64.2	394.5±67.0	379.9±58.0	361.4±48.2	387.7±62.0
身高胸围指数	50.2±2.9	54.0±4.6	54.9±4.4	55.0±4.3	54.7±4.2	54.2±3.8	54.6±4.3
身高肩宽指数	23.0±1.1	23.3±1.0	23.3±0.8	22.8±1.1	22.9±1.0	22.7±0.9	22.9±1.0
身高骨盆宽指数	15.8±0.3	16.6±1.0	16.7±1.2	16.8±1.0	16.9±1.4	17.1±1.3	16.8±1.2
马氏躯干腿长指数	87.5±3.2	84.7±3.3	86.5±4.2	87.9±4.6	88.2±5.0	88.8±4.7	87.6±4.6
身高下肢长指数	52.4±2.4	53.2±1.2	53.7±1.6	54.5±2.0	54.8±2.0	54.5±2.1	54.2±2.0
身体质量指数/（kg/m^2）	21.0±2.3	24.2±3.6	24.3±3.7	23.8±3.9	23.4±3.7	22.4±3.0	23.6±3.7
身体肥胖指数	22.3±2.8	25.1±3.1	26.2±3.5	26.2±3.3	26.8±3.5	26.2±3.2	26.1±3.4
体脂率/%	17.1±5.4	21.3±4.3	23.5±5.0	24.3±6.4	23.4±6.0	23.1±4.8	23.3±5.8

表 2-4-9　白族女性头面部指数、体部指数和体脂率

指数	不同年龄组（岁）的指标值（$\bar{x}\pm s$）						合计	u
	18～	30～	40～	50～	60～	70～85		
头长宽指数	80.5±3.8	79.7±2.8	79.9±4.1	78.5±3.0	78.6±3.3	77.6±3.2	78.8±3.5	1.86

续表

指数	不同年龄组（岁）的指标值（$\bar{x} \pm s$）						合计	u
	18～	30～	40～	50～	60～	70～85		
头长高指数	67.1±3.6	64.8±4.5	65.4±6.2	62.7±4.7	63.4±5.5	63.3±5.6	63.9±5.5	0.45
头宽高指数	83.5±4.4	81.3±5.1	81.9±6.8	79.9±5.9	80.8±7.4	81.6±6.7	81.1±6.5	1.87
形态面指数	79.0±4.1	79.4±4.3	79.9±4.7	80.8±5.1	80.5±6.1	80.5±5.6	80.3±5.3	5.91**
鼻指数	84.1±6.4	82.0±8.4	82.5±7.5	81.5±8.5	84.1±14.6	83.1±7.8	82.7±9.8	8.44**
口指数	37.3±6.1	33.8±6.3	32.4±6.8	29.6±6.2	24.2±7.0	21.9±6.8	28.4±7.9	1.53
身高坐高指数	54.5±1.1	53.9±1.2	53.7±1.2	53.1±1.4	53.1±1.4	52.5±2.6	53.2±1.7	1.10
身高体重指数	358.7±60.4	371.3±52.3	369.3±51.8	371.8±53.8	350.2±53.6	341.5±54.0	361.2±54.5	5.97**
身高胸围指数	52.3±5.4	55.6±4.5	55.4±4.2	56.7±4.5	56.8±4.8	56.8±4.3	56.2±4.6	5.10**
身高肩宽指数	21.9±1.1	22.4±0.9	22.5±0.8	22.3±0.9	22.3±1.0	22.1±1.2	22.3±0.9	8.73**
身高骨盆宽指数	16.8±1.1	17.0±1.2	17.3±1.2	17.7±1.2	18.2±1.3	18.5±1.2	17.8±1.3	10.54**
马氏躯干腿长指数	83.7±3.9	85.7±4.0	86.4±4.3	88.4±4.9	88.5±5.2	91.2±13.2	88.1±7.1	1.25
身高下肢长指数	53.9±1.0	55.0±1.7	54.9±1.7	54.9±1.7	55.1±1.6	55.7±1.6	55.0±1.7	5.91**
身体质量指数/（kg/m²）	22.5±3.8	23.9±3.3	23.7±3.2	24.0±3.3	23.2±3.6	22.9±3.5	23.5±3.4	0.08
身体肥胖指数	28.0±4.4	29.7±3.3	30.0±3.2	30.2±3.3	30.9±4.0	31.4±3.6	30.4±3.6	16.45**
体脂率/%	28.5±4.0	30.9±3.7	32.9±4.0	35.4±3.5	34.2±4.2	33.5±4.0	33.7±4.2	26.64**

注：u 为性别间的 u 检验值。

**$P<0.01$，差异具有统计学意义。

（宇克莉　郑连斌　张兴华）

第五节　哈　尼　族

一、哈尼族简介

2010 年第六次全国人口普查统计数据显示，中国境内的哈尼族人口为 1 660 932 人（国务院人口普查办公室，国家统计局人口和就业统计司，2012）。哈尼族分布在中国、泰国、缅甸、老挝、越南等国家。在中国，哈尼族主要分布在云南省南部元江下游与澜沧江之间的哀牢山、无量山和西双版纳（李泽然等，2012）。哈尼族有自己的语言，没有与自己语言相适应的文字，哈尼语属汉藏语系藏缅语族彝语支。哈尼语又分为哈雅、碧卡、豪白三种方言（杨圣敏等，2008）。

墨江哈尼族自治县位于云南中南部，地处东经 101°08′～102°04′、北纬 22°51′～23°59′，最低海拔 478.5m，最高海拔 2278m，属亚热带季风气候，年平均气温 17.9℃，年降雨量 1353.7mm。西双版纳傣族自治州勐海县打洛镇位于勐海县西南部，地处北纬 21°38′～21°51′、东经 99°57′～100°18′，属于北热带气候，年平均气温 21.9℃，年降雨量 1220mm，最高海拔 2175m，最低海拔 598m。

2017 年和 2019 年研究组分别在云南省普洱市墨江哈尼族自治县联珠镇和西双版纳傣族自治州勐海县打洛镇开展了哈尼族人体表型数据采集工作。被调查哈尼族成年男性年龄 53.9 岁±14.5 岁，女性年龄 53.6 岁±14.0 岁。

二、哈尼族的表型数据（表 2-5-1～表 2-5-9）

表 2-5-1　哈尼族男性头面部指标　　　　　　　　（单位：mm）

指标	不同年龄组（岁）的指标值（$\bar{x}\pm s$）						合计
	18～	30～	40～	50～	60～	70～85	
头长	182.4±4.4	190.6±6.7	188.8±6.6	188.2±8.1	189.6±7.5	189.1±8.1	189.1±7.4
头宽	152.4±5.9	154.8±5.7	153.5±6.3	150.3±5.0	150.3±7.2	149.4±6.2	151.6±6.4
额最小宽	101.4±3.0	109.9±8.6	107.5±8.5	108.5±9.2	105.6±8.0	102.9±5.7	106.9±8.4
面宽	143.6±8.0	145.6±5.7	144.0±6.3	142.3±5.0	141.7±5.9	140.9±5.9	142.8±6.0
下颌角间宽	114.4±8.4	114.6±8.0	114.2±6.7	112.1±10.5	111.7±6.5	109.0±6.7	112.5±8.0
眼内角间宽	32.6±1.7	32.7±3.6	32.0±3.9	32.4±3.5	32.4±3.8	30.7±3.2	32.1±3.6
眼外角间宽	94.8±5.1	93.1±4.2	90.6±5.0	88.3±4.4	87.2±5.3	85.6±5.9	89.1±5.5
鼻宽	38.8±4.0	39.6±2.7	38.3±2.4	38.7±3.0	37.8±2.7	39.3±3.0	38.6±2.8
口宽	46.0±4.1	46.9±5.9	47.5±3.4	46.9±3.6	48.9±4.8	47.4±3.4	47.6±4.4
容貌面高	184.0±7.5	190.0±6.3	189.8±7.0	187.8±7.7	190.1±7.5	191.3±8.1	189.5±7.4
形态面高	116.0±6.1	118.8±5.2	119.2±4.3	118.7±5.1	120.6±8.0	119.4±6.6	119.3±6.1
鼻高	44.4±3.4	47.9±3.2	47.2±3.3	47.6±3.2	47.7±3.9	49.3±3.0	47.8±3.5
上唇皮肤部高	15.2±1.5	16.0±2.4	16.8±1.8	17.4±2.0	18.2±2.4	18.2±3.1	17.3±2.5
唇高	19.0±2.9	16.5±3.2	15.9±3.4	15.6±3.1	14.0±3.5	11.4±3.3	14.9±3.7
红唇厚度	9.0±2.3	7.7±1.8	7.2±2.1	7.2±1.8	6.6±1.8	5.6±1.9	7.0±2.0
容貌耳长	57.8±4.3	62.3±4.4	62.7±5.1	64.0±4.3	65.3±5.8	66.1±5.8	64.0±5.3
容貌耳宽	31.4±4.9	33.9±3.6	33.4±2.9	34.5±4.0	34.8±4.1	34.9±3.9	34.3±3.8
耳上头高	126.4±10.4	127.8±10.4	126.8±9.4	124.2±11.1	124.8±7.3	125.9±10.4	125.7±9.6

表 2-5-2　哈尼族女性头面部指标

指标	不同年龄组（岁）的指标值（$\bar{x}\pm s$）/mm						合计/mm	u
	18～	30～	40～	50～	60～	70～85		
头长	179.2±8.1	182.1±5.1	182.2±7.0	183.5±6.4	182.3±6.7	182.6±8.1	182.4±6.8	10.41**
头宽	147.8±7.1	148.7±5.8	148.2±5.9	146.2±5.9	145.1±5.6	145.0±5.7	146.6±5.9	8.97**
额最小宽	101.9±6.2	104.9±7.2	101.7±6.4	104.3±6.1	104.2±6.9	104.0±5.8	103.7±6.5	4.69**
面宽	137.0±4.3	138.0±5.2	136.0±5.7	135.7±5.2	133.8±6.1	132.2±6.0	135.2±5.9	14.57**

续表

指标	不同年龄组（岁）的指标值（$\bar{x} \pm s$）/mm						合计/mm	u
	18～	30～	40～	50～	60～	70～85		
下颌角间宽	104.3±6.4	107.1±6.9	105.4±6.8	106.3±5.6	104.9±6.5	103.4±7.1	105.4±6.6	10.57**
眼内角间宽	32.9±3.1	32.3±3.5	31.7±3.5	32.2±3.9	31.8±3.5	31.3±3.5	31.9±3.5	0.77
眼外角间宽	88.9±7.2	89.0±4.9	87.7±6.0	86.5±6.4	85.0±4.9	83.3±5.1	86.4±5.9	5.40**
鼻宽	34.4±1.7	35.3±2.4	35.0±2.5	36.3±2.5	36.8±2.9	35.7±2.4	35.9±2.7	11.32**
口宽	44.3±2.2	45.2±4.3	44.7±4.1	46.0±4.3	46.3±3.4	44.5±3.1	45.4±3.9	5.81**
容貌面高	180.1±9.6	180.1±8.9	179.3±7.9	178.5±10.9	175.0±10.2	176.8±10.1	177.9±9.8	15.54**
形态面高	109.0±5.5	109.1±5.8	109.3±6.2	111.5±5.4	109.7±5.6	110.9±6.8	110.1±6.0	17.14**
鼻高	43.9±2.0	43.3±3.4	43.8±2.7	43.7±3.1	44.4±3.0	45.7±3.6	44.1±3.2	12.22**
上唇皮肤部高	12.6±2.3	13.8±2.0	14.7±2.4	16.0±2.5	16.1±2.7	17.0±2.2	15.5±2.6	8.13**
唇高	15.7±3.3	15.9±2.3	14.4±3.1	14.2±3.1	12.3±3.4	10.7±3.5	13.6±3.5	4.10**
红唇厚度	7.4±1.8	7.6±1.5	6.7±1.6	6.6±1.7	5.5±1.8	4.6±1.9	6.2±2.0	4.10**
容貌耳长	51.9±4.6	56.4±4.5	57.2±3.9	60.4±4.8	60.1±4.6	61.0±6.3	58.9±5.2	10.77**
容貌耳宽	28.8±4.3	30.8±3.6	31.6±3.0	32.4±3.8	32.2±3.2	34.1±4.2	32.1±3.7	6.55**
耳上头高	123.6±7.4	122.4±7.7	124.4±8.3	124.7±7.9	121.7±9.2	122.0±9.2	123.2±8.5	3.12**

注：u 为性别间的 u 检验值。

**P＜0.01，差异具有统计学意义。

表 2-5-3 哈尼族男性体部指标

指标	不同年龄组（岁）的指标值（$\bar{x} \pm s$）						合计
	18～	30～	40～	50～	60～	70～85	
体重	59.8±7.4	65.2±11.7	64.5±9.8	59.9±7.8	56.9±9.2	53.7±9.7	60.0±10.3
身高	1631.0±32.9	1627.5±54.2	1607.3±54.4	1578.2±48.3	1582.9±53.4	1587.7±66.2	1595.9±56.8
髂前上棘点高	886.8±16.5	885.6±34.2	880.4±39.1	871.0±34.8	887.0±51.0	900.0±44.2	883.9±41.8
坐高	888.0±23.2	872.8±32.3	851.9±36.3	840.7±35.6	841.0±36.6	839.4±42.9	849.5±38.3
肱骨内外上髁间径	66.6±5.3	66.4±4.1	68.3±4.0	67.6±4.9	68.2±4.8	68.6±3.8	67.8±4.5
股骨内外上髁间径	95.6±5.4	94.5±5.0	95.0±6.9	92.3±5.4	92.4±4.4	95.0±5.6	93.6±5.5
肩宽	378.6±20.6	384.6±16.6	381.3±15.1	367.5±20.3	371.6±18.5	368.4±19.3	374.5±19.2
骨盆宽	260.0±17.1	277.3±13.4	283.2±15.7	276.6±18.8	282.6±17.7	287.0±21.1	280.5±17.9
平静胸围	876.6±44.0	895.2±75.4	900.8±72.2	885.7±57.2	866.2±68.4	863.9±73.5	881.7±69.1
腰围	794.4±78.2	812.9±110.1	851.2±96.2	822.6±77.6	812.3±96.1	819.2±98.3	822.0±95.0
臀围	898.2±53.5	926.8±61.6	915.9±64.1	899.7±47.2	892.2±59.4	872.4±55.0	901.6±59.4
大腿围	509.0±47.8	514.9±56.4	505.8±46.5	488.6±38.6	473.2±51.8	455.1±46.4	488.2±51.8
上肢全长	731.2±38.2	723.7±34.3	724.8±33.4	715.4±32.4	716.2±37.2	729.5±39.7	721.0±35.4
下肢全长	854.8±16.4	854.2±31.7	849.3±37.2	841.0±33.6	857.4±48.6	870.7±41.0	853.6±39.8

注：体重的单位为 kg，其余指标值的单位为 mm。

表 2-5-4　哈尼族女性体部指标

指标	不同年龄组（岁）的指标值（$\bar{x}\pm s$）						合计	u
	18～	30～	40～	50～	60～	70～85		
体重	48.8±7.0	54.9±7.6	53.8±9.8	54.4±9.8	49.3±9.3	46.6±8.7	51.8±9.6	9.20**
身高	1510.1±35.5	1520.4±54.0	1512.0±53.2	1503.5±52.4	1477.2±55.1	1450.8±47.0	1494.0±57.0	20.15**
髂前上棘点高	855.8±38.6	846.1±35.6	855.8±37.5	845.8±36.7	829.7±46.8	824.7±36.0	841.5±40.7	11.52**
坐高	836.3±26.1	827.3±29.9	824.6±35.2	807.9±32.7	780.9±35.1	765.8±35.3	802.6±40.8	13.40**
肱骨内外上髁间径	56.1±3.3	57.7±5.3	56.5±4.8	56.7±5.3	56.4±4.9	54.2±5.0	56.3±5.1	27.34**
股骨内外上髁间径	86.2±5.2	87.8±4.8	87.2±6.0	87.1±5.8	85.9±6.1	86.8±5.0	86.9±5.6	13.73**
肩宽	347.8±12.7	345.4±14.4	343.6±17.7	342.2±17.7	334.8±16.9	326.3±14.6	339.0±17.7	21.41**
骨盆宽	265.1±19.8	276.4±16.7	275.6±15.5	280.0±16.2	280.1±15.4	279.3±15.2	278.0±16.0	1.62
平静胸围	811.1±44.7	863.4±66.0	852.1±73.8	859.3±80.3	825.0±76.0	816.9±86.2	842.6±77.8	6.05**
腰围	722.8±67.1	788.0±78.6	786.3±101.2	813.3±105.2	799.3±111.9	826.7±106.5	799.9±103.0	2.52*
臀围	875.2±75.3	926.1±50.2	914.7±73.5	914.9±68.5	874.2±63.3	866.2±59.0	898.6±68.5	0.54
大腿围	514.3±39.6	531.0±41.0	524.1±52.5	507.2±50.2	474.1±53.4	454.7±45.4	499.0±56.1	2.28*
上肢全长	657.9±18.9	667.4±34.5	671.0±33.8	668.5±33.7	661.9±30.3	661.5±26.5	666.0±31.8	18.17**
下肢全长	830.2±36.5	820.6±32.8	830.2±34.3	820.6±34.1	806.8±44.4	803.6±34.9	817.3±37.9	10.45**

注：u 为性别间的 u 检验值；体重的单位为 kg，其余指标值的单位为 mm。

*$P<0.05$，**$P<0.01$，差异具有统计学意义。

表 2-5-5　哈尼族观察指标情况

指标	分型	男性		女性		合计		u
		人数	占比/%	人数	占比/%	人数	占比/%	
上眼睑皱褶	有	190	92.2	307	93.9	497	93.2	0.74
	无	16	7.8	20	6.1	36	6.8	0.74
内眦褶	有	40	19.4	68	20.8	108	20.3	0.39
	无	166	80.6	259	79.2	425	79.7	0.39
眼裂高度	狭窄	97	47.1	118	36.1	215	40.3	2.52*
	中等	98	47.6	204	62.4	302	56.7	3.36**
	较宽	11	5.3	5	1.5	16	3.0	2.51*
眼裂倾斜度	内角高	0	0.0	2	0.6	2	0.4	1.12
	水平	110	53.4	161	49.2	271	50.8	0.94
	外角高	96	46.6	164	50.2	260	48.8	0.80
鼻背侧面观	凹型	18	8.7	91	27.8	109	20.5	5.32**
	直型	141	68.5	203	62.1	344	64.5	1.50
	凸型	42	20.4	29	8.9	71	13.3	3.81**
	波型	5	2.4	4	1.2	9	1.7	1.05

续表

指标	分型	男性		女性		合计		u
		人数	占比/%	人数	占比/%	人数	占比/%	
鼻基底	上翘	72	35.0	153	46.8	225	42.2	2.69**
	水平	128	62.1	168	51.4	296	55.5	2.43*
	下垂	6	2.9	6	1.8	12	2.3	0.82
鼻翼宽	狭窄	1	0.5	13	4.0	14	2.6	2.45*
	中等	45	21.8	131	40.0	176	33.0	4.35**
	宽阔	160	77.7	183	56.0	343	64.4	5.09**
耳垂类型	三角形	73	35.4	139	42.5	212	39.8	1.62
	方形	18	8.8	34	10.4	52	9.7	0.63
	圆形	115	55.8	154	47.1	269	50.5	1.96*
上唇皮肤部高	低	3	1.5	19	5.8	22	4.1	2.46*
	中等	171	83.0	292	89.3	463	86.9	2.09*
	高	32	15.5	16	4.9	48	9.0	4.18**
红唇厚度	薄唇	131	63.6	243	74.3	374	70.2	2.63**
	中唇	65	31.6	80	24.5	145	27.2	1.79
	厚唇	10	4.8	4	1.2	14	2.6	2.55*
利手	左型	6	2.9	6	1.8	12	2.3	0.82
	右型	200	97.1	321	98.2	521	97.7	0.82
扣手	左型	50	24.3	88	26.9	138	25.9	0.68
	右型	156	75.7	239	73.1	395	74.1	0.68
卷舌	否	117	56.8	178	54.4	295	55.3	0.53
	是	89	43.2	149	45.6	238	44.7	0.53

注：u 为性别间率的 u 检验值。

$*P<0.05$，$**P<0.01$，差异具有统计学意义。

表 2-5-6 哈尼族男性生理指标

指标	不同年龄组（岁）的指标值（$\bar{x}\pm s$）						合计
	18～	30～	40～	50～	60～	70～85	
收缩压/mmHg	122.8±9.6	130.1±14.3	139.3±18.7	139.5±22.1	150.0±24.3	144.3±24.4	140.8±22.1
舒张压/mmHg	69.2±6.7	76.0±11.7	83.2±13.0	80.2±11.4	82.1±14.7	80.2±14.4	80.2±13.2
心率/（次/分）	77.2±9.3	81.2±12.1	84.5±13.7	80.1±10.6	77.7±12.2	79.6±12.3	80.3±12.2

表 2-5-7 哈尼族女性生理指标

指标	不同年龄组（岁）的指标值（$\bar{x}\pm s$）						合计	u
	18～	30～	40～	50～	60～	70～85		
收缩压/mmHg	109.7±7.6	120.4±13.3	129.2±18.2	141.1±20.0	150.3±28.4	151.9±25.3	138.4±24.9	1.20
舒张压/mmHg	68.2±6.5	73.8±8.8	77.9±11.3	80.5±12.3	81.3±14.5	78.6±13.6	78.5±12.6	1.45
心率/（次/分）	78.7±11.5	80.8±9.6	78.8±9.3	78.6±8.8	79.1±10.9	78.5±11.3	79.1±9.9	1.22

表 2-5-8　哈尼族男性头面部指数、体部指数和体脂率

指数	不同年龄组（岁）的指标值（$\bar{x} \pm s$）						合计
	18～	30～	40～	50～	60～	70～85	
头长宽指数	83.6±3.2	81.3±3.9	81.4±4.2	80.0±3.6	79.4±4.1	79.1±3.1	80.3±4.0
头长高指数	69.3±6.0	67.1±5.0	67.2±5.0	66.0±5.8	65.9±4.3	66.6±5.5	66.5±5.1
头宽高指数	83.2±9.8	82.6±6.7	82.7±6.8	82.7±7.6	83.2±6.1	84.3±6.6	83.0±6.8
形态面指数	80.8±1.7	81.7±4.3	83.0±5.1	83.5±4.1	85.3±6.8	84.9±5.3	83.7±5.4
鼻指数	87.4±6.1	83.2±8.8	81.5±8.0	81.6±7.6	81.7±7.3	86.1±6.7	82.6±7.8
口指数	41.7±7.8	36.4±12.2	33.6±7.4	33.4±7.4	28.9±7.7	24.3±7.6	31.7±9.4
身高坐高指数	54.4±1.0	53.6±1.4	53.0±1.6	53.3±1.5	53.1±1.6	52.9±1.5	53.2±1.5
身高体重指数	366.5±43.1	400.1±67.1	401.0±60.4	379.6±46.0	359.6±56.3	337.7±54.5	375.7±60.2
身高胸围指数	53.7±2.4	55.0±4.5	56.1±5.0	56.1±3.5	54.8±4.3	54.4±4.3	55.3±4.3
身高肩宽指数	23.2±1.1	23.6±0.9	23.7±1.1	23.3±1.2	23.5±1.1	23.2±1.2	23.5±1.1
身高骨盆宽指数	15.9±1.0	17.0±0.8	17.6±1.0	17.5±1.1	17.9±1.1	18.1±1.0	17.6±1.1
马氏躯干腿长指数	83.7±3.3	86.6±4.9	88.8±5.6	87.9±5.5	88.4±5.5	89.3±5.3	88.0±5.4
身高下肢长指数	52.4±1.5	52.5±1.4	52.8±1.5	53.3±1.4	54.1±2.0	54.9±1.9	53.5±1.8
身体质量指数/（kg/m²）	22.5±2.6	24.6±4.0	25.0±3.9	24.1±2.9	22.7±3.6	21.3±3.2	23.5±3.7
身体肥胖指数	25.1±2.8	26.7±3.0	27.0±3.5	27.4±2.7	26.9±3.5	25.7±2.7	26.8±3.1
体脂率/%	13.3±6.8	20.2±4.9	22.6±5.9	24.2±6.5	21.7±7.1	19.6±5.9	21.7±6.6

表 2-5-9　哈尼族女性头面部指数、体部指数和体脂率

指数	不同年龄组（岁）的指标值（$\bar{x} \pm s$）						合计	u
	18～	30～	40～	50～	60～	70～85		
头长宽指数	82.6±4.9	81.7±4.2	81.5±4.7	79.8±3.4	79.7±3.3	79.6±4.2	80.5±4.1	0.54
头长高指数	69.0±4.0	67.3±4.2	68.4±5.1	68.0±4.6	66.8±5.1	66.9±5.1	67.6±4.8	2.30*
头宽高指数	83.6±4.0	82.4±5.4	84.0±5.9	85.3±5.7	83.9±6.1	84.2±6.3	84.1±5.9	1.81
形态面指数	79.6±3.1	79.2±5.0	80.5±5.4	82.2±4.6	82.1±4.9	84.0±5.2	81.6±5.2	4.46**
鼻指数	78.6±5.1	82.0±7.1	80.2±6.7	83.4±7.7	83.2±7.6	78.6±8.2	81.6±7.6	1.56
口指数	35.4±7.4	35.3±5.5	32.6±7.7	31.1±7.5	26.8±7.5	24.1±8.2	30.1±8.3	2.03*
身高坐高指数	55.4±1.1	54.4±1.6	54.5±1.7	53.7±1.5	52.9±1.5	52.8±2.0	53.7±1.8	3.39**
身高体重指数	322.2±40.0	361.0±46.1	354.9±60.3	361.4±61.2	332.7±57.5	321.0±56.5	346.1±58.8	5.58**
身高胸围指数	53.7±2.0	56.8±4.4	56.4±4.5	57.2±5.2	55.9±4.9	56.4±6.0	56.4±5.0	2.81**
身高肩宽指数	23.0±0.6	22.7±0.9	22.7±1.0	22.8±1.1	22.7±1.0	22.5±1.0	22.7±1.0	8.19**
身高骨盆宽指数	17.5±1.1	18.2±1.0	18.2±0.9	18.6±1.0	19.0±0.9	19.3±1.1	18.6±1.1	10.84**
马氏躯干腿长指数	80.6±3.7	83.9±5.6	83.5±5.5	86.2±5.3	89.3±5.3	89.7±6.8	86.3±6.2	3.29**
身高下肢长指数	55.0±2.2	54.0±1.4	54.9±1.4	54.6±1.6	54.6±2.3	55.4±1.7	54.7±1.8	7.50**
身体质量指数/（kg/m²）	21.3±2.3	23.8±3.0	23.5±3.8	24.0±4.0	22.5±3.7	22.1±3.8	23.1±3.7	1.19
身体肥胖指数	29.1±3.2	31.5±3.2	31.2±3.7	31.7±4.0	30.7±3.3	31.6±3.7	31.3±3.6	15.13**
体脂率/%	28.0±4.3	32.6±3.6	34.3±4.3	36.5±4.8	34.9±5.0	33.8±6.0	34.4±5.0	23.60**

注：u 为性别间的 u 检验值。

*$P<0.05$，**$P<0.01$，差异具有统计学意义。

（宇克莉　张兴华）

第六节　黎　族

一、黎族简介

根据 2010 年第六次全国人口普查统计数据，黎族总人口为 1 463 064 人（国务院人口普查办公室，国家统计局人口和就业统计司，2012）。黎族主要聚居在海南省的陵水、保亭、三亚、乐东、东方、昌江、白沙、琼中、五指山等县市。黎语属汉藏语系壮侗语族中的黎语支。

五指山市位于海南岛中南部五指山腹地，地理坐标为东经 109°19′～109°44′、北纬18°38′～19°02′。五指山地区冬暖夏凉，不受寒潮侵袭，也不受台风影响，气候温和，属热带山区气候，年平均气温 22.4℃，年降雨量 1690mm，年均相对湿度 84%，全年日照时数2000h 左右。

研究组在海南省五指山市通什镇的番茅村、福关村、红雅村、什保村开展了黎族人体表型数据采集工作。被调查黎族成年男性年龄 44.3 岁±16.0 岁，女性年龄 44.1 岁±15.5 岁。

二、黎族的表型数据（表 2-6-1～表 2-6-7）

表 2-6-1　黎族男性头面部指标　　　　　　　　（单位：mm）

指标	不同年龄组（岁）的指标值（$\bar{x} \pm s$）						合计
	18～	30～	40～	50～	60～	70～85	
头长	182.4±6.8	184.1±6.8	186.1±6.9	188.8±6.6	189.3±6.3	188.6±5.6	186.1±7.1
头宽	157.4±7.5	155.3±5.5	152.1±6.1	150.5±7.7	147.1±7.7	145.0±7.5	152.3±7.9
额最小宽	116.0±4.5	113.5±4.9	111.9±4.8	112.0±6.1	110.4±5.2	110.8±4.2	112.8±5.3
面宽	146.2±6.4	146.1±5.0	143.4±4.0	144.3±7.6	142.2±5.9	142.4±5.8	144.5±6.0
下颌角间宽	117.9±6.5	118.7±6.1	118.6±5.4	118.5±7.3	116.8±6.1	115.0±6.6	117.9±6.4
眼内角间宽	35.8±3.1	35.7±2.7	35.4±3.1	35.7±3.7	35.5±3.6	35.8±3.3	35.7±3.2
眼外角间宽	97.8±5.2	99.6±6.0	97.0±5.2	97.3±5.9	93.8±4.9	93.6±5.4	97.1±5.8
鼻宽	39.1±2.8	39.3±2.5	39.5±2.8	39.7±3.2	41.4±3.3	40.0±3.7	39.7±3.0
口宽	49.7±3.4	53.2±3.6	53.9±4.0	53.9±4.3	53.9±4.1	54.1±4.8	52.9±4.3
容貌面高	190.2±7.9	188.5±6.7	189.5±7.1	189.8±8.3	190.3±8.6	187.4±7.4	189.4±7.6
形态面高	116.8±5.7	118.8±6.3	118.6±5.9	119.6±6.9	118.7±5.2	115.9±4.4	118.2±6.0
鼻高	50.4±3.1	50.6±3.2	50.9±2.7	51.1±3.4	51.0±2.6	50.9±3.4	50.8±3.1
上唇皮肤部高	13.8±2.9	16.2±2.4	16.9±2.4	17.7±2.4	17.9±2.7	18.4±2.0	16.5±2.9
唇高	21.1±2.8	20.3±3.0	19.8±3.2	18.8±3.8	15.9±3.2	15.4±4.3	19.1±3.8

续表

指标	不同年龄组（岁）的指标值（$\bar{x}\pm s$）						合计
	18～	30～	40～	50～	60～	70～85	
红唇厚度	9.8±1.8	9.2±1.7	8.6±1.7	8.1±2.1	6.9±1.8	5.9±1.5	8.5±2.1
容貌耳长	59.8±3.7	61.6±3.7	63.7±4.2	64.9±4.0	66.6±4.7	67.3±4.4	63.3±4.7
容貌耳宽	30.0±2.3	30.4±2.0	31.3±2.0	31.4±2.4	32.4±2.6	33.2±2.0	31.2±2.4
耳上头高	127.6±9.9	125.4±8.8	123.4±9.3	124.6±9.7	122.8±10.2	123.0±11.2	124.8±9.8

表 2-6-2　黎族女性头面部指标

指标	不同年龄组（岁）的指标值（$\bar{x}\pm s$）/mm						合计/mm	u
	18～	30～	40～	50～	60～	70～85		
头长	174.4±7.9	177.1±6.1	176.9±6.6	180.6±6.5	181.5±6.0	177.3±5.5	177.9±7.0	14.31**
头宽	150.0±5.6	149.1±5.9	147.2±4.8	145.5±7.2	141.9±5.8	138.4±5.5	146.6±6.7	9.66**
额最小宽	109.9±4.1	109.0±4.4	108.2±4.3	109.0±4.7	108.2±4.6	106.6±3.7	108.8±4.4	10.10**
面宽	138.5±5.5	138.0±4.1	138.0±4.2	137.3±6.1	134.3±5.6	133.6±3.2	137.2±5.2	15.79**
下颌角间宽	110.6±5.4	111.2±5.1	112.3±5.6	111.7±6.7	110.5±5.2	110.4±3.4	111.3±5.6	13.71**
眼内角间宽	34.4±2.7	33.7±3.0	33.3±2.4	34.0±3.1	34.7±3.2	34.1±2.6	34.0±2.9	6.83**
眼外角间宽	93.4±5.0	95.2±6.2	94.9±5.5	94.0±4.9	94.3±4.7	90.6±5.3	94.2±5.4	6.39**
鼻宽	36.9±2.5	37.9±2.7	38.7±6.2	38.7±2.8	39.2±3.2	40.4±3.2	38.3±3.9	4.88**
口宽	47.5±3.7	50.5±4.1	51.6±3.7	52.0±3.9	54.0±4.7	54.1±5.2	51.1±4.6	5.05**
容貌面高	180.0±7.9	181.7±7.2	183.1±7.0	182.6±8.4	182.0±7.7	174.1±5.7	181.5±7.8	12.66**
形态面高	110.3±5.2	111.0±5.6	111.3±6.5	111.5±5.9	111.6±6.0	106.6±5.7	110.9±5.9	15.17**
鼻高	49.0±3.0	49.3±2.7	49.7±2.8	49.4±2.9	49.0±3.2	49.1±1.6	49.3±2.9	6.23**
上唇皮肤部高	12.7±2.2	13.9±1.9	15.0±1.8	15.8±1.9	16.7±2.4	17.6±2.9	14.8±2.5	7.58**
唇高	19.9±2.3	19.4±2.7	19.5±2.7	18.0±2.8	16.9±3.4	15.4±2.9	18.7±3.0	1.60
红唇厚度	8.8±1.2	8.6±1.5	8.5±1.6	7.8±1.3	7.1±1.7	6.4±1.4	8.1±1.6	2.08*
容貌耳长	56.8±3.8	58.3±4.0	60.1±3.8	61.6±4.8	84.5±136.1	62.4±4.8	63.0±52.0	0.11
容貌耳宽	29.0±2.2	30.3±2.0	30.5±2.4	31.2±2.9	31.8±2.1	31.4±1.3	30.5±2.5	3.18**
耳上头高	122.8±8.4	120.1±7.4	120.7±7.2	120.1±8.2	115.6±8.1	113.0±6.7	119.8±8.2	6.82**

注：u 为性别间的 u 检验值。

*$P<0.05$，**$P<0.01$，差异具有统计学意义。

表 2-6-3　黎族男性体部指标

指标	不同年龄组（岁）的指标值（$\bar{x}\pm s$）						合计
	18～	30～	40～	50～	60～	70～85	
体重	60.4±10.5	62.3±9.9	59.2±8.7	63.0±9.9	59.9±10.6	54.6±9.0	60.5±10.0
身高	1669.0±57.9	1662.8±51.3	1633.2±58.6	1647.2±58.3	1602.8±59.8	1594.5±50.5	1642.4±61.4
髂前上棘点高	928.1±42.1	930.3±40.2	914.7±44.3	927.1±44.8	921.2±34.7	915.5±40.3	923.8±41.9

续表

指标	不同年龄组（岁）的指标值（$\bar{x}\pm s$）						合计
	18～	30～	40～	50～	60～	70～85	
坐高	889.6±35.7	882.4±29.1	864.4±33.3	869.9±34.5	843.9±32.6	829.2±23.0	868.9±37.1
肱骨内外上髁间径	67.2±3.2	68.4±3.3	68.0±3.3	68.6±3.2	67.8±3.4	68.0±3.4	68.0±3.3
股骨内外上髁间径	95.2±7.2	95.6±5.1	94.6±5.1	96.1±7.8	93.8±5.4	94.9±5.2	95.1±6.2
肩宽	390.5±18.4	388.8±14.7	383.7±16.8	383.1±16.3	372.8±17.6	368.4±12.1	383.4±17.7
骨盆宽	277.8±16.1	280.7±13.0	278.5±11.4	285.0±15.4	287.2±15.9	287.1±14.2	281.8±14.7
平静胸围	845.1±72.5	871.5±63.2	865.3±61.4	893.7±61.2	893.4±67.8	866.8±66.0	871.3±67.1
腰围	734.4±84.5	779.5±89.2	783.3±73.4	821.9±81.1	827.4±95.5	790.4±96.8	785.8±90.3
臀围	868.9±74.1	876.2±60.5	862.8±51.7	885.4±67.8	883.4±65.7	859.4±57.9	873.3±64.0
大腿围	496.6±48.8	490.8±44.8	481.9±42.7	487.5±49.1	485.3±49.9	447.2±55.5	485.4±48.9
上肢全长	733.6±32.6	737.3±32.6	723.8±35.8	728.2±30.7	714.5±30.5	715.8±34.9	727.6±33.5
下肢全长	892.0±38.5	895.3±36.3	881.3±40.7	893.0±40.9	889.3±32.0	885.1±39.6	889.8±38.4

注：体重的单位为 kg，其余指标值的单位为 mm。

表 2-6-4　黎族女性体部指标

指标	不同年龄组（岁）的指标值（$\bar{x}\pm s$）						合计	u
	18～	30～	40～	50～	60～	70～85		
体重	48.8±8.5	53.7±8.8	56.1±8.1	55.9±10.4	51.1±8.6	45.4±5.7	52.9±9.3	9.69**
身高	1552.9±58.2	1545.4±42.3	1543.4±53.4	1524.8±53.0	1496.5±61.7	1436.4±44.3	1530.2±59.6	22.82**
髂前上棘点高	874.4±37.7	881.0±31.1	875.9±39.2	867.0±37.7	856.7±44.5	817.3±29.6	869.3±39.7	16.43**
坐高	838.7±29.7	827.0±27.0	827.6±28.2	816.9±33.9	792.5±33.7	761.7±56.8	819.4±37.1	16.44**
肱骨内外上髁间径	58.9±3.0	60.6±2.3	61.5±2.5	62.5±2.6	62.2±2.4	61.6±1.9	61.1±2.8	27.72**
股骨内外上髁间径	87.2±7.6	89.1±5.8	91.0±7.0	90.6±6.9	89.6±6.2	88.8±5.0	89.5±6.8	10.73**
肩宽	347.0±13.8	350.9±14.9	349.8±16.5	349.3±16.1	342.5±19.4	322.9±13.4	347.0±16.9	25.91**
骨盆宽	266.4±15.4	276.8±12.9	280.0±13.9	285.4±15.7	279.4±12.5	279.4±13.7	277.6±15.4	3.41**
平静胸围	800.2±65.5	839.4±61.4	865.9±62.7	876.6±69.8	851.7±72.0	824.3±64.3	845.6±70.8	4.60**
腰围	684.4±91.8	733.5±81.3	780.9±77.1	817.0±91.1	794.2±105.5	808.2±79.0	762.5±99.9	13.24**
臀围	852.9±62.8	881.9±54.4	896.8±53.1	892.7±64.3	857.0±57.9	846.2±43.9	876.1±60.6	0.55
大腿围	497.2±45.9	510.8±46.5	522.7±46.3	508.0±51.9	466.7±50.2	437.1±33.7	500.2±52.1	3.61**
上肢全长	677.2±31.0	676.0±26.2	673.6±30.8	664.5±28.5	677.7±33.0	654.4±29.1	672.7±30.2	21.22**
下肢全长	846.9±34.9	852.5±29.3	847.8±36.0	841.2±34.3	832.7±41.2	797.3±29.6	842.7±36.4	15.50**

注：u 为性别间的 u 检验值；体重的单位为 kg，其余指标值的单位为 mm。

**P<0.01，差异具有统计学意义。

表 2-6-5 黎族观察指标情况

指标	分型	男性		女性		合计		u
		人数	占比/%	人数	占比/%	人数	占比/%	
上眼睑皱褶	有	282	91.6	269	90.0	551	90.8	0.68
	无	26	8.4	30	10.0	56	9.2	0.68
内眦褶	有	114	37.0	118	39.5	232	38.2	0.62
	无	194	63.0	181	60.5	375	61.8	0.62
眼裂高度	狭窄	139	45.1	110	36.8	249	41.0	2.09*
	中等	147	47.7	155	51.8	302	49.8	1.01
	宽	22	7.2	34	11.4	56	9.2	1.80
眼裂倾斜度	内角高	1	0.3	0	0.0	1	0.2	0.99
	水平	67	21.8	52	17.4	119	19.6	1.35
	外角高	240	77.9	247	82.6	487	80.2	1.45
鼻背侧面观	凹型	32	10.4	109	36.5	141	23.2	7.60**
	直型	269	87.3	189	63.2	458	75.5	6.91**
	凸型	7	2.3	1	0.3	8	1.3	2.09*
	波型	0	0.0	0	0.0	0	0.0	
鼻基底方向	上翘	115	37.3	159	53.2	274	45.1	3.92**
	水平	182	59.1	134	44.8	316	52.1	3.52**
	下垂	11	3.6	6	2.0	17	2.8	1.17
鼻翼宽	窄	13	4.2	27	9.0	40	6.6	2.39*
	中	129	41.9	164	54.9	293	48.3	3.20**
	宽	166	53.9	108	36.1	274	45.1	4.40**
耳垂类型	三角形	91	29.6	127	42.5	218	53.2	3.32**
	方形	21	6.8	23	7.7	44	7.3	0.42
	圆形	196	63.6	149	49.8	345	39.5	3.43**
上唇皮肤部高	低	12	3.9	23	7.7	35	5.8	2.01*
	中等	248	80.5	269	90.0	517	85.2	3.27**
	高	48	15.6	7	2.3	55	9.0	5.68**
红唇厚度	薄唇	95	30.8	93	31.1	188	31.0	0.07
	中唇	168	54.6	193	64.5	361	59.5	2.51*
	厚唇	45	14.6	13	4.4	58	9.5	4.30**

注：u 为性别间率的 u 检验值。

*P<0.05，**P<0.01，差异具有统计学意义。

表 2-6-6 黎族男性头面部指数、体部指数和体脂率

指数	不同年龄组（岁）的指标值（$\bar{x}\pm s$）						合计
	18～	30～	40～	50～	60～	70～85	
头长宽指数	86.4±5.3	84.5±5.3	81.9±4.5	79.8±5.1	77.8±4.8	77.0±4.7	82.0±5.9
头长高指数	70.0±5.3	68.2±5.1	66.3±4.8	66.0±5.2	64.9±5.3	65.2±5.4	67.1±5.4
头宽高指数	81.1±6.3	80.8±5.6	81.1±6.0	82.9±6.5	83.7±7.9	84.9±7.4	82.0±6.5

续表

指数	不同年龄组（岁）的指标值（$\bar{x}\pm s$）						合计
	18～	30～	40～	50～	60～	70～85	
形态面指数	80.0±4.7	81.4±5.0	82.8±4.3	83.0±5.9	83.6±3.8	81.5±3.5	82.0±4.9
鼻指数	77.8±6.5	78.0±7.0	77.9±7.4	78.0±8.1	81.6±8.6	79.0±9.6	78.5±7.7
口指数	42.6±6.3	38.3±6.2	36.9±6.5	35.1±8.0	29.7±5.9	28.8±8.9	36.5±8.1
身高坐高指数	53.3±1.2	53.1±1.4	52.9±1.4	52.8±1.2	52.7±1.0	52.0±1.1	52.9±1.3
身高体重指数	361.1±57.3	374.8±57.8	362.2±50.7	381.7±55.2	372.6±59.0	342.0±51.6	367.8±56.1
身高胸围指数	50.6±4.1	52.5±4.1	53.0±3.8	54.3±3.4	55.7±3.9	54.4±3.8	53.1±4.2
身高肩宽指数	23.4±0.9	23.4±0.9	23.5±0.8	23.3±0.7	23.3±0.9	23.1±0.8	23.4±0.8
身高骨盆宽指数	16.6±0.8	16.9±0.8	17.1±0.8	17.3±0.8	17.9±0.8	18.0±0.7	17.2±0.9
马氏躯干腿长指数	87.7±4.4	88.5±4.7	89.0±5.3	89.4±4.2	90.0±3.6	92.3±4.0	89.1±4.6
身高下肢长指数	53.4±1.5	53.8±1.4	54.0±1.7	54.2±1.4	55.5±1.3	55.5±1.4	54.2±1.6
身体质量指数/（kg/m²）	21.6±3.3	22.6±3.5	22.2±3.2	23.2±3.2	23.2±3.4	21.4±3.1	22.4±3.3
身体肥胖指数	22.3±3.3	22.9±3.1	23.4±3.2	23.9±3.1	25.6±3.0	24.7±2.6	23.6±3.3
体脂率/%	13.3±4.6	16.6±4.3	18.6±4.1	20.9±5.8	21.6±4.4	18.9±4.7	17.9±5.5

表 2-6-7　黎族女性头面部指数、体部指数和体脂率

指数	不同年龄组（岁）的指标值（$\bar{x}\pm s$）						合计	u
	18～	30～	40～	50～	60～	70～85		
头长宽指数	86.1±4.6	84.3±4.4	83.3±4.4	80.7±5.1	78.3±4.6	78.2±4.2	82.6±5.3	1.17
头长高指数	70.5±5.5	67.8±3.9	68.3±4.4	66.6±5.1	63.7±4.6	63.8±4.7	67.4±5.2	0.74
头宽高指数	81.9±5.5	80.6±5.0	82.1±4.9	82.7±5.9	81.5±5.8	81.8±6.0	81.8±5.4	0.50
形态面指数	79.7±4.3	80.5±4.4	80.7±4.9	81.3±4.4	83.2±4.7	79.9±4.5	80.9±4.6	2.75**
鼻指数	75.5±6.5	77.0±6.3	78.2±12.6	78.5±6.2	80.3±8.0	82.1±5.9	77.9±8.4	0.79
口指数	42.1±5.9	38.7±6.5	37.8±5.5	34.7±5.1	31.7±7.3	28.9±6.4	36.9±7.1	0.73
身高坐高指数	54.0±1.1	53.5±1.1	53.6±1.4	53.6±1.3	53.0±1.6	53.1±4.2	53.6±1.6	5.56**
身高体重指数	313.9±51.0	346.8±53.6	362.7±47.5	365.9±61.5	341.5±54.9	315.7±37.6	345.1±56.3	4.98**
身高胸围指数	51.6±4.3	54.3±4.0	56.1±3.7	57.5±4.3	57.0±5.4	57.5±5.1	55.3±4.8	6.07**
身高肩宽指数	22.4±0.8	22.7±0.9	22.7±0.9	22.9±0.9	22.9±1.1	22.5±1.0	22.7±0.9	9.19**
身高骨盆宽指数	17.2±0.9	17.9±0.8	18.1±0.7	18.7±0.8	18.7±0.9	19.5±0.9	18.2±1.0	12.60**
马氏躯干腿长指数	85.2±3.9	87.0±3.9	86.5±5.0	86.8±4.4	88.9±5.6	89.4±12.3	86.9±5.2	5.59**
身高下肢长指数	54.5±1.3	55.2±1.4	54.9±1.2	55.2±1.4	55.7±1.8	55.5±1.1	55.1±1.4	7.22**
身体质量指数/（kg/m²）	20.2±3.2	22.4±3.4	23.5±2.9	24.0±3.7	22.9±3.8	22.0±2.7	22.6±3.6	0.57
身体肥胖指数	26.1±3.4	27.9±3.0	28.8±2.7	29.4±3.0	28.9±4.0	31.2±2.5	28.4±3.4	17.73**
体脂率/%	23.6±4.0	26.5±4.4	30.7±3.5	31.5±3.9	30.3±4.2	30.6±4.3	28.5±5.0	24.92**

注：u 为性别间的 u 检验值。

**$P<0.01$，差异具有统计学意义。

（李咏兰）

第七节 哈 萨 克 族

一、哈萨克族简介

哈萨克族是跨境族群，主要分布在哈萨克斯坦、中国、俄罗斯、蒙古国等中亚及西亚的国家（努尔巴哈提·吐尔逊，2016）。根据 2010 年第六次全国人口普查统计数据，在中国境内的哈萨克族共有 146.26 万人（国务院人口普查办公室，国家统计局人口和就业统计司，2012），主要聚居在新疆维吾尔自治区伊犁哈萨克自治州、木垒哈萨克自治县、巴里坤哈萨克自治县，还有少数分布在甘肃省西部的阿克塞哈萨克族自治县等地区。哈萨克族有本民族的语言哈萨克语，属于阿尔泰语系突厥语族克普恰克语组。

塔城地区位于新疆维吾尔自治区西北部，地处东经 82°16′~87°21′、北纬 43°25′~47°15′，最高海拔 5000m，最低海拔 1100m，属中温带干旱和半干旱气候，年平均气温 9℃，年日照时数 2800~3000h，全年无霜期 130~190d。

2017 年研究组在新疆维吾尔自治区伊犁哈萨克自治州塔城地区塔城市和布克赛尔蒙古自治县开展了哈萨克族人体表型数据采集工作。被调查者男性年龄 46.2 岁±14.6 岁，女性年龄 44.9 岁±12.4 岁。

二、哈萨克族的表型数据（表 2-7-1～表 2-7-9）

表 2-7-1　哈萨克族男性头面部指标 （单位：mm）

指标	不同年龄组（岁）的指标值（$\bar{x}\pm s$）						合计
	18～	30～	40～	50～	60～	70～85	
头长	175.9±11.3	178.7±11.5	177.5±13.4	180.0±12.1	174.1±13.5	176.5±11.1	177.6±12.4
头宽	147.1±12.0	149.0±9.7	147.5±10.6	147.4±9.9	147.2±10.7	144.8±12.0	147.5±10.6
额最小宽	90.7±18.5	89.4±17.5	90.4±18.3	90.6±19.8	83.9±18.1	79.5±13.5	88.8±18.4
面宽	140.2±15.6	142.6±16.4	143.2±17.4	142.7±16.0	139.5±17.9	137.7±13.1	141.8±16.5
下颌角间宽	91.0±20.8	94.9±19.3	96.0±20.9	95.7±19.3	89.2±19.4	86.7±16.0	93.7±19.9
眼内角间宽	34.7±3.3	33.8±3.9	33.1±3.5	32.1±3.8	33.0±3.3	33.4±3.2	33.2±3.7
眼外角间宽	105.2±6.7	103.6±7.0	104.0±7.9	102.8±6.7	102.2±5.9	100.2±6.0	103.4±7.1
鼻宽	37.0±2.7	37.8±4.6	38.0±3.3	39.5±3.6	40.2±3.1	41.4±4.1	38.6±3.8
口宽	53.4±4.7	54.6±5.0	55.7±4.9	56.9±5.0	57.9±6.0	57.7±6.1	55.8±5.3
容貌面高	190.2±8.1	190.0±13.3	191.8±14.5	193.0±9.7	192.2±10.0	191.8±10.2	191.5±11.8
形态面高	125.7±8.7	127.7±9.1	128.5±10.9	128.7±9.9	133.0±15.0	132.9±15.0	128.8±11.1
鼻高	57.8±7.6	59.2±7.1	59.6±7.2	59.3±7.6	62.8±7.9	64.9±8.7	59.9±7.7
上唇皮肤部高	19.0±2.9	19.8±3.1	20.9±2.9	20.6±3.2	21.8±3.2	21.3±3.6	20.5±3.2
唇高	18.2±3.2	16.3±3.3	16.3±3.5	15.0±3.3	14.5±3.3	14.1±2.6	15.9±3.5

续表

指标	不同年龄组（岁）的指标值（$\bar{x}\pm s$）						合计
	18～	30～	40～	50～	60～	70～85	
红唇厚度	7.7±1.7	7.1±1.7	7.2±2.3	6.8±2.2	6.0±2.7	5.6±1.8	6.9±2.2
容貌耳长	61.7±5.4	64.1±5.2	66.6±5.5	69.0±5.8	70.9±5.9	73.1±4.9	66.9±6.4
容貌耳宽	30.2±3.7	31.3±3.3	31.5±3.2	32.3±3.2	32.5±3.5	30.0±3.2	31.5±3.4
耳上头高	126.5±17.6	124.6±19.3	122.3±20.5	119.4±19.1	120.3±21.1	123.4±18.7	122.5±19.6

表 2-7-2　哈萨克族女性头面部指标

指标	不同年龄组（岁）的指标值（$\bar{x}\pm s$）/mm						合计/mm	u
	18～	30～	40～	50～	60～	70～85		
头长	166.2±12.4	164.8±11.6	165.1±13.2	168.8±12.3	171.0±12.0	166.0±12.6	166.7±12.6	13.17**
头宽	142.2±12.1	139.5±10.5	141.0±10.4	141.3±11.0	141.5±11.5	141.4±7.6	141.0±10.8	9.18**
额最小宽	85.5±19.3	81.5±18.3	81.2±18.9	84.8±20.2	87.1±20.1	79.1±19.1	83.2±19.3	4.49**
面宽	136.9±16.4	133.9±15.3	133.4±14.9	136.9±17.2	138.4±15.4	131.2±9.0	135.2±15.8	6.15**
下颌角间宽	86.7±21.8	85.3±20.0	84.3±19.3	87.2±20.3	88.9±18.8	81.1±11.8	85.9±19.8	5.93**
眼内角间宽	34.3±3.4	32.4±3.1	32.1±3.3	31.8±3.2	32.0±4.3	32.9±3.9	32.4±3.5	3.34**
眼外角间宽	102.0±7.1	100.5±6.3	100.0±6.4	99.3±6.3	98.2±6.4	96.1±4.2	99.9±6.5	7.72**
鼻宽	35.0±5.5	35.0±3.8	35.0±3.2	36.0±3.5	36.7±5.2	37.8±3.1	35.4±4.0	12.41**
口宽	50.3±5.8	51.1±5.4	53.2±4.6	53.8±5.2	54.9±5.5	58.1±9.1	52.8±5.5	8.40**
容貌面高	184.3±10.6	185.6±8.3	184.2±10.9	186.1±9.1	182.3±10.9	179.7±11.5	184.6±10.0	9.43**
形态面高	119.1±8.9	121.6±10.0	122.4±10.2	123.9±10.4	121.6±11.5	119.8±14.5	122.0±10.3	9.54**
鼻高	55.7±6.6	56.7±7.1	58.2±7.3	56.8±7.9	56.5±8.6	60.8±9.4	57.1±7.5	5.55**
上唇皮肤部高	18.0±2.8	18.4±2.1	18.9±2.4	19.8±2.9	19.1±3.1	19.8±4.0	18.9±2.7	8.08**
唇高	17.4±3.3	16.6±3.4	14.8±3.1	14.7±2.8	13.1±4.2	12.1±4.5	15.2±3.5	3.02**
红唇厚度	7.3±1.5	7.5±2.1	6.5±1.8	6.6±1.9	5.7±2.2	4.7±2.0	6.7±2.0	1.43
容貌耳长	60.5±5.0	62.1±6.5	65.1±5.1	68.9±6.4	70.6±7.7	73.3±4.2	65.5±6.9	3.19**
容貌耳宽	28.3±3.3	29.4±2.9	29.3±3.5	30.5±4.0	31.3±4.3	30.0±2.5	29.7±3.7	7.68**
耳上头高	124.4±15.6	122.5±15.9	124.3±15.9	120.1±15.9	115.0±16.6	126.5±14.7	122.1±16.1	0.33

注：u 为性别间的 u 检验值。

**$P<0.01$，差异具有统计学意义。

表 2-7-3　哈萨克族男性体部指标

指标	不同年龄组（岁）的指标值（$\bar{x}\pm s$）						合计
	18～	30～	40～	50～	60～	70～85	
体重	65.9±9.0	73.6±12.8	75.6±14.5	74.7±13.1	74.3±13.0	65.9±9.6	72.9±13.2
身高	1737.5±63.5	1702.0±63.2	1689.2±60.0	1677.8±60.8	1665.3±58.2	1638.7±50.3	1689.7±65.0
髂前上棘点高	995.6±56.7	972.7±52.5	965.9±45.6	973.1±50.9	969.6±46.5	952.6±36.4	972.4±50.2

续表

指标	不同年龄组（岁）的指标值（$\bar{x}\pm s$）						合计
	18～	30～	40～	50～	60～	70～85	
坐高	913.7±34.0	897.2±37.8	893.3±34.6	876.0±41.4	871.5±36.3	859.9±29.6	888.4±39.4
肱骨内外上髁间径	58.3±10.8	63.1±13.0	62.1±9.3	63.4±10.8	61.6±12.3	58.8±10.5	61.7±11.1
股骨内外上髁间径	88.2±11.8	89.6±12.5	90.5±12.1	91.7±12.5	90.6±12.8	85.4±11.3	89.9±12.3
肩宽	376.9±29.7	380.3±30.7	376.5±32.0	372.0±32.9	371.0±28.3	370.9±27.5	375.3±31.0
骨盆宽	311.9±20.9	326.3±22.6	327.9±24.1	328.9±26.6	333.3±20.1	330.7±20.0	326.4±24.0
平静胸围	883.4±62.6	944.2±83.4	962.6±95.3	973.4±86.2	981.9±89.2	937.7±81.9	951.2±90.2
腰围	788.5±81.6	882.7±107.8	924.4±119.8	952.6±117.7	957.9±127.9	909.7±126.1	906.9±125.4
臀围	942.8±52.6	986.0±64.5	999.2±75.2	1006.5±72.4	1013.0±77.2	975.8±63.5	990.6±72.3
大腿围	489.6±37.6	496.4±49.4	495.0±69.3	495.8±65.3	487.5±55.9	470.8±52.9	492.2±58.8
上肢全长	763.6±45.0	752.1±44.1	744.9±36.5	748.2±43.7	747.3±28.1	730.6±37.4	748.9±40.6
下肢全长	953.3±53.7	933.4±48.6	927.3±42.1	936.1±47.3	933.6±42.1	920.0±33.0	934.2±46.3

注：体重的单位为 kg，其余指标值的单位为 mm。

表 2-7-4　哈萨克族女性体部指标

指标	不同年龄组（岁）的指标值（$\bar{x}\pm s$）						合计	u
	18～	30～	40～	50～	60～	70～85		
体重	57.4±10.3	63.2±11.1	66.1±11.9	68.3±13.4	64.4±11.2	59.4±13.3	64.6±12.3	9.78**
身高	1595.1±51.1	1584.3±50.5	1576.4±56.4	1562.8±63.5	1540.9±51.5	1513.4±63.1	1572.5±58.3	28.47**
髂前上棘点高	933.1±43.4	926.4±39.7	923.4±45.2	925.7±49.3	907.3±44.1	866.4±47.0	923.1±45.8	15.40**
坐高	860.9±36.1	852.1±32.8	843.1±34.7	832.1±36.4	805.1±31.4	794.3±34.8	839.9±38.2	18.83**
肱骨内外上髁间径	50.8±9.9	54.2±10.5	54.2±10.9	59.5±13.2	59.8±11.5	57.3±14.6	55.5±11.8	8.19**
股骨内外上髁间径	81.2±12.7	84.1±13.1	83.3±12.3	86.1±13.3	86.5±13.5	83.7±10.3	84.1±12.9	6.96**
肩宽	336.4±26.3	340.9±28.1	344.8±24.6	340.4±27.1	333.0±26.8	351.3±29.6	340.8±26.6	17.87**
骨盆宽	303.7±29.6	320.6±31.4	327.0±27.9	330.7±28.6	324.5±24.0	333.9±25.3	323.4±29.7	1.70
平静胸围	873.6±72.7	918.1±88.6	953.5±102.7	984.2±111.1	967.4±109.1	956.9±122.8	944.3±105.3	1.07
腰围	749.3±116.8	821.2±106.5	867.5±111.4	925.2±123.5	958.5±118.4	945.8±120.4	866.4±130.7	4.78**
臀围	942.9±72.2	992.3±81.4	1011.0±81.0	1039.3±89.8	1033.8±83.5	1010.6±67.9	1006.9±87.1	3.10**
大腿围	502.2±49.5	527.2±53.9	522.7±54.3	507.5±59.1	489.0±54.8	490.4±43.5	513.3±55.8	5.54**
上肢全长	687.8±32.9	692.9±39.6	680.8±34.5	691.4±45.8	683.7±27.5	670.1±45.7	686.6±38.0	23.82**
下肢全长	902.5±41.7	895.9±37.8	893.8±42.9	897.2±46.1	879.8±41.3	839.4±45.0	893.7±43.3	13.58**

注：u 为性别间的 u 检验值；体重的单位为 kg，其余指标值的单位为 mm。

**$P<0.01$，差异具有统计学意义。

表 2-7-5　哈萨克族观察指标情况

指标	分型	男性		女性		合计		u
		人数	占比/%	人数	占比/%	人数	占比/%	
上眼睑皱褶	有	296	72.2	419	81.8	715	77.5	3.49**
	无	114	27.8	93	18.2	207	22.5	3.49**
内眦褶	有	101	24.6	98	19.1	199	21.6	2.01*
	无	309	75.4	414	80.9	723	78.4	2.01*
眼裂高度	狭窄	45	11.0	30	5.9	75	8.1	2.82**
	中等	282	68.8	375	73.2	657	71.3	1.49
	较宽	83	20.2	107	20.9	190	20.6	0.24
眼裂倾斜度	内角高	105	25.6	145	28.3	250	27.1	0.92
	水平	196	47.8	254	49.6	450	48.8	0.54
	外角高	109	26.6	113	22.1	222	24.1	1.59
鼻背侧面观	凹型	25	6.1	76	14.8	101	11.0	4.23**
	直型	244	59.5	340	66.4	584	63.3	2.16*
	凸型	101	24.6	63	12.3	164	17.8	4.86**
	波型	40	9.8	33	6.4	73	7.9	1.85
鼻基底方向	上翘	113	27.6	144	28.1	257	27.9	0.19
	水平	219	53.4	311	60.7	530	57.5	2.24*
	下垂	78	19.0	57	11.1	135	14.6	3.37**
鼻翼宽	狭窄	55	13.4	112	21.9	167	18.1	3.31**
	中等	15	3.7	38	7.4	53	5.7	2.44*
	宽阔	340	82.9	362	70.7	702	76.1	4.33**
耳垂类型	三角形	119	29.0	140	27.3	259	28.1	0.56
	方形	103	25.1	135	26.4	238	25.8	0.43
	圆形	188	45.9	237	46.3	425	46.1	0.13
上唇皮肤部高	低	2	0.5	3	0.6	5	0.5	0.20
	中等	143	34.9	297	58.0	440	47.7	6.99**
	高	265	64.6	212	41.4	477	51.7	7.01**
红唇厚度	薄唇	273	66.6	376	73.4	649	70.4	2.26*
	中唇	121	29.5	127	24.8	248	26.9	1.60
	厚唇	16	3.9	9	1.8	25	2.7	1.99
利手	左型	20	4.9	32	6.3	52	5.6	0.90
	右型	390	95.1	480	93.8	870	94.4	0.90
扣手	左型	170	41.5	198	38.7	368	39.9	0.86
	右型	240	58.5	314	61.3	554	60.1	0.86
卷舌	是	237	57.8	299	58.4	536	58.1	0.18
	否	173	42.2	213	41.6	386	41.9	0.18

注：u 为性别间率的 u 检验值。

*$P<0.05$，**$P<0.01$，差异具有统计学意义。

表 2-7-6　哈萨克族男性生理指标

指标	不同年龄组（岁）的指标值（$\bar{x} \pm s$）						合计
	18～	30～	40～	50～	60～	70～85	
收缩压/mmHg	121.5±14.3	123.8±15.7	128.0±18.5	135.4±19.9	140.9±20.8	141.3±22.6	130.3±19.5
舒张压/mmHg	74.6±12.5	77.5±12.3	81.5±15.3	85.9±15.1	83.6±14.9	86.1±13.2	81.3±14.6
心率/（次/分）	79.6±12.6	78.3±11.0	81.1±12.3	80.6±12.8	79.3±13.4	83.8±14.5	80.2±12.5

表 2-7-7　哈萨克族女性生理指标

指标	不同年龄组（岁）的指标值（$\bar{x} \pm s$）						合计	u
	18～	30～	40～	50～	60～	70～85		
收缩压/mmHg	107.7±13.7	109.0±14.4	120.0±19.2	131.2±23.4	132.5±26.1	141.9±15.2	120.4±21.8	7.27**
舒张压/mmHg	67.0±11.9	68.2±11.9	74.9±13.7	81.7±16.1	78.0±13.9	82.2±11.6	74.5±14.7	7.01**
心率/（次/分）	86.9±12.1	80.2±9.9	80.0±10.7	78.6±10.3	78.2±8.1	81.8±11.4	80.5±10.7	0.39

注：u 为性别间的 u 检验值。

**$P < 0.01$，差异具有统计学意义。

表 2-7-8　哈萨克族男性头面部指数、体部指数和体脂率

指数	不同年龄组（岁）的指标值（$\bar{x} \pm s$）						合计
	18～	30～	40～	50～	60～	70～85	
头长宽指数	83.7±6.4	83.6±5.4	83.5±7.7	82.1±6.4	84.8±7.4	82.0±4.0	83.3±6.6
头长高指数	72.5±13.1	70.3±13.3	69.6±14.2	66.9±13.3	69.9±15.5	70.4±12.6	69.6±13.8
头宽高指数	86.9±16.0	84.0±14.3	83.3±15.5	81.4±14.7	82.6±17.9	86.1±16.3	83.6±15.5
形态面指数	91.0±14.0	91.1±14.1	91.5±16.2	91.7±14.8	96.9±16.4	97.4±14.7	92.4±15.2
鼻指数	65.1±9.9	64.7±10.1	64.5±8.7	67.5±10.1	64.9±9.0	64.8±10.0	65.3±9.6
口指数	34.3±6.8	30.0±6.5	29.4±6.7	26.6±6.2	25.3±6.2	24.8±6.1	28.8±7.0
身高坐高指数	52.6±1.6	52.7±1.5	52.9±1.5	52.2±2.2	52.3±1.3	52.5±1.3	52.6±1.7
身高体重指数	379.8±52.7	431.4±68.9	446.6±77.5	444.9±74.2	446.0±75.9	402.0±55.6	431.2±74.1
身高胸围指数	50.9±4.2	55.5±4.7	57.0±5.0	58.1±5.2	59.0±5.7	57.3±5.3	56.4±5.5
身高肩宽指数	21.7±1.8	22.4±1.8	22.3±1.7	22.2±1.9	22.3±1.5	22.6±1.6	22.2±1.8
身高骨盆宽指数	18.0±1.2	19.2±1.1	19.4±1.3	19.6±1.5	20.0±1.1	20.2±1.1	19.3±1.4
马氏躯干腿长指数	90.3±5.9	89.8±5.3	89.2±5.3	91.8±9.6	91.2±4.9	90.7±4.7	90.4±6.5
身高下肢长指数	54.9±2.7	54.8±2.0	54.9±2.0	55.8±2.3	56.1±1.8	56.2±1.4	55.3±2.2
身体质量指数/（kg/m²）	21.9±3.3	25.3±3.9	26.4±4.3	26.5±4.3	26.8±4.6	24.5±3.4	25.5±4.3
身体肥胖指数	23.3±3.5	26.5±3.1	27.5±3.2	28.4±3.6	29.2±4.2	28.6±3.3	27.2±3.9
体脂率/%	16.0±3.3	19.5±2.4	21.7±3.3	23.5±4.0	23.1±4.3	23.8±3.2	21.2±4.2

表 2-7-9 哈萨克族女性头面部指数、体部指数和体脂率

指数	不同年龄组（岁）的指标值（$\bar{x}\pm s$）						合计	u
	18～	30～	40～	50～	60～	70～85		
头长宽指数	85.8±7.1	84.8±6.7	85.6±5.6	83.9±6.0	82.9±6.3	85.3±4.2	84.8±6.2	3.52**
头长高指数	75.6±13.1	75.0±13.0	76.1±13.4	71.9±13.0	67.9±12.7	76.8±12.5	74.1±13.3	5.00**
头宽高指数	88.3±14.4	88.5±14.4	88.8±14.1	85.7±14.0	82.0±14.7	89.8±12.1	87.3±14.3	3.73**
形态面指数	88.6±14.7	92.3±15.3	93.1±14.5	92.4±16.5	89.3±14.8	92.0±14.7	91.8±15.2	0.60
鼻指数	63.7±13.6	62.6±9.7	60.9±8.5	64.6±10.6	66.3±13.1	63.1±8.6	63.0±10.6	3.45**
口指数	35.0±7.9	32.7±7.0	28.1±6.8	27.5±5.8	24.2±9.1	21.5±9.0	29.3±7.8	1.02
身高坐高指数	54.0±1.7	53.8±1.3	53.5±1.7	53.3±1.7	52.3±1.6	52.5±0.8	53.4±1.7	7.10**
身高体重指数	359.6±61.2	398.4±65.4	419.1±70.7	436.4±79.6	417.6±69.7	391.0±79.2	410.3±74.3	4.25**
身高胸围指数	54.8±4.6	58.0±5.6	60.5±6.5	63.0±7.2	62.8±7.4	63.2±7.4	60.1±6.9	9.06**
身高肩宽指数	21.1±1.6	21.5±1.8	21.9±1.6	21.8±1.7	21.6±1.6	23.2±1.4	21.7±1.7	4.30**
身高骨盆宽指数	19.0±1.8	20.2±1.9	20.7±1.6	21.2±1.7	21.1±1.5	22.0±1.1	20.6±1.9	11.95**
马氏躯干腿长指数	85.4±5.8	86.0±4.6	87.1±6.0	87.9±5.9	91.5±5.7	90.6±3.0	87.4±5.9	7.25**
身高下肢长指数	56.6±1.9	56.6±1.8	56.7±1.9	57.4±1.8	57.1±1.8	55.5±2.0	56.8±1.9	10.92**
身体质量指数/（kg/m²）	22.5±3.8	25.1±4.0	26.6±4.4	27.9±5.0	27.1±4.5	25.8±4.8	26.1±4.7	2.02*
身体肥胖指数	28.9±4.0	31.8±4.0	33.1±4.3	35.3±5.0	36.1±5.0	36.3±3.2	33.2±5.0	20.47**
体脂率/%	24.8±2.9	26.9±3.0	29.8±2.6	31.8±3.1	31.7±2.9	31.1±3.4	29.2±3.8	29.98**

注：u 为性别间的 u 检验值。

*$P<0.05$，**$P<0.01$，差异具有统计学意义。

（张咸鹏 温有锋）

第八节 傣 族

一、傣 族 简 介

傣族分布在中国、印度、越南、柬埔寨、泰国等国家。2010 年第六次全国人口普查统计数据显示，傣族总人口为 1 261 311 人（国务院人口普查办公室，国家统计局人口和就业统计司，2012），主要聚居在云南省西双版纳傣族自治州、德宏傣族景颇族自治州及耿马和孟连两个自治县。民族语言为傣语（泰语），属汉藏语系壮侗语族壮傣语支。

勐海县位于西双版纳傣族自治州西部，地处东经 99°56′～100°41′、北纬 21°28′～22°28′，最高海拔 2429m，最低海拔 535m，属热带、亚热带西南季风气候，年平均气温 18.7℃，年日照时数 2088h，年降雨量 1341mm，全年有霜期 32d 左右，雾多是勐海坝区的特点，平均每年雾日 107.5～160.2d。

研究组在云南西双版纳傣族自治州勐海县打洛镇开展了傣族人体表型数据采集工作。被调查者男性年龄50.7 岁±15.2 岁，女性年龄 52.9 岁±13.6 岁。

二、傣族的表型数据（表 2-8-1～表 2-8-9）

表 2-8-1　傣族男性头面部指标　　　　　　　　　　　（单位：mm）

指标	不同年龄组（岁）的指标值（$\bar{x}\pm s$）						合计
	18～	30～	40～	50～	60～	70～85	
头长	181.3±6.2	183.7±6.8	184.9±7.7	184.2±6.8	184.6±7.3	186.0±7.8	184.1±7.1
头宽	155.6±7.2	155.0±7.3	153.6±7.4	156.0±6.9	152.6±6.8	153.9±5.8	154.4±7.0
额最小宽	107.3±4.7	108.5±6.7	108.7±8.9	109.5±7.1	107.7±7.6	109.4±6.9	108.5±7.2
面宽	142.4±5.7	143.4±5.2	143.2±5.5	144.8±5.8	142.2±5.4	142.4±5.6	143.2±5.6
下颌角间宽	115.9±4.5	117.9±6.0	117.7±6.4	117.8±6.7	116.4±6.5	115.7±5.4	117.0±6.2
眼内角间宽	32.6±3.1	32.6±2.6	31.5±3.4	32.8±3.6	32.8±3.9	34.1±3.7	32.7±3.5
眼外角间宽	91.6±3.8	92.3±4.4	89.8±4.8	90.2±4.5	90.1±4.7	88.6±4.6	90.4±4.6
鼻宽	38.0±3.0	39.1±2.9	39.6±3.3	41.0±3.5	40.0±4.0	40.6±3.2	39.9±3.5
口宽	48.4±4.4	49.9±3.9	49.8±4.1	51.9±4.3	52.0±5.3	49.8±4.7	50.7±4.7
容貌面高	186.8±7.1	190.5±16.2	188.9±8.8	188.1±8.1	188.7±9.3	187.2±7.2	188.5±10.0
形态面高	124.3±6.5	124.0±7.2	123.7±8.1	120.2±7.7	121.8±9.0	117.5±8.3	121.9±8.2
鼻高	50.1±4.4	50.5±3.8	50.6±4.4	49.4±3.8	50.2±4.5	49.7±4.1	50.0±4.2
上唇皮肤部高	15.0±2.8	14.9±2.5	15.8±2.8	16.1±2.4	17.4±2.8	17.7±2.8	16.2±2.8
唇高	19.8±3.4	16.9±3.3	16.2±3.8	14.9±3.5	14.1±3.8	11.6±5.0	15.4±4.3
红唇厚度	9.6±1.7	7.9±1.8	7.2±1.8	6.9±1.8	6.4±2.1	5.2±2.5	7.1±2.2
容貌耳长	59.2±4.5	60.3±3.0	61.1±4.4	64.1±4.7	65.0±4.9	65.8±4.1	62.9±5.0
容貌耳宽	27.5±2.6	28.8±2.1	29.6±2.8	30.7±3.9	31.1±4.2	31.8±3.9	30.0±3.7
耳上头高	122.0±9.6	121.8±10.0	121.4±9.5	123.7±10.1	121.6±10.3	124.2±9.3	122.2±9.8

表 2-8-2　傣族女性头面部指标

指标	不同年龄组（岁）的指标值（$\bar{x}\pm s$）/mm						合计/mm	u
	18～	30～	40～	50～	60～	70～85		
头长	174.7±7.1	177.1±6.8	177.5±6.8	177.1±6.5	176.6±8.7	176.0±8.0	176.8±7.2	15.20**
头宽	149.3±7.1	148.7±6.1	149.9±6.3	150.8±6.6	148.6±5.7	148.7±6.5	149.7±6.4	10.32**
额最小宽	103.0±6.7	106.5±8.3	107.0±6.7	107.6±6.7	106.0±7.1	104.8±5.6	106.4±6.9	4.41**
面宽	136.6±5.3	137.0±5.5	138.4±5.8	138.6±5.4	137.7±5.8	134.5±6.0	137.6±5.7	14.76**
下颌角间宽	109.5±4.9	111.5±5.7	112.3±6.4	112.3±6.7	112.7±6.6	110.2±5.9	111.8±6.3	12.39**
眼内角间宽	31.8±3.7	31.3±3.2	32.3±3.0	32.5±3.3	32.5±4.1	34.1±3.7	32.5±3.5	0.85
眼外角间宽	89.8±4.4	89.4±3.9	88.8±4.1	87.9±4.5	87.5±4.9	85.3±5.5	88.0±4.7	7.69**
鼻宽	35.3±2.3	36.1±2.9	37.2±3.1	38.2±2.8	38.3±3.0	38.0±3.0	37.5±3.1	10.65**
口宽	45.8±3.6	46.6±3.2	48.1±3.4	49.4±3.9	49.5±3.9	46.9±4.3	48.3±4.0	8.03**

续表

指标	不同年龄组（岁）的指标值（$\bar{x}\pm s$）/mm						合计/mm	u
	18～	30～	40～	50～	60～	70～85		
容貌面高	181.0±7.9	181.1±8.2	181.5±8.8	181.2±8.2	180.5±7.8	172.2±9.9	180.1±8.8	13.07**
形态面高	116.1±7.8	114.7±7.5	112.5±8.3	110.5±7.1	111.8±8.3	105.7±7.7	111.4±8.1	19.12**
鼻高	47.6±3.5	46.2±4.8	46.1±4.3	45.4±4.0	47.0±4.2	45.2±3.8	46.0±4.1	14.29**
上唇皮肤部高	13.5±2.6	14.1±2.4	14.6±2.2	14.7±2.5	15.5±2.5	15.7±2.5	14.8±2.5	7.74**
唇高	18.6±2.8	18.3±3.3	16.2±3.0	15.5±3.5	13.9±3.1	11.2±4.1	15.4±3.9	0.00
红唇厚度	8.4±1.5	8.4±1.9	7.3±1.6	7.1±1.7	6.3±1.6	4.9±1.9	7.0±2.0	0.70
容貌耳长	56.4±3.8	59.1±3.9	60.1±3.9	63.4±4.6	64.6±4.6	64.3±4.9	62.1±5.1	2.36*
容貌耳宽	27.4±2.1	28.6±2.4	32.0±26.2	31.9±22.5	30.6±3.4	30.9±2.9	30.8±17.2	1.07
耳上头高	117.8±9.3	121.2±10.3	120.4±10.6	121.4±9.8	119.2±8.3	119.8±8.7	120.3±9.7	2.89**

注：u 为性别间的 u 检验值。

*$P<0.05$，**$P<0.01$，差异具有统计学意义。

表 2-8-3　傣族男性体部指标

指标	不同年龄组（岁）的指标值（$\bar{x}\pm s$）						合计
	18～	30～	40～	50～	60～	70～85	
体重	58.4±9.6	61.5±8.7	62.9±8.8	62.8±10.1	61.0±10.6	55.6±9.9	61.0±10.0
身高	1622.1±53.9	1619.1±45.8	1624.7±55.3	1626.1±55.5	1595.3±52.5	1583.1±62.9	1613.1±55.9
髂前上棘点高	900.9±35.2	895.5±24.7	904.5±39.7	905.1±39.7	892.7±36.1	896.8±42.6	899.7±36.8
坐高	866.0±29.6	858.9±25.6	856.8±29.5	857.0±32.4	839.5±29.0	826.2±42.2	851.4±33.1
肱骨内外上髁间径	66.1±4.3	66.9±3.6	68.5±3.8	70.4±4.8	69.4±4.7	71.2±5.0	68.9±4.7
股骨内外上髁间径	91.1±3.5	91.2±5.6	91.8±4.3	93.8±5.2	93.5±6.0	94.1±5.3	92.7±5.3
肩宽	386.2±19.3	387.7±17.1	386.7±17.7	383.1±20.1	377.6±18.0	368.2±19.6	382.0±19.5
骨盆宽	268.0±14.8	274.4±16.1	280.9±15.3	282.1±18.7	282.6±16.6	278.2±18.7	278.8±17.6
平静胸围	871.5±58.1	897.4±47.3	907.1±54.4	909.1±67.7	909.5±73.4	882.2±67.9	900.0±64.5
腰围	759.7±81.7	804.4±69.2	827.5±74.7	834.4±95.3	833.0±111.9	804.3±91.4	816.7±94.1
臀围	906.9±54.1	924.0±52.9	926.1±48.2	929.8±59.1	920.5±70.1	883.8±56.2	919.0±59.8
大腿围	492.1±42.3	493.6±39.3	493.0±42.9	491.7±52.0	482.3±54.7	464.8±48.2	487.2±48.6
上肢全长	728.1±33.1	733.7±30.9	738.6±31.6	736.6±31.9	724.3±35.0	731.8±34.3	731.9±33.1
下肢全长	868.9±31.9	863.3±24.0	871.9±36.2	872.4±36.9	861.4±34.8	866.5±39.6	867.7±34.5

注：体重的单位为 kg，其余指标值的单位为 mm。

表 2-8-4　傣族女性体部指标

指标	不同年龄组（岁）的指标值（$\bar{x}\pm s$）						合计	u
	18～	30～	40～	50～	60～	70～85		
体重	49.6±6.3	53.5±8.3	56.8±9.9	56.3±9.1	54.5±8.9	48.1±9.5	54.3±9.4	10.19**
身高	1533.7±40.8	1529.1±53.9	1530.1±36.0	1531.6±54.1	1509.8±48.9	1466.2±62.7	1519.4±54.0	25.24**

续表

指标	不同年龄组（岁）的指标值（$\bar{x} \pm s$）						合计	u
	18～	30～	40～	50～	60～	70～85		
髂前上棘点高	868.8±29.5	862.8±32.5	870.0±29.7	875.9±42.2	864.3±41.2	843.9±38.5	866.8±38.5	13.05**
坐高	820.0±26.7	818.4±30.2	817.4±24.8	814.4±27.9	796.1±28.7	765.5±36.7	806.9±33.3	19.93**
肱骨内外上髁间径	58.7±3.6	60.9±4.0	62.5±4.4	64.3±4.4	63.9±4.0	61.7±3.5	62.7±4.4	20.10**
股骨内外上髁间径	83.4±4.3	85.2±5.8	86.5±6.1	86.5±6.0	85.8±7.1	83.8±6.8	85.7±6.3	18.21**
肩宽	351.5±12.7	351.6±14.5	350.9±17.5	347.8±16.1	342.7±15.4	327.9±20.7	345.8±17.7	28.59**
骨盆宽	270.5±13.3	276.3±17.5	284.5±18.3	285.4±20.0	285.9±15.7	285.1±15.9	283.0±18.3	3.49**
平静胸围	835.6±49.1	861.4±53.2	880.6±66.8	869.7±65.3	864.7±67.6	817.8±82.4	860.9±68.1	8.81**
腰围	715.6±70.3	733.8±68.4	770.8±87.9	783.6±86.3	797.5±95.4	765.9±96.0	770.6±89.5	7.42**
臀围	886.0±55.4	906.6±61.6	933.3±70.9	938.9±79.4	934.9±68.1	898.2±87.3	924.5±75.3	1.23
大腿围	501.0±37.0	510.8±51.1	520.9±51.3	509.0±58.1	492.8±49.2	457.8±43.5	502.0±54.4	4.32**
上肢全长	685.4±30.0	676.5±32.6	681.5±26.4	690.8±35.4	683.1±31.9	671.5±38.1	683.1±33.1	21.91**
下肢全长	842.1±26.7	836.4±30.4	843.2±28.2	849.3±39.8	839.2±38.1	821.0±36.6	840.9±36.0	11.35**

注：u 为性别间的 u 检验值；体重的单位为 kg，其余指标值的单位为 mm。

**$P < 0.01$，差异具有统计学意义。

表 2-8-5　傣族观察指标情况

指标	分型	男性		女性		合计		u
		人数	占比/%	人数	占比/%	人数	占比/%	
上眼睑皱褶	有	148	89.2	330	91.7	478	90.9	0.93
	无	18	10.8	30	8.3	48	9.1	0.93
内眦褶	有	25	15.1	75	20.8	100	19.0	1.57
	无	141	84.9	285	79.2	426	81.0	1.57
眼裂高度	狭窄	72	43.4	125	34.7	197	37.5	1.91
	中等	87	52.4	224	62.2	311	59.1	2.13*
	较宽	7	4.2	11	3.1	18	3.4	0.68
眼裂倾斜度	内角高	1	0.6	3	0.8	4	0.8	0.28
	水平	88	53.0	167	46.4	255	48.5	1.41
	外角高	77	46.4	190	52.8	267	50.7	1.36
鼻背侧面观	凹型	36	21.7	188	52.3	224	42.6	6.58**
	直型	117	70.5	166	46.1	283	53.8	5.21**
	凸型	11	6.6	3	0.8	14	2.6	3.84**
	波型	2	1.2	3	0.8	5	1.0	0.41
鼻基底方向	上翘	73	44.0	212	58.9	285	54.2	3.19**
	水平	91	54.8	146	40.5	237	45.0	3.06**
	下垂	2	1.2	2	0.6	4	0.8	0.80

续表

指标	分型	男性		女性		合计		u
		人数	占比/%	人数	占比/%	人数	占比/%	
鼻翼宽	狭窄	4	2.4	16	4.5	20	3.8	1.13
	中等	28	16.9	116	32.2	144	27.4	3.67**
	宽阔	134	80.7	228	63.3	362	68.8	4.00**
耳垂类型	三角形	56	33.7	112	31.1	168	31.9	0.60
	方形	20	12.1	34	9.4	54	10.3	0.91
	圆形	90	54.2	214	59.5	304	57.8	1.13
上唇皮肤部高	低	8	4.8	26	7.2	34	6.4	1.04
	中等	133	80.1	315	87.5	448	85.2	2.21*
	高	25	15.1	19	5.3	44	8.4	3.77**
红唇厚度	薄唇	112	67.5	240	66.7	352	66.9	0.18
	中唇	51	30.7	113	31.4	164	31.2	0.15
	厚唇	3	1.8	7	1.9	10	1.9	0.11
利手	左型	1	0.6	4	1.1	5	1.0	0.56
	右型	165	99.4	356	98.9	521	99.0	0.56
扣手	左型	48	28.9	99	27.5	147	28.0	0.34
	右型	118	71.1	261	72.5	379	72.0	0.34
卷舌	否	122	73.5	208	57.8	330	62.7	3.46**
	是	44	26.5	152	42.2	196	37.3	3.46**

注：u 为性别间率的 u 检验值。

*$P<0.05$，**$P<0.01$，差异具有统计学意义。

表 2-8-6　傣族男性生理指标

指标	不同年龄组（岁）的指标值（$\bar{x}\pm s$）						合计
	18～	30～	40～	50～	60～	70～85	
收缩压/mmHg	125.9±10.5	129.8±15.6	145.4±18.3	150.9±22.6	151.2±26.2	150.7±27.6	147.7±24.4
舒张压/mmHg	75.4±4.9	82.5±12.9	87.6±9.9	89.7±13.6	85.4±12.8	80.6±13.3	85.6±13.2
心率/（次/分）	84.3±11.5	92.2±15.2	78.6±11.9	79.5±13.2	79.1±14.0	84.0±15.3	81.4±14.0

表 2-8-7　傣族女性生理指标

指标	不同年龄组（岁）的指标值（$\bar{x}\pm s$）						合计	u
	18～	30～	40～	50～	60～	70～85		
收缩压/mmHg	111.5±13.2	120.6±9.3	136.6±21.4	144.7±23.4	152.2±25.5	161.1±22.6	145.0±25.0	1.63
舒张压/mmHg	62.8±7.2	77.5±7.4	82.3±11.3	83.4±11.7	83.1±11.3	79.9±10.8	81.9±11.4	4.39**
心率/（次/分）	79.4±4.1	82.4±14.2	81.2±11.1	80.1±11.6	82.2±12.7	82.5±11.8	81.2±11.9	0.22

注：u 为性别间的 u 检验值。

**$P<0.01$，差异具有统计学意义。

表 2-8-8　傣族男性头面部指数、体部指数和体脂率

指数	不同年龄组（岁）的指标值（$\bar{x}\pm s$）						合计
	18～	30～	40～	50～	60～	70～85	
头长宽指数	85.9±4.7	84.5±4.6	83.1±4.4	84.8±4.5	82.8±4.5	82.9±4.2	84.0±4.5
头长高指数	67.3±5.2	66.3±5.4	65.7±5.3	67.2±5.6	65.9±5.6	66.9±5.7	66.5±5.5
头宽高指数	78.4±5.2	78.6±5.7	79.2±6.2	79.4±6.7	79.8±7.0	80.8±6.5	79.2±6.3
形态面指数	87.5±6.4	86.6±6.0	86.5±6.8	83.1±6.1	85.7±7.3	82.6±6.2	85.3±6.7
鼻指数	76.5±9.7	77.8±7.7	79.2±11.3	83.5±9.1	80.3±10.4	82.3±9.4	80.3±9.9
口指数	41.2±7.8	34.1±7.2	32.8±8.7	28.9±7.5	27.4±7.8	23.5±10.3	30.8±9.4
身高坐高指数	53.4±1.1	53.1±1.1	52.8±1.4	52.7±1.2	52.6±1.4	52.2±1.3	52.8±1.3
身高体重指数	359.4±54.0	379.3±46.9	386.8±50.0	386.2±58.8	382.0±63.5	349.9±51.5	377.5±56.8
身高胸围指数	53.8±3.5	55.4±2.7	55.9±3.6	56.0±4.5	57.1±4.8	55.7±3.7	55.8±4.1
身高肩宽指数	23.8±1.1	23.9±0.9	23.8±1.1	23.6±1.1	23.7±1.2	23.3±1.0	23.7±1.1
身高骨盆宽指数	16.5±0.8	17.0±0.9	17.3±0.9	17.4±1.1	17.7±1.1	17.6±1.2	17.3±1.1
马氏躯干腿长指数	87.3±3.8	88.6±4.1	89.7±5.0	89.8±4.5	90.1±4.9	91.8±4.8	89.6±4.7
身高下肢长指数	53.6±1.4	53.3±1.7	53.7±1.6	53.7±1.6	54.0±2.0	54.7±1.8	53.8±1.7
身体质量指数/（kg/m²）	22.1±3.2	23.4±2.6	23.8±3.1	23.8±3.6	24.0±4.0	22.1±2.7	23.4±3.4
身体肥胖指数	25.9±2.8	26.9±2.3	26.8±2.8	26.9±3.3	27.8±3.9	26.4±2.6	26.9±3.2
体脂率/%	11.0±6.1	15.4±5.2	18.5±6.4	21.3±8.2	22.0±7.7	22.8±6.1	19.0±7.9

表 2-8-9　傣族女性头面部指数、体部指数和体脂率

指数	不同年龄组（岁）的指标值（$\bar{x}\pm s$）						合计	u
	18～	30～	40～	50～	60～	70～85		
头长宽指数	85.6±5.3	84.0±3.9	84.5±4.1	85.3±4.7	84.3±5.0	84.6±5.4	84.8±4.7	2.60**
头长高指数	67.5±5.4	68.5±6.1	67.9±6.5	68.6±6.0	67.6±5.7	67.2±10.1	68.1±6.6	3.99**
头宽高指数	79.1±7.1	81.6±6.1	80.3±6.7	80.6±6.6	80.2±5.3	79.4±11.7	80.3±7.2	2.45*
形态面指数	85.1±6.8	83.9±7.2	81.5±6.9	79.8±6.1	81.3±7.0	78.7±6.0	81.1±6.7	9.32**
鼻指数	74.5±7.4	79.0±11.0	81.3±10.5	84.7±9.5	82.2±9.8	84.5±9.8	82.1±10.2	2.67**
口指数	40.9±7.0	39.4±7.4	33.8±6.9	31.5±7.5	28.3±6.7	23.9±8.2	32.2±8.7	2.28*
身高坐高指数	53.5±1.3	53.5±1.4	53.4±1.2	53.2±1.3	52.7±1.3	52.2±1.3	53.1±1.3	3.43**
身高体重指数	323.0±35.9	349.3±49.9	371.3±60.7	367.6±56.4	360.9±55.8	327.2±56.6	356.8±57.3	5.40**
身高胸围指数	54.5±2.8	56.4±3.8	57.6±4.2	56.8±4.5	57.3±4.5	55.8±5.2	56.7±4.4	3.17**
身高肩宽指数	22.9±0.7	23.0±0.8	22.9±1.0	22.7±1.0	22.7±1.0	22.4±1.2	22.8±1.0	12.59**
身高骨盆宽指数	17.6±0.8	18.1±1.0	18.6±1.1	18.6±1.3	18.9±1.1	19.5±1.0	18.6±1.2	16.94**
马氏躯干腿长指数	87.1±4.6	86.9±5.1	87.3±4.3	88.1±4.5	89.7±4.5	91.6±4.7	88.4±4.8	3.76**
身高下肢长指数	54.9±1.3	54.7±1.7	55.1±1.7	55.5±1.9	55.6±1.8	56.0±2.0	55.4±1.8	13.67**
身体质量指数/（kg/m²）	21.0±2.1	22.8±3.2	24.3±3.8	24.0±3.7	23.9±3.7	22.3±3.5	23.5±3.6	0.43
身体肥胖指数	28.6±2.4	30.0±3.6	31.3±3.5	31.6±4.5	32.5±4.1	32.7±4.8	31.4±4.2	18.45**
体脂率/%	16.0±3.2	21.3±4.2	25.8±5.0	30.9±5.9	29.1±6.3	28.7±5.6	26.0±7.2	13.63**

注：u 为性别间的 u 检验值。

*$P<0.05$，**$P<0.01$，差异具有统计学意义。

（李咏兰）

第三章 三十万至一百万人口民族的
体质表型调查报告

根据 2010 年第六次全国人口普查统计数据，人口在三十万至一百万的民族共有八个。按照人口数由多到少排序，依次是畲族、傈僳族、东乡族、仡佬族、拉祜族、佤族、水族、纳西族、羌族。

第一节 畲 族

一、畲 族 简 介

根据 2010 年第六次全国人口普查统计数据，畲族人口为 708 651 人（国务院人口普查办公室，国家统计局人口和就业统计司，2012）。畲族人口主要集中在福建和浙江两省，其中闽东是畲族人口最集中的地区。浙江省的畲族人口主要分布在浙南地区。江西省的畲族人口绝大部分分布在赣南和赣东北（张山，2015）。1984 年国家在浙江省景宁县设立景宁畲族自治县，为全国唯一的畲族自治县。

畲族有两种语言。99%的畲族使用一种与汉语客家方言非常接近的语言，通常被称为某地畲话。广东惠阳、海丰、增城、博罗一带极少数畲族使用的语言，被一些语言学家认定为真正的"畲语"，属于汉藏语系苗瑶语族与苗语支接近的一个单独语支。畲族没有本民族的文字，通用汉文。

福鼎市位于福建省东北部，属东亚热带海洋性季风气候，其特点是气候温和、温暖湿润、雨量充沛。福安市位于福建省东北部，地处北纬 26°41′～27°24′、东经 119°23′～119°52′，气候温暖湿润，属中亚热带海洋性季风气候。

研究组在福建省福安市和福鼎市开展了畲族人体表型数据采集工作。被调查畲族成年男性平均年龄 53.25 岁±15.19 岁，女性平均年龄 52.60 岁±14.75 岁。

二、畲族的表型数据（表 3-1-1～表 3-1-7）

表 3-1-1 畲族男性头面部指标　　　　　　　　　　（单位：mm）

指标	不同年龄组（岁）的指标值（$\bar{x} \pm s$）						合计
	18～	30～	40～	50～	60～	70～85	
头长	179.6±10.0	178.8±14.1	181.5±9.7	178.3±10.3	175.7±10.9	176.4±8.6	178.0±10.8

续表

指标	不同年龄组（岁）的指标值（$\bar{x} \pm s$）						合计
	18～	30～	40～	50～	60～	70～85	
头宽	148.2±9.5	145.1±12.6	142.2±10.1	142.0±7.0	141.5±10.8	140.8±7.3	142.6±9.8
额最小宽	120.5±9.5	114.8±10.1	116.4±11.9	116.4±10.1	116.0±10.4	118.3±13.3	116.7±11.0
面宽	138.5±10.5	135.2±7.9	132.0±10.2	132.0±7.0	129.7±9.3	128.1±9.7	131.7±9.4
下颌角间宽	109.5±20.7	106.7±12.6	106.0±8.5	106.0±11.0	104.5±7.7	100.3±8.1	105.1±10.9
眼内角间宽	31.8±5.8	30.7±4.0	28.7±5.3	27.7±4.9	24.3±5.5	23.9±5.9	27.1±5.9
眼外角间宽	101.7±8.5	102.6±8.6	101.2±5.8	98.5±6.3	98.6±8.2	95.5±6.5	99.4±7.5
鼻宽	38.4±6.3	38.9±6.3	38.4±5.1	38.6±3.3	37.9±4.0	36.9±5.1	38.2±4.8
口宽	48.0±4.8	50.2±5.4	49.7±4.1	49.0±5.5	49.8±4.7	50.0±5.6	49.6±5.0
容貌面高	178.1±14.0	183.0±11.4	178.8±10.9	176.8±12.9	178.1±15.9	174.5±18.0	178.0±14.2
形态面高	119.9±9.7	117.8±8.2	116.5±6.9	117.7±8.8	117.9±7.8	116.2±8.9	117.5±8.2
鼻高	52.6±4.6	51.8±4.8	52.4±9.3	53.7±9.0	52.5±5.0	52.8±6.2	52.7±7.0
上唇皮肤部高	15.0±2.8	15.9±3.1	16.1±3.8	16.3±3.1	17.4±3.1	17.1±4.2	16.5±3.4
唇高	20.3±3.4	18.0±3.5	17.1±3.4	16.1±3.5	15.8±3.8	13.7±4.2	16.4±4.0
红唇厚度	9.8±1.9	8.2±2.1	8.2±2.1	7.5±2.1	7.5±2.2	5.9±2.1	7.7±2.3
容貌耳长	58.6±6.4	63.6±4.6	63.4±5.2	64.5±6.5	62.4±8.2	65.5±9.2	63.3±7.2
容貌耳宽	31.1±4.2	32.1±4.3	32.5±5.9	32.0±3.4	30.4±4.7	31.9±5.9	31.6±4.8
耳上头高	136.3±25.9	141.4±13.6	141.5±14.5	134.1±17.3	141.6±14.6	137.8±14.6	139.0±16.3

表 3-1-2　畲族女性头面部指标

指标	不同年龄组（岁）的指标值（$\bar{x} \pm s$）/mm						合计/mm	u
	18～	30～	40～	50～	60～	70～85		
头长	170.2±13.7	168.9±10.7	172.6±10.8	169.1±9.1	170.0±8.9	174.8±11.3	170.8±10.4	7.68**
头宽	141.2±8.9	134.3±9.9	139.6±10.3	135.7±6.6	136.0±8.4	140.1±13.4	137.4±9.5	6.09**
额最小宽	117.2±9.2	109.9±13.3	115.5±13.2	115.2±15.0	112.8±12.6	111.7±6.4	113.9±12.7	2.63**
面宽	128.4±9.0	125.3±8.7	127.8±8.8	126.9±11.5	123.0±6.2	121.9±10.6	125.5±9.4	7.44**
下颌角间宽	97.0±9.7	97.6±6.4	101.1±7.7	99.7±9.9	99.6±11.4	95.5±7.8	99.0±9.4	6.83**
眼内角间宽	30.4±3.4	27.9±4.5	27.6±3.8	25.7±5.0	24.6±4.7	24.4±6.1	26.3±5.0	1.67
眼外角间宽	98.3±7.0	97.3±4.9	98.6±6.7	96.4±6.2	96.2±7.8	93.9±8.2	96.8±7.0	4.07**
鼻宽	35.6±2.6	36.4±3.1	36.1±3.4	36.1±3.5	35.3±4.7	37.2±4.0	36.0±3.8	5.82**
口宽	43.4±4.1	47.1±4.0	47.5±4.2	47.9±5.3	46.6±5.0	47.5±7.6	47.0±5.2	5.74**
容貌面高	168.5±13.9	174.2±11.7	172.8±11.5	168.8±10.8	168.7±12.3	171.3±14.2	170.4±12.1	6.57**
形态面高	108.7±6.6	112.2±9.0	111.9±9.2	109.6±6.7	109.5±7.7	110.5±10.2	110.3±8.2	9.91**
鼻高	51.9±7.0	47.8±6.6	49.8±5.3	49.1±5.1	49.9±6.5	51.7±5.5	49.9±5.9	4.93**
上唇皮肤部高	12.7±2.6	14.2±3.2	14.8±3.0	15.1±3.2	16.5±3.5	15.4±4.2	15.1±3.5	4.57**
唇高	17.5±3.5	18.1±3.7	17.1±4.0	16.2±3.3	13.5±3.4	12.8±3.2	15.7±4.0	1.97*
红唇厚度	8.8±2.1	8.2±1.4	8.2±2.4	7.3±1.9	6.2±1.7	6.0±2.0	7.3±2.1	2.06*

续表

指标	不同年龄组（岁）的指标值（$\bar{x}\pm s$）/mm						合计/mm	u
	18～	30～	40～	50～	60～	70～85		
容貌耳长	57.1±6.0	57.8±5.7	58.7±5.2	58.9±6.1	60.8±6.0	63.4±8.0	59.6±6.3	6.22**
容貌耳宽	29.5±3.3	29.7±2.9	30.0±3.9	30.3±4.2	30.5±5.1	32.6±6.2	30.4±4.5	2.92**
耳上头高	138.7±11.3	131.8±12.8	133.8±13.9	127.9±13.4	130.4±12.6	139.8±20.9	132.4±14.6	4.85**

注：u 为性别间的 u 检验值。

*$P<0.05$，**$P<0.01$，差异具有统计学意义。

表 3-1-3　畲族男性体部指标

指标	不同年龄组（岁）的指标值（$\bar{x}\pm s$）						合计
	18～	30～	40～	50～	60～	70～85	
体重	66.2±10.9	63.3±11.2	63.4±9.8	63.5±10.4	59.7±9.2	54.5±8.5	61.4±10.3
身高	1661.6±105.7	1662.7±62.6	1630.9±56.2	1614.9±70.6	1605.7±68.2	1551.0±70.0	1615.9±76.6
髂前上棘点高	925.4±75.5	927.8±50.2	915.4±34.7	919.8±52.7	928.6±51.3	904.9±49.8	920.8±51.2
坐高	890.4±88.0	875.8±49.3	868.4±45.1	854.5±48.7	841.4±50.1	807.7±58.5	852.3±58.1
肱骨内外上髁间径	56.5±7.3	53.4±8.7	54.2±9.0	56.1±8.9	56.4±8.0	57.4±7.1	55.7±8.3
股骨内外上髁间径	84.6±14.6	75.7±17.2	73.3±16.8	79.6±16.6	77.7±12.9	80.6±9.3	78.0±15.0
肩宽	391.7±36.2	392.3±29.0	387.8±17.9	388.9±22.1	381.5±29.5	375.2±18.0	385.5±25.8
骨盆宽	271.6±31.4	274.0±27.7	282.2±26.7	275.4±23.8	279.2±21.2	270.8±24.5	276.5±25.0
平静胸围	886.6±98.5	895.0±77.1	903.3±60.4	905.4±64.1	892.5±67.9	889.7±67.9	896.7±69.5
腰围	827.0±111.1	824.1±90.6	835.6±86.2	847.0±93.2	822.9±102.8	833.0±97.4	832.2±96.0
臀围	932.7±85.7	930.3±63.2	928.5±51.9	912.0±93.9	899.3±63.8	882.3±72.0	911.2±73.7
大腿围	525.4±84.6	494.9±38.4	491.8±49.3	478.9±49.0	453.4±46.4	436.6±44.9	473.9±55.7
上肢全长	728.1±57.8	743.4±39.1	711.3±136.6	725.9±63.3	715.7±59.4	709.4±37.8	720.6±76.1
下肢全长	889.3±68.8	891.7±46.3	882.9±33.2	887.3±49.1	897.5±48.2	876.9±46.5	888.6±47.6

注：体重的单位为 kg，其余指标值的单位为 mm。

表 3-1-4　畲族女性体部指标

指标	不同年龄组（岁）的指标值（$\bar{x}\pm s$）						合计	u
	18～	30～	40～	50～	60～	70～85		
体重	51.7±9.6	56.2±8.0	60.8±10.0	57.0±8.2	53.9±9.4	48.5±9.6	55.5±9.8	6.62**
身高	1553.9±65.3	1534.6±79.4	1554.8±53.7	1534.1±51.2	1499.5±51.9	1467.6±77.5	1524.1±65.9	14.64**
髂前上棘点高	901.9±42.3	883.6±65.6	899.7±43.6	886.5±39.7	864.0±47.7	874.1±57.4	883.4±49.5	8.41**
坐高	839.1±36.1	822.2±57.8	831.5±41.3	812.3±40.1	786.9±50.9	753.0±61.6	806.6±53.8	9.26**
肱骨内外上髁间径	51.6±7.6	49.3±7.3	53.1±7.5	52.0±7.9	54.0±8.2	51.6±7.9	52.3±7.8	4.79**
股骨内外上髁间径	71.8±12.3	69.6±14.1	76.7±15.7	71.6±12.8	75.2±12.5	70.1±11.9	73.1±13.5	3.85**
肩宽	348.6±23.4	360.8±20.4	364.9±21.3	355.3±27.4	350.9±19.5	345.5±25.0	355.1±23.7	13.91**
骨盆宽	252.9±32.9	265.2±25.8	277.0±32.2	275.6±21.8	273.0±30.6	276.5±19.2	272.3±28.1	1.77

续表

指标	不同年龄组（岁）的指标值（$\bar{x} \pm s$）						合计	u
	18～	30～	40～	50～	60～	70～85		
平静胸围	837.1±101.9	898.7±80.0	945.5±80.8	921.6±76.3	885.6±89.3	854.8±99.6	900.6±91.6	0.54
腰围	734.5±109.9	800.3±91.1	851.5±98.4	842.5±94.6	838.8±101.9	833.4±112.4	828.7±104.2	0.61
臀围	893.6±82.4	930.8±58.3	956.7±68.4	927.5±72.3	899.3±74.9	869.5±59.4	917.5±74.8	0.95
大腿围	481.5±53.4	494.4±53.1	505.6±49.2	476.4±43.7	465.0±44.9	432.4±54.4	476.9±52.4	0.63
上肢全长	653.1±78.8	662.3±40.6	670.8±50.9	678.5±43.4	670.2±44.9	658.5±53.9	668.8±50.1	9.33**
下肢全长	874.6±40.4	855.1±61.3	871.0±41.9	859.6±36.6	840.1±45.6	851.4±54.1	857.1±46.5	7.56**

注：u 为性别间的 u 检验值；体重的单位为 kg，其余指标值的单位为 mm。

**$P<0.01$，差异具有统计学意义。

表 3-1-5　畲族观察指标情况

指标	分型	男性		女性		合计		u
		人数	占比/%	人数	占比/%	人数	占比/%	
上眼睑皱褶	有	193	65.9	158	70.2	351	67.8	0.95
	无	100	34.1	67	29.8	167	32.2	0.95
内眦褶	有	113	38.6	81	36.0	194	37.5	0.54
	无	180	61.4	144	64.0	324	62.5	0.54
眼裂高度	狭窄	9	3.1	12	5.3	21	4.1	1.17
	中等	236	80.5	185	82.2	421	81.3	0.44
	较宽	48	16.4	28	12.4	76	14.7	1.13
眼裂倾斜度	内角高	14	4.8	11	4.9	25	4.8	0.05
	水平	264	90.1	198	88.0	462	89.2	0.69
	外角高	15	5.1	16	7.1	31	6.0	0.86
鼻背侧面观	凹型	19	6.5	30	13.3	49	9.5	2.39*
	直型	240	82.5	182	80.9	422	81.8	0.27
	凸型	19	6.5	11	4.9	30	5.8	0.70
	波型	13	4.5	2	0.9	15	2.9	2.16*
鼻基底方向	上翘	39	13.3	57	25.3	96	18.5	3.15**
	水平	241	82.3	166	73.8	407	78.6	2.11*
	下垂	13	4.4	2	0.9	15	2.9	2.16*
鼻翼宽	狭窄	88	30.0	91	40.4	179	34.6	2.23*
	中等	175	59.7	124	55.1	299	57.7	0.95
	宽阔	30	10.2	10	4.4	40	7.7	2.21*
耳垂类型	三角形	108	37.0	68	30.2	176	34.0	1.43
	方形	92	31.5	63	28.0	155	30.0	0.76
	圆形	92	31.5	94	41.8	186	36.0	2.21*

续表

指标	分型	男性		女性		合计		u
		人数	占比/%	人数	占比/%	人数	占比/%	
上唇皮肤部高	低	20	6.8	33	14.7	53	10.2	2.64**
	中等	208	71.0	165	77.3	373	72.0	0.53
	高	65	22.2	27	12.0	92	17.8	2.72**
红唇厚度	薄唇	147	50.2	125	55.6	272	52.5	1.10
	中唇	87	29.7	74	32.8	161	31.1	0.70
	厚唇	59	20.1	26	11.6	85	16.4	2.36*
利手	左型	12	4.1	7	3.1	19	3.7	0.53
	右型	280	95.9	218	96.9	498	96.3	0.70
扣手	左型	115	39.2	88	39.1	203	39.2	0.03
	右型	178	60.8	137	60.9	315	60.8	0.03
卷舌	否	177	60.4	131	58.2	308	59.5	0.45
	是	116	39.6	94	41.8	210	40.5	0.45

注：u 为性别间率的 u 检验值。

*P<0.05，**P<0.01，差异具有统计学意义。

表 3-1-6　畲族男性头面部指数、体部指数和体脂率

指数	不同年龄组（岁）的指标值（$\bar{x}\pm s$）						合计
	18～	30～	40～	50～	60～	70～85	
头长宽指数	82.6±4.5	81.3±5.6	78.5±5.5	79.9±6.4	80.7±5.8	79.9±4.8	80.2±5.7
头长高指数	76.2±15.5	79.5±9.3	78.2±9.4	75.6±11.2	81.0±10.4	78.4±9.9	78.4±10.8
头宽高指数	92.3±18.5	97.9±11.1	99.9±11.3	94.6±12.3	100.5±12.3	98.3±12.3	97.9±12.7
形态面指数	86.7±5.3	87.4±6.8	88.6±7.8	89.4±8.2	91.3±8.1	91.1±8.7	89.6±7.9
鼻指数	73.0±9.8	75.7±13.3	74.8±13.4	73.3±10.6	72.6±8.7	70.9±13.3	73.3±11.4
口指数	42.6±7.9	36.2±7.2	34.7±7.5	33.4±9.0	31.9±8.0	27.8±9.4	33.5±8.9
身高坐高指数	53.5±3.4	52.7±2.0	53.2±2.0	52.9±2.3	52.4±2.7	52.1±2.8	52.7±2.5
身高体重指数	39.8±5.7	37.9±5.8	38.8±5.4	39.3±5.6	37.1±5.1	35.1±5.0	37.9±5.5
身高胸围指数	53.3±4.6	53.8±4.1	55.4±4.0	56.1±4.1	55.6±4.1	57.4±4.5	55.6±4.3
身高肩宽指数	23.6±1.4	23.6±1.8	23.8±1.1	24.1±1.3	23.8±1.8	24.2±1.2	23.9±1.5
身高骨盆宽指数	16.3±1.3	16.5±1.7	17.3±1.7	17.1±1.5	17.4±1.4	17.5±1.4	17.1±1.5
马氏躯干腿长指数	87.5±11.2	90.1±7.2	88.1±7.1	89.3±8.0	91.3±9.9	92.6±10.4	90.0±9.0
身高下肢长指数	53.5±2.4	53.6±2.2	54.2±2.0	55.0±2.1	55.9±2.1	56.5±1.6	55.0±2.3
身体质量指数/（kg/m²）	24.0±3.9	22.8±3.1	23.8±3.1	24.3±3.2	23.1±3.1	22.6±3.2	23.5±3.2
身体肥胖指数	25.5±2.4	25.0±4.7	26.6±3.1	26.6±4.4	26.4±3.5	27.8±3.6	26.4±3.8
体脂率/%	23.2±4.3	23.7±4.5	27.0±5.3	28.3±6.2	27.2±5.7	27.3±6.3	26.7±5.8

表 3-1-7　畲族女性头面部指数、体部指数和体脂率

指数	不同年龄组（岁）的指标值（$\bar{x} \pm s$）						合计	u
	18～	30～	40～	50～	60～	70～85		
头长宽指数	83.1±3.6	79.6±5.9	80.9±4.4	80.5±6.3	80.2±5.7	80.1±5.8	80.6±5.5	0.68
头长高指数	81.8±7.8	78.6±10.8	77.7±8.0	75.9±9.5	76.9±8.5	80.3±13.8	77.8±9.7	0.66
头宽高指数	98.5±9.4	98.7±11.1	96.2±11.1	94.6±11.2	96.3±11.3	100.8±18.7	96.8±12.2	0.97
形态面指数	85.0±7.0	90.1±10.5	88.0±10.0	87.0±8.6	89.2±7.5	91.0±8.7	88.3±8.8	1.62**
鼻指数	69.4±8.8	77.4±11.5	73.0±8.9	74.4±10.4	71.7±12.1	73.0±12.7	73.2±10.9	0.15
口指数	40.5±8.9	38.8±8.4	36.2±8.3	34.0±8.2	29.3±8.6	27.2±5.8	33.6±9.1	0.13
身高坐高指数	54.1±2.7	53.6±2.6	53.5±2.1	53.0±2.3	52.5±3.0	51.3±3.0	52.9±2.7	0.76
身高体重指数	33.3±5.9	36.7±5.2	39.1±5.9	37.1±5.2	35.9±5.7	32.9±5.6	36.4±5.8	3.07**
身高胸围指数	53.9±6.4	58.7±5.7	60.8±5.1	60.1±5.4	59.1±5.9	58.3±6.2	59.1±5.9	7.67**
身高肩宽指数	22.4±1.1	23.5±1.1	23.5±1.4	23.2±1.8	23.4±1.3	23.5±1.2	23.3±1.4	4.39**
身高骨盆宽指数	16.3±2.0	17.3±1.7	17.8±2.0	18.0±1.4	18.2±2.0	18.9±1.4	17.9±1.9	4.91**
马氏躯干腿长指数	85.4±9.5	87.1±9.7	87.3±7.4	89.2±8.3	91.1±10.6	95.6±11.5	89.5±9.7	0.69
身高下肢长指数	56.3±2.0	55.7±1.9	56.0±2.3	56.0±1.9	56.0±2.3	58.1±3.1	56.3±2.3	6.03**
身体质量指数/（kg/m²）	21.4±3.8	24.0±4.0	25.1±3.6	24.2±3.5	23.9±3.6	22.4±3.5	23.9±3.7	1.28
身体肥胖指数	28.1±4.3	31.2±4.3	31.5±3.7	31.0±4.6	31.3±4.0	31.0±3.7	30.9±4.2	12.66**
体脂率/%	32.9±5.7	35.2±4.9	38.9±3.7	39.7±4.2	39.6±4.2	35.3±5.6	38.0±5.0	23.73**

注：u 为性别间的 u 检验值。

*$P<0.05$，**$P<0.01$，差异具有统计学意义。

（胡　荣）

第二节　傈　僳　族

一、傈僳族简介

傈僳族分布于中国、缅甸、印度、泰国等国家。根据 2010 年第六次全国人口普查统计数据，傈僳族人口为 702 839 人（国务院人口普查办公室，国家统计局人口和就业统计司，2012）。我国傈僳族主要分布于云南省怒江傈僳族自治州，部分分布于迪庆藏族自治州的中甸、维西，其余散居于云南其他地区（杨圣敏，丁宏，2008）。傈僳族有自己的语言，属汉藏语系藏缅语族彝语支（尤伟琼，2012）。

怒江州内最低海拔 738m，最高海拔 5128m。一般在海拔 1400m 以下的低热河谷区，气温最高，热量丰富，年平均气温 16.8～20.1℃，≥10℃积温 5530～5019℃；海拔 1800～2300m 的中高山区，年平均气温 15.1～11.1℃，≥10℃积温 5019～3223℃，气候垂直变化规律十分明显。2014 年，六库年平均气温 21.2℃，年降水量 747.6mm。宁蒗彝族自治县位于丽江市东北部，地处东经 100°22′29″～101°15′51″、北纬 26°34′54″～27°55′34″，最高海拔 4510.3m，最低海拔 1350m，属低纬高原季风气候。年降雨量

920mm，年日照时数 2298h，年平均气温 12.7℃，全年无霜期 190d。

2018 年研究组在云南省怒江州泸水市和丽江市宁蒗彝族自治县开展了傈僳族人体表型数据采集工作。被调查者男性年龄 47.2 岁±13.9 岁，女性年龄 48.6 岁±15.0 岁。

二、傈僳族的表型数据（表 3-2-1～表 3-2-9）

表 3-2-1　傈僳族男性头面部指标　（单位：mm）

指标	不同年龄组（岁）的指标值（$\bar{x}\pm s$）						合计
	18～	30～	40～	50～	60～	70～85	
头长	189.9±9.5	194.8±7.4	193.5±6.5	191.8±6.7	190.2±9.0	191.0±7.2	192.3±7.6
头宽	151.4±7.1	152.6±6.4	152.1±6.2	151.4±5.7	151.5±5.4	151.4±5.5	151.9±6.1
额最小宽	109.6±11.9	113.6±4.8	112.4±6.9	111.3±6.9	110.6±7.8	109.3±8.3	111.6±7.5
面宽	143.0±6.5	144.9±5.5	143.4±5.0	143.1±5.6	142.7±5.6	141.6±5.0	143.3±5.5
下颌角间宽	115.1±7.7	116.7±6.4	115.7±6.8	115.9±7.0	115.5±7.1	114.4±6.2	115.8±6.9
眼内角间宽	34.4±3.7	35.1±3.2	34.0±3.9	34.1±3.9	34.1±3.6	34.3±4.4	34.3±3.7
眼外角间宽	91.1±4.3	88.1±5.2	87.7±5.0	87.7±5.8	86.2±4.5	86.2±6.3	87.8±5.3
鼻宽	40.7±4.8	38.7±3.5	39.5±4.0	40.1±3.8	40.1±4.3	41.5±4.8	39.8±4.1
口宽	48.2±3.9	48.2±4.1	49.8±4.5	49.5±4.2	50.8±4.0	51.0±6.3	49.5±4.4
容貌面高	187.2±9.2	189.3±9.2	191.8±9.0	189.5±9.6	188.5±11.7	191.5±9.5	189.9±9.7
形态面高	119.2±9.4	122.9±7.0	123.9±7.4	123.0±8.3	124.1±9.9	125.4±10.0	123.2±8.4
鼻高	52.1±4.3	54.1±3.9	54.7±3.9	54.1±4.0	54.6±4.2	55.5±4.0	54.2±4.0
上唇皮肤部高	13.6±1.9	15.6±2.7	16.4±2.8	17.1±3.4	18.0±2.9	19.2±2.9	16.5±3.2
唇高	17.5±4.4	18.7±3.0	16.9±3.6	15.6±3.9	13.4±4.0	13.6±4.0	16.3±4.1
红唇厚度	7.8±2.1	8.5±1.8	7.9±2.3	7.1±2.4	6.4±2.6	6.8±3.0	7.5±2.4
容貌耳长	62.2±5.6	61.9±4.5	62.9±5.4	64.5±5.4	64.6±5.4	67.2±6.2	63.6±5.5
容貌耳宽	33.2±5.0	33.8±3.4	35.3±3.9	34.3±4.1	35.8±4.6	36.9±6.6	34.8±4.4
耳上头高	132.2±8.0	125.8±8.8	126.6±10.4	127.0±10.6	125.6±9.9	127.7±10.4	127.1±10.0

表 3-2-2　傈僳族女性头面部指标

指标	不同年龄组（岁）的指标值（$\bar{x}\pm s$）/mm						合计/mm	u
	18～	30～	40～	50～	60～	70～85		
头长	184.6±7.1	184.8±7.0	185.4±5.4	185.2±6.7	185.3±7.4	184.7±6.7	185.1±6.6	14.65**
头宽	149.1±6.0	148.0±5.6	148.2±4.8	148.1±4.7	147.3±5.9	146.8±4.2	148±5.2	9.89**
额最小宽	112.7±8.7	108.2±6.8	111.1±6.7	110.4±7.3	109.2±7.6	107.3±6.8	110±7.4	3.11**
面宽	138.8±6.3	138.6±7.1	138.2±6.5	137.8±5.8	137.2±5.7	134.7±6.5	137.8±6.4	13.56**
下颌角间宽	111.2±6.2	110.3±6.3	110.3±6.9	110.8±6.7	109.8±9.3	109.3±7.6	110.4±7.2	11.10**

指标	不同年龄组（岁）的指标值（$\bar{x}\pm s$）/mm						合计/mm	u
	18～	30～	40～	50～	60～	70～85		
眼内角间宽	34.1±3.9	33.6±3.7	33.9±3.2	33.8±3.5	33.5±3.5	34.6±4.2	33.9±3.6	1.67
眼外角间宽	87.7±6.3	85.0±5.2	84.7±4.8	83.6±5.7	83.7±5.0	81.7±4.7	84.4±5.5	9.14**
鼻宽	34.8±3.0	35.0±3.3	35.5±2.8	35.8±3.3	36.9±3.5	36.9±3.6	35.8±3.3	15.58**
口宽	44.5±4.4	46.2±5.1	47.3±4.1	47.7±4.5	47.1±4.3	48.8±5.3	47.0±4.6	7.92**
容貌面高	183.1±7.5	181.6±8.0	181.0±8.4	179.4±9.1	178.4±10.4	177.2±9.0	180.2±8.9	14.96**
形态面高	112.3±8.5	116.9±6.8	114.6±8.0	116.8±8.7	116.5±9.8	112.7±9.6	115.4±8.7	13.27**
鼻高	50.0±3.2	50.1±3.7	49.5±3.5	50.8±4.4	51.9±3.9	50.8±4.6	50.4±4.0	13.71**
上唇皮肤部高	13.6±3.3	13.1±2.6	14.9±2.4	15.8±2.6	15.7±2.6	17.6±3.5	15.0±3.0	6.86**
唇高	17.3±3.2	16.9±3.0	15.9±3.5	15.3±3.4	13.8±3.7	12.5±4.7	15.4±3.8	3.06**
红唇厚度	8.4±2.1	7.9±1.5	7.5±1.8	7.3±2.0	6.7±2.3	5.8±2.4	7.3±2.1	1.22
容貌耳长	58.7±4.8	57.9±4.9	59.3±5.0	60.8±5.5	62.9±6.0	64.1±5.4	60.4±5.6	8.29**
容貌耳宽	32.0±4.4	32.8±3.8	32.5±3.9	32.5±4.2	32.3±3.9	31.6±4.5	32.4±4.1	8.18**
耳上头高	124.4±8.3	122.1±10.3	121.8±8.1	122.7±9.9	123.6±9.9	123.2±8.0	122.8±9.2	6.43**

注：u 为性别间的 u 检验值。

**$P<0.01$，差异具有统计学意义。

表 3-2-3　傈僳族男性体部指标

指标	不同年龄组（岁）的指标值（$\bar{x}\pm s$）						合计
	18～	30～	40～	50～	60～	70～85	
体重	57.8±11.4	64.8±9.8	64.1±10.4	61.9±9.2	58.4±8.4	54.2±8.3	61.7±10.2
身高	1640.2±52.4	1628.8±48.4	1624.7±57.5	1619.3±51.8	1583.9±49.2	1559.6±66.8	1616.1±57.4
髂前上棘点高	899.0±34.2	887.7±39.3	896.9±40.3	897.6±34.9	887.5±29.5	878.8±32.1	893.3±36.7
坐高	876.7±32.7	871.9±33.4	855.9±34.5	854.7±35.3	834.4±34.3	821.3±51.3	855.3±38.4
肱骨内外上髁间径	65.5±5.7	69.0±4.0	69.4±4.7	69.0±5.2	69.0±4.6	68.9±5.2	68.8±4.9
股骨内外上髁间径	96.5±5.3	96.5±6.3	95.4±6.7	95.4±5.6	95.2±5.0	93.4±5.3	95.6±5.9
肩宽	385.8±27.5	399.8±16.1	395.5±20.3	387.8±22.4	380.2±19.8	373.6±23.5	390.0±22.4
骨盆宽	288.7±18.6	295.6±15.1	304.6±21.1	304.5±20.2	299.8±18.1	304.2±16.7	300.8±19.7
平静胸围	833.3±82.1	897.6±62.6	912.2±63.0	904.9±62.3	888.7±50.7	876.6±50.3	894.7±66.4
腰围	737.2±74.2	807.6±81.3	830.1±88.2	824.2±83.4	807.0±83.7	795.4±71.1	810.3±86.7
臀围	893.8±75.1	926.3±59.5	926.5±60.7	917.1±58.9	905.1±56.4	888.2±50.3	915.7±61.5
大腿围	493.1±52.2	502.1±44.8	491.5±46.3	479.8±40.2	477.4±49.1	447.3±47.4	486.0±47.3
上肢全长	722.5±29.3	717.8±35.9	724.1±35.2	724.8±31.2	710.3±28.7	705.6±31.1	720.0±33.1
下肢全长	865.6±30.9	854.6±37.0	864.5±37.3	865.6±32.4	857.5±29.1	850.1±29.3	861.3±34.2

注：体重的单位为 kg，其余指标值的单位为 mm。

表 3-2-4 傈僳族女性体部指标

指标	不同年龄组（岁）的指标值（$\bar{x} \pm s$）						合计	u
	18～	30～	40～	50～	60～	70～85		
体重	51.8±7.8	56.1±8.4	57.5±9.2	57.8±10.8	54.0±9.6	48.5±7.8	55.3±9.7	9.19**
身高	1542.4±50.5	1539.2±50.5	1520.4±51.2	1523.4±46.4	1499.4±54.4	1469.1±57.3	1518.6±54.7	25.06**
髂前上棘点高	862.2±39.2	858.3±38.4	853.9±39.1	855.1±38.1	846.6±40.5	834.2±56.1	852.9±41.2	15.06**
坐高	832.4±28.9	832.8±30.8	813.6±33.4	807.2±29.9	788.3±35.1	771.4±32.4	809.4±36.9	17.62**
肱骨内外上髁间径	59.9±4.0	61.9±5.6	62.9±4.2	62.9±4.3	62.3±4.2	62.7±4.8	62.3±4.6	19.53**
股骨内外上髁间径	89.4±6.1	89.1±5.8	89.4±6.7	89.6±7.1	89.6±7.6	88.2±5.4	89.3±6.6	14.58**
肩宽	363.6±14.0	360.8±16.1	359.9±20.0	359.7±16.4	352.7±16.3	343.4±21.9	357.8±18.3	22.56**
骨盆宽	291.6±17.7	298.0±17.5	300.9±22.2	303.1±22.8	302.7±21.0	300.5±21.5	300.2±21.1	0.44
平静胸围	834.0±66.3	884.6±71.0	896.9±74.9	898.9±80.1	887.9±75.3	857.9±77.1	883.3±77.4	2.31*
腰围	745.4±88.1	780.7±82.0	817.7±90.9	848.8±106.9	851.2±99.2	822.0±95.6	816.8±100.9	1.01
臀围	901.3±71.5	934.0±65.5	943.5±58.1	952.0±80.5	930.9±74.3	896.3±56.8	932.9±71.3	3.76**
大腿围	510.6±43.9	532.9±45.4	533.9±40.6	516.1±52.1	490.3±46.7	447.9±42.9	512.1±52.0	7.64**
上肢全长	674.2±33.3	677.5±32.3	672.2±33.6	670.0±33.2	665.3±35.6	662.6±37.7	670.7±34.1	21.22**
下肢全长	834.2±36.6	829.9±35.8	827.7±35.7	828.9±35.7	822.4±37.5	812.0±53.5	826.8±38.2	13.84**

注：u 为性别间的 u 检验值；体重的单位为 kg，其余指标值的单位为 mm。
*$P<0.05$，**$P<0.01$，差异具有统计学意义。

表 3-2-5 傈僳族观察指标情况

指标	分型	男性		女性		合计		u
		人数	占比/%	人数	占比/%	人数	占比/%	
上眼睑皱褶	有	305	80.3	406	87.5	711	84.2	2.87**
	无	75	19.7	58	12.5	133	15.8	2.87**
内眦褶	有	73	19.2	256	55.2	329	39.0	10.66**
	无	307	80.8	208	44.8	515	61.0	10.66**
眼裂高度	狭窄	161	42.4	216	46.6	377	44.7	1.22
	中等	209	55.0	242	52.2	451	53.4	0.82
	较宽	10	2.6	6	1.3	16	1.9	1.42
眼裂倾斜度	内角高	3	0.8	4	0.9	7	0.8	0.12
	水平	134	35.3	98	21.1	232	27.5	4.58**
	外角高	243	63.9	362	78.0	605	71.7	4.51**
鼻背侧面观	凹型	30	7.9	108	23.3	138	16.4	3.46**
	直型	277	72.9	326	70.3	603	71.4	2.55*
	凸型	67	17.6	27	5.8	94	11.1	2.07*
	波型	6	1.6	3	0.6	9	1.1	1.31

续表

指标	分型	男性		女性		合计		u
		人数	占比/%	人数	占比/%	人数	占比/%	
鼻基底方向	上翘	118	31.1	188	40.5	306	36.3	6.01**
	水平	250	65.8	272	58.6	522	61.8	0.84
	下垂	12	3.2	4	0.9	16	1.9	5.63**
鼻翼宽	狭窄	18	4.7	76	16.4	94	11.1	1.20
	中等	137	36.1	222	47.8	359	42.5	0.07
	宽阔	225	59.2	166	35.8	391	46.3	2.61**
耳垂类型	三角形	145	38.2	197	42.5	342	40.5	5.77**
	方形	42	11.1	64	13.8	106	12.6	0.18
	圆形	193	50.8	203	43.8	396	46.9	0.18
上唇皮肤部高	低	21	5.5	47	10.1	68	8.1	1.31
	中等	289	76.1	385	83.0	674	79.9	2.24*
	高	70	18.4	32	7.0	102	12.1	2.68**
红唇厚度	薄唇	171	45.0	228	49.1	399	47.3	2.44*
	中唇	176	46.3	216	46.6	392	46.4	2.49*
	厚唇	33	8.7	20	4.3	53	6.3	5.11**
利手	左型	7	1.8	16	3.4	23	2.7	2.80**
	右型	373	98.2	448	96.6	821	97.3	2.30*
扣手	左型	150	39.5	207	44.6	357	42.3	1.92
	右型	230	60.5	257	55.4	487	57.7	1.43
卷舌	否	159	41.8	177	38.1	336	39.8	6.33**
	是	221	58.2	287	61.9	508	60.2	3.83**

注：u 为性别间率的 u 检验值。

*$P<0.05$，**$P<0.01$，差异具有统计学意义。

表 3-2-6　傈僳族男性生理指标

指标	不同年龄组（岁）的指标值（$\bar{x}\pm s$）						合计
	18～	30～	40～	50～	60～	70～85	
收缩压/mmHg	123.8±9.5	127.9±14.8	136.0±19.8	141.0±20.5	145.5±24.6	157.0±20.3	137.2±20.9
舒张压/mmHg	77.2±8.4	78.8±13.6	84.9±15.3	87.7±15.2	88.6±14.5	88.0±11.3	84.4±14.6
心率/（次/分）	74.8±11.9	77.9±12.4	79.3±13.4	79.5±15.1	76.3±12.8	77.5±11.0	78.1±13.3

表 3-2-7　傈僳族女性生理指标

指标	不同年龄组（岁）的指标值（$\bar{x}\pm s$）						合计	u
	18～	30～	40～	50～	60～	70～85		
收缩压/mmHg	117.2±15.9	120.7±15.2	129.6±21.3	140.9±24.0	147.0±22.8	155.8±28.1	134.6±24.6	1.49
舒张压/mmHg	76.9±13.9	77.9±10.9	81.4±12.4	87.3±15.3	86.8±13.9	86.3±14.2	83.0±14.0	1.25
心率/（次/分）	80.9±11.2	80.3±13.6	76.6±11.3	81.5±13.9	82.4±11.9	80.0±11.6	80.1±12.5	2.14*

注：u 为性别间的 u 检验值。

*$P<0.05$，差异具有统计学意义。

表 3-2-8　傈僳族男性头面部指数、体部指数和体脂率

指数	不同年龄组（岁）的指标值（$\bar{x} \pm s$）						合计
	18～	30～	40～	50～	60～	70～85	
头长宽指数	80.0±5.6	78.5±4.3	78.7±3.7	79.0±3.3	79.8±3.9	79.4±4.2	79.1±4.0
头长高指数	69.9±6.1	64.6±5.1	65.5±5.7	66.3±5.4	66.2±5.7	67.0±6.7	66.2±5.8
头宽高指数	87.4±5.6	82.5±5.9	83.3±6.5	83.9±6.8	83.0±6.6	84.4±6.9	83.7±6.5
形态面指数	83.4±6.2	84.9±5.2	86.5±5.3	86.0±5.3	87.2±7.3	88.5±6.5	86.0±5.9
鼻指数	78.5±10.8	71.8±7.8	72.6±8.6	74.3±8.2	73.9±9.5	75.3±10.9	73.8±9.1
口指数	36.4±9.1	39.1±7.0	34.2±7.7	31.8±8.4	26.7±8.8	26.8±8.1	33.2±9.0
身高坐高指数	53.5±1.2	53.5±1.7	52.7±1.5	52.8±1.6	52.7±1.2	52.6±1.9	52.9±1.5
身高体重指数	351.9±65.8	397.2±56.0	393.7±57.4	381.5±52.5	368.1±47.0	347.1±46.0	380.8±57.1
身高胸围指数	50.8±4.8	55.1±3.8	56.2±3.6	55.9±3.7	56.1±2.9	56.3±3.4	55.4±4.0
身高肩宽指数	23.5±1.6	24.6±1.0	24.4±1.1	24.0±1.2	24.0±1.3	24.0±1.4	24.1±1.2
身高骨盆宽指数	17.6±1.1	18.2±0.9	18.7±1.2	18.8±1.1	18.9±1.1	19.5±1.1	18.6±1.2
马氏躯干腿长指数	87.2±4.3	87.0±5.9	89.9±5.5	89.6±5.6	90.0±4.2	90.2±7.1	89.1±5.6
身高下肢长指数	52.8±1.7	52.5±1.6	53.2±1.6	53.5±1.4	54.2±1.4	54.6±2.0	53.3±1.7
身体质量指数/（kg/m²）	21.4±3.9	24.4±3.3	24.2±3.3	23.6±3.1	23.2±2.7	22.3±2.8	23.6±3.3
身体肥胖指数	24.6±3.4	26.6±2.7	26.8±2.7	26.5±2.7	27.4±2.6	27.7±3.3	26.6±2.9
体脂率/%	17.6±5.0	20.6±4.8	22.6±5.4	23.5±5.8	23.3±5.9	22.5±4.1	22.0±5.6

表 3-2-9　傈僳族女性头面部指数、体部指数和体脂率

指数	不同年龄组（岁）的指标值（$\bar{x} \pm s$）						合计	u
	18～	30～	40～	50～	60～	70～85		
头长宽指数	80.9±4.8	80.2±4.1	80.0±3.8	80.0±3.2	79.6±3.6	79.6±3.4	80.3±3.8	3.60**
头长高指数	67.5±5.3	66.2±6.1	65.7±4.6	66.3±5.6	66.8±5.9	66.8±4.6	66.4±5.4	0.65
头宽高指数	83.6±6.4	82.6±7.4	82.3±5.5	82.9±6.7	84.0±7.4	84.0±6.0	83.1±6.6	1.48
形态面指数	81.0±6.3	84.5±5.9	83.1±6.7	84.8±6.1	84.9±6.6	83.7±6.6	83.8±6.5	5.18**
鼻指数	70.1±8.4	70.2±8.2	72.2±8.0	71.1±9.2	71.5±8.9	73.2±9.1	71.4±8.6	3.99**
口指数	39.1±7.0	37.0±7.2	33.8±7.4	32.4±7.7	29.5±8.8	25.8±10.2	33.2±8.7	0.04
身高坐高指数	54.0±1.4	54.1±1.4	53.5±1.6	53.0±1.5	52.6±1.8	52.5±1.6	53.3±1.7	3.37**
身高体重指数	336.2±51.3	364.1±52.3	377.7±55.7	378.9±66.9	360.0±59.2	329.6±48.9	363.9±59.3	4.19**
身高胸围指数	54.2±5.1	57.5±4.7	59.0±4.7	59.0±5.1	59.3±5.1	58.4±5.2	58.2±5.2	8.91**
身高肩宽指数	23.6±0.8	23.5±1.1	23.7±1.2	23.6±1.2	23.5±1.0	23.4±1.4	23.6±1.1	6.86**
身高骨盆宽指数	18.9±1.1	19.4±1.1	19.8±1.4	19.9±1.5	20.2±1.4	20.5±1.2	19.8±1.4	13.04**
马氏躯干腿长指数	85.4±4.8	84.9±4.9	87.0±5.5	88.8±5.5	90.4±6.4	90.6±6.1	87.8±5.9	3.29**
身高下肢长指数	54.1±1.7	53.9±1.5	54.4±1.4	54.4±1.6	54.9±1.8	55.2±2.3	54.5±1.7	9.80**
身体质量指数/（kg/m²）	21.8±3.5	23.7±3.4	24.8±3.6	24.9±4.3	24.0±3.8	22.4±3.2	24.0±3.9	1.68
身体肥胖指数	29.1±4.3	31.0±3.7	32.4±3.4	32.7±4.3	32.8±4.2	32.4±3.6	31.9±4.1	22.14**
体脂率/%	24.1±5.9	28.0±5.3	30.8±4.5	32.5±5.9	31.8±5.4	28.5±6.0	30.0±6.0	24.18**

注：u 为性别间的 u 检验值。

**P＜0.01，差异具有统计学意义。

（徐　飞　宇克莉　李　岩　马　威　范　宁）

第三节　东　乡　族

一、东乡族简介

根据 2010 年第六次全国人口普查统计数据，东乡族人口为 621 500 人（国务院人口普查办公室，国家统计局人口和就业统计司，2012）。甘肃省临夏回族自治州东乡族自治县是东乡族的主要集聚区，小部分分布于甘肃其他地区及青海、新疆伊犁等地。东乡族语言属阿尔泰语系蒙古语族，没有本民族的文字（安守春，2018）。

临夏回族自治州东乡族自治县位于甘肃省中部西南、临夏回族自治州东北部，地处东经 103°10′～44′、北纬 35°30′～36′，最高海拔 2664m，最低海拔 1736m，属温带半干旱气候，全年无霜期 138d，年降雨量 200～500mm。

研究组在甘肃省临夏回族自治州东乡族自治县开展了东乡族人体表型数据采集工作。被调查东乡族成年男性平均年龄 51.09 岁±15.08 岁，女性平均年龄 50.20 岁±13.84 岁。

二、东乡族的表型数据（表 3-3-1～表 3-3-9）

表 3-3-1　东乡族男性头面部指标　　　　　　　　　　（单位：mm）

指标	不同年龄组（岁）的指标值（$\bar{x}\pm s$）						合计
	18～	30～	40～	50～	60～	70～85	
头长	177.8±17.8	183.4±9.9	185.2±6.4	186.2±6.1	186.7±6.5	185.8±6.6	184.9±8.5
头宽	155.4±7.8	151.9±6.6	149.0±6.2	146.1±6.2	144.3±4.8	144.9±5.4	148.0±6.9
额最小宽	108.6±8.9	107.0±6.6	106.1±7.2	105.9±5.8	103.7±5.1	106.2±8.0	106.0±6.8
面宽	139.5±7.1	138.9±6.6	137.1±6.9	136.5±8.1	136.4±7.6	138.5±9.4	137.5±7.7
下颌角间宽	110.6±7.6	110.6±7.4	110.0±7.1	108.4±7.1	107.6±8.0	109.4±6.9	109.3±7.4
眼内角间宽	35.3±4.2	33.9±3.5	34.1±3.5	33.4±2.9	32.7±2.6	32.7±3.2	33.6±3.3
眼外角间宽	98.6±4.5	97.7±5.8	96.1±5.6	94.6±5.3	93.4±6.8	92.1±6.1	95.2±6.1
鼻宽	35.4±3.2	36.0±2.6	36.8±2.8	37.2±2.8	37.4±3.2	38.1±3.1	36.9±3.0
口宽	49.7±3.7	50.7±3.8	52.1±3.6	52.6±3.8	52.7±4.4	53.4±4.4	52.1±4.1
容貌面高	185.0±8.4	188.5±10.2	190.2±9.2	190.2±10.2	191.8±11.9	191.6±9.9	190.0±10.3
形态面高	116.2±7.2	119.2±6.6	120.6±6.2	121.5±6.9	122.4±6.7	122.8±8.7	120.8±7.1
鼻高	48.4±3.2	49.8±4.2	50.6±4.1	50.7±3.6	51.1±3.9	51.5±4.8	50.5±4.1
上唇皮肤部高	15.0±2.5	16.0±2.4	16.8±3.0	17.6±2.6	18.4±2.9	18.5±3.2	17.2±3.0
唇高	16.8±3.4	16.2±2.8	16.1±3.1	14.3±3.4	13.5±3.6	12.9±3.9	14.9±3.6
红唇厚度	7.3±1.7	7.0±1.9	7.0±2.1	6.2±1.7	5.8±1.9	5.8±1.7	6.4±1.9
容貌耳长	61.0±4.3	63.0±6.4	65.9±5.1	66.3±5.0	68.0±5.6	69.0±4.7	65.9±5.8
容貌耳宽	30.9±4.5	32.1±3.5	33.6±3.4	33.5±3.1	33.8±2.9	34.1±3.4	33.2±3.5
耳上头高	133.3±13.0	127.5±12.0	129.8±11.9	125.6±9.9	123.5±12.7	125.0±10.9	127.0±11.8

表 3-3-2　东乡族女性头面部指标

指标	不同年龄组（岁）的指标值（$\bar{x} \pm s$）/mm						合计/mm	u
	18～	30～	40～	50～	60～	70～85		
头长	173.1±7.1	174.0±7.9	176.7±8.0	176.3±7.5	178.2±7.0	177.4±7.3	176.1±7.7	18.11**
头宽	147.0±5.3	144.4±6.0	142.3±6.3	141.6±6.0	140.3±5.9	139.7±6.0	142.3±6.3	14.43**
额最小宽	105.6±7.6	103.9±7.0	103.7±6.1	102.6±6.4	102.5±5.4	100.5±6.7	103.1±6.5	7.30**
面宽	133.2±7.6	132.5±7.4	130.3±8.0	131.4±7.9	130.0±7.7	129.0±7.8	131.0±7.9	14.07**
下颌角间宽	105.0±7.6	104.0±7.1	103.9±7.1	103.7±6.9	102.9±6.8	102.4±7.4	103.7±7.1	12.96**
眼内角间宽	33.5±3.2	33.1±2.6	33.1±3.1	32.5±2.8	33.1±3.1	32.7±3.3	33.0±3.0	3.17**
眼外角间宽	97.0±5.0	94.4±6.0	93.0±5.8	92.9±5.8	91.4±5.9	89.7±6.4	93.0±6.1	6.08**
鼻宽	32.8±3.0	33.3±3.0	33.5±2.7	34.1±2.9	34.1±2.7	34.7±2.9	33.8±2.9	17.61**
口宽	46.2±4.2	48.4±4.3	48.8±4.6	49.7±4.1	49.9±4.0	48.7±4.4	48.9±4.4	12.75**
容貌面高	179.5±9.4	180.4±8.2	179.5±11.5	178.6±9.4	176.9±8.9	174.4±10.4	178.5±10.0	19.01**
形态面高	108.9±6.3	110.8±6.7	112.4±6.4	113.0±6.9	112.4±7.1	111.6±7.7	111.9±6.9	21.34**
鼻高	44.9±4.4	46.3±3.9	45.9±3.8	46.2±4.2	45.9±4.3	46.8±4.3	46.1±4.1	18.11**
上唇皮肤部高	13.5±2.3	14.5±2.4	15.8±2.5	16.5±2.5	17.1±2.7	16.8±2.8	15.9±2.7	7.60**
唇高	16.6±2.9	15.6±2.5	14.9±2.9	14.2±3.0	12.5±2.9	11.7±2.7	14.3±3.2	2.94**
红唇厚度	7.5±1.8	6.9±1.5	6.6±1.6	6.3±1.5	5.6±1.5	5.3±1.7	6.4±1.7	0.00
容貌耳长	57.6±3.4	59.3±4.1	59.7±4.6	61.0±4.3	63.0±5.0	63.4±5.4	60.7±4.8	16.20**
容貌耳宽	30.4±3.1	30.0±3.2	30.7±3.1	31.1±3.1	31.3±3.3	32.1±3.7	30.9±3.3	11.33**
耳上头高	128.0±17.5	124.6±12.1	121.1±13.1	120.9±12.1	121.1±11.6	121.3±18.4	122.2±13.6	6.37**

注：u 为性别间的 u 检验值。

**$P<0.01$，差异具有统计学意义。

表 3-3-3　东乡族男性体部指标

指标	不同年龄组（岁）的指标值（$\bar{x} \pm s$）						合计
	18～	30～	40～	50～	60～	70～85	
体重	56.7±7.1	64.7±10.9	67.8±10.7	66.6±10.6	64.9±10.7	62.5±10.8	65.1±10.8
身高	1659.2±56.4	1657.9±59.8	1666.8±53.2	1649.3±68.6	1634.3±57.4	1601.6±65.3	1646.5±63.8
髂前上棘点高	946.2±51.5	933.8±45.9	947.7±46.1	946.5±52.1	942.1±44.3	927.1±46.9	941.0±48.0
坐高	879.0±38.7	876.1±39.6	881.8±30.8	864.0±41.9	855.0±31.6	835.0±44.1	865.8±40.6
肱骨内外上髁间径	65.4±3.0	67.0±4.9	67.7±4.1	68.4±4.9	68.1±3.7	68.3±4.9	67.7±4.5
股骨内外上髁间径	88.6±9.1	88.2±9.7	89.8±9.0	88.3±8.5	88.4±9.4	89.3±10.4	88.8±9.3
肩宽	342.2±22.7	346.1±20.4	347.3±22.3	342.9±18.5	345.0±18.7	341.7±23.7	344.6±20.8
骨盆宽	290.0±21.9	293.1±24.9	298.3±22.1	295.5±19.3	296.0±20.0	296.3±21.3	295.5±21.6
平静胸围	816.4±44.1	877.9±69.9	893.3±62.0	898.5±63.5	887.6±76.5	885.8±68.1	884.6±68.8
腰围	740.3±59.3	823.6±101.2	844.2±99.1	843.8±96.0	828.7±108.7	817.6±109.2	827.3±102.4
臀围	863.3±51.5	912.7±69.4	924.5±60.2	919.3±60.9	911.6±76.3	900.6±60.9	911.8±66.0
大腿围	439.6±41.0	465.8±49.6	469.9±41.2	467.7±51.9	464.2±56.3	455.7±77.2	463.8±53.8
上肢全长	743.2±33.0	738.8±35.9	740.4±36.4	733.7±34.9	735.1±36.3	730.1±33.6	736.5±35.4
下肢全长	910.0±47.9	897.4±42.0	911.2±42.5	911.4±48.7	908.5±40.8	895.2±43.6	906.0±44.4

注：体重的单位为 kg，其余指标值的单位为 mm。

表 3-3-4 东乡族女性体部指标

指标	不同年龄组（岁）的指标值（$\bar{x}\pm s$）						合计	u
	18～	30～	40～	50～	60～	70～85		
体重	53.0±8.4	57.6±9.6	60.0±9.9	60.0±9.5	57.7±9.5	53.2±9.7	58.0±9.9	10.81**
身高	1551.7±64.9	1548.9±54.5	1540.8±57.4	1532.7±50.6	1509.1±54.9	1478.7±61.2	1530.1±59.6	31.40**
髂前上棘点高	888.5±44.6	883.3±44.9	877.5±41.3	875.7±38.6	861.7±39.5	856.7±71.3	874.5±46.0	23.61**
坐高	828.9±32.8	828.9±30.8	824.4±31.8	816.5±30.1	800.9±36.0	775.6±47.2	815.1±37.2	21.65**
肱骨内外上髁间径	58.8±4.3	60.6±4.5	61.5±4.5	62.2±4.6	61.5±4.5	62.5±5.5	61.4±4.7	22.99**
股骨内外上髁间径	81.3±9.8	83.2±10.5	85.3±10.0	83.2±10.4	84.7±10.3	84.0±10.6	83.9±10.3	8.43**
肩宽	314.3±21.7	320.3±23.7	323.7±24.7	323.2±22.5	323.4±23.3	319.3±25.9	321.8±23.7	17.31**
骨盆宽	282.4±21.9	287.0±21.9	292.4±21.4	289.7±22.1	289.7±21.2	287.2±23.0	289.1±21.9	4.93**
平静胸围	816.4±71.0	856.1±92.9	889.4±78.1	892.0±84.7	893.8±88.3	865.0±86.2	877.2±86.9	1.60
腰围	770.1±85.3	814.1±109.3	847.8±99.8	842.9±103.9	844.7±109.1	818.3±114.8	831.6±106.3	0.69
臀围	902.1±56.8	925.2±74.1	952.0±62.2	948.1±67.6	929.3±80.9	904.1±72.4	934.7±71.3	5.57**
大腿围	494.1±42.5	508.5±52.7	521.2±49.5	511.3±52.3	493.7±50.2	471.8±48.4	505.5±52.2	13.02**
上肢全长	680.0±36.6	681.5±33.5	677.4±34.4	673.6±36.3	668.8±33.4	665.5±37.2	674.9±35.3	29.17**
下肢全长	860.0±40.7	854.8±42.7	849.5±38.9	848.1±36.6	835.6±36.6	832.7±68.9	847.1±43.4	22.42**

注：u 为性别间的 u 检验值；体重的单位为 kg，其余指标值的单位为 mm。

**$P<0.01$，差异具有统计学意义。

表 3-3-5 东乡族观察指标情况

指标	分型	男性		女性		合计		u
		人数	占比/%	人数	占比/%	人数	占比/%	
上眼睑皱褶	有	298	61.8	484	70.7	782	67.0	3.18**
	无	184	38.2	201	29.3	385	33.0	3.18**
内眦褶	有	68	14.1	115	16.8	183	15.7	1.25
	无	414	85.9	570	83.2	984	84.3	1.25
眼裂高度	狭窄	89	18.5	127	18.6	216	18.6	0.04
	中等	344	71.7	477	69.8	821	70.6	0.70
	较宽	47	9.8	79	11.6	126	10.8	0.97
眼裂倾斜度	内角高	52	10.8	85	12.4	137	11.7	0.84
	水平	320	66.5	416	60.7	736	63.1	2.02*
	外角高	109	22.7	184	26.9	293	25.1	1.63
鼻背侧面观	凹型	107	22.4	239	34.9	346	29.8	4.59**
	直型	240	50.2	351	51.3	591	50.9	0.37
	凸型	128	26.8	92	13.5	220	18.9	5.69**
	波型	3	0.6	2	0.3	5	0.4	0.77
鼻基底方向	上翘	84	17.5	191	28.0	275	23.6	4.15**
	水平	216	44.9	374	54.8	590	50.7	3.33**
	下垂	181	37.6	118	17.3	299	25.7	7.81**

续表

指标	分型	男性		女性		合计		u
		人数	占比/%	人数	占比/%	人数	占比/%	
耳垂类型	三角形	191	39.6	229	33.5	420	36.0	2.14*
	方形	117	24.3	182	26.6	299	25.6	0.89
	圆形	174	36.1	273	39.9	447	38.4	1.31
利手	左型	56	11.6	59	8.6	115	9.9	1.69
	右型	425	88.4	626	91.4	1051	90.1	1.69
扣手	左型	258	54.1	352	51.5	610	52.5	0.87
	右型	219	45.9	332	48.5	551	47.5	0.87
卷舌	否	253	52.5	364	53.1	617	52.9	0.20
	是	229	47.5	321	46.9	550	47.1	0.20

注：u 为性别间的 u 检验值。

*$P<0.05$，**$P<0.01$，差异具有统计学意义。

表 3-3-6 东乡族男性生理指标

指标	不同年龄组（岁）的指标值（$\bar{x}\pm s$）						合计
	18～	30～	40～	50～	60～	70～85	
收缩压/mmHg	114.5±10.4	117.0±10.0	121.8±15.2	121.8±16.5	133.4±18.8	136.3±27.6	124.3±18.7
舒张压/mmHg	79.1±9.4	78.8±8.7	81.9±10.8	82.1±10.8	85.2±13.6	84.3±13.8	82.0±11.5
心率/（次/分）	70.9±11.7	69.1±11.7	66.3±11.1	71.3±11.3	71.4±14.9	72.1±13.7	69.9±12.5

表 3-3-7 东乡族女性生理指标

指标	不同年龄组（岁）的指标值（$\bar{x}\pm s$）						合计	u
	18～	30～	40～	50～	60～	70～85		
收缩压/mmHg	109.9±12.6	112.6±10.3	118.2±15.8	126.5±21.2	132.2±21.5	138.7±27.6	122.9±20.7	1.18
舒张压/mmHg	74.2±9.7	75.5±7.8	80.1±10.0	82.3±12.3	83.8±12.2	84.6±16.8	80.4±11.9	2.27*
心率/（次/分）	76.3±13.7	73.1±11.1	71.9±11.5	72.8±11.0	73.8±11.3	76.7±10.9	73.4±11.4	4.71**

注：u 为性别间的 u 检验值。

*$P<0.05$，**$P<0.01$，差异具有统计学意义。

表 3-3-8 东乡族男性头面部指数、体部指数和体脂率

指数	不同年龄组（岁）的指标值（$\bar{x}\pm s$）						合计
	18～	30～	40～	50～	60～	70～85	
头长宽指数	88.1±8.3	83.0±4.8	80.5±3.8	78.5±3.4	77.4±2.9	78.1±3.3	80.2±5.0
头长高指数	75.4±8.4	69.6±7.1	70.2±6.7	67.4±5.1	66.3±6.5	67.3±5.9	68.7±6.8
头宽高指数	85.8±8.1	84.0±8.1	87.1±8.3	86.0±7.0	85.8±8.3	86.3±7.9	85.9±7.9
形态面指数	89.9±6.9	91.9±6.2	95.1±7.5	95.4±6.9	97.4±7.8	97.4±8.3	94.9±7.6
鼻指数	73.4±7.9	72.9±8.8	73.0±7.9	73.9±8.0	73.6±8.2	74.5±8.4	73.5±8.2
口指数	34.1±7.6	32.1±6.1	31.0±6.2	27.3±6.5	25.8±7.0	24.2±7.2	28.8±7.3

续表

指数	不同年龄组（岁）的指标值（$\bar{x}\pm s$）						合计
	18～	30～	40～	50～	60～	70～85	
身高坐高指数	53.0±2.2	52.8±1.5	52.9±1.5	52.4±1.6	52.3±1.4	52.1±1.7	52.6±1.6
身高体重指数	342.1±36.4	389.6±59.2	405.4±60.9	403.6±58.0	396.6±59.5	389.6±60.5	394.7±60.0
身高胸围指数	49.2±2.4	53.0±4.0	53.6±3.8	54.5±4.1	54.3±4.5	55.4±4.2	53.8±4.2
身高肩宽指数	20.6±1.4	20.9±1.3	20.9±1.3	20.8±1.4	21.1±1.3	21.4±1.6	21.0±1.4
身高骨盆宽指数	17.5±1.3	17.7±1.4	17.9±1.3	17.9±1.1	18.1±1.1	18.5±1.2	17.9±1.2
马氏躯干腿长指数	89.0±7.3	89.4±5.6	89.1±5.5	91.0±5.8	91.2±5.0	92.0±6.2	90.3±5.8
身高下肢长指数	47.0±2.2	47.2±1.5	47.1±1.5	47.6±1.6	47.7±1.4	47.9±1.7	47.4±1.6
身体质量指数/（kg/m²）	20.7±2.0	23.5±3.3	24.3±3.6	24.5±3.4	24.3±3.5	24.3±3.6	24.0±3.5
身体肥胖指数	22.4±2.6	24.7±2.9	24.9±3.0	25.5±2.9	25.7±3.8	26.6±2.8	25.2±3.2
体脂率/%	14.6±4.7	19.7±6.2	19.9±6.5	20.8±6.0	20.9±7.7	22.1±7.1	20.2±6.7

表 3-3-9　东乡族女性头面部指数、体部指数和体脂率

指数	不同年龄组（岁）的指标值（$\bar{x}\pm s$）						合计	u
	18～	30～	40～	50～	60～	70～85		
头长宽指数	85.0±4.0	83.1±4.2	80.7±4.6	80.5±4.2	78.8±3.8	78.8±4.3	80.9±4.6	2.44*
头长高指数	74.0±10.3	71.8±7.3	68.7±8.0	68.6±7.1	68.1±7.1	68.5±10.4	69.5±8.2	1.80
头宽高指数	87.1±12.1	86.3±8.2	85.2±9.2	85.4±8.7	86.4±8.4	87.1±14.0	85.9±9.7	0.00
形态面指数	87.2±8.0	91.7±6.3	92.9±7.3	93.7±6.5	93.7±6.7	94.4±7.6	92.7±7.1	5.01**
鼻指数	73.7±9.6	72.3±8.1	73.5±8.4	74.4±9.7	74.8±9.1	74.7±8.5	73.8±8.9	0.60
口指数	36.2±7.1	32.3±5.8	30.7±6.4	28.7±6.3	25.2±6.0	24.1±5.4	29.4±7.0	1.41
身高坐高指数	53.5±1.7	53.5±1.5	53.5±1.2	53.3±1.3	53.1±1.5	52.4±2.0	53.3±1.5	7.53**
身高体重指数	341.3±49.8	372.0±59.6	389.3±59.9	390.8±60.0	381.6±57.8	358.9±58.7	378.7±60.3	4.22**
身高胸围指数	52.6±4.5	55.3±6.2	57.8±5.2	58.2±5.6	59.2±5.8	58.6±5.9	57.4±5.9	12.00**
身高肩宽指数	20.3±1.5	20.7±1.6	21.0±1.6	21.1±1.4	21.4±1.5	21.6±1.6	21.1±1.6	1.12
身高骨盆宽指数	18.2±1.2	18.5±1.5	19.0±1.4	18.9±1.4	19.2±1.4	19.5±1.5	18.9±1.4	12.99**
马氏躯干腿长指数	87.2±6.0	87.0±5.2	86.9±4.1	87.8±4.8	88.6±5.3	91.0±7.6	87.8±5.3	7.49**
身高下肢长指数	46.5±1.7	46.5±1.5	46.5±1.2	46.7±1.3	46.9±1.5	47.6±2.0	46.7±1.5	7.53**
身体质量指数/（kg/m²）	22.0±3.2	24.1±3.9	25.3±3.8	25.5±3.9	25.3±3.7	24.3±3.8	24.8±3.9	3.45**
身体肥胖指数	28.7±3.8	30.1±4.4	31.8±3.8	32.0±4.0	32.2±4.5	32.4±4.4	31.5±4.2	28.64**
体脂率/%	29.1±7.3	31.5±7.5	34.1±6.5	34.4±7.6	34.4±7.0	33.7±7.9	33.3±7.4	29.44**

注：u 为性别间的 u 检验值。

*$P<0.05$，**$P<0.01$，差异具有统计学意义。

（海向军　马力扬　窦春江　陈旺盛）

第四节　仡　佬　族

一、仡佬族简介

　　仡佬族分布在中国、越南等国家。根据 2010 年第六次全国人口普查统计数据，仡佬族人口为 550 746 人（国务院人口普查办公室，国家统计局人口和就业统计司，2012）。仡佬族人口主要分布于贵州省，聚居地主要为务川仡佬族苗族自治县和道真仡佬族苗族自治县（杨圣敏，丁宏，2008）。仡佬族的民族语言为仡佬语。

　　务川仡佬族苗族自治县位于贵州省东北部，地处东经 107°30′～108°13′、北纬 28°10′～29°05′，最高海拔 1743m，最低海拔 325.3m，属亚热带高原湿润季风气候区，山体气候特征明显，年平均气温 15.5℃，日照率年平均为 23%，年降雨量 1271.7mm，全年无霜期 280d。

　　2017 年研究组在贵州务川仡佬族自治县大坪镇开展了仡佬族人体表型数据采集工作。被调查者男性年龄 51.9 岁±16.9 岁，女性年龄 55.8 岁±16.5 岁。

二、仡佬族的表型数据（表 3-4-1～表 3-4-9）

表 3-4-1　仡佬族男性头面部指标　　　　　　　　　　（单位：mm）

指标	不同年龄组（岁）的指标值（$\bar{x}\pm s$）						合计
	18～	30～	40～	50～	60～	70～85	
头长	193.7±7.2	192.4±6.5	191.0±6.7	190.7±5.7	188.4±7.1	187.4±5.1	190.2±6.7
头宽	162.8±3.2	159.5±5.0	159.5±5.0	156.9±4.5	156.8±5.6	155.6±5.2	158.2±5.4
额最小宽	116.0±2.9	116.7±3.7	114.0±4.3	113.3±3.7	112.5±4.2	112.0±4.3	113.8±4.3
面宽	151.8±4.7	149.7±6.2	150.0±6.2	148.1±4.6	145.7±5.7	145.4±5.2	148.1±5.9
下颌角间宽	124.2±3.9	122.2±8.0	123.9±7.4	122.2±6.6	119.2±6.7	118.6±5.9	121.5±7.0
眼内角间宽	28.6±3.0	28.9±2.9	27.8±3.0	27.0±2.8	27.6±2.8	27.0±2.6	27.7±2.9
眼外角间宽	97.8±4.7	98.8±4.4	94.5±4.8	93.5±4.9	89.8±4.8	88.3±5.8	93.1±6.1
鼻宽	34.8±2.2	35.7±2.9	34.9±2.7	34.8±2.6	35.3±3.0	35.2±3.0	35.1±2.8
口宽	48.0±3.8	50.3±2.9	50.0±3.5	50.9±3.9	51.6±3.5	50.4±4.5	50.4±3.8
容貌面高	189.3±6.2	189.5±7.1	191.0±9.6	189.5±9.1	188.8±9.1	191.0±6.7	189.9±8.3
形态面高	113.1±7.4	113.0±6.1	115.2±6.1	116.3±6.4	114.7±6.5	116.8±7.2	115.0±6.6
鼻高	48.3±4.3	47.7±4.7	50.6±3.8	52.1±4.0	49.9±4.1	51.8±4.4	50.3±4.4
上唇皮肤部高	10.3±1.6	11.6±3.0	11.1±2.1	11.8±2.1	13.1±2.8	12.9±2.5	11.9±2.6
唇高	20.3±3.3	19.1±3.7	17.2±4.0	15.9±4.0	14.8±4.1	13.6±4.4	16.4±4.5
红唇厚度	9.3±2.1	8.6±1.7	7.6±2.1	7.3±2.3	6.4±1.8	5.1±2.0	7.1±2.4
容貌耳长	56.5±4.9	59.9±4.6	61.2±4.7	62.3±4.8	63.6±4.6	64.4±5.1	61.8±5.3
容貌耳宽	27.7±2.5	28.7±3.0	29.8±2.8	28.8±2.8	29.0±2.5	29.2±2.8	29.0±2.8
耳上头高	136.6±11.9	133.9±12.8	127.9±12.5	128.5±10.8	130.9±12.5	128.5±11.8	130.4±12.3

表 3-4-2　仡佬族女性头面部指标

指标	不同年龄组（岁）的指标值（$\bar{x}\pm s$）/mm						合计/mm	u
	18～	30～	40～	50～	60～	70～85		
头长	180.7±5.9	186.0±6.9	179.4±7.2	181.1±7.3	181.2±7.8	180.0±6.6	180.8±7.2	14.88**
头宽	154.3±6.2	153.4±5.0	152.7±4.4	153.5±5.7	151.1±4.2	148.3±4.0	151.7±5.2	13.52**
额最小宽	113.5±4.6	115.5±4.2	111.9±4.0	110.7±5.2	110.5±4.6	108.5±4.8	110.9±5.0	6.87**
面宽	143.3±6.0	142.5±4.4	140.5±4.5	141.2±5.9	140.7±5.1	137.4±4.4	140.3±5.4	15.04**
下颌角间宽	119.6±5.1	117.8±5.9	116.7±6.0	116.2±5.7	116.2±5.8	113.1±5.1	115.9±5.8	9.48**
眼内角间宽	28.8±3.1	27.9±3.4	27.6±2.3	27.7±2.9	27.1±2.5	27.2±2.7	27.6±2.8	0.66
眼外角间宽	94.2±4.8	94.3±5.3	90.6±4.3	90.6±5.1	87.7±5.0	86.2±4.9	89.5±5.5	6.76**
鼻宽	33.2±2.6	33.7±2.5	33.2±2.3	34.4±3.1	33.6±1.9	33.8±3.5	33.7±2.8	5.57**
口宽	45.8±3.1	47.6±3.2	48.0±3.5	48.4±3.7	48.2±3.3	47.3±4.8	47.7±3.9	7.65**
容貌面高	184.1±7.3	186.7±7.2	182.8±10.3	184.0±7.8	183.5±8.7	179.3±8.6	182.7±8.8	9.26**
形态面高	106.5±6.5	107.1±6.5	105.1±7.7	106.3±7.5	108.7±6.6	106.0±8.0	106.6±7.4	13.31**
鼻高	46.9±3.9	46.1±2.9	46.9±4.3	46.7±4.4	48.5±4.1	48.3±4.2	47.5±4.2	7.11**
上唇皮肤部高	9.4±1.8	10.3±2.1	9.9±1.9	10.6±2.2	11.1±2.3	11.3±2.7	10.6±2.3	5.81**
唇高	17.3±2.8	18.2±4.2	15.8±3.8	15.1±3.4	13.7±3.4	11.1±4.4	14.4±4.3	5.08**
红唇厚度	7.6±1.2	8.0±2.3	6.9±1.9	6.6±1.6	5.9±1.7	4.5±2.1	6.2±2.1	4.67**
容貌耳长	54.6±2.9	56.2±4.9	56.0±4.6	57.5±3.9	58.4±4.3	58.5±4.4	57.3±4.4	10.05**
容貌耳宽	27.2±2.2	28.1±2.3	28.8±2.0	29.0±2.3	28.6±2.9	28.7±3.0	28.6±2.6	1.71
耳上头高	129.3±11.8	120.9±15.6	121.3±11.6	122.5±10.3	119.2±10.9	122.4±9.9	122.1±11.3	7.76**

注：u 为性别间的 u 检验值。

**$P<0.01$，差异具有统计学意义。

表 3-4-3　仡佬族男性体部指标

指标	不同年龄组（岁）的指标值（$\bar{x}\pm s$）						合计
	18～	30～	40～	50～	60～	70～85	
体重	60.9±11.2	63.5±11.4	64.2±8.5	60.9±9.7	54.7±7.5	55.1±7.3	59.5±9.7
身高	1644.9±55.3	1636.9±60.0	1620.6±54.6	1591.1±55.7	1573.9±51.9	1563.5±61.9	1600.4±62.9
髂前上棘点高	889.5±36.4	876.7±42.0	876.8±37.8	873.4±34.5	857.1±46.0	853.3±43.0	869.1±42.0
坐高	892.7±38.7	860.9±44.1	862.8±33.8	832.5±38.0	831.1±41.2	808.9±40.4	845.1±46.2
肱骨内外上髁间径	69.4±4.8	67.6±2.5	69.3±3.8	70.3±4.2	69.9±3.4	72.2±4.2	69.9±4.0
股骨内外上髁间径	99.5±8.7	98.5±6.1	98.5±6.0	98.8±6.3	99.7±6.7	98.8±5.6	99.0±6.4
肩宽	396.4±24.1	390.6±27.0	394.4±19.2	388.9±14.9	379.0±15.4	373.8±16.1	386.3±20.6
骨盆宽	291.0±18.0	295.8±16.1	299.8±15.1	301.0±18.3	294.7±12.5	299.0±13.7	297.2±15.4
平静胸围	858.8±78.2	872.6±78.5	909.0±62.9	893.0±63.6	872.1±53.6	897.1±77.4	886.4±68.8
腰围	773.5±105.4	833.3±96.8	845.7±89.8	835.8±102.4	791.3±78.0	829.8±85.4	819.5±93.6

指标	不同年龄组（岁）的指标值（$\bar{x}\pm s$）						合计
	18～	30～	40～	50～	60～	70～85	
臀围	923.9±68.5	940.9±62.1	953.5±55.1	933.4±62.7	903.6±57.4	910.9±62.2	927.1±62.6
大腿围	483.8±55.8	471.5±43.5	464.7±40.8	454.8±43.3	428.0±48.9	429.2±53.6	451.6±51.2
上肢全长	711.0±42.0	707.4±35.4	697.0±38.7	691.5±40.4	696.9±42.8	694.7±41.9	698.5±40.5
下肢全长	855.1±32.1	843.3±38.2	844.5±35.3	843.4±34.0	826.9±44.1	825.4±41.2	838.0±39.4

注：体重的单位为 kg，其余指标值的单位为 mm。

表 3-4-4　仡佬族女性体部指标

指标	不同年龄组（岁）的指标值（$\bar{x}\pm s$）						合计	u
	18～	30～	40～	50～	60～	70～85		
体重	55.5±8.7	57.7±10.8	55.8±9.2	55.1±8.9	51.0±7.9	45.1±6.8	52.2±9.4	8.41**
身高	1542.7±49.1	1527.1±59.1	1498.7±56.5	1495.8±50.1	1481.2±54.3	1437.7±56.6	1485.4±62.5	20.22**
髂前上棘点高	863.8±37.3	849.2±44.5	838.8±40.6	835.6±39.0	815.2±34.6	790.7±46.6	824.5±46.4	11.15**
坐高	841.8±41.5	818.8±43.5	795.1±35.8	792.4±33.2	773.4±27.9	739.0±41.4	782.2±47.2	14.88**
肱骨内外上髁间径	62.7±3.5	62.4±4.0	62.0±5.1	64.4±4.0	64.8±4.0	63.5±4.8	63.6±4.4	16.54**
股骨内外上髁间径	89.1±9.7	92.0±6.7	88.4±7.7	91.1±7.6	87.1±7.3	85.0±6.6	88.2±7.8	16.76**
肩宽	367.9±14.8	363.8±16.3	356.5±17.3	357.6±16.8	350.3±16.6	337.2±14.4	352.3±18.7	19.02**
骨盆宽	285.8±22.1	298.4±19.7	295.3±17.3	298.5±17.1	296.3±16.7	292.1±15.3	294.8±17.6	1.64
平静胸围	873.0±76.4	898.1±69.5	892.6±77.0	891.3±75.7	867.0±68.9	825.3±68.1	869.2±76.7	2.61**
腰围	760.4±86.5	810.0±83.6	825.2±102.5	836.2±102.8	831.1±91.7	804.4±90.8	817.0±96.7	0.29
臀围	923.2±69.7	954.8±77.5	947.2±73.4	935.8±74.5	914.6±63.0	886.8±49.7	921.4±69.6	0.94
大腿围	490.9±41.6	497.3±74.8	485.9±57.7	473.6±44.1	443.4±39.7	413.1±45.3	457.8±56.6	1.28
上肢全长	644.2±31.9	662.9±52.1	641.2±32.8	652.6±36.6	659.6±36.6	653.1±29.8	652.1±35.5	13.38**
下肢全长	835.9±36.5	822.3±41.0	814.7±38.6	811.5±36.6	791.9±33.9	769.5±45.2	800.7±44.1	9.88**

注：u 为性别间的 u 检验值；体重的单位为 kg，其余指标值的单位为 mm。

**$P<0.01$，差异具有统计学意义。

表 3-4-5　仡佬族观察指标情况

指标	分型	男性		女性		合计		u
		人数	占比/%	人数	占比/%	人数	占比/%	
上眼睑皱褶	有	186	81.6	232	89.2	418	85.7	2.41*
	无	42	18.4	28	10.8	70	14.3	2.41*
内眦褶	有	51	22.4	39	15.0	90	18.4	2.09*
	无	177	77.6	221	85.0	398	81.6	2.09*

续表

指标	分型	男性		女性		合计		u
		人数	占比/%	人数	占比/%	人数	占比/%	
眼裂高度	狭窄	71	31.1	71	27.3	142	29.1	0.93
	中等	153	67.1	177	68.1	330	67.6	0.23
	较宽	4	1.8	12	4.6	16	3.3	1.77
眼裂倾斜度	内角高	2	0.9	0	0.0	2	0.4	1.51
	水平	102	44.7	97	37.3	199	40.8	1.67
	外角高	124	54.4	163	62.7	287	58.8	1.86
鼻背侧面观	凹型	27	11.8	85	32.7	112	23.0	5.46**
	直型	186	81.7	166	63.8	352	72.1	4.36**
	凸型	14	6.1	8	3.1	22	4.5	1.63
	波型	1	0.4	1	0.4	2	0.4	0.09
鼻基底方向	上翘	100	43.9	143	55.0	243	49.8	2.46*
	水平	120	52.6	111	42.7	231	47.3	2.19*
	下垂	8	3.5	6	2.3	14	2.9	0.79
鼻翼宽	狭窄	0	0.0	6	2.3	6	1.2	2.31*
	中等	32	14.0	57	21.9	89	18.3	2.25*
	宽阔	196	86.0	197	75.8	393	80.5	2.84**
耳垂类型	三角形	84	36.8	116	44.6	200	41.0	1.74
	方形	20	8.8	25	9.6	45	9.2	0.32
	圆形	124	54.4	119	45.8	243	49.8	1.90
上唇皮肤部高	低	107	46.9	170	65.4	277	56.8	4.11**
	中等	120	52.7	90	34.6	210	43.0	4.01**
	高	1	0.4	0	0.0	1	0.2	1.07
红唇厚度	薄唇	135	59.2	192	73.9	327	67.0	3.43**
	中唇	74	32.5	64	24.6	138	28.3	1.92
	厚唇	19	8.3	4	1.5	23	4.7	3.53**
利手	左型	19	8.3	24	9.2	43	8.8	0.35
	右型	209	91.7	236	90.8	445	91.2	0.35
扣手	左型	87	38.2	86	33.1	173	35.5	1.17
	右型	141	61.8	174	66.9	315	64.5	1.17
卷舌	否	112	49.1	131	50.4	243	49.8	0.28
	是	116	50.9	129	49.6	245	50.2	0.28

注：u 为性别间率的 u 检验值。

*P<0.05，**P<0.01，差异具有统计学意义。

表 3-4-6 仡佬族男性生理指标

指标	不同年龄组（岁）的指标值（$\bar{x}\pm s$）						合计
	18～	30～	40～	50～	60～	70～85	
收缩压/mmHg	127.8±10.5	124.5±12.1	128.6±16.1	133.5±18.0	144.8±25.1	147.3±23.4	135.7±21.1
舒张压/mmHg	76.4±9.2	76.5±7.8	80.4±10.5	82.8±10.7	81.6±13.6	78.0±11.5	79.8±11.3
心率/（次/分）	86.6±15.6	79.6±12.0	79.3±11.4	75.9±10.1	74.1±12.2	74.2±10.3	77.6±12.4

表 3-4-7 仡佬族女性生理指标

指标	不同年龄组（岁）的指标值（$\bar{x}\pm s$）						合计	u
	18～	30～	40～	50～	60～	70～85		
收缩压/mmHg	112.8±12.8	117.3±10.4	125±19.2	133.8±23.5	138.1±21.2	143.9±23.0	132.7±22.9	1.51
舒张压/mmHg	71.4±11.8	73.2±8.0	77.8±11.7	78.0±9.7	76.0±12.5	78.4±12.7	76.7±11.6	2.92**
心率/（次/分）	81.3±12.1	75.3±7.3	75.2±11.0	74.3±11.2	77.6±10.1	80.2±11.2	77.3±11.0	0.27

注：u 为性别间的 u 检验值。

**$P<0.01$，差异具有统计学意义。

表 3-4-8 仡佬族男性头面部指数、体部指数和体脂率

指数	不同年龄组（岁）的指标值（$\bar{x}\pm s$）						合计
	18～	30～	40～	50～	60～	70～85	
头长宽指数	84.1±3.4	83.0±3.1	83.6±3.1	82.3±2.9	83.3±3.6	83.0±3.1	83.2±3.2
头长高指数	70.6±6.2	69.6±6.7	67.0±5.9	67.4±5.5	69.6±7.2	68.6±6.2	68.6±6.4
头宽高指数	84.0±7.6	83.9±7.7	80.2±7.4	82.0±7.2	83.6±8.7	82.7±7.6	82.5±7.8
形态面指数	74.6±5.0	75.6±4.1	76.9±4.4	78.6±4.4	78.8±4.7	80.4±5.2	77.8±5.0
鼻指数	72.7±8.8	75.5±9.2	69.4±6.9	67.1±6.1	71.4±9.8	68.5±8.9	70.5±8.6
口指数	42.6±7.6	38.1±7.6	34.4±8.0	31.4±8.5	28.6±7.9	27.2±9.0	32.7±9.4
身高坐高指数	54.3±1.8	52.6±2.0	53.3±1.7	52.3±1.9	52.8±2.4	51.8±2.1	52.8±2.1
身高体重指数	369.4±61.6	387.1±60.3	395.7±48.3	382.0±55.7	347.3±45.0	352.1±42.7	371.2±54.0
身高胸围指数	52.2±4.4	53.3±4.6	56.1±4.0	56.1±3.8	55.4±3.5	57.5±5.4	55.4±4.5
身高肩宽指数	24.1±1.3	23.9±1.5	24.3±1.0	24.5±0.8	24.1±1.1	23.9±1.1	24.1±1.1
身高骨盆宽指数	17.7±0.9	18.1±0.9	18.5±1.0	18.9±1.0	18.7±0.8	19.2±1.1	18.6±1.0
马氏躯干腿长指数	84.4±5.9	90.4±7.2	88.0±5.9	91.3±7.3	89.7±8.2	93.5±7.8	89.7±7.5
身高下肢长指数	52.0±1.4	51.5±1.8	52.1±1.9	53.1±2.5	52.5±2.4	52.8±2.7	52.4±2.2
身体质量指数/（kg/m²）	22.4±3.6	23.6±3.3	24.4±3.0	24.0±3.3	22.1±2.8	22.5±2.8	23.2±3.2
身体肥胖指数	25.8±3.2	27.0±2.8	28.3±2.9	28.5±3.0	27.8±3.3	28.7±3.7	27.9±3.3
体脂率/%	16.4±4.4	19.3±3.8	21.0±4.4	22.0±4.7	20.8±4.0	21.7±4.5	20.5±4.6

表 3-4-9　仡佬族女性头面部指数、体部指数和体脂率

指数	不同年龄组（岁）的指标值（$\bar{x} \pm s$）						合计	u
	18～	30～	40～	50～	60～	70～85		
头长宽指数	85.5±4.6	82.5±2.8	85.2±3.7	84.8±3.4	83.5±3.3	82.5±3.5	84.0±3.7	2.36*
头长高指数	71.6±7.0	65.2±9.4	67.7±6.6	67.7±6.1	65.8±5.8	68.1±6.0	67.6±6.6	1.70
头宽高指数	83.8±7.3	78.9±10.4	79.5±7.7	79.9±7.5	78.9±7.2	82.6±7.6	80.6±7.8	2.71**
形态面指数	74.4±4.9	75.1±3.4	74.8±4.9	75.4±5.4	77.3±4.7	77.2±5.4	76.0±5.1	3.87**
鼻指数	71.2±7.3	73.4±7.3	71.2±7.3	74.3±10.2	69.7±7.6	70.5±9.8	71.6±8.8	1.41
口指数	38.1±6.8	38.4±9.1	33.0±7.5	31.6±8.3	28.5±6.9	23.6±9.2	30.2±9.3	2.94**
身高坐高指数	54.6±2.4	53.6±1.9	53.1±1.6	53.0±1.7	52.2±1.4	51.4±1.8	52.6±2.0	0.90
身高体重指数	359.5±53.6	376.9±62.5	371.7±57	368.3±56.9	343.7±47.1	308.2±58.4	348.9±60.5	4.29**
身高胸围指数	56.6±4.7	58.8±3.8	59.6±5.0	59.6±5.0	58.5±4.3	57.5±4.9	58.5±4.8	7.35**
身高肩宽指数	23.9±1.0	23.8±0.9	23.8±0.8	23.9±0.9	23.7±0.9	23.5±1.0	23.7±0.9	4.62**
身高骨盆宽指数	18.5±1.3	19.5±1.1	19.7±1.1	20.0±1.1	20.0±0.9	20.3±1.1	19.9±1.2	12.74**
马氏躯干腿长指数	83.6±8.2	86.7±6.5	88.6±5.8	88.9±6.4	91.6±5.1	94.8±6.8	90.2±7.1	0.85
身高下肢长指数	54.2±2.2	53.9±1.9	54.4±2.0	54.3±2.3	53.5±2.3	53.5±2.5	53.9±2.3	7.42**
身体质量指数/（kg/m²）	23.3±3.4	24.6±3.7	24.8±3.7	24.6±3.8	23.2±2.9	21.4±4.0	23.5±3.8	0.88
身体肥胖指数	30.3±4.2	32.6±3.4	33.7±4.3	33.2±4.5	32.8±3.4	33.6±3.7	33.0±4.1	15.44**
体脂率/%	28.1±2.8	28.8±4.2	31.1±3.7	33.0±3.5	32.5±3.2	31.1±3.6	31.4±3.8	28.39**

注：u 为性别间的 u 检验值。

*P＜0.05，**P＜0.01，差异具有统计学意义。

（张兴华　宇克莉）

第五节　拉　祜　族

一、拉祜族简介

根据 2010 年第六次全国人口普查统计数据，拉祜族人口为 485 966 人（国务院人口普查办公室，国家统计局人口和就业统计司，2012）。拉祜族地处中国、缅甸、泰国、越南、老挝五国交界山区，跨国而居。在中国，拉祜族主要生活在云南省的西南部山区，集中在澜沧江东西两岸的普洱市和临沧市，其中 78% 分布在澜沧江以西，北起临沧、耿马，南至澜沧、孟连（杨圣敏，丁宏，2008）。拉祜语言属汉藏语系藏缅语族彝语支，分拉祜纳、拉祜西两大方言。

澜沧拉祜族自治县是云南省普洱市下辖县之一，位于云南省西南部，因东临澜沧江而得名。澜沧拉祜族自治县地处东经 99°29′～100°35′、北纬 22°01′～23°16′，海拔 578～2516m，主要属南亚热带季风气候，雨量充沛，日照充足。县城勐朗镇年平均气温 19.2℃，年降雨量 1624.0mm，年日照时数 2098.0h。

2017 年和 2019 年研究组两次在云南省普洱市澜沧拉祜族自治县竹塘乡开展了拉祜族人体表型数据采集工作。被调查者男性年龄 47.3 岁±13.1 岁，女性年龄 47.2 岁±13.8 岁。

二、拉祜族的表型数据（表 3-5-1～表 3-5-9）

表 3-5-1　拉祜族男性头面部指标　　　　（单位：mm）

指标	不同年龄组（岁）的指标值（$\bar{x}\pm s$）						合计
	18～	30～	40～	50～	60～	70～85	
头长	187.0±5.8	189.6±6.6	188.9±7.2	188.7±6.5	189.4±6.3	188.9±7.7	188.8±6.7
头宽	155.2±5.9	154.2±5.8	153.7±5.3	152.5±6.0	150.8±4.8	150.2±6.5	153.1±5.8
额最小宽	107.8±7.7	109.3±7.2	111.0±6.6	108.8±6.7	109.4±5.2	108.3±5.3	109.4±6.7
面宽	143.3±8.1	143.0±6.6	142.0±6.3	141.2±6.5	141.0±5.4	141.1±6.9	142.0±6.6
下颌角间宽	109.7±6.0	109.9±6.9	109.9±7.1	109.5±7.7	107.6±6.6	111.9±7.5	109.7±7.1
眼内角间宽	32.6±3.6	32.5±3.3	32.6±3.0	32.4±3.7	31.4±3.6	32.6±2.9	32.4±3.3
眼外角间宽	94.7±6.1	93.9±4.8	91.9±4.7	90.1±4.2	89.5±4.3	89.1±4.4	91.7±5.0
鼻宽	38.6±2.9	38.7±2.3	38.9±3.1	38.9±2.9	40.2±3.1	40.0±3.8	39.0±2.9
口宽	45.5±3.0	46.3±2.8	47.4±3.9	47.2±3.1	48.2±3.5	49.0±2.8	47.1±3.4
容貌面高	191.1±6.8	188.8±7.2	188.7±8.4	187.8±9.6	189.5±7.4	189.4±7.6	188.8±8.2
形态面高	117.6±6.3	117.6±5.8	118.8±6.8	118.1±6.2	118.7±6.6	121.2±5.9	118.4±6.3
鼻高	45.3±2.2	46.4±3.5	47.0±3.0	47.3±3.0	47.9±2.8	48.1±4.2	47.0±3.1
上唇皮肤部高	15.2±1.8	15.8±1.8	16.4±2.6	16.4±2.4	17.0±2.0	18.2±2.2	16.3±2.3
唇高	16.1±3.1	15.6±2.4	15.6±3.0	14.6±2.9	13.3±2.6	13.2±4.0	15.0±3.0
红唇厚度	7.6±1.8	7.4±1.3	7.6±1.7	7.0±1.4	6.4±1.5	5.9±2.4	7.2±1.6
容貌耳长	61.8±5.3	61.3±4.6	61.3±5.1	63.9±4.6	64.9±4.6	66.8±5.8	62.7±5.1
容貌耳宽	34.3±4.0	34.4±3.5	34.6±3.8	35.8±3.5	36.7±4.1	37.8±3.5	35.2±3.8
耳上头高	128.0±7.8	126.8±8.4	129.1±8.8	127.7±7.4	129.7±8.4	130.1±7.0	128.3±8.1

表 3-5-2　拉祜族女性头面部指标

指标	不同年龄组（岁）的指标值（$\bar{x}\pm s$）/mm						合计/mm	u
	18～	30～	40～	50～	60～	70～85		
头长	182.0±6.3	181.9±6.9	180.3±6.3	181.7±6.8	180.2±6.9	180.8±8.3	181.2±6.7	14.96**
头宽	148.7±5.0	148.6±6.2	148.4±5.6	147.7±4.8	147.2±5.4	145.4±4.9	147.9±5.4	11.97**
额最小宽	104.2±6.4	106.1±6.8	106.0±7.3	105.9±6.3	106.2±5.9	104.3±7.2	105.7±6.7	7.31**
面宽	133.2±5.4	134.6±6.4	134.9±5.9	134.1±6.0	134.4±6.2	133.0±4.7	134.3±5.9	16.01**
下颌角间宽	102.1±6.1	103.9±6.7	103.7±6.4	102.6±7.1	104.9±7.1	102.2±6.3	103.3±6.7	11.98**
眼内角间宽	31.5±3.0	31.3±3.1	31.0±2.9	31.1±3.1	31.4±3.1	31.2±3.6	31.2±3.1	4.78**

续表

指标	不同年龄组（岁）的指标值（$\bar{x}\pm s$）/mm						合计/mm	u
	18～	30～	40～	50～	60～	70～85		
眼外角间宽	90.2±5.6	89.8±5.1	88.4±4.4	87.3±4.5	84.5±5.1	85.4±5.4	87.9±5.2	9.68**
鼻宽	34.7±2.2	35.2±2.5	35.6±2.9	35.8±3.1	36.6±3.3	37.9±3.3	35.7±3.0	14.54**
口宽	43.9±3.8	45.0±3.4	45.4±3.7	45.9±3.2	45.8±3.2	44.5±3.8	45.3±3.5	7.02**
容貌面高	180.0±8.7	179.6±7.8	177.7±8.3	179.0±9.3	178.3±10.0	178.0±11.5	178.7±8.9	15.34**
形态面高	109.1±4.9	107.2±4.5	109.0±4.9	110.5±5.4	111.0±6.5	114.5±8.9	109.7±5.7	18.79**
鼻高	41.5±3.4	41.9±3.1	41.9±3.0	42.8±3.0	43.3±3.4	45.5±4.3	42.5±3.3	18.04**
上唇皮肤部高	13.0±2.0	13.5±1.8	14.2±2.4	15.4±2.3	16.6±2.6	16.8±2.8	14.7±2.6	8.63**
唇高	15.6±2.2	15.2±2.5	14.7±2.7	14.3±3.3	11.7±4.0	12.9±2.1	14.3±3.1	2.83**
红唇厚度	7.5±1.5	7.2±1.2	6.9±1.2	6.9±2.0	5.6±2.0	6.2±1.3	6.8±1.7	2.51*
容貌耳长	55.1±4.1	57.0±4.1	57.3±3.8	59.5±4.4	59.9±4.9	61.9±4.8	58.2±4.6	12.18**
容貌耳宽	31.4±3.4	32.3±3.0	32.0±3.2	32.6±3.1	32.6±4.0	33.3±3.0	32.3±3.3	10.72**
耳上头高	118.4±8.3	120.5±10.1	117.9±9.5	118.7±8.6	117.9±11.6	121.1±9.8	118.8±9.5	13.94**

注：u 为性别间的 u 检验值。

*$P<0.05$，**$P<0.01$，差异具有统计学意义。

表 3-5-3　拉祜族男性体部指标

指标	不同年龄组（岁）的指标值（$\bar{x}\pm s$）						合计
	18～	30～	40～	50～	60～	70～85	
体重	59.4±8.2	58.1±8.8	56.3±8.4	54.7±8.3	51.5±6.0	52.5±8.1	55.8±8.5
身高	1608.8±57.5	1581.4±57.8	1577.3±60.5	1566.2±56.0	1550.4±58.0	1534.2±65.4	1572.9±60.5
髂前上棘点高	876.3±37.9	868.3±35.9	868.0±35.1	865.9±39.5	873.6±41.6	853.7±30.2	868.1±37.2
坐高	874.4±31.6	851.0±42.1	844.6±37.6	841.5±33.5	821.8±43.6	816.7±43.3	843.9±40.2
肱骨内外上髁间径	66.4±4.3	66.6±3.4	66.8±3.3	67.8±4.1	69.1±4.1	68.6±4.2	67.3±3.9
股骨内外上髁间径	94.9±5.2	92.3±5.9	92.9±5.1	92.9±4.9	91.9±4.4	94.7±4.1	93.0±5.2
肩宽	374.6±16.0	376.1±16.8	369.5±15.4	366.8±14.9	358.2±15.4	360.6±16.7	369.0±16.6
骨盆宽	262.8±14.9	262.4±17.4	264.1±18.7	262.0±20.0	265.9±15.3	269.4±17.0	263.6±18.0
平静胸围	856.8±38.7	853.3±56.4	855.0±56.9	849.0±56.2	836.2±45.0	858.0±55.9	851.4±53.9
腰围	781.2±63.0	778.9±70.8	770.8±82.2	770.7±73.4	765.6±70.3	796.6±71.3	774.3±73.8
臀围	901.4±50.7	893.7±54.9	881.6±58.8	873.3±59.1	860.0±44.5	876.2±62.4	881.2±57.0
大腿围	480.2±35.1	470.5±46.6	464.5±46.8	459.6±43.1	435.9±37.5	440.2±45.1	461.5±45.1
上肢全长	723.1±33.2	711.0±32.0	709.2±37.3	705.4±37.5	708.9±32.8	700.8±42.0	709.4±35.9
下肢全长	845.3±36.4	838.1±33.5	839.2±32.5	836.6±38.2	845.9±39.9	827.1±29.8	838.9±35.3

注：体重的单位为 kg，其余指标值的单位为 mm。

表 3-5-4 拉祜族女性体部指标

指标	不同年龄组（岁）的指标值（$\bar{x} \pm s$）						合计	u
	18～	30～	40～	50～	60～	70～85		
体重	47.8±6.5	50.1±8.6	50.9±9.7	49.1±8.4	46.9±9.1	42.6±7.6	48.9±8.9	10.41**
身高	1484.6±52.4	1475.5±51.0	1479.0±47.1	1472.8±55.9	1460.0±59.2	1451.0±56.1	1473.3±53.2	22.71**
髂前上棘点高	832.5±34.5	822.5±34.8	825.2±33.7	824.2±34.8	822.1±40.8	811.5±37.4	824.1±35.4	15.77**
坐高	812.3±40.1	807.7±32.4	801.2±26.3	795.4±35.2	780.2±29.5	772.6±34.9	797.8±34.2	16.03**
肱骨内外上髁间径	58.3±3.5	59.3±4.0	59.5±3.6	60.7±3.5	60.9±4.1	60.4±2.6	59.9±3.7	25.57**
股骨内外上髁间径	86.9±5.4	84.9±5.3	86.7±6.4	85.9±5.4	86.0±7.0	84.7±5.4	86.0±5.9	16.56**
肩宽	336.7±13.5	336.6±15.7	334.0±13.8	331.1±15.5	332.8±19.6	321.0±18.2	333.1±16.0	28.74**
骨盆宽	252.6±18.1	257.9±20.1	259.0±20.0	262.9±19.8	265.5±23.8	260.8±23.6	260.0±20.7	2.42*
平静胸围	809.4±45.9	829.9±69.2	831.3±64.7	826.4±65.1	812.6±69.2	795.4±60.5	822.8±64.6	6.33**
腰围	726.0±59.6	755.1±92.4	766.1±69.9	778.1±80.4	761.9±71.4	723.4±82.3	759.5±78.6	2.54*
臀围	873.3±48.1	892.1±63.1	888.7±78.5	877.3±69.0	863.6±69.1	840.0±57.6	878.5±68.8	0.56
大腿围	491.6±38.6	498.1±49.6	501.2±57.2	478.9±47.4	465.6±52.3	429.9±44.8	485.0±53.1	6.26**
上肢全长	646.9±34.1	647.6±29.5	646.3±34.6	650.9±33.2	652.8±35.1	643.5±36.9	648.4±33.3	22.93**
下肢全长	808.6±32.1	800.0±32.2	802.1±31.2	801.4±32.5	800.1±38.3	789.2±35.6	801.3±33.1	14.32**

注：u 为性别间的 u 检验值；体重的单位为 kg，其余指标值的单位为 mm。

*$P<0.05$，**$P<0.01$，差异具有统计学意义。

表 3-5-5 拉祜族观察指标情况

指标	分型	男性		女性		合计		u
		人数	占比/%	人数	占比/%	人数	占比/%	
上眼睑皱褶	有	284	89.3	327	89.3	611	89.3	0.02
	无	34	10.7	39	10.7	73	10.7	0.02
内眦褶	有	75	23.6	112	30.6	187	27.3	2.05*
	无	243	76.4	254	69.4	497	72.7	2.05*
眼裂高度	狭窄	119	37.4	103	28.1	222	32.4	2.59**
	中等	191	60.1	252	68.9	443	64.8	2.40*
	较宽	8	2.5	11	3.0	19	2.8	0.39
眼裂倾斜度	内角高	3	0.9	1	0.3	4	0.6	1.14
	水平	123	38.6	110	30.0	233	34.0	2.34*
	外角高	193	60.5	255	69.7	448	65.4	2.52*
鼻背侧面观	凹型	57	17.9	170	46.5	227	33.2	8.09**
	直型	226	70.8	179	48.9	405	59.1	5.98**
	凸型	27	8.5	6	1.6	33	4.8	3.24**
	波型	9	2.8	11	3.0	20	2.9	0.02

续表

指标	分型	男性		女性		合计		u
		人数	占比/%	人数	占比/%	人数	占比/%	
鼻基底方向	上翘	133	41.7	166	45.3	299	43.6	0.96
	水平	177	55.5	199	54.4	376	54.9	0.29
	下垂	9	2.8	1	0.3	10	1.5	2.77**
鼻翼宽	狭窄	2	0.6	10	2.7	12	1.7	2.1*
	中等	68	21.3	125	34.2	193	28.2	3.73**
	宽阔	249	78.1	231	63.1	480	70.1	4.26**
耳垂类型	三角形	68	21.4	133	36.3	201	29.4	4.28**
	方形	45	14.1	45	12.3	90	13.2	0.72
	圆形	205	64.5	188	51.4	393	57.4	3.46**
上唇皮肤部高	低	6	1.9	28	7.6	34	5.0	3.47**
	中等	285	89.3	326	89.1	611	89.2	0.11
	高	28	8.8	12	3.3	40	5.8	3.06**
红唇厚度	薄唇	194	60.8	251	68.6	445	65.0	2.12*
	中唇	111	34.8	108	29.5	219	32.0	1.48
	厚唇	14	4.4	7	1.9	21	3.0	1.88
利手	左型	17	5.3	4	1.1	21	3.1	3.21**
	右型	302	94.7	362	98.9	664	96.9	3.21**
扣手	左型	77	24.3	88	24.0	165	24.2	0.08
	右型	240	75.7	278	76.0	518	75.8	0.08
卷舌	否	144	45.1	181	49.5	325	47.4	1.13
	是	175	54.9	185	50.5	360	52.6	1.13

注：u 为性别间率的 u 检验值。

*$P<0.05$，**$P<0.01$，差异具有统计学意义。

表 3-5-6　拉祜族男性生理指标

指标	不同年龄组（岁）的指标值（ $\bar{x}\pm s$ ）						合计
	18～	30～	40～	50～	60～	70～85	
收缩压/mmHg	129.4±12.3	131.5±14.5	129.3±18.2	133.7±17.4	144.2±22.1	143.4±26.6	133.3±18.4
舒张压/mmHg	75.9±9.6	78.7±11.8	78.7±13.6	79.8±11.7	81.4±11.8	86.9±17.8	79.5±12.6
心率/（次/分）	79.7±12.2	79.3±11.9	78.8±11.5	77.8±13.5	73.9±12.3	85.1±13.9	78.6±12.5

表 3-5-7　拉祜族女性生理指标

指标	不同年龄组（岁）的指标值（ $\bar{x}\pm s$ ）						合计	u
	18～	30～	40～	50～	60～	70～85		
收缩压/mmHg	119.7±14.2	121.1±14.9	131.8±18.4	137.1±22.5	143.0±28.4	150.3±25.3	132.3±22.3	0.63
舒张压/mmHg	75.6±15.5	74.4±12.2	80.1±12.3	80.6±16.5	80.2±14.5	81.2±14.2	78.7±14.4	0.70
心率/（次/分）	86.6±13.7	81.4±10.5	77.2±11.6	78.0±12.0	78.0±12.7	83.1±10.9	79.7±12.2	1.22

注：u 为性别间的 u 检验值。

表 3-5-8 拉祜族男性头面部指数、体部指数和体脂率

指数	不同年龄组（岁）的指标值（$\bar{x} \pm s$）						合计
	18～	30～	40～	50～	60～	70～85	
头长宽指数	83.1±3.3	81.4±3.1	81.4±3.5	80.9±3.3	79.7±3.1	79.6±3.8	81.1±3.4
头长高指数	68.5±4.6	66.9±4.8	68.4±5.0	67.8±4.5	68.5±4.6	68.9±3.3	68.0±4.7
头宽高指数	82.6±6.1	82.3±6.1	84.1±5.7	83.9±5.9	86.1±6.2	86.7±4.4	83.9±6.0
形态面指数	82.3±5.2	82.4±5.0	83.8±5.9	83.8±5.6	84.3±5.7	86.0±4.5	83.5±5.5
鼻指数	85.3±6.7	83.7±6.7	83.0±7.8	82.6±7.4	84.0±7.1	83.6±8.9	83.4±7.4
口指数	35.4±7.0	33.8±5.4	33.0±6.3	31.0±6.6	27.9±6.2	27.0±8.0	32.0±6.7
身高坐高指数	54.4±1.4	53.8±1.7	53.6±1.4	53.7±1.5	53.0±1.6	53.2±1.4	53.7±1.6
身高体重指数	368.8±44.7	366.5±46.5	356.6±47.2	348.5±47.9	331.9±36.4	342.2±49.1	354.2±47.0
身高胸围指数	53.3±2.5	54.0±2.9	54.2±3.4	54.2±3.5	54.0±3.0	56.0±4.1	54.2±3.3
身高肩宽指数	23.3±0.9	23.8±0.8	23.4±1.0	23.4±0.9	23.1±1.0	23.5±0.9	23.5±0.9
身高骨盆宽指数	16.3±0.8	16.6±0.9	16.8±1.1	16.7±1.2	17.2±1.1	17.6±1.2	16.8±1.1
马氏躯干腿长指数	84.1±4.7	86.0±5.9	86.9±5.0	86.2±5.3	88.9±5.5	88.0±4.8	86.5±5.4
身高下肢长指数	52.6±1.7	53.0±1.8	53.2±1.7	53.4±2.0	54.6±2.4	54.0±2.7	53.4±2.0
身体质量指数/（kg/m²）	23.1±2.7	23.3±2.9	22.7±2.9	22.3±2.9	21.4±2.1	22.4±3.2	22.6±2.9
身体肥胖指数	26.2±2.2	27.0±2.2	26.6±3.2	26.6±3.4	26.6±2.9	28.2±3.7	26.7±3.0
体脂率/%	14.8±4.1	17.4±3.7	18.7±4.6	19.2±5.6	17.7±4.7	20.8±5.5	18.2±4.9

表 3-5-9 拉祜族女性头面部指数、体部指数和体脂率

指数	不同年龄组（岁）的指标值（$\bar{x} \pm s$）						合计	u
	18～	30～	40～	50～	60～	70～85		
头长宽指数	81.7±3.2	81.8±3.8	82.4±3.6	81.4±3.0	81.7±3.4	80.6±4.2	81.7±3.5	2.31*
头长高指数	65.1±5.0	66.3±5.3	65.4±5.2	65.4±4.8	65.5±6.5	67.1±6.0	65.6±5.3	6.13**
头宽高指数	79.6±5.1	81.1±6.1	79.5±6.5	80.4±6.1	80.1±7.3	83.3±5.8	80.4±6.3	7.54**
形态面指数	82.0±4.5	79.8±4.5	80.9±4.7	82.6±4.8	82.7±5.7	86.1±6.7	81.8±5.1	4.23**
鼻指数	84.2±8.2	84.6±8.8	85.3±8.8	84.2±9.5	84.7±8.3	84.0±12.3	84.6±9.0	1.92
口指数	35.7±5.8	34.0±6.1	32.5±6.0	31.4±7.4	25.7±8.9	29.1±5.4	31.8±7.3	0.31
身高坐高指数	54.7±1.7	54.8±1.5	54.2±1.4	54.0±1.7	53.5±1.6	53.3±1.8	54.2±1.6	4.14**
身高体重指数	321.4±38.9	338.7±53.2	343.6±60.3	332.5±50.9	320.8±57.7	293.1±46.5	331.4±54.5	5.89**
身高胸围指数	54.6±3.1	56.3±4.4	56.2±4.0	56.1±3.9	55.7±4.6	54.9±4.2	55.9±4.1	6.05**
身高肩宽指数	22.7±0.7	22.8±0.7	22.6±0.8	22.5±0.8	22.8±1.0	22.1±0.9	22.6±0.8	12.58**
身高骨盆宽指数	17.0±1.1	17.5±1.1	17.5±1.2	17.9±1.3	18.2±1.6	18.0±1.4	17.6±1.3	9.67**
马氏躯干腿长指数	83.0±5.8	82.8±5.2	84.6±4.6	85.3±5.7	87.2±5.6	87.9±6.3	84.8±5.6	4.12**
身高下肢长指数	54.5±1.7	54.2±1.7	54.2±1.6	54.4±1.7	54.8±1.9	54.4±1.8	54.4±1.7	7.26**
身体质量指数/（kg/m²）	21.8±2.5	22.9±3.4	23.3±3.9	22.7±3.3	22.2±4.1	20.2±3.0	22.6±3.5	0.02
身体肥胖指数	30.3±2.7	31.8±3.1	31.4±4.2	31.1±3.9	31.1±4.3	30.1±3.1	31.2±3.7	17.24**
体脂率/%	26.6±3.8	28.3±4.8	31.6±3.9	33.1±4.7	31.7±4.8	29.6±5.0	30.7±4.9	33.22**

注：u 为性别间的 u 检验值。

*$P<0.05$，**$P<0.01$，差异具有统计学意义。

（宇克莉 张兴华）

第六节　佤　族

一、佤族简介

根据 2010 年第六次全国人口普查统计数据，佤族在中国境内共有 429 709 人（国务院人口普查办公室，国家统计局人口和就业统计司，2012）。佤族在中国、缅甸均有分布。国内佤族主要分布在云南省西南部临沧市的沧源、耿马、双江、永德、镇康和普洱市的西盟、澜沧、孟连等县。其中，沧源、西盟是佤族的主要聚居区，是全国仅有的两个佤族自治县。佤族有自己的语言，佤语属南亚语系孟高棉语族佤德昂语支，分巴饶克、阿佤、佤三大方言。

西盟佤族自治县是云南省佤族聚居边境县，位于云南省西南部，地处东经 99°18′～99°43′、北纬 22°25′～22°57′，相对海拔高度差达 1869.9m，属亚热带季风气候，年平均气温 15.3℃，年日照时数 2204.7h，年降水量 2758.3mm，全年无霜期 319d。

2017 年研究组在云南省普洱市西盟佤族自治县翁嘎科镇开展了佤族人体表型数据采集工作。被调查者男性年龄 40.2 岁±12.1 岁，女性年龄 43.4 岁±13.0 岁。

二、佤族的表型数据（表 3-6-1～表 3-6-9）

表 3-6-1　佤族男性头面部指标　　　　　（单位：mm）

指标	不同年龄组（岁）的指标值（$\bar{x}\pm s$）						合计
	18～	30～	40～	50～	60～	70～85	
头长	186.6±7.3	188.3±8.7	189.7±7.8	189.4±7.4	188.4±7.1	190.8±4.0	188.5±7.9
头宽	153.0±5.8	151.9±5.6	152.0±5.3	149.7±6.0	149.8±5.9	150.4±5.4	151.7±5.7
额最小宽	107.2±4.7	107.1±4.6	107.3±4.5	106.8±5.4	106.3±4.1	106.4±5.3	107.1±4.7
面宽	142.9±5.7	142.4±5.7	142.7±5.0	141.0±5.1	141.5±6.0	140.8±5.5	142.3±5.5
下颌角间宽	108.8±5.3	109.8±6.1	109.5±7.1	107.6±5.3	108.2±6.6	106.6±5.0	109.1±6.2
眼内角间宽	33.6±2.9	32.7±2.8	31.9±2.8	31.6±3.1	31.6±2.8	32.0±3.7	32.5±3.0
眼外角间宽	93.6±4.6	92.9±4.5	93.2±4.8	91.2±5.0	90.0±3.6	94.6±2.3	92.7±4.7
鼻宽	38.8±2.7	39.3±3.2	40.2±3.1	40.9±3.0	41.3±3.5	42.8±3.6	39.8±3.2
口宽	49.4±4.3	49.9±4.1	49.6±4.9	50.7±5.2	51.9±5.8	49.0±5.2	50.0±4.7
容貌面高	189.2±7.3	191.6±7.5	189.3±8.3	188.9±7.6	190.0±8.5	194.6±4.4	190.0±7.8
形态面高	122.4±9.5	123.3±9.2	119.6±9.1	119.8±9.0	121.2±8.6	119.6±9.6	121.5±9.3
鼻高	51.5±6.7	52.1±6.6	49.9±7.4	49.6±6.1	51.8±6.7	50.2±7.4	51.0±6.8
上唇皮肤部高	13.1±2.1	13.9±2.5	15.1±2.5	16.1±2.6	16.1±2.9	18.2±3.0	14.6±2.7
唇高	19.3±3.2	19.0±3.2	17.5±3.1	15.5±2.8	15.3±3.3	14.0±2.4	17.9±3.4

续表

指标	不同年龄组（岁）的指标值（$\bar{x} \pm s$）						合计
	18～	30～	40～	50～	60～	70～85	
红唇厚度	8.2±1.5	8.1±1.6	8.1±1.5	6.9±1.6	6.7±2.0	6.3±1.3	7.7±1.7
容貌耳长	58.7±4.0	59.8±4.5	61.9±4.3	63.6±5.5	65.1±3.7	64.2±7.9	61.1±4.9
容貌耳宽	32.4±5.6	32.4±3.6	33.3±3.8	34.3±3.1	34.1±4.0	32.8±3.3	33.0±4.2
耳上头高	121.1±11.2	122.2±9.8	122.5±9.6	122.6±9.7	121.4±12.1	130.0±10.3	122.1±10.2

表 3-6-2　佤族女性头面部指标

指标	不同年龄组（岁）的指标值（$\bar{x} \pm s$）/mm						合计/mm	u
	18～	30～	40～	50～	60～	70～85		
头长	177.6±7.8	182.1±8.2	185.3±7.8	184.0±7.5	183.6±8.6	187.9±8.1	182.9±8.3	10.88**
头宽	147.2±4.9	145.3±5.5	145.0±4.8	144.8±5.2	145.0±5.6	143.5±5.3	145.3±5.2	18.42**
额最小宽	104.4±3.7	105.0±4.2	104.9±4.6	105.2±4.6	105.5±4.3	106.7±4.9	105.0±4.4	7.30**
面宽	135.3±4.8	134.5±4.6	134.8±5.1	135.0±5.9	135.3±6.0	132.9±3.7	134.9±5.2	22.19**
下颌角间宽	102.4±5.1	102.3±5.2	104.0±5.1	104.1±5.6	104.5±5.1	104.2±4.7	103.4±5.3	15.62**
眼内角间宽	32.7±2.0	31.3±2.8	31.0±2.7	31.4±2.3	31.8±2.8	32.7±3.5	31.5±2.7	5.12**
眼外角间宽	90.7±5.8	89.9±4.7	90.0±5.1	89.2±4.9	89.6±4.7	88.6±4.9	89.8±5.0	9.29**
鼻宽	35.9±3.1	35.7±2.9	36.9±2.7	37.7±2.7	38.4±2.9	38.8±2.7	36.8±3.0	15.56**
口宽	47.0±3.7	46.5±3.9	46.1±4.5	47.1±4.4	48.1±4.0	45.0±2.1	46.7±4.1	11.73**
容貌面高	177.7±8.3	176.4±9.3	177.0±7.9	175.6±8.6	175.2±10.1	176.1±10.2	176.5±8.7	26.01**
形态面高	112.5±7.3	111.0±7.6	109.5±6.8	108.9±9.0	110.6±10.1	106.9±6.2	110.3±8.0	20.56**
鼻高	48.1±6.3	46.1±6.5	44.7±5.5	44.8±5.6	46.1±6.4	42.5±2.7	45.7±6.1	13.16**
上唇皮肤部高	11.8±2.1	12.8±2.2	14.3±2.4	15.3±2.3	14.9±2.5	16.4±2.1	13.9±2.6	4.14**
唇高	18.0±2.4	17.3±5.6	15.4±3.0	14.2±2.6	14.1±3.4	12.7±2.8	15.8±4.0	8.85**
红唇厚度	8.1±1.6	7.3±1.3	7.0±1.3	6.8±1.5	6.0±1.5	6.1±1.6	7.0±1.5	7.72**
容貌耳长	55.1±4.2	56.3±4.0	58.0±4.5	60.0±4.4	62.1±5.0	62.1±5.1	58.1±4.9	9.75**
容貌耳宽	30.0±2.7	30.3±3.1	32.1±3.6	32.4±3.5	32.8±3.3	33.8±3.0	31.5±3.5	6.30**
耳上头高	115.4±11.5	118.4±9.2	119.2±11.9	117.0±9.1	118.3±9.8	121.4±7.2	117.9±10.4	6.49**

注：u为性别间的u检验值。

**$P<0.01$，差异具有统计学意义。

表 3-6-3　佤族男性体部指标

指标	不同年龄组（岁）的指标值（$\bar{x} \pm s$）						合计
	18～	30～	40～	50～	60～	70～85	
体重	57.1±8.3	59.2±10.0	59.6±9.3	55.0±8.3	52.7±9.1	51.1±6.6	57.7±9.4
身高	1610.8±55.4	1618.0±51.2	1611.7±51.7	1597.7±52.1	1575.0±53.3	1621.8±20.8	1608.9±53.4
髂前上棘点高	887.8±37.7	886.1±38.1	879.6±40.4	885.2±40.4	868.2±46.1	902.2±39.3	883.4±39.8

指标	不同年龄组（岁）的指标值（$\bar{x}\pm s$）						合计
	18～	30～	40～	50～	60～	70～85	
坐高	870.6±33.5	870.2±29.4	865.2±33.0	856.1±33.0	835.7±35.7	830.8±19.2	864.1±33.6
肱骨内外上髁间径	66.0±3.8	67.0±4.0	67.8±4.2	67.7±3.0	68.1±4.8	69.2±3.7	67.2±4.0
股骨内外上髁间径	92.3±4.8	92.3±5.7	92.0±4.8	91.3±4.3	91.3±5.1	91.6±3.8	92.0±5.0
肩宽	375.6±23.1	376.0±16.0	374.9±16.8	368.1±16.3	361.3±16.6	361.6±22.3	373.3±18.5
骨盆宽	260.6±13.3	264.3±16.1	262.1±14.7	260.7±14.9	259.2±15.4	255.2±20.0	262.0±15.0
平静胸围	849.5±51.4	867.6±59.6	872.4±58.5	855.8±51.2	853.6±57.3	838.4±34.6	862.1±56.7
腰围	791.5±57.9	816.9±75.5	821.5±74.8	792.3±72.1	800.9±84.5	744.8±36.9	807.5±73.0
臀围	863.6±61.7	874.6±66.6	888.3±60.2	862.8±55.1	845.1±63.3	838.8±40.6	871.7±63.1
大腿围	441.0±55.0	446.0±44.9	450.1±44.5	440.4±53.2	412.1±48.2	402.6±36.5	442.3±49.3
上肢全长	720.8±30.1	726.6±35.8	719.1±31.3	714.6±28.6	716.4±32.7	720.6±35.2	721.0±32.4
下肢全长	856.1±35.6	853.9±36.0	848.5±38.1	854.4±38.1	839.0±43.9	872.2±39.3	852.1±37.6

注：体重的单位为 kg，其余指标值的单位为 mm。

表 3-6-4　佤族女性体部指标

指标	不同年龄组（岁）的指标值（$\bar{x}\pm s$）						合计	u
	18～	30～	40～	50～	60～	70～85		
体重	49.3±7.7	53.8±9.1	55.5±9.8	52.8±10.4	50.2±10.1	48.9±7.7	52.8±9.7	8.19**
身高	1510.3±47.0	1524.1±48.1	1515.4±50.5	1501.7±55.2	1501.3±54.7	1500.6±53.7	1512.0±51.4	29.35**
髂前上棘点高	839.5±39.1	849.7±35.2	843.6±33.8	835.2±34.4	834.8±38.2	836.1±26.3	841.6±35.7	17.56**
坐高	825.3±29.3	830.5±32.0	821.7±31.0	807.1±32.6	796.7±38.0	793.7±38.6	818.1±34.2	21.56**
肱骨内外上髁间径	58.6±3.5	60.1±3.7	61.2±3.5	62.3±4.0	62.6±3.7	62.3±2.3	60.9±3.9	25.19**
股骨内外上髁间径	84.0±5.0	85.9±5.2	86.2±5.6	85.8±5.6	86.5±6.2	83.6±3.8	85.6±5.5	19.26**
肩宽	338.9±15.9	339.2±15.1	338.0±14.7	329.3±17.4	330.6±16.9	327.4±18.6	335.6±16.4	34.23**
骨盆宽	254.9±12.7	254.7±16.7	255.7±14.8	258.3±15.0	258.0±15.1	245.0±10.0	255.8±15.0	6.53**
平静胸围	807.5±55.7	844.9±65.2	863.5±72.4	844.6±78.7	830.5±71.6	828.4±57.0	841.8±71.3	5.01**
腰围	770.3±63.1	790.9±77.2	820.8±91.2	819.2±98.2	812.4±93.5	801.8±92.1	803.7±87.5	0.75
臀围	863.1±60.4	900.2±65.2	909.2±73.6	889.9±79.7	862.7±63.9	864.4±54.6	889.7±71.6	4.25**
大腿围	466.0±54.1	493.2±57.3	498.0±55.5	470.9±58.8	450.2±54.1	460.5±32.5	480.3±58.0	11.23**
上肢全长	666.0±29.2	670.4±31.1	664.0±30.0	663.7±35.2	665.5±30.0	664.4±32.0	666.0±31.3	27.38**
下肢全长	814.0±35.8	823.3±32.5	818.3±30.9	811.2±31.4	809.9±35.3	811.9±23.0	816.4±32.7	16.09**

注：u 为性别间的 u 检验值；体重的单位为 kg，其余指标值的单位为 mm。

**$P<0.01$，差异具有统计学意义。

表 3-6-5 佤族观察指标情况

指标	分型	男性		女性		合计		u
		人数	占比/%	人数	占比/%	人数	占比/%	
上眼睑皱褶	有	225	93.4	309	94.8	534	94.2	0.72
	无	16	6.6	17	5.2	33	5.8	0.72
内眦褶	有	36	14.9	50	15.3	86	15.2	0.13
	无	205	85.1	276	84.7	481	84.8	0.13
眼裂高度	狭窄	126	52.2	121	37.1	247	43.6	3.60**
	中等	111	46.1	14	4.3	125	22.0	11.86**
	较宽	4	1.7	191	58.6	195	34.4	14.11**
眼裂倾斜度	内角高	0	0.0	2	0.6	2	0.4	1.22
	水平	101	41.9	129	39.6	230	40.5	0.56
	外角高	140	58.1	195	59.8	335	59.1	0.41
鼻背侧面观	凹型	33	13.7	117	35.9	150	26.5	5.92**
	直型	193	80.1	197	60.4	390	68.7	4.99**
	凸型	9	3.7	8	2.5	17	3.0	0.88
	波型	6	2.5	4	1.2	10	1.8	1.13
鼻基底	上翘	74	30.7	123	37.7	197	34.7	1.74
	水平	158	65.6	195	59.8	353	62.3	1.39
	下垂	9	3.7	8	2.5	17	3.0	0.88
鼻翼宽	狭窄	5	1.0	10	2.0	15	1.5	1.26
	中等	97	19.4	144	28.2	241	23.9	3.28**
	宽阔	397	79.6	356	69.8	753	74.6	3.56**
耳垂类型	三角形	77	32.0	81	24.8	158	27.9	1.87
	方形	34	14.1	26	8.0	60	10.6	2.35*
	圆形	130	53.9	219	67.2	349	61.5	3.20**
上唇皮肤部高	低	54	10.8	86	16.9	140	13.8	2.78**
	中等	423	84.8	415	81.3	838	83.1	1.44
	高	22	4.4	9	1.8	31	3.1	2.43*
红唇厚度	薄唇	106	44.0	232	71.1	338	59.6	6.52**
	中唇	124	51.4	86	26.4	210	37.0	6.11**
	厚唇	11	4.6	8	2.5	19	3.4	1.38
利手	左型	5	2.1	9	2.8	14	2.5	0.52
	右型	236	97.9	317	97.2	553	97.5	0.52
扣手	左型	90	37.3	186	57.1	276	48.7	4.64**
	右型	151	62.7	140	42.9	291	51.3	4.64**
卷舌	否	140	58.1	234	71.8	374	66.0	3.40**
	是	101	41.9	92	28.2	193	34.0	3.40**

注：u 为性别间率的 u 检验值。

*P＜0.05，**P＜0.01，差异具有统计学意义。

表 3-6-6　佤族男性生理指标

指标	不同年龄组（岁）的指标值（$\bar{x}\pm s$）						合计
	18～	30～	40～	50～	60～	70～85	
收缩压/mmHg	130.9±14.9	132.6±14.0	140.9±19.1	140.1±17.9	139.1±26.8	167.3±25.9	137.5±18.8
舒张压/mmHg	77.2±11.1	82.3±10.7	88.4±14.0	86.1±12.0	82.1±9.4	106.3±14.0	84.6±12.9
心率/（次/分）	75.4±12.9	78.7±13.0	82.0±17.0	82.9±15.2	76.5±13.2	81.0±6.2	79.9±14.9

表 3-6-7　佤族女性生理指标

指标	不同年龄组（岁）的指标值（$\bar{x}\pm s$）						合计	u
	18～	30～	40～	50～	60～	70～85		
收缩压/mmHg	120.0±16.1	125.4±13.8	135.9±17.7	146.7±21.7	155.5±30.3	150.7±25.7	137.6±22.7	0.05
舒张压/mmHg	73.8±9.3	77.9±8.5	82.7±9.7	85.9±10.7	87.9±16.9	87.9±13.3	82.4±11.6	2.80**
心率/（次/分）	77.8±14.3	78.8±10.7	77.8±9.9	78.8±12.5	81.4±13.4	78.0±9.1	78.7±11.5	1.43

注：u 为性别间的 u 检验值。

**$P<0.01$，差异具有统计学意义。

表 3-6-8　佤族男性头面部指数、体部指数和体脂率

指数	不同年龄组（岁）的指标值（$\bar{x}\pm s$）						合计
	18～	30～	40～	50～	60～	70～85	
头长宽指数	82.1±4.4	80.8±4.3	80.3±4.0	79.1±4.2	79.6±3.8	78.8±2.1	80.6±4.3
头长高指数	65.0±6.2	65.0±5.2	64.7±5.5	64.8±5.2	64.5±6.9	68.1±4.1	64.9±5.6
头宽高指数	79.2±7.5	80.6±6.8	80.7±7.0	82.0±7.4	81.1±8.2	86.4±5.3	80.6±7.2
形态面指数	85.8±7.1	86.7±6.8	83.9±6.4	85.0±6.5	85.7±6.1	84.9±5.3	85.4±6.7
鼻指数	76.9±12.7	76.8±13.5	82.5±14.6	83.9±13.0	81.2±14.4	86.7±14.7	79.7±13.9
口指数	39.1±6.2	38.0±6.0	35.4±5.5	30.7±5.0	29.5±5.8	28.5±3.0	35.9±6.6
身高坐高指数	54.1±1.3	53.8±1.3	53.7±1.5	53.6±1.3	53.1±1.8	51.2±1.3	53.7±1.4
身高体重指数	354.0±45.9	365.6±56.2	369.4±53.3	343.7±46.8	333.8±51.1	314.9±40.6	358.3±52.8
身高胸围指数	52.8±3.4	53.6±3.4	54.2±3.6	53.6±2.9	54.2±2.9	51.7±1.9	53.6±3.4
身高肩宽指数	23.3±1.3	23.2±0.8	23.3±1.0	23.1±1.0	22.9±1.0	22.3±1.2	23.2±1.0
身高骨盆宽指数	16.2±0.8	16.3±0.9	16.3±0.9	16.3±0.8	16.5±0.8	15.7±1.1	16.3±0.8
马氏躯干腿长指数	85.1±4.4	86.0±4.4	86.4±5.3	86.7±4.6	88.6±6.7	95.3±5.0	86.3±5.0
身高下肢长指数	53.2±1.7	52.8±1.7	52.6±1.8	53.5±1.7	53.3±1.7	53.8±2.1	53.0±1.8
身体质量指数/（kg/m²）	22.0±2.7	22.6±3.3	22.9±3.2	21.5±2.8	21.2±2.9	19.4±2.5	22.3±3.1
身体肥胖指数	24.3±2.9	24.5±3.0	25.4±2.9	24.8±2.7	24.8±2.9	22.6±2.0	24.7±2.9
体脂率/%	9.9±5.4	13.6±5.4	17.1±6.6	16.3±7.6	14.4±8.0	13.3±2.2	14.2±6.7

表 3-6-9 佤族女性头面部指数、体部指数和体脂率

指数	不同年龄组（岁）的指标值（$\bar{x}\pm s$）						合计	u
	18～	30～	40～	50～	60～	70～85		
头长宽指数	83.0±4.4	80.0±4.9	78.4±4.1	78.8±4.4	79.1±4.5	76.5±4.6	79.6±4.7	3.47**
头长高指数	65.0±5.9	65.0±4.8	64.4±6.5	63.6±4.8	64.5±5.3	64.7±4.3	64.5±5.5	1.02
头宽高指数	78.5±7.9	81.6±6.8	82.3±8.4	81.0±7.4	81.7±6.9	84.7±5.1	81.2±7.6	1.34
形态面指数	83.2±5.8	82.6±5.7	81.3±5.5	80.8±7.2	81.8±6.9	80.5±4.2	81.8±6.1	8.89**
鼻指数	76.1±13.4	79.0±13.1	83.9±11.3	85.4±12.5	84.8±13.3	91.4±6.1	82.1±13.0	2.82**
口指数	38.3±4.9	37.1±10.9	33.5±6.1	30.2±5.9	29.3±6.4	28.3±6.0	33.9±8.1	4.23**
身高坐高指数	54.7±1.4	54.5±1.4	54.2±1.5	53.8±1.5	53.1±1.5	52.9±1.6	54.1±1.5	4.25**
身高体重指数	326.1±46.8	352.6±56.6	365.7±60.6	351.0±63.8	333.8±61.3	325.6±46.3	348.8±59.5	2.69**
身高胸围指数	53.5±3.6	55.4±4.1	57.0±4.7	56.2±4.9	55.3±4.5	55.2±3.6	55.7±4.5	8.32**
身高肩宽指数	22.4±1.0	22.3±0.9	22.3±0.9	21.9±1.0	22.0±1.0	21.8±0.7	22.2±0.9	16.45**
身高骨盆宽指数	16.9±0.8	16.7±1.0	16.9±1.0	17.2±1.0	17.2±0.9	16.3±1.0	16.9±1.0	11.27**
马氏躯干腿长指数	83.1±4.7	83.6±4.6	84.5±5.1	86.2±5.1	88.6±5.5	89.2±5.9	85.0±5.3	4.16**
身高下肢长指数	53.9±1.6	54.0±1.5	54.0±1.4	54.0±1.5	54.0±1.5	54.1±1.4	54.0±1.5	10.05**
身体质量指数/（kg/m²）	21.6±3.0	23.1±3.6	24.1±3.9	23.4±4.1	22.2±3.8	21.7±2.9	23.1±3.8	3.68**
身体肥胖指数	28.5±3.1	29.9±3.6	30.8±3.9	30.4±4.0	28.9±3.2	29.1±2.8	29.9±3.7	24.48**
体脂率/%	22.4±6.4	26.9±6.3	31.2±5.7	32.1±6.1	31.0±5.8	31.8±4.9	28.9±6.9	34.32**

注：u 为性别间的 u 检验值。

**$P<0.01$，差异具有统计学意义。

（张兴华　宇克莉）

第七节　水　　族

一、水　族　简　介

根据 2010 年第六次全国人口普查统计数据，水族人口为 411 847 人（国务院人口普查办公室，国家统计局人口和就业统计司，2012）。水族主要分布在黔桂交界的龙江、都柳江上游地带，贵州省黔南的三都水族自治县及荔波、独山、都匀等县市为主要聚居区，黔东南的榕江、丹寨、雷山、从江、黎平等县为主要散居区，此外在广西北部的河池、南丹、环江、融水等县市及云南省富源县也有水族村落分布。水族有本民族的语言和传统文字。水语属汉藏语系壮侗语族侗水（侗台）语支。

三都水族自治县位于贵州省黔南布依族苗族自治州东南部，地处东经 107°40′～108°14′、北纬 25°30′～26°10′，属中亚热带湿润季风气候。由于地形、地势、地貌、海拔高度的复杂影响，造成三都气候在地域上的差异，全县分为温热、温暖、温和三个气候区域，年平均气温 18.2℃，年降雨量 1326.1mm，年日照时数 1131.4h。

研究组在贵州省黔南的三都水族自治县开展了水族人体表型数据采集工作。被调查者男性年龄 50.5 岁±14.2 岁，女性年龄 48.9 岁±14.8 岁。

二、水族的表型数据（表 3-7-1～表 3-7-9）

表 3-7-1　水族男性头面部指标　　　　　　（单位：mm）

指标	不同年龄组（岁）的指标值（$\bar{x}\pm s$）						合计
	18～	30～	40～	50～	60～	70～85	
头长	183.4±6.8	184.3±6.9	183.3±6.5	183.6±6.1	182.1±6.2	180.8±7.3	183.0±6.6
头宽	150.0±6.3	154.4±7.5	153.3±8.6	153.9±7.2	150.6±5.5	149.4±5.1	152.4±7.4
额最小宽	110.2±4.9	110.5±4.3	109.8±4.7	109.7±4.7	108.6±4.3	106.6±3.9	109.3±4.6
面宽	137.9±8.2	139.3±6.8	138.2±7.2	138.0±7.8	136.3±7.1	135.0±7.6	137.7±7.4
下颌角间宽	114.2±8.4	114.3±8.1	112.7±8.8	111.8±8.1	110.1±7.3	109.1±6.1	112.0±8.1
眼内角间宽	37.0±3.3	36.1±3.5	34.8±3.2	34.4±3.4	34.1±3.1	34.4±3.6	34.9±3.4
眼外角间宽	99.2±4.6	98.2±4.6	96.5±4.7	96.2±4.8	93.8±5.4	92.9±4.9	96.0±5.1
鼻宽	38.8±2.3	39.1±3.0	39.0±3.0	39.0±3.7	38.9±3.5	39.0±2.8	39.0±3.2
口宽	53.1±3.7	52.9±3.8	53.8±4.1	54.4±3.7	54.7±3.9	54.4±4.4	54.0±4.0
容貌面高	191.4±8.1	190.6±7.8	188.5±9.3	190.4±9.1	191.7±10.5	188.9±10.0	189.9±9.3
形态面高	115.2±6.6	114.0±5.8	113.7±5.5	115.7±6.2	115.7±6.7	114.4±6.6	114.7±6.2
鼻高	47.8±3.5	48.7±3.9	48.7±3.5	49.8±4.1	50.0±4.0	49.5±3.9	49.2±3.9
上唇皮肤部高	14.3±2.9	15.0±2.9	15.3±2.7	16.1±2.7	16.4±2.6	16.6±2.8	15.7±2.8
唇高	20.4±2.8	18.2±3.1	18.1±3.3	17.1±3.0	15.9±4.3	14.5±4.6	17.2±3.8
红唇厚度	9.4±1.5	8.7±1.6	8.6±1.8	8.2±1.6	7.5±1.8	6.8±2.1	8.2±1.9
容貌耳长	59.5±4.5	61.3±4.2	60.9±4.2	62.1±4.1	63.1±4.5	63.7±5.0	61.9±4.5
容貌耳宽	32.2±2.6	32.3±2.6	32.6±2.4	32.6±2.4	33.2±2.5	33.1±3.1	32.7±2.6
耳上头高	127.5±9.2	128.6±11.0	126.0±12.0	130.6±12.9	127.0±14.0	123.3±15.2	127.2±12.9

表 3-7-2　水族女性头面部指标

指标	不同年龄组（岁）的指标值（$\bar{x}\pm s$）/mm						合计/mm	u
	18～	30～	40～	50～	60～	70～85		
头长	173.7±7.0	174.0±7.3	173.0±7.6	173.0±7.1	173.7±8.1	175.0±7.2	173.5±7.4	22.07**
头宽	145.7±6.1	145.1±5.3	145.2±5.5	145.5±7.0	144.6±4.5	142.7±6.2	144.9±5.8	18.40**
额最小宽	106.7±4.7	105.9±4.3	106.0±4.2	105.1±4.3	104.8±4.1	103.6±4.7	105.4±4.4	14.20**
面宽	132.4±5.8	132.7±6.2	132.1±6.4	130.5±6.8	129.6±6.7	125.5±6.8	130.8±6.8	15.82**
下颌角间宽	107.8±12.2	105.2±8.3	104.9±7.6	106.0±7.8	103.9±7.6	104.2±6.3	105.1±8.2	13.79**

续表

指标	不同年龄组（岁）的指标值（$\bar{x}\pm s$）/mm						合计/mm	u
	18～	30～	40～	50～	60～	70～85		
眼内角间宽	35.3±3.4	34.3±2.9	33.6±3.1	32.8±2.9	33.6±3.4	32.6±3.1	33.6±3.2	6.28**
眼外角间宽	93.7±4.8	92.6±4.4	92.3±4.0	91.5±4.8	90.8±4.0	88.6±4.7	91.7±4.6	14.67**
鼻宽	35.3±2.5	36.2±2.5	36.4±3.1	36.2±2.9	37.2±3.0	37.7±3.1	36.5±2.9	13.27**
口宽	49.3±3.3	50.0±3.4	51.2±3.4	51.8±3.5	52.2±3.9	51.9±4.3	51.1±3.7	12.21**
容貌面高	181.7±8.7	181.2±10.0	182.0±8.1	180.4±6.5	179.4±7.9	175.0±8.4	180.3±8.5	17.68**
形态面高	105.8±6.1	106.3±6.1	106.8±6.4	106.4±5.1	105.7±5.9	103.0±6.8	105.9±6.1	23.47**
鼻高	45.1±3.6	45.0±3.6	44.5±3.3	45.3±2.6	46.0±3.6	44.7±3.7	45.1±3.4	18.39**
上唇皮肤部高	12.5±2.7	13.3±2.6	13.3±2.6	14.3±2.8	15.2±2.5	15.9±3.1	14.0±2.9	9.66**
唇高	19.2±2.8	18.0±3.0	16.9±2.9	17.4±3.3	14.8±3.7	12.5±4.4	16.6±3.8	2.69**
红唇厚度	9.0±1.6	8.6±1.5	8.0±1.3	8.2±1.7	7.0±2.0	5.7±2.3	7.8±1.9	3.26**
容貌耳长	55.9±3.5	56.6±3.9	57.9±4.0	59.3±4.4	59.9±4.4	60.4±4.8	58.3±4.4	13.25**
容貌耳宽	29.2±2.2	30.0±3.4	30.9±2.8	32.2±2.5	32.5±2.8	32.9±2.8	31.3±3.0	8.16**
耳上头高	124.4±11.1	122.2±12.2	116.3±13.6	114.3±12.0	114.2±13.5	117.4±12.3	117.6±13.2	12.01**

注：u 为性别间的 u 检验值。

**$P<0.01$，差异具有统计学意义。

表 3-7-3　水族男性体部指标

指标	不同年龄组（岁）的指标值（$\bar{x}\pm s$）						合计
	18～	30～	40～	50～	60～	70～85	
体重	57.8±9.1	62.9±10.7	60.9±10.8	59.1±11.1	54.8±10.5	51.3±9.6	58.4±11.2
身高	1623.5±59.3	1611.3±56.9	1598.4±52.8	1600.8±61.1	1571.4±54.5	1556.4±54.6	1592.9±59.1
髂前上棘点高	875.9±48.7	875.2±42.7	873.0±39.9	885.9±46.5	876.8±44.7	873.9±41.5	877.2±43.4
坐高	863.4±32.1	847.0±36.3	838.9±30.7	839.5±35.7	822.7±35.1	809.5±31.0	835.5±36.0
肱骨内外上髁间径	63.6±4.1	64.6±3.6	64.8±3.7	65.9±3.8	65.4±4.0	65.5±4.1	65.1±3.9
股骨内外上髁间径	92.5±7.3	93.3±7.4	91.4±6.9	92.1±7.1	91.1±6.1	89.8±6.6	91.7±6.9
肩宽	377.2±23.4	379.4±17.0	374.6±19.0	373.5±18.5	364.3±20.2	358.4±17.6	371.5±20.0
骨盆宽	275.4±16.7	282.8±18.1	282.9±18.9	284.9±15.8	283.4±17.4	282.0±17.6	282.8±17.7
平静胸围	858.7±51.9	909.8±68.0	900.5±69.6	908.2±65.0	888.3±69.5	870.4±60.0	895.3±68.0
腰围	767.1±71.7	826.3±86.6	830.3±90.1	838.9±90.0	808.6±91.7	784.6±94.2	817.9±91.8
臀围	884.3±86.5	928.7±65.9	918.3±67.1	920.8±70.6	889.9±75.6	872.8±74.0	907.6±73.6
大腿围	489.5±50.5	502.6±49.2	491.1±48.7	482.0±52.5	456.7±46.2	441.6±46.2	478.8±52.9
上肢全长	708.2±40.4	721.6±45.9	714.1±52.9	721.6±54.8	704.3±49.5	688.4±45.4	711.3±51.1
下肢全长	843.9±45.8	843.6±40.0	842.4±38.1	855.0±43.3	847.9±43.1	845.4±39.3	846.8±41.1

注：体重的单位为 kg，其余指标值的单位为 mm。

表 3-7-4　水族女性体部指标

指标	不同年龄组（岁）的指标值（$\bar{x} \pm s$）						合计	u
	18～	30～	40～	50～	60～	70～85		
体重	51.8±9.1	52.7±8.8	53.4±9.2	52.8±9.1	48.1±9.9	44.6±7.6	51.1±9.5	11.56**
身高	1517.6±51.0	1507.3±53.2	1490.9±49.2	1473.0±52.3	1454.0±54.2	1420.7±69.2	1478.8±60.9	31.15**
髂前上棘点高	843.5±37.5	847.8±41.1	840.5±39.7	831.4±39.7	818.0±38.9	793.3±38.5	831.2±42.6	17.53**
坐高	814.9±34.0	798.2±33.4	793.5±35.5	780.2±31.3	763.5±37.7	739.7±40.0	782.6±40.8	22.53**
肱骨内外上髁间径	58.1±3.4	58.3±3.4	58.5±4.0	58.7±4.1	58.9±4.6	58.2±4.9	58.5±4.0	27.24**
股骨内外上髁间径	86.8±7.9	88.6±7.7	88.0±7.4	87.8±8.1	85.6±7.1	82.3±6.7	86.9±7.7	10.71**
肩宽	341.0±17.0	340.1±17.2	336.7±16.7	337.6±17.7	327.8±16.6	321.9±16.8	334.6±18.0	31.68**
骨盆宽	274.9±15.1	277.9±16.3	281.6±15.3	286.2±15.1	286.2±16.2	282.8±15.6	281.8±16.0	0.95
平静胸围	845.5±53.4	861.9±63.8	871.8±70.2	873.1±66.5	855.9±81.6	858.3±75.7	862.9±70.1	7.69**
腰围	736.2±76.2	778.3±79.0	802.5±105.6	812.1±83.7	799.5±102.4	828.5±92.5	795.2±95.4	3.98**
臀围	885.9±59.2	901.6±56.9	910.1±68.2	920.4±68.0	897.5±79.1	898.9±75.9	904.0±68.7	0.83
大腿围	506.1±78.8	502.8±49.7	506.2±50.0	500.5±45.7	471.9±52.1	458.6±42.9	493.0±55.2	4.31**
上肢全长	654.1±29.0	646.1±43.3	640.9±39.2	642.1±39.6	639.3±43.1	640.4±48.1	642.6±40.8	24.22**
下肢全长	817.7±35.0	822.8±38.7	817.1±37.6	809.2±37.5	796.2±37.5	772.8±37.1	808.0±40.2	15.61**

注：u 为性别间的 u 检验值；体重的单位为 kg，其余指标值的单位为 mm。

**P<0.01，差异具有统计学意义。

表 3-7-5　水族观察指标情况

指标	分型	男性		女性		合计		u
		人数	占比/%	人数	占比/%	人数	占比/%	
上眼睑皱褶	有	474	91.0	508	91.9	982	91.4	0.52
	无	47	9.0	45	8.1	92	8.6	0.52
内眦褶	有	141	27.1	150	27.1	291	27.1	0.02
	无	380	72.9	403	72.9	783	72.9	0.02
眼裂高度	狭窄	294	56.4	263	47.5	557	51.8	2.91**
	中等	218	41.8	278	50.3	496	46.2	2.77**
	宽	9	1.8	12	2.2	21	2.0	0.52
眼裂倾斜度	内角高	21	4.0	8	1.4	29	2.7	2.61**
	水平	261	50.1	169	30.6	430	40.0	6.53**
	外角高	239	45.9	376	68.0	615	57.3	7.32**
鼻背侧面观	凹型	67	12.9	185	33.5	252	23.5	7.96**
	直型	429	82.3	353	63.8	782	72.8	6.81**
	凸型或波型	25	4.8	15	2.7	40	3.7	1.80
鼻基底方向	上翘	253	48.5	333	60.2	586	54.6	3.83**
	水平	252	48.4	215	38.9	467	43.5	3.14**
	下垂	16	3.1	5	0.9	21	1.9	2.56*

续表

指标	分型	男性		女性		合计		u
		人数	占比/%	人数	占比/%	人数	占比/%	
鼻翼宽	窄	27	5.2	332	60.0	359	33.4	19.05**
	中	189	36.3	118	21.4	307	28.6	5.42**
	宽	305	58.5	103	18.6	408	38.0	13.47**
耳垂类型	三角形	246	47.2	278	50.3	524	48.8	1.00
	方形	83	15.9	106	19.2	189	17.6	1.40
	圆形	192	36.9	169	30.5	361	33.6	2.18*
上唇皮肤部高	低	35	6.7	98	17.7	133	12.4	5.47**
	中等	443	85.0	442	79.9	885	82.4	2.19*
	高	43	8.3	13	2.4	56	5.2	4.39**
红唇厚度	薄唇	164	31.5	217	39.2	381	35.5	2.66**
	中唇	309	59.3	300	54.3	609	56.7	1.67
	厚唇	48	9.2	36	6.5	84	7.8	1.69
利手	左	33	6.3	26	4.7	59	5.5	1.17
	右	488	93.7	527	95.3	1015	94.5	1.17
扣手	左	191	36.7	188	34.0	379	35.3	0.91
	右	330	63.3	365	66.0	695	64.7	0.91
卷舌	否	315	60.5	378	68.3	693	64.5	2.70**
	是	206	39.5	175	31.7	381	35.5	2.70**

注：u 为性别间率的 u 检验值。

*$P<0.05$，**$P<0.01$，差异具有统计学意义。

表 3-7-6 水族男性生理指标

指标	不同年龄组（岁）的指标值（$\bar{x}\pm s$）						合计
	18～	30～	40～	50～	60～	70～85	
收缩压/mmHg	126.3±11.7	130.7±15.5	132.0±15.5	137.9±19.7	146.7±22.1	151.0±22.9	137.7±20.1
舒张压/mmHg	76.4±11.8	80.7±12.3	84.6±12.5	87.8±13.0	89.6±12.2	86.0±12.4	85.2±12.9
心率/（次/分）	79.6±13.2	77.0±10.7	77.6±12.5	76.6±11.0	76.5±12.7	77.2±13.6	77.2±12.1

表 3-7-7 水族女性生理指标

指标	不同年龄组（岁）的指标值（$\bar{x}\pm s$）						合计	u
	18～	30～	40～	50～	60～	70～85		
收缩压/mmHg	115.8±13.4	120.2±15.3	127.9±18.3	134.7±22.6	137.3±19.9	149.7±27.9	130.5±22.0	5.60**
舒张压/mmHg	75.0±16.8	77.1±8.8	79.5±11.6	83.7±16.8	82.6±12.5	85.6±14.1	80.6±13.7	5.71**
心率/（次/分）	79.7±10.3	77.7±11.0	75.5±10.2	74.5±9.6	75.6±10.4	76.4±9.4	76.2±10.3	1.41

注：u 为性别间的 u 检验值。

**$P<0.01$，差异具有统计学意义。

表 3-7-8　水族男性头面部指数、体部指数和体脂率

指数	不同年龄组（岁）的指标值（$\bar{x}\pm s$）						合计
	18～	30～	40～	50～	60～	70～85	
头长宽指数	81.9±4.1	83.8±3.3	83.7±4.1	83.8±3.7	82.8±3.7	82.7±3.8	83.4±3.8
头长高指数	69.6±5.3	69.9±6.1	68.8±6.2	71.1±6.8	69.8±7.5	68.2±8.0	69.5±6.8
头宽高指数	85.1±6.0	83.4±7.3	82.2±6.8	84.9±7.5	84.3±8.6	82.5±9.7	83.5±7.8
形态面指数	83.7±6.0	82.0±5.3	82.5±5.5	84.1±6.2	85.1±6.0	84.9±6.2	83.5±5.9
鼻指数	81.7±8.2	80.8±8.7	80.6±8.4	78.7±8.9	78.1±8.3	79.2±7.9	79.7±8.5
口指数	38.5±6.2	34.5±6.4	33.7±6.3	31.5±5.8	29.2±8.1	26.7±8.4	32.1±7.4
身高坐高指数	53.2±1.4	52.6±1.7	52.5±1.5	52.5±1.7	52.4±1.7	52.0±1.8	52.5±1.6
身高体重指数	355.2±49.4	389.7±59.8	380.4±63.9	368.5±65.6	348.1±62.0	329.0±56.8	366.0±64.6
身高胸围指数	52.9±3.2	56.5±4.0	56.4±4.2	56.8±4.1	56.6±4.2	55.9±3.7	56.2±4.1
身高肩宽指数	23.2±1.1	23.6±1.1	23.4±1.1	23.3±1.1	23.2±1.3	23.0±1.0	23.3±1.1
身高骨盆宽指数	17.0±0.8	17.6±1.1	17.7±1.1	17.8±1.0	18.0±1.0	18.1±1.1	17.8±1.1
马氏躯干腿长指数	88.1±4.9	90.4±6.4	90.6±5.4	90.8±6.1	91.2±6.1	92.4±6.5	90.8±6.0
身高下肢长指数	52.0±2.1	52.4±1.8	52.7±1.9	53.4±1.9	54.0±2.1	54.3±1.8	53.2±2.0
身体质量指数/（kg/m²）	21.9±2.8	24.2±3.5	23.8±3.9	23.0±4.1	22.1±3.8	21.1±3.5	23.0±3.9
身体肥胖指数	24.9±4.6	27.4±3.1	27.5±3.4	27.5±4.0	27.2±3.9	27.0±3.8	27.2±3.7
体脂率/%	19.2±7.9	24.3±6.9	25.8±7.5	27.5±7.4	25.2±7.9	24.6±7.8	25.2±7.7

表 3-7-9　水族女性头面部指数、体部指数和体脂率

指数	不同年龄组（岁）的指标值（$\bar{x}\pm s$）						合计	u
	18～	30～	40～	50～	60～	70～85		
头长宽指数	84.0±4.3	83.5±4.0	84.1±4.3	84.2±4.2	83.4±4.9	81.6±3.8	83.6±4.4	0.90
头长高指数	71.7±6.8	70.3±7.3	67.4±8.4	66.1±6.7	65.9±8.4	67.1±6.7	67.9±7.8	3.63**
头宽高指数	85.5±8.4	84.2±8.3	80.1±9.3	78.7±8.8	79.1±9.3	82.3±8.8	81.3±9.2	4.30**
形态面指数	80.0±5.0	80.2±5.4	81.0±5.9	81.7±5.6	81.7±5.4	82.3±6.7	81.1±5.7	6.72**
鼻指数	78.9±8.1	80.9±7.7	82.1±8.3	80.2±7.7	81.2±8.4	84.6±8.5	81.4±8.2	3.31**
口指数	39.1±6.3	36.1±5.8	33.2±5.6	33.8±6.5	28.4±7.0	24.3±8.6	32.6±7.7	1.02
身高坐高指数	53.7±1.6	53.0±1.7	53.2±1.8	53.0±1.6	52.5±2.0	52.1±2.3	52.9±1.9	4.06**
身高体重指数	340.4±52.3	349.1±55.6	357.7±58.3	357.9±55.7	330.3±61.1	313.6±49.6	344.5±58.2	5.71**
身高胸围指数	55.7±3.2	57.2±4.4	58.5±4.7	59.3±4.4	58.9±5.4	60.5±5.7	58.4±4.9	8.06**
身高肩宽指数	22.5±1.0	22.6±1.1	22.6±1.1	22.9±1.2	22.6±1.0	22.7±1.1	22.6±1.1	9.87**
身高骨盆宽指数	18.1±0.9	18.4±1.0	18.9±1.0	19.4±0.9	19.7±1.0	19.9±1.1	19.1±1.2	18.56**
马氏躯干腿长指数	86.4±5.5	89.0±5.9	88.1±6.4	88.9±5.6	90.7±7.4	92.3±9.1	89.2±6.8	4.15**
身高下肢长指数	53.9±1.9	54.6±2.1	54.8±2.0	54.9±2.1	54.8±2.2	54.4±2.0	54.7±2.1	11.71**
身体质量指数/（kg/m²）	22.4±3.1	23.2±3.7	24.0±3.8	24.3±3.6	22.7±3.9	22.1±3.5	23.3±3.7	1.24

续表

指数	不同年龄组（岁）的指标值（$\bar{x} \pm s$）						合计	u
	18～	30～	40～	50～	60～	70～85		
身体肥胖指数	29.4±3.0	30.8±3.5	32.0±3.9	33.5±3.9	33.3±4.7	35.3±5.2	32.4±4.4	20.97**
体脂率/%	27.1±3.6	28.7±2.9	31.0±3.4	33.8±3.4	32.6±3.5	32.3±3.3	31.1±4.0	15.51**

注：u 为性别间的 u 检验值。

**$P<0.01$，差异具有统计学意义。

（李咏兰）

第八节　纳　西　族

一、纳西族简介

根据 2010 年全国第六次人口普查统计数据，纳西族人口为 326 295 人（国务院人口普查办公室，国家统计局人口和就业统计司，2012）。云南省为纳西族主要聚居地，占纳西族总人口的 95.5%，纳西族集中分布地为云南省玉龙纳西族自治县。除云南外，四川和西藏均有纳西族聚居地（杨圣敏，丁宏，2008）。纳西族的语言为纳西语，属于汉藏语系藏缅语族彝语支。

玉龙纳西族自治县位于云南省西北部，地处东经 99°23′～100°32′、北纬 26°34′～27°46′，最高海拔 5596m，最低海拔 1370m，属低纬度高原南亚季风气候，大部分地区年内温度升降变化幅度小，而昼夜温差较大，干湿季分明，年平均气温 12.6℃，年降雨量 800.6mm，全年无霜期 200d。

2018 年研究组在云南丽江市玉龙纳西族自治县鸣音、宝山及大具乡镇开展了纳西族人体表型数据采集工作。被调查者男性年龄 52.3 岁±15.2 岁，女性年龄 52.8 岁±15.9 岁。

二、纳西族的表型数据（表 3-8-1～表 3-8-9）

表 3-8-1　纳西族男性头面部指标　　　　　　（单位：mm）

指标	不同年龄组（岁）的指标值（$\bar{x} \pm s$）						合计
	18～	30～	40～	50～	60～	70～85	
头长	182.8±7.2	185.6±7.1	185.9±7.2	185.3±6.3	187.2±6.5	187.5±6.8	185.8±6.8
头宽	156.0±6.4	154.6±8.0	152.9±6.5	151.3±6.0	149.5±8.0	149.5±4.1	151.8±6.7
额最小宽	107.4±7.6	110.4±6.1	105.9±8.0	105.6±6.2	104.5±6.5	103.9±6.9	105.8±7.0
面宽	142.5±6.3	146.2±6.3	142.4±5.9	141.0±7.0	140.9±5.7	137.6±5.8	141.3±6.5
下颌角间宽	121.2±8.2	127.0±7.0	124.5±8.8	120.0±9.4	120.7±9.2	116.9±8.9	121.4±9.3

续表

指标	不同年龄组（岁）的指标值（$\bar{x}\pm s$）						合计
	18～	30～	40～	50～	60～	70～85	
眼内角间宽	33.7±2.6	32.7±3.1	31.9±3.8	31.8±4.1	31.9±3.0	32.2±3.5	32.2±3.6
眼外角间宽	96.7±6.7	98.2±7.1	95.3±6.6	94.3±7.2	93.3±6.1	89.6±6.2	94.2±7.0
鼻宽	38.5±2.5	41.0±4.3	39.3±3.4	40.3±3.0	41.0±3.0	40.7±3.6	40.1±3.3
口宽	48.0±5.9	51.7±4.6	51.6±5.6	52.3±4.5	53.1±4.9	53.1±7.0	51.9±5.5
容貌面高	193.4±9.7	188.2±12.9	192.7±10.4	192.9±14.0	192.9±11.5	188.6±10.1	192.0±11.9
形态面高	122.3±9.2	120.5±10.5	125.6±9.6	125.9±9.6	126.0±8.8	123.1±9.9	124.7±9.6
鼻高	55.9±3.8	56.0±4.7	56.1±4.6	57.5±4.3	57.3±3.5	57.4±6.0	56.9±4.6
上唇皮肤部高	15.6±3.6	17.1±3.3	17.3±3.0	17.7±3.7	18.7±3.7	19.0±3.8	17.7±3.6
唇高	17.2±3.6	14.8±3.1	15.3±3.6	15.2±3.9	12.9±3.9	11.8±3.4	14.5±4.0
红唇厚度	7.5±1.7	6.3±1.1	6.8±1.7	6.7±1.9	5.6±1.5	5.1±1.7	6.4±1.8
容貌耳长	60.0±5.5	62.8±5.0	62.8±5.1	64.0±6.5	65.2±5.4	66.0±5.8	63.7±5.9
容貌耳宽	28.0±2.5	30.2±3.6	29.5±3.4	30.2±4.1	30.1±2.6	28.8±3.8	29.6±3.6
耳上头高	141.0±10.6	135.7±7.7	137.2±8.4	134.3±9.3	133.2±10.8	133.4±8.5	135.4±9.4

表 3-8-2　纳西族女性头面部指标

指标	不同年龄组（岁）的指标值（$\bar{x}\pm s$）/mm						合计/mm	u
	18～	30～	40～	50～	60～	70～85		
头长	177.3±6.7	179.2±6.3	178.9±6.6	179.5±6.6	180.6±5.3	180.6±5.3	179.5±6.2	12.44**
头宽	152.1±6.9	145.1±6.2	147.1±4.9	147.1±6.4	145.9±4.6	144.9±4.6	146.8±5.9	10.24**
额最小宽	105.1±7.8	104.5±6.9	101.9±7.9	101.8±7.8	100.1±9.4	99.2±6.3	101.7±8.0	7.13**
面宽	142.4±6.6	141.9±8.2	141.0±5.5	141.0±5.9	139.9±7.2	137.6±7.7	140.5±6.8	1.65
下颌角间宽	116.9±7.6	115.5±10.3	115.5±8.8	116.6±8.8	116.1±7.9	113.4±8.4	115.7±8.6	8.12**
眼内角间宽	32.7±3.4	31.0±2.6	30.8±3.3	30.4±3.0	30.4±2.9	31.3±3.7	30.9±3.2	4.80**
眼外角间宽	95.0±8.2	92.1±6.0	92.0±6.4	90.1±6.9	89.8±6.9	86.9±7.1	90.5±7.2	6.70**
鼻宽	36.2±2.7	35.4±3.6	36.7±3.7	37.7±3.5	37.5±3.2	38.8±2.9	37.3±3.5	10.74**
口宽	47.8±5.2	49.4±4.0	50.2±4.5	49.9±4.4	50.8±5.1	51.1±5.2	50.1±4.8	4.56**
容貌面高	186.1±9.7	184.8±9.5	184.5±8.3	182.2±9.4	178.6±8.1	175.0±10.5	181.5±9.8	12.26**
形态面高	118.9±8.1	116.4±9.7	119.2±10.6	117.3±9.8	117.9±10.3	116.0±11.4	117.6±10.2	9.30**
鼻高	53.8±5.6	52.3±4.3	53.9±4.3	52.9±4.5	53.7±4.4	53.9±5.7	53.4±4.7	9.59**
上唇皮肤部高	13.8±3.3	14.7±3.0	15.0±3.0	16.7±3.5	17.3±3.4	16.5±3.6	16.0±3.5	6.11**
唇高	16.1±3.4	14.7±3.0	15.5±3.3	13.5±3.9	12.7±3.8	11.7±3.5	13.8±3.9	2.35*
红唇厚度	6.8±1.4	6.6±1.7	6.8±1.9	6.1±1.8	5.5±1.7	5.3±1.9	6.1±1.9	1.74
容貌耳长	57.0±5.4	58.4±4.8	59.1±5.1	60.3±5.1	61.1±5.7	64.4±7.3	60.4±6.0	7.31**
容貌耳宽	26.4±2.7	26.3±2.9	27.7±3.6	27.5±3.6	27.3±3.7	27.4±3.3	27.3±3.4	8.43**
耳上头高	132.4±7.4	127.0±10.2	129.0±9.3	127.2±9.4	127.4±9.6	125.7±10.7	127.8±9.6	10.37**

注：u 为性别间的 u 检验值。

*$P<0.05$，**$P<0.01$，差异具有统计学意义。

表 3-8-3　纳西族男性体部指标

指标	不同年龄组（岁）的指标值（$\bar{x} \pm s$）						合计
	18～	30～	40～	50～	60～	70～85	
体重	60.3±11.0	68.9±9.7	65.8±12.7	61.3±11.0	61.9±10.3	52.4±8.5	61.7±11.7
身高	1678.0±79.5	1658.9±65.8	1650.3±52.7	1618.1±61.9	1618.9±52.2	1573.8±58.5	1628.0±66.7
髂前上棘点高	917.1±50.7	902.5±51.5	899.7±37.7	891.1±45.4	895.9±36.9	876.2±36.0	894.9±43.1
坐高	883.4±36.8	884.9±35.6	873.2±33.9	853.9±37.1	849.5±29.5	818.2±39.7	857.7±40.7
肱骨内外上髁间径	63.4±3.2	66.0±3.6	65.8±5.1	65.3±4.2	65.7±4.3	64.2±3.6	65.2±4.3
股骨内外上髁间径	98.8±7.3	101.2±5.5	98.0±6.0	97.0±5.9	97.9±8.7	95.0±4.5	97.6±6.5
肩宽	388.9±29.7	411.0±21.0	403.2±22.4	392.6±21.6	392.6±19.3	376.2±21.3	393.8±24.0
骨盆宽	303.3±17.5	317.0±26.6	315.6±27.7	312.5±21.8	315.2±22.4	304.8±19.5	312.0±23.4
平静胸围	848.3±80.4	934.8±70.7	918.0±75.2	902.0±72.2	916.5±69.1	872.6±53.3	901.0±74.1
腰围	774.6±85.8	883.8±97.4	861.1±112.3	838.3±104.7	849.0±104.6	796.9±79.5	836.7±104.9
臀围	912.6±61.3	956.5±60.2	932.5±65.9	915.3±62.0	919.0±71.3	871.9±49.9	916.4±65.8
大腿围	508.9±54.6	536.3±39.2	500.4±47.2	492.8±44.5	494.4±44.6	447.3±41.8	492.8±50.1
上肢全长	736.3±43.2	720.8±48.7	719.3±33.9	713.8±38.2	718.6±33.2	704.7±33.4	717.1±37.7
下肢全长	881.9±44.9	867.0±45.9	865.6±34.5	859.5±42.9	863.7±33.5	846.7±34.3	862.4±39.6

注：体重的单位为 kg，其余指标值的单位为 mm。

表 3-8-4　纳西族女性体部指标

指标	不同年龄组（岁）的指标值（$\bar{x} \pm s$）						合计	u
	18～	30～	40～	50～	60～	70～85		
体重	56.4±12.5	58.6±11.4	59.7±10.0	58.7±10.2	56.6±8.6	49.0±8.6	56.8±10.6	5.58**
身高	1591.4±60.6	1553.6±55.4	1541.7±52.8	1534.1±49.9	1512.9±51.8	1455.2±62.4	1526.3±65.3	19.94**
髂前上棘点高	881.9±35.8	860.6±41.8	849.8±37.6	848.1±35.5	840.0±30.5	809.9±37.0	845.1±40.4	15.38**
坐高	848.4±38.5	836.0±29.4	816.9±31.6	811.0±32.9	793.0±35.3	747.9±39.9	804.6±44.8	16.19**
肱骨内外上髁间径	58.1±3.4	58.0±4.6	59.4±4.3	59.8±4.3	60.7±4.1	59.6±3.6	59.5±4.2	17.43**
股骨内外上髁间径	92.4±10.3	92.3±6.9	92.3±6.9	93.2±7.5	92.1±7.3	88.9±5.7	92.0±7.4	10.44**
肩宽	366.0±22.9	368.6±22.4	364.3±20.0	361.5±18.9	356.1±17.2	343.3±22.6	359.3±21.5	19.40**
骨盆宽	308.6±28.4	310.3±26.3	313.7±21.7	316.2±22.8	316.1±21.6	311.1±23.1	313.7±23.3	0.92
平静胸围	856.0±100.4	890.7±93.8	920.7±80.9	916.6±92.6	923.0±78.8	865.1±85.1	902.8±90.6	0.28
腰围	803.6±142.5	818.9±99.0	854.8±96.9	868.7±110.4	879.4±100.0	836.0±98.9	852.3±108.4	1.91
臀围	934.9±85.8	945.0±71.7	949.9±63.6	942.4±70.3	931.9±60.4	885.1±58.5	932.7±70.1	3.12**
大腿围	540.0±66.3	544.3±47.9	544.1±49.6	529.2±50.7	510.7±45.2	468.4±45.6	521.8±56.1	7.12**
上肢全长	682.7±36.9	673.3±27.9	669.1±28.5	668.0±29.3	661.1±29.0	649.2±31.6	665.8±31.2	18.93**
下肢全长	851.4±33.3	831.7±40.1	822.2±35.2	821.1±32.5	814.7±27.5	788.6±35.3	818.7±37.0	14.69**

注：u 为性别间的 u 检验值；体重的单位为 kg，其余指标值的单位为 mm。

**$P<0.01$，差异具有统计学意义。

表 3-8-5 纳西族观察指标情况

指标	分型	男性		女性		合计		u
		人数	占比/%	人数	占比/%	人数	占比/%	
上眼睑皱褶	有	289	99.7	396	99.5	685	99.6	0.31
	无	1	0.3	2	0.5	3	0.4	0.31
内眦褶	有	8	2.8	23	5.8	31	4.5	1.89
	无	282	97.2	375	94.2	657	95.5	1.89
眼裂高度	狭窄	35	12.1	43	10.8	78	11.3	0.52
	中等	255	87.9	354	88.9	609	88.5	0.41
	较宽	0	0.0	1	0.3	1	0.1	0.85
眼裂倾斜度	内角高	1	0.3	0	0.0	1	0.1	1.17
	水平	286	98.6	390	98.0	676	98.3	0.62
	外角高	3	1.0	8	2.0	11	1.6	1.01
鼻背侧面观	凹型	19	6.6	67	16.8	86	12.5	4.03**
	直型	188	64.8	263	66.1	451	65.6	0.34
	凸型	76	26.2	62	15.6	138	20.1	3.44**
	波型	7	2.4	6	1.5	13	1.9	0.86
鼻基底方向	上翘	252	86.9	362	91.0	614	89.2	1.70
	水平	34	11.7	29	7.3	63	9.2	1.99*
	下垂	4	1.4	7	1.8	11	1.6	0.39
鼻翼宽	狭窄	2	0.7	9	2.3	11	1.6	1.62
	中等	33	11.4	81	20.4	114	16.6	3.13**
	宽阔	255	87.9	308	77.4	563	81.8	3.54**
耳垂类型	三角形	124	42.8	179	45.0	303	44.0	0.58
	方形	7	2.4	18	4.5	25	3.6	1.46
	圆形	159	54.8	201	50.5	360	52.3	1.12
上唇皮肤部高	低	9	3.1	31	7.8	40	5.8	2.59**
	中等	174	60.0	300	75.4	474	68.9	4.30**
	高	107	36.9	67	16.8	174	25.3	5.98**
红唇厚度	薄唇	191	65.9	286	71.9	477	69.3	1.68
	中唇	96	33.1	103	25.9	199	28.9	2.06*
	厚唇	3	1.0	9	2.3	12	1.7	1.21
利手	左型	6	2.1	7	1.8	13	1.9	0.30
	右型	284	97.9	391	98.2	675	98.1	0.30
扣手	左型	98	33.8	150	37.7	248	36.0	1.05
	右型	192	66.2	248	62.3	440	64.0	1.05
卷舌	否	140	48.3	179	45.0	319	46.4	0.86
	是	150	51.7	219	55.0	369	53.6	0.86

注：u 为性别间率的 u 检验值。

$*P<0.05$，$**P<0.01$，差异具有统计学意义。

表 3-8-6 纳西族男性生理指标

指标	不同年龄组（岁）的指标值（$\bar{x} \pm s$）						合计
	18～	30～	40～	50～	60～	70～85	
收缩压/mmHg	119.7±9.9	120.9±10.2	126.9±17.5	132.6±18.2	139.4±26.1	143.2±24.5	131.7±20.6
舒张压/mmHg	77.1±8.5	79.7±6.8	86.0±11.7	87.4±13.6	86.3±12.0	84.7±15.5	85.0±12.8
心率/（次/分）	78.7±14.7	81.3±12.8	77.8±13.4	78.6±13.3	77.3±13.6	79.0±13.2	78.5±13.4

表 3-8-7 纳西族女性生理指标

指标	不同年龄组（岁）的指标值（$\bar{x} \pm s$）						合计	u
	18～	30～	40～	50～	60～	70～85		
收缩压/mmHg	113.6±14.7	115.1±12.3	123.6±16.9	133.2±21.9	138.8±20.9	145.6±23.2	130.8±22.2	0.57
舒张压/mmHg	75.9±11.0	77.9±8.7	81.0±11.1	85.3±13.5	84.8±13.0	83.0±12.5	82.4±12.5	2.61**
心率/（次/分）	85.7±13.9	79.5±11.3	73.9±8.4	76.8±11.9	75.1±10.0	80.5±10.5	77.5±11.3	1.01

注：u 为性别间的 u 检验值。

**$P < 0.01$，差异具有统计学意义。

表 3-8-8 纳西族男性头面部指数、体部指数和体脂率

指数	不同年龄组（岁）的指标值（$\bar{x} \pm s$）						合计
	18～	30～	40～	50～	60～	70～85	
头长宽指数	85.5±4.8	83.4±4.9	82.4±5.2	81.7±4.3	79.9±5.0	79.8±3.7	81.8±4.9
头长高指数	77.3±6.7	73.2±5.1	73.9±5.4	72.5±5.2	71.2±6.2	71.2±5.1	73.0±5.7
头宽高指数	90.3±4.3	87.9±4.9	89.7±4.8	88.8±6.1	89.2±6.3	89.3±5.2	89.2±5.5
形态面指数	85.9±6.5	82.4±6.1	88.3±6.6	89.4±6.8	89.6±6.3	89.6±7.0	88.4±6.9
鼻指数	69.2±7.4	73.7±10.0	70.6±8.5	70.3±6.7	71.8±6.6	71.4±7.8	70.9±7.6
口指数	36.3±8.0	28.7±6.3	30.2±8.4	29.3±8.2	24.3±7.5	22.5±7.0	28.4±8.6
身高坐高指数	52.7±2.2	53.4±1.3	52.9±1.6	52.8±1.5	52.5±1.5	52.0±1.9	52.7±1.7
身高体重指数	359.2±62.1	414.7±53.1	398.0±69.9	378.3±60.4	381.9±59.4	332.4±48.7	377.7±64.7
身高胸围指数	50.6±5.0	56.4±4.5	55.5±4.0	55.8±4.1	56.6±4.0	55.5±3.1	55.4±4.3
身高肩宽指数	23.2±1.8	24.8±1.2	24.4±1.2	24.3±1.2	24.3±1.2	23.9±1.3	24.2±1.3
身高骨盆宽指数	18.1±1.1	19.1±1.7	19.1±1.4	19.3±1.2	19.5±1.3	19.4±1.1	19.2±1.3
马氏躯干腿长指数	90.1±8.2	87.5±4.7	89.1±6.0	89.6±5.4	90.7±5.5	92.6±7.3	90.0±6.2
身高下肢长指数	52.8±2.5	52.3±1.6	52.5±1.5	53.1±1.8	53.4±1.3	53.8±1.7	53.0±1.8
身体质量指数/（kg/m²）	21.7±4.5	25.0±3.2	24.1±3.9	23.4±3.5	23.6±3.5	21.1±2.9	23.2±3.8
身体肥胖指数	24.4±4.1	26.8±3.1	26.0±2.6	26.5±2.7	26.6±3.3	26.2±2.5	26.2±2.9
体脂率/%	12.4±5.8	18.3±4.3	18.0±6.5	17.4±6.5	17.6±6.6	14.2±5.2	16.7±6.4

表 3-8-9　纳西族女性头面部指数、体部指数和体脂率

指数	不同年龄组（岁）的指标值（$\bar{x}\pm s$）						合计	u
	18～	30～	40～	50～	60～	70～85		
头长宽指数	85.9±4.7	81.0±3.6	82.3±3.6	82.0±4.8	80.9±3.3	80.3±3.1	81.9±4.2	0.14
头长高指数	74.8±4.7	70.9±6.2	72.1±5.2	71.0±5.6	70.6±5.8	69.6±5.9	71.3±5.7	3.85**
头宽高指数	87.2±5.1	87.6±7.4	87.7±6.4	86.6±6.7	87.3±6.8	86.8±7.2	87.1±6.6	4.54**
形态面指数	83.6±5.6	82.2±7.2	84.5±7.1	83.3±7.0	84.3±6.9	84.4±7.7	83.8±7.0	8.48**
鼻指数	67.9±8.3	68.1±8.9	68.4±8.0	71.7±8.6	70.2±8.3	72.7±9.8	70.3±8.8	0.95
口指数	34.3±8.7	29.9±6.6	31.0±6.9	27.3±8.4	25.3±8.2	23.1±7.2	27.9±8.4	0.74
身高坐高指数	53.3±1.4	53.8±1.3	53.0±1.6	52.9±1.6	52.4±1.6	51.4±1.8	52.7±1.7	0.12
身高体重指数	354.2±77.6	376.6±68.2	386.4±59.1	382.4±63.8	373.7±52.5	336.0±52.4	371.4±63.2	1.28
身高胸围指数	53.8±6.5	57.3±5.5	59.7±5.0	59.8±6.1	61.0±5.3	59.5±5.6	59.2±5.9	9.80**
身高肩宽指数	23.0±1.2	23.7±1.2	23.6±1.2	23.6±1.3	23.5±1.0	23.6±1.4	23.6±1.2	6.45**
身高骨盆宽指数	19.4±1.9	20.0±1.5	20.4±1.3	20.6±1.5	20.9±1.4	21.4±1.7	20.6±1.6	12.60**
马氏躯干腿长指数	87.7±5.0	85.9±4.7	88.8±6.0	89.3±5.7	90.9±5.8	94.8±6.8	89.9±6.3	0.10
身高下肢长指数	53.5±1.4	53.5±1.8	53.3±1.9	53.5±1.5	53.9±1.6	54.2±1.8	53.7±1.7	4.87**
身体质量指数/（kg/m²）	22.3±5.0	24.2±4.2	25.0±3.6	24.9±4.1	24.7±3.4	23.1±3.4	24.3±4.0	3.78**
身体肥胖指数	28.6±4.2	30.8±3.4	31.7±3.1	31.6±3.9	32.1±3.5	32.5±3.6	31.5±3.7	21.00**
体脂率/%	25.2±5.5	28.1±4.7	31.4±5.3	32.3±5.9	30.8±5.6	26.9±5.9	30.0±6.1	27.49**

注：u 为性别间的 u 检验值。

**$P<0.01$，差异具有统计学意义。

（徐　飞　李　岩　马　威　范　宁）

第九节　羌　族

一、羌　族　简　介

根据 2010 年第六次全国人口普查统计数据，羌族总人口为 309 576 人（国务院人口普查办公室，国家统计局人口和就业统计司，2012），主要分布在四川省阿坝藏族羌族自治州的茂县、汶川县、理县、松潘县、黑水县等，以及绵阳市的北川羌族自治县。大多数羌族聚居于高山或半山地带，与藏、汉、回等族杂居。羌族没有自己的文字，通用汉文；民族语言为羌语，属于汉藏语系藏缅语族羌语支，分北方和南方方言（杨圣敏，丁宏，2008）。

茂县是四川省阿坝藏族羌族自治州下辖县，位于四川省西北部、阿坝藏族羌族自治州东南部的青藏高原东南边缘，地处东经 102°56′～104°10′、北纬 31°25′～32°16′，属高原性季风气候，年平均气温 11.0℃，年日照时数 1549.4h，年降水量 486.3mm，全年无霜期215.4d。茂县县城海拔 1580m。

2015 年和 2016 年研究组两次在四川省阿坝藏族羌族自治州茂县开展了羌族人体表型数据采集工作。被调查者男性年龄 49.0 岁 ±16.2 岁，女性年龄 48.3 岁 ±15.0 岁。

二、羌族的表型数据（表 3-9-1～表 3-9-9）

表 3-9-1 羌族男性头面部指标 （单位：mm）

指标	不同年龄组（岁）的指标值（$\bar{x} \pm s$）						合计
	18～	30～	40～	50～	60～	70～85	
头长	191.3±7.4	195.0±6.8	193.2±6.8	192.3±5.9	191.9±6.3	193.5±5.5	192.8±6.6
头宽	155.9±4.6	157.3±6.0	154.8±4.6	154.4±5.6	152.7±5.8	152.6±5.8	154.6±5.7
额最小宽	108.3±6.5	109.9±5.8	107.8±5.8	108.0±5.5	108.0±5.7	110.2±5.3	108.6±5.8
面宽	145.3±5.0	148.0±6.4	145.7±4.7	146.2±5.0	145.4±5.0	145.1±4.8	146.0±5.2
下颌角间宽	118.1±6.7	124.8±9.4	122.1±8.8	121.5±8.7	118.7±8.4	115.9±7.3	120.4±8.8
眼内角间宽	34.4±3.2	33.3±2.7	32.4±3.2	32.4±3.2	32.7±3.0	33.9±3.2	33.1±3.1
眼外角间宽	87.7±4.2	87.9±4.4	86.9±4.1	86.6±4.8	85.7±4.4	85.9±4.5	86.8±4.4
鼻宽	35.7±2.8	35.4±2.2	36.1±2.5	36.5±3.0	36.7±3.0	37.1±3.2	36.2±2.8
口宽	44.2±3.9	44.2±3.2	44.9±3.5	45.3±3.1	45.5±3.8	45.9±3.5	45.0±3.6
容貌面高	187.0±7.7	192.7±8.7	189.2±7.5	190.8±9.1	190.4±9.2	191.4±9.1	190.2±8.7
形态面高	118.5±5.9	121.2±6.4	120.7±6.5	121.8±7.3	121.6±7.3	123.2±7.9	121.1±7.0
鼻高	48.2±2.8	48.6±3.8	49.2±3.4	49.4±3.7	49.1±3.9	50.4±4.3	49.0±3.7
上唇皮肤部高	14.9±1.9	16.9±2.3	17.2±2.1	17.3±2.7	17.6±2.6	18.1±3.1	17.0±2.6
唇高	17.0±2.7	16.4±3.4	15.0±3.4	14.1±3.2	13.0±3.6	11.6±3.0	14.6±3.7
红唇厚度	7.9±1.5	7.3±1.7	6.7±2.0	6.1±1.6	5.9±1.9	5.2±1.7	6.5±1.9
容貌耳长	61.6±3.9	63.5±4.1	64.9±4.0	65.8±4.8	66.4±4.9	67.0±3.9	64.9±4.7
容貌耳宽	30.1±2.7	30.1±2.8	31.4±2.8	30.9±3.7	31.0±3.3	31.8±3.3	30.8±3.2
耳上头高	123.1±9.8	121.6±8.6	117.9±10.1	115.5±10.1	119.5±9.8	121.6±11.6	119.7±10.2

表 3-9-2 羌族女性头面部指标

指标	不同年龄组（岁）的指标值（$\bar{x} \pm s$）/mm						合计/mm	u
	18～	30～	40～	50～	60～	70～85		
头长	182.2±6.3	183.9±6.2	182.5±6.5	182.5±7.4	183.2±6.4	184.3±5.6	182.9±6.6	21.90**
头宽	151.0±5.0	151.3±5.0	149.4±5.8	149.0±5.0	147.0±5.6	148.6±4.3	149.3±5.4	13.87**
额最小宽	107.2±5.6	107.7±5.6	107.5±5.7	108.1±5.7	107.4±5.6	107.6±5.1	107.6±5.6	2.40*
面宽	139.3±5.4	140.3±5.3	139.6±5.5	139.3±5.0	137.8±5.9	137.9±4.6	139.1±5.4	18.89**
下颌角间宽	115.7±6.3	117.2±6.9	117.5±7.4	115.6±7.1	114.6±9.0	112.6±6.7	115.8±7.5	8.20**
眼内角间宽	32.8±2.1	32.7±2.9	32.3±2.8	32.1±2.9	32.7±2.3	32.3±3.2	32.4±2.7	3.09**
眼外角间宽	86.0±4.2	85.5±4.3	85.4±4.4	83.7±4.3	82.9±4.1	82.5±3.6	84.4±4.4	7.76**
鼻宽	32.5±2.3	32.6±2.5	33.6±2.2	33.9±2.7	33.7±2.9	34.0±2.7	33.4±2.6	15.10**

指标	不同年龄组（岁）的指标值（$\bar{x} \pm s$）/mm						合计/mm	u
	18～	30～	40～	50～	60～	70～85		
口宽	41.2±3.5	42.9±3.0	43.2±3.4	43.9±3.8	43.6±3.4	43.8±3.5	43.2±3.6	7.44**
容貌面高	182.5±8.5	188.7±9.7	186.3±7.6	184.9±8.1	184.4±11.1	184.2±8.7	185.3±9.1	8.13**
形态面高	111.8±6.4	115.0±6.6	115.0±6.2	115.6±7.1	116.8±7.6	117.4±7.0	115.2±7.0	12.34**
鼻高	44.5±3.1	45.1±3.2	45.2±3.4	45.7±3.4	46.5±4.0	46.8±4.4	45.6±3.6	14.06**
上唇皮肤部高	13.7±2.0	14.6±2.0	15.1±2.1	15.8±2.2	17.0±2.5	17.4±2.9	15.5±2.5	8.62**
唇高	16.0±2.5	16.1±2.6	14.8±3.0	13.7±3.1	12.7±3.5	11.1±2.9	14.2±3.4	1.39
红唇厚度	7.4±1.4	7.2±1.3	6.7±1.5	6.3±1.6	5.6±1.7	4.8±1.5	6.4±1.7	0.95
容貌耳长	58.8±4.4	60.3±4.0	61.6±4.3	62.1±4.4	63.6±4.8	64.4±5.4	61.7±4.8	9.94**
容貌耳宽	30.0±2.0	29.6±2.2	30.1±2.3	30.8±2.6	30.8±2.7	30.9±2.4	30.4±2.5	2.55*
耳上头高	117.8±9.9	115.5±7.9	115.1±10.2	114.9±11.3	117.0±12.1	120.2±11.5	116.3±10.7	4.79**

注：u 为性别间的 u 检验值。

*$P<0.05$，**$P<0.01$，差异具有统计学意义。

表 3-9-3　羌族男性体部指标

指标	不同年龄组（岁）的指标值（$\bar{x} \pm s$）						合计
	18～	30～	40～	50～	60～	70～85	
体重	61.3±8.4	71.9±12.2	68.1±10.0	67.0±10.8	65.0±9.5	61.4±9.3	66.1±10.7
身高	1680.6±64.6	1667.5±56.9	1640.2±56.2	1625.1±56.8	1613.8±52.9	1600.8±60.9	1638.0±63.1
髂前上棘点高	919.8±42.1	915.8±35.1	911.1±33.7	912.8±36.1	912.0±35.1	901.1±40.2	912.7±36.8
坐高	903.2±37.7	903.3±33.8	875.3±33.5	867.5±37.8	860.6±33.6	840.7±34.7	875.9±40.5
肱骨内外上髁间径	66.5±3.7	68.3±3.9	68.3±4.2	68.8±4.1	68.8±4.6	68.8±5.1	68.3±4.3
股骨内外上髁间径	92.7±5.6	95.5±5.9	93.4±5.1	94.6±5.3	94.0±4.7	93.8±5.0	94.0±5.3
肩宽	389.0±17.4	395.4±20.4	391.6±17.0	382.3±24.1	377.0±20.4	368.9±20.4	384.5±21.6
骨盆宽	274.2±15.6	293.4±21.5	288.0±21.3	290.7±21.9	285.2±25.5	279.2±32.0	285.7±23.8
平静胸围	873.1±55.3	950.6±75.5	948.7±60.0	948.4±59.3	940.0±61.5	912.2±64.5	932.0±68.0
腰围	755.2±78.9	859.1±97.7	878.8±96.9	865.9±96.1	870.4±94.0	862.2±91.5	851.3±101.2
臀围	882.2±58.4	935.0±56.4	922.3±52.8	922.0±63.0	925.3±60.2	910.5±53.0	917.9±59.7
大腿围	487.6±37.1	526.6±41.3	503.9±39.7	500.3±44.6	488.8±42.5	467.0±40.5	497.4±44.2
上肢全长	730.4±33.6	730.3±30.6	725.4±35.4	722.1±32.4	722.6±35.1	717.6±35.1	725.0±33.8
下肢全长	882.6±37.6	880.0±31.8	877.8±30.5	881.0±33.3	880.2±32.4	870.1±37.8	879.2±33.5

注：体重的单位为 kg，其余指标值的单位为 mm。

表 3-9-4 羌族女性体部指标

指标	不同年龄组（岁）的指标值（$\bar{x} \pm s$）						合计	u
	18～	30～	40～	50～	60～	70～85		
体重	54.3±8.6	59.7±7.9	62.6±8.4	62.0±8.3	60.2±9.8	57.4±8.1	60.0±9.0	9.12**
身高	1565.1±45.5	1553.4±48.7	1552.0±49.9	1526.6±58.4	1501.2±47.7	1481.5±50.9	1533.3±57.1	25.40**
髂前上棘点高	875.9±31.8	880.2±33.2	885.1±35.7	875.2±38.8	858.3±34.1	839.8±38.3	872.2±37.6	15.94**
坐高	860.5±30.4	848.7±31.4	839.2±34.6	819.8±33.3	797.9±33.8	789.1±34.5	827.7±40.3	17.44**
肱骨内外上髁间径	58.5±3.8	60.5±3.8	62.4±4.3	62.5±4.4	63.1±4.3	62.5±4.0	61.7±4.4	22.13**
股骨内外上髁间径	86.0±5.4	87.8±5.1	88.4±4.9	90.4±5.9	90.4±5.9	91.6±5.9	89.0±5.8	13.20**
肩宽	351.3±22.5	358.1±18.7	360.3±14.1	351.3±15.8	343.9±17.0	334.1±16.3	351.4±18.8	23.83**
骨盆宽	281.2±22.6	292.4±18.4	296.8±25.2	294.5±30.2	294.7±30.7	288.4±26.5	292.3±26.8	3.78**
平静胸围	843.0±62.4	892.0±55.6	915.1±64.6	923.2±58.3	920.0±75.2	908.9±64.4	903.4±68.8	6.13**
腰围	723.7±91.4	786.3±93.6	830.2±88.3	876.4±79.7	896.4±97.2	891.5±93.8	835.9±107.1	2.17*
臀围	888.4±62.9	927.8±61.5	950.9±62.3	951.4±62.7	944.6±69.2	937.1±73.1	936.2±67.7	4.19**
大腿围	508.2±49.6	525.7±37.3	532.4±40.2	521.7±41.9	504.7±49.6	485.9±42.3	516.6±45.4	6.28**
上肢全长	673.8±25.5	676.2±33.8	673.9±29.4	668.8±34.5	667.8±30.4	654.0±34.1	670.3±31.8	24.35**
下肢全长	846.7±30.8	851.2±30.8	856.7±33.5	849.5±35.5	834.1±31.4	816.4±35.8	845.4±34.8	14.50**

注：u 为性别间的 u 检验值；体重的单位为 kg，其余指标值的单位为 mm。

*$P<0.05$，**$P<0.01$，差异具有统计学意义。

表 3-9-5 羌族观察指标情况

指标	分型	男性		女性		合计		u
		人数	占比/%	人数	占比/%	人数	占比/%	
上眼睑皱褶	有	298	71.8	334	75.7	632	73.8	1.31
	无	117	28.2	107	24.3	224	26.2	1.31
内眦褶	有	136	32.8	133	30.2	269	31.4	0.82
	无	279	67.2	308	69.8	587	68.6	0.82
眼裂高度	狭窄	157	37.8	215	48.8	372	43.5	3.22**
	中等	175	42.2	207	46.9	382	44.6	1.40
	较宽	83	20.0	19	4.3	102	11.9	7.08**
眼裂倾斜度	内角高	12	2.9	11	2.5	23	2.7	0.36
	水平	122	29.4	94	21.3	216	25.2	2.72**
	外角高	281	67.7	336	76.2	617	72.1	2.76**
鼻背侧面观	凹型	28	6.7	96	21.8	124	14.5	6.24**
	直型	330	79.5	328	74.4	658	76.9	1.78
	凸型	53	12.8	13	2.9	66	7.7	5.38**
	波型	4	1.0	4	0.9	8	0.9	0.09

续表

指标	分型	男性		女性		合计		u
		人数	占比/%	人数	占比/%	人数	占比/%	
鼻基底方向	上翘	98	23.6	140	31.8	238	27.8	2.65**
	水平	279	67.2	285	64.6	564	65.9	0.80
	下垂	38	9.2	16	3.6	54	6.3	3.33**
鼻翼宽	狭窄	31	7.5	71	16.1	102	11.9	3.91**
	中等	196	47.1	259	58.7	455	53.1	3.41**
	宽阔	189	45.4	111	25.2	300	35.0	6.22**
耳垂类型	三角形	177	42.7	163	37.0	340	39.7	1.70
	方形	35	8.4	37	8.4	72	8.4	0.02
	圆形	203	48.9	241	54.6	444	51.9	1.68
上唇皮肤部高	低	20	4.8	15	3.4	35	4.1	1.04
	中等	328	78.9	393	89.1	721	84.1	4.11**
	高	68	16.3	33	7.5	101	11.8	4.02**
红唇厚度	薄唇	293	70.4	334	75.8	627	73.2	1.75
	中唇	111	26.7	102	23.1	213	24.8	1.20
	厚唇	12	2.9	5	1.1	17	2.0	1.84
利手	左型	10	8.5	8	5.8	18	7.1	0.85
	右型	107	91.5	130	94.2	237	92.9	0.85
扣手	左型	44	37.6	58	42.0	102	40.0	0.72
	右型	73	62.4	80	58.0	153	60.0	0.72
卷舌	否	55	47.0	57	41.3	112	43.9	0.91
	是	62	53.0	81	58.7	143	56.1	0.91

注：u 为性别间率的 u 检验值。

**$P<0.01$，差异具有统计学意义。

表 3-9-6　羌族男性生理指标

指标	不同年龄组（岁）的指标值（$\bar{x}\pm s$）						合计
	18～	30～	40～	50～	60～	70～85	
收缩压/mmHg	123.8±14.4	123.8±12.7	136.7±14.9	138.8±18.9	140.6±20.2	142.5±17.0	138.2±18.7
舒张压/mmHg	75.3±9.7	79.4±8.6	88.6±12.5	82.9±8.7	85.1±15.2	82.6±13.8	83.6±13.4
心率/（次/分）	67.4±7.7	63.8±8.6	73.6±17.0	73.3±8.8	70.8±11.5	70.0±11.9	70.7±11.7

表 3-9-7　羌族女性生理指标

指标	不同年龄组（岁）的指标值（$\bar{x}\pm s$）						合计	u
	18～	30～	40～	50～	60～	70～85		
收缩压/mmHg	111.4±9.3	104.8±5.1	123.4±15.9	129.4±22.4	133.1±19.5	143.0±18.1	129.6±20.9	3.45**
舒张压/mmHg	69.9±9.1	70.2±5.1	78.2±11.7	77.5±14.2	78.5±12.0	77.9±14.7	77.1±12.9	3.93**
心率/（次/分）	76.0±12.6	72.3±4.9	71.5±10.1	68.0±9.2	74.5±9.9	71.5±10.8	71.5±10.1	0.58

注：u 为性别间的 u 检验值。

**$P<0.01$，差异具有统计学意义。

表 3-9-8 羌族男性头面部指数、体部指数和体脂率

指数	不同年龄组（岁）的指标值（$\bar{x}\pm s$）						合计
	18～	30～	40～	50～	60～	70～85	
头长宽指数	81.6±3.3	80.7±3.5	80.2±3.3	80.3±2.9	79.6±3.4	78.9±3.3	80.2±3.4
头长高指数	64.4±5.0	62.4±4.6	61.0±4.8	60.1±4.9	62.3±5.3	62.8±5.7	62.1±5.2
头宽高指数	79.0±6.0	77.4±5.9	76.2±6.4	74.9±6.2	78.3±6.2	79.7±7.8	77.5±6.5
形态面指数	81.6±4.5	82.0±4.4	82.8±5.4	83.4±5.2	83.7±5.2	84.9±5.4	83.0±5.1
鼻指数	74.2±6.4	73.4±7.4	73.8±7.8	74.3±8.5	75.2±8.3	74.3±9.6	74.2±8.0
口指数	38.6±6.7	37.2±7.9	33.3±7.8	31.2±7.5	28.8±7.9	25.4±6.7	32.5±8.6
身高坐高指数	53.8±1.3	54.2±1.2	53.4±1.4	53.4±1.5	53.3±1.2	52.5±1.3	53.5±1.4
身高体重指数	364.2±43.0	430.1±64.6	414.4±56.3	411.7±59.6	402.2±54.0	382.9±49.8	403.0±58.8
身高胸围指数	52.0±3.3	57.0±3.9	57.9±3.7	58.4±3.2	58.3±3.8	57.0±3.7	56.9±4.2
身高肩宽指数	23.2±1.0	23.7±1.2	23.9±1.1	23.5±1.2	23.4±1.1	23.0±1.1	23.5±1.1
身高骨盆宽指数	16.3±0.8	17.6±1.3	17.5±1.2	17.9±1.1	17.7±1.5	17.4±1.7	17.4±1.4
马氏躯干腿长指数	86.1±4.7	84.7±4.1	87.4±5.0	87.5±5.3	87.5±4.3	90.5±4.6	87.1±4.9
身高下肢长指数	52.5±1.6	52.8±1.4	53.6±1.5	54.2±1.6	54.5±1.2	54.4±1.8	53.7±1.7
身体质量指数/（kg/m²）	21.7±2.4	25.8±3.5	25.3±3.3	25.3±3.4	24.9±3.3	23.9±2.8	24.6±3.4
身体肥胖指数	22.5±2.7	25.4±2.4	26.0±2.8	26.5±2.9	27.2±3.3	27.0±2.5	25.9±3.2
体脂率/%	15.0±4.2	21.2±3.8	23.7±4.9	24.4±4.9	26.0±5.0	26.2±4.2	22.9±5.9

表 3-9-9 羌族女性头面部指数、体部指数和体脂率

指数	不同年龄组（岁）的指标值（$\bar{x}\pm s$）						合计	u
	18～	30～	40～	50～	60～	70～85		
头长宽指数	82.9±3.7	82.4±3.3	82.0±4.5	81.8±4.3	80.3±3.4	80.7±2.8	81.7±3.9	5.90**
头长高指数	64.7±5.8	62.9±4.7	63.1±5.7	63.0±6.5	63.9±6.1	65.2±6.1	63.6±5.9	3.95**
头宽高指数	78.1±6.7	76.4±5.4	77.1±6.9	77.1±7.8	79.6±7.9	81.0±8.0	77.9±7.3	0.97
形态面指数	80.4±5.2	82.1±5.2	82.5±5.4	83.1±5.4	84.9±5.7	85.2±4.7	82.9±5.5	0.33
鼻指数	73.4±7.4	72.7±7.5	74.6±6.5	74.5±7.4	73.1±8.8	73.2±7.6	73.7±7.5	0.99
口指数	39.0±6.4	37.7±6.4	34.4±7.2	31.3±7.2	29.1±7.9	25.4±6.7	33.2±8.1	1.11
身高坐高指数	55.0±1.1	54.6±1.3	54.1±1.6	53.7±1.2	53.2±1.7	53.3±1.6	54.0±1.6	4.95**
身高体重指数	346.6±49.7	384.5±48.0	403.4±53.1	405.7±50.1	400.3±60.4	387.5±53.4	390.9±56.0	3.08**
身高胸围指数	53.9±3.7	57.5±4.0	59.0±4.5	60.5±4.0	61.3±4.7	61.4±4.8	59.0±4.9	6.54**
身高肩宽指数	22.5±1.4	23.1±1.1	23.2±0.9	23.0±1.0	22.9±1.0	22.6±1.2	22.9±1.1	7.17**
身高骨盆宽指数	18.0±1.4	18.8±1.2	19.1±1.7	19.3±1.9	19.6±1.9	19.5±1.9	19.1±1.8	14.96**
马氏躯干腿长指数	82.0±3.6	83.1±4.5	85.1±5.5	86.3±4.3	88.3±6.0	87.9±5.6	85.4±5.4	4.74**
身高下肢长指数	54.1±1.7	54.8±1.8	55.2±1.5	55.7±1.6	55.6±1.5	55.1±1.7	55.2±1.7	12.46**
身体质量指数/（kg/m²）	22.1±3.0	24.8±3.1	26.0±3.5	26.6±3.3	26.7±3.8	26.2±3.7	25.5±3.7	3.74**
身体肥胖指数	27.4±2.9	30.0±3.9	31.3±3.8	32.5±3.8	33.4±3.6	34.1±4.7	31.4±4.3	21.57**
体脂率/%	28.5±3.8	31.4±4.1	34.9±2.9	38.5±3.1	39.0±3.4	38.4±3.0	35.3±5.1	32.96**

注：u 为性别间的 u 检验值。

**$P<0.01$，差异具有统计学意义。

（宇克莉 张兴华）

第四章 十万至三十万人口民族的体质表型调查报告

根据 2010 年第六次全国人口普查统计数据，人口在十万至三十万的民族共有九个。按照人口数由多到少排序，依次是土族、仫佬族、锡伯族、柯尔克孜族、景颇族、达斡尔族、撒拉族、布朗族、毛南族。

第一节 土 族

一、土 族 简 介

根据 2010 年第六次全国人口普查统计数据，土族共有 289 565 人（国务院人口普查办公室，国家统计局人口和就业统计司，2012），分布在我国西北的青海湖以东、祁连山以南、湟水和大通河两岸的青藏高原地区，主要聚居在青海互助土族自治县，青海的民和、大通两县，甘肃的天祝藏族自治县也比较集中。土族民族语言为阿尔泰语系蒙古语族，与甘肃东乡族保安族语接近。

互助土族自治县位于青海省东北部，地处东经 101°46′～102°45′、北纬 36°30′～37°9′，最高海拔 4374m，最低海拔 2100m，属大陆寒温带气候，年平均气温 5.8℃，年日照时数 2581.7h，年降水量 477.4mm，全年无霜期 114d。

研究组在青海省互助土族自治县开展了土族人体表型数据采集工作。被调查者男性平均年龄 55.42 岁±13.02 岁，女性平均年龄 52.85 岁±13.16 岁。

二、土族的表型数据（表 4-1-1～表 4-1-9）

表 4-1-1 土族男性头面部指标　（单位：mm）

指标	不同年龄组（岁）的指标值（$\bar{x} \pm s$）						合计
	18～	30～	40～	50～	60～	70～85	
头长	186.0±4.9	188.0±5.3	190.7±5.7	190.6±5.3	190.4±8.4	190.4±7.1	190.1±6.7
头宽	153.3±6.3	149.2±6.8	148.3±5.0	145.9±5.4	142.6±8.6	143.2±8.1	145.6±7.5
额最小宽	119.6±4.9	115.9±6.1	116.1±7.4	116.6±6.8	113.2±10.5	114.7±8.5	115.4±8.3
面宽	144.3±6.7	143.0±4.9	143.3±5.5	141.2±4.3	139.8±8.6	139.8±8.7	141.3±6.9
下颌角间宽	113.8±5.5	114.2±5.3	113.5±6.2	111.7±6.2	110.1±9.8	109.5±9.6	111.5±7.9
眼内角间宽	38.1±4.3	37.7±3.1	37.8±3.2	37.5±2.7	37.8±3.4	38.5±3.2	37.8±3.2

续表

指标	不同年龄组（岁）的指标值（$\bar{x} \pm s$）						合计
	18～	30～	40～	50～	60～	70～85	
眼外角间宽	91.9±6.9	93.7±4.5	91.8±4.5	90.1±3.9	87.9±5.1	86.2±4.2	89.6±5.1
鼻宽	37.8±2.5	39.3±2.1	39.6±2.8	39.4±2.5	40.1±3.0	40.3±3.3	39.7±2.8
口宽	49.7±5.7	52.5±2.6	52.7±4.2	54.0±3.2	53.2±3.6	53.2±4.5	53.1±3.8
容貌面高	192.2±8.3	197.3±6.3	196.2±10.1	195.5±9.5	197.0±9.2	195.7±10.2	196.1±9.3
形态面高	136.0±8.2	138.0±5.9	138.5±6.6	139.6±7.2	141.3±7.7	141.9±8.3	139.9±7.4
鼻高	65.0±4.9	66.5±4.3	66.8±4.4	67.8±5.3	67.8±6.0	70.0±5.8	67.7±5.4
上唇皮肤部高	18.0±2.7	17.6±3.1	18.8±2.7	20.2±3.2	20.6±3.0	20.2±3.1	19.8±3.2
唇高	16.2±4.3	15.8±4.1	14.8±3.4	14.7±4.0	13.7±3.6	11.6±4.0	14.2±4.0
红唇厚度	6.5±2.0	6.7±2.3	6.6±1.8	6.2±2.0	5.8±2.0	4.9±2.2	6.0±2.1
容貌耳长	65.3±4.7	64.7±3.4	67.4±3.9	68.8±5.0	69.6±4.6	71.0±5.5	68.6±5.0
容貌耳宽	28.8±1.9	28.0±3.0	29.9±3.2	30.5±3.4	30.7±3.0	30.6±3.2	30.2±3.2
耳上头高	135.6±8.5	129.4±10.7	127.2±9.6	123.2±8.3	126.0±10.1	124.3±8.5	125.9±9.6

表 4-1-2　土族女性头面部指标

指标	不同年龄组（岁）的指标值（$\bar{x} \pm s$）/mm						合计/mm	u
	18～	30～	40～	50～	60～	70～85		
头长	174.5±8.2	180.8±6.3	180.1±6.9	181.0±7.6	179.4±8.6	183.3±12.2	180.3±8.3	15.76**
头宽	149.1±8.6	143.1±6.9	140.8±7.2	139.2±7.4	136.6±8.8	140.0±4.7	140.0±8.1	8.69**
额最小宽	113.4±9.03	113.3±10.2	110.7±8.3	110.1±7.9	107.6±9.4	112.7±4.6	110.5±8.6	7.02**
面宽	137.0±8.0	134.7±7.9	132.7±7.7	132.4±7.3	129.8±10.4	134.9±3.5	132.6±8.3	13.82**
下颌角间宽	105.9±7.7	103.6±7.0	106.1±7.7	105.2±7.8	102.9±9.1	104.9±4.5	104.7±7.8	10.49**
眼内角间宽	37.0±2.7	37.5±2.7	36.0±2.7	36.3±2.9	37.0±3.1	38.7±3.6	36.8±3.0	5.96**
眼外角间宽	92.8±4.2	90.4±4.1	87.2±4.0	86.6±4.4	85.0±4.8	83.5±3.7	86.9±4.9	6.54**
鼻宽	34.9±2.7	35.8±2.3	35.4±2.3	36.2±2.7	36.8±2.4	37.3±1.9	36.2±2.5	15.96**
口宽	47.1±3.3	50.2±2.8	49.4±3.7	50.1±4.1	49.3±4.3	50.4±3.3	49.6±3.9	11.01**
容貌面高	184.5±7.1	186.9±7.5	183.5±8.5	185.4±8.8	183.2±9.7	185.9±7.7	184.7±8.7	15.33**
形态面高	126.1±5.3	128.5±5.5	128.6±6.5	131.7±6.8	131.7±7.9	131.9±7.5	130.4±7.1	15.87**
鼻高	62.6±5.2	63.2±4.7	62.5±4.5	63.6±5.0	63.1±5.0	65.4±4.2	63.4±4.8	4.54**
上唇皮肤部高	13.8±2.3	16.1±2.2	16.9±2.4	18.1±2.6	18.4±2.9	18.7±2.3	17.5±2.8	9.26**
唇高	16.5±3.1	15.7±2.8	13.9±2.9	13.4±3.0	13.1±4.0	11.1±3.1	13.6±3.5	1.93
红唇厚度	7.4±1.9	6.9±1.6	6.5±1.8	6.2±1.7	5.6±2.0	5.0±1.7	6.2±1.9	1.21
容貌耳长	59.5±3.5	61.8±4.0	62.7±3.8	64.2±5.7	66.6±4.2	67.5±3.7	64.2±5.0	10.66*
容貌耳宽	26.5±3.0	28.2±2.7	27.6±2.8	29.0±2.8	30.0±2.5	29.3±3.3	28.7±2.9	5.95**
耳上头高	128.8±13.4	124.5±7.6	121.3±9.0	123.0±10.6	121.0±10.8	122.6±15.8	122.7±10.9	3.78**

注：u 为性别间的 u 检验值。

*$P<0.05$，**$P<0.01$，差异具有统计学意义。

表 4-1-3　土族男性体部指标

指标	不同年龄组（岁）的指标值（$\bar{x}\pm s$）						合计
	18～	30～	40～	50～	60～	70～85	
体重	63.0±9.4	66.8±9.0	70.3±9.5	65.5±9.0	64.0±9.9	59.9±8.8	65.1±9.7
身高	1709.8±61.6	1646.0±45.3	1656.7±53.6	1645.2±53.4	1643.8±59.9	1620.5±65.5	1646.1±58.8
髂前上棘点高	903.1±58.7	891.7±35.6	902.2±43.5	906.4±35.6	909.9±40.8	890.8±46.0	903.1±41.3
坐高	926.3±42.9	892.6±45.2	897.0±44.7	887.3±46.9	875.4±34.1	858.2±44.4	883.6±44.8
肱骨内外上髁间径	68.5±3.1	68.9±4.0	68.9±3.2	68.7±4.3	70.2±4.4	68.8±4.0	69.2±4.1
股骨内外上髁间径	94.8±6.5	93.8±3.8	94.7±4.3	94.2±4.8	96.0±4.7	94.8±5.7	94.9±4.8
肩宽	382.6±16.7	375.0±13.4	379.1±14.8	365.7±16.7	364.7±15.8	358.2±15.6	368.2±17.2
骨盆宽	279.2±16.3	276.0±15.3	285.6±20.8	281.3±13.4	281.3±17.2	277.3±11.5	280.9±16.1
平静胸围	854.1±76.5	902.5±60.1	921.6±60.9	909.6±61.1	901.8±60.0	881.5±58.8	902.6±62.4
腰围	784.8±106.2	832.1±90.5	870.1±98.0	842.2±90.8	833.5±100.3	825.8±95.6	838.9±96.9
臀围	897.4±56.7	904.9±61.3	925.1±52.8	908.4±55.6	903.6±57.1	882.9±50.3	905.6±56.3
大腿围	473.0±45.5	481.1±45.9	486.9±43.2	467.0±41.7	460.5±43.1	437.9±39.2	466.0±44.6
上肢全长	725.8±35.0	712.3±29.4	725.2±40.4	716.4±31.2	712.2±50.6	713.6±40.2	716.3±40.3
下肢全长	861.4±55.8	857.8±32.3	867.1±40.8	872.8±33.0	875.7±38.1	858.6±42.9	868.9±38.6

注：体重的单位为 kg，其余指标值的单位为 mm。

表 4-1-4　土族女性体部指标

指标	不同年龄组（岁）的指标值（$\bar{x}\pm s$）						合计	u
	18～	30～	40～	50～	60～	70～85		
体重	54.9±8.7	56.4±6.5	59.8±6.4	60.5±8.5	55.4±8.4	52.8±9.5	57.6±8.9	9.75**
身高	1561.6±44.3	1562.4±52.3	1534.1±52.1	1537.9±51.7	1513.7±57.1	1500.0±45.5	1532.1±55.1	24.23**
髂前上棘点高	838.0±30.6	853.7±44.4	837.9±47.4	836.8±41.9	826.7±51.3	823.6±42.6	835.5±45.7	18.81**
坐高	867.2±40.9	862.0±58.7	831.8±37.7	834.0±39.2	804.0±41.5	795.1±31.7	828.0±46.8	14.71**
肱骨内外上髁间径	61.4±4.9	61.9±3.5	62.2±4.4	63.9±4.2	62.7±3.9	64.0±4.4	62.9±4.2	18.39**
股骨内外上髁间径	85.5±6.4	86.1±5.9	86.5±6.2	89.1±6.0	87.3±5.8	88.1±6.1	87.5±6.1	16.35**
肩宽	345.5±13.3	345.2±13.3	340.2±14.6	341.8±13.1	331.8±15.2	329.1±12.6	338.5±15.0	22.28**
骨盆宽	279.1±14.5	278.0±17.2	276.6±15.3	278.9±13.7	277.0±15.3	276.9±14.2	277.7±14.8	2.51*
平静胸围	789.0±55.1	826.0±50.1	864.0±63.3	874.1±58.3	856.5±57.3	838.4±69.8	854.6±62.3	9.33**
腰围	755.2±67.8	770.1±75.8	825.8±101.6	843.8±92.7	827.0±83.4	821.1±115.2	820.4±94.9	2.34*
臀围	908.2±58.9	908.3±47.0	923.0±65.6	933.5±55.8	904.2±58.4	886.0±71.3	915.6±60.7	2.07*
大腿围	495.7±51.9	494.3±35.0	499.8±36.6	495.5±40.4	457.2±38.8	432.4±52.8	481.2±46.4	4.05**
上肢全长	665.0±23.5	668.3±37.7	659.1±33.1	662.7±34.5	665.6±37.1	664.8±32.6	663.6±34.4	17.02**
下肢全长	808.6±29.9	822.3±45.5	810.8±44.1	809.6±39.0	801.0±48.4	800.4±41.3	808.7±42.8	17.90**

注：u 为性别间的 u 检验值；体重的单位为 kg，其余指标值的单位为 mm。

*$P<0.05$，**$P<0.01$，差异具有统计学意义。

表 4-1-5　土族观察指标情况

指标	分型	男性		女性		合计		u
		人数	占比/%	人数	占比/%	人数	占比/%	
上眼睑皱褶	有	265	91.4	264	88.9	529	90.1	1.01
	无	25	8.6	33	11.1	58	9.9	1.01
内眦褶	有	103	35.5	122	41.1	225	38.3	1.39
	无	187	64.5	175	58.9	362	61.7	1.39
眼裂高度	狭窄	1	0.4	4	1.3	5	0.8	1.32
	中等	286	98.6	285	96.0	571	97.3	1.98*
	较宽	3	1.0	8	2.7	11	1.9	1.48
眼裂倾斜度	内角高	25	8.6	12	4.0	37	6.3	2.28**
	水平	157	54.1	155	52.2	312	53.2	0.47
	外角高	108	37.3	130	43.8	238	40.5	1.61
鼻背侧面观	凹型	49	16.9	91	30.6	140	23.9	3.91**
	直型	147	50.7	152	51.2	299	50.9	0.12
	凸型	94	32.4	54	18.2	148	25.2	3.97**
	波型	0	0.0	0	0.0	0	0.0	
鼻基底方向	上翘	177	61.0	184	61.9	361	61.5	0.23
	水平	111	38.3	108	36.4	219	37.3	0.48
	下垂	2	0.7	5	1.7	7	1.2	1.11
鼻翼宽	狭窄	40	13.8	82	27.6	122	20.8	4.12**
	中等	150	51.7	185	62.3	335	57.1	2.59**
	宽阔	100	34.5	30	10.1	130	22.1	7.11**
耳垂类型	三角形	64	22.1	42	14.2	106	18.1	2.50*
	方形	100	34.5	113	38.0	213	36.3	0.90
	圆形	126	43.4	142	47.8	268	45.6	1.06
上唇皮肤部高	低	3	1.0	6	2.0	9	1.5	0.97
	中等	147	50.7	213	71.7	360	61.3	5.23**
	高	140	48.3	78	26.3	218	37.2	5.52**
红唇厚度	薄唇	225	77.6	231	77.8	456	77.7	0.06
	中唇	60	20.7	64	21.5	124	21.1	0.25
	厚唇	5	1.7	2	0.7	7	1.2	1.17
利手	左型	27	9.3	20	6.7	47	8.0	1.15
	右型	263	90.7	277	93.3	540	92.0	1.15
扣手	左型	141	48.6	140	47.1	281	47.9	0.36
	右型	149	51.4	157	52.9	306	52.1	0.36
卷舌	否	70	24.1	80	26.9	150	25.6	0.78
	是	220	75.9	217	73.1	437	74.4	0.78

注：u 为性别间率的 u 检验值。

*$P<0.05$，**$P<0.01$，差异具有统计学意义。

表 4-1-6　土族男性生理指标

指标	不同年龄组（岁）的指标值（$\bar{x}\pm s$）						合计
	18～	30～	40～	50～	60～	70～85	
收缩压/mmHg	112.5±9.5	113.4±11.8	123.1±14.4	122.9±15.6	128.0±19.3	131.1±19.9	124.2±17.4
舒张压/mmHg	70.0±7.8	75.6±9.6	82.5±10.0	84.2±10.7	83.7±11.2	86.0±10.5	82.7±11.1
心率/（次/分）	67.3±8.6	74.8±8.4	74.5±12.0	74.0±14.0	74.9±13.2	72.7±9.2	74.0±12.3

表 4-1-7　土族女性生理指标

指标	不同年龄组（岁）的指标值（$\bar{x}\pm s$）						合计	u
	18～	30～	40～	50～	60～	70～85		
收缩压/mmHg	106.0±7.3	106.8±9.4	111.3±12.7	127.9±21.2	125.4±20.0	135.4±20.2	121.0±20.0	2.07*
舒张压/mmHg	70.1±6.1	73.0±7.6	73.8±9.2	82.6±9.7	79.5±11.9	80.1±8.0	78.0±10.4	5.29**
心率/（次/分）	77.7±8.7	74.0±10.2	74.2±9.6	72.8±10.6	76.0±11.7	75.7±8.9	74.5±10.4	0.53

注：u 为性别间的 u 检验值。

*$P<0.05$，**$P<0.01$，差异具有统计学意义。

表 4-1-8　土族男性头面部指数、体部指数和体脂率

指数	不同年龄组（岁）的指标值（$\bar{x}\pm s$）						合计
	18～	30～	40～	50～	60～	70～85	
头长宽指数	82.5±3.1	79.4±4.0	77.9±3.7	76.6±3.4	74.9±3.7	75.2±3.5	76.6±4.0
头长高指数	72.9±4.2	68.8±5.4	66.7±5.1	64.7±4.2	66.3±5.3	65.4±5.3	66.3±5.2
头宽高指数	88.5±6.2	86.9±7.6	85.9±7.5	84.6±5.8	88.6±7.3	87.2±8.5	86.6±7.3
形态面指数	94.3±5.2	96.6±4.8	96.8±6.2	98.9±5.3	101.4±7.4	101.9±9.2	99.3±7.0
鼻指数	58.3±2.0	59.2±4.9	59.5±4.9	58.4±5.9	59.7±6.7	59.7±6.0	58.9±6.0
口指数	32.7±8.5	30.2±7.9	28.2±6.5	27.5±8.0	25.9±7.4	21.9±7.3	26.8±7.9
身高坐高指数	54.2±2.2	54.2±2.1	54.2±2.3	53.9±2.3	53.3±1.8	53.0±1.6	53.7±2.1
身高体重指数	368.8±58.2	405.7±53.7	424.0±54.6	397.6±50.4	389.2±57.5	369.0±48.9	395.3±55.8
身高胸围指数	50.1±5.4	55.9±3.9	55.7±4.2	55.3±3.7	54.9±3.9	54.4±3.5	54.9±4.0
身高肩宽指数	22.4±0.9	22.8±0.8	22.9±0.9	22.2±0.9	22.2±1.1	22.1±0.9	22.4±1.0
身高骨盆宽指数	16.3±0.7	16.8±0.9	17.2±1.1	17.1±0.7	17.1±1.1	17.1±0.7	17.1±1.0
马氏躯干腿长指数	84.8±7.3	84.7±7.2	85.0±7.6	85.7±7.4	87.9±6.4	89.0±5.8	86.5±7.0
身高下肢长指数	50.4±2.3	52.1±1.5	52.3±2.1	53.1±1.7	53.3±1.7	53.0±2.0	52.8±1.9
身体质量指数/（kg/m²）	21.6±3.7	24.7±3.3	25.6±3.3	24.2±3.0	23.7±3.6	22.8±3.0	24.0±3.4
身体肥胖指数	22.2±3.2	24.9±3.2	25.4±3.0	25.1±2.7	24.9±3.2	24.9±3.0	24.9±3.0
体脂率/%	15.7±6.7	20.8±5.7	23.8±5.6	23.8±5.6	23.1±6.9	22.5±6.7	22.5±6.7

表 4-1-9 土族女性头面部指数、体部指数和体脂率

指数	不同年龄组（岁）的指标值（$\bar{x} \pm s$）						合计	u
	18～	30～	40～	50～	60～	70～85		
头长宽指数	85.5±4.3	79.2±3.5	78.2±3.5	76.9±3.1	76.1±3.5	76.8±7.2	77.7±4.5	3.13**
头长高指数	73.7±6.7	69.0±4.9	67.5±5.5	68.0±5.8	67.5±6.3	67.4±11.7	68.2±6.7	3.84**
头宽高指数	86.3±7.3	87.2±7.1	86.3±7.2	88.6±8.0	88.9±9.6	87.6±11.5	87.8±8.5	1.84
形态面指数	92.4±7.5	95.7±7.4	97.2±7.3	99.8±6.6	102.2±11.2	97.8±6.0	98.8±8.5	0.78
鼻指数	56.0±5.2	56.9±5.4	56.9±5.2	57.2±6.2	58.6±5.6	57.1±4.6	57.4±5.6	3.13**
口指数	35.0±6.2	31.3±5.6	28.3±6.1	26.8±6.3	26.7±8.2	22.2±6.4	27.7±7.2	1.44
身高坐高指数	55.5±2.4	55.2±3.2	54.2±2.0	54.2±2.1	53.1±2.1	52.8±2.5	54.0±2.4	1.61
身高体重指数	350.8±50.2	360.7±35.1	389.3±56.6	393.0±50.8	365.5±50.1	351.6±61.4	375.7±53.5	4.34**
身高胸围指数	51.1±3.3	52.9±3.1	56.4±4.4	56.9±3.8	56.6±3.7	55.9±4.8	55.8±4.2	2.66**
身高肩宽指数	22.1±0.8	22.1±0.9	22.2±0.8	22.2±0.6	21.9±0.6	22.0±0.8	22.1±0.8	4.01**
身高骨盆宽指数	17.9±0.7	17.8±0.9	18.0±0.9	18.1±0.8	18.3±0.9	18.5±1.0	18.1±0.9	12.73**
马氏躯干腿长指数	80.3±7.6	81.8±10.2	84.6±6.5	84.6±6.8	88.5±7.2	89.9±9.0	85.5±8.0	1.61
身高下肢长指数	51.8±0.9	52.8±1.7	52.8±1.8	52.6±1.9	52.9±2.3	53.4±2.5	52.8±2.0	0.00
身体质量指数/（kg/m²）	22.4±3.0	23.1±2.0	25.4±3.6	25.6±3.2	24.2±3.2	23.5±4.1	24.5±3.4	1.78
身体肥胖指数	28.5±2.5	28.5±1.9	30.6±3.7	31.0±3.3	30.6±3.7	30.3±4.0	30.3±3.5	20.90**
体脂率/%	30.4±4.7	31.8±4.0	35.7±4.8	38.1±4.5	36.3±4.8	34.5±7.0	35.7±5.4	26.24**

注：u 为性别间的 u 检验值。

**$P<0.01$，差异具有统计学意义。

（何玉秀 梁 玉）

第二节 仫 佬 族

一、仫佬族简介

根据 2010 年第六次全国人口普查统计数据，仫佬族在中国境内共有 216 257 人（国务院人口普查办公室，国家统计局人口和就业统计司，2012），90%以上聚居在广西罗城仫佬族自治县，其余散居在广西的其他县市及贵州。仫佬族有自己的语言，仫佬语属汉藏语系壮侗语族侗水语支。

罗城仫佬族自治县位于广西北部、河池市东部，地处东经 108°29′～109°10′，北纬 24°38′～25°12′，属北温带气候，气候温和，雨量充沛。

研究组在广西罗城仫佬族自治县四排镇开展了仫佬族人体表型数据采集工作。被调查者男性年龄 65.0 岁±11.6 岁，女性年龄 59.6 岁±12.3 岁。

二、仫佬族的表型数据（表 4-2-1～表 4-2-9）

表 4-2-1　仫佬族男性头面部指标　　　　　　　　（单位：mm）

指标	不同年龄组（岁）的指标值（$\bar{x} \pm s$）						合计
	18～	30～	40～	50～	60～	70～85	
头长	171.0±7.0	176.7±4.6	178.3±5.5	178.2±7.5	178.6±6.4	177.3±6.8	178.0±6.7
头宽	150.3±9.0	140.0±5.3	137.7±10.6	137.7±5.9	137.4±5.2	138.1±6.9	137.9±6.4
额最小宽	118.0±10.1	105.2±3.5	108.1±7.1	107.2±8.6	107.4±6.2	105.9±6.2	106.9±6.8
面宽	125.7±9.7	122.5±6.0	122.1±7.9	119.5±6.7	118.6±8.4	118.7±6.4	118.9±7.5
下颌角间宽	105.3±4.5	101.8±8.1	101.3±11.3	99.2±7.3	99.1±7.8	99.6±6.6	99.5±7.5
眼内角间宽	40.0±5.6	41.8±4.2	37.9±3.8	39.0±4.3	39.0±3.9	40.1±4.0	39.4±4.0
眼外角间宽	95.0±4.0	91.7±4.5	89.0±7.1	86.8±5.2	85.5±5.2	82.8±4.9	85.2±5.6
鼻宽	37.3±1.5	39.3±3.0	38.9±3.3	39.5±3.5	40.2±4.1	39.6±3.4	39.8±3.7
口宽	44.7±2.1	48.0±3.0	49.1±3.6	49.7±4.2	49.9±3.8	49.0±4.6	49.4±4.1
容貌面高	183.3±10.2	189.8±11.8	188.7±9.0	192.7±11.5	189.0±12.8	188.6±14.1	189.4±12.9
形态面高	115.7±3.5	117.5±5.5	114.9±8.2	117.1±8.3	115.7±6.7	114.7±9.7	115.6±8.1
鼻高	44.0±1.7	47.2±4.7	46.1±5.1	46.2±3.4	46.9±6.4	46.3±3.7	46.5±5.0
上唇皮肤部高	13.0±2.0	13.3±4.4	14.1±2.4	13.5±2.7	15.1±2.7	15.2±3.0	14.8±2.9
唇高	18.0±2.0	21.8±3.9	17.7±3.3	18.4±4.1	15.4±4.2	12.8±4.0	15.3±4.6
红唇厚度	7.3±3.1	9.5±2.3	8.1±1.7	8.3±2.0	7.5±2.2	6.0±2.3	7.2±2.4
容貌耳长	62.3±3.8	61.8±3.9	63.7±4.6	63.0±4.6	63.7±5.2	64.3±5.0	63.7±5.0
容貌耳宽	31.3±1.5	31.2±2.4	30.8±4.1	30.6±2.6	31.2±3.1	31.7±2.8	31.2±3.0
耳上头高	130.0±3.0	120.0±28.7	114.8±53.8	111.3±72.6	126.2±27.5	130.7±20.4	124.4±39.6

表 4-2-2　仫佬族女性头面部指标

指标	不同年龄组（岁）的指标值（$\bar{x} \pm s$）/mm						合计/mm	u
	18～	30～	40～	50～	60～	70～85		
头长	155.0±22.9	169.5±5.7	169.7±5.3	171.2±5.4	172.8±6.0	172.8±6.6	171.4±6.9	12.61**
头宽	139.0±3.1	137.9±5.2	134.4±4.5	133.9±6.9	134.1±5.0	133.9±5.4	134.3±5.6	7.67**
额最小宽	108.3±4.2	106.3±6.0	106.3±6.1	104.1±6.2	103.6±6.2	104.2±6.0	104.4±6.2	5.06**
面宽	115.7±6.7	116.0±5.3	115.6±5.9	114.5±5.5	115.1±6.5	114.7±6.9	115.0±6.2	7.40**
下颌角间宽	97.4±4.5	93.5±3.9	94.7±5.4	94.3±7.4	95.9±6.0	95.8±9.0	95.2±7.0	7.69**
眼内角间宽	38.1±4.5	37.2±3.2	38.0±3.7	37.9±3.4	38.7±3.6	39.5±4.3	38.5±3.8	3.03**
眼外角间宽	87.9±3.8	88.3±4.9	85.3±4.4	83.5±4.7	81.8±5.0	79.9±6.1	82.7±5.5	5.87**
鼻宽	35.0±3.8	37.0±2.4	36.3±2.5	37.2±3.2	37.4±2.9	39.1±4.0	37.5±3.3	8.37**
口宽	46.7±2.1	48.2±3.0	47.9±3.4	48.6±6.1	48.0±3.3	48.0±4.0	48.1±4.4	4.00**
容貌面高	180.1±9.1	179.8±8.7	180.8±8.9	178.8±12.8	180.2±13.0	179.0±8.0	179.6±11.3	10.50**

续表

指标	不同年龄组（岁）的指标值（$\bar{x} \pm s$）/mm						合计/mm	u
	18～	30～	40～	50～	60～	70～85		
形态面高	107.4±4.4	107.1±6.9	108.2±4.4	109.1±5.8	109.9±6.1	109.4±7.2	109.2±6.1	11.45**
鼻高	42.4±1.3	44.2±3.0	42.7±2.7	42.9±3.0	43.4±2.8	43.3±5.9	43.2±3.7	9.77**
上唇皮肤部高	10.4±1.6	11.5±2.4	12.4±2.8	12.8±2.8	14.0±2.8	14.6±3.0	13.4±3.0	6.09**
唇高	19.1±4.5	18.4±3.7	17.3±3.6	16.7±3.5	15.3±4.3	12.8±4.1	15.6±4.3	0.83
红唇厚度	8.6±2.6	8.3±1.7	8.3±1.6	7.7±1.7	7.5±2.1	6.2±2.1	7.5±2.0	1.56
容貌耳长	56.1±3.3	59.6±3.1	57.5±4.8	58.8±5.8	61.2±6.2	61.5±4.2	60.0±5.6	9.31**
容貌耳宽	28.0±2.6	28.8±2.9	30.0±2.9	29.9±3.3	30.7±3.3	31.3±3.4	30.4±3.3	3.57**
耳上头高	133.3±7.8	112.7±9.2	112.6±12.0	128.2±30.2	132.7±21.3	135.1±10.1	130.8±21.3	2.54*

注：u 为性别间的 u 检验值。

**$P<0.01$，差异具有统计学意义。

表 4-2-3 仫佬族男性体部指标

指标	不同年龄组（岁）的指标值（$\bar{x} \pm s$）						合计
	18～	30～	40～	50～	60～	70～85	
体重	68.9±16.1	64.0±8.0	64.3±11.3	53.9±7.0	56.1±8.8	51.6±9.8	54.9±9.7
身高	1713.3±100.2	1640.5±64.7	1620.9±64.0	1554.6±88.8	1574.5±72.1	1525.0±90.2	1559.2±87.1
髂前上棘点高	951.3±58.1	926.0±31.1	917.5±40.7	880.4±69.8	886.4±60.0	877.6±112.7	885.4±82.7
坐高	901.0±41.7	868.8±47.9	868.3±37.4	824.2±43.0	820.7±45.3	793.2±56.5	816.2±52.9
肱骨内外上髁间径	55.7±8.0	54.5±4.5	57.7±7.5	53.2±5.7	55.4±6.7	52.9±5.0	54.3±6.1
股骨内外上髁间径	93.7±11.0	87.7±7.9	88.2±9.9	82.3±7.3	82.8±8.3	81.1±6.9	82.6±8.0
肩宽	369.3±36.0	370.2±17.2	364.1±27.4	346.9±21.4	347.7±21.7	338.6±47.8	346.0±33.8
骨盆宽	306.7±30.6	290.0±11.0	299.0±19.4	291.2±18.0	294.6±17.0	291.7±15.9	293.3±17.0
平静胸围	890.7±127.4	863.7±76.2	898.1±80.4	842.6±64.2	863.3±62.1	851.0±67.7	857.5±66.9
腰围	843.7±124.4	782.8±113.0	846.7±106.9	777.3±71.8	796.2±91.8	793.9±95.1	794.8±91.7
臀围	943.7±93.0	912.7±74.2	919.5±64.6	880.2±43.8	891.4±62.3	890.6±64.5	891.5±61.1
大腿围	514.0±86.9	515.2±47.6	489.0±42.8	469.7±36.6	459.7±43.3	450.6±41.7	461.5±43.9
上肢全长	830.7±82.4	760.2±39.4	759.8±43.3	742.0±42.3	745.7±40.8	723.0±63.9	739.2±52.3
下肢全长	911.3±48.4	894.3±30.0	885.5±38.9	853.3±67.8	857.8±57.1	842.0±54.2	854.3±58.3

注：体重的单位为 kg，其余指标值的单位为 mm。

表 4-2-4 仫佬族女性体部指标

指标	不同年龄组（岁）的指标值（$\bar{x} \pm s$）						合计	u
	18～	30～	40～	50～	60～	70～85		
体重	49.6±6.5	48.8±6.8	51.6±6.9	50.9±7.8	49.9±8.0	44.9±8.0	49.3±8.0	8.11**
身高	1537.1±37.3	1524.0±36.0	1527.2±40.2	1515.2±54.9	1507.0±58.9	1448.1±70.7	1500.5±63.8	9.84**

续表

指标	不同年龄组（岁）的指标值（$\bar{x} \pm s$）						合计	u
	18～	30～	40～	50～	60～	70～85		
髂前上棘点高	852.7±24.7	852.2±32.3	858.7±32.9	843.6±52.6	846.5±35.2	817.5±42.8	841.4±43.7	8.35**
坐高	826.0±23.3	822.4±24.6	812.1±26.5	799.1±32.0	783.3±40.6	734.6±55.0	783.4±48.5	8.39**
肱骨内外上髁间径	45.4±2.3	47.1±2.7	48.7±4.1	49.0±4.6	49.0±3.9	48.4±4.6	48.7±4.2	13.48**
股骨内外上髁间径	79.1±9.1	76.2±10.8	79.8±7.2	77.5±8.4	78.1±6.5	75.6±6.3	77.6±7.5	8.51**
肩宽	333.6±13.7	327.0±14.9	330.3±13.2	327.9±36.3	320.6±16.6	312.9±17.7	322.7±24.3	10.09**
骨盆宽	268.6±12.1	277.9±21.8	284.8±16.5	287.2±17.6	290.2±17.3	287.9±20.0	287.3±18.3	4.45**
平静胸围	834.6±59.1	823.6±63.7	843.8±65.4	840.9±80.7	853.3±80.5	832.2±80.5	842.5±77.9	2.72**
腰围	720.7±79.2	718.7±85.4	759.9±84.7	764.1±92.2	787.6±93.1	783.6±94.4	772.5±92.7	3.16**
臀围	911.7±47.8	863.8±76.5	902.5±50.1	901.4±62.4	903.5±58.7	887.8±72.8	897.9±63.0	1.36
大腿围	487.0±69.3	498.6±36.2	508.3±40.3	493.2±48.0	477.6±45.8	454.3±70.2	482.0±54.6	5.50**
上肢全长	690.1±39.6	680.9±39.7	707.9±34.8	693.3±76.9	706.1±31.6	684.3±43.8	696.7±51.9	10.66**
下肢全长	827.0±20.9	825.1±29.8	832.6±30.7	818.5±50.0	821.8±32.4	796.1±41.5	817.0±41.1	9.44**

注：u 为性别间的 u 检验值；体重的单位为 kg，其余指标值的单位为 mm。

**$P < 0.01$，差异具有统计学意义。

表 4-2-5　仫佬族观察指标情况

指标	分型	男性		女性		合计		u
		人数	占比/%	人数	占比/%	人数	占比/%	
上眼睑皱褶	有	280	94.0	382	95.0	662	94.6	0.61
	无	18	6.0	20	5.0	38	5.4	0.61
内眦褶	有	168	56.4	226	56.2	394	56.3	0.04
	无	130	43.6	176	43.8	306	43.7	0.04
眼裂高度	狭窄	152	51.0	172	42.8	324	46.3	2.16*
	中等	139	46.6	199	49.5	338	48.3	0.75
	较宽	7	2.4	31	7.7	38	5.4	3.10**
眼裂倾斜度	内角高	279	93.6	378	94.0	657	93.8	0.22
	水平	8	2.7	15	3.7	23	3.3	0.77
	外角高	11	3.7	9	2.3	20	2.9	1.14
鼻背侧面观	凹型	50	16.8	109	27.1	159	22.7	3.23**
	直型	175	58.7	220	54.7	395	56.4	1.05
	凸型	71	23.8	69	17.2	140	20.0	2.18*
	波型	2	0.7	4	1.0	6	0.9	0.46
鼻基底方向	上翘	107	35.9	180	44.8	287	41.0	2.36*
	水平	181	60.7	210	52.2	391	55.9	2.24*
	下垂	10	3.4	12	3.0	22	3.1	0.28

续表

指标	分型	男性		女性		合计		u
		人数	占比/%	人数	占比/%	人数	占比/%	
鼻翼宽	狭窄	86	28.9	64	15.9	232	33.1	4.13**
	中等	135	45.3	146	36.3	327	46.7	2.40*
	宽阔	77	25.8	192	47.8	141	20.2	5.90**
耳垂类型	三角形	150	50.3	195	48.5	345	49.3	0.48
	方形	75	25.2	89	22.1	164	23.4	0.94
	圆形	73	24.5	118	29.4	191	27.3	1.43
上唇皮肤部高	低	37	12.4	104	25.9	141	20.2	4.39**
	中等	244	81.9	289	71.9	533	76.1	3.07**
	高	17	5.7	9	2.2	26	3.7	2.40*
红唇厚度	薄唇	162	54.4	186	46.3	348	49.7	2.12*
	中唇	125	41.9	212	52.7	337	48.1	2.83**
	厚唇	11	3.7	4	1.0	15	2.2	2.44*
利手	左型	19	6.4	7	1.7	26	3.7	3.21**
	右型	279	93.6	395	98.3	674	96.3	3.21**
扣手	左型	104	34.9	155	38.6	259	37.0	0.99
	右型	194	65.1	247	61.4	441	63.0	0.99
卷舌	否	211	70.8	284	70.6	495	70.7	0.05
	是	87	29.2	118	29.4	205	29.3	0.05

注：u 为性别间率的 u 检验值。

*P<0.05，**P<0.01，差异具有统计学意义。

表 4-2-6 仫佬族男性生理指标

指标	不同年龄组（岁）的指标值（ $\bar{x} \pm s$ ）						合计
	18~	30~	40~	50~	60~	70~85	
收缩压/mmHg	136.7±3.2	124.3±10.8	128.6±15.2	131.3±21.0	141.6±25.3	146.4±20.9	140.4±23.1
舒张压/mmHg	83.3±7.2	76.0±7.2	79.0±11.9	78.2±10.7	78.0±11.7	74.1±11.4	76.8±11.4
心率/（次/分）	66.7±3.2	81.2±8.3	83.6±11.9	79.3±15.0	81.3±15.1	79.2±13.4	80.2±14.2

表 4-2-7 仫佬族女性生理指标

指标	不同年龄组（岁）的指标值（ $\bar{x} \pm s$ ）						合计	u
	18~	30~	40~	50~	60~	70~85		
收缩压/mmHg	112.1±8.9	120.8±15.7	122.8±17.0	128.2±18.8	135.1±22.4	148.6±24.9	133.5±22.9	1.43**
舒张压/mmHg	69.6±7.5	72.9±11.5	74.7±10.3	75.2±15.0	74.9±9.8	75.2±12.1	74.8±12.0	11.88*
心率/（次/分）	88.1±12.4	80.3±7.7	78.6±9.5	74.9±10.1	79.0±11.2	80.9±11.7	78.4±11.0	3.29

注：u 为性别间的 u 检验值。

*P<0.05，**P<0.01，差异具有统计学意义。

表 4-2-8　仫佬族男性头面部指数、体部指数和体脂率

指数	不同年龄组（岁）的指标值（ $\bar{x} \pm s$ ）						合计
	18～	30～	40～	50～	60～	70～85	
头长宽指数	87.9±1.7	79.3±2.5	77.2±5.4	77.4±3.3	77.0±3.3	77.9±4.6	77.5±4.0
头长高指数	92.6±5.4	86.1±3.5	84.5±3.4	81.1±4.0	81.1±3.8	78.6±4.5	80.7±4.5
头宽高指数	105.5±7.3	108.7±4.5	110.0±10.9	104.9±6.0	105.5±5.6	101.1±7.0	104.2±6.9
形态面指数	92.5±9.5	96.0±4.3	94.2±6.1	98.2±7.3	98.6±10.5	96.8±8.3	97.6±9.0
鼻指数	84.9±1.2	83.7±5.6	85.0±8.6	85.9±9.1	86.5±11.5	85.9±9.2	86.1±10.0
口指数	40.3±3.4	45.9±10.1	36.2±6.5	37.0±8.1	30.8±8.2	26.1±7.8	31.0±9.2
身高坐高指数	52.6±7.0	53.0±2.4	53.6±2.5	53.1±3.3	52.1±2.2	52.0±2.4	52.4±2.6
身高体重指数	402.3±89.3	390.5±48.8	396.0±64.1	347.4±46.0	355.3±48.5	336.9±52.7	350.9±52.7
身高胸围指数	52.2±8.9	52.8±6.0	55.4±4.8	54.4±4.9	54.9±4.2	55.9±4.5	55.1±4.6
身高肩宽指数	21.6±1.9	22.6±0.7	22.5±1.6	22.4±1.5	22.1±1.1	22.2±2.7	22.2±1.9
身高骨盆宽指数	17.9±1.4	17.7±1.0	18.5±1.3	18.8±1.5	18.7±1.1	19.2±1.3	18.8±1.3
马氏躯干腿长指数	101.1±1.2	103.1±5.4	102.1±4.8	103.7±8.1	104.7±7.0	106.3±5.5	104.9±6.7
身高下肢长指数	53.2±0.7	54.5±1.8	54.7±2.3	55.0±4.7	54.5±3.0	55.2±1.8	54.8±3.0
身体质量指数/（kg/m²）	23.5±5.4	25.6±5.4	24.4±3.8	22.5±3.8	22.6±2.9	22.1±3.1	22.5±3.3
身体肥胖指数	24.2±4.3	25.6±5.4	26.6±3.7	27.7±4.5	27.2±4.0	29.5±4.9	28.0±4.5
体脂率/%	19.4±5.9	18.4±3.7	20.9±4.5	21.1±5.8	21.1±6.0	21.7±6.2	21.2±5.9

表 4-2-9　仫佬族女性头面部指数、体部指数和体脂率

指数	不同年龄组（岁）的指标值（ $\bar{x} \pm s$ ）						合计	u
	18～	30～	40～	50～	60～	70～85		
头长宽指数	91.7±16.1	81.5±4.5	79.4±3.3	78.3±4.1	77.7±3.2	77.6±3.8	7.8.5±4.6	2.82**
头长高指数	92.7±16.9	82.5±3.5	82.8±3.3	81.1±3.5	79.1±3.7	76.1±4.3	80.0±5.1	1.73
头宽高指数	101.0±3.4	101.3±4.3	104.4±4.4	103.8±5.9	102.6±5.0	98.2±6.3	102.1±5.9	4.21**
形态面指数	93.2±7.7	92.5±7.0	93.9±5.8	95.4±6.1	95.8±7.3	95.6±7.7	95.2±6.9	3.76**
鼻指数	82.4±7.6	84.2±9.2	85.4±8.3	86.9±9.5	86.5±8.8	89.9±12.2	87.0±9.8	1.30
口指数	41.1±10.0	38.1±7.7	36.2±7.7	34.9±8.0	31.9±8.9	26.6±8.1	32.6±9.0	2.25*
身高坐高指数	53.7±1.2	54.0±1.4	53.2±1.4	52.8±1.8	52.0±2.0	50.7±2.5	52.2±2.2	0.96
身高体重指数	323.1±46.9	320.1±41.9	338.0±43.8	335.8±48.7	330.7±49.0	309.8±49.6	328.0±48.9	5.86**
身高胸围指数	54.4±4.6	54.1±4.2	55.3±4.4	55.5±5.5	56.7±5.6	57.6±5.8	56.2±5.5	2.94**
身高肩宽指数	21.7±1.2	21.5±1.1	21.6±0.9	21.7±2.6	21.3±1.0	21.6±1.2	21.5±1.6	4.93**
身高骨盆宽指数	17.5±1.2	18.2±1.3	18.7±1.0	19.0±1.2	19.3±1.2	19.9±1.6	19.2±1.4	3.19**
马氏躯干腿长指数	100.2±3.1	100.4±3.8	102.6±4.7	102.5±5.8	105.1±5.4	108.9±8.9	104.6±6.8	0.57
身高下肢长指数	53.8±0.8	54.1±1.5	54.5±1.6	54.0±2.8	54.6±1.9	55.0±3.0	54.5±2.4	1.66
身体质量指数/（kg/m²）	21.1±3.4	21.0±2.6	22.1±2.9	22.2±3.2	22.0±3.2	21.4±3.4	21.9±3.2	2.61**
身体肥胖指数	29.9±3.7	27.9±4.1	29.9±3.0	30.4±3.7	31.0±3.9	33.1±5.5	31.0±4.3	8.78**
体脂率/%	18.6±5.0	21.1±3.9	25.7±5.5	25.6±6.4	24.9±6.0	23.1±6.9	24.5±6.3	7.09**

注：u 为性别间的 u 检验值。

*$P<0.05$，**$P<0.01$，差异具有统计学意义。

（徐　林）

第三节　锡　伯　族

一、锡伯族简介

根据 2010 年第六次全国人口普查统计数据，锡伯族总人口为 190 481 人，主要分布在辽宁省和新疆伊犁地区的察布查尔锡伯自治县，其中辽宁锡伯族人口约有 13.3 万人，新疆锡伯族人口约有 3.5 万人（国务院人口普查办公室，国家统计局人口和就业统计司，2012）。锡伯族民族语言为锡伯语，属阿尔泰语系通古斯语族满语支。

察布查尔锡伯自治县位于新疆西天山支脉乌孙山北麓、伊犁河以南，地处北纬 43°17′～43°57′、东经 80°31′～81°43′，属大陆性北温带温和干旱气候，年平均气温 7.9℃，年日照时数 2846h，年降水量 222mm，全年无霜期 177d。

沈阳位于中国东北地区南部、辽宁省中部、辽河平原中部，属于温带半湿润大陆性气候，年平均气温 6.2～9.7℃，年降水量 600～800mm。

研究组在新疆维吾尔自治区伊犁哈萨克自治州察布查尔锡伯自治县与沈阳市开展了锡伯族人体表型数据采集工作。新疆锡伯族被调查成年男性年龄 51.8 岁±13.8 岁，女性年龄 50.4 岁±12.6 岁；辽宁锡伯族被调查成年男性年龄 54.7 岁±13.4 岁，女性年龄 52.5 岁±13.4 岁。

二、新疆锡伯族的表型数据（表 4-3-1～表 4-3-9）

表 4-3-1　新疆锡伯族男性头面部指标　　　　　（单位：mm）

指标	不同年龄组（岁）的指标值（$\bar{x}\pm s$）						合计
	18～	30～	40～	50～	60～	70～85	
头长	185.7±6.8	181.8±10.5	182.5±8.3	180.0±11.9	181.7±11.5	178.2±13.4	181.4±10.9
头宽	162.1±10.1	159.4±8.5	159.1±7.4	159.8±10.6	157.9±10.8	155.2±10.6	158.9±9.7
额最小宽	106.2±8.4	111.0±14.4	111.0±11.8	110.4±11.8	111.4±12.7	108.2±9.4	110.1±12.2
面宽	145.6±8.3	147.6±11.8	146.8±16.4	144.9±13.4	145.2±12.8	146.0±16.2	146.1±15.1
下颌角间宽	128.6±7.0	129.1±10.4	129.8±10.8	128.6±12.8	128.2±10.6	121.4±16.1	128.3±11.8
眼内角间宽	36.6±4.4	34.8±5.8	34.9±5.0	34.0±5.7	35.5±11.8	34.6±6.1	34.9±7.4
眼外角间宽	103.5±5.4	98.8±9.3	97.0±10.4	97.6±11.7	96.9±10.9	96.7±12.7	97.7±10.9
鼻宽	41.8±4.0	43.2±9.1	40.3±5.2	42.1±6.1	42.1±4.9	43.0±3.0	41.8±5.9
口宽	48.1±6.3	52.0±6.2	51.4±5.5	52.6±6.2	53.9±5.7	55.0±6.3	52.5±6.1
容貌面高	180.5±8.2	177.1±14.0	177.4±12.2	179.8±19.4	179.3±14.3	174.5±11.5	178.4±15.0
形态面高	124.3±8.2	129.8±13.4	129.5±8.5	131.1±15.5	132.8±10.0	131.5±8.2	130.6±11.8

指标	不同年龄组（岁）的指标值（$\bar{x} \pm s$）						合计
	18～	30～	40～	50～	60～	70～85	
鼻高	60.3±14.2	60.7±7.8	62.7±6.1	64.0±6.7	66.0±6.1	65.2±6.4	63.6±7.3
上唇皮肤部高	16.0±3.2	16.9±3.0	17.2±2.8	17.8±3.0	18.1±3.2	16.9±3.5	17.4±3.1
唇高	16.7±3.0	15.4±3.6	15.4±3.5	14.7±3.5	14.6±3.9	12.7±3.9	14.9±3.7
红唇厚度	8.4±1.3	7.4±2.6	7.9±2.0	7.8±2.5	7.6±2.8	6.9±2.8	7.7±2.5
容貌耳长	63.0±10.3	67.1±7.3	67.9±5.2	68.9±6.0	71.1±6.4	71.9±6.7	68.8±6.7
容貌耳宽	31.4±5.6	32.9±4.2	31.7±5.1	30.7±4.8	31.1±4.8	32.0±4.9	31.5±4.9
耳上头高	160.3±27.1	144.2±23.4	145.0±25.8	136.4±24.1	144.5±25.5	137.1±25.8	142.7±25.7

表 4-3-2 新疆锡伯族女性头面部指标

指标	不同年龄组（岁）的指标值（$\bar{x} \pm s$）/mm						合计/mm	u
	18～	30～	40～	50～	60～	70～85		
头长	176.0±11.2	175.7±10.4	176.6±10.1	177.3±8.9	176.7±8.6	174.0±3.8	176.6±9.5	5.68**
头宽	153.8±9.1	153.8±6.9	154.1±9.5	153.3±7.7	156.1±8.5	151.7±9.1	154.2±8.6	6.21**
额最小宽	107.2±14.4	108.9±10.3	108.4±10.7	106.0±9.9	101.5±9.6	105.9±8.4	107.4±10.2	1.62
面宽	134.4±10.4	136.1±13.0	136.4±17.7	136.3±15.3	134.5±15.9	130.6±11.2	134.2±15.2	0.86
下颌角间宽	124.0±11.5	124.9±6.8	121.3±11.8	125.5±10.1	126.0±10.5	121.4±7.9	124.3±10.6	4.32**
眼内角间宽	35.5±4.1	36.6±6.4	33.1±5.3	32.3±5.9	32.5±7.2	35.3±6.3	33.4±6.2	2.66**
眼外角间宽	99.9±10.8	97.7±9.5	97.2±12.0	97.8±9.8	96.7±11.3	93.2±8.3	97.4±10.8	0.34
鼻宽	38.4±7.6	38.0±3.3	37.7±5.3	37.5±4.3	38.4±4.3	39.0±4.3	37.9±4.9	8.70**
口宽	45.6±5.4	48.5±5.4	48.2±5.3	50.0±5.3	50.9±4.8	51.6±5.1	49.3±5.4	6.73**
容貌面高	173.9±13.0	171.2±15.1	172.4±12.8	171.3±13.6	170.7±10.5	168.5±11.6	171.5±12.8	5.99**
形态面高	121.4±6.7	120.1±8.2	123.0±8.8	122.6±12.4	125.8±9.8	128.4±9.0	123.3±10.2	8.01**
鼻高	58.0±5.0	58.5±7.5	57.9±7.7	57.2±8.0	58.6±7.0	58.9±4.4	57.9±7.4	9.40**
上唇皮肤部高	14.9±1.9	15.4±3.0	16.7±2.8	16.2±2.8	17.4±3.1	16.9±1.9	16.4±2.9	4.04**
唇高	14.7±3.4	14.7±3.3	15.4±3.7	14.2±3.8	12.9±3.0	11.6±2.9	14.2±3.7	2.29*
红唇厚度	7.7±2.8	7.7±2.4	7.7±2.2	6.8±2.3	6.6±2.4	6.8±3.4	7.1±2.4	2.97**
容貌耳长	61.2±5.8	60.4±7.2	62.2±6.1	63.7±5.4	67.1±6.7	66.6±5.5	63.7±6.5	9.36**
容貌耳宽	28.3±3.5	28.9±4.8	30.0±4.2	29.0±3.9	29.8±3.6	27.2±3.3	29.3±4.0	5.95**
耳上头高	144.0±17.5	134.1±19.3	133.9±24.0	136.2±26.8	136.3±25.0	143.4±17.0	136.4±24.3	3.05**

注：u 为性别间的 u 检验值。

**$P<0.01$，差异具有统计学意义。

表 4-3-3 新疆锡伯族男性体部指标

指标	不同年龄组（岁）的指标值（$\bar{x} \pm s$）						合计
	18～	30～	40～	50～	60～	70～85	
体重	68.5±14.2	76.5±15.3	78.6±13.1	79.7±11.8	77.1±12.0	72.1±12.7	77.3±13.1
身高	1764.5±51.1	1702.8±54.9	1716.0±49.2	1701.8±53.3	1695.1±55.4	1671.5±70.4	1704.8±57.1
髂前上棘点高	935.8±28.8	896.6±42.2	907.0±37.5	911.7±57.2	914.2±55.2	895.6±66.6	909.1±50.9
坐高	936.3±46.5	913.1±36.8	913.3±41.5	901.3±34.3	890.5±37.3	886.3±50.6	904.0±41.2
肱骨内外上髁间径	63.9±5.4	62.9±5.8	66.5±6.7	69.2±9.1	68.3±5.5	68.7±18.0	67.2±8.6
股骨内外上髁间径	95.0±7.8	94.3±10.2	96.0±7.5	97.9±7.6	96.5±8.6	95.2±5.4	96.3±8.1
肩宽	384.3±26.2	396.8±35.8	401.9±26.3	393.0±27.4	389.4±23.2	381.9±22.2	393.7±27.7
骨盆宽	286.0±25.9	302.5±29.6	314.2±28.3	314.2±35.6	311.4±24.2	304.9±26.3	310.0±30.2
平静胸围	856.1±93.2	942.4±100.8	959.2±92.8	971.8±79.8	979.0±78.7	954.1±87.1	959.5±91.0
腰围	750.4±133.1	876.8±127.1	899.3±118.5	933.6±107.1	931.5±112.3	890.4±137.1	904.9±124.5
臀围	917.5±75.7	941.4±119.4	963.3±69.8	961.8±65.7	954.7±66.2	938.9±87.3	954.1±78.6
大腿围	465.7±53.5	475.0±57.2	489.5±52.8	481.4±48.6	472.9±48.3	454.5±55.6	478.0±52.5
上肢全长	755.7±32.0	735.3±62.0	748.8±44.7	744.9±45.0	737.9±63.1	747.3±50.7	743.8±52.1
下肢全长	935.8±28.8	896.6±42.2	907.8±37.5	911.8±57.3	914.2±55.2	895.6±66.6	909.3±50.9

注：体重的单位为 kg，其余指标值的单位为 mm。

表 4-3-4 新疆锡伯族女性体部指标

指标	不同年龄组（岁）的指标值（$\bar{x} \pm s$）						合计	u
	18～	30～	40～	50～	60～	70～85		
体重	60.2±10.1	63.0±10.7	64.9±8.2	68.6±11.7	67.7±11.3	61.6±11.1	66.0±10.9	11.35**
身高	1631.9±45.2	1593.8±49.9	1585.6±54.9	1577.5±49.6	1571.2±57.3	1537.0±47.6	1582.9±55.6	26.22**
髂前上棘点高	902.3±38.3	867.0±35.5	864.3±50.0	864.8±45.0	845.2±54.7	844.1±37.9	863.0±5.0	11.08**
坐高	888.2±27.1	872.4±39.0	857.5±28.6	851.9±30.5	842.2±32.8	812.9±36.4	854.8±34.9	15.60**
肱骨内外上髁间径	55.5±6.2	60.7±6.8	64.1±8.8	66.7±12.6	65.2±7.9	66.3±14.0	64.2±10.2	3.86**
股骨内外上髁间径	88.2±9.6	89.5±10.6	91.3±9.8	91.1±10.7	91.7±8.6	90.4±7.9	90.9±9.9	7.25**
肩宽	358.6±23.8	353.2±25.6	354.1±30.2	360.8±30.9	358.3±23.9	358.2±17.5	357.5±27.9	15.79**
骨盆宽	298.0±30.3	311.9±22.6	309.1±28.1	316.1±32.1	326.9±25.5	313.8±27.9	314.8±29.5	1.95
平静胸围	856.6±79.0	915.3±72.9	901.2±148.1	968.2±133.8	968.6±135.5	931.0±103.7	935.6±134.4	2.53*
腰围	715.2±95.6	782.9±104.7	791.3±141.9	872.5±128.1	880.8±140.8	842.5±121.9	831.0±141.0	6.74**
臀围	938.2±64.0	950.0±70.0	910.0±149.5	945.7±125.1	950.4±121.7	924.0±68.8	936.8±122.7	2.04*
大腿围	481.0±50.0	490.5±55.4	468.3±48.8	469.7±45.3	447.7±47.5	410.0±45.8	465.2±50.9	3.00**
上肢全长	688.2±40.3	693.9±38.1	681.8±44.2	691.4±43.0	698.5±42.6	703.8±46.6	691.2±43.2	13.30**
下肢全长	902.3±38.3	867.0±35.5	864.3±50.0	864.8±45.0	845.2±54.7	844.1±37.9	862.7±49.6	11.24**

注：u 为性别间的 u 检验值；体重的单位为 kg，其余指标值的单位为 mm。

*$P<0.05$，**$P<0.01$，差异具有统计学意义。

表 4-3-5　新疆锡伯族观察指标情况

指标	分型	男性		女性		合计		u
		人数	占比/%	人数	占比/%	人数	占比/%	
上眼睑皱褶	有	217	75.1	233	77.9	450	76.5	0.81
	无	72	24.9	66	22.1	138	23.5	0.81
内眦褶	有	207	71.6	245	81.9	452	76.9	2.97**
	无	82	28.4	54	18.1	136	23.1	2.97**
眼裂高度	狭窄	92	31.8	117	39.1	209	35.5	1.85
	中等	174	60.2	161	53.8	335	57.0	1.56
	较宽	23	8.0	21	7.0	44	7.5	0.43
眼裂倾斜度	内角高	25	8.7	31	10.4	56	9.5	0.71
	水平	239	82.7	220	73.6	459	78.1	2.67**
	外角高	25	8.7	48	16.1	73	12.4	2.72**
鼻背侧面观	凹型	72	24.9	104	34.8	176	29.9	2.61**
	直型	183	63.3	173	57.9	356	60.5	1.35
	凸型	29	10.0	20	6.7	49	8.3	1.47
	波型	5	1.7	2	0.7	7	1.2	1.19
鼻基底方向	上翘	121	41.9	114	38.1	235	40.0	0.93
	水平	148	51.2	164	54.8	312	53.1	0.88
	下垂	20	6.9	21	7.0	41	7.0	0.05
鼻翼宽	狭窄	38	13.1	50	16.7	88	15.0	1.21
	中等	12	4.2	24	8.0	36	6.1	1.96
	宽阔	239	82.7	225	75.3	464	78.9	2.21*
耳垂类型	三角形	173	59.9	184	61.5	357	60.7	0.42
	方形	68	23.5	64	21.4	132	22.4	0.62
	圆形	48	16.6	51	17.1	99	16.8	0.15
上唇皮肤部高	低	7	2.4	11	3.7	18	3.1	0.88
	中等	203	70.2	247	82.6	450	76.5	3.54**
	高	79	27.3	41	13.7	120	20.4	4.10**
红唇厚度	薄唇	124	42.9	170	56.9	294	50.0	3.38**
	中唇	146	50.5	110	36.8	256	43.5	3.36**
	厚唇	19	6.6	19	6.4	38	6.5	0.11
利手	左型	27	9.3	27	9.0	54	9.2	0.13
	右型	262	90.7	272	91.0	534	90.8	0.13
扣手	左型	131	45.3	117	39.1	248	42.2	1.52
	右型	158	54.7	182	60.9	340	57.8	1.52
卷舌	是	166	57.4	190	63.5	356	60.5	1.43
	否	123	42.6	109	36.5	232	39.5	1.51

注：u 为性别间率的 u 检验值。

*$P<0.05$，**$P<0.01$，差异具有统计学意义。

表 4-3-6　新疆锡伯族男性生理指标

指标	不同年龄组（岁）的指标值（$\bar{x} \pm s$）						合计
	18～	30～	40～	50～	60～	70～85	
收缩压/mmHg	126.9±10.7	138.1±14.5	133.1±14.3	143.7±19.6	148.5±19.9	140.7±18.0	140.3±18.5
舒张压/mmHg	76.1±6.9	86.3±10.8	83.2±10.4	88.9±12.9	88.0±13.6	79.4±12.8	85.5±12.5
心率/（次/分）	80.9±10.3	85.2±10.6	83.4±10.5	84.3±9.7	81.4±12.2	75.1±13.4	82.6±11.3

表 4-3-7　新疆锡伯族女性生理指标

指标	不同年龄组（岁）的指标值（$\bar{x} \pm s$）						合计	u
	18～	30～	40～	50～	60～	70～85		
收缩压/mmHg	116.2±8.5	118.2±11.7	125.7±20.3	139.5±23.5	138.4±19.9	148.7±23.8	132.0±22.1	4.94**
舒张压/mmHg	70.5±7.2	72.6±9.1	76.5±14.3	83.3±14.5	79.9±11.2	79.0±13.3	78.5±13.4	6.55**
心率/（次/分）	86.1±11.2	80.3±11.4	81.0±11.7	80.7±12.4	79.9±11.2	77.4±9.0	80.9±11.8	1.78

注：u 为性别间的 u 检验值。

**P<0.01，差异具有统计学意义。

表 4-3-8　新疆锡伯族男性头面部指数、体部指数和体脂率

指数	不同年龄组（岁）的指标值（$\bar{x} \pm s$）						合计
	18～	30～	40～	50～	60～	70～85	
头长宽指数	87.4±6.4	87.9±6.1	87.3±4.9	89.1±6.8	87.0±5.5	87.5±8.2	87.8±6.1
头长高指数	86.4±14.5	79.6±13.8	79.5±14.7	76.6±15.3	78.6±15.2	77.3±15.8	78.7±15.1
头宽高指数	98.6±14.1	90.8±16.1	91.0±16.4	86.1±16.5	90.7±18.2	88.2±15.6	89.8±16.9
形态面指数	88.5±13.3	91.1±19.0	93.2±15.3	95.2±25.1	98.0±17.6	95.4±18.7	94.5±19.6
鼻指数	70.0±15.0	72.0±16.6	64.9±9.9	66.5±10.8	64.2±9.2	66.5±7.4	66.4±11.4
口指数	35.2±8.0	30.1±8.7	30.3±7.8	28.1±7.9	27.7±8.5	23.2±6.8	28.8±8.4
身高坐高指数	53.1±1.8	53.6±2.0	53.2±2.2	52.9±1.6	52.5±1.4	53.0±2.5	53.0±1.9
身高体重指数	388.4±80.8	447.9±87.3	458.8±73.8	466.9±64.0	454.0±62.4	431.4±74.7	452.9±73.3
身高胸围指数	48.6±5.6	55.4±6.2	55.9±5.5	57.2±4.4	57.8±4.3	57.1±5.1	56.3±5.4
身高肩宽指数	21.8±1.1	23.3±2.2	23.4±1.5	23.1±1.5	23.0±1.4	22.9±1.2	23.1±1.6
身高骨盆宽指数	16.2±1.3	17.8±1.7	18.4±1.6	18.4±1.9	18.4±1.3	18.2±1.4	18.2±1.7
马氏躯干腿长指数	88.7±6.7	86.7±7.0	88.4±8.7	89.0±5.6	90.5±5.2	88.9±8.3	88.9±7.0
身高下肢长指数	53.1±2.0	52.7±1.9	52.9±2.2	53.6±3.0	53.9±2.8	53.5±2.6	53.3±2.6
身体质量指数/（kg/m²）	22.0±4.7	26.3±5.2	26.8±4.3	27.4±3.6	26.8±3.4	25.9±4.7	26.6±4.3
身体肥胖指数	21.2±3.4	24.9±4.2	24.8±3.3	25.3±3.0	25.4±2.8	25.5±4.2	25.0±3.4
体脂率/%	24.4±8.4	31.5±11.6	30.3±6.4	32.9±3.8	34.7±5.8	36.7±4.8	32.3±7.2

表 4-3-9　新疆锡伯族女性头面部指数、体部指数和体脂率

指数	不同年龄组（岁）的指标值（$\bar{x}\pm s$）						合计	u
	18～	30～	40～	50～	60～	70～85		
头长宽指数	87.7±6.7	87.8±6.3	87.4±5.7	86.6±5.6	88.4±4.4	87.2±5.7	87.5±5.6	0.62
头长高指数	82.2±11.5	76.5±11.7	76.2±14.1	77.0±15.3	77.5±15.2	82.4±9.6	77.5±14.4	0.99
头宽高指数	94.2±14.0	87.3±12.7	87.2±16.0	89.2±18.7	87.6±16.9	94.8±11.6	88.8±16.6	0.72
形态面指数	85.2±13.2	82.4±12.7	84.2±18.8	85.9±16.4	89.8±15.2	98.9±14.3	86.3±16.4	5.02**
鼻指数	66.2±10.8	65.9±8.8	66.1±12.3	67.7±19.5	66.3±10.5	66.5±8.5	66.6±14.0	0.19
口指数	32.9±9.0	30.7±7.3	32.5±8.8	28.7±8.3	25.6±6.9	23.0±7.4	29.2±8.6	0.57
身高坐高指数	54.4±1.1	54.7±1.6	54.1±1.5	54.0±1.6	53.6±1.6	52.9±1.7	54.0±1.6	6.89**
身高体重指数	369.0±61.4	394.7±61.7	409.3±50.2	434.6±71.1	430.4±65.7	400.2±66.8	416.7±66.4	6.27**
身高胸围指数	52.5±5.2	57.0±4.8	56.9±9.7	61.4±8.5	61.7±8.5	60.2±5.9	59.1±8.7	4.71**
身高肩宽指数	22.0±1.4	21.1±1.4	22.3±1.9	22.9±1.9	22.8±1.5	23.3±0.9	22.6±1.7	3.67**
身高骨盆宽指数	18.3±1.8	19.6±1.6	19.5±1.8	20.1±2.1	20.8±1.5	20.4±1.9	19.9±1.9	11.44**
马氏躯干腿长指数	83.8±3.8	82.8±5.3	85.0±5.1	85.3±5.7	86.6±5.4	89.3±6.2	85.3±5.5	6.92**
身高下肢长指数	55.3±2.1	54.4±1.7	54.5±2.6	54.8±2.2	53.8±3.1	54.9±1.4	54.5±2.5	5.70**
身体质量指数/（kg/m²）	22.6±3.8	24.8±3.7	25.8±3.3	27.6±4.5	27.4±4.0	26.0±4.2	26.3±4.2	0.86
身体肥胖指数	27.1±3.4	29.2±3.5	27.6±7.9	29.8±6.4	30.3±6.5	30.1±3.1	29.1±6.5	9.63**
体脂率/%	48.7±8.5	48.4±4.7	49.5±5.2	50.8±7.0	53.1±6.6	59.9±6.2	50.9±6.8	32.18**

注：u 为性别间的 u 检验值。

**$P<0.01$，差异具有统计学意义。

三、辽宁锡伯族的表型数据（表 4-3-10～表 4-3-18）

表 4-3-10　辽宁锡伯族男性头面部指标　　　　　　（单位：mm）

指标	不同年龄组（岁）的指标值（$\bar{x}\pm s$）						合计
	18～	30～	40～	50～	60～	70～85	
头长	184.2±2.8	184.5±5.5	184.3±7.3	182.4±11.4	184.8±13.6	182.0±6.8	183.9±10.7
头宽	160.1±4.6	165.9±7.9	160.0±5.4	160.1±8.9	160.3±7.2	157.3±7.1	160.5±7.5
额最小宽	113.3±3.8	110.9±11.1	110.5±9.0	107.6±4.4	108.6±10.2	106.1±5.3	108.8±8.7
面宽	150.5±10.1	145.3±13.5	141.6±11.8	138.0±14.4	138.8±10.0	137.1±9.4	136.8±13.5
下颌角间宽	89.6±5.4	93.8±16.8	92.1±14.8	85.9±10.3	94.3±17.4	90.3±8.9	91.4±14.8
眼内角间宽	36.6±5.0	32.3±2.8	31.7±4.1	29.8±3.3	31.3±3.7	29.3±4.3	31.2±4.1
眼外角间宽	97.3±4.7	98.0±6.7	96.0±7.5	92.9±7.6	94.1±10.3	95.9±13.3	94.9±9.3
鼻宽	40.8±1.4	41.8±3.5	39.3±2.7	38.7±2.7	41.2±4.1	37.1±3.7	39.9±3.7
口宽	52.4±5.4	57.2±8.8	53.0±6.0	56.4±6.8	57.5±7.2	57.5±7.5	56.1±7.3
容貌面高	180.4±1.2	191.4±9.7	192.1±21.7	196.5±16.0	199.5±16.9	194.7±17.1	195.4±17.4

续表

指标	不同年龄组（岁）的指标值（$\bar{x}\pm s$）						合计
	18～	30～	40～	50～	60～	70～85	
形态面高	115.0±4.1	121.9±12.7	124.6±14.3	127.2±8.8	134.3±14.3	132.7±18.7	128.7±14.4
鼻高	51.1±1.5	57.2±3.5	55.2±7.0	58.4±5.2	58.9±5.0	59.8±6.7	57.7±5.8
上唇皮肤部高	13.5±1.5	15.2±0.9	16.9±3.1	17.7±1.6	18.9±3.2	17.1±1.7	17.5±2.9
唇高	16.5±1.6	19.0±5.4	17.5±2.9	14.6±3.0	14.7±3.7	12.2±2.9	15.5±3.9
红唇厚度	5.7±0.9	6.8±1.8	6.2±1.9	5.2±1.1	5.8±1.6	4.6±2.2	5.7±1.7
容貌耳长	59.3±2.9	63.5±5.8	62.7±7.5	66.4±4.6	68.8±5.2	71.3±4.1	66.4±6.3
容貌耳宽	32.2±3.1	32.2±3.7	32.4±2.8	32.3±3.2	32.5±3.2	32.1±2.3	32.3±3.1
耳上头高	141.0±18.4	145.9±22.1	127.3±29.0	136.3±34.5	140.5±29.2	123.1±28.2	136.0±30.2

表 4-3-11　辽宁锡伯族女性头面部指标

指标	不同年龄组（岁）的指标值（$\bar{x}\pm s$）/mm						合计/mm	u
	18～	30～	40～	50～	60～	70～85		
头长	176.0±12.4	177.7±7.7	181.6±7.5	177.7±6.7	175.2±9.5	179.2±7.3	177.4±8.6	4.31**
头宽	152.4±9.4	156.1±6.2	153.1±4.5	151.4±4.9	152.0±6.0	151.4±5.5	152.4±6.0	7.67**
额最小宽	104.1±8.0	105.9±6.3	106.5±5.8	105.0±6.2	105.7±6.0	100.8±1.6	105.8±6.3	2.55*
面宽	133.9±5.2	130.8±15.7	131.9±10.4	132.1±12.6	131.9±8.1	132.2±5.7	130.4±11.1	3.13**
下颌角间宽	80.5±9.7	86.4±9.2	89.4±7.5	86.9±6.0	88.0±7.7	85.8±6.8	87.0±7.8	2.41*
眼内角间宽	32.1±4.0	32.2±2.2	32.5±2.7	30.4±4.5	29.7±4.5	30.1±3.2	30.8±4.1	0.62
眼外角间宽	91.7±11.7	92.0±6.6	95.6±7.6	91.7±9.0	90.0±9.4	84.0±10.6	91.3±9.3	2.48*
鼻宽	34.1±2.9	36.2±3.0	38.2±2.0	37.7±3.0	37.8±3.5	38.1±3.2	37.4±3.2	4.64**
口宽	45.9±5.5	50.6±3.7	52.5±3.9	53.4±8.9	53.5±8.5	50.4±8.0	52.3±7.8	3.21**
容貌面高	185.7±13.6	185.2±9.1	191.0±5.6	183.3±10.7	182.0±15.0	176.0±1.2	183.9±12.0	4.96**
形态面高	117.5±12.0	121.8±14.9	126.9±12.2	120.5±14.8	118.7±12.3	115.7±4.1	120.5±13.5	3.76**
鼻高	51.4±5.2	50.3±4.2	54.3±4.3	52.7±4.1	52.3±6.0	53.8±1.2	52.4±4.9	6.34**
上唇皮肤部高	14.1±2.7	15.1±2.6	15.7±2.4	15.9±3.8	16.4±2.5	17.1±0.7	15.9±3.0	3.47**
唇高	16.0±0.9	16.7±2.7	18.2±5.3	14.2±3.0	13.3±3.5	10.4±2.3	14.7±3.9	1.31
红唇厚度	6.3±1.3	6.3±1.4	6.4±1.6	5.5±1.2	5.2±1.4	3.8±1.5	5.6±1.5	0.40
容貌耳长	58.5±5.7	60.8±3.8	62.0±5.8	60.1±6.2	62.7±4.7	66.4±7.0	61.5±5.7	5.23**
容貌耳宽	30.2±3.4	29.4±4.6	30.0±2.6	31.4±2.7	31.4±4.0	32.8±3.4	31.0±3.6	2.47*
耳上头高	150.2±26.5	141.5±49.0	122.4±21.3	132.0±22.9	114.1±32.2	107.5±25.7	126.4±32.8	1.94

注：u 为性别间的 u 检验值。

*P＜0.05，**P＜0.01，差异具有统计学意义。

表 4-3-12　辽宁锡伯族男性体部指标

指标	不同年龄组（岁）的指标值（$\bar{x} \pm s$）						合计
	18～	30～	40～	50～	60～	70～85	
体重	71.1±15.5	76.0±17.9	72.6±10.3	75.3±24.8	70.6±19.4	58.4±7.1	71.4±18.9
身高	1729.8±78.4	1686.9±53.6	1670.6±47.1	1666.9±50.0	1684.4±56.7	1615.5±44.3	1673.9±58.2
髂前上棘点高	966.3±32.3	917.3±99.1	908.9±42.9	915.0±77.4	991.5±78.2	936.5±91.0	946.0±83.2
坐高	943.3±79.8	929.3±156.1	937.1±153.7	922.5±149.5	873.9±67.7	909.9±152.5	908.1±128.2
肱骨内外上髁间径	67.4±5.1	73.9±6.5	69.5±9.5	67.1±9.9	62.9±7.2	61.1±5.4	66.1±8.9
股骨内外上髁间径	98.3±11.0	95.8±10.3	97.2±8.6	94.6±10.0	89.9±12.9	97.9±11.4	94.0±11.6
肩宽	411.0±30.7	401.1±67.5	414.2±30.5	406.3±27.1	395.5±21.2	376.8±14.1	400.9±33.0
骨盆宽	312.0±18.2	315.0±24.8	315.1±19.7	319.5±41.7	302.7±24.8	295.3±17.2	309.6±29.1
平静胸围	918.0±101.8	976.3±90.8	969.9±70.4	963.4±96.1	938.2±101.6	902.0±72.5	948.9±94.4
腰围	815.5±101.2	920.3±106.1	905.7±83.7	893.5±130.0	866.4±119.1	835.9±95.0	879.5±115.2
臀围	980.5±91.9	991.6±71.6	989.2±64.2	972.8±71.4	944.3±68.4	903.0±30.1	961.2±72.3
大腿围	561.0±72.7	547.9±69.1	510.1±46.2	500.9±54.7	464.9±56.7	427.0±38.2	489.9±65.4
上肢全长	793.3±24.8	730.1±48.0	733.6±40.5	735.7±63.4	762.4±41.9	728.0±61.1	746.4±52.2
下肢全长	966.3±32.3	917.3±99.1	908.9±42.9	915.0±77.4	991.5±78.2	936.5±91.0	946.0±83.2

注：体重的单位为 kg，其他指标值的单位为 mm。

表 4-3-13　辽宁锡伯族女性体部指标

指标	不同年龄组（岁）的指标值（$\bar{x} \pm s$）/mm						合计/mm	u
	18～	30～	40～	50～	60～	70～85		
体重	62.1±6.6	71.4±20.8	64.6±12.1	62.5±10.0	60.2±8.0	55.2±17.7	62.8±12.7	3.45**
身高	1589.4±34.0	1607.3±45.9	1575.1±55.5	1557.3±62.8	1543.8±60.0	1490.8±67.4	1560.5±63.6	11.87**
髂前上棘点高	1013.6±134.0	908.3±105.1	876.0±58.7	853.1±62.1	870.9±84.2	843.3±40.6	878.4±89.9	4.98**
坐高	874.2±6.6	968.2±166.9	837.6±31.1	865.0±142.3	847.8±125.9	760.5±65.3	864.7±131.9	2.13*
肱骨内外上髁间径	63.9±5.5	65.1±11.4	63.8±8.8	63.6±10.4	63.5±7.4	60.1±2.7	63.6±9.0	1.79
股骨内外上髁间径	112.0±12.4	92.7±11.1	95.5±9.5	95.0±9.8	92.1±8.6	93.0±15.0	94.9±11.2	0.51
肩宽	402.0±38.5	366.0±15.4	374.6±10.7	365.3±17.9	366.6±23.0	338.0±22.0	367.9±23.7	7.40**
骨盆宽	270.2±32.1	299.8±17.4	298.1±28.6	302.2±26.3	308.7±32.5	307.3±8.7	301.6±29.0	1.76
平静胸围	931.6±69.2	948.7±89.3	940.1±85.2	945.2±70.2	920.4±59.4	914.5±111.9	934.9±75.6	1.05
腰围	814.4±73.7	887.0±109.5	885.5±114.0	901.6±100.5	882.8±94.3	897.5±154.7	886.1±105.7	0.38
臀围	1000.4±57.7	1004.8±71.5	972.4±87.3	976.0±67.1	977.2±53.4	884.5±13.1	976.5±68.9	1.39
大腿围	544.4±53.6	534.3±47.1	517.5±36.2	510.1±45.2	498.2±38.9	408.5±13.1	507.5±49.9	1.95
上肢全长	658.8±17.1	695.3±33.0	697.4±41.5	674.1±62.6	678.7±46.7	639.0±37.0	678.4±50.7	8.46**
下肢全长	1013.6±134.0	908.3±105.1	876.0±58.7	854.3±63.3	870.9±84.2	843.3±40.6	878.8±90.1	4.95**

注：u 为性别间的 u 检验值；体重的单位为 kg，其余指标值的单位为 mm。

*$P<0.05$，**$P<0.01$，差异具有统计学意义。

表 4-3-14　辽宁锡伯族观察指标情况

指标	分型	男性		女性		合计		*u*
		人数	占比/%	人数	占比/%	人数	占比/%	
上眼睑皱褶	有	56	65.1	62	79.5	118	72.0	2.05*
	无	30	34.9	16	20.5	46	28.0	2.05*
内眦褶	有	2	2.3	2	2.6	4	2.4	0.10
	无	84	97.7	76	97.4	160	97.6	0.10
眼裂高度	狭窄	21	24.4	15	19.2	36	22.0	0.80
	中等	59	68.6	49	62.8	108	65.9	0.78
	较宽	6	7.0	14	17.9	20	12.2	2.14*
眼裂倾斜度	内角高	11	12.8	3	3.8	14	8.5	2.05*
	水平	69	80.2	55	70.5	124	75.6	1.45
	外角高	6	7.0	20	25.6	26	15.9	3.27**
鼻背侧面观	凹型	2	2.3	10	12.8	12	7.3	2.58**
	直型	60	69.8	59	75.6	119	72.6	0.84
	凸型	17	19.8	5	6.4	22	13.4	2.51*
	波型	7	8.1	4	5.1	11	6.7	0.77
鼻基底	上翘	32	37.2	40	51.3	72	43.9	1.81
	水平	45	52.3	31	39.7	76	46.3	1.61
	下垂	9	10.5	7	9.0	16	9.8	0.32
鼻翼宽	狭窄	1	1.2	7	9.0	8	4.9	2.32*
	中等	0	0.0	0	0.0	0	0.0	0.00
	宽阔	85	98.8	71	91.0	156	95.1	2.32*
耳垂类型	三角形	25	29.1	12	15.4	37	22.6	2.09*
	方形	37	43.0	33	42.3	70	42.7	0.09
	圆形	24	27.9	33	42.3	57	34.8	1.93
上唇皮肤部高	低	0	0.0	5	6.4	5	3.0	2.38*
	中等	63	73.3	69	88.5	132	80.5	2.45*
	高	23	26.7	4	5.1	27	16.5	3.73**
红唇厚度	薄唇	79	91.9	72	92.3	151	92.1	0.11
	中唇	5	5.8	6	7.7	11	6.7	0.48
	厚唇	2	2.3	0	0.0	2	1.2	1.36
利手	左型	18	20.9	8	10.3	26	15.9	1.87
	右型	68	79.1	70	89.7	138	84.1	1.87
扣手	左型	45	52.3	43	55.1	88	53.7	0.36
	右型	41	47.7	35	44.9	76	46.3	0.36
卷舌	是	43	50.0	47	60.3	90	54.9	1.32
	否	43	50.0	31	39.7	74	45.1	1.32

注：*u* 为性别间率的 *u* 检验值。

*$P<0.05$，**$P<0.01$，差异具有统计学意义。

表 4-3-15　辽宁锡伯族男性生理指标

指标	不同年龄组（岁）的指标值（$\bar{x}\pm s$）						合计
	18～	30～	40～	50～	60～	70～85	
收缩压/mmHg	123.5±10.8	117.3±18.4	121.9±21.4	127.9±20.2	132.8±22.2	131.6±10.4	127.7±20.7
舒张压/mmHg	68.3±8.4	70.6±14.0	70.6±16.6	74.1±18.9	73.4±14.9	68.1±15.7	72.0±16.1
心率/（次/分）	83.5±7.9	80.5±10.2	73.9±12.4	75.8±12.4	74.9±11.9	75.4±9.3	75.9±11.8

表 4-3-16　辽宁锡伯族女性生理指标

指标	不同年龄组（岁）的指标值（$\bar{x}\pm s$）						合计	u
	18～	30～	40～	50～	60～	70～85		
收缩压/mmHg	110.2±17.0	107.4±13.8	123.6±21.9	125.5±18.6	132.3±23.4	154.5±3.6	125.5±22.4	0.65
舒张压/mmHg	64.6±9.2	66.5±13.2	75.3±10.3	71.0±9.8	66.9±12.6	97.8±24.8	70.7±14.2	0.55
心率/（次/分）	83.6±14.2	80.2±9.2	80.9±4.3	74.4±11.2	75.6±11.9	75.0±6.6	77.0±11.0	0.62

表 4-3-17　辽宁锡伯族男性头面部指数、体部指数

指数	不同年龄组（岁）的指标值（$\bar{x}\pm s$）						合计
	18～	30～	40～	50～	60～	70～85	
头长宽指数	86.9±2.2	89.9±2.9	86.9±3.2	88.2±8.5	87.1±4.9	86.5±3.2	87.5±5.4
头长高指数	76.6±9.9	79.3±13.3	69.4±17.1	72.6±25.1	92.6±86.1	64.6±19.0	79.3±55.1
头宽高指数	88.2±11.7	88.5±16.9	79.7±19.2	82.4±27.0	95.5±77.1	74.4±20.9	86.7±50.0
形态面指数	73.4±6.3	84.7±12.8	89.4±19.0	95.1±15.5	103.0±16.9	103.3±20.1	95.7±18.6
鼻指数	79.9±3.2	73.0±5.1	72.4±11.0	66.7±6.0	70.5±9.8	62.4±5.5	69.9±9.2
口指数	31.5±2.1	33.1±6.6	33.1±3.9	26.2±5.9	25.6±5.4	21.2±4.1	27.7±6.5
身高坐高指数	54.5±3.9	55.1±9.2	56.3±9.2	55.3±8.7	52.1±3.9	56.2±8.4	54.4±7.5
身高体重指数	409.1±75.1	448.3±94.3	432.8±53.8	450.0±139.0	418.2±111.5	362.0±36.1	425.1±105.3
身高胸围指数	53.0±4.4	57.8±4.5	57.8±3.5	57.8±5.2	55.7±6.1	55.9±4.5	56.6±5.3
身高肩宽指数	23.8±1.3	23.8±4.0	24.8±1.9	24.4±1.5	23.5±1.3	23.3±0.9	24.0±1.9
身高骨盆宽指数	18.0±0.8	18.7±1.1	18.9±1.1	19.2±2.4	18.0±1.4	18.3±1.3	18.5±1.7
马氏躯干腿长指数	84.3±12.6	85.5±24.5	81.4±22.4	84.2±22.5	92.9±12.5	81.3±22.8	86.7±19.9
身高下肢长指数	55.9±0.8	54.3±4.4	54.4±1.9	54.9±4.2	58.7±4.0	58.0±5.1	56.5±4.3
身体质量指数/（kg/m²）	23.6±3.7	26.5±5.0	25.9±3.0	26.9±7.8	24.8±6.5	22.5±1.9	25.4±6.0
身体肥胖指数	25.1±2.7	27.2±2.2	27.7±2.6	27.2±3.2	25.3±3.2	26.0±2.2	26.4±3.1

表 4-3-18　辽宁锡伯族女性头面部指数、体部指数

指数	不同年龄组（岁）的指标值（$\bar{x}\pm s$）						合计	u
	18～	30～	40～	50～	60～	70～85		
头长宽指数	86.6±1.7	88.0±6.0	84.5±4.7	85.3±3.3	86.9±4.6	84.7±5.5	86.1±4.5	1.81
头长高指数	75.6±33.0	80.2±30.8	66.9±12.3	74.5±13.7	65.4±20.0	60.2±14.9	70.8±21.0	1.33

续表

指数	不同年龄组（岁）的指标值（$\bar{x} \pm s$）						合计	u
	18～	30～	40～	50～	60～	70～85		
头宽高指数	86.6±37.2	91.5±34.2	79.1±13.0	87.3±15.1	75.2±21.7	71.5±18.5	82.2±23.2	0.75
形态面指数	88.1±11.7	96.5±23.1	97.2±18.3	95.7±19.4	90.5±12.4	89.8±6.7	93.6±17.3	0.75
鼻指数	67.4±11.2	72.4±8.1	70.5±4.3	71.7±5.6	72.8±7.3	70.8±4.5	71.7±6.9	1.43
口指数	35.7±6.2	33.2±5.9	34.7±9.9	26.9±5.2	25.3±7.1	21.6±6.6	28.5±7.9	0.70
身高坐高指数	55.9±0.2	60.2±9.9	53.5±1.1	56.0±9.6	55.1±9.1	52.6±2.7	55.7±8.5	1.03
身高体重指数	390.5±41.6	442.9±120.7	408.8±68.2	401.0±55.8	389.8±47.3	366.7±102.4	401.5±71.7	1.69
身高胸围指数	58.7±4.7	59.0±5.5	59.7±5.0	60.7±4.1	59.7±4.7	61.2±5.4	60.0±4.8	4.31**
身高肩宽指数	25.3±2.4	22.8±1.0	23.8±0.9	23.5±1.2	23.8±1.5	22.7±1.2	23.6±1.5	1.50
身高骨盆宽指数	17.0±2.0	18.7±0.9	18.9±1.7	19.4±1.6	20.0±2.2	20.6±0.8	19.3±1.9	2.83**
马氏躯干腿长指数	78.8±0.8	70.0±22.9	87.1±3.7	82.6±23.7	85.2±21.8	90.7±9.4	82.6±20.7	1.29
身高下肢长指数	64.0±7.4	56.4±5.4	55.6±2.7	54.8±3.1	56.4±4.5	56.6±1.2	56.3±4.7	0.28
身体质量指数/（kg/m²）	24.6±2.7	27.5±7.0	25.9±3.9	25.8±3.3	25.3±3.1	24.4±5.8	25.7±4.2	0.37
身体肥胖指数	32.0±3.5	31.4±3.8	31.1±3.3	32.3±3.5	33.1±3.8	33.1±2.3	32.3±3.6	11.19**

注：u 为性别间的 u 检验值。

**$P<0.01$，差异具有统计学意义。

（徐国昌 姜 东）

第四节 柯尔克孜族

一、柯尔克孜族简介

根据 2010 年第六次全国人口普查统计数据，柯尔克孜族共有 186 708 人（国务院人口普查办公室，国家统计局人口和就业统计司，2012），主要分布在新疆维吾尔自治区西南的克孜勒苏柯尔克孜自治州，还有少数散居在新疆北部的特克斯、昭苏、额敏等县及黑龙江省嫩江流域。柯尔克孜语属于阿尔泰语系突厥语族东匈语支奇普恰克语组。

阿克陶县位于新疆维吾尔自治区西南部，地处东经 73°26′～76°43′、北纬 37°41′～39°29′，最低处的平原海拔仅 1150m，最高处公格尔峰达 7719m。阿克陶县平原农区干旱少雨，蒸发量大，光能丰富，四季较分明；山地牧区地势高峻，属高寒气候，无明显的四季之分，仅有冷暖之别。阿克陶县全年无霜期仅 30～60d，降水量少，蒸发量大，气压低，空气稀薄，太阳辐射强度大。

塔城地区位于新疆维吾尔自治区的西北部，地处东经 82°16′～87°21′、北纬 43°25′～47°15′，属中温带干旱和半干旱气候。塔城盆地降水量稍多，年均 290mm。塔城地区年日照时数 2800～3000h，全年无霜期 130～190d。

2017 年和 2018 年研究组先后两次到新疆塔城地区和阿克陶县开展了柯尔克孜族人体表型数据采集工作。南疆柯尔克孜族被调查成年男性年龄 40.6 岁±14.4 岁，女性年龄 36.7 岁±11.5 岁。北疆柯尔克孜族被调查成年男性年龄 45.4 岁±14.8 岁，女性年龄 48.4 岁±13.5 岁。

二、南疆柯尔克孜族的表型数据（表 4-4-1～表 4-4-9）

表 4-4-1　南疆柯尔克孜族男性头面部指标　　（单位：mm）

指标	不同年龄组（岁）的指标值（$\bar{x}\pm s$）						合计
	18～	30～	40～	50～	60～	70～85	
头长	184.0±11.8	179.4±8.5	181.5±8.7	182.2±8.4	182.0±9.8	181.3±7.0	181.8±9.7
头宽	152.8±12.4	147.9±9.1	147.8±8.8	147.8±7.6	150.0±13.1	146.0±7.0	149.3±10.3
额最小宽	96.0±15.0	89.5±11.5	90.7±11.1	90.0±12.2	92.1±16.2	91.4±11.0	91.8±13.1
面宽	137.3±12.7	128.9±9.6	132.0±14.1	130.7±11.8	134.0±23.2	132.7±6.1	132.7±13.6
下颌角间宽	117.7±12.0	108.8±12.4	112.9±13.0	111.9±12.5	112.1±10.9	107.4±11.7	112.9±12.7
眼内角间宽	33.9±5.9	31.6±4.2	31.2±4.8	30.1±4.2	31.3±4.8	30.8±5.1	31.8±5.1
眼外角间宽	100.3±8.3	97.1±7.9	98.3±8.4	96.9±6.3	95.4±10.0	97.9±9.2	98.1±8.2
鼻宽	38.1±4.9	38.5±5.3	40.5±5.3	39.9±5.9	41.2±7.7	38.9±4.0	39.4±5.6
口宽	54.4±6.2	55.0±7.9	57.6±7.5	58.2±6.8	60.0±10.8	59.8±11.1	56.5±7.8
容貌面高	186.9±20.2	184.6±16.7	190.7±19.0	185.7±18.2	182.2±17.7	184.5±5.6	186.7±18.5
形态面高	120.8±10.7	120.0±13.8	124.1±12.2	123.0±12.3	118.4±11.2	119.1±14.7	121.6±12.3
鼻高	56.4±7.0	59.1±6.8	59.3±6.2	58.7±6.3	61.1±6.6	62.1±6.3	58.6±6.7
上唇皮肤部高	15.4±3.4	16.4±3.5	16.2±3.5	16.6±3.7	17.2±3.6	17.0±2.8	16.2±3.5
唇高	14.3±5.0	12.0±3.7	11.4±3.5	11.5±3.7	10.0±5.1	11.1±5.2	12.2±4.4
红唇厚度	6.2±3.4	5.2±2.3	4.7±3.0	4.5±2.6	3.4±3.2	4.8±5.2	5.1±3.1
容貌耳长	61.7±5.9	61.0±5.6	62.9±7.5	63.7±7.6	65.0±7.3	60.4±6.2	62.4±6.8
容貌耳宽	32.5±4.4	31.0±4.2	32.4±3.5	32.4±3.6	32.7±5.0	32.5±3.5	32.2±4.1
耳上头高	134.2±18.0	131.8±19.6	129.1±18.4	126.5±18.5	127.7±18.8	123.3±12.9	130.3±18.7

表 4-4-2　南疆柯尔克孜族女性头面部指标

指标	不同年龄组（岁）的指标值（$\bar{x}\pm s$）/mm						合计/mm	u
	18～	30～	40～	50～	60～	70～85		
头长	176.9±11.0	173.5±8.5	173.2±10.4	175.2±9.9	174.3±7.2	175.5±3.5	174.7±10.0	11.76**
头宽	148.1±12.9	141.9±6.5	142.7±6.7	142.9±15.3	143.7±6.1	143.5±2.1	144.1±10.3	8.22**
额最小宽	90.3±16.5	84.0±11.0	84.6±12.1	85.4±14.6	87.0±10.7	66.5±9.2	86.3±13.8	6.68**
面宽	132.2±14.6	125.2±9.1	124.8±9.9	125.0±9.7	125.6±7.2	119.5±16.3	127.2±11.8	6.95**

续表

指标	不同年龄组（岁）的指标值（$\bar{x} \pm s$）/mm						合计/mm	u
	18～	30～	40～	50～	60～	70～85		
下颌角间宽	110.3±13.9	104.9±13.8	104.6±12.2	105.1±15.7	106.7±8.7	91.0±25.5	106.5±13.8	7.91**
眼内角间宽	33.0±5.6	30.2±4.4	29.8±4.9	31.2±4.6	29.0±3.7	32.0±1.4	31.0±5.1	2.55*
眼外角间宽	97.4±8.1	94.9±7.3	93.9±6.6	93.8±9.0	93.9±6.4	89.5±0.7	95.3±7.7	5.70**
鼻宽	35.0±5.1	35.2±4.9	35.6±4.7	35.7±4.3	36.5±4.9	37.5±6.4	35.3±4.9	12.54**
口宽	51.0±7.2	51.5±7.5	52.6±6.8	54.4±8.0	55.8±7.1	54.5±0.7	52.1±7.3	9.43**
容貌面高	178.8±14.3	179.6±17.2	181.3±15.3	178.2±15.5	179.2±18.0	163.5±17.7	179.6±15.7	6.65**
形态面高	112.7±11.8	112.4±11.3	113.3±9.7	112.0±9.7	110.5±9.7	112.0±17.0	112.7±10.9	12.34**
鼻高	52.2±7.2	53.8±7.0	54.7±6.0	52.9±6.6	53.4±6.2	57.5±4.9	53.4±6.8	12.55**
上唇皮肤部高	13.8±3.1	14.4±3.0	14.6±3.0	15.0±3.8	13.6±3.1	17.5±3.5	14.3±3.1	9.26**
唇高	13.7±4.8	11.2±3.2	10.6±3.2	9.7±4.3	9.6±3.0	10.0±5.7	11.6±4.1	2.28*
红唇厚度	5.8±2.8	4.5±2.3	4.2±2.3	3.7±3.0	2.8±1.5	5.8±1.1	4.7±2.7	2.21*
容貌耳长	58.1±5.8	58.4±5.5	60.3±5.7	60.9±6.6	61.4±7.9	68.0±2.8	59.2±6.0	8.04**
容貌耳宽	29.3±3.8	29.2±3.9	29.9±3.9	29.9±4.9	31.2±2.5	30.8±3.9	29.5±4.0	10.83**
耳上头高	128.7±26.2	123.0±17.4	121.4±17.6	120.8±21.9	113.2±15.6	137.5±14.8	123.9±21.2	5.27**

注：u 为性别间的 u 检验值。

*$P<0.05$，**$P<0.01$，差异具有统计学意义。

表 4-4-3　南疆柯尔克孜族男性体部指标

指标	不同年龄组（岁）的指标值（$\bar{x} \pm s$）						合计
	18～	30～	40～	50～	60～	70～85	
体重	63.6±9.8	66.6±10.6	71.0±12.1	69.2±14.4	64.0±11.2	62.6±8.6	67.1±11.8
身高	1704.2±60.7	1681.0±62.0	1672.5±70.1	1652.4±64.6	1621.0±51.7	1634.1±45.5	1674.3±67.4
髂前上棘点高	967.9±57.7	953.1±52.0	945.1±59.8	946.6±61.7	935.4±47.2	939.5±56.8	952.1±57.6
坐高	889.6±35.7	881.9±34.1	882.0±41.5	865.8±44.4	843.6±32.7	856.3±35.3	877.6±40.2
肱骨内外上髁间径	45.6±12.1	43.5±9.5	43.4±8.8	46.7±10.7	50.4±17.5	45.6±16.0	45.2±11.4
股骨内外上髁间径	96.8±13.2	101.6±15.0	102.4±15.2	104.3±14.5	96.9±14.5	90.1±9.4	100.3±14.7
肩宽	396.2±27.4	398.3±27.0	403.5±28.2	393.9±25.3	379.9±24.1	380.4±22.9	396.5±27.5
骨盆宽	309.4±27.6	319.7±24.6	325.1±19.9	325.3±22.4	319.8±28.1	316.5±18.5	319.2±24.9
平静胸围	880.4±77.0	912.5±69.5	949.3±72.5	944.0±93.1	932.2±74.1	897.5±56.6	919.8±81.0
腰围	799.4±101.5	846.3±108.2	909.1±114.0	891.7±148.3	873.6±104.9	837.4±120.4	859.4±122.5
臀围	942.0±64.4	959.0±64.4	983.5±63.8	978.1±90.1	953.2±61.9	937.8±54.5	962.9±70.4
大腿围	507.5±70.8	521.6±64.5	523.2±53.7	520.4±71.4	486.4±45.3	480.7±34.2	514.3±63.8
上肢全长	749.5±36.1	727.7±41.6	733.8±40.2	730.8±45.0	719.5±40.2	725.5±50.4	734.7±41.5
下肢全长	933.0±64.3	918.2±55.2	908.9±59.5	913.7±64.1	904.3±50.1	908.5±63.2	917.6±60.5

注：体重的单位为 kg，其余指标值的单位为 mm。

表 4-4-4　南疆柯尔克孜族女性体部指标

指标	不同年龄组（岁）的指标值（$\bar{x}\pm s$）						合计	u
	18～	30～	40～	50～	60～	70～85		
体重	54.9±9.5	58.6±11.1	61.6±11.1	62.3±10.2	57.7±11.0	59.9±5.2	58.6±10.9	12.10**
身高	1570.7±60.4	1554.0±59.0	1549.9±52.7	1530.1±55.7	1493.6±58.9	1508.0±24.0	1553.8±59.5	30.54**
髂前上棘点高	899.2±49.0	896.0±48.0	894.9±42.2	885.1±48.2	870.0±58.1	889.5±38.9	894.8±47.4	17.40**
坐高	839.7±35.7	835.1±42.1	832.6±36.4	807.5±35.2	789.1±40.8	780.5±2.1	831.5±39.6	18.78**
肱骨内外上髁间径	40.1±11.5	37.9±10.9	39.9±9.8	42.5±11.9	36.0±6.0	40.5±0.7	39.5±10.9	8.29**
股骨内外上髁间径	91.3±13.5	93.5±15.8	96.0±16.8	96.2±15.4	89.9±14.5	101.0±18.4	93.7±15.4	7.16**
肩宽	357.8±19.9	362.0±21.7	363.3±20.0	359.8±16.6	351.9±20.0	363.0±12.7	360.5±20.3	23.67**
骨盆宽	301.1±25.2	315.7±25.3	319.2±22.5	321.8±19.4	300.7±27.5	343.0±8.5	312.4±25.4	4.41**
平静胸围	870.6±79.7	903.1±95.2	939.0±99.3	957.8±98.7	922.1±74.5	904.6±75.5	908.7±96.4	2.06*
腰围	754.7±98.3	809.0±108.0	864.7±118.8	915.7±117.3	909.8±83.6	969.3±51.9	821.2±121.6	5.09**
臀围	926.1±74.0	951.0±89.7	978.5±87.0	988.6±86.0	947.2±86.2	1010.1±62.6	954.5±86.7	1.76
大腿围	517.3±53.8	531.6±61.7	543.9±90.8	525.5±73.7	488.3±54.7	507.8±43.3	528.5±70.4	3.47**
上肢全长	693.4±59.7	680.3±44.6	685.1±43.3	677.9±38.0	670.8±49.8	667.0±46.7	685.0±49.2	18.03**
下肢全长	870.0±47.0	868.1±47.3	866.3±40.1	858.3±45.6	845.5±55.7	864.5±31.8	866.6±45.5	15.16**

注：u 为性别间的 u 检验值；体重的单位为 kg，其余指标值的单位为 mm。

*$P<0.05$，**$P<0.01$，差异具有统计学意义。

表 4-4-5　南疆柯尔克孜族观察指标情况

指标	分型	男性		女性		合计		u
		人数	占比/%	人数	占比/%	人数	占比/%	
上眼睑皱褶	有	162	35.7	264	41.5	426	39.1	1.94
	无	292	64.3	372	58.5	664	60.9	1.94
内眦褶	有	108	23.8	197	31.0	305	28.0	2.61**
	无	346	76.2	439	69.0	785	72.0	2.61**
眼裂高度	狭窄	44	9.7	33	5.2	77	7.1	2.86**
	中等	336	74.0	480	75.5	816	74.8	0.55
	较宽	74	16.3	123	19.3	197	18.1	1.29
眼裂倾斜度	内角高	46	10.1	61	9.6	107	9.8	0.30
	水平	343	75.6	482	75.8	825	75.7	0.90
	外角高	65	14.3	93	14.6	158	14.5	0.14
鼻背侧面观	凹型	9	2.0	15	2.4	24	2.2	0.42
	直型	269	59.2	414	65.1	683	62.7	1.97*
	凸型	172	37.9	205	32.2	377	34.5	1.93
	波型	4	0.9	2	0.3	6	0.6	1.25

续表

指标	分型	男性		女性		合计		u
		人数	占比/%	人数	占比/%	人数	占比/%	
鼻基底方向	上翘	46	10.1	133	20.9	179	16.4	4.74**
	水平	178	39.2	334	52.5	512	47.0	13.92**
	下垂	230	50.7	169	26.6	399	36.6	8.14**
鼻翼宽	狭窄	9	2.0	23	3.6	32	2.9	1.58
	中等	3	0.7	13	2.1	16	1.5	1.87
	宽阔	442	97.3	600	94.3	1042	95.6	2.39*
耳垂类型	三角形	108	23.8	107	16.8	215	19.7	2.85**
	方形	211	46.5	304	47.8	515	47.3	0.43
	圆形	135	29.7	225	35.4	360	33.0	1.95
上唇皮肤部高	低	31	6.8	108	17.0	139	12.7	4.95**
	中等	335	73.8	490	77.0	825	75.7	1.24
	高	88	19.4	38	6.0	126	11.6	6.83**
红唇厚度	薄唇	377	83.0	568	89.3	945	86.7	3.00**
	中唇	58	12.8	51	8.0	109	10.0	2.58**
	厚唇	19	4.2	17	2.7	36	3.3	1.38
利手	左型	34	7.5	38	6.0	72	6.6	0.99
	右型	420	92.5	598	94.0	1018	93.4	0.99
扣手	左型	203	44.7	336	52.8	539	49.4	2.64**
	右型	251	55.3	300	47.2	551	50.6	2.64**
卷舌	否	164	36.1	233	36.6	397	36.4	0.17
	是	290	63.9	403	63.4	693	63.6	0.17

注：u 为性别间率的 u 检验值。

*P<0.05，**P<0.01，差异具有统计学意义。

表 4-4-6　南疆柯尔克孜族男性生理指标

指标	不同年龄组（岁）的指标值（$\bar{x} \pm s$）						合计
	18～	30～	40～	50～	60～	70～85	
收缩压/mmHg	118.9±14.5	119.4±16.7	124.2±16.7	131.2±20.1	136.7±20.0	119.6±19.0	123.8±17.9
舒张压/mmHg	71.2±11.2	72.6±15.4	72.1±12.6	76.7±12.6	75.8±11.1	72.0±11.7	73.0±12.9
心率/（次/分）	78.2±12.4	78.4±12.9	78.5±11.4	76.8±11.2	76.5±14.2	81.5±12.0	78.1±12.2

表 4-4-7　南疆柯尔克孜族女性生理指标

指标	不同年龄组（岁）的指标值（$\bar{x} \pm s$）						合计	u
	18～	30～	40～	50～	60～	70～85		
收缩压/mmHg	112.2±13.3	114.1±13.0	123.1±19.8	142.5±25.1	141.6±16.3	147.0±19.8	119.7±19.4	3.60**
舒张压/mmHg	70.0±13.4	69.0±13.1	73.6±12.3	82.0±14.3	81.2±12.0	84.5±16.3	72.3±13.7	0.86
心率/（次/分）	84.4±12.6	84.6±11.1	81.3±11.2	82.0±11.5	80.0±9.0	86.0±4.2	83.3±11.6	7.08**

注：u 为性别间的 u 检验值。

**P<0.01，差异具有统计学意义。

表 4-4-8　南疆柯尔克孜族男性头面部指数、体部指数和体脂率

指数	不同年龄组（岁）的指标值（$\bar{x} \pm s$）						合计
	18～	30～	40～	50～	60～	70～85	
头长宽指数	81.1±7.1	80.4±6.2	79.3±7.3	79.0±6.5	80.5±9.4	78.3±5.7	80.1±7.0
头长高指数	82.2±12.5	82.8±12.3	80.0±11.1	78.2±12.1	79.1±12.3	76.6±9.0	80.8±12.1
头宽高指数	101.7±15.4	103.4±16.2	101.5±15.5	99.2±15.1	98.9±16.6	98.0±9.8	101.3±15.5
形态面指数	114.2±17.0	122.3±17.6	123.4±18.0	123.8±19.3	117.4±20.9	116.2±15.6	120.2±18.4
鼻指数	68.4±11.6	65.9±11.5	69.0±11.4	68.7±12.0	68.1±14.1	63.3±9.7	67.9±11.8
口指数	27.0±11.3	22.5±8.1	20.4±7.2	20.2±7.3	17.2±9.9	19.6±10.1	22.3±9.4
身高坐高指数	52.2±1.7	52.5±1.6	52.8±1.8	52.4±2.0	52.0±1.4	52.4±2.1	52.4±1.8
身高体重指数	372.8±54.6	395.8±57.9	424.2±66.3	417.9±80.6	394.5±63.6	382.2±45.6	400.2±66.5
身高胸围指数	51.7±4.7	54.3±4.1	56.8±4.4	57.1±5.3	57.5±4.4	54.9±2.9	55.0±5.0
身高肩宽指数	23.3±1.6	23.7±1.4	24.1±1.6	23.8±1.4	23.4±1.4	23.3±1.2	23.7±1.5
身高骨盆宽指数	18.2±1.6	19.0±1.4	19.5±1.1	19.7±1.2	19.7±1.7	19.4±1.2	19.1±1.5
马氏躯干腿长指数	91.7±6.2	90.7±5.9	89.8±6.6	91.1±7.4	92.3±5.1	91.1±7.7	90.9±6.4
身高下肢长指数	56.8±2.5	56.7±2.4	56.5±2.8	57.3±3.1	57.7±2.4	57.5±2.6	56.9±2.7
身体质量指数/（kg/m²）	21.9±3.2	23.6±3.4	25.4±3.9	25.3±4.6	24.3±3.8	23.4±2.4	23.9±3.9
身体肥胖指数	24.4±3.3	26.1±3.2	27.6±3.3	28.1±4.2	28.2±3.0	26.9±2.0	26.5±3.7
体脂率/%	15.7±4.8	21.1±4.1	25.3±5.7	25.5±8.9	25.8±6.5	24.0±5.8	21.9±7.1

表 4-4-9　南疆柯尔克孜族女性头面部指数、体部指数和体脂率

指数	不同年龄组（岁）的指标值（$\bar{x} \pm s$）						合计	u
	18～	30～	40～	50～	60～	70～85		
头长宽指数	81.6±5.8	79.6±5.6	80.5±7.2	79.4±9.9	80.3±4.9	79.5±3.2	80.4±6.7	0.71
头长高指数	82.3±16.1	80.4±12.4	79.6±12.6	78.0±13.7	73.6±11.5	88.6±11.6	80.3±13.8	0.63
头宽高指数	101.1±19.3	101.1±14.5	99.2±14.9	99.1±19.1	91.9±14.5	111.2±10.1	100.2±16.8	1.12
形态面指数	112.6±20.0	119.3±17.4	121.0±17.5	119.1±15.8	116.1±12.6	125.5±3.8	117.6±18.3	2.31*
鼻指数	68.3±14.2	66.6±13.3	65.7±10.3	68.6±11.9	69.3±13.3	65.0±5.5	67.2±12.7	0.94
口指数	27.6±10.9	22.3±7.1	20.6±7.4	18.5±8.8	17.7±6.8	18.3±10.1	22.9±9.3	1.04
身高坐高指数	53.5±1.8	53.8±2.3	53.7±2.1	52.8±1.7	52.8±2.0	51.8±0.7	53.5±2.0	9.49**
身高体重指数	349.2±56.4	376.2±67.0	397.1±67.4	407.5±65.5	384.8±63.3	397.2±40.6	376.9±66.9	5.69**
身高胸围指数	55.5±5.3	58.2±6.3	60.6±6.6	62.7±7.1	61.7±4.1	60.0±6.0	58.6±6.6	10.24**
身高肩宽指数	22.8±1.2	23.3±1.3	23.5±1.3	23.5±1.2	23.6±1.0	24.1±1.2	23.2±1.3	5.73**
身高骨盆宽指数	19.2±1.6	20.3±1.5	20.6±1.4	21.0±1.3	20.1±1.6	22.8±0.9	20.1±1.6	10.55**
马氏躯干腿长指数	87.2±6.6	86.3±7.1	86.4±7.4	89.6±6.2	89.5±7.1	93.2±2.6	87.1±7.0	9.29**
身高下肢长指数	57.3±2.5	57.7±2.4	57.7±1.9	57.8±2.4	58.2±2.7	59.0±1.6	57.6±2.3	4.48**
身体质量指数/（kg/m²）	22.2±3.5	24.2±4.2	25.6±4.3	26.7±4.4	25.7±3.7	26.4±3.1	24.3±4.3	1.60
身体肥胖指数	29.1±3.9	31.2±5.0	32.8±4.8	34.4±5.7	33.9±4.1	36.6±4.7	31.4±5.0	18.59**
体脂率/%	29.4±4.8	32.7±6.1	36.3±4.6	39.5±6.2	40.1±4.6	36.2±0.7	33.6±6.3	28.09**

注：u 为性别间的 u 检验值。

*$P<0.05$，**$P<0.01$，差异具有统计学意义。

三、北疆柯尔克孜族的表型数据（表4-4-10～表4-4-18）

表 4-4-10　北疆柯尔克孜族男性头面部指标　　　　　　　　　（单位：mm）

指标	不同年龄组（岁）的指标值（$\bar{x} \pm s$）						合计
	18～	30～	40～	50～	60～	70～85	
头长	185.8±7.8	184.8±8.5	186.0±5.4	186.4±6.0	186.7±8.3	181.0±14.0	185.6±7.8
头宽	152.2±8.2	150.3±8.6	152.2±6.2	153.8±8.6	151.3±7.8	150.5±11.2	151.8±8.1
额最小宽	104.6±8.0	104.0±9.0	103.4±6.8	107.6±9.9	102.6±6.9	105.8±3.4	104.5±8.2
面宽	131.8±8.8	126.3±19.3	136.1±5.8	132.6±8.9	134.8±7.2	130.5±15.4	131.7±12.6
下颌角间宽	119.1±7.7	116.8±8.1	118.7±6.0	117.3±8.6	117.7±10.0	119.7±12.1	117.9±8.3
眼内角间宽	35.2±2.8	33.0±3.4	33.3±3.7	32.2±4.8	31.9±5.9	29.7±3.6	32.8±4.3
眼外角间宽	100.4±7.6	97.3±7.1	98.4±7.9	97.0±6.1	95.4±6.8	97.0±10.0	97.5±7.2
鼻宽	37.5±4.3	38.4±3.2	41.8±13.0	39.9±3.8	38.9±3.2	41.5±4.0	39.4±6.3
口宽	50.3±5.1	52.9±5.0	53.2±4.2	54.3±3.8	55.5±6.3	58.3±4.5	53.6±5.2
容貌面高	186.3±11.9	185.1±11.4	187.2±5.9	190.7±18.3	180.9±20.2	188.2±13.2	186.2±14.4
形态面高	119.6±8.8	119.1±8.3	120.8±5.6	119.6±7.1	119.1±11.8	125.7±4.4	119.9±8.3
鼻高	51.9±6.3	52.0±7.8	52.8±7.3	54.6±5.9	54.7±5.5	51.5±8.5	53.0±6.8
上唇皮肤部高	18.2±3.4	18.9±3.0	18.4±3.0	19.5±2.0	19.4±2.8	19.5±1.9	18.9±2.8
唇高	17.8±3.8	17.9±3.8	16.0±4.8	15.4±3.6	16.6±4.1	14.8±8.1	16.7±4.3
红唇厚度	7.4±1.6	7.6±1.9	7.0±3.1	7.2±2.5	6.7±2.3	4.5±1.8	7.1±2.4
容貌耳长	64.1±4.6	64.7±3.9	66.4±3.7	68.8±9.9	72.3±5.1	75.5±5.3	67.6±6.7
容貌耳宽	32.0±3.6	32.7±3.1	33.4±2.1	34.0±4.3	32.4±3.7	32.8±3.6	32.9±3.4
耳上头高	117.1±19.8	108.8±23.7	103.1±18.5	104.3±15.0	102.3±14.9	110.0±40.1	107.1±20.7

表 4-4-11　北疆柯尔克孜族女性头面部指标

指标	不同年龄组（岁）的指标值（$\bar{x} \pm s$）/mm						合计/mm	u
	18～	30～	40～	50～	60～	70～85		
头长	175.8±8.0	173.1±8.5	174.8±5.0	172.9±10.2	175.0±10.5	176.3±5.4	174.2±8.6	10.44**
头宽	149.0±5.6	142.5±10.1	145.6±5.3	146.8±10.6	144.8±5.8	146.8±6.4	145.4±8.2	5.91**
额最小宽	98.9±8.8	98.3±8.3	106.0±11.0	101.0±10.4	101.0±8.3	95.3±6.8	101.2±9.7	2.76**
面宽	126.5±9.3	128.6±8.8	126.7±8.0	126.5±8.5	129.9±14.8	130.3±4.6	127.8±10.0	2.59*
下颌角间宽	107.6±7.5	108.5±6.8	110.8±4.4	109.1±7.3	110.6±9.1	105.8±5.0	109.5±7.1	8.21**
眼内角间宽	33.7±5.0	32.9±3.5	30.8±4.0	31.5±4.4	32.6±3.9	32.5±4.9	32.1±4.1	1.26
眼外角间宽	101.8±11.0	92.2±10.1	92.2±11.1	93.3±7.6	92.1±6.5	96.8±7.2	93.3±9.2	4.72**
鼻宽	34.1±1.1	34.1±3.5	35.3±4.6	36.0±2.8	37.4±2.7	40.0±2.6	35.8±3.6	5.33**
口宽	47.6±4.5	49.7±4.8	48.7±3.5	50.5±6.1	51.8±4.5	49.9±6.9	50.0±5.0	5.32**

指标	不同年龄组（岁）的指标值（$\bar{x}\pm s$）/mm						合计/mm	u
	18～	30～	40～	50～	60～	70～85		
容貌面高	189.4±9.6	181.3±6.9	186.0±9.4	179.4±19.9	180.1±14.3	166.5±8.6	181.6±14.0	2.44*
形态面高	117.3±8.6	113.4±11.0	113.4±7.5	112.4±11.7	113.7±8.5	110.0±2.3	113.4±9.5	5.48**
鼻高	51.3±3.9	48.7±5.3	50.9±4.6	52.0±5.2	52.1±4.9	54.3±2.2	51.1±5.0	2.41*
上唇皮肤部高	16.2±2.1	17.3±4.5	18.3±3.3	18.8±2.3	19.0±3.7	16.3±1.9	18.2±3.4	1.69
唇高	19.9±2.4	16.7±3.3	15.0±3.2	14.8±3.4	13.5±4.7	10.8±3.3	15.2±4.0	2.72**
红唇厚度	8.1±1.4	6.5±1.7	7.0±1.4	6.1±1.6	5.8±1.9	4.5±3.1	6.4±1.8	2.50*
容貌耳长	61.6±6.8	60.8±4.7	64.9±4.8	67.8±8.4	70.6±4.7	68.8±5.9	65.9±6.9	1.88
容貌耳宽	30.3±3.3	29.5±3.3	30.0±4.0	32.9±3.7	33.4±3.5	32.8±1.5	31.5±3.9	2.88**
耳上头高	106.3±17.1	108.8±14.8	97.2±12.1	103.3±11.3	105.9±14.1	109.5±20.8	104.1±14.0	1.29

注：u 为性别间的 u 检验值。

*$P<0.05$，**$P<0.01$，差异具有统计学意义。

表 4-4-12　北疆柯尔克孜族男性体部指标

指标	不同年龄组（岁）的指标值（$\bar{x}\pm s$）						合计
	18～	30～	40～	50～	60～	70～85	
体重	72.8±17.1	76.7±11.9	72.3±9.1	78.8±11.3	73.3±13.2	70.5±18.3	74.9±12.8
身高	1754.1±82.4	1705.6±65.1	1678.8±47.9	1698.3±72.2	1622.5±61.0	1673.3±53.6	1690.7±75.1
髂前上棘点高	1021.2±49.2	992.5±37.2	986.6±41.7	1019.3±48.1	947.0±50.2	1001.7±83.2	993.6±52.5
坐高	919.4±46.5	888.8±41.7	874.3±25.3	877.0±56.0	848.8±40.4	869.2±22.2	880.6±46.5
肱骨内外上髁间径	66.0±6.0	65.6±5.9	68.3±5.9	69.1±5.7	67.0±9.0	67.3±9.9	67.1±6.7
股骨内外上髁间径	95.8±17.6	96.2±11.0	96.2±7.8	100.1±8.5	98.8±9.3	97.7±6.4	97.4±10.8
肩宽	362.6±29.3	350.8±29.0	353.6±22.7	361.2±18.7	351.3±29.6	355.8±45.7	355.4±27.3
骨盆宽	311.4±28.6	321.5±24.6	315.6±15.1	329.8±19.6	316.1±20.1	325.0±27.4	319.9±22.7
平静胸围	915.5±99.6	962.8±85.5	944.7±61.6	999.4±73.4	997.2±83.5	977.2±151.4	966.6±88.8
腰围	808.9±126.7	920.0±111.4	927.6±85.9	994.1±100.5	998.3±126.3	921.7±192.4	933.2±128.6
臀围	988.6±86.2	999.4±69.1	994.0±55.0	1043.1±62.6	1031.6±78.0	1047.5±129.6	1013.5±75.6
大腿围	479.4±41.8	509.4±44.7	481.1±47.5	499.4±41.9	492.1±47.0	460.8±51.4	492.8±46.1
上肢全长	770.1±52.9	766.4±42.5	752.4±36.1	757.6±44.6	733.4±34.5	734.5±48.8	755.5±43.7
下肢全长	995.3±66.6	955.7±39.3	955.1±50.9	995.0±59.3	915.0±47.3	971.7±96.5	962.9±60.4

注：体重的单位为 kg，其余指标值的单位为 mm。

表 4-4-13　北疆柯尔克孜族女性体部指标

指标	不同年龄组（岁）的指标值（$\bar{x}\pm s$）						合计	u
	18～	30～	40～	50～	60～	70～85		
体重	54.5±9.7	61.8±11.8	62.7±11.0	65.6±11.7	64.2±15.5	50.9±8.4	62.6±12.6	7.29**
身高	1604.4±104.4	1564.8±48.4	1560.8±41.1	1561.8±61.9	1519.6±43.1	1507.5±34.0	1554.1±58.8	15.31**

续表

指标	不同年龄组（岁）的指标值（$\bar{x}\pm s$）						合计	u
	18～	30～	40～	50～	60～	70～85		
髂前上棘点高	940.0±106.7	930.8±39.4	935.6±41.0	945.3±59.0	907.1±61.4	912.5±58.5	930.4±57.8	8.61**
坐高	856.8±43.6	840.7±31.3	829.7±30.8	827.8±33.9	805.4±32.8	775.0±22.7	826.1±36.6	9.84**
肱骨内外上髁间径	54.6±9.6	56.5±7.1	60.9±8.6	63.8±14.8	63.3±7.9	60.0±5.0	60.8±10.5	5.35**
股骨内外上髁间径	87.6±9.7	88.1±10.1	90.8±10.0	90.1±11.2	90.9±15.7	90.8±2.9	89.9±11.5	5.06**
肩宽	328.6±27.5	318.9±21.1	316.9±20.1	316.5±23.0	308.4±28.2	303.8±12.5	315.7±23.5	11.76**
骨盆宽	291.6±18.9	308.4±22.4	307.8±31.2	317.1±23.1	323.3±25.8	300.0±14.7	312.2±26.1	2.37*
平静胸围	857.9±80.3	925.6±101.4	951.3±98.5	967.0±91.4	975.6±129.2	866.3±66.8	945.6±106.6	1.61
腰围	760.1±93.1	853.0±130.5	865.1±123.2	904.7±107.4	964.8±150.3	864.5±74.3	886.9±133.3	2.66**
臀围	933.4±63.7	985.6±88.1	999.9±91.4	1028.8±82.9	1049.6±132.8	948.0±56.8	1008.5±100.9	0.42
大腿围	493.5±37.3	524.1±54.3	519.7±43.0	498.6±45.5	475.8±65.4	391.5±21.2	499.1±56.9	0.91
上肢全长	736.9±73.2	676.3±51.9	689.3±32.6	692.9±37.2	685.5±33.7	694.0±28.9	690.4±43.6	11.23**
下肢全长	912.5±108.4	903.1±41.5	908.1±44.2	918.8±61.4	879.2±59.7	885.0±54.5	903.0±59.0	7.56**

注：u 为性别间的 u 检验值；体重的单位为 kg，其余指标值的单位为 mm。

*$P<0.05$，**$P<0.01$，差异具有统计学意义。

表 4-4-14　北疆柯尔克孜族观察指标情况

指标	分型	男性		女性		合计		u
		人数	占比/%	人数	占比/%	人数	占比/%	
上眼睑皱褶	有	84	71.8	83	75.5	167	73.6	0.62
	无	33	28.2	27	24.5	60	26.4	0.62
内眦褶	有	59	50.4	41	37.3	100	44.1	2.00*
	无	58	49.6	69	62.7	127	55.9	2.00*
眼裂高度	狭窄	11	9.4	14	12.7	25	11.0	0.80
	中等	89	76.1	87	79.1	176	77.5	0.55
	较宽	17	14.5	9	8.2	26	11.5	1.50
眼裂倾斜度	内角高	14	12.0	16	14.5	30	13.2	0.57
	水平	57	48.7	53	48.2	110	48.5	0.08
	外角高	46	39.3	41	37.3	87	38.3	0.32
鼻背侧面观	凹型	4	3.4	20	18.3	24	10.6	3.62**
	直型	70	59.8	60	54.5	130	57.2	0.80
	凸型	37	31.6	27	24.5	64	28.2	1.18
	波型	6	5.2	3	2.7	9	4.0	0.93
鼻基底方向	上翘	22	18.8	22	20.0	44	19.4	0.23
	水平	51	43.6	56	50.9	107	47.1	1.10
	下垂	44	37.6	32	29.1	76	33.5	1.36

指标	分型	男性		女性		合计		u
		人数	占比/%	人数	占比/%	人数	占比/%	
鼻翼宽	狭窄	13	11.1	19	17.3	32	14.1	1.33
	中等	5	4.3	6	5.4	11	4.8	0.41
	宽阔	99	84.6	85	77.3	184	81.1	1.41
耳垂类型	三角形	18	15.4	14	12.7	32	14.1	0.57
	方形	28	23.9	27	24.6	55	24.2	0.11
	圆形	71	60.7	69	62.7	140	61.7	0.32
上唇皮肤部高	低	1	0.9	3	2.7	4	1.8	1.07
	中等	68	58.1	74	67.3	142	62.5	1.42
	高	48	41.0	33	30.0	81	35.7	1.73
红唇厚度	薄唇	70	59.8	74	67.3	144	63.4	1.16
	中唇	40	34.2	36	32.7	76	33.5	0.23
	厚唇	7	6.0	0.0	0.0	7	3.1	2.61*
利手	左型	13	11.1	8	7.3	21	9.3	1.00
	右型	104	88.9	102	92.7	206	90.7	1.00
扣手	左型	53	45.3	53	48.2	106	46.7	0.44
	右型	64	54.7	57	51.8	121	53.3	0.44
卷舌	否	71	60.7	65	59.1	136	59.9	0.24
	是	46	39.3	45	40.9	91	40.1	0.24

注：u 为性别间率的 u 检验值。

*$P<0.05$，**$P<0.01$，差异具有统计学意义。

表 4-4-15　北疆柯尔克孜族男性生理指标

指标	不同年龄组（岁）的指标值（$\bar{x}\pm s$）						合计
	18～	30～	40～	50～	60～	70～85	
收缩压/mmHg	114.4±15.4	114.9±19.4	118.8±11.5	135.7±22.8	137.0±28.6	141.5±27.1	124.6±22.9
舒张压/mmHg	69.4±14.5	68.7±15.5	74.8±6.9	82.1±12.7	78.5±15.7	73.3±15.2	74.3±14.4
心率/（次/分）	79.3±11.7	81.8±15.2	77.9±11.4	82.0±14.4	78.7±13.7	74.2±15.0	79.9±13.6

表 4-4-16　北疆柯尔克孜族女性生理指标

指标	不同年龄组（岁）的指标值（$\bar{x}\pm s$）						合计	u
	18～	30～	40～	50～	60～	70～85		
收缩压/mmHg	113.8±16.3	105.0±19.6	111.4±20.1	116.8±27.7	127.4±23.6	140.5±17.7	116.2±23.9	2.70**
舒张压/mmHg	68.4±17.6	64.7±18.1	69.0±13.9	68.9±16.1	68.5±14.1	76.0±2.4	68.2±15.4	3.08**
心率/（次/分）	88.6±13.2	78.9±9.1	82.5±11.9	79.5±11.4	76.3±12.2	84.0±11.6	80.1±11.6	0.12

注：u 为性别间的 u 检验值。

**$P<0.01$，差异具有统计学意义。

表 4-4-17 北疆柯尔克孜族男性头面部指数、体部指数和体脂率

指数	不同年龄组（岁）的指标值（ $\bar{x}\pm s$ ）						合计
	18～	30～	40～	50～	60～	70～85	
头长宽指数	82.0±4.4	81.5±5.2	81.9±3.8	82.6±5.1	81.2±4.8	83.3±5.3	81.9±4.7
头长高指数	63.1±11.3	59.1±13.7	55.4±9.7	56.0±8.1	54.8±7.6	61.0±22.4	57.8±11.5
头宽高指数	77.0±12.8	72.6±16.1	68.0±13.8	67.9±10.0	67.7±9.6	73.4±27.9	70.7±14.1
形态面指数	91.2±9.7	100.9±47.1	88.8±3.5	90.6±7.6	88.7±10.6	97.6±13.2	93.1±25.5
鼻指数	73.5±9.4	78.7±37.3	81.3±29.5	74.0±11.1	71.7±7.7	83.7±24.7	76.6±24.3
口指数	35.7±8.5	34.0±7.2	30.1±8.5	28.7±7.9	30.3±8.6	25.8±14.4	31.5±8.7
身高坐高指数	52.4±1.8	52.1±1.8	52.1±1.2	51.6±2.1	52.3±1.7	52.0±1.4	52.1±1.8
身高体重指数	412.1±79.8	448.8±61.6	430.5±52.7	464.2±64.2	450.8±72.1	422.0±114.0	442.3±69.3
身高胸围指数	52.1±4.1	56.5±4.8	56.3±3.8	59.0±5.5	61.5±4.6	58.5±9.8	57.3±5.7
身高肩宽指数	20.7±1.4	20.6±1.5	21.1±1.4	21.3±1.7	21.6±1.5	21.3±2.9	21.0±1.6
身高骨盆宽指数	17.7±1.2	18.8±1.2	18.8±0.8	19.4±1.2	19.5±1.1	19.4±1.4	18.9±1.2
马氏躯干腿长指数	90.9±6.8	92.1±6.8	92.1±4.4	94.0±8.3	91.3±6.1	92.6±5.3	92.2±6.5
身高下肢长指数	58.2±1.5	58.2±1.6	58.8±1.7	60.0±1.9	58.4±2.7	59.8±3.3	58.8±2.1
身体质量指数/（kg/m²）	23.4±3.7	26.3±3.4	25.7±3.2	27.4±4.0	27.8±4.1	25.3±7.2	26.2±4.1
身体肥胖指数	24.5±2.4	26.9±2.7	27.8±3.4	29.3±4.1	32.0±4.3	30.6±7.3	28.2±4.3
体脂率/%	14.1±3.5	19.7±3.1	21.3±5.5	24.0±5.1	22.7±4.4	22.4±5.8	20.6±5.3

表 4-4-18 北疆柯尔克孜族女性头面部指数、体部指数和体脂率

指数	不同年龄组（岁）的指标值（ $\bar{x}\pm s$ ）						合计	u
	18～	30～	40～	50～	60～	70～85		
头长宽指数	85.0±5.6	82.4±5.6	83.3±3.6	85.1±7.2	82.9±4.4	83.3±3.7	83.6±5.4	2.52**
头长高指数	60.4±8.9	62.8±8.4	55.6±7.1	59.9±7.0	60.6±8.1	62.2±11.9	59.8±8.1	1.52
头宽高指数	71.6±13.1	76.7±12.5	66.9±9.5	70.6±7.8	73.1±9.3	74.4±11.5	71.8±10.4	0.67
形态面指数	93.3±10.7	88.5±10.5	89.8±7.1	89.1±10.3	88.1±7.8	84.5±3.9	89.1±9.0	1.59
鼻指数	67.0±6.0	71.0±11.4	69.9±12.0	69.8±8.2	72.4±9.4	74.0±7.7	70.6±9.8	2.47*
口指数	42.1±6.8	33.9±7.3	31.1±7.4	29.4±6.4	26.1±8.5	22.1±8.1	30.6±8.4	0.79
身高坐高指数	53.5±1.7	53.7±1.9	53.2±2.0	53.0±1.5	53.0±1.7	51.4±0.6	53.2±1.7	4.47**
身高体重指数	338.4±48.4	394.7±76.5	401.8±68.9	419.8±70.8	422.4±100.7	337.2±53.2	402.5±79.8	4.00**
身高胸围指数	53.5±3.9	59.2±7.0	61.0±6.4	62.0±5.8	64.2±8.4	57.5±4.0	60.9±7.1	4.20**
身高肩宽指数	20.5±1.5	20.4±1.3	20.3±1.4	20.3±1.5	20.3±1.8	20.2±1.2	20.3±1.5	3.40**
身高骨盆宽指数	18.2±0.7	19.7±1.5	19.7±2.0	20.3±1.3	21.3±1.6	19.9±0.8	20.1±1.7	6.11**
马氏躯干腿长指数	87.2±6.0	86.3±6.3	88.3±7.0	88.8±5.4	88.8±5.9	94.6±2.3	88.3±6.1	4.66**
身高下肢长指数	58.5±4.7	59.5±1.9	59.9±1.9	60.5±2.7	59.7±3.3	60.5±2.7	59.9±2.7	3.41**
身体质量指数/（kg/m²）	21.1±2.6	25.3±5.1	25.8±4.4	26.9±4.6	27.8±6.6	22.4±3.4	25.9±5.2	0.48

续表

指数	不同年龄组（岁）的指标值（$\bar{x} \pm s$）						合计	u
	18～	30～	40～	50～	60～	70～85		
身体肥胖指数	28.1±4.2	32.4±5.2	33.3±4.6	34.8±4.9	38.1±7.2	33.2±3.2	34.2±5.9	8.71**
体脂率/%	24.1±5.7	25.2±3.9	28.7±9.5	30.1±4.0	30.1±4.3	33.3±4.0	28.5±6.2	10.29**

注：u 为性别间的 u 检验值。

*$P<0.05$，**$P<0.01$，差异具有统计学意义。

（曲泉颖　温有锋）

第五节　景　颇　族

一、景颇族简介

景颇族分布在中国和缅甸。根据 2010 年第六次全国人口普查统计数据，中国境内景颇族人口为 147 828 人（国务院人口普查办公室，国家统计局人口和就业统计司，2012），主要聚居在云南省德宏傣族景颇族自治州山区，少数居住在怒江傈僳族自治州与缅甸克钦邦接壤地区。景颇族有 5 个支系，即景颇、载瓦、勒赤、浪峨、波拉，不同支系语言也不尽相同，民族语言属汉藏语系藏缅语族，5 个支系语言分属景颇语支和缅语支。

芒市位于云南西部、德宏州东南部，地处东经 98°01′～98°44′、北纬 24°05～24°39′，属南亚热带季风气候，年平均气温 19.6℃，年降水量 1654.6mm，年日照时数 2252.9h，全年无霜期 315d。

2017 年研究组在云南省德宏傣族景颇族自治州芒市西山乡开展了景颇族人体表型数据采集工作。景颇族被调查成年男性年龄 46.9 岁±12.8 岁，女性年龄 49.9 岁±13.6 岁。

二、景颇族的表型数据（表 4-5-1～表 4-5-9）

表 4-5-1　景颇族男性头面部指标　　　　　　　　　　（单位：mm）

指标	不同年龄组（岁）的指标值（$\bar{x} \pm s$）						合计
	18～	30～	40～	50～	60～	70～85	
头长	182.5±7.4	190.9±6.8	191.2±6.8	190.6±7.1	191.1±5.2	189.2±7.0	190.3±7.0
头宽	153.6±4.5	149.4±5.9	149.0±6.5	148.4±4.4	148.2±6.0	146.1±2.8	149.0±5.7
额最小宽	112.0±4.6	113.2±5.7	113.5±5.2	112.1±5.0	110.7±5.8	109.0±3.1	112.5±5.3
面宽	139.0±6.8	138.4±7.6	139.3±7.0	137.0±6.3	137.3±7.2	135.0±8.3	138.0±7.0
下颌角间宽	115.6±6.2	114.4±7.5	114.6±6.6	114.6±7.4	113.0±6.7	113.5±7.2	114.4±7.0
眼内角间宽	32.9±3.1	34.9±3.6	35.0±3.7	33.3±3.5	32.9±3.1	32.6±4.1	34.0±3.6
眼外角间宽	100.4±4.7	100.4±4.1	99.6±5.1	98.8±4.7	97.7±4.9	96.4±5.4	99.3±4.8

续表

指标	不同年龄组（岁）的指标值（$\bar{x} \pm s$）						合计
	18～	30～	40～	50～	60～	70～85	
鼻宽	39.7±3.5	41.2±3.6	40.3±3.1	40.8±4.2	41.9±3.2	43.0±5.1	40.9±3.7
口宽	48.2±4.5	51.4±4.8	52.4±3.5	54.2±6.2	54.7±4.9	52.9±6.3	52.6±5.2
容貌面高	193.1±7.9	190.7±8.0	192.4±7.6	191.4±6.9	193.1±7.1	193.9±8.0	191.9±7.5
形态面高	118.8±5.2	119.0±5.7	120.0±6.8	121.5±6.0	121.3±6.6	121.2±6.7	120.3±6.2
鼻高	52.6±3.0	54.0±4.3	53.3±4.2	55.1±4.8	55.7±4.4	56.1±3.4	54.3±4.4
上唇皮肤部高	15.2±3.1	15.9±2.6	16.0±2.6	16.7±2.7	18.4±1.9	17.7±2.6	16.4±2.7
唇高	20.1±3.5	19.9±3.5	19.1±4.0	17.4±4.6	14.7±3.9	13.4±4.9	18.2±4.5
红唇厚度	10.6±3.4	9.2±2.1	8.7±2.1	7.7±2.1	6.6±2.2	6.2±1.5	8.3±2.5
容貌耳长	59.4±4.0	61.1±4.7	63.8±4.5	64.6±4.1	68.1±4.5	69.9±3.2	63.8±5.1
容貌耳宽	33.2±3.3	32.9±2.5	33.6±2.6	34.0±3.3	34.9±2.8	34.8±2.7	33.7±2.9
耳上头高	135.4±9.0	132.3±9.5	131.3±10.4	129.2±9.5	128.2±5.9	126.1±10.2	130.7±9.5

表 4-5-2　景颇族女性头面部指标

指标	不同年龄组（岁）的指标值（$\bar{x} \pm s$）/mm						合计/mm	u
	18～	30～	40～	50～	60～	70～85		
头长	176.7±6.5	180.2±5.2	181.1±5.9	181.7±6.0	182.0±6.8	183.0±6.6	181.1±6.2	16.47**
头宽	147.2±4.4	146.8±5.6	144.5±5.2	143.8±5.7	145.3±5.3	145.7±4.8	145.0±5.4	8.77**
额最小宽	110.1±5.8	109.9±3.8	110.4±4.6	109.6±4.8	110.1±5.6	106.3±4.8	109.7±5.0	6.43**
面宽	133.6±5.3	134.2±5.6	133.4±5.7	131.9±6.1	132.6±6.7	130.9±7.2	132.7±6.1	9.50**
下颌角间宽	111.5±9.4	110.3±7.7	109.8±6.1	109.1±6.8	108.3±6.6	108.4±6.7	109.4±6.9	8.57**
眼内角间宽	33.1±3.2	33.9±3.3	33.0±3.4	33.1±3.2	33.7±3.3	33.1±4.2	33.3±3.4	2.50*
眼外角间宽	95.0±4.9	95.1±6.2	95.8±5.8	95.1±6.0	94.2±5.0	91.6±8.4	94.9±6.0	10.05**
鼻宽	36.5±2.8	36.9±3.3	37.6±2.8	38.0±3.3	38.1±2.8	39.6±3.2	37.8±3.1	10.81**
口宽	45.5±3.8	47.5±4.5	49.2±4.2	50.5±4.5	51.8±4.6	51.0±4.6	49.6±4.7	7.16**
容貌面高	179.4±9.0	181.7±8.6	181.8±8.2	181.0±8.5	180.9±8.9	180.9±10.3	181.1±8.6	16.39**
形态面高	108.8±5.2	111.4±5.8	112.5±5.8	112.7±5.9	112.9±6.3	114.1±6.1	112.3±6.0	15.72**
鼻高	49.2±4.1	50.4±4.0	50.3±3.9	51.3±4.1	50.9±4.1	52.5±3.5	50.8±4.1	9.92**
上唇皮肤部高	13.2±2.2	13.9±1.7	14.8±2.2	15.7±2.2	16.4±2.7	17.5±3.1	15.3±2.6	5.24**
唇高	20.0±2.7	18.6±3.8	18.0±3.4	16.7±3.6	16.5±3.6	14.2±4.1	17.3±3.8	2.39*
红唇厚度	8.5±2.0	8.4±2.2	8.2±2.1	7.7±1.8	7.5±1.9	6.2±2.7	7.8±2.1	2.66**
容貌耳长	58.5±4.1	59.4±4.2	59.8±4.2	61.7±4.4	62.4±4.4	66.3±4.2	61.1±4.7	6.49**
容貌耳宽	30.9±2.9	31.2±3.1	31.9±2.9	32.8±2.8	32.6±2.7	32.0±3.3	32.1±2.9	6.60**
耳上头高	126.1±7.7	124.2±9.4	126.0±8.5	124.0±10.0	123.7±7.9	125.3±9.0	124.8±9.0	7.60**

注：u 为性别间的 u 检验值。

*$P<0.05$，**$P<0.01$，差异具有统计学意义。

表 4-5-3　景颇族男性体部指标

指标	不同年龄组（岁）的指标值（$\bar{x} \pm s$）						合计
	18～	30～	40～	50～	60～	70～85	
体重	58.7±8.2	60.6±9.7	59.4±8.9	57.8±8.7	55.5±7.2	57.6±11.6	58.7±9.0
身高	1594.3±68.7	1603.4±49.1	1608.5±53.5	1598.1±59.0	1590.4±43.9	1545.6±48.4	1598.8±54.9
髂前上棘点高	865.4±45.4	892.3±38.5	893.6±38.7	902.9±45.6	898.7±33.5	877.4±26.5	893.7±40.9
坐高	860.6±36.4	858.0±32.8	857.1±28.3	836.5±32.3	830.5±31.0	811.9±36.5	847.2±34.2
肱骨内外上髁间径	64.7±4.8	66.7±4.1	67.0±3.5	67.4±4.1	67.7±3.4	68.4±5.3	67.0±4.0
股骨内外上髁间径	94.0±6.5	93.3±5.2	93.7±5.1	94.1±5.6	93.0±4.0	93.6±5.1	93.6±5.2
肩宽	388.1±13.5	384.8±18.2	383.2±21.1	380.4±21.4	375.6±17.2	369.5±26.3	381.7±20.1
骨盆宽	262.4±12.3	266.3±16.1	271.0±15.2	271.7±19.3	269.9±14.6	271.0±12.6	269.3±16.4
平静胸围	867.2±65.5	867.0±49.8	876.3±62.8	875.2±59.6	856.9±48.6	851.0±46.7	869.9±57.0
腰围	760.0±74.3	790.5±84.5	805.4±87.7	801.7±105.3	789.0±87.3	799.0±107.6	795.5±91.8
臀围	906.3±63.6	890.4±60.5	880.6±55.8	880.9±54.6	885.6±43.2	879.5±71.7	885.3±56.6
大腿围	479.1±53.6	480.1±46.7	470.2±46.1	474.8±44.4	478.7±38.6	476.5±63.1	475.7±46.0
上肢全长	704.4±38.4	706.8±27.7	711.5±32.9	711.9±34.3	715.5±30.9	695.3±26.1	709.7±32.0
下肢全长	834.2±42.1	861.9±37.1	861.9±36.4	871.6±42.8	868.3±33.3	848.4±25.1	862.7±38.9

注：体重的单位为 kg，其余指标值的单位为 mm。

表 4-5-4　景颇族女性体部指标

指标	不同年龄组（岁）的指标值（$\bar{x} \pm s$）						合计	u
	18～	30～	40～	50～	60～	70～85		
体重	54.1±9.3	54.9±9.1	55.5±8.0	53.2±9.9	51.6±8.2	46.9±8.0	53.3±9.1	7.14**
身高	1517.3±55.2	1492.4±47.0	1500.5±44.6	1497.9±48.6	1486.5±44.3	1452.8±68.1	1494.2±50.8	23.67**
髂前上棘点高	853.4±37.0	827.1±36.1	842.2±29.6	842.0±31.5	835.8±34.6	815.3±36.6	838.1±34.0	17.47**
坐高	817.7±28.0	808.7±32.6	793.2±27.9	785.9±28.8	775.0±30.9	745.0±41.3	788.2±34.9	20.70**
肱骨内外上髁间径	59.4±4.2	60.3±4.6	60.9±4.0	61.1±3.9	61.7±4.7	59.6±3.8	60.8±4.2	18.50**
股骨内外上髁间径	92.0±6.3	90.1±7.1	89.8±6.2	87.9±6.7	88.0±5.1	86.4±6.0	88.9±6.4	10.05**
肩宽	342.7±27.3	348.1±15.1	346.9±15.8	343.8±18.1	341.4±17.2	335.4±16.9	344.1±18.1	23.52**
骨盆宽	270.6±17.4	270.9±16.8	273.5±16.8	274.8±17.0	276.0±16.9	275.5±14.8	273.9±16.8	3.34**
平静胸围	858.2±99.5	888.2±74.0	902.0±68.9	874.4±92.3	860.3±75.6	824.5±76.3	876.2±83.6	1.12
腰围	781.9±106.3	808.7±103.2	816.6±86.9	817.0±117.3	818.3±102.5	799.8±88.0	812.0±102.5	2.07*
臀围	908.7±64.6	919.8±70.0	906.0±60.4	900.0±78.8	891.7±71.7	869.4±70.7	901.0±70.9	3.03**
大腿围	515.6±52.5	523.8±54.1	509.9±43.5	489.3±51.8	469.9±47.6	438.1±47.4	494.1±54.1	4.52**
上肢全长	656.0±38.2	650.7±25.5	654.4±31.8	657.7±32.1	661.3±32.0	645.5±33.2	655.4±32.0	20.53**
下肢全长	827.9±34.3	804.0±32.9	818.1±27.9	817.7±29.0	812.8±33.1	793.4±34.4	814.3±31.6	16.08**

注：u 为性别间的 u 检验值；体重的单位为 kg，其余指标值的单位为 mm。

*$P<0.05$，**$P<0.01$，差异具有统计学意义。

表 4-5-5　景颇族观察指标情况

指标	分型	男性		女性		合计		u
		人数	占比/%	人数	占比/%	人数	占比/%	
上眼睑皱褶	有	233	100.0	392	100.0	625	100.0	0.00
	无	0	0.0	0	0.0	0	0.0	
内眦褶	有	32	13.7	52	13.3	84	13.4	0.48
	无	201	86.3	340	86.7	541	86.6	0.17
眼裂高度	狭窄	60	25.8	100	25.5	160	25.6	0.07
	中等	173	74.2	292	74.5	465	74.4	0.07
	较宽	0	0.0	0	0.0	0	0.0	
眼裂倾斜度	内角高	3	1.3	3	0.8	6	1.0	0.65
	水平	226	97.0	383	97.7	609	97.4	0.54
	外角高	4	1.7	6	1.5	10	1.6	0.18
鼻背侧面观	凹型	8	3.4	73	18.6	81	13.0	5.47**
	直型	204	87.6	307	78.3	511	81.8	2.89**
	凸型	18	7.7	8	2.0	26	4.2	3.44**
	波型	3	1.3	4	1.0	7	1.1	0.31
鼻基底方向	上翘	161	69.1	310	79.1	471	75.4	2.80**
	水平	68	29.2	79	20.2	147	23.5	2.57*
	下垂	4	1.7	3	0.8	7	1.1	1.09
鼻翼宽	狭窄	8	3.4	17	4.3	25	4.0	0.56
	中等	55	23.6	149	38.0	204	32.6	3.71**
	宽阔	170	73.0	226	57.7	396	63.4	3.84**
耳垂类型	三角形	109	46.8	184	46.9	293	46.9	0.04
	方形	24	10.3	32	8.2	56	9.0	0.90
	圆形	100	42.9	176	44.9	276	44.2	0.48
上唇皮肤部高	低	9	3.9	23	5.9	32	5.1	1.10
	中等	188	80.7	341	87.0	529	84.6	2.11**
	高	36	15.5	28	7.1	64	10.2	3.31**
红唇厚度	薄唇	72	30.9	146	37.2	218	34.9	1.61
	中唇	115	49.4	210	53.6	325	52.0	1.02
	厚唇	46	19.7	36	9.2	82	13.1	3.78**
利手	左型	0	0.0	0	0.0	0	0.0	
	右型	229	100.0	392	100.0	621	100.0	0.00
扣手	左型	67	29.3	121	30.9	188	30.3	0.42
	右型	162	70.7	271	69.1	433	69.7	0.42
卷舌	否	121	51.9	164	41.8	285	45.6	2.45*
	是	112	48.1	228	58.2	340	54.4	2.45*

注：u 为性别间率的 u 检验值。

*$P<0.05$，**$P<0.01$，差异具有统计学意义；男性利手和扣手为229人。

表 4-5-6　景颇族男性生理指标

指标	不同年龄组（岁）的指标值（$\bar{x}\pm s$）						合计
	18～	30～	40～	50～	60～	70～85	
收缩压/mmHg	134.8±22.3	131.9±17.1	131.3±21.1	131.8±20.8	131.8±19.0	124.4±24.0	131.6±19.9
舒张压/mmHg	92.8±14.1	86.1±11.8	87.1±13.8	86.7±14.4	85.3±12.7	84.1±14.0	86.8±13.4
心率/（次/分）	76.2±14.7	80.1±13.0	79.1±12.0	82.4±14.5	82.1±11.8	76.2±9.1	80.2±13.0

表 4-5-7　景颇族女性生理指标

指标	不同年龄组（岁）的指标值（$\bar{x}\pm s$）						合计	u
	18～	30～	40～	50～	60～	70～85		
收缩压/mmHg	114.6±14.7	118.6±13.1	123.6±13.5	130.9±21.3	129.7±18.6	134.8±25.3	126.3±18.85	3.29**
舒张压/mmHg	76.3±10.1	78.1±9.1	82.4±10.8	85.5±15.3	84.7±13.1	81.9±11.0	82.67±12.73	3.82**
心率/（次/分）	81.8±13.9	80.3±11.7	79.2±10.6	78.9±13.2	80.5±13.9	81.2±10.0	79.81±12.24	0.41

注：u 为性别间的 u 检验值。

**$P<0.01$，差异具有统计学意义。

表 4-5-8　景颇族男性头面部指数、体部指数和体脂率

指数	不同年龄组（岁）的指标值（$\bar{x}\pm s$）						合计
	18～	30～	40～	50～	60～	70～85	
头长宽指数	84.2±3.0	78.3±3.7	78.0±4.6	77.9±3.7	77.6±3.2	77.3±3.5	78.4±4.2
头长高指数	74.2±3.5	69.3±5.2	68.7±5.3	67.8±5.4	67.1±3.5	66.8±6.3	68.7±5.3
头宽高指数	88.1±3.8	88.6±6.2	88.2±6.5	87.1±6.5	86.7±6.1	86.3±6.6	87.7±6.2
形态面指数	85.6±4.9	86.3±6.1	86.4±6.7	88.9±6.6	88.6±6.2	90.0±6.8	87.4±6.4
鼻指数	75.7±6.7	76.7±8.6	75.9±6.4	74.3±7.8	75.4±6.3	76.8±9.9	75.7±7.5
口指数	41.8±7.2	39.0±7.1	36.6±8.2	32.4±9.5	27.0±7.2	25.2±8.7	34.9±9.3
身高坐高指数	54.0±1.7	53.5±1.6	53.3±1.2	52.4±1.2	52.2±1.2	52.5±1.6	53.0±1.5
身高体重指数	368.4±48.8	377.6±57.8	368.7±50.0	361.0±49.8	348.9±45.4	373.0±80.0	366.8±53.1
身高胸围指数	54.5±4.6	54.1±3.1	54.5±3.6	54.8±3.8	53.9±3.2	55.0±2.1	54.4±3.5
身高肩宽指数	24.4±0.9	24.0±1.1	23.8±1.0	23.8±1.0	23.6±1.1	23.9±1.3	23.9±1.0
身高骨盆宽指数	16.5±0.6	16.6±0.9	16.8±0.8	17.0±1.3	17.0±1.0	17.5±0.8	16.9±1.0
马氏躯干腿长指数	85.3±5.8	87.0±5.6	87.7±4.3	91.1±4.5	91.6±4.4	90.5±5.7	88.8±5.2
身高下肢长指数	52.3±1.2	53.8±1.6	53.6±1.8	54.5±1.8	54.6±1.8	54.9±2.3	54.0±1.8
身体质量指数/（kg/m²）	23.1±3.2	23.6±3.6	22.9±2.9	22.6±3.1	22.0±3.0	24.2±5.7	22.9±3.3
身体肥胖指数	27.3±5.2	26.0±4.1	25.3±3.7	25.7±3.5	26.2±3.0	27.8±4.0	25.9±3.8
体脂率/%	15.7±5.4	16.4±4.5	19.0±5.5	19.9±6.2	21.9±6.5	18.3±6.9	18.7±5.9

表 4-5-9 景颇族女性头面部指数、体部指数和体脂率

指数	不同年龄组（岁）的指标值（$\bar{x} \pm s$）						合计	u
	18～	30～	40～	50～	60～	70～85		
头长宽指数	83.4±4.3	81.5±3.5	79.9±3.9	79.2±3.8	79.9±4.1	79.7±3.6	80.1±4.0	5.09**
头长高指数	71.4±4.8	68.9±4.9	69.6±4.5	68.3±5.5	68.0±4.7	68.5±4.8	69.0±5.0	0.51
头宽高指数	85.8±6.3	84.7±6.4	87.3±6.0	86.3±6.6	85.2±5.0	86.0±6.2	86.1±6.1	3.12**
形态面指数	81.6±5.4	83.1±5.1	84.5±5.2	85.6±5.6	85.3±6.3	87.4±6.3	84.8±5.7	5.07**
鼻指数	74.5±6.6	73.5±6.2	75.1±6.6	74.3±7.4	75.1±7.4	75.5±6.2	74.7±6.9	1.64
口指数	44.2±6.5	39.6±8.9	36.8±7.3	33.3±7.6	32.1±7.2	27.8±7.5	35.3±8.5	0.50
身高坐高指数	53.9±1.2	54.2±1.5	52.9±1.4	52.5±1.4	52.1±1.8	51.3±1.3	52.8±1.6	1.93
身高体重指数	356.4±60.9	367.7±58.4	369.8±51.0	354.4±62.4	346.8±51.8	322.1±48.0	356.6±57.4	2.24*
身高胸围指数	56.7±7.4	59.6±5.1	60.2±4.8	58.4±6.1	57.9±5.0	56.8±5.1	58.7±5.6	11.61**
身高肩宽指数	22.6±1.9	23.3±0.9	23.1±0.9	23.0±1.1	23.0±1.1	23.1±1.1	23.0±1.1	9.56**
身高骨盆宽指数	17.9±1.2	18.2±1.0	18.2±1.0	18.4±1.1	18.6±1.1	19.0±0.9	18.3±1.1	17.51**
马氏躯干腿长指数	85.6±4.0	84.7±5.0	89.3±4.9	90.7±4.9	92.0±6.5	95.2±5.1	89.7±5.8	2.00*
身高下肢长指数	54.6±1.6	53.9±1.2	54.5±1.8	54.6±1.6	54.7±2.1	54.6±1.7	54.5±1.7	3.73**
身体质量指数/（kg/m²）	23.5±4.2	24.6±3.9	24.7±3.4	23.7±4.1	23.3±3.4	22.2±3.1	23.9±3.8	3.18**
身体肥胖指数	30.7±4.2	32.5±3.9	31.3±3.5	31.1±4.3	31.2±4.1	31.8±4.7	31.4±4.1	16.94**
体脂率/%	29.3±5.2	30.5±4.9	33.1±5.0	33.9±6.3	32.8±5.9	29.3±6.1	32.4±5.8	28.14**

注：u 为性别间的 u 检验值。

*P＜0.05，**P＜0.01，差异具有统计学意义。

（徐 飞 李 岩 马 威 范 宁）

第六节 达 斡 尔 族

一、达斡尔族简介

根据 2010 年第六次全国人口普查统计资料，达斡尔族共有 131 992 人（国务院人口普查办公室，国家统计局人口和就业统计司，2012），主要聚居在内蒙古自治区莫力达瓦达斡尔族自治旗、黑龙江省齐齐哈尔市及新疆维吾尔自治区塔城地区。达斡尔语属于阿尔泰语系蒙古语族，有布特哈、齐齐哈尔、海拉尔和新疆共四种方言。

莫力达瓦达斡尔族自治旗位于呼伦贝尔市最东部、大兴安岭东麓中段、嫩江西岸，地处东经 124°30′、北纬 48°28′，属中温带大陆性季风气候，平均海拔 400m，年平均气温 1.3℃，年降水量 400～500mm，全年无霜期 115d。

塔城地区位于新疆维吾尔自治区西北部，地处东经 82°16′～87°21′、北纬 43°25′～47°15′。塔城地区最高海拔 5000m，最低海拔 1100m，属中温带干旱和半干旱气候，年平均气温 9.0℃，年降水量 290mm。

　　2018 年研究组在内蒙古自治区呼伦贝尔市莫力达瓦达斡尔族自治旗和新疆维吾尔自治区的塔城地区开展了达斡尔族人体表型数据采集工作。内蒙古达斡尔族被调查成年男性年龄 38.3 岁±18.3 岁，女性年龄 49.2 岁±13.0 岁；新疆达斡尔族被调查成年男性年龄 51.8 岁±12.7 岁，女性年龄 51.3 岁±13.9 岁。

二、内蒙古达斡尔族的表型数据（表 4-6-1～表 4-6-9）

表 4-6-1　内蒙古达斡尔族男性头面部指标　　　　　（单位：mm）

指标	不同年龄组（岁）的指标值（$\bar{x}\pm s$）						合计
	18～	30～	40～	50～	60～	70～85	
头长	175.4±13.4	191.8±15.7	188.7±13.9	184.9±11.8	192.1±15.1	—	183.8±15.1
头宽	147.9±12.4	160.0±15.1	154.5±13.4	148.8±13.3	152.7±14.6	—	151.3±13.7
额最小宽	104.2±13.0	117.2±12.7	111.8±7.2	104.4±8.9	108.0±13.1	—	107.6±12.1
面宽	139.1±11.5	144.8±11.5	137.4±10.5	133.3±11.8	144.8±10.3	—	139.0±11.8
下颌角间宽	125.4±13.7	122.6±10.4	121.4±11.6	120.3±17.0	123.5±10.2	—	122.9±13.4
眼内角间宽	31.8±4.1	30.5±5.5	29.2±4.0	26.6±4.1	31.1±6.0	—	30.0±4.9
眼外角间宽	99.6±6.5	97.3±8.6	93.0±5.3	94.6±7.2	88.2±8.3	—	95.8±8.0
鼻宽	38.5±4.3	38.6±4.4	37.7±5.3	40.3±6.0	38.9±3.4	—	38.8±4.7
口宽	56.9±8.3	57.3±4.9	57.7±7.3	62.8±9.3	59.9±8.4	—	58.8±8.3
容貌面高	199.8±9.8	201.2±7.3	208.1±7.5	206.0±11.6	206.7±8.9	—	203.6±10.0
形态面高	117.8±11.6	128.0±11.1	123.2±9.4	118.8±10.4	126.8±10.6	—	121.4±11.3
鼻高	48.3±8.5	54.3±6.4	57.2±6.6	51.6±8.7	53.9±7.2	—	51.9±8.4
上唇皮肤部高	15.6±3.2	16.7±3.4	18.0±4.5	18.3±4.0	18.8±4.2	—	17.1±3.9
唇高	17.4±5.4	16.0±4.5	14.6±4.4	15.0±5.7	14.7±5.8	—	15.8±5.4
红唇厚度	6.6±3.1	5.5±2.1	4.8±2.2	5.6±3.1	5.2±2.7	—	5.7±2.9
容貌耳长	61.0±6.4	66.3±6.6	66.3±5.5	69.1±6.0	72.3±8.7	—	65.8±7.6
容貌耳宽	28.4±5.5	30.8±4.0	33.2±5.0	31.7±3.8	30.6±4.1	—	30.4±4.9
耳上头高	139.3±9.9	132.7±13.4	118.5±23.3	133.4±12.5	129.9±19.4	—	132.7±16.2

表 4-6-2　内蒙古达斡尔族女性头面部指标

指标	不同年龄组（岁）的指标值（$\bar{x}\pm s$）/mm						合计/mm	u
	18～	30～	40～	50～	60～	70～85		
头长	174.3±13.9	176.9±8.7	182.2±14.4	178.4±12.6	175.3±7.7	173.0±3.5	178.0±12.0	3.29**
头宽	144.5±10.8	144.1±7.1	145.9±11.1	142.8±10.6	140.1±8.2	135.3±8.1	143.1±10.0	5.27**
额最小宽	101.2±9.2	100.5±8.3	105.1±11.1	101.8±9.3	96.6±11.7	98.0±3.4	101.2±10.4	4.42**
面宽	129.2±11.3	130.2±8.9	134.3±11.1	132.1±12.7	125.1±12.2	125.0±11.6	130.5±11.9	3.04**
下颌角间宽	111.8±13.2	114.1±11.9	114.3±14.8	111.9±12.0	105.3±13.1	106.0±9.7	111.2±13.3	5.27**

续表

指标	不同年龄组（岁）的指标值（$\bar{x} \pm s$）/mm						合计/mm	u
	18～	30～	40～	50～	60～	70～85		
眼内角间宽	31.0±4.9	28.4±4.6	25.8±6.0	26.1±5.8	27.5±5.1	32.0±5.2	27.2±5.7	4.19**
眼外角间宽	97.9±6.5	94.4±6.2	92.2±9.2	92.1±8.0	90.8±8.9	100.3±9.1	92.9±8.4	2.79**
鼻宽	34.5±3.1	34.5±2.5	33.3±5.5	35.9±4.4	35.8±3.0	37.5±3.4	35.0±4.2	6.66**
口宽	54.3±7.4	53.3±6.9	53.7±7.2	56.6±6.6	58.6±7.6	57.4±7.6	55.7±7.2	3.11**
容貌面高	193.2±10.8	198.4±9.6	195.5±18.1	195.3±12.2	195.9±18.9	200.3±17.5	195.8±15.0	4.94**
形态面高	110.1±9.9	112.9±8.4	113.0±15.4	113.2±11.1	112.1±10.2	118.1±12.4	112.8±11.7	5.89**
鼻高	48.2±8.1	47.9±5.4	48.7±6.2	49.2±7.4	48.6±6.0	52.1±6.6	48.8±6.6	3.18**
上唇皮肤部高	13.5±3.9	15.4±4.7	16.3±3.7	16.9±3.6	17.6±3.3	16.8±9.1	16.4±4.0	1.40
唇高	15.6±4.0	14.4±4.2	14.7±5.3	14.4±5.0	12.6±5.4	10.0±8.4	14.1±5.1	2.54**
红唇厚度	4.9±1.8	4.9±2.4	5.6±2.8	5.4±2.8	4.9±3.1	2.0±0.8	5.2±2.8	1.38
容貌耳长	59.5±6.9	63.8±5.0	63.2±4.6	67.4±6.5	68.0±6.6	68.2±5.8	65.4±6.5	0.44
容貌耳宽	28.3±4.5	29.3±4.2	30.3±3.5	29.6±4.9	28.8±4.3	27.0±3.3	29.4±4.3	1.69
耳上头高	121.0±17.6	125.1±20.5	128.6±13.9	124.2±19.3	125.8±18.0	130.5±6.4	125.6±17.4	3.34**

注：u 为性别间的 u 检验值。

**P<0.01，差异具有统计学意义。

表 4-6-3 内蒙古达斡尔族男性体部指标

指标	不同年龄组（岁）的指标值（$\bar{x} \pm s$）						合计
	18～	30～	40～	50～	60～	70～85	
体重	62.6±11.5	77.5±10.1	78.0±12.0	71.6±12.5	74.3±12.0	—	70.4±13.1
身高	1706.3±42.8	1696.3±43.9	1685.8±68.0	1653.2±80.5	1689.9±76.5	—	1688.2±63.3
髂前上棘点高	935.4±54.9	940.3±33.4	935.8±47.2	912.5±46.8	957.3±48.6	—	934.4±49.6
坐高	927.2±100.6	979.3±175.6	970.9±160.8	898.0±119.3	1009.7±194.0	—	945.2±142.0
肱骨内外上髁间径	44.8±11.2	60.3±13.5	53.3±12.4	51.8±10.3	57.9±12.5	—	51.3±12.8
股骨内外上髁间径	102.7±11.5	97.4±19.4	105.4±17.9	107.6±15.9	104.6±19.5	—	103.7±15.7
肩宽	387.8±22.9	415.1±25.5	398.0±29.0	401.1±23.5	407.9±30.7	—	398.5±26.7
骨盆宽	278.9±41.0	318.6±23.6	312.6±26.4	307.6±38.5	309.8±38.8	—	299.5±39.1
平静胸围	852.0±94.5	991.9±65.4	961.6±123.4	978.2±78.8	992.2±78.6	—	933.4±109.1
腰围	741.3±109.3	945.9±101.3	958.4±90.4	934.7±92.9	957.1±103.9	—	871.9±141.0
臀围	924.9±70.7	997.1±70.1	1001.8±72.5	994.5±66.6	1003.4±60.8	—	971.6±76.1
大腿围	500.6±68.0	535.1±37.8	528.6±45.6	515.8±48.9	512.7±46.2	—	514.0±55.3
上肢全长	745.8±21.5	747.3±35.3	737.4±36.7	716.1±43.6	757.9±50.9	—	739.6±38.1
下肢全长	895.6±53.6	901.0±29.0	897.7±45.1	878.6±42.5	919.3±43.3	—	896.4±46.7

注：体重的单位为 kg，其余指标值的单位为 mm。

表 4-6-4　内蒙古达斡尔族女性体部指标

指标	不同年龄组（岁）的指标值（$\bar{x}\pm s$）						合计	u
	18～	30～	40～	50～	60～	70～85		
体重	55.0±10.7	64.4±13.1	65.8±11.3	61.8±9.4	60.0±11.3	61.5±17.9	62.1±11.4	5.27**
身高	1597.0±51.9	1577.2±45.0	1561.6±54.4	1524.3±62.5	1526.4±48.2	1462.2±67.3	1545.3±61.2	18.01**
髂前上棘点高	883.2±35.9	894.7±43.9	860.6±58.3	854.9±52.8	854.8±49.0	817.5±105.9	862.6±54.5	10.91**
坐高	917.0±145.9	850.6±29.3	891.0±154.4	828.0±98.3	809.2±34.3	791.9±51.8	849.7±111.2	5.80**
肱骨内外上髁间径	40.2±9.8	44.5±8.6	46.9±11.4	44.2±9.5	43.7±8.7	41.8±7.0	44.4±9.8	4.68**
股骨内外上髁间径	99.3±13.7	102.1±13.8	102.3±15.1	99.2±14.1	98.0±11.7	93.4±2.6	99.9±13.6	2.02*
肩宽	353.4±18.6	366.2±19.3	359.4±26.0	356.7±21.1	348.0±20.7	342.5±15.0	356.0±22.3	13.43**
骨盆宽	286.9±30.2	309.1±27.7	308.0±29.1	306.3±23.7	307.6±27.7	315.0±34.2	305.8±27.5	1.43
平静胸围	828.5±80.9	961.1±141.1	965.3±85.7	949.1±76.3	951.7±93.7	1020.8±130.8	946.2±100.2	0.96
腰围	703.0±81.6	850.3±145.8	904.8±113.4	900.5±87.5	909.9±122.3	1022.3±177.9	883.1±127.0	0.65
臀围	921.6±82.6	986.1±63.8	1016.4±78.2	995.5±69.7	994.4±62.7	968.0±113.7	991.9±75.4	2.11*
大腿围	504.3±58.0	532.7±43.2	550.1±46.3	528.0±42.3	506.5±57.8	505.0±69.9	526.8±51.2	1.88
上肢全长	680.6±63.6	669.2±47.4	674.3±49.9	655.0±55.9	672.5±43.7	707.6±37.8	669.0±51.7	13.86**
下肢全长	851.7±34.4	864.1±42.8	831.7±55.3	828.6±50.3	828.4±46.4	797.5±105.9	834.8±51.7	9.90**

注：u 为性别间的 u 检验值；体重的单位为 kg，其余指标值的单位为 mm。

*$P<0.05$，**$P<0.01$，差异具有统计学意义。

表 4-6-5　内蒙古达斡尔族观察指标情况

指标	分型	男性		女性		合计		u
		人数	占比/%	人数	占比/%	人数	占比/%	
上眼睑皱褶	有	41	37.6	67	46.9	108	42.9	1.47
	无	68	62.4	76	53.1	144	57.1	1.47
内眦褶	有	83	76.1	91	63.6	174	69.0	2.13*
	无	26	23.9	52	36.4	78	31.0	2.13*
眼裂高度	狭窄	61	56.0	63	44.1	124	49.2	1.87
	中等	48	44.0	76	53.1	124	49.2	1.43
	较宽	0	0.0	4	2.8	4	1.6	1.76
眼裂倾斜度	内角高	14	12.8	23	16.1	37	14.7	0.72
	水平	62	56.9	101	70.6	163	64.7	2.26*
	外角高	33	30.3	19	13.3	52	20.6	3.30**
鼻背侧面观	凹型	8	7.3	22	15.4	30	11.9	1.95
	直型	76	69.7	93	65.0	169	67.0	0.78
	凸型	16	14.7	26	18.2	42	16.7	0.74
	波型	9	8.3	2	1.4	11	4.4	2.64*
鼻基底方向	上翘	39	35.8	46	32.2	85	33.7	0.60
	水平	37	33.9	69	48.2	106	42.1	2.28*
	下垂	33	30.3	28	19.6	61	24.2	1.96

续表

指标	分型	男性		女性		合计		u
		人数	占比/%	人数	占比/%	人数	占比/%	
鼻翼宽	狭窄	4	3.7	13	9.1	17	6.7	1.70
	中等	5	4.6	4	2.8	9	3.6	0.76
	宽阔	100	91.7	126	88.1	226	89.7	0.94
耳垂类型	三角形	40	36.7	55	38.4	95	37.7	0.29
	方形	43	39.4	39	27.3	82	32.5	2.04*
	圆形	26	23.9	49	34.3	75	29.8	1.79
上唇皮肤部高	低	10	9.2	48	8.5	26	10.3	4.56**
	中等	67	61.4	72	87.4	158	62.7	1.76
	高	32	29.4	23	4.1	68	27.0	2.53*
红唇厚度	薄唇	81	74.3	114	79.7	195	77.3	1.02
	中唇	21	19.3	25	17.5	46	18.3	0.36
	厚唇	7	6.4	4	2.8	11	4.4	1.40
利手	左型	10	9.2	11	1.1	21	8.3	0.42
	右型	99	90.8	132	98.9	231	91.7	0.42
扣手	左型	56	51.4	62	43.4	118	46.8	1.26
	右型	53	48.6	81	56.6	134	53.2	1.26
卷舌	否	42	38.5	60	42.0	102	40.5	0.55
	是	67	61.5	83	58.0	150	59.5	0.55

注：u 为性别间率的 u 检验值。

*$P<0.05$，**$P<0.01$，差异具有统计学意义。

表 4-6-6　内蒙古达斡尔族男性生理指标

指标	不同年龄组（岁）的指标值（$\bar{x}\pm s$）						合计
	18～	30～	40～	50～	60～	70～85	
收缩压/mmHg	126.3±18.4	127.9±19.9	133.4±24.1	153.3±22.3	135.7±20.7	—	134.9±22.9
舒张压/mmHg	69.4±11.6	77.4±12.6	86.0±13.4	86.1±14.9	77.4±16.8	—	77.6±15.0
心率/（次/分）	80.2±14.7	78.5±14.9	81.6±8.4	76.2±14.6	76.1±9.2	—	78.9±13.2

表 4-6-7　内蒙古达斡尔族女性生理指标

指标	不同年龄组（岁）的指标值（$\bar{x}\pm s$）						合计	u
	18～	30～	40～	50～	60～	70～85		
收缩压/mmHg	121.2±17.1	119.9±16.8	128.6±17.4	140.3±22.0	145.1±23.4	151.3±24.3	134.5±22.2	0.14
舒张压/mmHg	71.4±11.7	75.6±13.4	78.5±10.2	80.1±10.9	79.7±13.6	78.0±11.6	78.2±11.8	0.34
心率/（次/分）	82.9±13.1	81.5±10.9	77.3±9.9	79.8±11.0	82.6±9.1	79.8±12.3	80.3±10.6	0.91

注：u 为性别间的 u 检验值。

*$P<0.05$，**$P<0.01$，差异具有统计学意义。

表 4-6-8　内蒙古达斡尔族男性头面部指数、体部指数和体脂率

| 指数 | 不同年龄组（岁）的指标值（$\bar{x}\pm s$） | | | | | | 合计 |
	18～	30～	40～	50～	60～	70～85	
头长宽指数	84.5±5.0	83.4±4.3	81.9±4.0	80.6±6.1	79.5±4.4	—	82.4±5.2
头长高指数	80.0±9.4	69.9±11.2	63.1±13.6	72.4±7.3	68.2±12.1	—	72.9±11.8
头宽高指数	94.9±10.7	83.9±14.1	77.5±17.8	90.2±10.7	86.0±16.5	—	88.6±14.3
形态面指数	91.7±9.9	88.7±8.6	90.0±8.3	89.6±9.0	87.7±5.9	—	90.1±8.8
鼻指数	81.8±14.5	71.8±10.1	67.1±13.8	80.0±17.4	73.5±12.9	—	76.8±15.1
口指数	31.8±11.4	28.4±9.4	25.9±9.1	24.7±11.1	25.6±12.0	—	27.9±11.2
身高坐高指数	54.4±6.2	57.8±10.8	57.6±9.2	54.4±7.0	59.9±12.0	—	56.0±8.5
身高体重指数	366.8±67.1	456.7±55.2	462.4±66.2	431.3±64.1	439.2±63.6	—	416.6±74.3
身高胸围指数	49.9±5.5	58.5±3.6	57.1±7.3	59.2±4.3	58.8±4.5	—	55.3±6.6
身高肩宽指数	22.7±1.4	24.5±1.3	23.6±1.7	24.3±1.5	24.2±2.0	—	23.6±1.7
身高骨盆宽指数	16.4±2.4	18.8±1.3	18.5±1.3	18.6±2.1	18.3±2.1	—	17.7±2.3
马氏躯干腿长指数	85.6±15.2	77.6±26.9	77.1±23.0	86.2±18.4	72.7±30.5	—	81.7±21.5
身高下肢长指数	54.8±2.9	55.4±1.3	55.5±2.4	55.2±1.7	56.7±1.4	—	55.4±2.3
身体质量指数/（kg/m²）	21.5±4.0	26.9±3.1	27.5±4.0	26.0±3.4	26.0±3.8	—	24.7±4.4
身体肥胖指数	23.5±3.6	27.1±2.9	27.8±3.5	28.9±3.0	27.8±3.7	—	26.4±4.0
体脂率/%	22.8±5.4	24.9±4.0	30.0±5.4	33.4±5.3	29.4±5.9	—	27.3±6.7

表 4-6-9　内蒙古达斡尔族女性头面部指数、体部指数和体脂率

| 指数 | 不同年龄组（岁）的指标值（$\bar{x}\pm s$） | | | | | | 合计 | u |
	18～	30～	40～	50～	60～	70～85		
头长宽指数	83.0±3.8	81.6±5.3	80.2±5.0	80.2±4.4	80.0±3.9	78.2±4.5	80.5±4.5	3.04**
头长高指数	70.2±13.3	71.2±12.9	71.2±10.7	70.2±12.3	72.0±10.9	75.4±2.7	71.1±11.5	1.21
头宽高指数	84.6±15.9	87.1±15.3	88.9±12.9	87.7±15.2	90.2±14.0	96.7±6.3	88.4±14.2	0.11
形态面指数	85.5±7.1	87.1±8.3	84.4±11.1	86.3±10.5	90.3±10.9	94.4±2.6	86.9±10.3	2.66**
鼻指数	73.4±14.2	72.6±6.7	69.7±16.7	74.3±12.8	74.6±10.1	72.3±4.9	72.9±12.8	2.17*
口指数	29.7±9.7	27.5±9.0	28.1±11.1	26.2±10.3	22.3±10.9	17.9±16.5	26.1±10.8	1.28
身高坐高指数	57.4±9.0	53.9±1.6	57.0±9.2	54.3±6.1	53.0±1.9	54.2±2.4	55.0±6.5	1.02
身高体重指数	343.3±58.6	408.4±81.9	420.6±66.6	405.1±58.6	393.4±74.2	418.6±113.5	401.7±70.6	1.61
身高胸围指数	51.9±4.7	61.0±9.1	61.9±5.7	62.3±5.2	62.4±6.5	69.7±7.6	61.3±6.9	7.01**
身高肩宽指数	22.1±1.0	23.2±1.3	23.0±1.6	23.4±1.3	22.8±1.2	23.4±1.1	23.1±1.3	2.55*
身高骨盆宽指数	17.9±1.5	19.6±1.8	19.7±1.8	20.1±1.4	20.2±1.8	21.5±1.7	19.8±1.8	7.87**
马氏躯干腿长指数	77.3±22.0	85.5±5.6	78.9±22.4	85.7±15.3	88.8±6.7	84.9±8.1	83.8±16.3	0.85
身高下肢长指数	55.3±1.9	56.7±2.1	55.1±3.2	56.1±2.7	56.0±2.1	55.8±5.2	55.8±2.7	1.27

续表

指数	不同年龄组（岁）的指标值（$\bar{x} \pm s$）						合计	u
	18～	30～	40～	50～	60～	70～85		
身体质量指数/（kg/m²）	21.5±3.3	25.9±5.2	26.9±4.1	26.6±3.9	25.8±5.0	28.5±7.2	26.0±4.6	2.28*
身体肥胖指数	27.6±2.7	31.8±3.4	34.1±4.2	35.0±4.1	34.8±3.9	36.6±4.2	33.7±4.4	13.74**
体脂率/%	32.5±4.1	35.2±3.6	38.9±2.5	40.6±4.0	40.9±3.4	42.3±3.4	38.9±4.4	15.68**

注：u 为性别间的 u 检验值。

*P＜0.05，**P＜0.01，差异具有统计学意义。

三、新疆达斡尔族的表型数据（表4-6-10～表4-6-18）

表4-6-10　新疆达斡尔族男性头面部指标　　　　（单位：mm）

指标	不同年龄组（岁）的指标值（$\bar{x} \pm s$）						合计
	18～	30～	40～	50～	60～	70～85	
头长	188.1±9.3	185.9±7.9	187.9±9.6	188.5±10.3	189.5±8.7	188.6±10.6	188.4±9.5
头宽	158.1±4.9	163.6±7.0	157.5±8.5	155.7±9.7	155.0±8.5	149.4±8.6	156.3±8.9
额最小宽	121.1±12.7	120.6±6.7	118.8±11.3	115.6±10.5	115.7±13.5	120.9±20.1	117.4±11.9
面宽	145.7±9.5	154.9±16.1	149.6±12.6	147.2±12.7	149.0±10.1	152.0±24.8	148.7±12.9
下颌角间宽	109.1±8.2	120.3±9.3	115.8±9.9	115.4±10.0	117.3±12.1	119.0±19.2	115.9±10.9
眼内角间宽	32.7±4.7	31.3±2.3	33.1±5.1	31.5±3.3	31.0±3.6	28.8±4.2	31.7±4.0
眼外角间宽	97.4±7.2	95.8±9.1	93.9±8.6	93.3±7.7	90.6±10.2	83.3±5.6	92.8±8.8
鼻宽	43.5±10.1	39.7±3.6	41.0±7.9	40.3±3.8	41.3±3.5	40.6±6.2	40.9±5.7
口宽	55.4±6.7	53.1±4.9	54.7±7.4	55.0±5.2	56.4±5.9	55.4±5.0	55.2±6.0
容貌面高	192.2±10.5	192.9±7.7	193.6±16.1	195.9±13.0	191.8±17.3	184.6±11.3	193.5±14.4
形态面高	130.2±10.7	134.2±11.6	136.6±9.9	137.9±7.8	137.5±13.6	133.4±10.8	136.5±10.4
鼻高	64.9±5.4	67.0±4.1	67.1±6.3	70.2±6.3	71.4±7.0	70.4±4.2	69.2±6.5
上唇皮肤部高	20.4±2.0	20.4±1.8	21.8±3.1	22.3±2.7	21.8±3.5	20.6±4.0	21.7±3.0
唇高	18.0±2.7	17.4±3.8	16.9±4.7	15.2±4.3	14.4±3.9	11.6±5.4	15.6±4.4
红唇厚度	8.6±1.3	8.4±1.7	8.3±3.7	6.9±1.9	6.0±2.3	5.0±3.1	7.2±2.7
容貌耳长	68.0±8.0	66.6±9.6	68.1±6.2	69.4±6.0	69.9±8.1	75.8±2.5	69.2±7.0
容貌耳宽	29.9±4.1	31.3±3.3	31.1±5.2	31.0±4.0	32.6±4.9	34.4±4.6	31.4±4.5
耳上头高	146.3±10.9	136.6±14.0	133.6±22.4	134.2±19.6	131.9±21.1	120.9±43.6	133.9±21.6

表4-6-11　新疆达斡尔族女性头面部指标

指标	不同年龄组（岁）的指标值（$\bar{x} \pm s$）/mm						合计/mm	u
	18～	30～	40～	50～	60～	70～85		
头长	178.6±11.8	173.2±8.7	181.8±7.5	182.3±7.4	184.3±9.4	178.1±7.2	181.3±8.7	6.67**
头宽	153.5±8.9	148.6±10.4	150.5±8.1	150.8±8.6	150.0±8.9	148.4±9.3	150.5±8.6	5.66**

续表

指标	不同年龄组（岁）的指标值（$\bar{x}\pm s$）/mm						合计/mm	u
	18～	30～	40～	50～	60～	70～85		
额最小宽	113.9±5.8	112.5±8.0	113.9±10.0	114.5±9.3	112.0±6.9	112.1±7.3	113.4±8.5	3.33**
面宽	142.3±7.1	139.8±11.6	141.8±13.1	141.7±9.8	141.3±11.0	143.4±9.9	141.8±10.8	4.97**
下颌角间宽	110.2±15.7	106.5±3.7	108.0±10.8	112.3±12.2	110.2±7.4	113.4±14.4	110.2±11.3	4.38**
眼内角间宽	33.5±2.7	28.8±4.8	32.2±2.9	30.9±3.9	32.3±3.4	32.3±3.8	31.8±3.6	0.22
眼外角间宽	91.0±4.5	89.1±6.3	87.9±6.2	87.5±8.0	88.7±7.7	85.2±5.1	88.1±6.9	5.10**
鼻宽	35.5±2.2	35.8±1.5	36.1±3.2	37.2±5.4	37.6±2.9	36.9±3.1	36.7±3.8	7.47**
口宽	50.3±5.2	50.5±5.9	50.1±3.7	50.3±4.2	53.7±6.5	51.1±3.5	51.0±4.9	6.58**
容貌面高	182.2±10.7	187.4±13.7	183.9±7.8	183.8±6.6	183.1±8.2	188.1±20.5	184.1±9.9	6.55**
形态面高	125.4±7.0	127.5±8.8	126.4±6.8	129.2±9.0	129.4±8.8	136.5±13.1	128.7±8.9	6.90**
鼻高	61.9±3.9	60.9±3.8	63.4±4.8	63.4±6.5	64.5±6.1	69.0±4.5	63.8±5.7	7.56**
上唇皮肤部高	16.7±2.8	17.7±2.7	18.5±2.4	20.2±2.3	19.3±2.5	16.5±4.4	18.7±2.9	8.68**
唇高	16.8±3.6	16.0±4.1	17.3±3.3	15.2±3.0	13.2±3.2	13.4±3.4	15.4±3.6	0.43
红唇厚度	7.8±1.5	7.9±1.4	8.2±2.3	6.9±1.8	5.7±1.9	5.7±1.9	7.1±2.2	0.35
容貌耳长	60.0±8.5	62.4±8.6	63.4±5.3	65.6±4.1	68.9±4.5	71.7±6.1	65.5±6.3	4.75**
容貌耳宽	29.3±4.3	28.3±5.4	29.0±4.9	30.7±4.7	31.6±4.7	31.9±5.1	30.2±4.9	2.17*
耳上头高	131.0±14.6	125.8±19.4	129.5±23.8	134.0±15.4	125.3±23.6	138.4±8.4	130.6±19.7	1.37

注：u 为性别间的 u 检验值。

*$P<0.05$，**$P<0.01$，差异具有统计学意义。

表 4-6-12　新疆达斡尔族男性体部指标

指标	不同年龄组（岁）的指标值（$\bar{x}\pm s$）						合计
	18～	30～	40～	50～	60～	70～85	
体重	68.9±10.4	88.0±19.1	77.9±11.8	78.7±13.5	77.7±15.3	66.7±14.4	77.6±14.2
身高	1743.3±48.2	1719.7±91.9	1678.0±81.7	1665.0±66.4	1654.1±58.2	1647.0±63.4	1673.7±72.6
髂前上棘点高	997.5±72.2	983.9±76.6	949.8±37.4	940.4±62.3	951.0±38.3	962.3±46.5	952.7±55.1
坐高	934.5±28.7	925.2±68.3	877.0±38.5	875.1±44.9	861.0±40.9	892.3±101.5	880.4±50.7
肱骨内外上髁间径	52.2±11.3	54.6±14.7	49.6±9.5	53.6±10.0	51.8±12.5	52.1±8.7	52.1±10.8
股骨内外上髁间径	98.3±8.2	106.0±13.6	99.8±10.5	100.7±10.4	100.7±9.3	92.0±7.6	100.2±10.2
肩宽	404.2±38.5	393.0±21.7	394.8±23.3	392.7±18.8	383.0±23.7	378.3±25.0	391.2±23.7
骨盆宽	295.9±20.4	322.8±29.0	311.5±26.8	317.5±36.7	315.8±32.1	308.8±25.4	314.0±31.7
平静胸围	929.5±61.5	1026.4±99.5	1009.4±81.5	1026.4±85.8	1029.2±102.6	970.0±104.7	1013.4±91.7
腰围	850.9±94.9	967.9±118.2	968.5±94.8	985.3±107.6	1005.2±116.0	947.1±114.4	973.2±111.4
臀围	957.2±60.3	1073.0±80.9	1028.5±51.3	1040.4±90.1	1039.6±80.4	1002.9±74.8	1031.6±79.4
大腿围	527.9±38.4	548.8±47.7	539.7±36.1	528.6±46.7	521.3±48.9	500.0±20.8	529.5±44.0
上肢全长	740.1±59.5	735.5±40.1	731.9±57.9	731.5±59.9	734.3±56.7	694.8±37.8	731.4±56.7
下肢全长	954.8±69.9	941.7±69.1	913.4±32.2	904.2±58.9	915.7±35.4	928.0±43.4	915.9±51.0

注：体重的单位为 kg，其余指标值的单位为 mm。

表 4-6-13　新疆达斡尔族女性体部指标

指标	不同年龄组（岁）的指标值（$\bar{x} \pm s$）						合计	u
	18～	30～	40～	50～	60～	70～85		
体重	58.1±10.9	65.1±8.9	63.6±10.2	68.1±10.0	65.7±9.4	59.3±6.6	64.5±10.1	9.15**
身高	1589.2±54.1	1555.0±46.6	1554.5±65.0	1544.9±58.4	1507.8±57.5	1533.0±42.6	1543.8±61.4	16.55**
髂前上棘点高	913.7±51.5	892.6±34.8	893.0±44.4	882.4±58.7	868.1±49.3	882.1±43.0	886.0±50.6	10.78**
坐高	859.5±34.2	831.6±33.5	824.2±40.5	808.8±42.4	797.4±66.7	801.7±31.8	816.3±48.7	11.02**
肱骨内外上髁间径	44.4±9.5	50.4±15.7	45.0±10.9	46.3±11.0	51.0±12.4	43.9±10.7	46.7±11.5	4.12**
股骨内外上髁间径	91.9±14.9	96.0±11.3	95.5±10.0	97.2±9.3	97.8±7.7	94.1±8.4	96.0±9.9	3.57**
肩宽	352.8±19.1	347.7±15.3	353.1±18.3	355.6±19.2	348.8±21.3	340.2±15.6	351.5±19.1	15.82**
骨盆宽	295.2±30.0	318.6±38.5	300.0±22.5	307.2±25.4	316.4±21.2	299.5±18.5	305.9±25.4	2.42*
平静胸围	898.1±109.9	1004.4±62.9	959.6±101.9	1013.7±84.9	1031.9±96.8	967.3±108.4	986.8±102.4	2.33*
腰围	796.0±150.0	900.3±86.2	888.1±102.6	949.5±111.7	998.4±131.5	956.7±128.5	925.6±129.2	3.36**
臀围	954.0±61.3	1024.4±69.4	1011.0±73.6	1049.0±80.9	1042.9±76.1	1017.8±90.2	1024.1±80.1	0.80
大腿围	510.7±53.4	555.3±40.6	533.8±42.4	525.7±57.9	508.4±43.9	467.5±52.3	519.8±52.5	1.70
上肢全长	658.6±44.9	672.7±36.4	662.8±54.4	689.6±78.8	666.8±57.5	672.0±36.8	672.1±60.5	8.62**
下肢全长	883.7±48.8	863.8±33.3	864.3±41.9	854.7±56.9	842.4±46.1	855.4±40.8	858.2±48.1	9.95**

注：u 为性别间的 u 检验值；体重的单位为 kg，其余指标值的单位为 mm。

*$P<0.05$，**$P<0.01$，差异具有统计学意义。

表 4-6-14　新疆达斡尔族观察指标情况

指标	分型	男性		女性		合计		u
		人数	占比/%	人数	占比/%	人数	占比/%	
上眼睑皱褶	有	39	25.5	46	33.1	85	29.1	1.43
	无	114	74.5	93	66.9	207	70.9	1.43
内眦褶	有	64	41.8	49	35.3	113	38.7	1.15
	无	89	58.2	90	64.7	179	61.3	1.15
眼裂高度	狭窄	30	19.6	23	16.5	53	18.2	0.68
	中等	91	59.5	72	51.8	163	55.8	1.32
	较宽	32	20.9	44	31.7	76	26.0	2.09*
眼裂倾斜度	内角高	112	73.2	114	82.0	226	77.4	1.80
	水平	29	19.0	19	13.7	48	16.4	1.22
	外角高	12	7.8	6	4.3	18	6.2	1.25
鼻背侧面观	凹型	44	28.8	69	49.6	113	38.7	3.66**
	直型	71	46.3	42	30.2	113	38.7	2.84**
	凸型	24	15.7	14	10.1	38	13.0	1.42
	波型	14	9.2	14	10.1	28	9.6	0.27

续表

指标	分型	男性		女性		合计		u
		人数	占比/%	人数	占比/%	人数	占比/%	
鼻基底方向	上翘	53	34.6	83	59.7	136	46.5	4.29**
	水平	77	50.3	49	35.3	126	43.2	2.60**
	下垂	23	15.1	7	5.0	30	10.3	2.81**
鼻翼宽	狭窄	4	2.6	12	8.6	16	5.5	2.26*
	中等	1	0.7	9	6.5	10	3.4	2.73**
	宽阔	148	96.7	118	84.9	266	91.1	3.55**
耳垂类型	三角形	24	15.7	22	15.8	46	15.8	0.03
	方形	53	34.6	46	33.1	99	33.9	0.28
	圆形	76	49.7	71	51.1	147	50.3	0.24
上唇皮肤部高	低	0	0.0	2	1.4	2	0.7	1.49
	中等	32	20.9	71	51.1	103	35.3	5.39**
	高	121	79.1	66	47.5	187	64.0	5.62**
红唇厚度	薄唇	95	62.1	88	63.3	183	62.7	0.21
	中唇	43	28.1	47	33.8	90	30.8	1.06
	厚唇	15	9.8	4	2.9	19	6.5	2.40*
利手	左型	16	10.5	9	6.5	25	8.6	1.21
	右型	137	89.5	130	93.5	267	91.4	1.21
扣手	左型	59	38.6	61	43.9	120	41.1	0.92
	右型	94	61.4	78	56.1	172	58.9	0.92
卷舌	否	33	21.6	30	21.6	63	21.6	0.00
	是	120	78.4	109	78.4	229	78.4	0.00

注：u 为性别间率的 u 检验值。

*P<0.05，**P<0.01，差异具有统计学意义。

表 4-6-15　新疆达斡尔族男性生理指标

指标	不同年龄组（岁）的指标值（$\bar{x} \pm s$）						合计
	18～	30～	40～	50～	60～	70～85	
收缩压/mmHg	128.1±13.0	131.0±16.3	138.8±18.2	146.7±21.5	152.1±21.8	134.9±22.8	143.2±21.1
舒张压/mmHg	77.3±11.8	82.6±10.9	88.3±12.4	89.8±14.2	90.0±13.1	83.4±11.8	87.9±13.4
心率/（次/分）	74.5±12.2	79.9±10.2	80.4±10.6	83.3±12.7	77.1±14.6	77.9±6.8	80.1±12.5

表 4-6-16 新疆达斡尔族女性生理指标

指标	不同年龄组（岁）的指标值（$\bar{x}\pm s$）						合计	u
	18～	30～	40～	50～	60～	70～85		
收缩压/mmHg	119.3±6.2	124.6±13.4	127.1±22.0	135.5±16.1	144.1±16.1	138.8±26.9	133.0±19.7	4.27**
舒张压/mmHg	76.8±11.3	83.5±12.1	79.5±14.9	82.1±10.7	81.5±11.3	80.8±11.4	80.7±12.2	4.81**
心率/（次/分）	83.9±13.3	76.6±9.5	79.1±11.0	76.6±7.9	79.6±14.0	77.1±10.1	78.6±11.0	1.09

注：u 为性别间的 u 检验值。

**P＜0.01，差异具有统计学意义。

表 4-6-17 新疆达斡尔族男性头面部指数、体部指数和体脂率

指数	不同年龄组（岁）的指标值（$\bar{x}\pm s$）						合计
	18～	30～	40～	50～	60～	70～85	
头长宽指数	84.2±2.8	88.1±4.3	84.0±4.8	82.8±6.3	82.0±6.0	79.4±4.7	83.1±5.7
头长高指数	78.0±7.7	73.5±7.6	71.4±12.9	71.3±10.9	69.7±11.3	64.4±23.0	71.3±12.0
头宽高指数	92.7±8.6	83.6±8.8	85.3±16.0	86.5±12.8	85.4±14.2	80.4±28.0	85.9±14.4
形态面指数	89.7±9.3	87.4±10.9	91.9±9.6	94.4±10.2	92.8±11.4	89.5±14.4	92.4±10.6
鼻指数	66.7±11.3	59.2±5.1	61.2±10.7	57.8±6.5	58.5±7.7	57.9±9.9	59.5±8.6
口指数	33.3±9.2	32.9±7.1	31.1±9.0	27.9±7.9	25.6±6.5	21.0±10.0	28.5±8.4
身高坐高指数	53.7±2.5	53.8±2.3	52.3±2.6	52.6±1.9	52.1±1.9	54.1±5.0	52.6±2.4
身高体重指数	395.2±56.8	509.8±100.0	463.7±62.5	473.0±80.8	468.2±84.5	404.0±78.6	463.1±80.3
身高胸围指数	53.3±3.8	59.7±5.2	60.2±5.0	61.7±5.7	62.2±5.5	58.9±5.4	60.6±5.7
身高肩宽指数	23.2±2.4	22.9±0.7	23.5±1.2	23.6±1.1	23.2±1.2	23.0±1.0	23.4±1.3
身高骨盆宽指数	17.0±1.2	18.8±1.6	18.6±1.5	19.1±2.1	19.1±1.8	18.7±1.3	18.8±1.9
马氏躯干腿长指数	86.7±8.5	86.3±8.6	91.5±9.3	90.5±6.9	92.3±7.3	85.9±14.8	90.4±8.4
身高下肢长指数	57.2±2.9	57.2±2.0	56.6±1.4	56.5±2.8	57.5±1.7	58.5±2.8	56.9±2.3
身体质量指数/（kg/m²）	22.7±3.3	29.6±5.5	27.7±3.8	28.5±5.1	28.3±4.8	24.5±4.4	27.7±4.8
身体肥胖指数	23.6±2.3	29.7±4.0	29.5±3.7	30.6±5.2	30.9±3.9	29.5±3.1	29.8±4.6
体脂率/%	23.3±3.4	26.6±1.3	31.8±1.9	33.0±3.6	34.2±3.0	33.5±3.8	31.9±4.2

表 4-6-18 新疆达斡尔族女性头面部指数、体部指数和体脂率

指数	不同年龄组（岁）的指标值（$\bar{x}\pm s$）						合计	u
	18～	30～	40～	50～	60～	70～85		
头长宽指数	86.1±5.6	86.0±7.6	82.9±5.3	82.8±5.5	81.6±5.5	83.3±4.2	83.1±5.6	0.06
头长高指数	73.5±8.7	72.6±10.5	71.3±13.2	73.6±8.8	68.1±12.8	77.8±4.6	72.1±11.1	0.59
头宽高指数	85.4±8.6	85.2±16.3	86.2±15.5	89.0±10.2	83.7±16.7	93.7±8.8	87.0±13.6	0.67
形态面指数	88.4±7.9	92.0±11.5	89.9±9.3	91.7±10.2	92.1±9.6	95.7±11.4	91.3±9.8	0.92

续表

指数	不同年龄组（岁）的指标值（$\bar{x}\pm s$）						合计	u
	18～	30～	40～	50～	60～	70～85		
鼻指数	57.4±6.1	59.0±3.1	57.3±7.0	59.5±12.2	58.9±8.5	53.7±4.8	58.0±8.8	1.47
口指数	34.1±9.2	32.0±9.1	34.8±8.1	30.6±6.8	25.3±8.7	26.1±5.5	30.7±8.6	2.21*
身高坐高指数	54.1±1.8	53.5±1.7	53.0±2.2	52.4±2.2	52.9±4.0	52.3±1.9	52.9±2.6	1.02
身高体重指数	366.2±74.9	418.7±59.2	409.5±64.7	440.8±59.7	435.6±60.2	386.9±43.9	418.0±65.0	5.30**
身高胸围指数	56.6±8.0	64.7±5.3	61.8±7.1	65.6±5.2	68.5±6.7	63.2±7.7	64.0±7.3	4.41**
身高肩宽指数	22.2±1.4	22.4±1.1	22.7±1.2	23.0±1.1	23.1±1.2	22.2±1.2	22.8±1.2	4.10**
身高骨盆宽指数	18.6±2.2	20.5±2.5	19.3±1.5	19.9±1.4	21.0±1.3	19.5±1.2	19.8±1.7	4.75**
马氏躯干腿长指数	85.0±6.1	87.1±6.1	88.8±8.1	91.3±8.2	90.0±12.6	91.4±6.8	89.5±8.9	0.89
身高下肢长指数	57.5±1.5	57.4±1.3	57.5±2.2	57.1±3.0	57.6±1.8	57.5±2.0	57.4±2.3	1.86
身体质量指数/（kg/m²）	23.1±5.2	27.0±4.0	26.4±4.4	28.5±3.9	28.9±4.1	25.3±3.1	27.1±4.5	1.10
身体肥胖指数	29.7±4.1	35.0±5.0	34.4±5.4	36.7±4.8	38.5±5.3	35.7±5.0	35.6±5.5	9.72**
体脂率/%	32.7±3.3	34.8±1.5	37.4±2.5	40.7±2.1	39.4±2.5	37.9±3.5	38.2±3.4	14.14**

注：u 为性别间的 u 检验值。

*$P<0.05$，**$P<0.01$，差异具有统计学意义。

（李　强　温有锋）

第七节　撒　拉　族

一、撒拉族简介

根据 2010 年第六次全国人口普查统计数据，撒拉族共有 130 607 人（国务院人口普查办公室，国家统计局人口和就业统计司，2012），主要聚居在青海省循化撒拉族自治县、化隆回族自治县甘都乡及甘肃省积石山保安族东乡族撒拉族自治县的大河家。撒拉语属于阿尔泰语系突厥语族西匈奴语支乌古斯语组。

循化撒拉族自治县位于青海省东部，地处东经 102°04′～102°49′、北纬 35°25′～35°56′，最高海拔 4636m，最低海拔 1780m，属高原大陆性气候，年平均气温 8.5℃，年日照时数 2683.3h，年降雨量 264.4mm，南北差异大，分布不均。

研究组在青海循化撒拉族自治县开展了撒拉族人体表型数据采集工作。撒拉族被调查成年男性平均年龄 52.53 岁±16.35 岁，女性平均年龄 53.16 岁±14.84 岁。

二、撒拉族的表型数据（表 4-7-1～表 4-7-9）

表 4-7-1 撒拉族男性头面部指标 （单位：mm）

指标	不同年龄组（岁）的指标值（$\bar{x}\pm s$）						合计
	18～	30～	40～	50～	60～	70～85	
头长	184.4±6.8	189.2±6.5	188.0±5.9	190.0±6.5	189.3±10.4	189.9±6.3	188.9±7.5
头宽	157.3±10.8	158.3±5.5	154.3±6.3	151.8±9.2	151.5±6.5	150.9±6.8	153.3±7.9
额最小宽	119.7±9.4	125.3±7.3	123.9±7.9	121.7±7.1	120.5±6.4	119.4±6.3	121.7±7.4
面宽	147.9±5.0	148.8±5.7	145.5±5.2	143.8±5.4	143.8±4.9	144.0±4.9	145.1±5.5
下颌角间宽	111.9±5.1	117.0±7.1	114.6±6.5	113.9±6.8	112.7±5.9	114.0±6.3	114.0±6.5
眼内角间宽	39.8±2.8	38.3±3.9	37.6±3.2	37.5±2.4	38.0±3.0	39.6±4.2	38.3±3.3
眼外角间宽	94.9±4.0	94.3±4.8	90.1±5.1	88.6±4.5	87.1±4.1	85.6±4.8	89.3±5.5
鼻宽	38.8±2.0	39.5±2.7	39.1±2.6	39.4±2.9	39.1±2.4	40.6±3.4	39.5±2.8
口宽	47.7±3.2	51.1±4.4	51.5±3.3	51.4±4.5	51.3±3.4	51.5±4.4	51.1±4.1
容貌面高	191.3±9.5	193.6±8.8	193.7±9.7	196.7±10.2	200.1±10.9	199.6±10.1	196.6±10.4
形态面高	132.9±4.9	135.8±5.8	135.5±8.8	138.1±7.0	139.4±8.1	139.0±7.2	137.4±7.5
鼻高	66.6±6.0	66.3±5.0	66.4±5.5	68.1±5.7	68.4±6.5	69.8±5.8	67.8±5.9
上唇皮肤部高	16.4±2.3	18.1±2.6	18.6±2.7	19.8±2.6	19.8±2.7	19.9±3.2	19.1±2.9
唇高	16.8±3.4	16.3±3.9	15.5±3.8	14.2±4.0	13.2±3.5	10.8±4.2	14.1±4.2
红唇厚度	7.8±1.6	6.9±2.0	6.8±2.1	6.4±2.0	5.6±1.9	4.6±2.2	6.2±2.2
容貌耳长	61.4±4.1	64.0±3.8	68.1±5.2	68.3±4.5	69.1±4.6	70.5±4.8	67.7±5.3
容貌耳宽	27.9±2.6	28.0±2.4	29.3±3.3	29.6±2.9	28.8±3.3	30.1±3.3	29.1±3.1
耳上头高	122.6±11.6	130.1±13.9	123.7±13.4	126.1±14.9	125.8±15.5	122.2±13.7	125.2±14.3

表 4-7-2 撒拉族女性头面部指标

指标	不同年龄组（岁）的指标值（$\bar{x}\pm s$）/mm						合计/mm	u
	18～	30～	40～	50～	60～	70～85		
头长	173.4±8.3	178.8±6.3	182.0±6.6	183.2±6.7	184.8±4.8	183.1±4.7	182.1±6.7	11.01**
头宽	148.4±5.1	145.1±8.8	142.4±5.2	142.5±6.6	140.8±5.0	138.9±4.3	142.3±6.3	17.81**
额最小宽	117.2±4.1	118.7±5.3	118.6±4.1	118.0±4.9	117.4±5.1	115.4±4.2	117.6±4.8	7.66**
面宽	137.4±3.7	136.5±5.0	137.3±4.9	136.4±5.2	135.2±4.4	134.8±4.2	136.1±4.7	20.29**
下颌角间宽	104.1±5.8	106.6±5.5	108.9±5.7	106.9±6.7	108.4±5.3	106.8±6.1	107.5±5.9	12.05**
眼内角间宽	32.6±2.7	32.2±2.2	32.9±2.8	33.5±3.1	32.7±2.8	33.3±3.0	32.9±2.8	20.36**
眼外角间宽	87.5±4.9	84.6±3.6	84.2±4.1	83.4±4.9	80.8±4.5	77.9±4.5	82.5±5.1	14.74**
鼻宽	33.2±2.4	33.4±2.1	34.1±2.5	34.4±2.4	35.2±2.6	35.1±3.0	34.5±2.6	21.28**
口宽	44.6±3.4	45.3±4.2	45.6±4.0	46.2±3.2	45.6±2.9	45.4±3.9	45.6±3.5	16.64**
容貌面高	178.8±9.1	180.7±10.8	182.7±7.5	181.4±8.8	181.7±10.6	180.9±10.8	181.4±9.6	17.47**

指标	不同年龄组（岁）的指标值（$\bar{x}\pm s$）/mm						合计/mm	u
	18～	30～	40～	50～	60～	70～85		
形态面高	121.6±7.2	121.6±6.6	124.3±6.7	127.0±5.7	128.7±6.9	125.3±7.8	125.6±7.2	18.43**
鼻高	57.5±3.9	58.8±4.7	56.9±5.1	58.6±3.7	58.9±5.0	59.8±3.9	58.5±4.6	20.35**
上唇皮肤部高	15.2±2.1	16.1±2.3	18.3±2.8	19.5±2.9	20.2±2.9	19.4±3.1	18.7±3.2	1.50
唇高	15.7±2.7	14.6±3.0	14.8±3.0	13.4±2.6	12.1±3.6	10.6±3.1	13.2±3.5	2.69**
红唇厚度	6.3±1.5	6.0±1.3	5.8±1.5	5.2±1.6	5.1±2.2	4.2±1.5	5.3±1.8	5.17**
容貌耳长	60.6±3.7	61.2±4.3	63.8±3.7	63.1±4.6	65.8±5.5	67.3±3.8	64.2±4.9	7.89**
容貌耳宽	25.4±2.8	25.5±2.7	25.9±2.2	26.4±2.6	26.9±2.7	26.3±2.1	26.2±2.6	11.70**
耳上头高	120.8±9.7	115.9±10.9	114.9±38.6	115.2±11.6	114.1±11.2	114.2±11.3	115.2±19.8	6.56**

注：u 为性别间的 u 检验值。

**$P<0.01$，差异具有统计学意义。

表 4-7-3　撒拉族男性体部指标

指标	不同年龄组（岁）的指标值（$\bar{x}\pm s$）						合计
	18～	30～	40～	50～	60～	70～85	
体重	61.6±8.2	75.4±9.5	71.1±12.0	76.1±11.2	71.4±11.1	68.0±10.9	71.6±11.5
身高	1677.3±51.7	1673.6±47.0	1648.6±80.3	1644.6±53.3	1641.1±62.3	1636.2±58.6	1649.7±61.5
髂前上棘点高	911.9±39.5	907.0±38.5	890.2±50.4	896.4±38.0	902.4±45.5	898.5±45.9	899.8±43.5
坐高	889.1±39.0	892.6±33.0	879.6±49.4	881.8±33.7	869.8±40.5	863.4±26.5	877.8±38.4
肱骨内外上髁间径	67.4±2.9	68.9±3.4	69.7±4.3	70.1±4.5	70.4±4.3	70.8±4.4	69.8±4.2
股骨内外上髁间径	93.9±6.8	100.2±8.5	96.5±7.4	100.9±8.6	100.9±7.5	100.1±8.9	99.4±8.3
肩宽	377.5±20.8	383.9±14.1	375.9±21.1	374.8±18.9	369.2±21.1	367.6±21.6	374.0±20.3
骨盆宽	275.3±12.7	291.4±16.1	287.0±21.1	295.0±18.0	289.9±15.4	293.6±17.5	290.3±18.0
平静胸围	862.9±60.3	939.9±93.6	925.3±91.2	973.3±70.7	947.9±67.5	940.6±70.2	941.0±80.7
腰围	771.3±70.7	914.2±87.4	905.0±100.1	944.6±98.5	904.9±105.1	897.7±105.0	903.5±106.2
臀围	885.8±50.5	964.3±52.5	939.0±65.0	970.8±65.6	941.9±62.6	943.1±73.5	947.0±66.9
大腿围	475.5±38.1	507.6±40.1	483.9±45.7	498.2±45.9	484.4±51.5	456.8±51.1	485.2±49.0
上肢全长	730.7±32.8	726.1±32.3	726.6±37.0	716.5±32.6	717.1±33.3	725.5±38.0	722.3±34.5
下肢全长	875.0±36.5	870.3±35.6	856.0±46.3	861.9±35.1	868.7±42.4	865.6±43.6	865.3±40.4

注：体重的单位为 kg，其余指标值的单位为 mm。

表 4-7-4　撒拉族女性体部指标

指标	不同年龄组（岁）的指标值（$\bar{x}\pm s$）						合计	u
	18～	30～	40～	50～	60～	70～85		
体重	48.2±7.4	58.1±9.5	62.9±9.1	61.7±9.7	60.7±8.9	55.9±8.9	59.5±9.8	13.07**
身高	1561.4±54.9	1542.5±52.6	1519.1±51.3	1531.9±40.4	1517.1±43.9	1502.7±51.2	1524.5±49.7	25.89**

续表

指标	不同年龄组（岁）的指标值（$\bar{x} \pm s$）						合计	u
	18～	30～	40～	50～	60～	70～85		
髂前上棘点高	846.2±45.0	848.5±42.4	826.8±51.8	837.1±31.7	831.6±37.9	826.3±48.0	834.0±42.8	17.49**
坐高	835.5±29.8	825.6±25.4	822.8±32.7	823.9±31.5	805.3±27.9	792.4±29.2	815.1±32.1	20.45**
肱骨内外上髁间径	57.7±3.5	61.0±3.5	61.7±3.8	62.1±4.3	63.3±3.0	61.4±3.8	61.7±3.9	22.98**
股骨内外上髁间径	86.9±6.6	89.7±9.6	93.0±8.3	95.0±7.9	93.6±7.7	91.3±7.8	92.5±8.3	9.53**
肩宽	337.6±18.1	341.9±115.0	341.2±18.5	339.0±18.5	337.9±17.5	333.0±16.6	338.5±17.6	21.54**
骨盆宽	273.1±16.9	282.1±15.2	291.0±16.6	295.4±17.7	294.5±17.3	293.7±12.2	290.8±17.3	0.33
平静胸围	765.9±51.3	850.2±68.3	887.3±56.4	879.1±65.2	890.1±53.6	860.0±66.4	869.5±67.5	11.10**
腰围	708.7±72.2	806.4±87.9	850.6±85.1	849.5±108.2	878.3±84.9	868.2±101.0	845.1±100.7	6.48**
臀围	864.9±53.6	919.1±56.9	957.1±54.8	943.1±72.2	942.4±69.2	921.5±62.2	934.2±67.1	2.19*
大腿围	452.9±38.8	483.7±51.0	510.1±38.3	484.6±35.0	470.4±40.6	457.5±41.5	479.7±44.2	1.36
上肢全长	658.1±33.0	660.2±61.5	658.8±35.2	657.7±37.9	663.7±31.9	652.8±42.2	659.2±39.7	19.35**
下肢全长	816.2±41.1	820.8±40.1	799.9±49.4	809.9±29.4	806.0±34.6	802.0±45.2	807.5±40.0	16.49**

注：u 为性别间的 u 检验值；体重的单位为 kg，其余指标值的单位为 mm。

*$P<0.05$，**$P<0.01$，差异具有统计学意义。

表 4-7-5　撒拉族观察指标情况

指标	分型	男性		女性		合计		u
		人数	占比/%	人数	占比/%	人数	占比/%	
上眼睑皱褶	有	239	83.9	205	84.0	444	83.9	0.05
	无	46	16.1	39	16.0	85	16.1	0.05
内眦褶	有	23	8.1	30	12.3	53	10.0	1.61
	无	262	91.9	214	87.7	476	90.0	1.61
眼裂高度	狭窄	29	10.2	34	13.9	63	11.9	1.33
	中等	230	80.7	165	67.6	395	74.7	3.45**
	较宽	26	9.1	45	18.5	71	13.4	3.13**
眼裂倾斜度	内角高	15	5.3	6	2.5	21	4.0	1.65
	水平	132	46.3	111	45.5	243	45.9	0.19
	外角高	138	48.4	127	52.0	265	50.1	0.83
鼻背侧面观	凹型	67	23.5	51	20.9	118	22.3	0.72
	直型	131	46.0	146	59.8	277	52.4	3.18**
	凸型	87	30.5	47	19.3	134	25.3	2.97**
	波型	0	0.0	0	0.0	0	0.0	
鼻基底方向	上翘	147	51.6	149	61.1	296	56.0	2.19*
	水平	124	43.5	95	38.9	219	41.4	1.06
	下垂	14	4.9	0	0.0	14	2.6	3.51**

续表

指标	分型	男性		女性		合计		u
		人数	占比/%	人数	占比/%	人数	占比/%	
鼻翼宽	狭窄	46	16.1	28	11.4	74	14.0	1.54
	中等	162	56.9	148	60.7	310	58.6	0.89
	宽阔	77	27.0	68	27.9	145	27.4	0.22
耳垂类型	三角形	47	16.5	35	14.3	82	15.5	0.68
	方形	97	34.0	77	31.6	174	32.9	0.60
	圆形	141	49.5	132	54.1	273	51.6	1.06
上唇皮肤部高	低	0	0.0	3	1.2	3	0.6	1.88
	中等	162	56.8	140	57.4	302	57.1	0.12
	高	123	43.2	101	41.4	224	42.3	0.41
红唇厚度	薄唇	213	74.7	220	90.2	433	81.9	4.59**
	中唇	64	22.5	23	9.4	87	16.4	4.03**
	厚唇	8	2.8	1	0.4	9	1.7	2.13*
利手	左型	19	6.7	6	2.5	25	4.7	2.27*
	右型	266	93.3	238	97.5	504	95.3	2.27*
扣手	左型	146	51.2	123	50.4	269	50.9	0.19
	右型	139	48.8	121	49.6	260	49.1	0.19
卷舌	否	131	46.0	108	44.3	239	45.2	0.39
	是	154	54.0	136	55.7	290	54.8	0.39

注：u 为性别间率的 u 检验值。

*P＜0.05，**P＜0.01，差异具有统计学意义。

表 4-7-6　撒拉族男性生理指标

指标	不同年龄组（岁）的指标值（$\bar{x} \pm s$）						合计
	18～	30～	40～	50～	60～	70～85	
收缩压/mmHg	125.0±17.1	123.8±20.1	120.4±16.8	125.8±15.9	123.1±17.7	122.8±19.2	123.8±17.7
舒张压/mmHg	78.5±6.9	80.4±10.8	82.0±10.5	82.2±10.6	80.2±11.1	79.7±12.4	80.8±10.8
心率/（次/分）	71.1±14.8	71.7±10.5	78.6±11.9	77.5±11.8	75.7±10.6	75.6±12.4	75.6±11.9

表 4-7-7　撒拉族女性生理指标

指标	不同年龄组（岁）的指标值（$\bar{x} \pm s$）						合计	u
	18～	30～	40～	50～	60～	70～85		
收缩压/mmHg	109.9±11.5	119.0±17.8	119.5±17.6	130.2±23.7	125.0±23.1	120.8±18.9	122.5±20.8	0.75
舒张压/mmHg	77.2±10.1	78.5±10.6	76.3±9.6	78.8±12.2	78.2±10.1	76.6±10.2	77.7±10.5	3.34**
心率/（次/分）	78.2±7.1	80.4±9.6	77.8±11.0	79.8±11.1	81.8±10.8	81.7±10.2	80.2±10.5	4.72**

注：u 为性别间的 u 检验值。

**P＜0.01，差异具有统计学意义。

表 4-7-8　撒拉族男性头面部指数、体部指数和体脂率

指数	不同年龄组（岁）的指标值（$\bar{x}\pm s$）						合计
	18～	30～	40～	50～	60～	70～85	
头长宽指数	85.4±6.3	83.8±4.8	82.1±4.0	80.0±5.2	80.3±7.2	79.5±3.7	81.3±5.6
头长高指数	66.5±6.0	68.8±7.7	65.9±7.2	66.4±8.2	66.6±8.9	64.4±7.1	66.4±7.9
头宽高指数	78.3±9.0	82.2±8.3	80.3±8.9	83.5±12.1	83.1±10.5	81.0±9.1	81.9±10.1
形态面指数	89.9±4.0	91.4±5.2	93.2±5.3	96.1±4.6	97.0±5.1	96.6±5.0	94.8±5.5
鼻指数	58.6±4.7	59.9±6.6	59.2±5.7	58.2±5.2	57.7±6.3	58.4±5.0	58.5±5.7
口指数	35.3±7.2	32.1±8.0	30.2±7.8	27.9±8.5	26.0±7.4	21.3±9.4	27.9±9.0
身高坐高指数	53.0±1.7	53.3±1.5	53.3±1.4	53.6±1.7	53.0±2.0	52.8±1.5	53.2±1.7
身高体重指数	367.4±47.2	450.3±52.0	429.6±61.4	462.6±61.8	434.0±59.6	415.3±63.0	433.6±63.9
身高胸围指数	51.5±4.1	56.2±5.5	56.2±5.3	59.3±4.1	57.7±4.0	57.5±4.5	57.1±5.0
身高肩宽指数	22.5±1.3	22.9±0.9	22.8±1.2	22.8±1.1	22.5±1.1	22.5±1.4	22.7±1.2
身高骨盆宽指数	16.4±0.9	17.4±0.8	17.4±1.1	17.9±1.0	17.7±0.9	17.9±0.8	17.6±1.0
马氏躯干腿长指数	88.8±6.2	87.6±5.2	87.6±5.1	86.6±5.7	88.9±7.1	89.6±5.4	88.1±5.9
身高下肢长指数	52.2±1.8	52.0±1.7	52.0±2.3	52.4±1.6	52.9±1.8	52.9±2.0	52.5±1.9
身体质量指数/（kg/m²）	21.9±2.9	26.9±3.0	26.0±3.3	28.1±3.6	26.4±3.4	25.4±3.8	26.3±3.7
身体肥胖指数	22.8±2.5	26.6±2.4	26.4±3.2	28.1±3.3	26.8±3.3	27.1±3.6	26.8±3.4
体脂率/%	13.6±4.9	21.9±3.4	23.3±5.8	27.6±6.3	26.1±6.7	25.3±5.3	24.3±6.8

表 4-7-9　撒拉族女性头面部指数、体部指数和体脂率

指数	不同年龄组（岁）的指标值（$\bar{x}\pm s$）						合计	u
	18～	30～	40～	50～	60～	70～85		
头长宽指数	85.8±4.8	81.2±4.9	78.4±3.8	77.9±4.7	76.2±2.8	75.9±2.8	78.2±4.7	6.92**
头长高指数	69.8±6.4	64.8±6.1	63.3±6.1	63.0±7.0	61.8±6.5	62.4±5.9	63.4±6.6	4.76**
头宽高指数	81.4±6.3	80.1±8.4	80.9±7.7	80.2±7.6	81.1±8.5	82.2±7.5	81.0±7.8	1.15
形态面指数	88.5±5.3	89.1±5.2	90.5±4.5	93.2±5.3	95.3±5.5	93.0±5.9	92.4±5.7	4.91**
鼻指数	58.1±6.2	57.1±4.9	60.2±5.3	59.0±4.8	60.1±6.3	58.9±6.3	59.2±5.7	1.41
口指数	35.3±6.9	32.5±7.1	32.7±6.8	29.1±6.3	26.6±7.7	23.5±7.5	29.2±7.9	1.77
身高坐高指数	53.5±1.2	53.6±1.9	54.2±1.3	53.8±1.9	53.0±1.8	52.8±1.7	53.5±1.7	2.02*
身高体重指数	308.8±46.3	376.0±56.9	414.0±54.9	402.6±60.0	399.6±56.5	372.1±56.8	389.9±61.8	7.98**
身高胸围指数	49.1±3.77	55.2±4.6	58.4±3.7	57.4±4.2	58.7±3.6	57.3±4.6	57.1±4.7	0.00
身高肩宽指数	21.6±1.2	22.2±1.1	22.5±1.2	21.1±1.2	22.3±1.1	22.2±1.1	22.2±1.1	5.00**
身高骨盆宽指数	17.5±0.9	18.3±0.9	19.2±1.0	19.3±1.1	19.4±1.0	19.6±1.0	19.1±1.1	16.30**
马氏躯干腿长指数	86.9±4.4	86.9±6.8	84.7±4.4	86.1±6.5	88.5±6.0	89.7±6.1	87.1±6.0	1.73

续表

指数	不同年龄组（岁）的指标值（$\bar{x} \pm s$）						合计	u
	18～	30～	40～	50～	60～	70～85		
身高下肢长指数	52.3±1.6	53.2±1.5	52.7±2.7	52.9±1.5	52.2±6.8	53.4±2.4	52.7±3.9	0.73
身体质量指数/（kg/m²）	19.8±3.0	24.4±3.6	27.3±3.5	26.3±3.8	26.3±3.7	24.8±3.8	25.6±4.1	2.05*
身体肥胖指数	26.4±3.2	30.0±3.3	33.2±3.5	31.8±4.0	32.5±3.8	32.1±3.9	31.7±4.0	15.04**
体脂率/%	24.2±5.9	30.3±5.4	34.7±4.2	35.6±5.3	36.6±3.8	34.8±3.8	34.1±5.6	18.17**

注：u 为性别间的 u 检验值。

*P＜0.05，**P＜0.01，差异具有统计学意义。

（何玉秀　梁　玉）

第八节　布　朗　族

一、布朗族简介

根据 2010 年第六次全国人口普查统计数据，布朗族总人口数为 119 639 人（国务院人口普查办公室，国家统计局人口和就业统计司，2012）。布朗族主要分布在云南境内的昌宁、凤庆、云县、景东、双江、澜沧、勐海等十余个县。布朗族没有自己的文字，但是有自己的语言，布朗语属南亚语系孟高棉语族佤德昂语支，分布朗与阿尔佤两种方言（王雪晨，2010）。

打洛镇位于勐海县西南部，地处北纬 21°38′～21°51′、东经 99°57′～100°18′，属于北热带气候，年平均气温 21.9℃，年降雨量 1220mm，年日照时数 2750h。

布朗山布朗族乡位于勐海县东南部，地处东经 99°56′～100°41′、北纬 21°28′～22°28′，平均海拔达 1216m，属南亚热带季风气候，年平均气温 18～21℃，年降雨量 1374mm，年日照时数 1782～2323h。

研究组在云南西双版纳傣族自治州勐海县打洛镇及布朗山布朗族乡开展了布朗族人体表型数据采集工作。布朗族被调查成年男性年龄 46.3 岁±15.7 岁，女性年龄 46.4 岁±14.5 岁。

二、布朗族的表型数据（表 4-8-1～表 4-8-9）

表 4-8-1　布朗族男性头面部指标　　　　　　（单位：mm）

指标	不同年龄组（岁）的指标值（$\bar{x} \pm s$）						合计
	18～	30～	40～	50～	60～	70～85	
头长	186.3±6.7	186.3±6.4	187.7±6.8	185.8±7.0	186.3±6.3	185.1±7.0	186.5±6.7
头宽	157.1±5.0	154.5±6.1	154.9±5.9	152.1±5.6	153.4±5.2	151.7±5.1	154.2±5.8

续表

指标	不同年龄组（岁）的指标值（$\bar{x}\pm s$）						合计
	18～	30～	40～	50～	60～	70～85	
额最小宽	116.8±5.6	115.7±4.7	114.8±5.1	113.3±6.1	113.4±5.3	112.4±5.3	114.6±5.4
面宽	143.7±5.5	143.6±5.2	143.7±6.3	142.1±6.0	142.5±5.3	141.3±5.4	143.0±5.7
下颌角间宽	116.5±7.7	116.9±6.7	115.5±6.7	113.8±6.7	114.8±5.0	110.8±7.2	115.1±6.8
眼内角间宽	33.2±3.1	32.2±2.4	33.5±3.4	32.2±2.7	32.9±2.7	34.6±3.3	33.0±3.0
眼外角间宽	89.3±3.8	87.4±4.3	88.7±4.5	86.4±4.5	86.1±3.8	84.6±4.1	87.4±4.4
鼻宽	34.6±2.6	34.9±2.9	36.4±2.9	37.0±4.1	36.8±4.0	36.8±4.6	36.1±3.5
口宽	45.4±3.6	44.9±3.0	46.6±3.8	47.0±4.0	47.1±3.8	46.4±4.8	46.2±3.8
形态面高	116.0±5.9	117.3±6.5	116.6±5.9	118.2±6.2	118.9±5.9	116.5±8.5	117.2±6.3
鼻高	45.7±3.4	46.5±2.7	47.7±3.0	47.8±2.8	48.5±3.7	49.0±4.0	47.4±3.3
上唇皮肤部高	14.1±2.0	15.6±2.6	16.2±2.3	17.5±2.3	18.3±2.4	18.7±2.1	16.5±2.7
唇高	16.8±3.1	15.3±3.0	15.0±3.4	14.9±2.9	13.0±2.7	11.0±3.4	14.7±3.4
红唇厚度	7.4±1.7	6.8±1.5	6.6±1.7	6.3±1.3	5.7±1.2	5.2±1.5	6.4±1.6
容貌耳长	57.8±4.0	60.5±4.8	61.4±5.3	60.9±4.9	64.4±4.3	66.2±5.3	61.4±5.3
容貌耳宽	27.8±3.0	28.6±2.8	29.2±3.2	30.0±2.9	30.5±3.2	31.4±4.4	29.4±3.3
耳上头高	124.9±9.5	120.3±11.0	123.0±9.0	120.0±9.9	122.0±9.6	123.0±13.5	122.1±10.2

表 4-8-2 布朗族女性头面部指标

指标	不同年龄组（岁）的指标值（$\bar{x}\pm s$）/mm						合计/mm	u
	18～	30～	40～	50～	60～	70～85		
头长	179.0±6.3	179.6±6.3	180.0±5.7	179.2±5.7	178.4±6.1	179.8±5.1	179.4±5.9	14.99**
头宽	149.9±4.7	148.6±4.8	148.6±4.5	147.5±5.3	145.4±5.1	146.3±4.5	148.0±5.0	15.25**
额最小宽	112.5±4.0	112.5±5.2	112.7±4.6	112.3±4.5	111.6±4.7	111.0±5.2	112.3±4.7	6.01**
面宽	138.0±5.3	137.0±6.1	137.8±5.1	136.4±6	136.1±5.4	135.4±5.4	137.0±5.6	14.38**
下颌角间宽	112.3±5.2	111.6±6.2	112.5±5.7	111.7±6.5	110.9±6.7	109.0±5.9	111.7±6.1	7.13**
眼内角间宽	32.9±2.7	31.9±3.1	31.9±2.9	32.1±3.1	32.4±3.2	32.9±2.6	32.2±3.0	3.50**
眼外角间宽	85.7±4.7	84.8±4.9	84.8±4.3	84.3±5.4	83.4±4.4	82.3±4.1	84.5±4.8	8.80**
鼻宽	33.1±2.7	33.3±3.1	33.6±3.4	35.0±3.5	35.5±3.2	35.2±4.0	34.1±3.4	7.56**
口宽	43.9±3.2	43.6±3.0	44.4±4.1	44.5±3.6	45.7±4.4	44.4±4.6	44.4±3.8	6.66**
形态面高	109.3±5.2	109.1±5.4	110.2±5.1	110.4±5.6	109.9±6.4	109.6±6.8	109.8±5.6	16.59**
鼻高	42.9±3.2	42.4±3.1	43.3±3.2	43.6±3.1	44.6±3.3	44.1±3.1	43.4±3.2	16.80**
上唇皮肤部高	13.1±1.9	13.4±2.0	14.8±2.2	15.3±2.3	15.8±2.3	16.3±3.0	14.6±2.5	9.83**
唇高	16.1±3.0	15.5±2.7	14.4±2.6	13.9±3.4	12.4±3.3	10.4±3.4	14.2±3.3	1.94
红唇厚度	7.1±1.6	7.0±1.5	6.4±1.3	6.3±1.7	5.8±1.6	4.6±1.6	6.4±1.6	0.44

续表

指标	不同年龄组（岁）的指标值（$\bar{x}\pm s$）/mm						合计/mm	u
	18～	30～	40～	50～	60～	70～85		
容貌耳长	55.7±4.0	56.3±4.4	58.4±4.4	61.1±5.5	62.6±5.2	63.2±5.8	59.1±5.5	5.97**
容貌耳宽	28.6±2.6	28.3±2.5	29.0±2.9	29.0±2.8	29.1±3.1	29.4±3.0	28.8±2.8	2.37*
耳上头高	116.7±6.9	116.3±8.9	117.7±10.1	117.5±9.9	116.5±11.4	115.4±13.3	116.9±9.9	6.95**

注：u 为性别间的 u 检验值。

*P＜0.05，**P＜0.01，差异具有统计学意义。

表 4-8-3　布朗族男性体部指标

指标	不同年龄组（岁）的指标值（$\bar{x}\pm s$）						合计
	18～	30～	40～	50～	60～	70～85	
体重	61.2±9.0	60.5±9.4	60.6±9.6	59.8±11.0	57.8±7.7	52.6±9.7	59.5±9.7
身高	1617.4±54.4	1590.8±51.9	1595.4±59.6	1575.1±47.5	1566.7±49.0.	1543.3±58.4	1585.8±57.1
髂前上棘点高	836.6±39.7	831.3±46.4	843.5±49.6	847.1±41.0	835.7±40.9	843.6±44.2	839.6±44.6
坐高	868.0±30.4	849.9±29.8	841.3±35.0	833.1±31.7	829.9±30	802.8±30.1	840.6±35.5
肱骨内外上髁间径	66.0±4.2	65.9±3.2	66.6±3.7	67.1±3.7	67.8±3.3	68.8±3.9	66.8±3.7
股骨内外上髁间径	93.1±6.2	93.8±6.3	92.1±5.5	92.5±5.6	92.1±5.8	92.5±5.2	92.7±5.8
肩宽	383.6±12.8	379.5±16.7	376.5±19.5	374.7±14.7	371.0±14.4	361.5±15.8	375.8±17.1
平静胸围	865.4±56.8	878.2±61.3	888.2±56.2	887.4±66.9	885.2±44.4	856.0±61.3	879.7±58.6
腰围	782.8±72.0	803.8±78.4	807.7±89.9	815.6±92.6	805.5±66.0	771.9±83.5	801.3±82.5
臀围	921.4±58.2	914.8±51.9	913.3±64.7	915.8±70.4	910.1±52.5	874.2±60.3	911.4±61.2
大腿围	524.3±51.8	517.3±61.1	506.7±42.1	497.6±50.7	486.8±43.1	466.7±61.6	503.6±53.0
上肢全长	721.6±35.4	709.4±36.8	713.5±36.6	715.0±27.5	714.4±33.6	707.0±40.0	713.7±34.9
下肢全长	804.5±38.3	801.5±44.2	812.8±47.5	817.5±39.9	807.4±39.2	816.0±41.2	809.7±42.7

注：体重的单位为 kg，其余指标值的单位为 mm。

表 4-8-4　布朗族女性体部指标

指标	不同年龄组（岁）的指标值（$\bar{x}\pm s$）						合计	u
	18～	30～	40～	50～	60～	70～85		
体重	53.9±10.7	56.7±12.2	57.8±10.0	54.5±11.8	51.5±8.4	45.6±8.3	54.7±11.1	6.30**
身高	1506.8±62.3	1493.4±56.2	1492.3±47.3	1475.4±56.2	1462.3±46.9	1446.6±59.0	1484.0±56.3	24.27**
髂前上棘点高	826.7±36.2	831.4±37.3	832.4±35.1	833.8±38.2	825.8±41.9	821.6±43.3	830.1±37.8	3.05**
坐高	816.7±34.9	804.6±38.2	800.1±32.3	788±32.8	772.8±29.2	749.2±32.0	793.8±37.8	17.41**
肱骨内外上髁间径	58.5±3.8	59.8±4.2	61.2±4.0	61.1±4.1	61.0±3.4	60.4±3.2	60.4±4.0	22.64**
股骨内外上髁间径	87.6±8.8	88.0±8.0	88.6±6.3	86.7±6.4	85.6±5.4	85.7±6.3	87.4±7.0	11.38**
肩宽	350.8±18.5	345.5±17.8	342.7±15.8	338.3±16.8	331.5±15.0	322.5±14.5	340.6±18.1	27.11**

续表

指标	不同年龄组（岁）的指标值（$\bar{x} \pm s$）						合计	u
	18～	30～	40～	50～	60～	70～85		
平静胸围	855.2±77.3	870.6±74.9	879.0±72.1	857.2±79.8	843.5±60.6	813.8±74.4	860.6±75.7	3.92**
腰围	745.5±95.1	771.5±93.9	799.0±83.9	793.0±98.2	787.3±71.8	768.2±79.1	781.4±90.4	3.14**
臀围	911.0±80.1	933.7±95.5	944.1±78.1	933.9±93.7	908.6±71.8	866.4±73.3	925.6±86.6	2.65**
大腿围	523.2±55.4	537.8±66.1	531.3±51.1	507.7±51.5	481.8±45.1	445.2±45.3	514.4±59.7	2.63**
上肢全长	663.1±41.0	653.6±36.3	656.8±31.8	654.2±38.1	654.1±30.1	653.3±32.8	655.9±35.3	22.34**
下肢全长	802.5±34.2	807.4±34.7	809.2±33.2	811.1±35.8	804.0±39.9	800.3±40.9	807.1±35.6	0.88

注：u 为性别间的 u 检验值；体重的单位为 kg，其余指标值的单位为 mm。

**$P<0.01$，差异具有统计学意义。

表 4-8-5 布朗族观察指标情况

指标	分型	男性		女性		合计		u
		人数	占比/%	人数	占比/%	人数	占比/%	
上眼睑皱褶	有	264	88.6	441	93.0	705	91.3	2.14*
	无	34	11.4	33	7.0	67	8.7	2.14*
内眦褶	有	70	23.5	100	21.1	170	22.0	0.78
	无	228	76.5	374	78.9	602	78.0	0.78
眼裂高度	狭窄	126	42.3	154	32.5	280	36.3	2.76**
	中等	166	55.7	308	65.0	474	61.4	2.58*
	较宽	6	2.0	12	2.5	18	2.3	0.46
眼裂倾斜度	内角高	1	0.3	0	0.0	1	0.1	1.26
	水平	130	43.6	176	37.1	306	39.7	1.80
	外角高	167	56.1	298	62.9	465	60.2	1.89
鼻背侧面观	凹型	27	9.1	179	37.8	206	26.7	8.78**
	直型	254	85.2	290	61.2	544	70.5	7.13**
	凸型	11	3.7	3	0.6	14	1.8	3.10**
	波型	6	2.0	2	0.4	8	1.0	2.13*
鼻基底方向	上翘	123	41.3	225	47.5	348	45.1	1.68
	水平	162	54.3	242	51.0	404	52.3	0.90
	下垂	13	4.4	7	1.5	20	2.6	2.46*
鼻翼宽	狭窄	22	7.4	53	14.9	75	11.5	3.19**
	中等	142	47.6	213	59.8	355	54.2	3.31**
	宽阔	134	45.0	90	25.3	224	34.3	5.61**
耳垂类型	三角形	54	18.1	75	15.8	129	16.7	0.83
	方形	53	17.8	105	22.2	158	20.5	1.46
	圆形	191	64.1	294	62.0	485	62.8	0.58

指标	分型	男性		女性		合计		u
		人数	占比/%	人数	占比/%	人数	占比/%	
上唇皮肤部高	低	7	2.3	43	12.1	50	7.6	4.95**
	中等	245	82.2	303	85.1	548	83.8	1.06
	高	46	15.5	10	2.8	56	8.6	6.10**
红唇厚度	薄唇	224	75.2	301	84.5	525	80.2	3.19**
	中唇	70	23.5	54	15.2	124	19.0	2.87**
	厚唇	4	1.3	1	0.3	5	0.8	1.65
利手	左型	3	1.0	3	0.6	6	0.8	0.58
	右型	295	99.0	471	99.4	766	99.2	0.58
扣手	左型	104	34.9	194	40.9	298	38.6	1.68
	右型	194	65.1	280	59.1	474	61.4	1.68
卷舌	否	188	63.1	205	43.2	393	50.9	5.37**
	是	110	36.9	269	56.8	379	49.1	5.37**

注：u 为性别间率的 u 检验值。

$*P<0.05$，$**P<0.01$，差异具有统计学意义。

表 4-8-6　布朗族男性生理指标

指标	不同年龄组（岁）的指标值（$\bar{x}\pm s$）						合计
	18～	30～	40～	50～	60～	70～85	
收缩压/mmHg	126.4±12.3	121.7±11.7	126.3±17.8	133.2±20.1	135.4±22.1	139±18.2	129.0±18.0
舒张压/mmHg	76.3±9.0	78.1±8.7	79.6±11.9	83.7±14.5	83.1±13.2	80.9±10.2	80.1±11.7
心率/（次/分）	77.3±12.4	79.2±11.7	81.1±14.3	82.1±13.4	82.8±14.3	82.7±10.4	80.7±13.1

表 4-8-7　布朗族女性生理指标

指标	不同年龄组（岁）的指标值（$\bar{x}\pm s$）						合计	u
	18～	30～	40～	50～	60～	70～85		
收缩压/mmHg	114.1±12.4	117.9±13.4	125.3±18.2	131.7±22.7	135.5±19.4	149.4±27.6	126.6±20.9	1.68
舒张压/mmHg	72.4±8.7	77.0±9.0	79.8±11.2	80.6±13.2	79.1±11.3	85.8±13.0	78.8±11.5	1.60
心率/（次/分）	85.3±13.7	85.0±11.1	82.1±10.5	83.1±12.3	81.8±11.2	84.2±11.1	83.5±11.6	2.95**

注：u 为性别间的 u 检验值。

$**P<0.01$，差异具有统计学意义。

表 4-8-8　布朗族男性头面部指数、体部指数和体脂率

指数	不同年龄组（岁）的指标值（$\bar{x}\pm s$）						合计
	18～	30～	40～	50～	60～	70～85	
头长宽指数	84.4±4.0	83.0±3.7	82.6±3.8	81.9±3.0	82.4±3.5	82±3.5	82.8±3.7
头长高指数	67.1±5.6	64.6±5.7	65.6±5.0	64.7±5.3	65.5±5.3	66.4±6.7	65.5±5.5

续表

指数	不同年龄组（岁）的指标值（$\bar{x} \pm s$）						合计
	18～	30～	40～	50～	60～	70～85	
头宽高指数	79.6±6.3	77.9±6.9	79.5±6.3	79.0±6.3	79.5±5.9	81.0±8.3	79.2±6.6
形态面指数	80.8±4.3	81.8±4.8	81.2±4.7	83.3±5.5	83.6±5.3	82.5±6.3	82.1±5.1
鼻指数	76.2±7.8	75.2±7.4	76.6±7.1	77.6±9.2	76.3±10.2	75.6±11.4	76.3±8.5
口指数	37.2±7.0	34.0±6.5	32.4±7.3	31.7±5.8	27.7±5.7	23.6±6.1	31.9±7.5
身高坐高指数	53.7±1.4	53.4±1.3	52.7±1.4	52.9±1.6	53.0±1.3	52.0±1.3	53.0±1.5
身高体重指数	378.2±51.7	380.3±55.7	379.2±53.6	379.2±64.4	368.6±44.6	339.7±56.6	374.4±55.4
身高胸围指数	53.5±3.5	55.2±4.0	55.7±3.3	56.4±4.0	56.5±3.0	55.5±3.8	55.5±3.7
身高肩宽指数	23.7±0.8	23.9±1	23.6±1	23.8±0.8	23.7±0.8	23.4±0.6	23.7±0.9
马氏躯干腿长指数	86.4±4.8	87.2±4.4	89.7±5.2	89.2±5.7	88.9±4.7	92.3±4.9	88.8±5.2
身高下肢长指数	49.8±2.0	50.4±2.1	51.0±2.4	51.9±2.2	51.5±1.9	52.9±2.0	51.1±2.3
身体质量指数/（kg/m²）	23.4±3.1	23.9±3.5	23.8±3.1	24.1±3.9	23.5±2.7	22.0±3.4	23.6±3.3
身体肥胖指数	26.8±3.1	27.6±2.9	27.4±3.2	28.3±3.2	28.4±2.7	27.6±2.7	27.7±3.0
体脂率/%	15.9±3.7	18.5±3.7	20.2±4.7	23.5±6.3	23.6±4.6	20.8±6.6	20.3±5.5

表 4-8-9　布朗族女性头面部指数、体部指数和体脂率

指数	不同年龄组（岁）的指标值（$\bar{x} \pm s$）						合计	u
	18～	30～	40～	50～	60～	70～85		
头长宽指数	83.8±3.1	82.8±3.4	82.6±3.0	82.4±3.3	81.6±3.2	81.4±3.3	82.6±3.3	0.81
头长高指数	65.2±4.4	64.8±4.7	65.4±5.3	65.6±5.5	65.3±6.3	64.2±7.7	65.2±5.4	0.79
头宽高指数	77.9±4.8	78.3±6.0	79.2±6.8	79.7±6.4	80.2±8.1	78.9±9.2	79.0±6.7	0.38
形态面指数	79.3±4.5	79.7±4.3	80.1±4.8	81.0±4.4	80.8±4.9	81.1±5.0	80.3±4.6	4.92**
鼻指数	77.6±8.7	78.8±10	78.0±9.5	80.5±9.4	80.1±9.1	80.0±8.0	79.0±9.4	4.16**
口指数	36.9±7.3	35.6±5.9	32.4±5.1	31.2±7.1	27.2±6.8	23.3±7.4	32.1±7.4	0.43
身高坐高指数	54.2±1.6	53.9±1.5	53.6±1.6	53.4±1.3	52.9±1.3	51.8±1.3	53.5±1.6	4.25**
身高体重指数	357.1±66.6	378.4±73.3	386.6±62.6	368.3±72.3	351.4±52.7	314.4±52.6	367.7±68.3	1.50
身高胸围指数	56.8±5.4	58.3±4.7	58.9±4.7	58.1±4.9	57.7±4.0	56.3±5.0	58.0±4.8	8.13**
身高肩宽指数	23.3±0.9	23.1±1.0	23±0.9	22.9±0.9	22.7±0.8	22.3±0.8	23.0±0.9	11.33**
马氏躯干腿长指数	84.6±5.4	85.7±5.1	86.6±5.4	87.3±4.6	89.3±4.7	93.2±4.7	87.1±5.5	4.20**
身高下肢长指数	53.3±2.3	54.1±1.8	54.2±1.9	55.0.±1.6	55.0±2.0	55.3±1.6	54.4±2.0	20.65**
身体质量指数/（kg/m²）	23.7±4.4	25.3±4.6	25.9±4.0	24.9±4.5	24.0±3.4	21.7±3.5	24.8±4.3	4.17**
身体肥胖指数	31.4±4.8	33.2±4.7	33.8±4.3	34.1±4.7	33.4±3.9	31.9±4.1	33.2±4.6	20.28**
体脂率/%	26.9±5.1	30.3±4.0	33.3±3.9	34.8±4.0	33.8±4.2	31.2±5.8	32.1±5.0	29.87**

注：u 为性别间的 u 检验值。

**P<0.01，差异具有统计学意义。

（张兴华　宇克莉）

第九节　毛　南　族

一、毛南族简介

　　根据 2010 年第六次全国人口普查统计数据，毛南族有 101 192 人（国务院人口普查办公室，国家统计局人口和就业统计司，2012），主要分布在广西壮族自治区河池市环江毛南族自治县，约占全国毛南族总人口的 75.82%。此外，广西壮族自治区的都安县、南丹县、宜山县、南宁市、柳州市、玉林市区，以及贵州省的黔南布依族苗族自治州的平塘县、独山县等地，也有部分毛南族分布（杨圣敏，丁宏，2008）。

　　毛南族分布之地，环江毛南族自治县地处东经 106°34′～109°09′、北纬 23°41′～25°37′，属亚热带气候，年平均气温达 20℃左右，年降雨量 1400mm 左右。

　　研究组在广西壮族自治区环江毛南族自治县开展了毛南族人体表型数据采集工作。毛南族被调查成年男性年龄 62.2 岁±10.9 岁，女性年龄 58.3 岁±13.4 岁。

二、毛南族的表型数据（表 4-9-1～表 4-9-9）

表 4-9-1　毛南族男性头面部指标　　　　　　　　（单位：mm）

指标	不同年龄组（岁）的指标值（$\bar{x}\pm s$）						合计
	18～	30～	40～	50～	60～	70～85	
头长	—	186.0±7.0	186.1±7.2	187.7±8.3	185.9±7.5	185.7±7.2	186.3±7.6
头宽	—	150.0±6.7	150.9±5.3	151.3±4.9	152.0±6.1	150.7±5.7	151.3±5.7
额最小宽	—	111.0±8.8	111.8±7.3	107.8±7.7	108.9±6.4	108.4±10.8	108.8±8.5
面宽	—	130.0±6.7	128.2±9.1	124.1±7.8	125.0±8.4	126.3±8.5	125.7±8.3
下颌角间宽	—	110.0±6.7	112.3±8.7	108.2±8.0	107.9±7.4	108.4±7.3	108.6±7.6
眼内角间宽	—	37.3±2.9	36.1±4.2	34.6±3.6	34.8±3.8	34.8±3.5	35.0±3.7
眼外角间宽	—	91.4±3.3	89.6±4.9	87.9±5.4	84.6±8.1	83.8±5.7	85.8±6.8
鼻宽	—	39.8±3.8	40.9±3.1	40.4±3.1	40.4±2.9	40.2±4.4	40.4±3.5
口宽	—	50.8±3.9	53.5±4.8	53.3±3.9	52.5±4.6	52.2±4.2	52.6±4.3
容貌面高	—	181.6±10.2	182.7±20.5	185.2±10.4	182.9±18.5	185.8±13.6	184.2±15.3
形态面高	—	117.7±7.6	119.1±6.0	120.6±8.6	119.1±8.4	120.0±9.4	119.7±8.5
鼻高	—	50.6±4.5	52.4±3.7	53.0±4.5	52.9±6.0	54.1±4.0	53.2±4.9
上唇皮肤部高	—	15.5±4.5	16.0±2.5	17.0±2.7	18.5±5.1	18.8±2.6	17.9±3.8
唇高	—	17.6±4.1	17.2±3.4	15.5±3.7	15.1±3.6	13.3±3.9	14.9±3.9
红唇厚度	—	7.8±1.9	7.7±2.0	7.0±2.0	6.6±1.6	6.0±2.1	6.7±2.0
容貌耳长	—	61.7±3.6	60.4±13.1	63.0±3.6	64.3±4.5	66.0±4.9	64.1±5.9
容貌耳宽	—	32.3±2.7	31.0±2.6	31.4±3.4	31.9±3.0	31.9±3.1	31.7±3.1
耳上头高	—	134.7±18.4	125.3±15.8	135.6±37.3	127.5±39.6	129.4±24.3	130.1±32.6

表4-9-2　毛南族女性头面部指标

指标	不同年龄组（岁）的指标值（$\bar{x} \pm s$）/mm						合计/mm	u
	18～	30～	40～	50～	60～	70～85		
头长	169.0±5.7	177.5±7.3	178.9±7.1	177.3±7.5	180.0±6.6	177.9±6.7	178.3±7.2	13.06**
头宽	151.0±5.7	147.4±6.2	146.8±5.8	145.8±5.2	146.2±7.1	146.6±5.8	146.5±6.1	9.79**
额最小宽	105.5±5.0	106.0±4.8	107.1±6.9	105.7±5.2	104.9±5.6	104.3±6.0	105.4±5.8	5.58**
面宽	121.0±7.4	118.0±8.3	120.8±6.8	122.2±9.1	120.1±7.4	119.3±8.7	120.4±8.1	7.68**
下颌角间宽	107.5±12.7	102.5±9.1	101.7±10.5	105.6±9.0	103.8±8.4	103.2±7.5	103.8±8.9	7.16**
眼内角间宽	35.3±3.3	34.6±2.4	33.9±3.7	34.1±3.1	34.5±3.7	34.5±3.0	34.3±3.3	2.09*
眼外角间宽	88.1±4.5	86.6±5.9	86.3±5.4	84.3±4.2	82.0±6.1	80.3±6.4	83.2±6.1	4.84**
鼻宽	36.7±2.5	36.8±3.6	37.3±2.8	37.6±2.7	38.1±3.8	38.0±2.9	37.7±3.2	9.40**
口宽	46.3±3.3	48.0±4.0	50.4±4.4	49.6±5.9	50.1±7.1	48.2±4.7	49.4±5.8	7.89**
容貌面高	175.7±7.4	174.4±11.2	174.3±9.2	169.7±13.7	170.5±14.2	169.9±10.8	171.1±12.4	11.16**
形态面高	110.2±7.0	111.7±12.7	113.0±10.1	111.1±8.7	111.0±7.6	110.0±7.1	111.1±8.5	12.11**
鼻高	50.2±2.9	46.2±4.2	48.7±3.5	49.4±4.3	49.3±5.1	50.9±4.3	49.4±4.5	9.55**
上唇皮肤部高	12.4±2.2	13.4±3.2	14.7±2.3	16.0±3.0	16.3±2.7	16.5±3.5	15.7±3.1	7.42**
唇高	17.7±3.5	18.8±3.1	16.6±2.8	15.3±3.3	14.3±3.9	11.7±4.0	14.7±4.1	0.76
红唇厚度	7.0±2.2	8.0±1.8	7.2±1.8	6.8±1.9	6.3±2.1	5.2±2.0	6.4±2.1	1.36
容貌耳长	56.0±2.7	57.5±4.7	59.2±4.2	60.8±5.6	62.5±5.1	62.3±4.4	61.1±5.2	6.45**
容貌耳宽	28.3±3.2	28.7±2.9	30.0±2.9	30.5±3.7	30.8±3.2	31.0±3.2	30.5±3.3	4.63**
耳上头高	123.6±10.7	126.0±17.9	119.5±25.3	115.5±36.0	116.9±18.4	124.7±35.9	119.4±28.6	4.16**

注：u为性别间的u检验值。

*P<0.05，**P<0.01，差异具有统计学意义。

表4-9-3　毛南族男性体部指标

指标	不同年龄组（岁）的指标值（$\bar{x} \pm s$）						合计
	18～	30～	40～	50～	60～	70～85	
体重	—	54.8±6.0	59.4±7.2	60.0±9.3	56.5±9.4	52.6±7.3	56.4±8.9
身高	—	1615.3±72.7	1587.5±37.5	1599.4±60.6	1576.2±68.5	1553.1±65.4	1577.1±66.0
髂前上棘点高	—	901.8±45.7	874.4±37.9	891.0±55.7	887.1±46.8	877.5±69.8	884.5±56.2
坐高	—	885.7±150.2	906±154.5	913.3±146.5	881.4±138.0	868.6±135.3	887.3±141.1
肱骨内外上髁间径	—	59.0±3.2	61.8±5.0	61.9±5.1	63.4±6.6	61.8±5.2	62.2±5.6
股骨内外上髁间径	—	56.0±12.6	57.7±9.7	56.9±11.0	57.7±11.3	56.3±10.1	57.0±10.7
肩宽	—	373.9±21.4	367.0±14.9	372.3±29.1	360.0±28.1	350.6±27.5	361.2±28.2
骨盆宽	—	276.0±16.5	283.2±19.1	280.4±19.9	283.6±18.5	281.8±17	282.0±18.3
平静胸围	—	831.0±32.0	873.8±50.8	877.1±69.9	873.0±63.3	850.2±47.2	865.3±59.6
腰围	—	758.8±54.0	832.7±85.8	809.9±112.8	822.3±90.9	785.2±73.1	806.4±91.5
臀围	—	877.0±43.7	913.8±52.6	907.8±57.4	903.6±58.0	883.5±50.3	898.3±55.5

指标	不同年龄组（岁）的指标值（$\bar{x} \pm s$）						合计
	18～	30～	40～	50～	60～	70～85	
大腿围	—	473.3±46.1	507.8±45.4	498.3±48.4	484.2±46.9	476.2±39.6	486.7±45.9
上肢全长	—	734.0±43.0	717.7±30.2	715.4±64.2	724.9±54.4	710.6±57.8	718.0±55.9
下肢全长	—	870.8±39.4	844.0±37.0	859.8±53.5	857.8±44.6	850.4±68.2	855.3±54.2

注：体重的单位为 kg，其余指标值的单位为 mm。

表 4-9-4　毛南族女性体部指标

指标	不同年龄组（岁）的指标值（$\bar{x} \pm s$）						合计	u
	18～	30～	40～	50～	60～	70～85		
体重	46.1±8.6	49.3±6.7	53.3±8.9	53.2±8.1	48.7±7.7	46.8±7.8	50.0±8.4	8.85**
身高	1534.3±47.9	1491.5±48.8	1497.1±55.5	1488.7±53.8	1474.9±51.0	1452.9±65.9	1479.2±58.3	18.83**
髂前上棘点高	862.9±34.8	837.3±54.0	848.7±41.2	850.9±35.6	842.4±39.9	828.7±45.5	842.6±41.9	9.99**
坐高	1049.7±199.7	924.8±185.4	924.8±183.5	843.1±135.7	855.0±158.8	819.0±160.7	864.3±167.0	1.83
肱骨内外上髁间径	50.0±4.7	53.3±4.4	54.8±5.1	56.0±5.1	56.9±4.9	56.9±4.7	56.0±5.1	14.01**
股骨内外上髁间径	54.0±8.8	55.5±10.9	59.4±11.8	57.3±10.0	56.6±12.7	58.0±10.1	57.4±11.2	0.39
肩宽	341.0±15.0	341.6±12.8	343.5±24.7	337.4±20.5	334.5±24.0	330.6±23.7	336.3±22.8	11.55**
骨盆宽	268.0±18.1	269.0±18.6	282.4±18.8	280.0±24.9	284.6±18.7	286.4±14.8	282.3±20.0	0.19
平静胸围	813.2±72.9	815.2±86.0	869.1±72.5	875.0±70.3	850.0±76.7	848.9±70.2	855.6±75.0	1.78
腰围	713.2±113.2	761.7±72.4	815.3±89.9	825.5±84.7	804.7±90.9	815.8±98.5	808.7±92.8	0.30
臀围	880.3±63.7	901.6±52.3	925.1±79.6	913.8±54.4	885.4±57.2	877.9±57.2	897.3±62.7	0.21
大腿围	470.6±59.3	497.9±36.9	514.5±52.6	505.5±42.2	469.4±47.0	452.1±48.9	482.5±52.5	1.04
上肢全长	693.2±48.2	663.2±35.6	675.7±30.2	675.2±34.0	669.8±418.	662.5±42.1	670.6±40.8	11.42**
下肢全长	835.9±31.4	813.3±51.8	824.8±38.3	828.0±33.8	820.1±37.7	806.9±43.5	819.8±39.6	8.82**

注：u 为性别间的 u 检验值；体重的单位为 kg，其余指标值的单位为 mm。

**$P<0.01$，差异具有统计学意义。

表 4-9-5　毛南族观察指标情况

指标	分型	男性		女性		合计		u
		人数	占比/%	人数	占比/%	人数	占比/%	
上眼睑皱褶	有	223	89.9	315	88.0	538	88.8	0.74
	无	25	10.1	43	12.0	68	11.2	0.74
内眦褶	有	69	27.8	106	29.5	175	28.8	0..46
	无	179	72.2	253	70.5	432	71.2	0..46
眼裂高度	狭窄	14	5.7	24	6.7	38	6.3	0.52
	中等	232	93.5	333	92.7	565	93.0	0.38
	较宽	2	0.8	2	0.6	4	0.7	0.37

续表

指标	分型	男性		女性		合计		u
		人数	占比/%	人数	占比/%	人数	占比/%	
眼裂倾斜度	内角高	152	61.8	193	53.8	345	57.0	1.96
	水平	79	32.1	145	40.4	224	37.0	2.07*
	外角高	15	6.1	21	5.8	36	6.0	0.13
鼻背侧面观	凹型	47	19.0	137	38.5	184	30.5	5.13**
	直型	110	44.4	152	42.7	262	43.3	0.40
	凸型	74	29.8	49	13.8	123	20.4	4.83**
	波型	17	6.8	18	5.0	35	5.8	0.93
鼻基底方向	上翘	132	53.2	240	67.0	372	61.4	3.43**
	水平	100	40.3	99	27.7	199	32.8	3.27**
	下垂	16	6.5	19	5.3	35	5.8	0.59
鼻翼宽	狭窄	32	12.9	74	25.0	106	19.5	3.55**
	中等	2	0.8	4	1.4	6	1.1	0.61
	宽阔	214	86.3	218	73.6	495	79.4	3.63**
耳垂类型	三角形	112	45.2	131	36.7	243	40.2	2.09*
	方形	55	22.2	76	21.3	131	21.7	0.26
	圆形	81	32.7	150	42.0	231	38.2	2.33*
上唇皮肤部高	低	3	1.2	27	7.5	30	4.9	3.53**
	中等	162	65.3	286	79.7	448	73.8	3.95**
	高	83	33.5	46	12.8	129	21.3	6.11**
红唇厚度	薄唇	187	75.4	267	74.4	454	74.8	0.29
	中唇	42	16.9	73	20.3	115	18.9	1.05
	厚唇	19	7.7	19	5.3	38	6.3	1.18
利手	左型	233	94.0	343	96.1	576	95.2	1.20
	右型	15	6.0	14	3.9	29	4.8	1.20
扣手	左型	102	41.1	144	40.1	246	40.5	0.25
	右型	146	58.9	215	59.9	361	59.5	0.25
卷舌	否	104	41.9	151	42.1	255	42.0	0.03
	是	144	58.1	208	57.9	352	58.0	0.03

注：u 为性别间率的 u 检验值。

*$P<0.05$，**$P<0.01$，差异具有统计学意义。

表 4-9-6　毛南族男性生理指标

指标	不同年龄组（岁）的指标值（$\bar{x}\pm s$）						合计
	18～	30～	40～	50～	60～	70～85	
收缩压/mmHg	—	121.7±17.3	135.8±22.9	142.3±25.3	143.9±21.9	144.2±24.1	142.0±23.7
舒张压/mmHg	—	70.1±9.8	81.7±12.9	81.8±13.6	80.1±12.5	73.5±12.6	78.2±13.2
心率/（次/分）	—	87.4±21.8	76.9±10.3	78.7±12.1	79.2±12.4	75.6±12.3	78.1±12.7

表 4-9-7　毛南族女性生理指标

指标	不同年龄组（岁）的指标值（$\bar{x} \pm s$）						合计	u
	18～	30～	40～	50～	60～	70～85		
收缩压/mmHg	111.3±14.1	112.5±12	126.1±17.9	130.8±25.4	136.4±22.5	151.9±23.4	135±24.7	3.51**
舒张压/mmHg	65.9±12.7	69.6±7.4	75.9±12.2	74.6±12.2	74.9±12.6	78.0±12.3	75.2±12.3	2.83**
心率/（次/分）	88.6±8.9	73.7±18.6	76.9±10.8	75.9±9.9	86.6±82.9	82.7±13.1	81±47.1	1.11

注：u 为性别间的 u 检验值。

**P<0.01，差异具有统计学意义。

表 4-9-8　毛南族男性头面部指数、体部指数和体脂率

指数	不同年龄组（岁）的指标值（$\bar{x} \pm s$）						合计
	18～	30～	40～	50～	60～	70～85	
头长宽指数	—	80.8±5.2	81.2±3.8	80.7±3.8	81.9±4.1	81.2±3.4	81.3±3.8
头长高指数	—	79.7±3.7	78.7±4.2	78.1±4.1	78.0±4.1	76.7±4.2	77.8±4.2
头宽高指数	—	98.9±6.0	97.0±4.3	96.8±3.8	95.4±5.3	94.6±5.6	95.8±5.1
形态面指数	—	90.7±7.2	93.4±8.0	97.4±7.8	95.7±9.2	95.4±9.4	95.6±8.8
鼻指数	—	79.5±13.1	78.5±8.8	76.8±8.4	78.7±24.8	74.7±9.9	77.0±16.2
口指数	—	35.2±10.6	32.4±7.2	29.0±6.5	29.0±7.8	25.6±7.4	28.5±7.8
身高坐高指数	—	54.7±7.0	57.1±9.8	57.2±9.5	56.0±8.9	55.9±8.6	56.3±8.9
身高体重指数	—	339.3±35.1	374.3±46.5	375.4±51.7	357.8±52.9	338.6±42.5	356.8±50.4
身高胸围指数	—	51.5±2.8	55.1±3.6	54.9±4.8	55.4±3.9	54.8±3.3	54.9±3.9
身高肩宽指数	—	23.2±1.1	23.1±1.1	23.3±2.0	22.9±1.7	22.6±1.9	22.9±1.8
身高骨盆宽指数	—	17.1±1.2	17.9±1.3	17.5±1.2	18.0±1.2	18.2±1.1	17.9±1.2
马氏躯干腿长指数	—	85.1±19.1	79.2±24.4	78.8±24.2	82.2±22.9	82.0±21.5	81.2±22.7
身高下肢长指数	—	45.3±7.0	42.9±9.8	42.8±9.5	44.0±8.9	44.1±8.6	43.7±8.9
身体质量指数/（kg/m²）	—	21.0±2.3	23.6±3.1	23.5±3.1	22.7±3.3	21.8±2.8	22.6±3.1
身体肥胖指数	—	24.8±3.0	27.7±3.2	26.9±3.4	27.7±3.3	27.7±3.3	27.4±3.3
体脂率/%	—	17.7±2.5	22.3±5.4	23.3±6.6	23.1±6.2	21.1±5.7	22.2±6.1

表 4-9-9　毛南族女性头面部指数、体部指数和体脂率

指数	不同年龄组（岁）的指标值（$\bar{x} \pm s$）						合计	u
	18～	30～	40～	50～	60～	70～85		
头长宽指数	89.4±4.4	83.2±4.9	82.1±3.4	82.4±4.5	81.3±4.9	82.5±4.0	82.3±4.6	2.92**
头长高指数	83.6±4.0	77.0±3.7.0	77.1±4.1	77.6±3.9	75.5±3.9	74.7±4.9	76.4±4.4	3.96**
头宽高指数	93.6±5.1	92.8±5.3	94.0±4.5	94.3±4.7	93.1±6.3	90.7±5.3	93.0±5.5	6.44**
形态面指数	91.2±4.8	95.1±13.5	93.9±10.6	91.4±9.7	92.7±8.3	92.6±8.4	92.7±9.3	3.90**
鼻指数	73.2±6.5	80.3±9.9	77.1±7.8	76.5±8.0	79.4±23.3	75.2±8.8	77.3±14.7	0.23
口指数	38.3±7.2	39.2±5.5	33.1±6.3	31.2±7.3	28.7±7.3	24.2±7.8	29.8±8.2	1.98*

续表

指数	不同年龄组（岁）的指标值（$\bar{x}\pm s$）						合计	u
	18～	30～	40～	50～	60～	70～85		
身高坐高指数	68.3±12.2	62.0±12.5	61.8±12.1	56.7±9.2	58.0±10.8	56.3±10.3	58.4±10.9	2.60**
身高体重指数	300.3±56.3	329.9±41.1	355.1±53.5	357.1±50.3	330.1±48.0	320.9±45.1	337.3±51.0	4.66**
身高胸围指数	53.1±5.4	54.7±5.5	58.1±4.8	58.8±4.9	57.7±5.3	58.5±4.8	57.9±5.2	8.12*
身高肩宽指数	22.2±1.0	22.9±1.0	23.0±1.5	22.7±1.3	22.7±1.5	22.8±1.5	22.7±1.4	1.47
身高骨盆宽指数	17.5±1.3	18.0±1.1	18.9±1.2	18.8±1.7	19.3±1.2	19.7±1.2	19.1±1.4	11.31**
马氏躯干腿长指数	51.1±29.0	66.8±29.0	67.4±29.2	80.0±22	77.3±26.6	82.3±26.0	76.2±26.8	2.48*
身高下肢长指数	31.7±12.2	38.0±12.5	38.2±12.1	43.3±9.2	42.0±10.8	43.7±10.3	41.6±10.9	2.60*
身体质量指数/（kg/m²）	19.6±3.8	22.1±2.6	23.7±3.4	24.0±3.3	22.4±3.1	22.1±2.8	22.8±3.3	0.76
身体肥胖指数	28.4±4.2	31.5±2.6	32.5±4.2	32.4±3.5	31.5±3.4	32.2±3.6	31.9±3.6	15.91**
体脂率/%	30.4±6.1	30.6±5.6	34.8±4.4	36.1±4.9	34.7±5.4	34.1±5.8	34.5±5.4	25.58**

注：u 为性别间的 u 检验值。

*P＜0.05，**P＜0.01，差异具有统计学意义。

（徐　林）

第五章　二万至十万人口民族的体质表型调查报告

根据 2010 年第六次全国人口普查统计数据，人口在二万至十万的民族共有八个。按照人口数由多到少排序，依次是塔吉克族、普米族、阿昌族、怒族、鄂温克族、京族、基诺族、保安族。

第一节　塔　吉　克　族

一、塔吉克族简介

根据 2010 年第六次全国人口普查统计数据，中国境内的塔吉克族人口数为 51 069 人（国务院人口普查办公室、国家统计局人口和就业统计司，2012）。塔吉克族主体在中亚，主要分布在塔吉克斯坦、乌兹别克斯坦等国家和地区。中国境内的塔吉克族主要聚居于新疆塔什库尔干塔吉克自治县，少数分散居住在新疆南部的莎车、泽普、叶城、皮山等县。民族语言为塔吉克语，包括色勒库尔语和瓦罕语两大方言，属印欧语系伊朗语族帕米尔语支。

阿克陶县位于新疆维吾尔自治区西南部、帕米尔高原东部、塔里木盆地西部边缘，地处东经 73°26′05″～76°43′31″、北纬 37°41′28″～39°29′55″，属暖温带大陆性干旱气候，年平均气温 11.3℃，年降水量 60mm，全年无霜期长达 221d。

2018 年研究组在新疆维吾尔自治区的阿克陶地区开展了塔吉克族人体表型数据采集工作。塔吉克族被调查成年男性年龄 42.0 岁±13.1 岁，女性年龄 39.2 岁±10.8 岁。

二、塔吉克族的表型数据（表 5-1-1～表 5-1-9）

表 5-1-1　塔吉克族男性头面部指标　　（单位：mm）

指标	不同年龄组（岁）的指标值（$\bar{x}\pm s$）						合计
	18～	30～	40～	50～	60～	70～85	
头长	173.8±10.5	173.3±6.5	178.0±6.1	179.1±8.9	179.8±7.3	—	176.5±8.0
头宽	147.3±7.3	145.8±6.3	143.2±6.8	143.1±6.7	142.5±10.4	—	144.4±7.3
额最小宽	114.9±7.6	113.6±9.8	112.9±7.8	111.5±5.4	108.8±6.0	—	112.7±7.9
面宽	129.9±6.7	129.5±9.0	129.3±6.3	128.0±8.2	128.4±8.3	—	129.2±7.4
下颌角间宽	113.0±6.0	114.1±11.2	110.6±9.7	109.2±8.2	109.0±7.0	—	111.5±9.0

续表

指标	不同年龄组（岁）的指标值（$\bar{x} \pm s$）						合计
	18～	30～	40～	50～	60～	70～85	
眼内角间宽	23.8±5.1	24.2±4.3	26.3±5.4	23.2±4.4	25.0±4.8	—	24.7±4.9
眼外角间宽	97.0±7.5	99.0±6.7	98.5±11.7	97.4±9.9	95.0±15.3	—	97.9±10.1
鼻宽	37.3±5.2	37.8±5.0	38.2±4.2	39.7±3.1	39.7±3.3	—	38.3±4.4
口宽	58.9±7.1	61.0±7.1	61.3±8.4	61.2±6.8	65.4±10.1	—	61.2±7.9
容貌面高	197.5±16.6	201.6±15.7	191.0±16.8	192.4±12.3	190.1±17.3	—	194.8±16.2
形态面高	120.1±12.3	121.1±10.0	122.4±9.6	126.5±7.1	121.8±7.2	—	122.3±9.7
鼻高	58.7±6.6	60.6±6.5	58.7±6.1	59.6±4.3	60.2±6.5	—	59.4±6.0
上唇皮肤部高	13.0±3.9	14.0±3.2	16.4±4.6	15.4±4.7	15.3±3.9	—	15.0±4.3
唇高	15.2±3.4	15.2±2.6	15.7±3.1	13.4±3.6	13.8±2.0	—	15.0±3.1
红唇厚度	3.6±2.1	3.1±1.2	3.5±2.0	2.8±2.3	3.3±1.4	—	3.3±1.8
容貌耳长	57.6±5.6	61.6±6.5	60.2±5.6	60.1±5.3	61.0±6.8	—	60.2±6.0
容貌耳宽	30.9±3.7	31.5±3.1	31.8±3.9	32.2±3.7	33.3±4.2	—	31.8±3.7
耳上头高	135.5±15.1	136.1±15.6	131.4±11.3	134.1±10.0	132.0±7.4	—	133.7±12.6

表 5-1-2　塔吉克族女性头面部指标

指标	不同年龄组（岁）的指标值（$\bar{x} \pm s$）/mm						合计/mm	u
	18～	30～	40～	50～	60～	70～85		
头长	168.2±11.0	174.3±11.0	173.1±10.7	177.8±6.9	172.4±18.3	—	173.1±10.9	2.96**
头宽	140.4±5.9	139.3±5.9	140.9±6.6	143.7±7.5	141.4±9.4	—	140.6±6.5	4.42**
额最小宽	108.3±9.7	107.7±6.8	107.8±10.3	104.6±9.0	102.6±4.8	—	107.3±8.8	5.29**
面宽	124.6±6.2	124.7±6.1	124.0±7.7	124.8±8.3	121.0±5.6	—	124.4±6.9	10.11**
下颌角间宽	105.7±6.8	105.9±9.4	106.0±8.6	104.7±9.0	102.0±9.7	—	105.6±8.5	5.45**
眼内角间宽	25.1±6.4	24.9±4.2	24.2±4.7	26.2±5.7	27.4±5.1	—	25.0±5.0	14.48**
眼外角间宽	97.2±8.8	96.7±8.2	98.1±8.6	100.2±6.9	100.2±12.8	—	97.9±8.5	9.70**
鼻宽	34.5±4.3	35.3±6.7	34.8±3.2	36.3±5.0	35.6±2.1	—	35.1±5.0	1.66
口宽	54.4±9.5	55.1±8.2	55.6±8.6	57.2±9.0	54.2±3.4	—	55.4±8.5	15.96**
容貌面高	180.1±16.3	180.5±14.8	180.4±19.3	177.5±18.9	164.8±3.6	—	179.6±16.9	8.77**
形态面高	111.9±11.2	109.3±8.5	108.4±8.6	109.5±7.5	111.8±1.3	—	109.7±8.8	9.76**
鼻高	53.8±6.3	53.9±6.6	54.2±5.4	51.9±5.4	52.6±3.6	—	53.7±5.9	20.56**
上唇皮肤部高	13.5±3.8	13.1±3.8	14.1±3.9	14.6±4.1	17.0±1.4	—	13.8±3.8	0.44
唇高	14.6±3.1	14.3±2.3	14.1±2.6	14.3±3.1	13.6±2.2	—	14.3±2.6	1.96*
红唇厚度	3.9±2.4	3.0±1.6	2.9±1.5	3.2±1.8	1.5±1.5	—	3.1±1.8	15.92**
容貌耳长	56.0±9.3	55.9±5.0	56.4±5.9	55.8±5.2	53.8±3.9	—	56.0±6.2	2.73**

指标	不同年龄组（岁）的指标值（$\bar{x} \pm s$）/mm						合计/mm	u
	18～	30～	40～	50～	60～	70～85		
容貌耳宽	29.0±6.0	29.7±6.2	29.5±5.3	29.2±4.0	26.8±1.8	—	29.4±5.5	1.28
耳上头高	129.2±11.6	124.3±11.4	130.9±11.8	125.5±11.6	128.7±12.5	—	127.6±11.8	17.73**

注：u 为性别间的 u 检验值。

*$P<0.05$，**$P<0.01$，差异具有统计学意义。

表 5-1-3　塔吉克族男性体部指标

指标	不同年龄组（岁）的指标值（$\bar{x} \pm s$）						合计
	18～	30～	40～	50～	60～	70～85	
体重	61.8±11.2	67.9±12.8	68.7±11.4	66.8±15.3	62.1±12.3	—	66.4±12.7
身高	1709.3±66.3	1670.7±72.2	1662.8±70.0	1651.2±53.3	1625.1±56.4	—	1667.2±69.1
髂前上棘点高	942.0±42.4	951.6±57.7	942.7±46.1	934.9±34.5	939.8±41.6	—	942.6±46.1
坐高	879.9±42.9	868.0±38.8	868.1±45.1	849.0±24.6	823.3±41.2	—	862.5±42.7
肱骨内外上髁间径	39.9±4.1	40.1±5.1	40.5±5.2	41.5±6.3	39.3±5.9	—	40.3±5.2
股骨内外上髁间径	99.3±13.9	102.8±16.9	101.1±16.4	103.5±11.6	94.4±9.4	—	100.8±14.7
肩宽	394.5±23.7	391.3±31.4	393.9±32.5	380.6±21.0	378.2±17.5	—	390.0±28.1
骨盆宽	306.0±23.4	323.8±22.7	317.7±27.1	317.9±21.0	309.4±27.0	—	316.8±26.0
平静胸围	872.3±69.9	915.4±66.8	926.3±71.8	910.3±102.3	895.8±73.5	—	909.2±77.8
腰围	747.0±104.2	856.2±112.0	878.6±106.9	848.0±130.8	833.0±130.7	—	841.2±122.7
臀围	913.4±63.8	966.4±70.7	946.8±67.0	919.1±108.5	906.9±64.9	—	938.2±78.1
大腿围	526.5±126.6	502.8±54.1	501.3±46.8	471.7±59.9	502.3±116.0	—	502.1±79.3
上肢全长	747.1±60.2	731.7±42.9	723.7±29.9	726.5±45.7	699.2±36.9	—	727.7±44.0
下肢全长	901.5±38.9	915.5±52.8	906.9±42.8	900.2±32.1	907.3±38.8	—	906.5±42.5

注：体重的单位为 kg，其余指标值的单位为 mm。

表 5-1-4　塔吉克族女性体部指标

指标	不同年龄组（岁）的指标值（$\bar{x} \pm s$）						合计	u
	18～	30～	40～	50～	60～	70～85		
体重	53.5±6.4	56.9±12.4	61.1±11.3	63.2±12.3	63.5±6.0	—	58.6±11.4	5.20**
身高	1579.6±53.9	1547.3±55.6	1534.8±59.6	1539.1±52.6	1511.2±53.9	—	1547.2±58.0	15.05**
髂前上棘点高	898.4±67.4	888.0±46.4	874.1±46.0	886.5±48.3	846.5±44.3	—	884.0±51.6	9.81**
坐高	820.3±37.6	824.5±35.6	815.3±28.7	811.3±34.5	801.6±21.6	—	818.4±33.6	9.14**
肱骨内外上髁间径	34.0±5.5	34.8±5.5	37.3±5.0	39.3±6.4	37.0±4.2	—	36.1±5.7	6.30**
股骨内外上髁间径	86.9±15.4	88.4±16.6	94.1±17.2	97.2±15.7	88.9±18.7	—	90.9±16.7	5.16**
肩宽	349.7±15.6	353.2±21.9	353.9±24.2	356.6±19.5	350.2±18.6	—	353.0±21.0	11.83**

续表

指标	不同年龄组（岁）的指标值（$\bar{x}\pm s$）						合计	u
	18～	30～	40～	50～	60～	70～85		
骨盆宽	302.9±18.8	307.1±26.4	308.6±26.7	320.7±20.0	300.0±22.2	—	308.3±24.6	2.71**
平静胸围	853.8±46.2	880.7±110.8	925.0±114.9	969.8±87.6	971.9±61.9	—	903.6±105.4	0.50
腰围	706.9±61.0	774.3±102.8	846.6±131.4	922.7±109.7	880.6±79.5	—	806.0±125.7	2.30*
臀围	873.4±99.4	918.5±93.0	949.4±88.8	979.6±63.8	970.0±76.6	—	928.8±94.5	0.89
大腿围	494.9±97.7	510.6±97.3	524.4±82.2	499.7±70.5	507.0±36.7	—	510.3±88.1	0.80
上肢全长	690.4±42.4	679.7±49.2	668.0±54.8	676.0±54.4	678.0±128.4	—	677.6±53.7	8.42**
下肢全长	868.8±66.0	860.0±43.5	846.4±44.8	859.2±46.6	820.5±40.5	—	856.0±49.6	8.99**

注：u 为性别间的 u 检验值；体重的单位为 kg，其余指标值的单位为 mm。

*$P<0.05$，**$P<0.01$，差异具有统计学意义。

表 5-1-5 塔吉克族观察指标情况

指标	分型	男性		女性		合计		u
		人数	占比/%	人数	占比/%	人数	占比/%	
上眼睑皱褶	有	17	15.0	32	20.3	49	18.1	1.10
	无	96	85.0	126	79.7	222	81.9	1.10
内眦褶	有	27	23.9	45	28.5	72	26.6	0.84
	无	86	76.1	113	71.5	199	73.4	0.84
眼裂高度	狭窄	1	0.9	3	1.9	4	1.5	0.68
	中等	100	88.5	141	89.2	241	88.9	0.19
	较宽	12	10.6	14	8.9	26	9.6	0.48
眼裂倾斜度	内角高	9	8.0	10	6.3	19	7.0	0.52
	水平	56	49.5	85	53.8	141	52.0	0.69
	外角高	48	42.5	63	39.9	111	41.0	0.43
鼻背侧面观	凹型	1	0.9	3	1.9	4	1.5	0.68
	直型	94	83.2	145	91.7	239	88.2	2.16*
	凸型	18	15.9	8	5.1	26	9.6	2.99**
	波型	0	0.0	2	1.3	2	0.7	1.20
鼻基底方向	上翘	1	0.9	15	9.5	16	5.9	2.96**
	水平	50	44.2	90	57.0	140	51.7	2.07*
	下垂	62	54.9	53	33.5	115	42.4	3.50**
鼻翼宽	狭窄	3	2.7	9	5.7	12	4.4	1.20
	中等	0	0.0	1	0.6	1	0.4	0.85
	宽阔	110	97.3	148	93.7	258	95.2	1.40

续表

指标	分型	男性		女性		合计		u
		人数	占比/%	人数	占比/%	人数	占比/%	
耳垂类型	三角形	54	47.8	61	38.6	115	42.4	1.51
	方形	27	23.9	54	34.2	81	29.9	1.82
	圆形	32	28.3	43	27.2	75	27.7	0.20
上唇皮肤部高	低	32	28.3	45	28.4	77	28.4	0.03
	中等	61	54.0	108	68.4	169	62.4	2.41*
	高	20	17.7	5	3.2	25	9.2	4.08**
红唇厚度	薄唇	109	96.5	153	96.8	262	96.7	0.17
	中唇	4	3.5	3	1.9	7	2.6	0.84
	厚唇	0	0.0	2	1.3	2	0.7	1.20
利手	左型	10	8.8	12	7.6	22	8.1	0.37
	右型	103	91.2	146	92.4	249	91.9	0.37
扣手	左型	61	54.0	83	52.5	144	53.1	0.24
	右型	52	46.0	75	47.5	127	46.9	0.24
卷舌	否	77	68.1	103	65.2	180	66.4	0.51
	是	36	31.9	55	34.8	91	33.6	0.51

注：u 为性别间率的 u 检验值。

*$P<0.05$，**$P<0.01$，差异具有统计学意义。

表 5-1-6　塔吉克族男性生理指标

指标	不同年龄组（岁）的指标值（$\bar{x}\pm s$）						合计
	18～	30～	40～	50～	60～	70～85	
收缩压/mmHg	121.3±16.0	118.5±14.7	119.4±17.4	129.3±18.5	133.6±31.3	—	122.7±19.0
舒张压/mmHg	69.1±9.4	69.6±8.0	66.9±9.8	73.6±12.7	68.5±9.9	—	69.1±9.9
心率/（次/分）	74.5±19.9	79.3±14.1	75.9±9.8	68.8±12.1	68.7±7.8	—	74.7±13.7

表 5-1-7　塔吉克族女性生理指标

指标	不同年龄组（岁）的指标值（$\bar{x}\pm s$）						合计	u
	18～	30～	40～	50～	60～	70～85		
收缩压/mmHg	111.4±10.3	115.8±14.3	126.7±22.2	131.4±15.8	124.0±16.1	—	120.6±18.1	0.91
舒张压/mmHg	67.1±6.9	65.8±8.0	72.1±11.6	75.3±9.7	65.2±9.0	—	69.1±9.8	0.01
心率/（次/分）	80.1±12.5	75.8±11.8	79.2±13.5	84.2±10.0	73.4±7.9	—	78.7±12.4	2.46*

注：u 为性别间的 u 检验值。

*$P<0.05$，差异具有统计学意义。

表 5-1-8 塔吉克族男性头面部指数、体部指数和体脂率

指数	不同年龄组（岁）的指标值（$\bar{x} \pm s$）						合计
	18～	30～	40～	50～	60～	70～85	
头长宽指数	85.0±6.3	84.2±4.3	80.6±4.6	80.0±4.9	79.4±6.5	—	82.0±5.5
头长高指数	78.3±10.5	78.6±9.4	73.8±5.9	75.1±7.2	73.5±5.4	—	75.9±8.1
头宽高指数	92.1±10.6	93.5±11.1	91.9±8.8	94.0±9.4	93.0±6.8	—	92.7±9.5
形态面指数	92.7±11.5	93.8±8.2	94.8±7.9	99.1±6.2	95.2±8.6	—	94.9±8.7
鼻指数	64.4±11.3	63.2±11.6	65.5±9.0	66.9±6.6	66.4±7.3	—	65.2±9.6
口指数	26.2±6.1	25.4±5.7	26.4±7.6	22.3±6.8	21.8±5.2	—	25.1±6.7
身高坐高指数	51.5±1.9	52.0±2.5	52.2±1.9	51.4±1.3	50.7±2.0	—	51.8±2.0
身高体重指数	361.0±60.4	405.7±69.7	411.9±59.9	403.5±84.6	380.9±69.2	—	397.6±70.1
身高胸围指数	51.1±4.0	54.8±4.1	55.7±4.1	55.1±5.3	55.1±4.1	—	54.6±4.6
身高肩宽指数	23.1±1.2	23.4±1.7	23.7±1.7	23.1±1.1	23.3±0.9	—	23.4±1.5
身高骨盆宽指数	17.9±1.1	19.4±1.2	19.1±1.3	19.3±1.2	19.0±1.4	—	19.0±1.4
马氏躯干腿长指数	94.5±7.1	92.7±9.9	91.8±7.1	94.5±4.8	97.7±8.3	—	93.5±7.7
身高下肢长指数	55.1±1.7	57.0±2.2	56.7±2.1	56.6±1.4	57.8±1.9	—	56.6±2.1
身体质量指数/（kg/m²）	21.1±3.3	24.3±4.0	24.8±3.4	24.4±4.7	23.4±3.9	—	23.8±4.1
身体肥胖指数	22.9±3.0	26.8±3.6	26.2±2.9	25.4±5.1	25.8±2.6	—	25.6±3.8
体脂率/%	19.2±6.0	24.7±5.7	29.2±7.5	29.2±8.7	27.3±8.3	—	26.2±8.0

表 5-1-9 塔吉克族女性头面部指数、体部指数和体脂率

指数	不同年龄组（岁）的指标值（$\bar{x} \pm s$）						合计	u
	18～	30～	40～	50～	60～	70～85		
头长宽指数	83.7±5.6	80.2±5.4	81.6±4.8	80.9±4.5	82.3±3.9	—	81.5±5.2	0.75
头长高指数	77.2±8.7	71.5±7.5	75.9±7.8	70.7±7.9	75.2±9.2	—	74.0±8.2	1.89
头宽高指数	92.2±8.8	89.3±8.1	92.9±8.0	87.5±9.1	91.1±8.3	—	90.8±8.5	1.70
形态面指数	89.9±8.3	87.7±7.1	87.6±7.1	88.0±7.1	92.6±5.0	—	88.3±7.3	6.58**
鼻指数	64.6±9.0	66.5±15.4	64.7±8.2	70.7±11.3	68.1±7.9	—	66.1±11.7	0.69
口指数	27.6±7.1	26.4±5.5	26.3±8.6	25.7±7.4	25.1±3.7	—	26.4±7.0	1.55
身高坐高指数	51.9±2.0	53.3±1.8	53.2±1.7	52.7±2.0	53.1±1.7	—	52.9±1.9	4.56**
身高体重指数	339.0±39.1	366.7±72.4	397.9±72.9	410.2±76.2	420.4±34.5	—	378.3±71.0	2.22*
身高胸围指数	54.1±3.7	56.9±6.8	60.4±8.0	63.1±5.7	64.4±5.1	—	58.5±7.2	5.43**
身高肩宽指数	22.2±1.1	22.8±1.3	23.1±1.7	23.2±1.4	23.2±1.5	—	22.8±1.4	3.34**
身高骨盆宽指数	19.2±1.2	19.8±1.5	20.1±1.8	20.8±1.2	19.8±1.2	—	19.9±1.5	5.06**
马氏躯干腿长指数	92.8±7.7	87.8±6.5	88.3±6.0	89.9±7.2	88.6±6.0	—	89.2±6.9	4.73**
身高下肢长指数	56.8±3.3	57.4±2.0	57.0±2.6	57.6±2.5	56.0±1.8	—	57.1±2.5	1.78
身体质量指数/（kg/m²）	21.5±2.6	23.7±4.3	26.0±4.9	26.7±4.9	27.8±2.4	—	24.5±4.6	1.32

续表

指数	不同年龄组（岁）的指标值（$\bar{x}\pm s$）						合计	u
	18～	30～	40～	50～	60～	70～85		
身体肥胖指数	26.0±5.2	29.7±4.3	32.0±5.4	33.4±3.9	34.2±3.3	—	30.4±5.3	8.68**
体脂率/%	33.9±4.7	36.3±5.0	41.0±4.7	45.9±3.1	45.9±2.6	—	38.8±6.1	14.07**

注：u 为性别间的 u 检验值。

*$P<0.05$，**$P<0.01$，差异具有统计学意义。

（李 强 温有锋）

第二节 普 米 族

一、普米族简介

根据 2010 年第六次全国人口普查统计数据，中国境内的普米族人口为 42 861 人（国务院人口普查办公室，国家统计局人口和就业统计司，2012）。云南省怒江州的兰坪、丽江市的宁蒗和玉龙、迪庆州的维西是普米族主要聚居地，其余分布在云县、凤庆、中甸及四川省的木里、盐源、九龙等县（杨圣敏，丁宏，2008）。民族语言为普米语，属汉藏语系的藏缅语族羌语支。

宁蒗彝族自治县位于丽江市东北部，地处东经 100°22′29″～101°15′51″、北纬 26°34′54″～27°55′34″，最高海拔 4510.3m，最低海拔 1350m，属低纬高原季风气候，年降雨量 920mm，年日照时数 2298h，年平均气温 12.7℃，全年无霜期 190d。

2018 年研究组在云南省丽江市拉伯乡、永宁乡及翠玉傈僳族普米族乡开展了普米族人体表型数据采集工作。普米族被调查成年男性年龄 45.7 岁±15.0 岁，女性年龄 49.5 岁±14.9 岁。

二、普米族的表型数据（表 5-2-1～表 5-2-9）

表 5-2-1　普米族男性头面部指标　　　　（单位：mm）

指标	不同年龄组（岁）的指标值（$\bar{x}\pm s$）						合计
	18～	30～	40～	50～	60～	70～85	
头长	190.0±9.0	191.1±7.7	191.7±7.9	193.4±14.2	190.6±7.7	190.9±7.7	191.5±9.7
头宽	156.5±8.4	152.6±5.9	154.2±6.5	154.6±6.3	153.4±5.3	153.8±5.0	154.2±6.5
额最小宽	108.0±6.4	109.0±6.2	104.1±11.0	103.3±9.6	102.3±8.2	103.8±3.4	105.1±9.0
面宽	145.2±9.3	142.7±7.0	143.9±7.5	142.3±8.5	141.7±7.9	138.8±7.2	143.0±8.0
下颌角间宽	123.1±9.7	122.4±10.6	122.5±10.3	121.6±12.1	116.9±6.5	115.6±9.1	121.3±10.4
眼内角间宽	34.9±3.5	33.6±4.1	33.3±3.3	32.3±3.7	31.4±2.8	32.4±5.0	33.1±3.8

续表

指标	不同年龄组（岁）的指标值（$\bar{x}\pm s$）						合计
	18～	30～	40～	50～	60～	70～85	
眼外角间宽	92.8±6.7	90.3±7.7	92.9±8.2	90.5±5.5	88.2±7.0	87.1±7.5	91.0±7.4
鼻宽	41.9±3.8	41.2±3.4	43.0±4.0	42.7±4.1	43.3±4.2	42.5±3.3	42.5±3.9
口宽	47.5±4.4	49.2±5.1	50.7±5.0	52.0±4.8	51.8±4.3	50.5±5.0	50.4±5.0
容貌面高	193.0±14.2	193.1±10.5	198.0±10.1	199.0±11.8	200.0±13.9	192.8±14.5	196.6±12.2
形态面高	118.5±10.3	119.1±9.5	123.2±9.6	125.5±9.2	123.5±8.7	122.5±8.4	122.3±9.7
鼻高	47.2±6.1	47.4±5.6	50.3±4.6	51.9±4.4	52.8±4.8	52.1±6.9	50.1±5.5
上唇皮肤部高	15.8±3.1	15.5±3.4	16.2±3.5	17.3±3.7	19.6±4.1	18.8±3.1	16.8±3.7
唇高	18.3±3.1	16.4±3.4	15.6±4.1	15.6±3.2	13.6±3.6	13.2±6.9	15.7±4.0
红唇厚度	9.0±1.9	8.2±1.9	7.6±2.3	7.7±2.2	7.1±2.2	6.2±2.3	7.8±2.2
容貌耳长	64.7±4.8	64.8±6.1	66.5±5.9	68.6±6.1	70.0±6.6	68.6±8.7	66.9±6.3
容貌耳宽	33.8±5.2	31.9±4.2	34.5±4.7	35.1±4.3	33.8±5.7	35.3±5.2	34.1±4.9
耳上头高	142.4±7.9	141.9±9.6	139.8±11.2	139.6±10.7	140.1±10.1	137.9±12.6	140.4±10.3

表 5-2-2　普米族女性头面部指标

指标	不同年龄组（岁）的指标值（$\bar{x}\pm s$）/mm						合计/mm	u
	18～	30～	40～	50～	60～	70～85		
头长	183.4±7.6	186.0±5.1	184.7±7.0	184.9±7.4	182.7±7.4	183.9±5.3	184.4±6.8	9.31**
头宽	151.3±6.8	149.8±5.2	148.6±6.7	148.8±7.9	148.1±4.2	147.3±4.8	148.9±6.4	9.39**
额最小宽	104.6±10.0	105.3±13.9	100.4±14.3	105.2±13.1	102.3±12.8	100.7±12.6	102.9±13.3	2.25*
面宽	139.0±8.9	137.4±7.3	137.0±8.7	134.4±8.4	133.7±8.4	131.4±7.7	135.6±8.5	10.07**
下颌角间宽	117.8±6.6	114.8±9.1	112.1±8.8	114.1±9.1	111.9±10.2	106.8±8.4	112.8±9.3	9.60**
眼内角间宽	33.9±2.2	33.0±3.2	31.9±3.6	33.3±3.0	32.5±4.1	34.8±4.1	33.0±3.6	0.42
眼外角间宽	90.6±7.1	90.2±5.6	87.1±6.2	88.1±5.9	85.1±6.7	87.1±6.2	87.8±6.4	5.19**
鼻宽	37.7±3.8	38.6±3.4	38.4±3.2	39.8±3.0	39.9±3.2	40.9±4.0	39.2±3.4	9.98**
口宽	47.0±4.0	48.9±4.5	50.2±5.1	50.6±5.1	50.0±6.1	49.8±6.1	49.8±5.3	1.35
容貌面高	188.8±6.7	189.0±8.8	185.2±9.2	184.2±9.6	180.7±9.7	181.5±10.9	184.8±9.7	11.82**
形态面高	115.8±8.1	117.8±11.7	119.2±10.9	116.2±10.6	114.3±10.2	115.6±10.8	116.9±10.7	5.95**
鼻高	44.1±4.8	46.1±4.4	46.3±5.1	47.0±4.7	46.4±4.4	48.8±4.8	46.6±4.8	7.58**
上唇皮肤部高	13.1±4.0	16.3±3.4	16.1±3.1	16.9±3.7	17.8±3.3	16.8±3.5	16.4±3.6	1.37
唇高	16.5±3.1	16.8±3.8	14.8±3.5	14.7±3.5	13.3±2.9	11.7±3.4	14.7±3.7	3.05**
红唇厚度	7.8±1.8	8.3±1.6	7.5±1.8	7.4±1.7	7.0±1.6	5.8±2.3	7.4±1.9	2.28*
容貌耳长	60.1±3.5	62.9±5.6	62.1±4.7	63.3±5.9	64.3±5.9	66.8±7.7	63.2±5.8	6.90**
容貌耳宽	31.5±3.1	31.7±3.6	32.7±4.6	32.5±4.2	31.9±5.4	33.1±4.3	32.3±4.3	4.20**
耳上头高	132.7±10.0	132.8±9.8	129.3±9.8	129.9±8.8	132.9±6.4	125.3±9.7	130.3±9.4	11.43**

注：u 为性别间的 u 检验值。

*$P<0.05$，**$P<0.01$，差异具有统计学意义。

表 5-2-3　普米族男性体部指标

指标	不同年龄组（岁）的指标值（$\bar{x}\pm s$）						合计
	18～	30～	40～	50～	60～	70～85	
体重	68.3±13.4	68.2±12.0	62.8±11.4	68.5±13.9	61.4±9.5	60.1±10.1	65.5±12.4
身高	1707.5±60.4	1692.0±55.5	1703.4±60.5	1697.9±60.9	1680.8±63.5	1645.8±63.8	1694.8±61.4
髂前上棘点高	936.6±42.6	922.4±46.4	937.6±43.5	940.3±40.3	928.8±44.7	916.8±42.4	933.2±43.5
坐高	900.1±36.0	898.1±34.0	894.3±34.1	885.3±33.7	864.0±36.3	847.1±59.0	887.4±38.9
肱骨内外上髁间径	64.3±4.9	66.5±4.5	67.0±5.0	65.6±5.1	67.2±4.8	66.2±4.0	66.2±4.9
股骨内外上髁间径	93.5±8.7	91.6±7.1	92.0±5.6	91.3±6.2	92.7±6.2	90.5±6.3	92.0±6.6
肩宽	374.7±27.2	382.9±19.3	384.7±27.0	375.2±22.2	375.9±24.7	363.1±22.5	378.5±24.8
骨盆宽	301.5±31.4	310.8±19.8	315.6±24.0	314.2±19.3	322.2±16.3	309.2±17.1	312.8±23.0
平静胸围	871.5±107.5	923.6±57.1	941.9±75.7	949.9±74.4	913.1±64.7	920.4±74.3	925.1±80.6
腰围	792.4±120.5	844.9±81.7	875.6±105.7	887.8±108.7	836.3±96.8	843.1±111.6	853.8±108.1
臀围	929.9±89.5	947.4±55.9	957.4±66.9	949.0±70.5	925.9±52.9	906.9±54.3	943.0±68.6
大腿围	507.5±49.5	518.4±45.1	524.1±46.3	510.6±46.8	489.8±43.7	473.5±35.4	510.6±47.5
上肢全长	754.6±37.6	741.0±33.4	756.1±32.3	752.6±29.6	739.4±30.7	730.8±18.7	749.0±32.6
下肢全长	896.0±38.9	883.7±42.8	898.4±39.3	901.6±37.2	892.1±40.3	883.7±38.8	894.6±39.6

注：体重的单位为 kg，其余指标值的单位为 mm。

表 5-2-4　普米族女性体部指标

指标	不同年龄组（岁）的指标值（$\bar{x}\pm s$）						合计	u
	18～	30～	40～	50～	60～	70～85		
体重	54.0±10.1	60.0±9.6	58.1±8.7	58.1±8.5	54.3±9.5	50.1±7.5	56.6±9.3	8.90**
身高	1588.8±46.7	1603.3±53.9	1587.7±48.7	1574.5±55.5	1561.8±50.0	1525.7±64.6	1576.6±57.1	22.25**
髂前上棘点高	885.7±40.0	883.5±31.2	885.7±37.2	875.3±31.4	870.3±32.9	859.8±34.8	877.9±35.2	15.46**
坐高	851.5±26.7	849.2±36.9	838.7±30.9	828.5±35.1	804.4±38.0	786.2±33.2	828.4±39.4	16.93**
肱骨内外上髁间径	58.3±4.5	61.1±3.9	61.3±6.7	62.0±5.9	61.9±7.1	61.7±5.2	61.3±5.9	10.21**
股骨内外上髁间径	91.1±8.0	91.5±7.1	90.5±6.9	90.5±7.0	92.8±25.4	87.2±6.5	90.6±11.5	1.72
肩宽	338.3±14.0	347.4±20.5	345.7±19.6	346.0±20.4	339.3±20.3	330.8±15.7	342.8±19.8	17.64**
骨盆宽	295.4±27.5	309.8±22.9	306.5±20.4	307.4±25.3	303.8±23.1	300.6±21.6	305.3±23.2	3.67**
平静胸围	842.9±99.5	910.7±74.7	912.4±76.3	914.5±70.3	877.6±82.5	856.7±56.9	895.6±79.4	4.13**
腰围	776.0±112.9	841.3±90.9	832.0±94.8	846.7±84.5	814.8±109.3	808.5±96.4	827.1±97.2	2.90**
臀围	915.6±68.2	943.9±60.3	940.7±57.1	933.0±49.9	914.8±71.7	897.3±56.8	928.9±60.7	2.43*
大腿围	515.0±50.0	535.3±47.3	529.3±41.1	514.9±36.8	484.4±45.4	439.4±38.9	509.3±51.4	0.30
上肢全长	688.3±30.2	701.8±28.7	694.0±32.1	690.4±33.0	686.8±41.1	662.2±37.0	689.3±35.0	19.88**
下肢全长	854.9±38.8	853.2±29.3	855.8±35.6	845.9±29.9	842.0±31.2	834.4±32.0	848.8±33.2	13.92**

注：u 为性别间的 u 检验值；体重的单位为 kg，其余指标值的单位为 mm。

*$P<0.05$，**$P<0.01$，差异具有统计学意义。

表 5-2-5　普米族观察指标情况

指标	分型	男性		女性		合计		u
		人数	占比/%	人数	占比/%	人数	占比/%	
上眼睑皱褶	有	222	99.1	288	99.7	510	99.4	0.81
	无	2	0.9	1	0.3	3	0.6	0.81
内眦褶	有	16	7.1	11	3.8	27	5.3	1.68
	无	208	92.9	278	96.2	486	94.7	1.68
眼裂高度	狭窄	30	13.4	26	9.0	56	10.9	1.58
	中等	193	86.2	262	90.7	455	88.7	1.6
	较宽	1	0.4	1	0.3	2	0.4	0.18
眼裂倾斜度	内角高	2	0.9	1	0.3	3	0.6	0.81
	水平	216	96.4	278	96.2	494	96.3	0.14
	外角高	6	2.7	10	3.5	16	3.1	0.51
鼻背侧面观	凹型	7	3.1	15	5.2	22	4.3	1.15
	直型	153	68.3	229	79.2	382	74.5	2.82**
	凸型	48	21.4	35	12.1	83	16.2	2.84**
	波型	16	7.1	10	3.5	26	5.1	1.89
鼻基底方向	上翘	188	83.9	265	91.7	453	88.3	2.71**
	水平	30	13.4	23	8.0	53	10.3	2.01*
	下垂	6	2.7	1	0.3	7	1.4	2.26*
鼻翼宽	狭窄	1	0.4	9	3.1	10	1.9	2.17*
	中等	27	12.1	67	23.2	94	18.3	3.23**
	宽阔	196	87.5	213	73.7	409	79.7	3.86**
耳垂类型	三角形	98	43.8	126	43.6	224	43.7	0.03
	方形	15	6.7	12	4.2	27	5.3	1.28
	圆形	111	49.6	151	52.2	262	51.1	0.61
上唇皮肤部高	低	12	5.4	19	6.6	31	6.0	0.57
	中等	161	71.9	216	74.7	377	73.5	0.73
	高	51	22.8	54	18.7	105	20.5	1.14
红唇厚度	薄唇	102	45.5	151	52.2	253	49.3	1.51
	中唇	99	44.2	126	43.6	225	43.9	0.14
	厚唇	23	10.3	12	4.2	35	6.8	2.72**
利手	左型	1	0.4	2	0.7	3	0.6	0.36
	右型	223	99.6	287	99.3	510	99.4	0.36
扣手	左型	81	36.2	110	38.1	191	37.2	0.44
	右型	143	63.8	179	61.9	322	62.8	0.44
卷舌	否	104	46.4	134	46.4	238	46.4	0.01
	是	120	53.6	155	53.6	275	53.6	0.01

注：u 为性别间率的 u 检验值。

*$P<0.05$，**$P<0.01$，差异具有统计学意义。

表 5-2-6 普米族男性生理指标

指标	不同年龄组（岁）的指标值（ $\bar{x} \pm s$ ）						合计
	18～	30～	40～	50～	60～	70～85	
收缩压/mmHg	130.4±14.7	128.5±12.8	128.5±18.9	136.5±19.4	146.0±19.0	146.8±26.3	133.7±19.1
舒张压/mmHg	80.9±9.1	83.0±9.4	84.7±13.8	88.9±12.2	94.5±15.4	89.5±12.2	86.2±12.9
心率/（次/分）	83.3±15.3	78.4±12.9	79.5±15.0	79.7±12.6	77.1±10.7	86.5±15.2	80.1±13.8

表 5-2-7 普米族女性生理指标

指标	不同年龄组（岁）的指标值（ $\bar{x} \pm s$ ）						合计	u
	18～	30～	40～	50～	60～	70～85		
收缩压/mmHg	115.6±10.3	121.8±14.9	123.6±16.9	135.5±19.3	137.9±17.4	147.5±24.7	130.0±20.1	2.09*
舒张压/mmHg	76.8±8.1	79.3±10.3	81.2±13.7	87.7±11.8	85.8±12.9	91.1±14.9	83.8±13.1	2.08*
心率/（次/分）	83.5±6.9	79.2±11.1	77.6±12.2	75.2±11.4	80.5±12.7	80.8±11.5	78.6±11.7	1.29

注：u 为性别间的 u 检验值。

*$P<0.05$，差异具有统计学意义。

表 5-2-8 普米族男性头面部指数、体部指数和体脂率

指数	不同年龄组（岁）的指标值（ $\bar{x} \pm s$ ）						合计
	18～	30～	40～	50～	60～	70～85	
头长宽指数	82.4±4.0	80.0±4.2	80.5±4.1	80.2±4.7	80.6±3.2	80.6±3.8	80.7±4.1
头长高指数	75.1±5.2	74.4±5.3	73.0±5.8	72.6±7.4	73.6±5.6	72.4±7.7	73.5±6.1
头宽高指数	91.1±5.3	93.0±5.2	90.7±7.1	90.4±6.9	91.4±7.1	89.8±8.4	91.1±6.6
形态面指数	81.7±5.4	83.5±5.8	85.6±5.4	88.2±4.9	87.3±5.3	88.3±4.4	85.6±5.7
鼻指数	98.9±16.3	96.9±11.6	94.7±16.0	82.6±8.9	83.0±12.9	82.6±10.0	91.0±14.9
口指数	38.7±7.0	33.7±7.7	30.8±8.0	30.2±6.7	26.5±7.8	26.4±13.3	31.5±8.7
身高坐高指数	52.7±1.4	53.1±1.8	52.5±1.5	52.2±1.4	51.4±1.4	51.5±2.8	52.4±1.7
身高体重指数	399.9±77.1	404.0±75.7	368.9±66.0	402.3±72.9	364.8±48.3	364.7±55.1	385.9±70.1
身高胸围指数	51.1±5.6	54.6±3.3	55.3±4.2	55.9±3.8	54.3±3.5	55.9±4.2	54.6±4.4
身高肩宽指数	21.9±1.3	22.6±1.1	22.6±1.7	22.1±1.3	22.4±1.4	22.1±1.3	22.3±1.4
身高骨盆宽指数	17.6±1.5	18.4±1.0	18.5±1.2	18.5±1.0	19.2±1.0	18.8±0.7	18.5±1.2
马氏躯干腿长指数	89.8±5.3	88.5±6.3	90.6±5.6	91.9±5.2	94.6±5.3	94.9±11.6	91.1±6.3
身高下肢长指数	52.5±2.0	52.2±1.8	52.8±1.8	53.1±1.9	53.1±1.7	53.7±1.7	52.8±1.8
身体质量指数/（kg/m²）	23.4±4.5	24.0±4.9	21.7±4.0	23.7±3.9	21.7±2.6	22.1±3.2	22.8±4.1
身体肥胖指数	23.7±3.2	25.1±2.4	25.1±2.9	24.9±2.9	24.5±2.3	25.0±2.7	24.8±2.8
体脂率/%	12.3±5.8	16.4±4.3	18.2±6.3	17.8±7.2	16.3±6.5	16.3±6.0	16.6±6.4

表 5-2-9 普米族女性头面部指数、体部指数和体脂率

指数	不同年龄组（岁）的指标值（$\bar{x} \pm s$）						合计	u
	18～	30～	40～	50～	60～	70～85		
头长宽指数	82.6±3.3	80.6±3.1	80.5±3.5	80.6±4.9	81.2±3.7	80.1±2.4	80.8±3.7	0.30
头长高指数	72.5±6.2	71.4±5.2	70.0±5.1	70.3±4.5	72.8±3.8	68.1±5.0	70.7±5.1	5.48**
头宽高指数	87.8±7.6	88.7±6.5	87.1±7.0	87.5±6.9	89.8±4.4	85.1±6.1	87.6±6.6	5.90**
形态面指数	83.5±6.4	85.7±7.2	87.1±7.1	86.5±6.2	85.5±5.0	87.9±5.5	86.3±6.5	1.30
鼻指数	86.3±12.0	84.4±9.5	83.8±10.9	85.6±11.5	86.6±9.9	84.5±10.7	85.0±10.7	5.09**
口指数	35.2±6.8	34.7±8.7	29.7±7.4	29.1±7.3	27.1±7.1	23.7±6.8	29.8±8.1	2.35*
身高坐高指数	53.6±1.0	53.0±1.6	52.8±1.6	52.6±1.6	51.5±1.7	51.6±2.0	52.5±1.7	1.13
身高体重指数	340.1±62.7	373.6±55.1	365.8±53.0	368.5±47.0	346.9±57.4	328.2±47.0	358.6±54.6	4.80**
身高胸围指数	53.1±6.1	56.8±4.7	57.5±5.0	58.1±4.2	56.2±5.1	56.2±4.2	56.8±5.0	5.35**
身高肩宽指数	21.3±0.9	21.7±1.1	21.8±1.1	22.0±1.1	21.7±1.1	21.7±1.1	21.8±1.1	5.18**
身高骨盆宽指数	18.6±1.7	19.3±1.4	19.3±1.3	19.5±1.5	19.5±1.5	19.7±1.2	19.4±1.4	7.87**
马氏躯干腿长指数	86.6±3.7	89.0±5.8	89.4±5.7	90.2±5.7	94.4±6.4	94.2±7.4	90.5±6.3	1.10
身高下肢长指数	53.8±1.7	53.2±1.6	53.9±1.7	53.7±1.5	53.9±1.8	54.7±1.9	53.9±1.7	6.63**
身体质量指数/（kg/m²）	21.4±4.0	23.3±3.3	23.1±3.4	23.4±2.8	22.2±3.6	21.5±3.2	22.7±3.4	0.12
身体肥胖指数	27.8±3.7	28.5±2.8	29.1±3.2	29.3±2.4	28.9±3.9	29.7±3.9	29.0±3.2	15.70**
体脂率/%	22.6±5.0	25.6±5.6	28.4±5.8	28.8±5.9	26.5±5.1	24.8±4.5	26.9±5.8	18.82**

注：u 为性别间的 u 检验值。

*$P<0.05$，**$P<0.01$，差异具有统计学意义。

（徐 飞 李 岩 马 威 范 宁）

第三节 阿 昌 族

一、阿昌族简介

根据 2010 年第六次全国人口普查统计数据，阿昌族人口为 39 555 人（国务院人口普查办公室，国家统计局人口和就业统计司，2012）。阿昌族分布在中国、缅甸等国家，境内主要聚居在云南省德宏傣族景颇族自治州（杨圣敏，丁宏，2008）。民族语言为阿昌语，属汉藏语系藏缅语族缅语支，分陇川、梁河、潞西三种方言。

陇川县位于云南省德宏州西部，地处东经 97°39′～98°17′、北纬 24°08′～24°39′，最高海拔 2618.8m，最低海拔 780m，属南亚热带季风气候，年平均气温 18.9℃，年日照时数 2316h，年降雨量 1595mm。

2017 年研究组在云南省德宏州陇川县户撒乡开展了阿昌族人体表型数据采集工作。阿昌族被调查成年男性年龄 45.9 岁±13.7 岁，女性年龄 48.8 岁±13.5 岁。

二、阿昌族的表型数据（表 5-3-1～表 5-3-9）

表 5-3-1　阿昌族男性头面部指标　　　　　（单位：mm）

指标	不同年龄组（岁）的指标值（$\bar{x} \pm s$）						合计
	18～	30～	40～	50～	60～	70～85	
头长	188.7±6.4	191.1±7.2	191.6±6.8	190.9±5.5	191.6±8.0	190.9±9.4	191.0±6.9
头宽	154.6±6.0	152.2±4.2	150.6±5.1	152.7±5.1	151.7±5.1	151.6±6.1	152.1±5.1
额最小宽	114.5±4.7	114.3±5.3	114.1±4.6	111.4±5.7	111.1±5.2	109.6±8.1	113.0±5.5
面宽	140.3±7.8	140.5±6.2	138.9±6.9	138.5±8.0	137.8±8.0	139.1±7.4	139.2±7.3
下颌角间宽	116.6±7.7	116.1±5.6	114.8±6.1	116.1±6.8	115.8±5.7	118.0±5.7	115.9±6.2
眼内角间宽	35.6±3.2	34.9±3.1	34.5±2.8	34.1±3.2	34.2±3.5	35.0±2.5	34.6±3.1
眼外角间宽	103.6±6.3	102.7±5.3	102.3±5.4	101.9±6.7	101.1±7.2	98.6±6.8	102.1±6.2
鼻宽	39.4±2.6	39.8±2.7	39.9±2.9	40.5±2.7	41.4±2.6	42.0±4.4	40.2±2.9
口宽	51.1±4.9	52.0±4.0	53.1±4.3	54.2±4.0	54.6±5.4	54.3±6.8	53.1±4.6
容貌面高	191.0±10.1	189.3±8.3	195.0±8.7	192.2±8.7	194.3±12.6	197.7±12.2	192.5±9.8
形态面高	115.5±6.6	117.2±6.7	122.0±6.1	118.2±6.0	121.2±7.4	123.0±7.4	119.1±6.9
上唇皮肤部高	14.8±2.6	16.1±3.1	16.3±2.2	16.9±2.2	17.9±2.4	17.5±1.5	16.5±2.7
唇高	19.1±3.5	19.2±2.6	19.3±3.1	16.5±2.8	16.3±4.3	11.9±4.4	17.9±3.7
红唇厚度	9.3±2.5	8.9±1.7	8.6±2.1	7.5±2.0	7.0±3.0	5.4±2.7	8.1±2.4
容貌耳长	61.5±5.3	61.5±4.9	63.1±4.1	64.0±5.2	68.7±4.5	71.0±5.6	63.9±5.5
容貌耳宽	32.9±3.2	32.5±3.5	34.2±3.1	34.2±2.2	35.5±3.2	33.8±4.0	33.8±3.2
耳上头高	137.7±7.9	134.7±8.7	132.8±8.0	131.3±9.1	131.1±8.8	128.5±9.4	133.1±8.8

表 5-3-2　阿昌族女性头面部指标

指标	不同年龄组（岁）的指标值（$\bar{x} \pm s$）/mm						合计/mm	u
	18～	30～	40～	50～	60～	70～85		
头长	176.0±6.5	179.4±4.9	179.2±5.2	180.8±5.7	182.1±7.2	180.1±8.2	180.0±6.2	19.72**
头宽	147.9±5.8	145.4±5.8	143.8±5.4	145.7±4.6	145.3±4.5	145.3±5.4	145.4±5.2	15.63**
额最小宽	110.3±4.8	109.5±5.0	108.8±5.0	108.7±5.5	108.4±8.5	103.9±5.0	108.8±6.1	8.79**
面宽	132.4±5.7	132.3±6.6	130.6±6.9	133.4±6.8	131.2±7.0	129.7±6.5	131.9±6.8	12.16**
下颌角间宽	111.3±6.8	110.4±6.3	109.1±5.7	111.0±6.2	110.7±6.1	110.0±8.6	110.4±6.3	10.42**
眼内角间宽	34.6±2.5	34.0±2.8	33.1±2.6	33.1±3.3	32.7±2.6	33.0±2.2	33.3±2.9	5.02**
眼外角间宽	100.6±5.1	97.7±4.7	97.4±5.6	97.5±5.9	97.0±6.8	96.5±6.9	97.7±5.9	8.80**
鼻宽	35.8±2.3	36.9±2.8	36.5±2.6	37.8±2.6	38.1±2.9	38.1±2.9	37.3±2.8	12.59**
口宽	46.5±4.1	49.0±4.4	50.0±3.9	51.9±4.1	51.9±4.9	50.0±5.3	50.4±4.6	6.98**
容貌面高	181.3±9.4	181.7±6.9	180.7±7.8	180.0±8.7	180.5±12.6	175.9±10.2	180.5±9.3	14.78**
形态面高	107.8±5.3	109.5±4.8	109.9±5.5	110.8±5.9	111.5±7.0	112.7±6.8	110.3±5.9	16.05**

续表

指标	不同年龄组（岁）的指标值（ $\bar{x} \pm s$ ）/mm						合计/mm	u
	18～	30～	40～	50～	60～	70～85		
鼻高	47.8±3.1	48.7±3.2	48.4±2.9	49.2±3.7	49.9±3.1	50.1±3.0	49.0±3.3	13.25**
上唇皮肤部高	13.4±1.7	14.2±2.1	14.6±2.6	15.6±2.5	16.5±2.7	17.8±2.9	15.2±2.6	5.92**
唇高	18.9±2.7	18.8±3.0	17.2±3.0	16.2±3.6	15.4±4.2	14.0±4.5	16.9±3.7	3.19**
红唇厚度	8.8±2.4	8.7±1.8	8.2±1.6	7.6±2.0	7.1±2.0	6.9±1.7	7.9±2.0	1.35
容貌耳长	58.1±4.5	57.9±3.8	58.7±3.9	61.9±4.3	64.1±5.2	65.5±5.0	60.8±5.0	6.91**
容貌耳宽	31.5±3.1	31.5±2.3	31.9±2.8	32.3±2.7	32.8±2.6	33.2±4.2	32.1±2.8	6.54**
耳上头高	126.4±5.7	124.7±8.5	123.2±7.8	122.6±8.8	119.7±8.3	121.8±9.0	122.8±8.4	14.10**

注： u 为性别间的 u 检验值。

**$P<0.01$，差异具有统计学意义。

表 5-3-3　阿昌族男性体部指标

指标	不同年龄组（岁）的指标值（ $\bar{x} \pm s$ ）						合计
	18～	30～	40～	50～	60～	70～85	
体重	64.4±10.8	65.0±9.3	63.3±8.7	62.6±11.0	61.2±12.1	56.2±8.1	63.1±10.2
身高	1651.9±50.6	1632.4±44.3	1626.0±42.0	1607.9±49.1	1619.7±58.9	1571.4±59.5	1623.9±50.9
髂前上棘点高	891.4±42.7	876.4±34.6	878.1±28.7	880.5±35.4	885.8±36.6	857.1±31.4	880.2±35.1
坐高	874.6±25.4	866.0±32.3	857.0±29.9	837.3±32.7	850.1±39.0	817.6±53.2	854.6±35.7
肱骨内外上髁间径	66.4±4.5	67.6±5.4	66.3±5.3	66.7±3.8	67.5±4.0	66.1±7.5	66.9±4.8
股骨内外上髁间径	98.2±5.8	97.6±6.9	95.1±4.2	95.6±5.6	96.4±5.6	94.5±4.9	96.4±5.8
肩宽	397.6±21.1	395.1±17.6	389.4±15.2	382.1±20.2	384.5±19.2	376.3±22.5	389.0±19.4
骨盆宽	283.1±25.2	280.0±15.6	278.5±13.5	284.6±18.3	283.1±20.2	277.9±20.0	281.5±18.0
平静胸围	881.5±72.1	894.5±63.6	893.5±54.0	905.9±81.7	893.4±81.8	893.1±45.3	895.0±69.3
腰围	797.6±91.4	818.3±88.4	822.4±77.2	841.1±104.7	823.9±115.1	807.6±81.6	822.2±94.5
臀围	909.8±62.6	909.9±51.6	902.1±49.2	900.1±68.2	900.7±78.8	877.5±45.9	903.5±60.7
大腿围	507.6±40.7	498.1±36.8	492.6±38.0	482.0±48.7	480.0±50.2	464.4±32.3	490.5±43.3
上肢全长	734.2±33.6	724.4±27.8	727.4±25.1	724.4±28.9	727.9±27.1	713.6±28.4	726.4±28.1
下肢全长	857.2±39.0	843.4±31.6	846.3±27.3	848.8±33.6	853.5±33.9	827.1±28.3	847.8±32.6

注：体重的单位为 kg，其余指标值的单位为 mm。

表 5-3-4　阿昌族女性体部指标

指标	不同年龄组（岁）的指标值（ $\bar{x} \pm s$ ）						合计	u
	18～	30～	40～	50～	60～	70～85		
体重	54.6±6.4	54.3±7.2	54.3±7.9	54.2±7.1	54.3±6.9	50.3±8.9	54.2±7.2	11.53**
身高	1524.1±44.7	1522.3±52.1	1520.0±52.1	1506.3±46.0	1497.9±57.9	1448.4±86.1	1510.0±54.2	26.05**
髂前上棘点高	834.8±34.4	837.2±35.8	838.6±38.5	835.9±33.2	828.9±37.0	802.6±52.9	834.0±36.8	15.38**

续表

指标	不同年龄组（岁）的指标值（$\bar{x} \pm s$）						合计	u
	18～	30～	40～	50～	60～	70～85		
坐高	816.3±26.0	811.0±31.1	800.2±32.8	784.6±25.3	774.1±37.2	736.7±53.2	791.8±36.3	20.82**
肱骨内外上髁间径	58.1±4.0	59.7±4.4	59.3±4.1	60.5±4.2	61.2±3.9	60.0±4.7	60.0±4.2	17.85**
股骨内外上髁间径	93.2±7.6	92.9±7.5	91.9±6.7	93.2±8.0	91.4±5.9	92.8±7.1	92.5±7.2	7.36**
肩宽	353.8±12.9	353.6±14.2	350.0±14.8	353.0±14.4	350.1±17.2	337.0±25.0	351.5±15.6	24.75**
骨盆宽	275.8±14.1	279.1±15.5	278.5±15.1	290.4±18.1	290.8±15.7	289.3±13.1	284.6±17.1	2.13*
平静胸围	879.1±69.1	889.4±68.5	891.8±71.4	897.2±89.2	879.9±83.4	852.3±85.6	888.0±79.3	1.14
腰围	806.9±96.0	790.0±85.2	794.1±89.7	818.0±119.8	829.1±119.1	808.8±120.1	809.1±106.6	1.58
臀围	909.9±57.5	907.2±61.3	905.0±60.0	932.5±81.5	939.7±73.6	910.4±78.3	921.0±71.3	3.22**
大腿围	521.4±50.5	519.5±46.5	518.8±48.9	514.2±47.4	486.3±42.1	455.4±52.6	509.2±49.4	4.88**
上肢全长	666.9±27.9	668.7±34.1	669.8±28.6	668.5±29.8	673.2±32.0	660.3±40.1	669.3±30.9	23.29**
下肢全长	808.3±32.8	811.4±32.9	812.6±36.1	810.9±30.7	804.8±35.0	780.7±50.3	808.9±34.4	13.95**

注：u 为性别间的 u 检验值；体重的单位为 kg，其余指标值的单位为 mm。

*$P<0.05$，**$P<0.01$，差异具有统计学意义。

表 5-3-5　阿昌族观察指标情况

指标	分型	男性		女性		合计		u
		人数	占比/%	人数	占比/%	人数	占比/%	
上眼睑皱褶	有	224	100.0	385	99.5	609	99.7	1.08
	无	0	0.0	2	0.5	2	0.3	1.08
内眦褶	有	36	16.1	55	14.2	91	14.9	0.62
	无	188	83.9	332	85.8	520	85.1	0.62
眼裂高度	狭窄	21	9.4	33	8.5	54	8.8	0.36
	中等	203	90.6	354	91.5	557	91.2	0.36
	较宽	0	0.0	0	0.0	0	0.0	
眼裂倾斜度	内角高	3	1.3	2	0.5	5	0.8	1.08
	水平	219	97.8	381	98.7	600	98.4	0.88
	外角高	2	0.9	3	0.8	5	0.8	0.15
鼻背侧面观	凹型	7	3.1	81	20.9	88	14.4	6.04**
	直型	188	83.9	295	76.2	483	79.1	2.25*
	凸型	21	9.4	7	1.8	28	4.6	4.31**
	波型	8	3.6	4	1.0	12	2.0	2.18*
鼻基底方向	上翘	169	75.4	333	86.0	502	82.2	3.30**
	水平	50	22.3	51	13.2	101	16.5	2.93**
	下垂	5	2.2	3	0.8	8	1.3	1.53

续表

指标	分型	男性 人数	男性 占比/%	女性 人数	女性 占比/%	合计 人数	合计 占比/%	u
鼻翼宽	狭窄	0	0.0	13	3.4	13	2.1	2.77**
	中等	55	24.6	156	40.3	211	34.5	3.95**
	宽阔	169	75.4	218	56.3	387	63.3	4.73**
耳垂类型	三角形	108	48.2	192	49.6	300	49.1	0.33
	方形	13	5.8	21	5.4	34	5.6	0.20
	圆形	103	46.0	174	45.0	277	45.3	0.24
上唇皮肤部高	低	6	2.7	23	5.9	29	4.7	1.83
	中等	182	81.3	333	86.0	515	84.3	1.57
	高	36	16.1	31	8.0	67	11.0	3.07**
红唇厚度	薄唇	74	33.0	141	36.4	215	35.2	0.85
	中唇	106	47.3	210	54.3	316	51.7	1.65
	厚唇	44	19.6	36	9.3	80	13.1	3.65**
利手	左型	3	1.3	2	0.5	5	0.8	1.08
	右型	221	98.7	384	99.5	605	99.2	1.08
扣手	左型	60	26.8	106	27.5	166	27.2	0.18
	右型	164	73.2	280	72.5	444	72.8	0.18
卷舌	否	122	54.5	211	54.5	333	54.5	0.01
	是	102	45.5	176	45.5	278	45.5	0.01

注：u 为性别间率的 u 检验值。

*P＜0.05，**P＜0.01，差异具有统计学意义。

表 5-3-6 阿昌族男性生理指标

指标	不同年龄组（岁）的指标值（$\bar{x}\pm s$） 18～	30～	40～	50～	60～	70～85	合计
收缩压/mmHg	131.1±12.4	128.8±14.4	131.8±16.1	136.2±15.9	147.4±22.8	137.3±16.7	134.5±17.5
舒张压/mmHg	82.6±8.7	83.7±10.6	88.4±12.4	87.1±13.0	92.5±12.9	84.9±10.6	86.7±12.0
心率/（次/分）	75.1±11.0	78.5±13.0	74.6±12.0	80.8±12.4	82.1±15.1	73.1±17.9	78.1±13.1

表 5-3-7 阿昌族女性生理指标

指标	不同年龄组（岁）的指标值（$\bar{x}\pm s$） 18～	30～	40～	50～	60～	70～85	合计	u
收缩压/mmHg	119.2±12.4	119.7±13.7	127.5±20.0	136.9±24.4	142.0±25.8	147.0±19.4	131.6±22.9	1.76
舒张压/mmHg	79.7±11.3	79.1±9.7	82.7±12.6	86.5±12.1	88.1±14.0	90.8±11.0	84.2±12.6	2.43*
心率/（次/分）	79.4±12.2	76.3±12.3	75.2±11.7	74.1±12.8	78.1±11.4	76.8±13.3	76.1±12.2	1.86

注：u 为性别间的 u 检验值。

*P＜0.05，差异具有统计学意义。

表 5-3-8　阿昌族男性头面部指数、体部指数和体脂率

指数	不同年龄组（岁）的指标值（$\bar{x}\pm s$）						合计
	18～	30～	40～	50～	60～	70～85	
头长宽指数	82.1±4.6	79.7±3.4	78.7±3.3	80.1±3.7	79.3±3.7	79.6±5.3	79.8±3.8
头长高指数	73.0±4.0	70.5±5.0	69.4±4.4	68.9±5.3	68.5±4.6	67.4±5.7	69.8±5.0
头宽高指数	89.1±5.6	88.5±5.5	88.3±5.5	86.0±6.1	86.4±5.6	84.8±6.0	87.5±5.7
形态面指数	82.5±4.6	83.5±4.8	88.0±5.8	85.6±5.6	88.1±5.8	88.6±6.6	85.7±5.8
鼻指数	76.3±7.1	76.7±6.9	75.8±7.3	77.9±8.2	75.7±6.5	76.5±9.9	76.6±7.3
口指数	37.7±7.8	37.0±5.3	36.5±7.0	30.6±6.0	30.1±8.6	22.6±9.0	34.0±7.8
身高坐高指数	52.8±1.5	53.1±1.6	52.7±1.5	52.1±1.7	52.5±1.5	52.0±2.2	52.6±1.6
身高体重指数	389.0±57.7	397.6±52.4	389.0±49.4	388.7±64.6	377.3±69.0	357.6±47.0	388.2±57.9
身高胸围指数	53.3±3.8	54.8±3.7	55.0±3.4	56.4±4.9	55.2±4.9	56.9±2.4	55.1±4.1
身高肩宽指数	24.1±0.9	24.2±0.9	24.0±1.0	23.8±1.2	23.8±1.6	23.9±1.0	24.0±1.1
身高骨盆宽指数	17.1±1.3	17.2±0.8	17.1±0.8	17.7±1.1	17.5±1.1	17.7±1.3	17.3±1.0
马氏躯干腿长指数	89.4±5.6	88.6±5.7	89.9±5.5	92.2±6.7	90.7±5.5	92.6±8.2	90.2±6.0
身高下肢长指数	51.8±1.6	51.7±1.3	52.1±1.6	52.8±1.4	52.7±1.7	52.7±1.7	52.2±1.6
身体质量指数/（kg/m²）	23.5±3.2	24.3±3.0	23.9±2.9	24.2±3.9	23.3±4.1	22.8±3.0	23.9±3.4
身体肥胖指数	24.9±2.7	25.7±2.5	25.5±2.5	26.2±3.5	25.7±3.7	26.6±2.7	25.7±3.0
体脂率/%	15.1±4.6	18.0±4.4	20.0±5.5	21.6±7.5	20.3±7.1	21.5±4.3	19.4±6.2

表 5-3-9　阿昌族女性头面部指数、体部指数和体脂率

指数	不同年龄组（岁）的指标值（$\bar{x}\pm s$）						合计	u
	18～	30～	40～	50～	60～	70～85		
头长宽指数	84.1±4.2	81.1±3.7	80.3±3.6	80.7±3.7	79.9±3.7	80.8±3.6	80.9±3.9	3.37**
头长高指数	71.9±3.5	69.6±4.6	68.8±4.5	67.8±5.2	65.8±5.0	67.8±6.5	68.3±5.1	3.45**
头宽高指数	85.6±4.7	85.9±6.2	85.8±5.5	84.2±6.1	82.5±6.1	84.0±7.6	84.6±6.0	6.02**
形态面指数	81.6±5.7	82.9±4.7	84.3±5.3	83.2±5.4	85.1±5.4	87.0±5.4	83.7±5.4	4.21**
鼻指数	75.1±6.7	76.1±7.0	75.7±7.1	77.3±8.2	76.5±7.2	76.4±8.7	76.4±7.4	0.31
口指数	40.9±7.0	38.6±6.8	34.6±6.6	31.5±7.3	30.0±8.7	28.5±10.2	33.9±8.3	0.13
身高坐高指数	53.6±1.3	53.3±1.7	52.7±1.6	52.1±1.5	51.7±1.7	50.9±2.1	52.4±1.8	1.24
身高体重指数	358.2±42.0	356.9±45.5	357.2±48.4	359.5±43.9	362.4±42.6	346.2±52.2	358.6±44.8	6.61**
身高胸围指数	57.7±4.9	58.5±4.8	58.7±4.4	59.6±5.6	58.8±5.7	58.8±4.7	58.8±5.2	9.72**
身高肩宽指数	23.2±0.8	23.2±0.9	23.0±0.9	23.4±0.9	23.4±1.1	23.3±1.2	23.3±0.9	7.55**
身高骨盆宽指数	18.1±0.9	18.3±0.9	18.3±1.0	19.3±1.1	19.4±1.1	20.0±1.3	18.9±1.2	16.99**
马氏躯干腿长指数	86.8±4.6	87.8±6.1	90.1±6.0	92.1±5.5	93.7±6.5	96.9±8.3	90.9±6.5	1.28
身高下肢长指数	53.0±1.7	53.3±1.5	53.5±1.8	53.9±1.8	53.8±2.2	53.9±2.1	53.6±1.9	9.82**
身体质量指数/（kg/m²）	23.5±2.9	23.5±3.1	23.5±3.1	23.9±2.9	24.2±2.9	23.9±3.3	23.8±3.0	0.49

续表

指数	不同年龄组（岁）的指标值（$\bar{x}\pm s$）						合计	u
	18～	30～	40～	50～	60～	70～85		
身体肥胖指数	30.4±3.5	30.4±3.6	30.3±3.2	32.4±4.1	33.3±4.3	34.3±3.3	31.7±4.0	21.10**
体脂率/%	28.7±5.3	29.3±4.9	30.6±5.3	33.2±5.8	33.0±5.6	30.0±4.7	31.4±5.7	23.96**

注：u 为性别间的 u 检验值。

**$P<0.01$，差异具有统计学意义。

（徐 飞 李 岩 马 威 范 宁）

第四节 怒 族

一、怒 族 简 介

怒族分布在中国、缅甸等国家。根据 2010 年第六次全国人口普查统计数据，中国境内的怒族人口为 37 523 人（国务院人口普查办公室，国家统计局人口和就业统计司，2012），主要聚居在云南省怒江傈僳族自治州和迪庆藏族自治州及西藏自治区。怒族民族语言为怒语，属汉藏语系藏缅语族，语支未定。

福贡县位于云南省怒江傈僳族自治州中部，地处东经 98°41′～99°02′、北纬 26°28′～27°32′，最高海拔 4379m，最低海拔 1010m，气候垂直变化显著，从南到北有南、中、北亚热带和南温带等气候类型。年平均气温 16.9℃，年降雨量 1443.3mm，年日照时数 1479.9h，全年无霜期 267d。

2018 年研究组在云南省怒江州福贡县匹河怒族乡（老姆登村、知子罗村）开展了碧江怒族人体表型数据采集工作。匹河曾经由碧江县管辖，因此这里的怒族被称为碧江怒族。碧江怒族被调查成年男性年龄 45.9 岁±15.8 岁，女性年龄 43.1 岁±11.8 岁。

二、碧江怒族的表型数据（表 5-4-1～表 5-4-9）

表 5-4-1　碧江怒族男性头面部指标　　　　（单位：mm）

指标	不同年龄组（岁）的指标值（$\bar{x}\pm s$）						合计
	18～	30～	40～	50～	60～	70～85	
头长	185.4±6.1	184.8±7.9	190.0±6.5	187.2±6.8	188.3±7.1	190.3±6.5	187.4±7.0
头宽	151.8±4.8	152.8±8.2	150.8±7.3	152.4±6.4	155.7±5.2	156.5±5.2	152.8±6.7
额最小宽	109.0±4.2	110.4±7.2	113.1±7.7	109.9±5.9	111.1±7.9	112.5±6.4	110.9±6.6
面宽	142.0±4.8	146.4±7.1	145.8±7.7	145.0±5.8	145.6±4.2	148.5±7.2	145.3±6.4
下颌角间宽	110.3±6.8	113.1±8.4	113.8±6.4	112.9±6.2	114.5±9.3	117.0±5.2	113.2±7.2
眼内角间宽	38.3±3.2	37.2±3.3	37.7±2.1	37.9±3.2	37.2±2.6	37.3±2.6	37.7±2.9

续表

指标	不同年龄组（岁）的指标值（$\bar{x}\pm s$）						合计
	18～	30～	40～	50～	60～	70～85	
眼外角间宽	96.9±6.7	93.0±7.9	89.1±5.0	91.3±8.0	88.6±6.8	85.4±4.9	91.3±7.5
鼻宽	35.8±2.6	37.4±2.4	37.9±3.0	38.5±3.7	36.9±2.1	38.9±4.5	37.6±3.2
口宽	48.5±4.8	50.0±4.5	49.0±3.7	50.8±3.9	49.0±3.7	51.3±6.3	49.7±4.4
容貌面高	189.9±7.3	191.2±8.8	194.1±6.5	192.8±9.2	194.6±12.8	192.8±7.7	192.5±8.7
形态面高	123.5±6.3	125.0±6.8	126.6±6.7	127.6±7.7	129.1±4.5	127.0±6.8	126.3±6.9
鼻高	53.0±2.9	54.0±3.3	54.9±3.9	55.8±4.7	54.9±4.1	55.5±3.5	54.7±3.9
上唇皮肤部高	15.4±3.4	15.7±2.7	15.9±2.6	16.8±3.4	17.0±3.1	18.8±2.3	16.6±3.0
唇高	18.2±3.3	17.4±3.3	17.2±4.3	16.0±2.7	17.4±3.1	14.5±3.4	16.9±3.5
红唇厚度	9.6±1.8	8.8±1.5	8.9±1.5	8.0±1.8	9.2±2.4	6.8±2.3	8.4±2.0
容貌耳长	60.0±4.9	60.5±4.5	63.6±5.7	64.8±4.6	64.4±6.5	67.1±4.0	63.1±5.5
容貌耳宽	32.3±1.7	34.2±3.6	36.1±2.6	35.6±3.8	36.6±4.1	35.6±2.4	35.0±3.5
耳上头高	130.6±9.8	126.0±8.4	126.9±9.9	126.2±10.0	127.3±13.5	126.4±14.2	127.2±10.5

表 5-4-2　碧江怒族女性头面部指标

指标	不同年龄组（岁）的指标值（$\bar{x}\pm s$）/mm						合计/mm	u
	18～	30～	40～	50～	60～	70～85		
头长	177.4±7.5	181.0±8.0	180.9±5.4	182.4±5.4	182.0±4.9	181.5±3.6	180.2±6.8	8.58**
头宽	148.0±5.9	147.8±5.1	148.6±4.2	145.8±4.3	149.8±5.8	150.6±2.4	148.2±5.2	6.30**
额最小宽	109.2±7.0	112.4±7.9	109.3±7.4	105.0±7.9	110.0±9.2	108.5±3.7	109.7±7.4	1.34
面宽	138.7±5.9	137.9±6.3	138.7±5.1	135.7±6.2	136.6±8.1	137.5±2.7	138.2±5.7	9.62**
下颌角间宽	107.0±7.5	108.7±5.5	109.6±5.4	107.3±6.5	109.9±4.3	106.6±3.2	108.6±6.1	5.69**
眼内角间宽	36.8±2.7	35.9±2.9	36.1±2.8	35.9±2.1	34.8±2.4	36.4±2.2	36.0±2.7	5.08**
眼外角间宽	89.5±7.0	85.9±6.5	85.1±7.2	85.3±6.9	80.5±3.3	77.5±3.2	86.4±6.7	5.77**
鼻宽	34.6±2.3	34.6±2.8	35.7±2.6	34.3±2.4	36.1±4.3	35.1±3.2	34.8±2.7	7.88**
口宽	45.5±5.0	45.5±3.9	47.1±4.2	48.8±5.5	46.6±5.4	47.8±2.2	46.7±4.5	5.55**
容貌面高	178.7±9.3	178.8±9.0	179.9±9.2	173.8±10.7	178.2±8.6	177±8.8	179.7±9.2	11.86**
形态面高	116.2±8.5	115.6±5.7	116.5±5.2	115.6±4.8	117.8±4.6	116.4±6.9	116.6±5.9	12.54**
鼻高	49.8±4.0	49.5±3.4	50.3±3.5	52.3±4.9	51.1±3.4	52.6±3.8	50.3±3.6	9.51**
上唇皮肤部高	13.7±2.1	14.4±2.6	15.0±2.4	16.8±2.1	16.6±2.9	17.5±2.9	14.6±2.4	5.27**
唇高	18.0±3.1	17.5±3.2	15.8±2.9	14.3±4.4	14.6±3.8	10.9±4.4	16.8±3.1	0.37
红唇厚度	8.9±2.3	8.3±1.5	7.9±1.2	7.0±2.1	7.3±1.9	4.9±2.3	8.3±1.7	0.33
容貌耳长	57.3±4.4	58.7±4.3	61.9±5.3	65.2±3.9	63.6±5.8	61.9±4.1	60.2±5.1	4.51**
容貌耳宽	33.0±3.7	33.1±4.3	32.8±4.1	33.9±6.2	34.4±5.0	34.5±4.5	33.1±4.0	4.06**
耳上头高	125.5±11.0	121.4±6.1	120.5±10.9	123.8±6.2	121.3±9.1	119.0±9.9	122.6±9.6	3.83**

注：u 为性别间的 u 检验值。

**$P<0.01$，差异具有统计学意义。

表 5-4-3　碧江怒族男性体部指标

指标	不同年龄组（岁）的指标值（$\bar{x} \pm s$）						合计
	18～	30～	40～	50～	60～	70～85	
体重	55.7±8.2	62.2±12.6	62.9±11.4	58.7±9.5	59.2±12.0	61.2±12.7	59.9±11.0
身高	1623.5±48.3	1599.2±44.6	1622.1±49.3	1613.4±64.2	1585.4±40.5	1581.2±63.5	1608.5±54.1
髂前上棘点高	860.1±40.6	867.1±40.8	894.1±35.9	897.1±43.6	892.5±40.3	888.4±43.6	883.4±42.7
坐高	862.7±28.0	858.7±21.5	864.9±35.8	855.6±35.5	842.3±24.6	833.5±43.0	856.0±32.7
肱骨内外上髁间径	63.8±4.5	66.1±6.9	70.1±4.7	68.0±6.4	69.2±4.4	73.0±2.7	67.9±6.0
股骨内外上髁间径	89.5±6.5	92.9±7.0	93.3±4.6	91.6±4.9	91.9±6.0	97.9±7.4	92.4±6.2
肩宽	380.3±14.6	383.5±22.7	380.1±30.1	378.1±20.1	370.7±21.1	372.8±21.6	378.6±22.4
骨盆宽	278.0±13.0	296.7±35.8	306.3±23.9	300.6±19.4	294.5±21.9	313.9±22.7	297.6±25.7
平静胸围	862.0±58.4	915.6±77.6	928.5±71.6	909.9±62.7	910.5±86.3	951.6±72.6	910.1±73.4
腰围	809.6±84.1	883.3±113.4	862.4±92.6	847.8±83.3	859.5±120.8	902.3±95.9	863.9±97.4
臀围	867.9±58.5	909.9±82.2	932.8±71.7	904.9±64.9	916.2±94.8	976.1±72.0	912.4±76.9
大腿围	435.7±39.4	454.7±69.8	457.0±53.6	443.5±45.9	456.6±46.4	455.0±42.5	449.3±51.3
上肢全长	709.0±30.1	697.1±27.7	724.3±32.7	726.0±33.4	719.1±41.5	722.3±28.7	716.3±33.6
下肢全长	828.4±38.5	836.7±39.2	862.0±34.3	865.1±40.6	863.2±39.3	858.4±42.7	852.1±40.9

注：体重的单位为 kg，其余指标值的单位为 mm。

表 5-4-4　碧江怒族女性体部指标

指标	不同年龄组（岁）的指标值（$\bar{x} \pm s$）						合计	u
	18～	30～	40～	50～	60～	70～85		
体重	52.3±9.1	53.0±8.6	56.5±8.7	55.9±10.0	46.8±9.9	—	54.3±9.5	4.56**
身高	1520.6±53.9	1515.0±53.5	1511.4±51.9	1506.0±52.3	1496.2±73.7	—	1511.0±53.8	14.91**
髂前上棘点高	846.8±45.0	850.6±41.0	846.2±36.8	839.7±38.8	828.6±54.7	—	844.1±40.7	7.78**
坐高	817.3±34.7	817.2±39.3	819.2±31.2	806.4±31.8	797.3±44.2	—	813.2±34.7	10.46**
肱骨内外上髁间径	59.6±7.0	61.5±5.0	61.9±5.3	62.5±5.1	61.4±7.4	—	61.6±5.7	8.98**
股骨内外上髁间径	84.7±7.0	84.2±5.2	86.1±7.5	87.1±6.6	82.6±6.5	—	85.6±6.7	8.69**
肩宽	352.3±17.5	357.8±22.8	355.9±22.4	350.1±20.7	343.6±26.5	—	353.1±21.6	9.61**
骨盆宽	280.4±19.4	287.3±18.7	293.1±18.1	293.5±21.1	292.0±15.8	—	289.9±19.6	2.83**
平静胸围	868.4±54.9	873.5±64.7	903.0±69.7	902.8±67.5	832.3±76.4	—	886.5±68.5	2.74**
腰围	784.0±72.6	766.5±91.1	842.8±73.8	849.2±91.8	812.2±72.8	—	818.2±88.9	3.34**
臀围	899.5±61.8	916.9±50.0	931.7±68.3	933.4±73.1	886.3±90.7	—	920.7±68.0	0.96
大腿围	519.2±99.2	508.4±58.6	523.6±71.2	494.8±54.3	441.7±61.0	—	506.0±71.7	7.50**
上肢全长	668.4±28.4	670.5±33.5	660.6±35.8	657.5±35.5	657.3±35.1	—	662.7±34.0	13.11**
下肢全长	819.5±41.8	826.0±38.4	822.4±34.2	814.1±36.3	803.0±51.6	—	818.9±38.1	6.95**

注：u 为性别间的 u 检验值；体重的单位为 kg，其余指标值的单位为 mm。

**$P<0.01$，差异有统计学意义。

表 5-4-5 碧江怒族观察指标情况

指标	分型	男性		女性		合计		u
		人数	占比/%	人数	占比/%	人数	占比/%	
上眼睑皱褶	有	66	75.9	87	86.1	153	81.4	1.80
	无	21	24.1	14	13.9	35	18.6	1.80
内眦褶	有	8	9.2	13	12.9	21	11.2	0.80
	无	79	90.8	88	87.1	167	88.8	0.80
眼裂高度	狭窄	11	12.6	12	11.9	23	12.2	0.16
	中等	71	81.6	79	78.2	150	79.8	0.58
	较宽	5	5.7	10	9.9	15	8.0	1.05
眼裂倾斜度	内角高	0	0.0	1	1.0	1	0.5	0.93
	水平	4	4.6	6	5.9	10	5.3	0.41
	外角高	83	95.4	94	93.1	177	94.1	0.68
鼻背侧面观	凹型	1	1.1	12	11.9	13	6.9	2.89**
	直型	84	96.6	88	87.1	172	91.5	2.31*
	凸型	2	2.3	1	1.0	3	1.6	0.71
	波型	0	0.0	0	0.0	0	0.0	0.00
鼻基底方向	上翘	41	47.1	61	60.4	102	54.3	1.82
	水平	46	52.9	36	35.6	82	43.6	2.38*
	下垂	0	0.0	4	4.0	4	2.1	1.88
鼻翼宽	狭窄	13	14.9	48	35.8	61	27.6	3.39**
	中等	53	60.9	73	54.5	126	57.0	0.95
	宽阔	21	24.1	13	9.7	34	15.4	2.91**
耳垂类型	三角形	31	35.6	48	47.5	79	42.0	1.65
	方形	21	24.1	19	18.8	40	21.3	0.89
	圆形	35	40.2	34	33.7	69	36.7	0.93
上唇皮肤部高	低	6	6.9	8	6.0	14	6.3	0.28
	中等	65	74.7	125	93.3	190	86.0	3.88**
	高	16	18.4	1	0.7	17	7.7	4.81**
红唇厚度	薄唇	16	18.4	27	26.7	43	22.9	1.36
	中唇	63	72.4	62	61.4	125	66.5	1.60
	厚唇	8	9.2	12	11.9	20	10.6	0.60
利手	左型	1	1.1	2	2.0	3	1.6	0.45
	右型	86	98.9	99	98.0	185	98.4	0.45
扣手	左型	26	29.9	40	39.6	66	35.1	1.39
	右型	61	70.1	61	60.4	122	64.9	1.39
卷舌	否	27	31.0	27	26.7	54	28.7	0.65
	是	60	69.0	74	73.3	134	71.3	0.65

注：u 为性别间率的 u 检验值。女性上唇皮肤部高和鼻翼宽分别为 134 人。

*$P<0.05$，**$P<0.01$，差异具有统计学意义。

表 5-4-6　碧江怒族男性生理指标

指标	不同年龄组（岁）的指标值（$\bar{x}\pm s$）						合计
	18～	30～	40～	50～	60～	70～85	
收缩压/mmHg	133.4±13.6	124.3±13.8	134.6±19.6	147.6±28.5	152.7±21.3	157.5±25.2	141.7±24.4
舒张压/mmHg	85.8±10.2	74.6±16.5	85.9±11.1	89.5±16.6	93.6±10.9	87.3±15.2	86.3±14.7
心率/（次/分）	86.6±6.8	76.7±7.2	80.9±17.6	79.8±18.3	74.9±12.3	77.3±15.3	79.1±15.1

表 5-4-7　碧江怒族女性生理指标

指标	不同年龄组（岁）的指标值（$\bar{x}\pm s$）						合计	u
	18～	30～	40～	50～	60～	70～85		
收缩压/mmHg	112.2±12.0	118.7±10.6	126.9±20.6	134.4±21.5	147.0±28.0	—	126.7±20.5	4.52**
舒张压/mmHg	70.1±7.1	77.2±7.6	78.0±10.5	82.4±20.4	88.2±16.1	—	78.8±14.4	3.52**
心率/（次/分）	79.5±7.7	79.0±8.7	73.6±10.8	78.2±9.4	78.5±16.2	—	77.3±10.0	0.93

注：u 为性别间的 u 检验值。

**$P<0.01，差异具有统计学意义。

表 5-4-8　碧江怒族男性头面部指数、体部指数和体脂率

指数	不同年龄组（岁）的指标值（$\bar{x}\pm s$）						合计
	18～	30～	40～	50～	60～	70～85	
头长宽指数	81.9±3.2	82.8±4.9	79.4±3.7	81.5±4.0	82.8±2.2	82.3±3.2	81.6±3.9
头长高指数	70.5±6.1	68.4±6.0	66.9±5.7	67.6±6.6	67.6±6.5	66.5±7.7	68.0±6.3
头宽高指数	86.2±8.1	82.8±7.8	84.2±6.5	83.0±7.7	81.7±8.0	80.9±9.7	83.4±7.8
形态面指数	87.0±4.3	85.5±5.7	87.0±5.8	88.1±6.2	88.7±2.9	85.7±5.7	87.1±5.4
鼻指数	67.8±5.7	69.6±6.5	69.3±7.4	69.5±9.2	67.8±7.7	70.3±8.1	69.1±7.5
口指数	37.9±7.7	34.9±6.8	35.5±9.6	31.8±6.0	35.6±6.6	28.1±4.9	34.2±7.7
身高坐高指数	53.1±1.3	53.7±0.9	53.3±1.5	53.0±1.2	53.1±1.1	52.7±1.4	53.2±1.3
身高体重指数	342.8±47.3	388.7±77.6	386.9±64.8	363.7±56.9	373.2±75.4	385.5±68.7	372.3±65.5
身高胸围指数	53.1±3.5	57.3±4.8	57.2±4.1	56.4±4.1	57.5±5.8	60.2±3.9	56.6±4.6
身高肩宽指数	23.4±0.8	24.0±1.2	23.5±1.9	23.5±1.2	23.4±1.1	23.6±1.1	23.5±1.3
身高骨盆宽指数	17.1±0.7	18.5±2.1	18.9±1.3	18.6±1.2	18.6±1.2	19.9±1.4	18.5±1.6
马氏躯干腿长指数	88.3±4.6	86.2±3.0	87.7±5.4	88.6±4.4	88.3±3.8	89.9±5.1	88.0±4.5
身高下肢长指数	51.0±1.4	52.3±1.7	53.1±1.7	53.6±1.6	54.4±1.4	54.3±2.1	53.0±2.0
身体质量指数/（kg/m²）	21.1±2.8	24.3±4.9	23.8±3.8	22.6±3.6	23.6±4.9	24.3±3.8	23.1±4.0
身体肥胖指数	24.0±2.9	27.0±4.1	27.1±3.0	26.2±3.4	27.9±5.2	31.1±3.6	26.8±4.0
体脂率/%	11.2±5.0	17.6±7.1	19.8±7.5	17.7±7.8	16.9±9.0	22.0±8.0	17.3±7.9

表 5-4-9　碧江怒族女性头面部指数、体部指数和体脂率

指数	不同年龄组（岁）的指标值（$\bar{x}\pm s$）						合计	u
	18～	30～	40～	50～	60～	70～85		
头长宽指数	83.5±3.5	81.8±4.2	82.7±3.8	82.2±2.8	79.9±2.7	—	82.3±3.6	1.63
头长高指数	70.9±5.5	67.1±2.7	68.7±5.6	66.6±5.9	67.9±4.5	—	68.1±5.3	0.12
头宽高指数	84.7±7.0	82.1±3.5	83.2±7.4	81.1±7.3	85.0±4.9	—	82.7±6.6	0.80
形态面指数	83.8±6.0	83.9±4.5	85.6±4.1	84.0±3.9	85.3±4.6	—	84.5±4.5	4.28**
鼻指数	69.8±6.7	70.1±7.3	67.5±7.8	71.3±6.9	66.1±7.8	—	69.4±7.4	0.40
口指数	40.0±8.9	38.7±7.9	36.2±6.4	34.0±7.4	29.3±7.7	—	36.2±8.0	2.11*
身高坐高指数	53.7±1.4	53.9±1.6	54.2±1.5	53.6±1.4	53.3±0.8	—	53.8±1.5	3.65**
身高体重指数	343.2±53.7	349.2±50.9	373.5±53.2	370.2±59.2	311.1±53.9	—	358.5±56.7	1.86
身高胸围指数	57.0±3.1	57.7±4.0	59.8±4.4	59.9±4.0	55.6±3.2	—	58.7±4.1	3.85**
身高肩宽指数	23.2±1.0	23.6±1.2	23.6±1.4	23.3±1.2	22.9±0.9	—	23.4±1.2	1.11
身高骨盆宽指数	18.4±1.1	19.0±0.9	19.4±1.1	19.5±1.1	19.5±0.8	—	19.2±1.1	4.14**
马氏躯干腿长指数	86.2±4.9	85.6±5.5	84.6±5.1	86.8±4.9	87.7±2.9	—	85.9±5.0	3.61**
身高下肢长指数	53.9±1.7	54.5±1.8	54.4±1.9	54.1±1.8	53.6±1.7	—	54.2±1.8	5.34**
身体质量指数/（kg/m²）	22.5±3.2	23.0±3.1	24.7±3.4	24.6±3.6	20.7±2.9	—	23.7±3.5	1.22
身体肥胖指数	30.0±3.4	31.2±2.4	32.2±3.9	32.5±3.6	30.4±3.1	—	31.6±3.5	10.63**
体脂率/%	25.0±6.7	27.4±4.0	32.7±3.4	34.5±4.2	29.6±6.8	—	30.7±5.9	16.06**

注：u 为性别间的 u 检验值。

*$P<0.05$，**$P<0.01$，差异具有统计学意义。

（徐　飞　宇克莉　李　岩　范　宁）

第五节　鄂温克族

一、鄂温克族简介

鄂温克族是中国北方少数民族中人口较少的民族之一。2010 年第六次全国人口普查数据显示，中国境内鄂温克族仅有 30 875 人（国务院人口普查办公室，国家统计局人口和就业统计司，2012）。鄂温克族主要分布在中国、俄罗斯等国家。在国内主要生活在内蒙古自治区的鄂温克族自治旗、陈巴尔虎旗、莫力达瓦达斡尔族自治旗、根河市、鄂伦春自治旗、阿荣旗、扎兰屯市，以及黑龙江省的讷河市和新疆等地。鄂温克语属阿尔泰语系满–通古斯语族北语支，分为三大方言：海拉尔、陈巴尔虎、敖鲁古雅。

呼伦贝尔市位于内蒙古自治区东北部，地处东经 115°31′～126°04′、北纬 47°05′～53°20′，最高海拔 1477m，最低海拔 171m，属于温带季风大陆性气候，年平均气温在 0℃以下，降水量差异大，降水期多集中在 7～8 月。

2016 年、2018 年研究组先后两次在内蒙古呼伦贝尔市开展了鄂温克族人体表型数据采集工作。被调查的鄂温克族男性年龄 37.8 岁±12.3 岁，女性年龄 43.0 岁±12.7 岁。

二、鄂温克族的表型数据（表 5-5-1～表 5-5-9）

表 5-5-1　鄂温克族男性头面部指标　（单位：mm）

指标	不同年龄组（岁）的指标值（$\bar{x} \pm s$）						合计
	18～	30～	40～	50～	60～	70～85	
头长	190.9 ±11.4	193.1 ±10.6	192.1 ±11.5	193.3 ±9.1	195.8 ±6.4	190.0 ±2.8	192.2 ±10.8
头宽	167.8 ±8.5	168.1 ±10.5	166.8 ±8.1	170.2 ±9.0	166.1 ±4.0	166.5 ±2.1	167.8 ±8.8
额最小宽	122.8 ±11.7	126.1 ±12.2	118.9 ±10.1	122.3 ±10.5	116.2 ±10.4	121.3 ±5.3	122.2 ±11.3
面宽	143.3 ±11.8	149.9 ±11.6	145.3 ±12.2	145.7 ±14.7	141.4 ±7.5	126.8 ±2.5	145.5 ±12.4
下颌角间宽	123.6 ±9.5	125.5 ±7.2	123.3 ±9.9	125.6 ±9.0	136.3 ±8.4	132.5 ±10.6	124.7 ±9.2
眼内角间宽	45.5 ±3.5	45.6 ±4.2	43.5 ±4.5	43.7 ±3.1	42.2 ±1.3	46.0 ±2.8	44.6 ±4.0
眼外角间宽	94.4±8.9	92.6±7.3	91.9±8.2	90.6±9.7	94.3±2.9	95.9±4.4	92.8±8.3
鼻宽	47.6 ±3.4	48.8 ±3.1	49.3±3.2	50.5 ±2.8	52.1 ±5.9	50.3 ±1.1	48.9 ±3.4
口宽	60.6 ±4.6	62.8 ±6.2	63.4±4.7	63.8 ±6.9	70.6 ±4.3	62.8 ±4.6	62.7 ±5.6
容貌面高	198.0 ±10.2	201.4 ±8.1	202.6±10.7	201.4 ±12.7	214.0 ±8.5	206.0 ±5.7	201.2 ±10.5
形态面高	134.8 ±12.0	133.0 ±7.9	136.4±9.8	142.9 ±11.9	138.0 ±17.7	147.8 ±3.9	136.2 ±11.0
鼻高	61.6 ±6.2	63.4 ±4.8	64.8±4.8	66.0 ±6.3	66.5 ±9.8	65.5 ±3.5	63.7 ±5.7
上唇皮肤部高	26.1 ±2.9	25.7 ±2.2	26.7±2.9	27.4 ±2.9	28.7 ±2.1	25.0 ±1.4	26.4 ±2.8
唇高	28.0 ±3.2	26.3 ±3.5	25.1±3.5	25.1 ±5.1	20.8 ±4.4	27.5 ±0.0	26.1 ±3.9
红唇厚度	18.1 ±2.4	17.2 ±2.2	16.7±2.8	16.3 ±2.2	14.2 ±1.5	16.0 ±0.7	17.1 ±2.5
容貌耳长	73.8 ±6.0	77.3 ±4.3	76.9±7.9	77.6 ±6.1	82.1 ±6.3	70.5 ±6.4	76.2 ±6.5
容貌耳宽	42.9 ±3.5	44.1 ±3.6	44.4±3.6	43.9 ±2.9	44.0 ±5.2	43.0 ±5.7	43.8 ±3.5
耳上头高	145.8 ±11.1	140.7 ±10.0	140.0 ±12.3	137.4 ±15.7	129.5 ±9.3	100.0 ±14.1	140.8 ±13.2

表 5-5-2　鄂温克族女性头面部指标

指标	不同年龄组（岁）的指标值（$\bar{x} \pm s$）/mm						合计/mm	u
	18～	30～	40～	50～	60～	70～85		
头长	183.4 ±8.1	182.8 ±7.8	181.1 ±10.7	180.2 ±10.9	177.9 ±13.8	186.0 ±8.5	181.3 ±10.2	8.44**
头宽	161.9 ±8.4	156.4 ±8.8	155.0 ±12.4	158.4 ±15.3	153.7 ±14.7	170.0 ±3.5	157.3 ±12.3	7.79**
额最小宽	114.3 ±11.7	112.9 ±9.4	113.8 ±11.7	116.5 ±14.0	112.4 ±13.3	116.2 ±12.2	114.2 ±11.9	5.58**
面宽	140.1 ±12.5	136.4 ±10.6	134.8 ±12.7	141.2 ±18.5	124.1 ±14.9	133.4 ±15.7	136.0 ±14.5	5.69**
下颌角间宽	116.8 ±5.9	120.5 ±10.8	121.6 ±10.0	118.9 ±10.6	120.0 ±14.1	132.3 ±3.2	120.1 ±10.2	3.84**
眼内角间宽	44.3 ±3.4	39.5 ±5.1	41.0 ±4.8	41.0 ±4.1	39.2 ±3.0	41.5 ±1.4	41.2 ±4.5	6.49**

指标	不同年龄组（岁）的指标值（$\bar{x} \pm s$）/mm						合计/mm	u
	18～	30～	40～	50～	60～	70～85		
眼外角间宽	87.7±6.2	90.7±8.6	90.4±10.2	88.9±8.4	92.0±10.9	94.3±4.6	89.9±8.9	2.76**
鼻宽	44.5±1.8	43.9±2.7	44.6±5.4	46.7±2.0	47.8±3.4	46.8±1.1	45.3±4.0	7.99**
口宽	57.6±4.2	58.7±4.0	60.1±5.7	63.8±9.2	66.8±10.0	62.5±2.8	60.9±7.1	2.26*
容貌面高	193.7±11.6	195.5±10.6	196.4±10.1	193.7±12.0	211.3±9.3	206.3±4.6	196.9±11.6	3.10**
形态面高	122.0±10.7	124.0±6.3	128.4±14.0	127.2±12.5	134.0±14.4	145.6±9.3	127.3±12.8	5.96**
鼻高	57.2±7.7	56.1±5.1	59.0±7.1	60.0±4.3	64.3±9.9	63.8±1.1	59.1±7.1	5.74**
上唇皮肤部高	23.8±1.9	25.3±3.7	26.1±2.8	25.6±3.3	25.0±2.6	29.5±4.2	25.4±3.0	2.78**
唇高	26.4±3.6	26.6±4.4	25.6±3.7	23.1±4.1	23.4±4.1	26.8±1.1	25.2±4.0	1.91
红唇厚度	17.9±3.3	17.2±2.2	16.6±2.6	15.8±2.4	15.1±2.0	16.0±2.1	16.6±2.7	1.46
容貌耳长	70.3±4.4	74.0±3.5	74.8±5.6	78.1±5.9	78.6±4.0	81.8±6.0	75.1±5.7	1.61
容貌耳宽	40.6±2.9	42.8±2.8	41.2±3.5	43.3±3.0	43.5±3.2	45.5±5.7	42.1±3.4	4.14**
耳上头高	140.9±11.6	140.7±10.7	135.8±11.5	136.5±12.1	139.8±11.4	148.5±12.0	138.3±11.6	1.61

注：u 为性别间的 u 检验值。

*$P<0.05$，**$P<0.01$，差异具有统计学意义。

表 5-5-3　鄂温克族男性体部指标

指标	不同年龄组（岁）的指标值（$\bar{x} \pm s$）						合计
	18～	30～	40～	50～	60～	70～85	
体重	70.7±17.1	72.7±13.5	69.9±13.6	77.7±15.2	76.9±13.7	59.5±10.6	71.9±15.0
身高	1705.9±64.5	1688.6±57.5	1691.3±56.8	1691.9±53.3	1731.1±83.8	1620.0±56.6	1695.4±60.2
髂前上棘点高	955.9±52.2	963.2±39.8	955.9±72.0	966.8±52.8	1007.8±88.9	970.0±99.0	960.6±57.3
坐高	905.8±64.5	877.5±79.6	880.5±98.8	885.4±54.7	862.6±76.6	979.4±89.3	888.4±79.8
肱骨内外上髁间径	75.6±9.6	77.7±6.9	78.4±8.1	78.6±7.8	79.8±12.6	71.0±10.6	77.4±8.5
股骨内外上髁间径	104.9±11.7	107.2±7.1	105.7±10.7	110.5±6.9	116.7±8.2	104.0±4.2	106.7±10.0
肩宽	398.3±26.0	403.9±25.9	397.2±26.5	405.1±22.0	403.3±37.9	375.0±14.1	400.1±25.9
骨盆宽	290.5±28.7	298.5±22.2	303.3±30.7	316.6±22.4	320.6±19.4	347.5±24.7	301.0±28.4
平静胸围	929.0±98.6	965.5±84.0	970.2±106.1	1007.4±95.6	1051.7±121.0	873.0±55.2	963.4±101.1
腰围	844.2±115.1	906.0±119.2	919.4±144.8	1001.9±134.9	956.8±123.5	850.0±70.7	905.3±135.9
臀围	967.2±73.5	978.7±71.9	972.1±85.3	1005.0±77.0	977.0±63.5	970.0±0.0	976.7±76.9
大腿围	538.5±59.1	547.5±56.6	534.0±68.3	536.0±69.1	517.1±31.0	476.0±0.0	537.9±61.9
上肢全长	769.6±51.0	763.3±41.5	757.7±48.7	774.1±50.1	786.3±95.9	772.5±109.6	765.9±50.1
下肢全长	914.1±50.0	921.8±38.6	915.3±71.8	925.9±52.2	1000.2±106.7	930.0±99.0	920.8±58.7

注：体重的单位为 kg，其余指标值的单位为 mm。

表 5-5-4 鄂温克族女性体部指标

指标	不同年龄组（岁）的指标值（$\bar{x}\pm s$）						合计	u
	18～	30～	40～	50～	60～	70～85		
体重	56.3±10.9	67.1±9.9	68.2±16.1	67.4±20.9	62.3±15.0	75.1±0.0	65.2±15.9	3.53**
身高	1590.4±61.4	1583.2±56.1	1575.2±45.5	1535.9±75.2	1564.0±109.8	1625.0±49.5	1571.4±66.6	15.77**
髂前上棘点高	902.5±46.8	912.4±46.8	906.5±76.8	884.3±60.7	861.4±44.5	925.0±106.1	898.0±63.3	8.34**
坐高	850.1±57.2	819.5±82.8	841.5±74.3	811.3±53.3	801.8±65.9	855.0±35.4	829.9±68.6	6.39**
肱骨内外上髁间径	67.9±6.9	65.3±8.6	69.0±10.9	69.4±13.3	65.7±14.4	86.0±12.0	68.3±11.1	7.33**
股骨内外上髁间径	101.7±8.8	106.8±14.3	107.1±10.3	106.2±9.5	107.4±17.9	122.0±5.7	106.2±11.7	0.41
肩宽	362.8±14.3	367.5±17.8	363.0±25.9	361.6±32.2	352.9±21.5	391.5±10.6	362.8±24.1	12.23**
骨盆宽	288.1±25.3	307.8±21.3	317.6±23.8	319.0±25.9	313.0±33.3	360.5±20.5	311.7±27.8	3.08**
平静胸围	888.4±97.6	987.9±70.2	970.9±75.3	971.7±120.2	937.4±91.1	1016.0±84.9	956.0±95.0	0.62
腰围	783.0±98.5	906.1±104.9	929.0±115.3	960.8±125.4	967.4±127.7	1045.0±91.9	911.4±129.1	0.38
臀围	948.0±72.9	1017.0±72.4	1023.1±95.4	1030.0±105.1	1002.4±115.0	1086.0±121.6	1008.6±96.1	2.91**
大腿围	535.8±62.7	574.9±39.5	561.6±59.4	552.9±66.2	518.7±52.0	543.0±15.6	552.3±59.0	1.94
上肢全长	702.4±35.5	708.7±43.0	699.3±53.6	707.4±60.2	687.2±55.6	714.5±20.5	701.7±50.0	10.42**
下肢全长	862.5±46.8	872.4±46.8	866.5±76.8	843.8±59.0	820.5±43.4	885.0±106.1	857.8±63.0	8.34**

注：u 为性别间的 u 检验值；体重的单位为 kg，其余指标值的单位为 mm。

**P＜0.01，差异具有统计学意义。

表 5-5-5 鄂温克族观察指标情况

指标	分型	男性		女性		合计		u
		人数	占比/%	人数	占比/%	人数	占比/%	
上眼睑皱褶	有	53	31.7	64	55.7	117	41.5	4.01**
	无	114	68.3	51	44.3	165	58.5	4.01**
内眦褶	有	139	83.7	76	66.1	215	76.5	3.43**
	无	27	16.3	39	33.9	66	23.5	3.43**
眼裂高度	狭窄	77	46.7	35	30.7	112	40.1	2.67**
	中等	82	49.7	73	64.0	155	55.6	2.37*
	较宽	6	3.6	6	5.3	12	4.3	0.66
眼裂倾斜度	内角高	70	41.9	41	36.0	111	39.5	1.00
	水平	74	44.3	59	51.7	133	47.3	1.23
	外角高	23	13.8	14	12.3	37	13.2	0.36
鼻背侧面观	凹型	29	17.5	23	20.2	52	18.6	0.57
	直型	119	71.7	79	69.3	198	70.7	0.43
	凸型	17	10.2	9	7.9	26	9.3	0.66
	波型	1	0.6	3	2.6	4	1.4	1.41

续表

指标	分型	男性		女性		合计		u
		人数	占比/%	人数	占比/%	人数	占比/%	
鼻基底方向	上翘	29	17.4	43	37.4	72	25.5	3.79**
	水平	41	24.5	37	32.2	78	27.7	1.41
	下垂	97	58.1	35	30.4	132	46.8	4.57**
鼻翼宽	狭窄	29	17.5	24	21.4	53	19.1	0.82
	中等	9	5.4	5	4.5	14	5.0	0.36
	宽阔	128	77.1	83	74.1	211	75.9	0.57
耳垂类型	三角形	49	29.3	31	27.0	80	28.4	0.44
	方形	43	25.8	32	27.8	75	26.6	0.39
	圆形	75	44.9	52	45.2	127	45.0	0.05
上唇皮肤部高	低	8	4.8	12	10.7	20	7.2	1.87
	中等	132	79.5	93	83.0	225	80.9	0.73
	高	26	15.7	7	6.3	33	11.9	2.38*
红唇厚度	薄唇	107	64.5	85	75.9	192	69.1	2.02*
	中唇	45	27.1	22	19.6	67	24.1	1.43
	厚唇	14	8.4	5	4.5	19	6.8	1.29
利手	左型	123	73.7	72	63.7	195	69.6	1.77
	右型	44	26.3	41	36.3	85	30.4	1.77
扣手	左型	86	51.8	54	47.4	140	50.0	0.73
	右型	80	48.2	60	52.6	140	50.0	0.73
卷舌	否	41	24.6	38	33.3	79	28.1	1.61
	是	126	75.4	76	66.7	202	71.9	1.61

注：u 为性别间率的 u 检验值。

*$P<0.05$，**$P<0.01$，差异具有统计学意义。

表 5-5-6　鄂温克族男性生理指标

指标	不同年龄组（岁）的指标值（$\bar{x} \pm s$）						合计
	18～	30～	40～	50～	60～	70～85	
收缩压/mmHg	127.1±15.2	123.8±14.9	128.5±19.8	139.6±25.5	137.0±4.2	—	128.0±17.6
舒张压/mmHg	78.1±15.9	84.4±8.6	87.3±21.3	99.8±17.8	83.0±9.9	—	85.3±16.4
心率/（次/分）	79.0±17.5	89.7±15.0	78.8±10.3	78.5±3.6	82.5±4.9	—	81.1±12.2

表 5-5-7　鄂温克族女性生理指标

指标	不同年龄组（岁）的指标值（$\bar{x} \pm s$）						合计	u
	18～	30～	40～	50～	60～	70～85		
收缩压/mmHg	110.3±14.8	111.3±4.8	122.8±22.4	138.2±13.4	149.7±19.5	—	124.0±21.9	1.00
舒张压/mmHg	72.4±11.4	68.3±4.1	78.6±17.4	80.3±12.2	73.2±13.5	—	75.6±14.2	3.17**
心率/（次/分）	83.8±5.7	87.0±13.5	83.1±13.1	83.5±3.4	78.5±14.9	—	83.0±11.8	0.54

注：u 为性别间的 u 检验值。

**$P<0.01$，差异具有统计学意义。

表 5-5-8 鄂温克族男性头面部指数、体部指数和体脂率

指数	不同年龄组（岁）的指标值（$\bar{x} \pm s$）						合计
	18～	30～	40～	50～	60～	70～85	
头长宽指数	88.1±5.0	87.1±5.0	87.0±4.0	88.2±6.2	85.2±2.0	87.6±2.4	87.5±4.8
头长高指数	76.8±8.5	73.2±7.8	73.2±6.9	71.2±8.4	66.3±2.6	52.6±6.7	73.6±8.4
头宽高指数	87.2±8.5	84.9±8.5	84.1±7.8	80.9±10.0	78.5±4.3	60.1±9.3	84.3±9.1
形态面指数	94.6±10.8	89.4±8.1	94.4±9.6	95.8±11.3	92.7±11.4	116.6±0.8	93.7±10.3
鼻指数	78.0±8.3	77.3±6.5	76.5±8.2	77.2±9.3	75.8±6.3	76.9±5.8	77.2±7.9
口指数	46.7±6.1	42.2±6.6	39.8±6.2	39.4±7.3	29.3±5.1	43.9±3.2	42.1±7.3
身高坐高指数	53.2±3.4	52.0±4.5	52.0±5.3	52.3±3.0	49.8±3.5	60.4±3.4	52.4±4.4
身高体重指数	412.8±90.0	430.6±75.6	412.4±74.9	458.4±84.7	444.1±74.0	366.4±52.7	423.5±81.7
身高胸围指数	54.5±4.9	57.4±4.9	57.5±5.8	59.6±5.4	60.8±6.7	53.9±1.5	56.9±5.5
身高肩宽指数	23.4±1.4	24.0±1.6	23.5±1.5	24.0±1.3	23.4±2.7	23.2±1.7	23.6±1.5
身高骨盆宽指数	17.1±1.4	17.7±1.4	17.9±1.8	18.7±1.2	18.7±1.1	21.5±2.3	17.8±1.6
马氏躯干腿长指数	89.0±13.6	92.3±16.1	93.0±17.6	91.7±11.8	101.6±15.0	65.8±9.3	91.4±15.6
身高下肢长指数	53.6±1.9	54.6±1.9	54.1±3.8	54.7±2.2	57.7±3.9	57.3±4.1	54.3±2.8
身体质量指数/（kg/m²）	24.1±4.8	25.5±4.4	24.4±4.2	27.1±4.9	25.7±4.3	22.6±2.5	25.0±4.6
身体肥胖指数	25.4±2.6	26.7±3.6	26.3±3.5	27.7±3.9	25.1±4.3	27.4±0.0	26.3±3.4
体脂率/%	23.3±6.4	25.5±7.0	24.2±8.0	29.6±7.7	27.0±5.8	28.1±1.6	25.1±7.4

表 5-5-9 鄂温克族女性头面部指数、体部指数和体脂率

指数	不同年龄组（岁）的指标值（$\bar{x} \pm s$）						合计	u
	18～	30～	40～	50～	60～	70～85		
头长宽指数	88.4±3.9	86.4±3.0	85.6±4.5	87.9±5.8	86.2±4.0	91.4±2.3	86.8±4.5	1.12
头长高指数	77.0±7.7	77.9±5.4	75.4±8.6	76.3±7.2	80.1±10.5	80.1±10.1	76.8±7.9	3.06**
头宽高指数	87.2±8.3	90.0±6.1	89.2±11.4	87.3±10.8	92.6±12.3	87.4±8.9	88.8±10.0	3.66**
形态面指数	87.6±9.4	91.2±6.7	95.1±9.7	93.0±10.9	103.9±11.3	109.5±5.9	93.7±10.5	0.05
鼻指数	78.0±9.3	78.7±7.4	75.5±9.1	78.2±6.4	73.1±10.7	73.3±0.4	76.6±8.6	0.55
口指数	46.1±7.1	45.7±9.4	42.9±7.6	37.3±9.0	35.8±8.5	42.9±3.6	42.1±8.8	0.01
身高坐高指数	53.5±3.8	51.7±4.1	53.5±4.5	52.8±2.9	51.3±3.4	52.7±3.8	52.9±3.9	0.88
身高体重指数	354.7±70.4	423.3±56.7	421.4±71.2	421.5±99.1	396.3±76.7	452.4±18.2	407.0±78.5	1.66
身高胸围指数	56.0±6.6	62.4±4.3	61.6±4.5	63.5±9.0	60.4±8.2	62.6±7.1	61.0±6.7	5.24**
身高肩宽指数	22.8±1.3	23.2±1.3	23.0±1.4	23.5±1.7	22.6±1.7	24.1±0.1	23.1±1.5	2.96**
身高骨盆宽指数	18.1±1.5	19.5±1.4	20.2±1.4	20.8±1.4	20.0±1.9	22.2±1.9	19.9±1.7	9.93**
马氏躯干腿长指数	85.3±10.4	94.7±17.0	88.1±11.2	89.8±11.1	95.7±13.4	90.3±13.7	89.9±12.6	0.89
身高下肢长指数	54.2±2.0	55.1±2.2	55.0±4.1	54.9±2.0	52.5±2.0	54.4±4.9	54.6±3.1	0.76
身体质量指数/（kg/m²）	22.4±4.7	26.7±3.5	27.4±6.1	28.3±7.0	25.3±4.3	27.3±0.0	26.4±5.8	2.10*
身体肥胖指数	29.4±4.8	33.1±4.2	33.8±4.7	37.1±6.0	33.4±5.9	34.7±8.3	33.4±5.5	12.19**
体脂率/%	33.8±5.0	39.8±3.0	38.1±3.5	40.7±5.8	40.5±3.1	41.9±2.4	38.4±4.7	18.22**

注：u 为性别间的 u 检验值。

*$P<0.05$，**$P<0.01$，差异具有统计学意义。

（隋 杰 温有锋）

第六节　京　　族

一、京　族　简　介

京族是我国为数不多的濒海而居、人口较少的民族之一。根据 2010 年第六次全国人口普查统计数据，我国京族共有 28 199 人（国务院人口普查办公室，国家统计局人口和就业统计司，2012）。京族主要分布在广西壮族自治区的防城港市，其中东兴市江平镇的巫头、万尾、山心"京族三岛"为主要聚居地（杨圣敏，丁宏，2010）。京族有本民族的语言，现暂归汉藏语系，语族未定。由于长期与汉族人交往，绝大部分京族人通用汉语。

东兴市地处东经 107°53′～108°15′、北纬 21°31′～21°44′，属亚热带气候，雨量充沛，年平均气温 21.5～23.3℃，年降水量 1300mm。

研究组在广西防城港市东兴市江平镇开展了京族人体表型数据采集工作。京族被调查成年男性年龄 55.3 岁±11.3 岁，女性年龄 51.9 岁±12.3 岁。

二、京族的表型数据（表 5-6-1～表 5-6-9）

表 5-6-1　京族男性头面部指标　　　　　　　　　（单位：mm）

指标	不同年龄组（岁）的指标值（$\bar{x}\pm s$）						合计
	18～	30～	40～	50～	60～	70～85	
头长	185.4±4.2	189.0±5.8	186.8±7.5	186.7±6.9	186.3±6.5	—	186.7±6.7
头宽	150.3±3.1	150.2±5.4	148.4±4.9	147.5±6.9	145.7±5.8	—	147.2±6.1
额最小宽	116.7±8.1	117.5±9.3	115.8±8.4	112.5±7.0	111.8±7.4	—	113.2±7.8
面宽	129.9±8.4	131.7±9.3	132.1±7.5	129.2±6.2	128.1±7.2	—	129.4±7.3
下颌角间宽	106.4±7.8	109.9±11.1	109.1±8.1	106.7±7.7	106.9±8.6	—	107.4±8.5
眼内角间宽	40.6±2.7	40.6±4.1	38.2±4.6	40±4.5	40.9±4.5	—	40.2±4.5
眼外角间宽	88.1±2.6	87.8±4.2	85.5±4.6	83.2±4.7	81.3±4.6	—	83.3±5.0
鼻宽	41.6±4.1	42.3±3.1	41.4±2.4	41.7±2.9	41.2±3.3	—	41.5±3.1
口宽	46.7±5.7	49.9±4.4	50.9±3.6	50.2±4.3	50.8±3.9	—	50.4±4.1
容貌面高	192.3±14.5	193.7±10.3	198.1±11	193.5±15.1	195.5±13.4	—	195.0±13.4
形态面高	116.1±4.3	117.6±7.1	121.1±7.8	119.8±8.2	119.5±7.3	—	119.5±7.6
鼻高	47.7±3.1	46.4±2.9	48.4±3.4	50.0±3.3	50.3±3.6	—	49.5±3.6
上唇皮肤部高	12.3±3.1	15.8±3.3	17.2±4.5	17.6±3.7	17.1±3.3	—	17.0±3.7
唇高	21.6±4.7	19.1±4.5	17.0±3.6	15.6±3.9	14.7±4.3	—	15.9±4.4
红唇厚度	9.4±2.9	8.4±2.8	7.5±1.8	7.3±2.0	7.1±2.4	—	7.4±2.3
容貌耳长	62.0±2.7	65.2±5.0	66.2±4.4	68.6±4.2	68.9±4.5	—	67.9±4.7
容貌耳宽	33.7±2.5	34.7±3.4	33.9±3.2	34.5±3.3	34.7±3.1	—	34.5±3.2
耳上头高	99.7±25.4	125.7±54.0	115.9±38.1	114.2±33.4	120.8±35.6	—	117.9±37.0

表 5-6-2　京族女性头面部指标

指标	不同年龄组（岁）的指标值（$\bar{x} \pm s$）/mm						合计/mm	u
	18～	30～	40～	50～	60～	70～85		
头长	175.5±7.1	176.4±6.5	177.8±6.2	177.9±5.3	177.6±7.6	—	177.5±6.6	16.69**
头宽	140.4±10.3	142.5±5.9	141.2±5.0	141.2±5.2	140.2±5.9	—	141.0±5.8	12.29**
额最小宽	117.8±7.0	114.5±7.5	112.4±6.8	111.4±5.8	110.6±9.2	—	112.0±7.7	1.86
面宽	124.8±6.9	124.7±5.7	124.1±5.9	121.1±7.1	120.2±7.6	—	122.1±7.1	12.11**
下颌角间宽	104.4±10.3	103.4±11.6	102.0±7.1	102.0±9.8	101.6±7.4	—	102.2±8.9	7.25**
眼内角间宽	38.7±2.9	38.1±3.6	37.4±4.5	39.0±3.8	40.1±4.0	—	38.9±4.1	3.55**
眼外角间宽	86.4±3.7	83.4±4.4	82.3±4.4	80.3±4.7	79.3±4.6	—	81.1±4.9	5.29**
鼻宽	36.9±2.5	40.0±9.0	38.3±3.1	38.9±2.8	39.5±3.2	—	39.1±4.5	8.12**
口宽	48.7±6.3	48.4±3.1	48.2±3.7	48.9±3.4	47.3±3.9	—	48.1±3.8	6.82**
容貌面高	184.8±9.5	182.1+8	182.7±9.0	184.1±8.8	184.3±10.7	—	183.6±9.4	11.15**
形态面高	112.2±6.2	110.2±5.6	111.4±6.8	111.1±6.9	109.9±7.7	—	110.7±6.9	14.39**
鼻高	44.1±3.0	44±2.9	44.2±3.4	45.1±3.3	46.3±4.8	—	45.1±3.9	14.14**
上唇皮肤部高	13.5±2.8	13.2±2.8	15.5±3.1	16.2±3.7	16.8±3.4	—	15.7±3.5	4.28**
唇高	18.9±3.4	17.9±3.5	16.9±3.5	15.9±3.8	13.6±4.1	—	15.8±4.1	0.32
红唇厚度	8.1±2.2	8.0±1.8	7.7±1.9	7.6±2.2	6.6±2.1	—	7.4±2.1	0.04
容貌耳长	60.0±4.8	60.8±4.7	62.2±5.4	64.7±4.4	66.9±4.3	—	64.2±5.2	9.20**
容貌耳宽	31.9±2.2	32.2±3.0	34.2±6.9	33.8±3.1	33.9±2.9	—	33.6±4.1	2.94**
耳上头高	150.5±55.4	139.4±39.3	141.9±46.8	146.2±40.4	153.3±46.6	—	146.8±44.5	8.70**

注：u 为性别间的 u 检验值。

**$P < 0.01$，差异具有统计学意义。

表 5-6-3　京族男性体部指标

指标	不同年龄组（岁）的指标值（$\bar{x} \pm s$）						合计
	18～	30～	40～	50～	60～	70～85	
体重	59.8±7.7	68.8±13.3	65.7±10.9	61.3±8.7	58.8±9.4	—	61.4±10.2
身高	1619.1±46.1	1643.6±48.8	1624.3±69.5	1618.5±47.9	1606.7±60.0	—	1616.3±57.4
髂前上棘点高	900.6±52.2	920.6±37.2	909.6±68.2	919.1±37.6	921.9±55.5	—	918.5±51.2
坐高	899.0±48.5	879.9±32.5	863.2±37.2	861.0±34.0	843.0±35.3	—	856.3±37.8
肱骨内外上髁间径	63.0±16.0	62.4±3.7	65.4±5.8	63.5±6.3	63.5±6.0	—	63.7±6.4
股骨内外上髁间径	87.9±4.5	89.5±5.6	86.3±7.2	88.3±5.7	89.1±7.3	—	88.5±6.6
肩宽	360.0±20.0	384.8±20.8	373.3±21.9	367.7±19.9	360.3±19.3	—	366.5±21.2
骨盆宽	277.1±18.9	286.8±22.6	276.1±19.3	278.4±22.6	281.4±19.1	—	280.1±20.5
平静胸围	816.0±123.9	901.9±68	906.6±64.6	879.5±71.0	873.2±71.9	—	880.5±73.7
腰围	824.1±55.8	892.2±101.1	872.0±87.7	831.5±92.9	826.0±97.0	—	840.0±95.7
臀围	885.9±90.6	955.4±76.8	929.5±59.2	905.6±61.0	898.4±58.4	—	909.6±64.1

续表

指标	不同年龄组（岁）的指标值（$\bar{x}\pm s$）						合计
	18～	30～	40～	50～	60～	70～85	
大腿围	542.3±107.7	511.7±53.7	497.1±39.1	481.3±55.9	462.6±49.6	—	480.0±56.3
上肢全长	723.7±31.6	747.3±40.5	751.1±50.4	741.0±43.4	743.0±41.4	—	743.3±43.0
下肢全长	869.1±50.2	887.5±36.0	877.0±65.1	887.2±35.9	890.5±53.3	—	886.7±49.2

注：体重的单位为 kg，其余指标值的单位为 mm。

表 5-6-4　京族女性体部指标

指标	不同年龄组（岁）的指标值（$\bar{x}\pm s$）						合计	u
	18～	30～	40～	50～	60～	70～85		
体重	55.4±9.4	57.4±8.5	57.3±10.9	53.6±7.7	51.8±8.6	—	54.4±9.2	8.54**
身高	1566.2±52.7	1560.3±51.5	1561.8±48.3	1540.2±46.9	1528.2±50.4	—	1544.7±51.2	15.47**
髂前上棘点高	877.5±35.2	883.4±33.6	875.4±44.5	870.3±39.6	864.3±41.3	—	871.5±40.6	11.73
坐高	833.9±33.6	832.8±28.4	820.0±32.4	800.8±28.0	784.7±37.8	—	805.4±37.4	16.15**
肱骨内外上髁间径	53.9±4.2	56.1±4.9	56.7±4.8	56.3±4.6	56.8±5.5	—	56.4±5.0	14.54**
股骨内外上髁间径	81.7±7.1	83.0±6.8	81.9±6.2	80.6±5.8	80.7±7.5	—	81.3±6.7	12.92**
肩宽	330.4±17.1	342.9±15.3	341.0±19.2	333.4±20.0	329.5±17.9	—	334.9±19.1	18.46**
骨盆宽	274.7±19.4	273.9±19.7	277.5±18.4	279.8±17.6	280.2±20.2	—	278.4±19.1	0.99
平静胸围	833.8±64.6	861.9±65.7	871.3±72.0	862.5±62.9	852.8±70.3	—	859.8±68.1	3.44**
腰围	790.8±79.1	818.7±79.8	831.3±97.0	837.6±87.0	832.7±90.4	—	830.0±89.2	1.27
臀围	918.8±66.0	930.6±60.1	926.2±75.8	906.0±59.9	895.0±72.0	—	910.6±69.0	0.19
大腿围	536.6±45.9	532.0±48.8	516.5±51.4	491.6±48.4	466.2±45.4	—	496.0±54.1	3.45**
上肢全长	674.7±46.4	682.4±45.2	691.7±42.1	691.5±37.2	687.3±44.9	—	688.1±42.4	15.43**
下肢全长	848.7±32.9	854.6±32.1	846.9±44.1	842.8±37.9	837.9±39.8	—	844.0±39.2	12.08**

注：u 为性别间的 u 检验值；体重的单位为 kg，其余指标值的单位为 mm。

**$P<0.01$，差异具有统计学意义。

表 5-6-5　京族观察指标情况

指标	分型	男性		女性		合计		u
		人数	占比/%	人数	占比/%	人数	占比/%	
上眼睑皱褶	有	206	95.4	399	96.6	605	96.2	0.77
	无	10	4.6	14	3.4	24	3.8	0.77
内眦褶	有	192	89.3	371	89.8	563	89.6	0.21
	无	23	10.7	42	10.2	65	10.4	0.21
眼裂高度	狭窄	17	7.9	21	5.1	38	6.1	1.39
	中等	196	91.6	388	93.9	584	93.1	1.08
	较宽	1	0.5	4	1.0	5	0.8	0.65

续表

指标	分型	男性		女性		合计		u
		人数	占比/%	人数	占比/%	人数	占比/%	
眼裂倾斜度	内角高	19	8.8	32	7.7	51	8.1	0.47
	水平	171	78.8	322	78.0	493	78.5	0.45
	外角高	25	11.4	59	14.3	84	13.4	0.93
鼻背侧面观	凹型	63	29.3	275	66.5	338	53.8	8.89**
	直型	134	62.3	130	31.5	264	42.0	7.43**
	凸型	10	4.7	5	1.2	15	2.4	2.68*
	波型	8	3.7	3	0.7	11	1.8	2.71*
鼻基底方向	上翘	49	22.7	133	32.3	182	29.0	2.52*
	水平	108	50.1	237	57.5	345	54.9	1.80
	下垂	59	27.2	42	10.3	101	16.1	5.55**
鼻翼宽	狭窄	76	35.1	194	46.3	270	42.5	2.73**
	中等	12	5.5	29	6.9	41	6.4	0.68
	宽阔	129	59.4	196	46.8	325	51.1	3.03**
耳垂类型	三角形	63	29.3	125	30.3	188	29.9	0.25
	方形	66	30.7	112	27.1	178	28.4	0.94
	圆形	86	40.0	176	42.6	262	41.7	0.63
上唇皮肤部高	低	17	7.8	45	10.7	62	9.7	1.16
	中等	112	51.6	277	66.0	389	61.1	3.52**
	高	88	40.6	98	23.3	186	29.2	4.53**
红唇厚度	薄唇	109	50.2	219	52.1	328	51.5	0.46
	中唇	72	33.2	126	30.0	198	31.1	0.82
	厚唇	36	16.6	75	17.9	111	17.4	0.40
利手	左型	25	11.6	34	8.3	59	9.4	1.36
	右型	191	88.4	378	91.7	569	90.6	1.36
扣手	左型	77	35.6	167	40.4	244	38.8	1.17
	右型	139	64.4	246	59.6	385	61.2	1.17
卷舌	否	180	84.9	335	81.5	515	82.7	1.06
	是	32	15.1	76	18.5	108	17.3	1.06

注：u 为性别间率的 u 检验值。

*P<0.05，**P<0.01，差异具有统计学意义。

表 5-6-6　京族男性生理指标

指标	不同年龄组（岁）的指标值（$\bar{x}\pm s$）						合计
	18～	30～	40～	50～	60～	70～85	
收缩压/mmHg	114.9±18.2	127.9±19.1	133.6±23.2	132.4±24.9	135.4±22.5	—	132.9±23.1
舒张压/mmHg	77.3±16.0	81.8±12.5	79.6±11.9	77.8±11.1	78.9±12.1	—	78.9±11.9
心率/（次/分）	69.9±6.5	71.7±6.4	72.1±10.0	75.0±10.1	73.7±7.8	—	73.6±8.8

表 5-6-7　京族女性生理指标

指标	不同年龄组（岁）的指标值（$\bar{x} \pm s$）						合计	u
	18～	30～	40～	50～	60～	70～85		
收缩压/mmHg	113.2±14.1	121.7±18.3	129.6±20.6	133.6±18.9	135.8±20.5	—	131.0±20.4	1.07
舒张压/mmHg	72.7±9.5	75.2±9.8	79.1±11.2	78.8±9.9	78.2±11.9	—	77.9±11.0	0.98
心率/（次/分）	78.5±9.9	74.4±10.0	72.2±7.5	74.5±8.2	73.5±8.3	—	73.8±8.5	0.37

注：u 为性别间的 u 检验值。

表 5-6-8　京族男性头面部指数、体部指数和体脂率

指数	不同年龄组（岁）的指标值（$\bar{x} \pm s$）						合计
	18～	30～	40～	50～	60～	70～85	
头长宽指数	81.1±2.2	79.5±3.8	79.5±4.0	78.9±4.4	78.3±3.3	—	78.9±3.8
头长高指数	53.8±13.7	62.4±21.6	65.0±19.8	79.1±22.4	82.3±23.0	—	63.3±20.4
头宽高指数	66.5±17.5	78.1±25.5	83.1±24.9	97.9±27.6	103.5±28.1	—	80.3±25.8
形态面指数	89.8±6.4	89.7±8.3	92.0±7.8	92.9±7.2	93.5±7.2	—	92.6±7.4
鼻指数	87.2±7.6	91.6±9.1	86.0±8.7	83.9±8.5	82.2±7.9	—	84.2±8.6
口指数	47.6±15.8	38.6±10.1	33.3±6.4	31.1±7.7	28.8±8.1	—	31.6±9.1
身高坐高指数	55.5±2.3	53.2±2.0	52.5±2.1	53.4±1.7	52.0±2.0	—	53.0±2.1
身高体重指数	369.8±49.1	403.8±61.4	365.6±54.7	368±54.0	348.2±49.0	—	379.7±59.6
身高胸围指数	50.5±8.1	55.9±3.9	54.4±4.3	55.3±4.9	56.0±4.2	—	54.5±4.6
身高肩宽指数	22.2±1.2	23.0±1.3	22.4±1.3	22.0±1.0	21.7±1.4	—	22.7±1.3
身高骨盆宽指数	17.1±1.0	17.0±1.3	17.5±1.2	17.6±1.4	18.2±1.2	—	17.3±1.3
马氏躯干腿长指数	96.8±6.0	101.7±7.1	105.8±6.2	102.7±3.8	105.3±4.6	—	103.7±6.0
身高下肢长指数	53.6±1.8	54.0±3.3	55.4±2.8	54.8±1.8	54.7±2.3	—	54.9±2.6
身体质量指数/（kg/m²）	22.9±3.3	24.9±3.7	22.8±3.4	23.6±3.6	22.6±3.3	—	23.5±3.7
身体肥胖指数	25.1±5.3	27.4±3.9	27.0±3.0	26.1±3.6	26.2±3.1	—	26.3±3.4
体脂率/%	23.53±2.9	24.7±3.6	26.8±4.7	26.0±6.3	27.0±6.1	—	26.6±5.8

表 5-6-9　京族女性头面部指数、体部指数和体脂率

指数	不同年龄组（岁）的指标值（$\bar{x} \pm s$）						合计	u
	18～	30～	40～	50～	60～	70～85		
头长宽指数	80.1±7.0	80.9±4.3	79.5±3.7	79.4±3.5	79.0±3.5	—	79.5±3.9	1.87[*]
头长高指数	66.8±29.0	61.3±18.4	85.6±30.6	79.9±26.5	86.6±27.0	—	82.9±25.4	10.55[**]
头宽高指数	84.2±37.2	77.5±23.9	107.8±39.0	100.5±33.0	109.6±33.7	—	104.3±31.6	10.29[**]
形态面指数	90.2±7.4	88.5±5.8	90.0±7.2	92.0±7.5	91.7±8.0	—	90.9±7.5	2.74[**]
鼻指数	84.0±8.1	91.6±23.1	87.1±9.8	86.5±8.1	86.1±10.2	—	87.1±12.4	3.45[**]

续表

指数	不同年龄组（岁）的指标值（$\bar{x}\pm s$）						合计	u
	18～	30～	40～	50～	60～	70～85		
口指数	39.0±7.1	37.0±7.1	35.2±7.3	32.6±7.4	28.8±8.1	—	32.7±8.2	1.49
身高坐高指数	53.6±2.3	53.2±1.8	53.3±2.0	52.5±1.9	51.4±2.3	—	52.2±2.2	4.48**
身高体重指数	418.7±80.5	378.9±52.5	353.8±59.3	366.3±65.9	338.3±54.4	—	351.8±56.8	5.69**
身高胸围指数	54.9±4.6	54.4±4.8	53.2±3.8	55.8±4.5	55.8±4.6	—	55.7±4.5	3.14**
身高肩宽指数	23.4±1.2	22.7±1.3	21.1±1.1	21.8±1.2	21.6±1.1	—	21.7±1.2	9.44**
身高骨盆宽指数	17.5±1.4	17.2±1.4	17.6±1.4	17.8±1.3	18.4±1.4	—	18.0±1.4	6.27**
马氏躯干腿长指数	100.9±4.0	103.1±4.2	101.9±4.2	103.3±5.0	106.9±5.8	—	104.9±5.3	2.49*
身高下肢长指数	54±2.1	54.8±1.8	54.2±2.3	54.2±2.8	54.9±2.4	—	54.7±2.4	0.94
身体质量指数/（kg/m²）	25.5±5.0	23.4±3.3	22.6±3.9	23.4±4.1	22.2±3.6	—	22.8±3.7	2.26**
身体肥胖指数	28.9±3.3	29.8±3.8	29.5±3.7	29.5±3.6	29.4±4.1	—	29.5±3.8	0.81**
体脂率/%	25.4±3.0	26.5±3.7	30.2±4.8	31.6±5.2	30.3±5.1	—	29.9±5.1	7.08**

注：u 为性别间的 u 检验值。

*$P<0.05$，**$P<0.01$，差异具有统计学意义。

（徐 林）

第七节 基 诺 族

一、基诺族简介

基诺族是国务院 1979 年 6 月正式确认，也是中国最后一个被确认的民族。根据 2010 年第六次全国人口普查统计数据，基诺族总人口为 23 143 人（国务院人口普查办公室，国家统计局人口和就业统计司，2012），主要聚居在云南省西双版纳傣族自治州景洪市基诺山基诺族乡及四邻的勐旺乡、勐养镇、勐罕镇。基诺族语言属汉藏语系藏缅语族彝语支。基诺族没有本民族文字，刻木（竹）记事，新中国成立后通用汉文（杨圣敏，丁宏，2008）。

基诺山位于景洪市东北部，为北热带边缘纯山区，地处北纬 21°59′～22°29′、东经 100°25′～101°25′，属亚热带季风气候，最高海拔为亚诺山 1691m，最低海拔为巴卡村附近小黑江面 550m，年平均气温 18～20℃，年降雨量 1580.5mm。

2015 年和 2019 年研究组两次在云南省西双版纳傣族自治州景洪市基诺山基诺族乡开展了基诺族人体表型数据采集工作。基诺族被调查成年男性年龄 49.6 岁±15.5 岁，女性年龄 48.3 岁±13.4 岁。

二、基诺族的表型数据（表 5-7-1～表 5-7-9）

表 5-7-1　基诺族男性头面部指标　　　　　　（单位：mm）

指标	不同年龄组（岁）的指标值（$\bar{x} \pm s$）						合计
	18～	30～	40～	50～	60～	70～85	
头长	183.2±7.7	185.3±7.2	187.8±6.4	188.5±6.5	185.8±5.6	187.9±6.9	186.7±6.8
头宽	159.6±8.3	158.0±6.7	154.4±7.4	153.6±7.0	151.3±6.7	151.7±4.9	154.6±7.3
额最小宽	111.9±5.9	111.9±4.9	111.6±5.0	110.6±5.4	110.5±5.8	108.5±4.7	111.0±5.3
面宽	144.9±5.9	145.7±6.2	143.7±5.3	142.6±5.9	141.4±5.3	141.9±5.5	143.4±5.9
下颌角间宽	116.7±6.7	117.3±8.4	115.7±6.6	115.5±6.4	112.2±5.9	112.7±7.2	115.2±7.1
眼内角间宽	34.8±3.4	34.1±2.9	33.8±2.4	33.4±2.7	33.4±3.1	33.8±3.5	33.8±2.9
眼外角间宽	88.5±3.6	87.9±4.0	86.8±4.0	85.7±5.0	83.4±4.1	82.6±4.4	85.9±4.6
鼻宽	34.9±2.8	35.2±2.8	35.5±2.9	36.6±3.3	36.4±3.3	36.6±3.6	35.9±3.2
口宽	44.7±2.5	45.2±3.7	45.3±4.1	46.0±3.8	45.7±3.5	45.6±5.2	45.5±3.9
容貌面高	187.6±7.0	191.4±8.8	189.7±6.8	190.0±8.8	188.5±7.6	188.1±7.3	189.6±7.9
形态面高	116.2±6.7	117.7±7.5	117.7±6.1	119.2±6.2	119.1±6.0	118.5±6.7	118.2±6.6
鼻高	46.3±2.8	47.3±3.0	47.2±3.2	48.2±3.4	48.6±3.4	49.2±3.5	47.8±3.3
上唇皮肤部高	15.3±2.4	16.9±2.2	18.4±2.3	19.2±2.3	19.6±2.5	19.7±3.0	18.3±2.7
唇高	17.7±2.5	15.8±3.0	14.8±2.8	13.1±3.0	12.2±3.8	8.8±4.4	13.8±4.0
红唇厚度	8.2±1.1	7.4±1.6	6.9±1.3	6.3±1.5	5.9±1.4	3.9±1.8	6.5±1.9
容貌耳长	59.7±3.4	60.5±3.9	61.6±4.8	63.7±5.3	64.2±4.3	67.7±5.4	62.8±5.2
容貌耳宽	30.4±3.0	31.5±2.5	31.2±2.8	31.7±3.2	31.6±4.3	32.5±3.1	31.5±3.2
耳上头高	126.7±8.1	123.5±7.9	123.6±10.3	121.5±10.9	121.0±9.3	122.9±8.3	122.9±9.5

表 5-7-2　基诺族女性头面部指标

指标	不同年龄组（岁）的指标值（$\bar{x} \pm s$）/mm						合计/mm	u
	18～	30～	40～	50～	60～	70～85		
头长	175.4±8.2	175.5±6.9	178.0±6.6	180.7±6.7	178.8±7.3	178.8±6.6	178.2±7.1	16.6**
头宽	154.0±6.3	152.0±6.2	149.5±6.8	147.2±5.6	147.6±5.7	144.7±5.9	149.2±6.6	10.55**
额最小宽	111.3±5.3	110.2±4.6	110.3±4.9	109.4±4.9	108.7±4.8	106.4±5.3	109.6±5.0	3.41**
面宽	138.9±6.1	138.2±6.3	137.4±5.8	135.7±5.3	135.2±4.9	132.8±6.7	136.6±5.9	15.49**
下颌角间宽	108.2±11.9	110.4±6.5	110.9±5.8	110.9±7.4	108.2±5.7	107.4±5.6	110.0±7.0	9.74**
眼内角间宽	33.0±2.7	33.5±2.6	32.7±2.6	32.4±2.6	33.4±2.4	33.2±3.5	32.9±2.7	4.33**
眼外角间宽	84.9±5.5	84.4±3.8	83.0±4.5	82.1±4.4	80.8±4.9	79.2±5.2	82.6±4.8	9.35**
鼻宽	32.7±2.9	33.2±3.3	33.4±3.0	34.0±3.2	34.4±3.0	35.5±3.7	33.7±3.2	9.18**
口宽	42.7±3.8	43.4±3.0	43.9±3.4	44.2±3.8	44.9±3.3	41.8±3.7	43.7±3.5	6.19**

续表

指标	不同年龄组（岁）的指标值（$\bar{x}\pm s$）/mm						合计/mm	u
	18～	30～	40～	50～	60～	70～85		
容貌面高	180.5±6.9	179.9±7.7	177.6±7.9	175.5±7.3	172.3±10.1	171.7±8.5	176.6±8.4	21.42**
形态面高	109.8±5.3	109.4±5.9	109.0±5.6	109.9±6.1	109.7±6.8	110.2±5.3	109.5±5.9	18.63**
鼻高	43.5±2.5	44.5±3.0	43.9±3.2	44.2±3.0	45.3±3.0	45.4±3.7	44.3±3.1	14.53**
上唇皮肤部高	14.4±2.5	15.2±1.9	15.7±2.1	16.5±2.0	17.4±2.3	17.9±2.3	16.1±2.3	11.76**
唇高	16.0±2.3	15.5±3.1	14.9±3.0	13.8±3.1	12.4±3.3	10.1±4.1	14.1±3.5	1.26
红唇厚度	7.3±1.0	7.1±1.5	6.9±1.4	6.4±1.7	5.7±1.7	4.6±2.0	6.5±1.7	0.33
容貌耳长	55.4±3.4	56.5±3.9	55.9±4.1	58.0±4.3	61.0±4.7	64.4±7.2	57.7±5.0	13.28**
容貌耳宽	29.8±1.7	30.8±2.5	30.9±2.6	31.2±2.2	31.9±2.4	32.0±4.3	31.1±2.6	1.99*
耳上头高	121.2±9.9	120.8±9.8	118.2±8.7	116.7±9.9	119.1±10.3	118.2±9.8	118.7±9.7	5.95**

注：u 为性别间的 u 检验值。

*$P<0.05$，**$P<0.01$，差异具有统计学意义。

表 5-7-3　基诺族男性体部指标

指标	不同年龄组（岁）的指标值（$\bar{x}\pm s$）						合计
	18～	30～	40～	50～	60～	70～85	
体重	62.1±8.9	64.0±10.1	63.6±10.4	58.9±9.9	55.9±9.8	52.3±10.0	60.1±10.7
身高	1646.5±50.2	1599.1±59.5	1594.9±54.0	1578.5±58.3	1558.9±58.6	1525.6±52.2	1582.7±63.5
髂前上棘点高	894.0±35.8	861.3±45.2	873.5±39.3	865.3±42.7	869.8±37.7	853.6±48.5	867.9±42.8
坐高	871.8±30.7	863.3±33.9	852.4±33.0	840.3±32.2	822.7±37.9	802.5±36.5	843.2±39.8
肱骨内外上髁间径	65.3±3.4	65.6±3.4	66.7±3.5	67.3±3.2	67.6±3.3	67.3±3.5	66.7±3.5
股骨内外上髁间径	91.8±6.3	92.1±7.5	91.4±5.1	89.4±5.8	89.7±5.4	90.6±5.0	90.8±6.0
肩宽	388.5±15.0	381.4±17.0	377.7±24.6	375.8±17.3	366.0±17.8	358.1±18.4	374.8±20.8
骨盆宽	263.8±14.5	268.2±19.5	268.4±19.5	269.5±16.0	270.2±15.4	270.2±17.7	268.7±17.6
平静胸围	881.0±64.2	897.3±100.9	911.3±75.3	892.7±65.0	877.4±74.6	858.1±71.0	890.5±79.4
腰围	776.0±93.9	832.8±99.2	843.8±102.5	821.0±99.5	808.6±99.3	794.5±97.8	820.0±100.8
臀围	904.8±74.1	928.9±61.7	924.6±71.1	903.0±65.8	893.6±73.6	872.5±72.8	908.5±70.9
大腿围	512.7±44.0	520.9±47.5	505.2±40.3	486.7±45.7	478.6±46.1	445.1±51.5	494.0±50.9
上肢全长	725.2±37.0	697.6±29.7	700.4±32.5	700.5±33.7	699.4±29.3	694.9±33.7	701.0±32.8
下肢全长	860.1±32.3	831.1±41.9	843.2±37.0	835.7±40.7	841.0±34.7	827.4±45.9	838.2±39.9

注：体重的单位为 kg，其余指标值的单位为 mm。

表 5-7-4　基诺族女性体部指标

指标	不同年龄组（岁）的指标值（$\bar{x}\pm s$）						合计	u
	18～	30～	40～	50～	60～	70～85		
体重	54.4±9.7	54.6±10.4	55.9±8.6	54.8±9.8	47.1±8.7	43.9±10.3	53.3±10.2	8.71**
身高	1517.7±60.4	1511.3±49.5	1490.1±50.8	1475.0±57.0	1454.1±49.4	1407.8±70.4	1482.0±60.8	21.78**

续表

指标	不同年龄组（岁）的指标值（$\bar{x} \pm s$）						合计	u
	18～	30～	40～	50～	60～	70～85		
髂前上棘点高	836.6±45.5	840.4±37.9	832.5±38.3	821.1±43.9	815.1±43.9	797.6±47.3	826.7±43.0	12.93**
坐高	822.0±34.4	815.5±26.8	804.0±27.4	789.6±32.9	765.9±31.1	725.4±39.6	793.5±39.3	16.93**
肱骨内外上髁间径	58.0±4.1	58.8±4.0	59.5±3.3	60.9±4.0	60.9±4.1	60.5±3.9	59.9±3.9	25.09**
股骨内外上髁间径	84.7±6.7	85.7±6.3	86.0±6.3	86.2±6.2	84.0±5.6	84.3±5.6	85.5±6.2	11.72**
肩宽	350.8±17.8	346.6±17.0	343.6±16.5	340.3±17.2	333.6±14.5	318.6±24.5	340.9±18.8	22.92**
骨盆宽	269.2±26.2	269.3±20.8	270.9±16.6	275.6±17.0	275.7±22.7	269.3±20.7	272.2±19.6	2.53*
平静胸围	857.5±67.7	860.9±71.4	867.9±64.0	868.8±73.3	807.0±64.1	789.6±77.7	852.9±73.6	6.59**
腰围	764.2±78.9	777.4±96.8	796.3±86.4	821.1±98.2	756.6±98.7	773.0±109.7	790.1±96.4	4.08**
臀围	919.6±83.8	927.3±84.0	930.8±62.9	936.4±87.4	875.8±71.6	838.8±80.2	917.4±82.4	1.58
大腿围	537.5±52.7	531.0±48.6	539.8±42.3	524.3±53.2	476.2±55.3	440.0±64.2	519.0±58.1	6.20**
上肢全长	653.5±36.2	659.6±36.6	649.1±35.0	643.6±38.1	645.0±35.0	631.7±35.0	648.3±36.7	20.55**
下肢全长	810.2±43.2	815.2±35.2	808.6±35.7	798.3±41.5	794.2±42.8	777.2±45.8	803.3±40.5	11.72**

注：u 为性别间的 u 检验值；体重的单位为 kg，其余指标值的单位为 mm。

*$P<0.05$，**$P<0.01$，差异具有统计学意义。

表 5-7-5　基诺族观察指标情况

指标	分型	男性		女性		合计		u
		人数	占比/%	人数	占比/%	人数	占比/%	
上眼睑皱褶	有	269	83.0	354	85.5	623	84.4	0.92
	无	55	17.0	60	14.5	115	15.6	0.92
内眦褶	有	106	32.7	176	42.5	282	38.2	2.72**
	无	218	67.3	238	57.5	456	61.8	2.72**
眼裂高度	狭窄	134	41.3	110	26.6	244	33.1	4.24**
	中等	181	55.9	278	67.1	459	62.2	3.14**
	较宽	9	2.8	26	6.3	35	4.7	2.22*
眼裂倾斜度	内角高	0	0.0	2	0.5	2	0.3	1.25
	水平	111	34.3	93	22.5	204	27.6	3.56**
	外角高	213	65.7	319	77.0	532	72.1	3.40**
鼻背侧面观	凹型	36	11.1	135	32.6	171	23.2	6.87**
	直型	262	80.9	262	63.3	524	71.0	5.22**
	凸型	19	5.9	15	3.6	34	4.6	1.44
	波型	7	2.1	2	0.5	9	1.2	2.06*
鼻基底方向	上翘	112	34.6	217	52.4	329	44.6	4.84**
	水平	204	62.9	191	46.1	395	53.5	4.55**
	下垂	8	2.5	6	1.5	14	1.9	1.01

续表

指标	分型	男性		女性		合计		u
		人数	占比/%	人数	占比/%	人数	占比/%	
鼻翼宽	狭窄	38	11.7	72	17.4	110	14.9	2.14*
	中等	166	51.2	248	59.9	414	56.1	2.35*
	宽阔	120	37.1	94	22.7	214	29.0	4.26**
耳垂类型	三角形	71	21.9	116	28.0	187	25.3	1.89
	方形	102	31.5	120	29.0	222	30.1	0.73
	圆形	151	46.6	178	43.0	329	44.6	0.98
上唇皮肤部高	低	2	0.6	7	1.7	9	1.2	1.32
	中等	220	67.9	378	91.3	598	81.0	8.05**
	高	102	31.5	29	7.0	131	17.8	8.64**
红唇厚度	薄唇	226	69.8	305	73.7	531	72.0	1.18
	中唇	97	29.9	103	24.9	200	27.1	1.53
	厚唇	1	0.3	6	1.4	7	0.9	1.59
利手	左型	13	4.0	14	3.4	27	3.7	0.45
	右型	311	96.0	400	96.6	711	96.3	0.45
扣手	左型	133	41.0	196	47.3	329	44.6	1.71
	右型	191	59.0	218	52.7	409	55.4	1.71
卷舌	否	196	60.5	180	43.5	376	50.9	4.59**
	是	128	39.5	234	56.5	362	49.1	4.59**

注：u 为性别间率的 u 检验值。

*$P<0.05$，**$P<0.01$，差异具有统计学意义。

表 5-7-6　基诺族男性生理指标

指标	不同年龄组（岁）的指标值（$\bar{x} \pm s$）						合计
	18～	30～	40～	50～	60～	70～85	
收缩压/mmHg	140.3±63.0	122.2±14.4	128.5±19.8	130.3±17.7	134.6±24.3	140.2±22.8	131.0±25.7
舒张压/mmHg	72.8±9.1	78.4±17.1	77.9±12.3	78.2±13.6	79.2±15.3	79.3±9.8	78.1±13.7
心率/（次/分）	78.4±10.3	79.7±13.0	76.1±11.2	75.1±11.8	77.0±12.5	75.4±14.4	76.8±12.3

表 5-7-7　基诺族女性生理指标

指标	不同年龄组（岁）的指标值（$\bar{x} \pm s$）						合计	u
	18～	30～	40～	50～	60～	70～85		
收缩压/mmHg	107.6±8.1	113.2±13.8	117.9±15.7	130.0±21.5	127.0±18.2	133.6±24.7	121.6±19.4	5.21**
舒张压/mmHg	67.5±8.1	71.2±10.5	74.7±9.9	78.5±12.0	75.1±9.1	76.0±14.4	74.6±11.1	3.53**
心率/（次/分）	81.2±8.0	77.3±12.9	77.9±9.9	77.6±9.5	78.0±10.5	82.0±10.3	78.3±10.4	1.60

注：u 为性别间的 u 检验值。

**$P<0.01$，差异具有统计学意义。

表 5-7-8　基诺族男性头面部指数、体部指数和体脂率

指数	不同年龄组（岁）的指标值（$\bar{x} \pm s$）						合计
	18～	30～	40～	50～	60～	70～85	
头长宽指数	87.2±4.6	85.4±4.8	82.3±5.0	81.6±4.8	81.5±3.5	80.8±3.9	82.9±5.0
头长高指数	69.2±3.8	66.7±4.2	65.8±5.2	64.5±6.1	65.1±5.3	65.5±4.6	65.9±5.2
头宽高指数	79.5±5.1	78.2±5.5	80.1±6.6	79.1±6.8	80.0±6.3	81.2±6.2	79.6±6.2
形态面指数	80.3±5.4	80.9±5.4	82.0±5.1	83.7±5.2	84.3±4.7	83.6±5.6	82.5±5.4
鼻指数	75.6±7.6	74.5±7.3	75.5±7.6	76.4±8.1	75.2±7.7	74.6±7.6	75.3±7.6
口指数	39.7±5.8	35.1±7.0	32.9±6.4	28.6±6.3	26.6±7.6	19.7±10.0	30.5±9.0
身高坐高指数	53.0±1.5	54.0±1.2	53.5±1.5	53.2±1.3	52.8±1.3	52.6±1.8	53.3±1.5
身高体重指数	377.1±51.2	399.7±56.7	398.2±62.6	372.6±56.0	357.9±56.9	341.7±58.7	378.6±61.0
身高胸围指数	53.6±4.4	56.1±6.1	57.2±5.0	56.6±3.9	56.3±4.6	56.2±3.9	56.3±4.9
身高肩宽指数	23.6±0.8	23.9±0.9	23.7±1.5	23.8±1.1	23.5±1.0	23.5±1.1	23.7±1.1
身高骨盆宽指数	16.0±0.8	16.8±1.2	16.8±1.3	17.1±0.8	17.3±0.9	17.7±1.0	17.0±1.1
马氏躯干腿长指数	89.0±5.3	85.3±4.3	87.2±5.2	87.9±4.6	89.6±4.8	90.3±6.4	87.8±5.3
身高下肢长指数	52.2±1.3	52.0±1.6	52.9±1.7	53.0±2.1	54.0±1.9	54.2±2.1	53.0±2.0
身体质量指数/（kg/m²）	22.9±3.1	25.0±3.3	25.0±4.0	23.6±3.3	22.9±3.5	22.4±3.5	23.9±3.6
身体肥胖指数	24.9±3.9	28.0±3.2	28.0±4.2	27.6±3.1	27.9±3.6	28.3±3.3	27.7±3.6
体脂率/%	16.5±4.8	20.3±3.9	22.7±5.4	23.1±5.4	22.2±6.6	21.9±6.8	21.6±5.8

表 5-7-9　基诺族女性头面部指数、体部指数和体脂率

指数	不同年龄组（岁）的指标值（$\bar{x} \pm s$）						合计	u
	18～	30～	40～	50～	60～	70～85		
头长宽指数	87.9±4.9	86.7±4.7	84.1±4.9	81.5±3.8	82.7±4.5	81.0±3.7	83.8±5.0	2.48*
头长高指数	69.3±6.7	68.9±5.4	66.5±5.0	64.7±5.7	66.7±5.8	66.1±5.1	66.7±5.7	2.03*
头宽高指数	78.7±5.8	79.6±6.6	79.2±5.7	79.3±6.3	80.7±6.7	81.8±7.2	79.6±6.3	0.13
形态面指数	79.1±4.2	79.3±5.3	79.4±4.5	81.0±4.3	81.2±4.8	83.1±5.6	80.3±4.8	5.96**
鼻指数	75.3±6.5	74.8±8.0	76.3±7.3	77.0±7.5	76.3±8.0	78.4±8.7	76.3±7.6	1.71
口指数	37.7±5.9	35.9±7.5	34.0±6.7	31.3±6.8	27.7±7.7	24.2±9.7	32.5±8.0	3.12**
身高坐高指数	54.2±1.2	54.0±1.2	54.0±1.3	53.5±1.4	52.7±1.6	51.5±1.3	53.5±1.5	2.37*
身高体重指数	357.7±55.5	361.0±65.8	374.4±51.4	370.7±60.5	323.7±56.0	310.3±65.2	358.8±61.8	4.36**
身高胸围指数	56.5±4.1	57.0±4.6	58.3±4.2	59.0±5.1	55.5±4.3	56.1±4.7	57.6±4.7	3.59**
身高肩宽指数	23.1±0.7	22.9±1.1	23.1±0.9	23.1±0.9	23.0±1.0	22.6±1.4	23.0±1.0	8.63**
身高骨盆宽指数	17.7±1.6	17.8±1.3	18.2±1.0	18.7±1.1	19.0±1.4	19.2±1.6	18.4±1.3	15.51**
马氏躯干腿长指数	84.7±4.0	85.4±4.0	85.4±4.5	86.9±4.9	90.0±5.8	94.2±4.8	86.9±5.3	2.34*
身高下肢长指数	53.4±2.3	53.9±1.7	54.3±1.6	54.1±2.1	54.6±2.2	55.2±1.7	54.2±1.9	8.53**
身体质量指数/（kg/m²）	23.5±3.3	23.9±4.3	25.1±3.2	25.1±3.9	22.3±3.8	22.0±4.2	24.2±3.9	1.03

指数	不同年龄组（岁）的指标值（$\bar{x}\pm s$）						合计	u
	18～	30～	40～	50～	60～	70～85		
身体肥胖指数	31.2±3.9	32.0±4.6	33.2±3.8	34.4±5.2	32.0±3.9	32.2±3.9	32.9±4.5	17.50**
体脂率/%	28.7±4.2	29.5±4.6	32.9±3.5	34.7±4.7	32.4±5.3	30.9±5.5	32.2±4.9	26.52**

注：u 为性别间的 u 检验值。

*$P<0.05$，**$P<0.01$，差异具有统计学意义。

（宇克莉　张兴华）

第八节　德　昂　族

一、德昂族简介

根据 2010 年第六次全国人口普查统计数据，德昂族总人口为 20 556 人（国务院人口普查办公室，国家统计局人口和就业统计司，2012）。德昂族分布在中国、缅甸等国家。国内德昂族主要分布在云南省德宏、保山、临沧 3 个地级市和自治州的 9 个县市（杨圣敏，丁宏，2008）。民族语言属南亚语系孟高棉语族佤德昂语支，多数德昂人通傣语、汉语和景颇语。

三台山乡是全国唯一的德昂族乡，位于德宏州芒市西南部，地处东经 98°28′52″～98°28′07″、北纬 24°14′30″～24°24′05″，最高海拔 1473m，最低海拔 800.5m，属南亚热带低热丘陵气候，年平均气温 16.9℃，年日照时数 2000～4000h，年降雨量 1300～1700mm。

2017 年研究组在云南省德宏州芒市三台山乡开展了德昂族人体表型数据采集工作。德昂族被调查成年男性年龄 47.3 岁±14.8 岁，女性年龄 47.1 岁±15.0 岁。

二、德昂族的表型数据（表 5-8-1～表 5-8-9）

表 5-8-1　德昂族男性头面部指标　　　　　　　　　（单位：mm）

指标	不同年龄组（岁）的指标值（$\bar{x}\pm s$）						合计
	18～	30～	40～	50～	60～	70～85	
头长	186.7±6.1	188.1±6.6	188.5±6.8	189.1±5.6	188.1±6.2	188.1±6.0	188.3±6.3
头宽	149.2±6.6	148.0±5.9	147.5±5.3	147.3±6.1	145.2±5.7	144.2±6.1	147.2±6.0
额最小宽	109.3±4.7	110.2±5.1	110.2±7.1	107.9±8.3	107.6±5.9	105.6±5.9	108.9±6.6
面宽	134.8±8.3	135.6±8.2	136.0±7.5	134.6±8.9	135.7±7.4	135.1±7.5	135.4±8.0
下颌角间宽	108.4±11.1	110.7±7.7	112.3±8.8	110.2±11.8	109.0±7.5	105.4±11.0	110.1±9.5
眼内角间宽	34.6±3.1	34.7±3.3	33.7±3.0	33.0±3.3	32.6±3.6	32.3±3.4	33.7±3.4
眼外角间宽	97.8±6.2	98.7±5.8	100.2±7.0	98.9±7.4	95.6±6.8	92.6±6.5	98.0±6.9

续表

指标	不同年龄组（岁）的指标值（ $\bar{x} \pm s$ ）						合计
	18～	30～	40～	50～	60～	70～85	
鼻宽	41.3±2.7	42.2±2.5	42.9±3.2	42.6±3.2	43.3±3.0	42.9±3.5	42.5±3.0
口宽	47.9±4.5	50.7±5.0	51.2±4.3	52.6±4.7	53.3±4.5	51.6±4.6	51.4±4.8
容貌面高	194.2±8.7	192.0±11.9	196.2±8.6	192.5±9.3	195.8±10.4	197.1±8.4	194.0±10.1
形态面高	121.4±5.7	119.6±6.6	123.3±6.8	120.3±6.0	121.5±9.7	120.4±7.9	120.9±7.1
鼻高	54.8±4.7	53.6±4.7	56.5±4.9	53.7±3.8	55.4±5.5	55.8±5.5	54.7±4.8
上唇皮肤部高	14.4±3.2	15.3±2.3	16.3±2.4	17.2±3.0	17.3±2.8	17.1±4.1	16.3±2.9
唇高	19.6±3.3	17.7±4.2	18.1±5.1	15.9±3.6	14.0±3.8	11.8±4.1	16.6±4.6
红唇厚度	8.5±2.1	7.7±2.0	8.0±2.8	6.9±2.0	6.0±2.5	4.9±2.2	7.2±2.5
容貌耳长	60.8±2.1	62.2±3.8	63.7±4.6	66.0±4.3	69.0±5.2	67.7±6.3	64.6±5.1
容貌耳宽	31.3±2.7	32.6±2.9	32.8±3.2	33.0±3.3	31.7±3.5	32.6±4.1	32.5±3.2
耳上头高	134.5±20.4	130.0±9.5	128.9±9.3	129.8±8.7	126.3±10.5	124.4±9.4	129.2±10.9

表 5-8-2　德昂族女性头面部指标

指标	不同年龄组（岁）的指标值（ $\bar{x} \pm s$ ）/mm						合计/mm	u
	18～	30～	40～	50～	60～	70～85		
头长	175.4±6.7	177.2±9.1	179.4±6.1	181.1±5.4	182.3±4.8	183.5±6.1	179.5±7.1	15.87**
头宽	146.0±6.5	144.2±5.6	142.4±4.5	141.8±5.5	139.8±6.0	139.3±5.1	142.6±5.9	9.27**
额最小宽	105.2±5.0	108.6±6.6	106.3±6.6	104.0±9.0	104.3±8.0	102.4±8.2	105.6±7.6	5.61**
面宽	127.1±9.9	131.8±6.7	129.7±7.1	128.7±7.5	128.7±8.8	126.7±9.0	129.3±8.0	9.07**
下颌角间宽	106.2±6.9	105.6±7.7	104.4±8.6	104.0±9.5	104.2±7.1	104.0±6.8	104.8±8.1	7.02**
眼内角间宽	34.1±2.7	34.3±3.3	33.0±2.8	31.9±2.7	32.8±2.8	32.2±3.6	33.1±3.1	2.04*
眼外角间宽	94.6±5.2	94.0±5.4	93.6±6.5	92.9±6.7	92.0±6.8	88.0±5.7	93.0±6.3	8.93**
鼻宽	37.7±2.4	37.6±2.7	37.8±2.7	39.3±2.4	39.3±3.8	39.4±3.2	38.4±2.9	16.57**
口宽	45.5±4.6	46.6±4.3	47.7±4.7	48.9±4.5	49.4±4.7	49.1±3.9	47.8±4.6	9.14**
容貌面高	177.6±13.7	179.6±9.0	178.5±12.1	177.4±12.5	180.5±7.4	179.4±9.1	178.7±11.0	18.06**
形态面高	110.9±6.4	111.2±5.6	110.9±5.4	111.9±8.7	111.8±6.7	109.4±7.4	111.2±6.8	17.28**
鼻高	50.4±4.8	49.2±4.1	50.0±4.1	49.6±4.8	51.9±4.5	51.0±4.4	50.1±4.5	11.65**
上唇皮肤部高	12.9±2.2	14.3±2.5	15.2±2.3	15.8±3.0	16.9±6.7	15.8±2.2	15.1±3.5	5.20**
唇高	18.2±3.9	18.2±3.4	16.2±3.8	15.7±3.9	13.8±4.6	10.6±4.6	16.0±4.5	1.14
红唇厚度	7.8±2.2	8.2±2.1	8.1±4.9	7.1±2.1	6.4±2.5	4.7±2.2	7.4±3.1	0.49
容貌耳长	55.9±5.2	58.3±3.9	60.2±5.2	62.1±5.9	63.2±6.3	63.9±7.6	60.3±6.0	9.25**
容貌耳宽	29.9±2.5	30.8±2.8	30.6±3.3	30.8±4.4	29.3±3.5	28.6±3.7	30.3±3.5	7.79**
耳上头高	122.9±33.7	125.1±14.9	123.3±8.4	120.6±12.6	121.0±21.1	126.3±10.6	123.0±17.8	6.20**

注：u 为性别间的 u 检验值。

*P<0.05，**P<0.01，差异具有统计学意义。

表 5-8-3　德昂族男性体部指标

| 指标 | 不同年龄组（岁）的指标值（$\bar{x} \pm s$） | | | | | | 合计 |
	18～	30～	40～	50～	60～	70～85	
体重	58.1±7.9	59.2±8.0	60.2±8.8	57.4±9.4	57.2±9.6	56.8±9.8	58.4±8.8
身高	1607.7±64.2	1583.9±45.8	1583.0±53.7	1568.1±39.9	1570.2±59.6	1560.4±49.9	1578.4±51.3
髂前上棘点高	900.7±48.7	884.0±44.3	889.3±37.6	896.3±40.3	892.4±56.0	884.5±38.9	890.4±44.2
坐高	869.2±39.0	847.7±43.3	847.6±28.2	829.6±29.1	820.7±34.5	818.9±38.1	839.3±38.4
肱骨内外上髁间径	65.3±3.6	64.5±4.7	65.1±5.2	67.4±4.8	68.6±7.5	68.9±4.1	66.3±5.4
股骨内外上髁间径	90.1±7.1	89.7±6.5	90.5±7.8	89.1±5.8	92.1±8.1	92.5±7.0	90.3±7.0
肩宽	367.6±19.2	363.2±26.0	368.7±23.4	367.6±22.5	361.7±20.6	358.0±15.7	364.9±22.8
骨盆宽	280.8±21.0	277.9±24.8	277.4±19.2	276.0±14.2	280.3±18.5	280.0±19.9	278.2±20.1
平静胸围	843.9±45.6	864.5±53.5	874.5±58.8	867.7±64.4	863.1±60.8	866.0±61.8	865.2±58.0
腰围	755.0±81.4	780.0±80.3	808.4±90.3	785.6±95.5	790.3±105.6	770.0±122.1	785.2±93.3
臀围	888.4±53.6	895.2±52.6	900.9±58.2	883.0±64.0	879.6±55.1	880.9±68.4	889.6±57.9
大腿围	477.4±35.1	480.9±42.0	477.1±43.8	468.9±46.8	462.0±36.7	466.2±56.5	473.3±43.5
上肢全长	703.6±33.2	695.8±33.1	699.7±37.1	692.2±30.4	705.0±34.2	695.8±33.0	697.7±33.4
下肢全长	869.7±46.0	853.9±43.7	859.8±35.2	867.6±38.7	861.3±53.6	856.2±36.8	860.5±42.4

注：体重的单位为 kg，其余指标值的单位为 mm。

表 5-8-4　德昂族女性体部指标

| 指标 | 不同年龄组（岁）的指标值（$\bar{x} \pm s$） | | | | | | 合计 | u |
	18～	30～	40～	50～	60～	70～85		
体重	51.6±9.3	53.0±8.8	53.4±9.2	53.9±9.4	50.3±8.2	48.1±8.7	52.4±9.1	8.11**
身高	1461.7±221.5	1486.9±46.6	1492.2±44.4	1479.0±46.3	1462.6±41.4	1441.8±47.7	1476.0±90.6	23.27**
髂前上棘点高	831.4±131.8	844.4±67.9	859.9±33.9	859.2±38.5	852.6±32.8	833.0±46.0	849.3±65.2	10.38**
坐高	791.6±119.3	802.2±26.5	799.5±33.9	770.2±89.1	765.8±32.9	748.7±29.5	783.8±67.5	15.93**
肱骨内外上髁间径	58.5±9.7	59.6±5.5	74.1±80.5	66.9±49.9	82.1±103.9	61.7±6.9	67.0±57.2	12.33**
股骨内外上髁间径	85.2±14.7	89.0±7.4	96.0±71.8	94.3±67.4	90.5±30.0	85.8±7.2	91.0±46.9	4.67**
肩宽	322.2±51.0	334.2±23.1	330.6±19.6	330.3±21.8	318.1±50.0	319.5±17.0	327.8±31.9	18.86**
骨盆宽	265.1±44.4	275.1±18.2	280.4±60.3	278.0±18.4	266.7±49.6	274.3±24.6	274.3±38.5	1.87
平静胸围	844.4±142.7	858.9±107.0	874.6±70.9	852.2±104.7	784.7±160.2	805.0±82.1	844.4±115.8	1.97*
腰围	734.8±143.7	772.9±110.6	781.1±101.1	798.4±109.3	763.5±108.8	775.1±111.7	774.4±114.1	0.90
臀围	871.8±147.2	903.7±64.1	905.4±65.1	913.1±72.7	879.7±114.8	879.2±71.7	897.0±89.8	2.22*
大腿围	483.6±88.4	506.3±52.3	505.9±47.7	495.4±47.0	467.2±41.0	449.6±45.0	491.1±57.1	4.87**
上肢全长	630.5±98.5	645.3±32.3	643.7±30.8	639.5±37.1	641.1±29.2	635.0±27.4	640.4±46.5	19.91**
下肢全长	808.0±129.6	821.6±66.7	836.3±31.0	836.6±36.8	831.4±31.9	812.3±45.2	826.7±63.8	8.86**

注：u 为性别间的 u 检验值；体重的单位为 kg，其余指标值的单位为 mm。

*$P<0.05$，**$P<0.01$，差异具有统计学意义。

表 5-8-5 德昂族观察指标情况

指标	分型	男性		女性		合计		u
		人数	占比/%	人数	占比/%	人数	占比/%	
上眼睑皱褶	有	223	98.2	380	99.7	603	99.2	1.98*
	无	4	1.8	1	0.3	5	0.8	1.98*
内眦褶	有	18	7.9	15	3.9	33	5.4	2.10*
	无	209	92.1	366	96.1	575	94.6	2.10*
眼裂高度	狭窄	12	5.3	16	4.2	28	4.6	0.62
	中等	214	94.3	361	94.8	575	94.6	0.25
	较宽	1	0.4	4	1.0	5	0.8	0.80
眼裂倾斜度	内角高	1	0.4	0	0.0	1	0.2	1.30
	水平	224	98.7	370	97.6	594	98.0	1.24
	外角高	2	0.9	9	2.4	11	1.8	1.33
鼻背侧面观	凹型	25	11.0	106	27.8	131	21.5	4.88**
	直型	169	74.4	250	65.6	419	68.9	2.28*
	凸型	19	8.4	13	3.4	32	5.3	2.65**
	波型	14	6.2	12	3.1	26	4.3	1.78
鼻基底方向	上翘	147	64.8	291	76.4	438	72.0	3.09**
	水平	67	29.5	80	21.0	147	24.2	2.37*
	下垂	13	5.7	10	2.6	23	3.8	1.94
鼻翼宽	狭窄	1	0.4	7	1.8	8	1.3	1.46
	中等	14	6.2	106	27.8	120	19.7	6.49**
	宽阔	212	93.4	268	70.3	480	78.9	6.74**
耳垂类型	三角形	29	12.8	45	11.8	74	12.2	0.35
	方形	39	17.2	44	11.5	83	13.7	1.96
	圆形	158	69.9	292	76.6	450	74.0	1.91
上唇皮肤部高	低	8	3.5	26	6.8	34	5.6	1.71
	中等	178	78.4	324	85.0	502	82.6	2.08*
	高	41	18.1	31	8.1	72	11.8	3.66**
红唇厚度	薄唇	113	49.8	167	43.8	280	46.1	1.42
	中唇	87	38.3	170	44.6	257	42.3	1.52
	厚唇	27	11.9	44	11.5	71	11.7	0.13
利手	左型	5	2.2	8	2.1	13	2.1	0.08
	右型	222	97.8	373	97.9	595	97.9	0.08
扣手	左型	84	37.0	121	31.8	205	33.7	1.32
	右型	143	63.0	260	68.2	403	66.3	1.32
卷舌	否	110	48.5	164	43.0	274	45.1	1.30
	是	117	51.5	217	57.0	334	54.9	1.30

注：u 为性别间率的 u 检验值。

*P<0.05，**P<0.01，差异具有统计学意义。

表 5-8-6 德昂族男性生理指标

指标	不同年龄组（岁）的指标值（$\bar{x}\pm s$）						合计
	18～	30～	40～	50～	60～	70～85	
收缩压/mmHg	116.3±11.0	118.8±17.8	122.6±14.1	126.3±19.0	128.0±19.6	137.5±20.5	123.7±18.1
舒张压/mmHg	76.4±7.9	76.6±14.3	79.4±10.1	79.6±11.0	80.1±12.4	86.1±15.0	79.0±12.3
心率/（次/分）	82.9±12.2	81.3±12.6	78.3±12.7	77.1±11.4	75.2±10.6	77.2±11.8	78.8±12.1

表 5-8-7 德昂族女性生理指标

指标	不同年龄组（岁）的指标值（$\bar{x}\pm s$）						合计	u
	18～	30～	40～	50～	60～	70～85		
收缩压/mmHg	116.7±16.1	122.1±16.8	127.0±18.2	138.0±24.9	144.2±22.6	143.9±20.9	130.7±22.3	4.22**
舒张压/mmHg	76.7±14.4	78.7±11.0	79.5±11.2	86.1±15.5	88.7±13.9	87.8±16.7	82.3±14.1	3.06**
心率/（次/分）	80.5±11.3	80.8±13.6	75.4±9.8	80.1±12.9	81.9±14.6	82.8±11.9	79.9±12.6	1.08

注：u 为性别间的 u 检验值。

**$P<0.01$，差异具有统计学意义。

表 5-8-8 德昂族男性头面部指数、体部指数和体脂率

指数	不同年龄组（岁）的指标值（$\bar{x}\pm s$）						合计
	18～	30～	40～	50～	60～	70～85	
头长宽指数	80.2±4.6	78.8±4.4	78.4±4.2	77.9±3.5	77.2±3.7	76.7±3.0	78.3±4.0
头长高指数	72.2±11.9	69.2±5.3	68.4±5.3	68.6±4.5	67.3±5.5	66.1±4.2	68.7±6.0
头宽高指数	89.8±12.0	87.9±6.8	87.2±6.5	88.2±6.1	87.4±8.5	86.3±7.1	87.8±7.4
形态面指数	90.5±8.7	88.5±7.1	90.9±6.5	89.8±7.5	89.4±9.1	89.5±9.0	89.6±7.6
鼻指数	76.2±7.1	79.2±8.0	76.7±7.8	79.5±7.0	78.9±8.4	77.6±9.0	78.4±7.8
口指数	40.9±7.8	35.4±9.5	35.6±10.6	30.6±8.2	26.8±7.8	22.9±7.9	32.7±10.1
身高坐高指数	54.1±1.4	53.5±2.5	53.7±1.4	52.9±1.5	52.3±1.3	52.5±1.6	53.2±1.9
身高体重指数	361.9±45.2	373.3±47.0	380.4±52.2	365.6±55.1	366.2±56.6	362.8±56.0	370.1±51.6
身高胸围指数	52.7±3.1	54.6±3.3	55.4±3.5	55.3±3.6	54.9±3.9	55.5±3.0	54.9±3.5
身高肩宽指数	23.0±1.5	22.9±1.6	23.3±1.1	23.4±1.3	23.1±1.5	23.0±1.1	23.1±1.4
身高骨盆宽指数	17.6±1.1	17.5±1.4	17.6±1.2	17.6±0.9	17.8±1.1	18.0±1.5	17.6±1.2
马氏躯干腿长指数	85.0±4.8	87.3±10.2	86.4±4.8	89.2±5.2	91.4±4.7	90.7±6.0	88.2±7.2
身高下肢长指数	53.9±2.1	53.9±2.2	54.4±1.5	55.3±1.8	54.8±2.3	54.9±1.8	54.5±2.0
身体质量指数/（kg/m²）	22.6±2.8	23.6±2.9	24.1±3.1	23.3±3.3	23.3±3.4	23.2±3.2	23.4±3.1
身体肥胖指数	25.9±2.8	26.9±2.8	27.5±3.0	27.0±2.7	26.8±2.9	27.2±2.8	26.9±2.8
体脂率/%	21.8±5.6	22.9±5.0	26.4±5.3	26.7±4.5	27.1±5.0	27.6±6.3	25.3±5.4

表 5-8-9　德昂族女性头面部指数、体部指数和体脂率

指数	不同年龄组（岁）的指标值（$\bar{x} \pm s$）						合计	u
	18～	30～	40～	50～	60～	70～85		
头长宽指数	83.3±4.4	81.7±6.1	79.5±3.4	78.4±4.0	76.7±3.9	76.0±3.0	79.6±5.0	3.56**
头长高指数	71.5±16.0	70.9±9.7	68.8±4.7	66.6±7.0	66.4±11.7	68.9±6.0	68.8±9.7	0.47
头宽高指数	85.9±19.0	86.9±11.4	86.7±5.9	85.2±9.5	86.7±15.7	90.8±8.0	86.6±11.9	1.62
形态面指数	87.7±8.0	84.7±6.6	86.1±6.9	87.3±8.5	87.4±8.4	86.9±9.3	86.5±7.8	5.06**
鼻指数	75.3±7.5	76.9±7.2	75.9±7.8	79.9±7.9	76.4±9.4	77.8±8.6	77.2±8.1	1.64
口指数	40.3±9.3	39.4±8.1	34.5±7.9	32.4±8.6	28.0±9.6	22.3±8.9	34.1±10.1	1.69
身高坐高指数	54.2±1.2	54.0±1.6	53.6±2.1	52.1±5.9	52.4±1.8	51.9±1.4	53.1±3.3	0.98
身高体重指数	344.3±56.3	355.8±54.1	359.6±54.7	364.3±60.5	343.4±53.4	333.2±58.7	353.6±56.8	3.65**
身高胸围指数	57.8±4.7	57.8±7.0	58.6±4.2	57.7±7.1	53.7±11.0	55.9±5.9	57.2±7.1	8.07**
身高肩宽指数	22.1±1.5	22.5±1.5	22.2±1.2	22.3±1.3	21.7±3.4	22.2±1.1	22.2±1.8	7.55**
身高骨盆宽指数	18.1±1.3	18.5±1.2	18.8±3.9	18.8±1.1	18.2±3.4	19.0±1.7	18.6±2.3	9.30**
马氏躯干腿长指数	84.7±4.2	85.4±5.4	86.9±7.5	98.8±63.2	91.2±6.4	92.7±5.2	90.1±31.4	1.01
身高下肢长指数	55.3±2.6	55.3±4.3	56.1±1.5	56.6±2.0	56.9±2.0	56.3±2.7	56.0±2.8	9.86**
身体质量指数/（kg/m²）	23.1±3.5	23.9±3.4	24.1±3.4	24.6±4.0	23.5±3.6	23.1±4.1	23.9±3.7	1.52
身体肥胖指数	30.9±3.9	31.9±3.2	31.7±3.3	32.8±4.1	31.8±6.5	32.9±4.7	32.0±4.2	19.18**
体脂率/%	25.6±5.3	28.7±5.1	30.7±5.4	33.2±5.8	31.2±5.5	31.2±4.8	30.3±5.9	10.54**

注：u 为性别间的 u 检验值。

**$P<0.01$，差异具有统计学意义。

（徐　飞　李　岩　马　威　范　宁）

第九节　保　安　族

一、保安族简介

　　保安族是我国人口较少的民族之一，也是甘肃省特有的少数民族。根据第六次全国人口普查统计数据，我国有保安族人口 20 074 人（国务院人口普查办公室，国家统计局人口和就业统计司，2012），主要聚居于甘肃省临夏州积石山保安族东乡族撒拉族自治县。保安族民族语言为保安语，属阿尔泰语系蒙古语族。

　　积石山保安族东乡族撒拉族自治县位于甘肃省西南部，地处东经 120°41′～103°05′、北纬 35°34′～35°52′，属典型的大陆性季风气候，海拔 1787～4308m，年降水量 660.2mm，年日照时数 2323h，全年无霜期 133～168d。

　　研究组在甘肃省临夏州积石山保安族东乡族撒拉族自治县开展了保安族人体表型数据采集工作。保安族被调查成年男性平均年龄 53.77 岁±13.38 岁，女性平均年龄 53.16 岁±12.68 岁。

二、保安族的表型数据（表 5-9-1～表 5-9-9）

表 5-9-1　保安族男性头面部指标　　　　　　　　（单位：mm）

指标	不同年龄组（岁）的指标值（$\bar{x}\pm s$）						合计
	18～	30～	40～	50～	60～	70～85	
头长	170.6±11.2	180.3±8.8	180.6±10.0	185.1±11.7	189.2±13.3	189.7±13.5	184.3±12.5
头宽	146.6±10.5	148.9±10.5	145.5±12.2	151.0±13.1	152.2±11.8	150.5±11.8	149.7±12.2
额最小宽	102.3±8.4	109.6±12.3	107.8±10.6	109.0±11.0	112.5±13.8	104.3±14.0	108.6±12.0
面宽	138.3±11.7	144.5±15.4	143.7±12.8	146.1±10.7	146.6±10.9	144.7±11.7	144.9±11.6
下颌角间宽	108.1±8.6	110.3±10.6	109.3±8.0	113.1±8.0	113.0±9.3	106.8±9.9	111.1±8.8
眼内角间宽	33.0±4.2	30.1±4.7	33.5±4.4	33.8±3.7	33.9±4.5	32.6±3.7	33.3±4.1
眼外角间宽	103.3±8.2	100.8±7.4	98.6±7.4	100.6±8.6	101.7±6.7	95.4±8.0	100.1±7.9
鼻宽	38.9±2.3	37.4±4.9	39.9±2.9	40.0±4.4	40.0±4.7	39.4±3.3	39.6±4.0
口宽	47.7±4.0	50.3±4.7	53.9±3.2	52.9±3.7	55.5±5.3	57.4±5.2	53.6±4.8
容貌面高	173.1±12.8	181.9±7.7	183.1±10.4	185.4±11.9	185.3±9.9	183.0±11.2	183.6±11.1
形态面高	119.4±13.6	126.4±9.7	125.5±12.7	126.8±11.9	121.3±14.0	127.7±14.5	125.0±12.8
鼻高	50.0±4.0	51.3±4.3	52.0±5.5	51.1±5.4	53.0±6.7	52.7±4.8	51.8±5.5
上唇皮肤部高	14.6±3.0	17.5±8.6	15.2±2.7	17.4±3.0	16.0±3.5	16.9±3.8	16.5±3.9
唇高	17.7±2.7	16.3±2.9	15.4±3.2	15.1±3.2	13.9±2.9	14.9±3.6	15.1±3.2
红唇厚度	6.7±2.0	6.0±1.8	6.9±2.7	5.7±1.7	5.5±1.7	5.3±1.6	5.9±2.0
容貌耳长	60.4±3.6	63.6±3.2	67.4±6.3	66.2±4.8	68.5±4.6	68.4±7.6	66.6±5.6
容貌耳宽	30.3±2.6	30.6±4.7	32.1±3.0	31.6±3.1	31.2±3.8	32.3±1.7	31.5±3.2
耳上头高	129.5±12.4	132.7±9.5	121.3±11.5	123.8±9.7	121.9±12.4	119.7±19.1	123.5±12.3

表 5-9-2　保安族女性头面部指标

指标	不同年龄组（岁）的指标值（$\bar{x}\pm s$）/mm						合计/mm	u
	18～	30～	40～	50～	60～	70～85		
头长	175.8±12.7	170.5±6.7	179.8±13.6	179.8±13.6	178.3±11.7	178.8±11.6	177.2±11.3	4.24**
头宽	148.0±10.5	142.0±7.3	151.5±10.7	151.5±10.7	152.1±10.3	147.9±9.7	149.5±9.8	0.13
额最小宽	113.3±29.1	96.8±6.4	101.2±12.6	101.2±12.6	97.7±8.4	104.5±18.8	99.8±12.5	5.08**
面宽	138.5±12.2	137.3±9.4	137.4±8.7	143.2±12.8	136.0±10.5	134.4±11.6	137.9±10.7	4.46**
下颌角间宽	111.8±14.1	104.1±6.7	108.2±5.8	108.2±5.8	103.3±7.9	99.5±10.5	105.1±8.5	4.92**
眼内角间宽	31.5±1.3	30.9±3.5	33.4±4.0	33.4±4.0	33.1±3.0	29.9±3.0	32.5±3.6	1.48
眼外角间宽	103.3±3.3	98.4±5.5	97.8±6.4	97.8±6.4	95.4±6.4	94.4±7.7	96.9±6.4	3.18**
鼻宽	32.3±5.2	35.2±2.4	36.5±3.6	36.5±3.6	37.0±2.8	37.5±3.5	36.5±3.2	6.11**
口宽	49.5±2.4	49.8±4.4	50.3±3.7	50.3±3.7	50.5±3.3	50.0±8.8	50.3±4.3	5.16**
容貌面高	170.8±9.3	173.2±9.8	173.7±8.1	173.7±8.1	173.5±11.4	170.0±11.0	173.2±11.1	6.63**

续表

指标	不同年龄组（岁）的指标值（$\bar{x}\pm s$）/mm						合计/mm	u
	18～	30～	40～	50～	60～	70～85		
形态面高	108.8±2.8	116.4±8.7	124.9±8.0	124.9±8.0	120.2±11.9	112.9±10.9	120.2±10.6	2.91**
鼻高	45.8±3.4	47.0±4.2	46.8±4.1	46.8±4.1	46.3±4.1	42.9±9.2	46.3±4.6	7.74**
上唇皮肤部高	14.3±2.8	14.7±2.8	14.7±2.5	14.7±2.5	15.3±2.9	18.8±8.9	15.3±3.6	2.27*
唇高	17.5±1.7	15.3±2.3	14.2±2.2	14.2±2.2	13.3±3.2	14.0±2.8	14.5±3.0	1.37
红唇厚度	6.5±2.4	5.8±1.1	5.6±1.7	5.6±1.7	5.1±1.8	5.3±2.0	5.6±1.6	1.18
容貌耳长	56.8±4.2	63.5±5.4	63.4±4.7	63.4±4.7	65.6±4.7	64.8±4.1	63.8±5.1	3.72**
容貌耳宽	31.3±3.3	27.6±2.7	29.4±3.2	29.4±3.2	30.3±2.5	31.1±2.6	29.7±3.0	4.12**
耳上头高	124.9±10.7	121.4±4.9	121.4±15.4	123.7±12.7	121.1±16.8	115.0±21.4	121.4±14.7	4.46**

注：u 为性别间的 u 检验值。

*$P<0.05$，**$P<0.01$，差异具有统计学意义。

表 5-9-3 保安族男性体部指标

指标	不同年龄组（岁）的指标值（$\bar{x}\pm s$）						合计
	18～	30～	40～	50～	60～	70～85	
体重	65.3±9.7	71.8±12.2	67.9±11.5	69.7±12.4	67.9±11.2	59.8±7.5	67.7±11.5
身高	1690.3±35.9	1723.5±36.7	1651.3±64.3	1636.9±66.2	1605.7±72.2	1594.8±69.7	1637.7±72.1
髂前上棘点高	938.0±48.0	998.9±43.2	948.4±52.5	925.8±47.0	915.6±48.7	921.2±48.2	933.6±52.0
坐高	893.1±22.9	934.4±24.3	873.6±43.6	858.2±46.0	841.9±33.8	839.4±48.1	863.3±47.3
肱骨内外上髁间径	66.9±6.7	68.5±3.5	68.2±4.4	71.6±4.7	70.2±6.6	69.0±3.8	69.9±5.2
股骨内外上髁间径	84.1±6.0	90.0±5.0	89.5±6.6	87.5±10.3	87.4±14.2	93.2±5.4	88.4±9.9
肩宽	326.9±16.8	328.3±20.2	327.3±25.8	323.6±27.1	326.1±22.6	312.3±30.3	324.1±25.2
骨盆宽	277.6±20.0	290.9±24.5	306.5±16.4	304.5±20.7	310.5±18.7	300.1±23.6	302.8±21.4
平静胸围	878.3±61.9	913.5±74.1	911.4±67.3	953.8±83.9	942.0±73.6	920.8±70.0	931.7±76.9
腰围	807.9±83.4	842.8±74.2	867.1±73.6	905.3±94.1	895.1±86.5	856.9±88.1	879.5±88.9
臀围	921.6±47.5	965.4±64.9	946.4±61.9	967.8±76.5	996.1±56.6	946.7±68.1	964.3±68.3
大腿围	476.1±55.3	489.6±46.7	475.5±50.9	507.6±51.6	546.4±68.5	459.7±44.5	501.2±60.8
上肢全长	749.4+31.1	785.3+35.1	751.0±32.4	737.1±38.6	733.2+36.7	724.6+39.3	742.0+38.6
下肢全长	899.4±46.9	956.4±42.3	912.1±48.2	890.9±43.3	883.8±45.7	890.3±45.2	898.7±48.0

注：体重的单位为 kg，其余指标值的单位为 mm。

表 5-9-4 保安族女性体部指标

指标	不同年龄组（岁）的指标值（$\bar{x}\pm s$）						合计	u
	18～	30～	40～	50～	60～	70～85		
体重	51.1±5.0	58.6±7.8	64.7±8.5	64.7±8.5	58.0±8.0	53.2±3.5	60.8±8.7	4.51**
身高	1543.0±45.3	1566.2±31.5	1536.3±50.5	1536.3±50.5	1503.9±57.8	1453.5±60.5	1530.0±60.8	11.49**

续表

指标	不同年龄组（岁）的指标值（$\bar{x} \pm s$）						合计	u
	18～	30～	40～	50～	60～	70～85		
髂前上棘点高	877.3±31.0	900.5±31.4	884.2±42.8	884.2±42.8	869.3±41.6	818.8±67.1	878.5±45.8	7.91**
坐高	838.3±52.2	848.8±30.7	813.3±26.5	813.3±26.5	803.6±39.8	756.1±82.7	818.4±48.6	6.60**
肱骨内外上髁间径	62.8±2.2	64.5±7.9	65.3±4.6	65.3±4.6	63.3±5.5	64.8±5.2	64.0±5.9	7.46**
股骨内外上髁间径	77.0±8.1	81.5±8.7	83.0±8.4	83.0±8.4	80.4±10.9	82.8±4.0	80.9±9.4	5.40**
肩宽	292.5±25.0	303.0±23.8	304.8±21.6	304.8±21.6	304.3±23.7	290.8±16.0	302.1±21.5	6.64**
骨盆宽	264.0±25.7	291.6±15.2	300.4±18.5	300.4±18.5	298.6±20.9	291.4±19.1	296.3±19.2	2.25*
平静胸围	870.3±59.1	934.7±57.2	976.1±80.9	976.1±80.9	926.5±71.5	903.8±35.1	943.9±70.2	1.18
腰围	726.0±54.7	810.2±88.0	909.1±85.4	909.1±85.4	859.0±79.5	828.0±41.0	859.4±84.8	1.64
臀围	908.5±39.2	928.7±66.0	991.9±66.8	991.9±66.8	953.2±61.8	929.5±34.2	964.7±63.3	0.04
大腿围	505.3±29.2	506.1±51.0	505.4±58.1	505.4±58.1	502.8±47.5	475.4±36.2	506.1±48.6	0.63
上肢全长	688.8+21.3	705.5+22.2	685.7+29.1	685.7+29.1	685.8+38.4	657.4+49.4	688.1+34.7	10.35**
下肢全长	849.8±26.7	870.5±31.4	865.0±33.5	857.4±39.3	843.7±38.6	796.3±63.7	851.2±42.8	7.34**

注：u 为性别间的 u 检验值；体重的单位为 kg，其余指标值的单位为 mm。

*P＜0.05，**P＜0.01，差异具有统计学意义。

表 5-9-5　保安族观察指标情况

指标	分型	男性		女性		合计		u
		人数	占比/%	人数	占比/%	人数	占比/%	
上眼睑皱褶	有	60	55.0	63	67.7	123	60.9	1.84
	无	49	45.0	30	32.3	79	39.1	1.84
内眦褶	有	15	13.9	12	12.9	27	13.4	0.21
	无	93	86.1	81	87.1	174	86.6	0.21
眼裂高度	狭窄	24	22.4	22	24.4	46	23.4	0.33
	中等	74	69.2	63	70.0	137	69.5	0.12
	较宽	9	8.4	5	5.6	14	7.1	0.76
眼裂倾斜度	内角高	16	14.8	6	6.5	22	10.9	1.88
	水平	87	80.6	84	90.3	171	85.1	1.92
	外角高	5	4.6	3	3.2	8	4.0	0.51
鼻背侧面观	凹型	17	15.6	31	33.3	48	23.8	2.95**
	直型	69	63.3	51	54.8	120	59.4	1.23
	凸型	12	11.0	7	7.5	19	9.4	0.85
	波型	11	10.1	4	4.3	15	7.4	1.57
鼻基底方向	上翘	18	16.5	43	46.2	61	30.2	4.58**
	水平	15	13.8	24	25.8	39	19.3	2.15*
	下垂	76	69.7	26	28.0	102	50.5	5.91**

续表

指标	分型	男性		女性		合计		u
		人数	占比/%	人数	占比/%	人数	占比/%	
耳垂类型	三角形	30	27.5	13	14.0	43	21.3	2.34*
	方形	45	41.3	32	34.4	77	38.1	1.01
	圆形	34	31.2	48	51.6	82	40.6	2.94**
利手	左型	10	9.2	4	4.3	14	6.9	1.37
	右型	99	90.8	89	95.7	188	93.1	1.37
扣手	左型	57	52.3	37	39.8	94	46.5	1.78
	右型	52	47.7	56	60.2	108	53.5	1.78
卷舌	否	65	60.2	47	50.5	112	55.7	1.38
	是	43	39.8	46	49.5	89	44.3	1.38

注：u 为性别间率的 u 检验值。

*$P<0.05$，**$P<0.01$，差异具有统计学意义。

表 5-9-6　保安族男性生理指标

指标	不同年龄组（岁）的指标值（$\bar{x}\pm s$）						合计
	18～	30～	40～	50～	60～	70～85	
收缩压/mmHg	121.1±13.8	116.0±8.2	120.9±15.8	131.1±19.3	138.4±19.2	139.8±17.9	128.8±18.6
舒张压/mmHg	74.3±8.4	76.3±8.9	84.6±11.0	85.6±11.7	89.9±11.7	84.8±9.8	84.9±11.6
心率/（次/分）	71.0±8.4	64.8±8.1	66.3±11.1	71.0±10.2	71.0±11.5	70.0±9.7	69.6±10.4

表 5-9-7　保安族女性生理指标

指标	不同年龄组（岁）的指标值（$\bar{x}\pm s$）						合计	u
	18～	30～	40～	50～	60～	70～85		
收缩压/mmHg	109.5±10.9	121.5±17.1	133.9±21.9	133.9±21.9	134.1±19.7	134.5±16.0	130.9±19.5	0.77
舒张压/mmHg	77.0±5.3	79.6±9.2	89.4±12.8	89.4±12.8	83.7±11.5	78.8±6.8	84.3±12.4	0.35
心率/（次/分）	70.3±9.3	69.3±10.5	69.7±8.1	69.7±8.1	72.5±9.4	70.5±12.8	70.6±9.3	0.70

注：u 为性别间的 u 检验值。

表 5-9-8　保安族男性头面部指数、体部指数和体脂率

指数	不同年龄组（岁）的指标值（$\bar{x}\pm s$）						合计
	18～	30～	40～	50～	60～	70～85	
头长宽指数	86.0±3.7	82.6±4.6	80.5±5.0	81.6±4.4	80.4±3.2	79.4±4.4	81.3±4.4
头长高指数	90.6±12.9	83.3±6.4	77.5±8.0	83.3±30.9	74.1±9.3	69.1±20.0	79.2±21.2
头宽高指数	105.5±14.6	101.2±10.1	96.6±10.4	101.8±34.4	92.5±12.2	87.5±26.4	97.5±24.2
形态面指数	91.1±11.3	95.8±7.2	95.9±10.1	96.0±8.4	92.7±11.4	99.6±12.1	95.3±10.0
鼻指数	77.9±4.5	73.0±8.0	77.5±10.3	78.9±11.1	76.5±12.0	75.6±10.4	77.3±10.5

续表

指数	不同年龄组（岁）的指标值（$\bar{x}\pm s$）						合计
	18～	30～	40～	50～	60～	70～85	
口指数	37.3±6.1	32.6±6.6	28.6±6.5	28.8±6.5	25.2±5.6	26.2±6.6	28.5±6.9
身高坐高指数	52.9±1.8	54.2±1.5	52.9±2.1	52.4±2.3	52.2±2.3	52.7±2.9	52.7±2.3
身高体重指数	386.9±61.2	418.5±71.3	411.0±62.7	424.0±66.9	424.3±62.2	373.9±40.6	413.1±63.4
身高胸围指数	52.0±4.5	53.0±4.7	55.2±4.1	58.3±4.5	58.6±4.3	57.7±3.7	56.9±4.7
身高肩宽指数	19.3±1.1	19.1±1.3	19.8±1.6	19.8±1.5	20.2±1.6	19.6±1.8	19.8±1.5
身高骨盆宽指数	16.4±1.3	16.9±1.5	18.6±1.6	18.6±1.2	19.3±1.2	18.8±1.1	18.5±1.4
马氏躯干腿长指数	89.4±6.5	84.5±5.2	89.3±7.8	91.0±8.5	91.9±8.6	90.4±10.2	90.2±8.3
身高下肢长指数	47.1±1.8	45.8±1.5	47.1±2.1	47.6±2.3	47.8±2.3	47.3±2.9	47.3±2.3
身体质量指数/（kg/m²）	22.9±3.9	24.4±4.2	24.9±3.5	25.9±3.8	26.6±3.6	23.4±2.5	25.2±3.7
身体肥胖指数	24.0±2.7	24.7±3.1	26.6±2.9	28.2±3.2	31.0±3.3	29.1±3.4	28.1±3.7
体脂率/%	20.9±3.5	20.8±7.2	20.4±5.6	22.6±6.0	24.7±5.1	21.4±6.1	22.4±5.8

表 5-9-9 保安族女性头面部指数、体部指数和体脂率

指数	不同年龄组（岁）的指标值（$\bar{x}\pm s$）						合计	u
	18～	30～	40～	50～	60～	70～85		
头长宽指数	84.3±3.9	83.4±5.1	84.4±3.7	84.4±3.7	85.4±4.7	82.8±2.9	84.4±4.1	5.18**
头长高指数	80.4±9.2	81.7±2.8	81.1±9.6	81.1±9.6	76.1±17.2	75.0±14.8	78.6±12.2	0.25
头宽高指数	95.6±11.5	98.3±6.6	96.2±11.3	96.2±11.3	89.2±20.0	90.8±18.1	93.2±14.6	1.53
形态面指数	84.6±10.0	90.8±6.0	96.9±9.4	96.9±9.4	97.0±9.8	94.6±9.2	95.4±9.3	0.07
鼻指数	70.3±6.9	75.3±7.7	78.5±10.7	78.5±10.7	80.7±10.5	91.5±23.1	79.7±11.5	1.54
口指数	35.5±4.7	30.9±5.5	28.2±4.4	28.2±4.4	26.5±6.7	28.3±6.1	29.0±6.2	0.54
身高坐高指数	54.3±1.9	54.2±1.7	53.0±1.5	53.0±1.5	53.4±1.6	51.9±4.7	53.5±2.2	2.52*
身高体重指数	326.9±27.5	374.2±52.1	421.5±54.5	421.5±54.5	383.9±44.6	367.8±33.6	396.0±50.9	1.98*
身高胸围指数	56.5±5.0	59.7±4.5	63.6±5.7	63.6±5.7	61.6±3.7	62.3±3.9	61.7±4.4	7.45**
身高肩宽指数	18.9±1.2	19.3±1.4	19.8±1.3	19.8±1.3	20.3±1.6	20.0±1.1	19.8±1.4	0.00
身高骨盆宽指数	17.1±1.5	18.6±1.0	19.6±1.4	19.6±1.4	19.9±1.3	20.1±1.4	19.4±1.4	4.50**
马氏躯干腿长指数	84.4±6.4	84.7±5.8	89.0±5.5	89.0±5.5	87.3±5.9	94.1±19.8	87.3±8.2	2.48*
身高下肢长指数	45.7±1.9	45.8±1.7	47.0±1.5	47.0±1.5	46.6±1.6	48.1±4.7	46.5±2.2	2.52*
身体质量指数/（kg/m²）	20.9±1.5	23.9±3.5	27.5±3.7	27.5±3.7	25.4±2.7	25.5±3.4	25.9±3.3	1.32
身体肥胖指数	29.5±3.6	29.4±3.9	34.2±4.2	34.2±4.2	33.6±3.3	35.2±4.1	33.0±3.8	9.19**
体脂率/%	29.9±5.8	33.4±5.7	36.5±4.6	36.7±8.6	34.5±5.9	36.0±6.4	35.3±6.4	14.71**

注：u 为性别间的 u 检验值。

*$P<0.05$，**$P<0.01$，差异具有统计学意义。

（海向军 马 斌 白静雅 欧阳思维）

第六章　二万以下人口民族的体质表型调查报告

根据 2010 年第六次全国人口普查统计数据，人口在二万以下的民族共有九个。按照人口数由多到少排序，依次是俄罗斯族、裕固族、乌孜别克、门巴族、鄂伦春族、独龙族、赫哲族、珞巴族、塔塔尔族。

第一节　俄　罗　斯　族

一、俄罗斯族简介

根据 2010 年第六次全国人口普查统计数据，我国俄罗斯族共有 15 393 人（国务院人口普查办公室，国家统计局人口和就业统计司，2012），主要聚居在新疆维吾尔自治区西北部、黑龙江北部和内蒙古自治区东北部的呼伦贝尔市下辖额尔古纳市。民族语言为俄罗斯语，属印欧语系斯拉夫语族东斯拉夫语支。

呼伦贝尔市位于内蒙古自治区东北部，地处东经 115°31′～126°04′、北纬 47°05′～53°20′，最高海拔 1477m，最低海拔 171m，属温带季风大陆性气候，年平均气温在 0℃以下，降水量差异大。

伊犁哈萨克自治州位于新疆西北部，地处东经 80°09′42″～91°01′45″、北纬 40°14′16″～49°10′45″，最高海拔 7443m，最低海拔 189m。从地区来看，伊犁地区属于温带大陆性气候，年平均气温 8～9℃，年日照时数 2748.1h，全年无霜期 149d；塔城地区属中温带干旱和半干旱气候区，年平均气温 9℃，年日照时数 2800～3000h，全年无霜期 130～190d。

2017 年、2018 年研究组先后在内蒙古和新疆开展了俄罗斯族人体表型数据采集工作。俄罗斯族被调查成年男性年龄 54.4 岁±12.4 岁，女性年龄 56.0 岁±12.4 岁。

二、俄罗斯族的表型数据（表 6-1-1～表 6-1-9）

表 6-1-1　俄罗斯族男性头面部指标　　　　　　（单位：mm）

指标	不同年龄组（岁）的指标值（$\bar{x} \pm s$）						合计
	18～	30～	40～	50～	60～	70～85	
头长	162.8±12.1	176.5±9.6	177.2±12.8	177.0±12.6	178.2±12.9	182.9±10.9	177.6±12.4
头宽	140.5±13.0	153.9±9.2	154.0±8.9	153.0±10.1	152.1±9.4	155.5±10.1	153.2±9.8
额最小宽	93.8±8.3	106.8±7.8	107.4±9.1	106.2±7.8	106.0±8.1	106.5±6.2	106.3±8.1
面宽	136.7±6.6	141.0±8.0	139.9±11.0	137.1±12.9	139.0±12.1	141.3±9.8	138.9±11.5

续表

指标	不同年龄组（岁）的指标值（$\bar{x}\pm s$）/mm						合计
	18～	30～	40～	50～	60～	70～85	
下颌角间宽	111.6±3.0	111.4±9.1	113.7±8.5	114.3±7.9	114.5±8.6	112.1±8.2	113.7±8.3
眼内角间宽	27.8±2.2	30.5±3.9	29.5±3.4	28.3±3.6	29.1±3.5	29.8±4.3	29.1±3.7
眼外角间宽	89.3±7.1	87.5±10.4	87.5±9.6	86.5±9.5	85.0±8.9	84.0±9.4	86.3±9.4
鼻宽	40.3±2.3	35.4±2.9	35.2±3.7	36.1±5.4	36.3±4.1	37.5±2.9	36.1±4.4
口宽	52.6±4.1	46.4±6.1	49.9±6.8	52.5±6.3	52.0±6.1	52.4±6.0	51.2±6.5
容貌面高	189.5±10.2	189.3±7.3	198.2±8.8	196.7±9.1	197.4±9.9	195.4±9.6	196.2±9.4
形态面高	84.6±3.7	86.3±6.0	90.5±9.1	91.6±9.9	91.9±10.5	87.6±7.9	90.4±9.4
鼻高	49.0±4.5	50.7±3.0	52.5±4.7	53.2±3.8	53.8±4.6	54.2±3.7	52.9±4.2
上唇皮肤部高	14.3±3.1	15.7±2.4	16.3±3.1	16.0±3.2	17.7±3.5	18.4±3.1	16.6±3.2
唇高	12.1±5.4	17.6±4.9	14.5±4.0	13.7±3.6	13.3±4.8	12.0±4.7	14.0±4.4
红唇厚度	4.1±2.0	4.9±3.0	5.2±4.3	4.3±2.9	4.9±2.5	4.3±2.6	4.7±3.0
容貌耳长	60.4±2.3	61.4±5.5	64.3±4.2	65.9±5.6	66.9±4.9	69.8±5.7	65.6±5.5
容貌耳宽	29.0±2.7	30.1±4.0	30.1±3.6	31.0±3.6	31.7±3.9	33.0±2.4	31.0±3.7
耳上头高	128.2±16.8	126.7±13.5	127.8±12.9	126.8±10.7	123.9±11.0	116.8±11.8	125.4±12.1

表 6-1-2　俄罗斯族女性头面部指标

指标	不同年龄组（岁）的指标值（$\bar{x}\pm s$）/mm						合计/mm	u
	18～	30～	40～	50～	60～	70～85		
头长	162.0±1.4	168.0±8.1	165.1±11.4	169.0±10.9	170.0±11.1	175.7±8.6	169.4±10.8	7.41**
头宽	139.5±0.7	149.5±6.8	143.7±10.8	146.4±10.4	144.8±11.6	151.4±8.6	146.7±10.4	6.78**
额最小宽	96.5±12.0	105.4±6.2	99.1±9.7	102.8±8.6	102.0±8.9	103.8±8.1	102.3±8.7	4.94**
面宽	134.8±2.1	135.6±7.8	129.6±12.1	132.8±12.0	134.2±10.0	136.8±9.6	133.5±11.0	5.09**
下颌角间宽	104.0±7.1	104.5±6.3	107.1±8.0	108.0±8.7	106.7±6.7	110.2±9.2	107.6±8.1	7.89**
眼内角间宽	30.5±0.7	30.1±2.9	28.0±2.8	28.1±3.0	28.7±3.1	28.5±2.5	28.5±2.9	1.84
眼外角间宽	85.0±0.7	83.1±7.7	87.7±10.6	85.0±9.7	84.9±10.2	80.5±8.5	84.5±9.7	2.00*
鼻宽	32.8±1.8	32.3±2.3	34.0±4.8	33.2±3.2	34.4±3.6	34.3±3.8	33.6±3.7	6.34**
口宽	50.0±2.8	44.1±3.8	48.5±6.4	49.8±5.7	50.6±6.6	49.9±4.1	49.2±5.9	3.56**
容貌面高	191.5±12.0	184.3±9.9	186.7±9.9	186.9±9.1	186.3±8.7	183.1±9.4	185.9±9.3	11.66**
形态面高	78.7±0.8	84.9±8.7	88.4±10.0	87.3±9.0	87.4±9.1	86.0±6.1	87.0±8.8	2.76**
鼻高	47.0±1.4	45.6±4.3	49.1±4.6	48.9±3.9	48.9±4.8	48.7±3.5	48.5±4.3	11.01**
上唇皮肤部高	11.5±0.7	14.3±2.3	15.9±2.5	15.6±2.9	15.7±3.1	17.4±2.9	15.8±2.9	2.71**
唇高	14.5±3.5	16.1±3.9	14.2±4.0	13.7±3.3	12.4±4.0	11.2±3.1	13.4±3.8	1.47
红唇厚度	4.1±1.3	4.9±1.1	4.9±1.8	4.0±1.7	3.8±2.5	3.8±1.9	4.2±1.9	0.95

指标	不同年龄组（岁）的指标值（$\bar{x} \pm s$）/mm						合计/mm	u
	18～	30～	40～	50～	60～	70～85		
容貌耳长	63.0±1.4	57.8±3.6	60.0±4.7	62.4±4.5	62.7±4.6	65.9±5.3	62.1±5.1	6.97**
容貌耳宽	24.5±4.9	28.5±3.6	27.8±3.7	29.8±3.8	30.2±3.6	31.4±3.7	29.6±3.9	3.99**
耳上头高	123.5±12.0	122.8±8.0	125.6±10.9	118.4±12.1	121.7±11.4	120.9±12.6	121.2±11.7	3.73**

注：u 为性别间的 u 检验值。

*$P<0.05$，**$P<0.01$，差异具有统计学意义。

表 6-1-3 俄罗斯族男性体部指标

指标	不同年龄组（岁）的指标值（$\bar{x} \pm s$）						合计
	18～	30～	40～	50～	60～	70～85	
体重	67.7±13.0	68.8±12.5	72.0±12.0	72.3±12.3	69.8±12.9	67.8±13.5	70.8±12.5
身高	1769.5±71.5	1733.7±60.3	1702.3±73.4	1669.0±74.4	1663.0±62.0	1649.6±68.1	1681.2±74.2
髂前上棘点高	970.7±83.3	961.0±35.8	947.1±51.2	940.6±62.8	934.2±49.4	931.2±44.7	942.2±54.3
坐高	934.4±59.2	909.7±36.1	895.5±41.3	883.7±35.3	870.5±30.4	861.5±42.9	884.8±39.7
肱骨内外上髁间径	51.3±20.0	63.9±10.8	62.5±10.2	62.7±10.4	63.3±11.1	68.0±8.1	63.3±10.6
股骨内外上髁间径	109.1±12.4	100.3±7.7	102.0±8.9	101.4±9.7	101.6±8.9	97.9±5.6	101.2±8.9
肩宽	403.8±24.3	392.2±19.3	400.3±23.2	395.9±21.8	393.2±19.8	382.2±20.1	394.7±21.7
骨盆宽	286.7±34.0	285.7±15.7	295.4±22.0	290.2±20.1	289.7±20.7	295.9±20.1	291.4±20.5
平静胸围	907.0±75.1	894.3±71.2	948.1±80.8	962.8±76.6	958.2±77.5	961.6±83.3	951.0±79.8
腰围	711.3±47.7	860.8±85.1	903.3±81.4	927.2±85.2	908.4±90.0	931.8±71.0	908.5±89.0
臀围	977.0±76.7	957.5±60.7	980.3±79.8	983.9±70.5	976.3±73.7	968.8±71.8	977.4±72.5
大腿围	477.8±39.7	463.9±37.4	460.6±55.0	467.1±48.3	460.4±45.9	445.5±43.1	461.9±47.9
上肢全长	758.5±61.9	749.9±47.4	730.4±41.2	719.2±44.4	723.2±53.2	723.6±38.1	726.6±46.1
下肢全长	925.7±79.6	918.3±33.3	906.3±47.6	902.3±59.0	895.6±45.8	895.4±39.9	903.1±50.5

注：体重的单位为 kg，其余指标值的单位为 mm。

表 6-1-4 俄罗斯族女性体部指标

指标	不同年龄组（岁）的指标值（$\bar{x} \pm s$）						合计	u
	18～	30～	40～	50～	60～	70～85		
体重	51.9±12.8	53.5±7.2	62.1±11.2	65.2±11.8	64.6±11.8	64.7±14.5	63.1±12.3	6.58**
身高	1691.5±54.4	1579.3±68.7	1571.0±69.3	1558.9±57.1	1550.7±47.7	1527.1±54.5	1557.5±61.5	19.28**
髂前上棘点高	970.0±21.2	890.8±45.5	882.8±66.8	879.8±54.6	886.1±41.2	862.2±49.3	880.5±53.8	12.08**
坐高	918.0±50.9	846.2±36.1	850.5±35.7	832.1±36.7	832.6±35.4	813.6±31.3	834.6±37.8	13.71**
肱骨内外上髁间径	55.3±10.9	57.8±8.7	53.0±12.2	58.1±11.4	57.6±9.7	61.2±8.4	57.6±10.7	5.67**
股骨内外上髁间径	94.0±7.1	91.6±9.0	96.4±10.4	95.4±8.8	97.4±9.0	93.2±8.7	95.1±9.2	6.97**
肩宽	355.0±0.0	350.2±19.7	352.0±19.1	354.0±20.0	351.8±20.2	347.7±21.3	351.8±19.9	21.57**

续表

指标	不同年龄组（岁）的指标值（$\bar{x} \pm s$）						合计	u
	18～	30～	40～	50～	60～	70～85		
骨盆宽	300.5±13.4	274.5±17.4	284.2±18.1	292.7±25.0	295.3±22.9	299.8±19.7	291.0±22.9	0.19
平静胸围	929.0±7.1	839.5±66.9	912.6±88.8	932.5±86.8	937.3±84.4	945.7±105.9	922.1±92.2	3.51**
腰围	680.0±0.0	786.3±62.8	827.1±72.7	894.8±99.2	906.9±85.3	935.3±115.8	878.8±103.2	3.19**
臀围	918.0±77.8	908.9±49.4	974.9±64.2	983.7±75.1	994.3±74.8	1006.7±97.5	979.7±79.3	0.32
大腿围	455.5±24.7	466.0±47.8	515.8±55.8	503.0±59.7	497.6±57.7	472.4±54.7	494.8±58.4	6.45**
上肢全长	721.0±12.7	673.2±24.2	673.8±34.0	675.1±37.7	680.2±32.4	672.0±40.3	675.5±35.3	13.22**
下肢全长	930.0±21.2	859.0±43.1	847.8±66.2	847.0±52.6	853.4±40.1	832.2±48.3	847.8±52.2	11.37**

注：u 为性别间的 u 检验值；体重的单位为 kg，其余指标值的单位为 mm。

**$P<0.01$，差异具有统计学意义。

表 6-1-5 俄罗斯族观察指标情况

指标	分型	男性		女性		合计		u
		人数	占比/%	人数	占比/%	人数	占比/%	
上眼睑皱褶	有	211	89.8	193	91.0	404	90.4	0.45
	无	24	10.2	19	9.0	43	9.6	0.45
内眦褶	有	86	36.6	86	40.4	172	38.4	0.82
	无	149	63.4	127	59.6	276	61.6	0.82
眼裂高度	狭窄	10	16.9	10	14.9	20	15.9	1.69
	中等	30	50.9	44	65.7	74	58.7	1.69
	较宽	19	32.2	13	19.4	32	25.4	1.65
眼裂倾斜度	内角高	14	23.7	7	10.5	21	16.6	2.00*
	水平	39	66.1	47	70.1	86	68.3	0.49
	外角高	6	10.2	13	19.4	19	15.1	1.45
鼻背侧面观	凹型	2	3.4	7	11.1	9	7.4	1.63
	直型	17	28.8	28	44.4	45	36.9	1.79
	凸型	20	33.9	19	30.2	39	31.9	0.44
	波型	20	33.9	9	14.3	29	23.8	2.54*
鼻基底方向	上翘	20	33.3	34	50.7	54	42.5	1.98*
	水平	19	31.7	17	25.4	36	28.4	0.79
	下垂	21	35.0	16	23.9	37	29.1	1.38
鼻翼宽	狭窄	2	3.3	0	0.0	2	1.6	1.51
	中等	1	1.7	1	1.5	2	1.6	0.08
	宽阔	57	95.0	66	98.5	123	96.8	1.13

续表

指标	分型	男性		女性		合计		u
		人数	占比/%	人数	占比/%	人数	占比/%	
耳垂类型	三角形	51	21.9	41	19.2	92	20.6	0.69
	方形	39	16.7	44	20.7	83	18.6	1.06
	圆形	143	61.4	128	60.1	271	60.8	0.28
上唇皮肤部高	低	7	11.7	8	11.9	15	11.8	0.05
	中等	37	61.6	47	70.2	84	66.1	1.01
	高	16	26.7	12	17.9	28	22.1	1.19
红唇厚度	薄唇	53	88.4	63	94.0	116	91.3	1.14
	中唇	5	8.3	4	6.0	9	7.1	0.52
	厚唇	2	3.3	0	0.0	2	1.6	1.51
利手	左型	3	5.0	10	14.9	13	10.2	1.84
	右型	57	95.0	57	85.1	114	89.8	1.84
扣手	左型	27	45.8	34	50.7	61	48.4	0.56
	右型	32	54.2	33	49.3	65	51.6	0.56
卷舌	否	21	35.0	28	41.8	49	38.6	0.78
	是	39	65.0	39	58.2	78	61.4	0.78

注：u 为性别间率的 u 检验值。

*$P<0.05$，**$P<0.01$，差异具有统计学意义。

表 6-1-6　俄罗斯族男性生理指标

指标	不同年龄组（岁）的指标值（$\bar{x}\pm s$）						合计
	18～	30～	40～	50～	60～	70～85	
收缩压/mmHg	126.3±11.6	129.3±8.7	140.1±15.4	149.2±18.3	152.3±16.9	141.3±18.0	144.3±17.8
舒张压/mmHg	71.3±6.6	77.0±11.4	77.8±10.3	82.7±10.4	84.0±9.2	71.3±12.9	79.9±10.6
心率/（次/分）	87.8±10.8	72.1±8.3	86.5±7.8	80.0±11.8	80.2±10.5	89.0±13.5	82.0±11.1

表 6-1-7　俄罗斯族女性生理指标

指标	不同年龄组（岁）的指标值（$\bar{x}\pm s$）						合计	u
	18～	30～	40～	50～	60～	70～85		
收缩压/mmHg	92.0±5.7	122.5±3.5	127.4±18.3	127.7±16.0	125.2±17.4	144.0±19.8	127.7±18.5	4.98**
舒张压/mmHg	51.5±6.4	80.0±1.4	73.8±14.7	73.1±9.3	70.9±17.8	71.7±16.4	72.2±13.8	3.54**
心率/（次/分）	86.0±2.8	83.5±3.5	80.4±10.7	80.7±9.0	79.9±10.7	87.3±9.9	81.4±9.7	0.36

注：u 为性别间的 u 检验值。

**$P<0.01$，差异具有统计学意义。

表 6-1-8　俄罗斯族男性头面部指数、体部指数和体脂率

指数	不同年龄组（岁）的指标值（$\bar{x}\pm s$）						合计
	18～	30～	40～	50～	60～	70～85	
头长宽指数	86.3±3.3	87.3±5.3	87.2±5.3	86.6±3.9	85.7±3.8	85.1±4.1	86.4±4.4
头长高指数	86.5±3.0	72.1±9.5	71.7±10.4	72.0±9.1	69.7±9.7	63.6±5.8	70.9±9.7
头宽高指数	101.0±7.5	81.3±9.5	82.1±9.9	83.2±9.9	81.0±10.0	74.0±6.9	81.6±10.1
形态面指数	63.1±5.0	61.6±7.7	65.6±12.2	68.1±14.6	67.3±14.6	62.5±9.8	66.1±13.1
鼻指数	82.4±3.2	69.9±5.0	67.5±9.1	67.3±8.0	68.4±7.0	69.4±7.4	68.3±7.9
口指数	23.1±10.9	36.9±9.4	29.8±9.9	26.6±7.8	26.0±9.6	23.1±9.0	27.7±9.6
身高坐高指数	52.8±1.5	52.5±1.6	52.6±1.7	53.0±1.7	52.4±1.3	52.2±1.5	52.7±1.6
身高体重指数	383.2±78.9	395.9±64.5	422.2±62.5	432.7±70.1	419.3±74.0	410.1±75.4	421.0±69.7
身高胸围指数	51.4±6.0	51.6±3.9	55.7±4.6	57.8±5.0	57.7±4.6	58.4±5.3	56.7±5.1
身高肩宽指数	22.9±2.0	22.6±1.2	23.6±1.3	23.7±1.4	23.7±1.4	23.2±1.4	23.5±1.4
身高骨盆宽指数	16.1±1.3	16.5±0.9	17.4±1.1	17.4±1.2	17.4±1.2	18.0±1.1	17.4±1.2
马氏躯干腿长指数	89.6±5.6	90.7±6.1	90.2±6.3	88.9±6.2	91.1±4.6	91.6±5.5	90.1±5.9
身高下肢长指数	52.3±2.5	53.0±2.2	53.3±2.0	54.0±2.2	53.9±1.7	54.3±1.7	53.7±2.0
身体质量指数/（kg/m²）	21.7±5.0	22.8±3.4	24.8±3.5	25.9±4.3	25.2±4.4	24.9±4.4	25.1±4.2
身体肥胖指数	23.6±4.6	23.9±2.5	26.2±3.7	27.8±4.0	27.6±3.9	27.7±3.5	26.9±3.9
体脂率/%	33.0±6.1	20.3±6.7	22.2±8.9	25.3±8.5	24.1±9.2	22.7±8.0	23.7±8.7

表 6-1-9　俄罗斯族女性头面部指数、体部指数和体脂率

指数	不同年龄组（岁）的指标值（$\bar{x}\pm s$）						合计	u
	18～	30～	40～	50～	60～	70～85		
头长宽指数	86.1±0.3	89.1±3.7	87.1±4.1	86.6±4.5	85.1±4.3	86.2±4.3	86.6±4.3	0.39
头长高指数	76.3±8.1	73.2±5.1	76.5±8.9	70.5±9.9	71.9±9.6	68.5±7.7	71.8±9.2	1.08
头宽高指数	88.6±9.1	81.3±4.5	87.9±10.6	81.2±11.3	83.8±10.8	78.1±8.8	82.5±10.5	0.89
形态面指数	58.4±0.4	63.2±11.1	69.4±14.6	66.7±13.9	65.9±12.1	63.5±10.0	66.1±12.8	3.94**
鼻指数	69.7±1.7	71.5±7.1	68.5±6.9	68.2±7.5	70.9±8.5	70.9±10.0	69.5±8.0	1.65
口指数	29.2±8.7	36.9±9.7	30.1±10.3	28.1±7.7	25.3±9.6	22.5±6.1	27.9±9.4	0.22
身高坐高指数	54.3±1.3	53.6±1.1	54.2±1.1	53.4±2.0	53.7±1.9	53.3±1.6	53.6±1.7	6.05**
身高体重指数	305.5±65.8	338.8±42.5	394.5±63.1	417.4±73.1	416.4±72.7	422.9±89.0	404.9±75.8	2.32*
身高胸围指数	54.9±1.4	53.3±5.1	58.2±6.0	59.9±5.8	60.5±5.3	62.2±6.9	59.3±6.3	4.85**
身高肩宽指数	21.0±0.7	22.2±1.2	22.4±1.3	22.7±1.4	22.7±1.2	22.8±1.4	22.6±1.3	7.00**
身高骨盆宽指数	17.8±0.2	17.4±0.9	18.1±1.2	18.8±1.5	19.0±1.5	19.7±1.3	18.7±1.5	10.36**
马氏躯干腿长指数	84.4±4.3	86.7±3.8	84.7±3.7	87.6±7.4	86.4±6.5	87.8±5.6	86.8±6.1	5.89**

续表

| 指数 | 不同年龄组（岁）的指标值（$\bar{x}\pm s$） | | | | | | 合计 | u |
	18～	30～	40～	50～	60～	70～85		
身高下肢长指数	55.0±0.5	54.4±1.1	53.9±3.0	54.3±2.1	55.0±1.8	54.5±2.6	54.4±2.3	3.40**
身体质量指数/（kg/m²）	18.0±3.3	21.5±2.8	25.1±3.9	26.8±4.7	26.9±4.6	27.7±5.6	26.0±4.9	2.21*
身体肥胖指数	23.7±1.4	27.9±3.2	31.6±3.8	32.6±4.4	33.5±4.2	35.3±5.0	32.5±4.7	13.44**
体脂率/%	30.6±0.0	31.0±3.8	35.0±4.7	37.2±4.7	36.9±5.0	36.2±6.1	35.9±5.2	18.15**

注：u 为性别间的 u 检验值。

*$P<0.05$，**$P<0.01$，差异具有统计学意义。

（隋　杰　温有锋）

第二节　裕　固　族

一、裕固族简介

根据 2010 年第六次全国人口普查统计数据，裕固族总人口为 14 378 人（国务院人口普查办公室，国家统计局人口和就业统计司，2012），主要聚居在甘肃省肃南裕固族自治县和酒泉黄泥堡地区。

肃南裕固族自治县位于张掖市的南部，地处东经 97°20′～102°12′、北纬 37°28′～39°04′，大部属高寒山地半干旱气候，只有明花区属温带干旱气候。

研究组在甘肃省张掖市肃南裕固族自治县开展了裕固族人体表型数据采集工作。被调查裕固族成年男性平均年龄 53.18 岁±12.23 岁，女性平均年龄 53.43 岁±12.02 岁。

二、裕固族的表型数据（表 6-2-1～表 6-2-9）

表 6-2-1　裕固族男性头面部指标　　　　　　　　（单位：mm）

| 指标 | 不同年龄组（岁）的指标值（$\bar{x}\pm s$） | | | | | | 合计 |
	18～	30～	40～	50～	60～	70～85	
头长	182.7±16.7	185.2±9.0	187.2±8.6	188.5±8.6	192.0±8.1	189.0±5.0	188.6±8.7
头宽	153.0±5.0	154.0±9.5	151.1±5.4	150.5±7.0	150.8±6.5	147.0±8.1	150.9±6.8
额最小宽	115.0±4.4	112.6±6.9	111.5±6.5	111.6±6.9	108.4±5.1	105.0±6.5	110.4±6.5
面宽	154.3±5.0	151.7±7.2	147.8±6.2	146.8±12.6	152.6±6.1	147.4±10.1	149.5±8.6
下颌角间宽	113.0±7.2	116.7±9.4	112.7±9.7	112.3±12.6	115.6±10.1	111.0±10.0	113.7±10.4
眼内角间宽	34.0±4.4	33.2±2.3	31.5±3.1	32.7±2.8	31.7±3.8	29.7±5.3	31.9±3.4
眼外角间宽	107.7±1.2	101.4±4.5	99.1±7.1	100.2±8.3	99.4±10.4	96.9±10.8	99.8±8.4

续表

指标	不同年龄组（岁）的指标值（$\bar{x}\pm s$）						合计
	18~	30~	40~	50~	60~	70~85	
鼻宽	40.3±0.6	37.8±1.9	37.3±3.9	39.5±3.8	40.3±3.4	39.9±3.4	39.0±3.6
口宽	47.7±2.3	51.0±3.9	50.8±3.8	53.2±3.2	54.0±3.8	50.3±3.0	52.1±3.9
容貌面高	196.7±2.9	183.0±13.8	194.2±10.0	195.2±9.2	191.7±9.2	197.9±23.5	192.9±11.7
形态面高	121.7±10.6	118.7±6.9	123.3±8.4	127.4±6.9	125.3±5.8	127.3±12.8	124.6±7.9
鼻高	52.0±8.5	51.6±4.2	54.8±5.6	55.7±5.1	55.2±3.7	57.9±3.4	54.9±4.9
上唇皮肤部高	15.0±1.7	14.2±2.5	15.9±2.3	16.8±2.8	17.3±3.5	17.7±2.8	16.4±2.9
唇高	18.3±4.9	16.8±2.6	15.9±3.2	15.7±3.1	14.1±3.2	11.1±3.0	15.2±3.4
红唇厚度	9.0±1.7	9.0±3.5	6.7±1.6	7.0±1.8	6.3±1.8	5.0±1.8	6.8±2.2
容貌耳长	63.3±3.1	65.5±5.7	68.2±4.2	70.9±4.2	70.0±3.5	71.4±4.1	69.1±4.5
容貌耳宽	33.0±1.0	33.5±3.6	34.8±3.7	35.8±3.9	36.8±3.8	33.6±4.2	35.3±3.8
耳上头高	130.3±5.0	137.2±11.4	124.7±9.3	124.2±10.5	123.0±11.3	124.3±8.6	125.5±10.9

表 6-2-2 裕固族女性头面部指标

指标	不同年龄组（岁）的指标值（$\bar{x}\pm s$）/mm						合计/mm	u
	18~	30~	40~	50~	60~	70~85		
头长	170.8±1.9	177.7±7.9	181.5±6.2	181.7±6.1	184.3±5.7	181.2±3.3	181.4±6.6	6.49**
头宽	151.8±7.2	146.0±7.4	143.6±4.6	144.9±6.8	145.3±4.8	142.4±3.4	145.1±6.1	6.23**
额最小宽	107.8±8.7	112.9±7.8	107.0±4.2	108.2±6.2	106.2±6.2	106.2±9.9	107.8±6.5	2.77**
面宽	144.6±10.1	141.3±9.1	137.3±9.7	141.8±9.2	143.0±7.1	138.8±5.6	141.3±8.7	6.57**
下颌角间宽	109.0±4.8	110.9±11.1	109.0±12.8	109.7±11.2	109.4±7.6	104.0±4.2	109.3±10.0	2.99**
眼内角间宽	33.4±3.4	33.1±3.7	31.6±3.4	31.2±3.1	32.3±3.3	28.4±4.0	31.7±3.4	0.41
眼外角间宽	102.0±9.1	95.8±11.6	94.8±7.1	92.9±7.9	92.5±7.3	90.0±8.7	93.7±8.3	5.05**
鼻宽	37.0±1.4	35.9±2.2	35.3±3.3	35.6±3.1	36.6±3.0	33.6±1.7	35.8±3.0	6.69**
口宽	47.4±4.9	49.7±4.2	48.8±4.6	50.2±3.7	51.0±5.1	50.0±5.1	49.9±4.4	3.65**
容貌面高	183.8±12.3	187.2±8.6	183.5±8.9	180.7±9.4	179.6±8.0	174.4±10.1	181.3±9.3	7.63**
形态面高	114.2±3.8	116.7±8.7	111.8±3.9	116.1±7.8	116.3±6.4	113.2±4.1	115.2±6.7	8.91**
鼻高	48.8±2.4	50.1±4.3	48.8±3.7	51.5±4.3	49.6±5.0	50.2±4.5	50.2±4.4	7.00**
上唇皮肤部高	15.6±1.3	15.2±1.6	13.9±1.8	15.2±2.6	15.9±3.4	17.0±2.7	15.3±2.7	2.72**
唇高	18.0±4.6	16.3±3.5	13.8±3.2	13.8±3.6	14.3±3.4	12.4±3.8	14.3±3.7	1.75
红唇厚度	7.2±1.3	7.4±1.3	6.2±1.5	5.6±1.9	6.2±1.9	5.2±0.8	6.1±1.8	2.41*
容貌耳长	64.8±15.4	62.9±4.8	62.3±4.8	63.4±4.4	66.8±3.7	67.4±4.8	64.4±5.6	6.39**
容貌耳宽	34.4±7.1	31.7±2.7	32.3±3.5	34.2±3.3	34.6±2.4	32.4±4.3	33.6±3.5	3.23**
耳上头高	133.6±5.9	135.6±34.1	114.0±10.4	121.0±9.3	124.6±16.7	104.0±24.6	121.9±17.5	1.68

注：u 为性别间的 u 检验值。

*$P<0.05$，**$P<0.01$，差异具有统计学意义。

表 6-2-3 裕固族男性体部指标

指标	不同年龄组（岁）的指标值（ $\bar{x}\pm s$ ）						合计
	18～	30～	40～	50～	60～	70～85	
体重	72.7±10.4	74.0±10.5	72.2±9.1	73.4±13.5	74.2±8.7	65.4±12.0	72.7±10.4
身高	1697.4±60.4	1711.6±41.3	1703.3±61.0	1696.6±70.2	1686.1±57.9	1667.4±45.7	1697.4±60.4
髂前上棘点高	943.9±49.0	928.5±44.9	942.5±47.1	944.6±56.2	947.9±50.7	933.4±26.6	943.9±49.0
坐高	892.4±36.1	911.9±30.7	895.9±34.6	891.7±40.7	883.4±33.8	873.4±36.1	892.4±36.1
肱骨内外上髁间径	71.9±5.0	71.4±5.6	71.0±4.2	72.5±6.1	72.6±5.2	72.4±4.4	71.9±5.0
股骨内外上髁间径	92.8±9.8	91.5±6.7	94.0±9.9	90.4±11.2	95.4±8.5	91.9±10.3	92.8±9.8
肩宽	362.2±13.1	369.5±7.2	362.3±12.3	363.0±13.9	363.3±11.3	348.9±17.8	362.2±13.1
骨盆宽	304.8±21.9	301.5±18.2	300.4±21.3	305.5±24.3	311.5±21.5	305.6±19.9	304.8±21.9
平静胸围	934.4±63.1	941.8±72.6	922.3±51.5	944.1±75.0	946.1±56.6	918.6±80.3	934.4±63.1
腰围	900.6±96.8	887.9±116.5	894.3±85.3	908.3±111.6	925.3±82.9	864.3±100.7	900.6±96.8
臀围	955.8±63.3	946.7±89.6	950.7±54.9	957.8±74.1	972.8±53.3	925.4±63.9	955.8±63.3
大腿围	484.7±38.6	492.6±35.0	486.4±30.4	490.5±50.8	482.2±36.0	454.9±42.7	484.7±38.6
上肢全长	754.2+34.5	754.1+31.4	750.1±37.4	761.1+41.0	753.2±28.5	739.9+28.9	754.2+34.5
下肢全长	939.3±49.7	887.5±41.4	901.8±42.3	904.1±52.6	908.6±47.0	896.3±19.8	903.6±45.0

注：体重的单位为 kg，其余指标值的单位为 mm。

表 6-2-4 裕固族女性体部指标

指标	不同年龄组（岁）的指标值（ $\bar{x}\pm s$ ）						合计	u
	18～	30～	40～	50～	60～	70～85		
体重	47.6±4.7	70.0±13.1	60.5±8.6	61.6±11.8	63.1±11.8	51.2±5.4	61.3±11.6	6.85**
身高	1610.8±52.5	1626.0±69.9	1594.3±42.6	1582.5±57.2	1546.5±39.5	1489.8±30.1	1575.9±58.8	14.08**
髂前上棘点高	901.0±60.2	893.1±42.1	891.8±32.9	898.5±47.3	877.1±32.3	836.0±28.6	888.0±42.6	8.43**
坐高	869.8±33.6	862.9±32.8	857.8±30.2	843.5±34.1	821.8±30.9	777.6±31.7	840.1±38.1	9.69**
肱骨内外上髁间径	60.4±3.9	63.3±5.9	64.7±4.0	66.8±5.5	66.4±4.8	66.6±6.4	65.6±5.3	8.39**
股骨内外上髁间径	85.6±8.6	89.6±9.8	89.1±10.5	88.6±11.9	91.0±8.9	92.6±12.2	89.5±10.4	2.27**
肩宽	340.2±8.4	338.2±25.0	333.1±17.3	332.4±14.9	328.3±21.7	309.0±19.7	331.2±19.0	13.03**
骨盆宽	275.0±18.1	311.7±24.5	295.6±19.4	295.5±23.8	300.5±19.2	290.4±22.8	297.0±22.3	2.44*
平静胸围	797.6±91.3	934.4±98.4	883.9±73.0	894.4±100.5	918.5±95.2	827.6±10.1	893.9±95.1	3.44**
腰围	710.4±127.9	906.2±115.4	830.3±76.5	850.8±123.8	905.3±107.6	821.4±65.3	857.6±116.6	2.76**
臀围	874.2±80.9	982.3±84.5	948.2±56.0	955.0±74.5	982.6±81.9	914.2±35.0	957.1±76.6	0.13
大腿围	491.4±50.0	534.1±41.9	530.0±31.2	513.8±45.7	502.8±54.7	455.4±41.2	511.4±48.1	4.21**
上肢全长	689.4+32.2	691.3+62.3	693.9+28.1	712.6+36.7	678.6+46.1	628.8+20.6	692.6+44.4	10.65**
下肢全长	869.0±59.8	858.7±39.9	860.6±30.7	868.2±44.2	848.0±31.2	810.0±28.2	857.5±40.2	7.48**

注：u 为性别间的 u 检验值；体重的单位为 kg，其余指标值的单位为 mm。

*P＜0.05，**P＜0.01，差异具有统计学意义。

表 6-2-5 裕固族观察指标情况

指标	分型	男		女		合计		u
		人数	占比/%	人数	占比/%	人数	占比/%	
上眼睑皱褶	有	69	70.4	75	79.8	144	75.0	1.50
	无	29	29.6	19	20.2	48	25.0	1.50
内眦褶	有	19	19.4	20	21.3	39	20.3	0.33
	无	79	80.6	74	78.7	153	79.7	0.33
眼裂高度	狭窄	22	22.4	12	12.8	34	17.7	1.74
	中等	68	69.4	66	70.2	134	69.8	0.12
	较宽	8	8.2	16	17.0	24	12.5	1.84
眼裂倾斜度	内角高	12	12.2	3	3.2	15	7.8	2.32*
	水平	75	76.5	76	80.9	151	78.6	0.74
	外角高	11	11.2	15	16.0	26	13.5	0.97
鼻背侧面观	凹型	17	17.7	27	28.7	44	23.2	1.8
	直型	44	45.8	51	54.3	95	50.0	1.17
	凸型	35	36.5	16	17.0	51	26.8	3.03**
	波型	0	0.0	0	0.0	0	0.0	
鼻基底方向	上翘	23	23.5	34	36.2	57	29.7	1.93
	水平	47	48.0	50	53.2	97	50.5	0.72
	下垂	28	28.6	10	10.6	38	19.8	3.13**
耳垂类型	三角形	20	20.4	21	22.3	41	21.4	0.32
	方形	22	22.4	25	26.6	47	24.5	0.68
	圆形	56	57.1	48	51.1	104	54.2	0.83
利手	左型	9	9.2	6	6.4	15	7.8	0.72
	右型	89	90.8	88	93.6	177	92.2	0.72
扣手	左型	53	54.1	46	48.9	99	51.6	0.72
	右型	45	45.9	48	51.1	93	48.4	0.72
卷舌	否	44	44.9	55	58.5	99	51.6	1.88
	是	54	55.1	39	41.5	93	48.4	1.88

注：u 为性别间率的 u 检验值。

*$P<0.05$，**$P<0.01$，差异具有统计学意义。

表 6-2-6 裕固族男性生理指标

指标	不同年龄组（岁）的指标值（$\bar{x}\pm s$）						合计
	18～	30～	40～	50～	60～	70～85	
收缩压/mmHg	121.3±10.3	120.0±12.6	122.3±17.3	125.7±16.3	130.4±13.4	122.9±11.4	125.1±15.2
舒张压/mmHg	74.0±14.4	84.0±9.3	85.6±12.8	85.7±12.1	84.4±8.9	73.7±7.5	83.9±11.3
心率/（次/分）	59.3±3.1	64.0±9.4	69.3±12.5	66.1±7.7	65.8±9.1	59.7±6.5	65.8±9.7

表 6-2-7 裕固族女性生理指标

指标	不同年龄组（岁）的指标值（$\bar{x}\pm s$）						合计	u
	18～	30～	40～	50～	60～	70～85		
收缩压/mmHg	107.2±8.7	104.4±15.5	112.1±13.2	116.0±15.5	131.5±23.3	150.4±24.4	119.9±21.0	1.96*
舒张压/mmHg	73.4±2.4	69.3±11.0	77.3±9.2	77.5±8.9	84.2±12.3	88.4±11.7	78.9±11.1	3.10**
心率/（次/分）	67.0±10.8	63.7±9.9	65.4±13.5	63.5±9.2	65.5±9.2	74.3±5.1	64.9±9.8	0.57

注：u 为性别间的 u 检验值。

*$P<0.05$，**$P<0.01$，差异具有统计学意义。

表 6-2-8 裕固族男性头面部指数、体部指数和体脂率

指数	不同年龄组（岁）的指标值（$\bar{x}\pm s$）						合计
	18～	30～	40～	50～	60～	70～85	
头长宽指数	84.3±8.9	83.3±6.4	80.9±4.9	80.0±4.5	78.6±3.6	77.8±4.7	80.2±4.9
头长高指数	71.9±9.0	74.1±4.4	66.8±6.3	65.9±4.9	64.2±6.6	65.7±3.6	66.7±6.4
头宽高指数	85.3±5.3	89.3±8.8	82.6±6.6	82.6±6.8	81.7±8.7	84.8±7.4	83.3±7.7
形态面指数	84.9±3.3	86.1±7.8	90.7±7.4	94.1±6.7	93.3±6.6	95.9±8.6	91.9±7.5
鼻指数	79.2±14.7	73.7±6.9	68.8±9.4	71.2±6.2	73.3±7.3	69.1±6.9	71.4±8.1
口指数	38.9±12.6	32.8±3.2	31.4±6.3	29.8±6.9	26.4±6.6	22.0±5.4	29.3±7.1
身高坐高指数	52.2±0.1	53.3±1.4	52.6±1.5	52.6±1.3	52.4±1.4	52.4±1.1	52.6±1.4
身高体重指数	399.3±50.7	432.4±61.1	425.8±52.4	431.3±70.3	440.0±46.1	391.6±63.8	428.8±56.8
身高胸围指数	49.8±2.3	55.1±4.6	54.2±3.5	55.6±3.8	56.2±3.6	55.1±4.1	55.1±3.8
身高肩宽指数	19.9±0.8	21.6±0.3	21.3±0.8	21.4±0.8	21.6±0.8	20.9±1.3	21.4±0.8
身高骨盆宽指数	16.2±1.4	17.6±1.2	17.6±1.3	18.0±1.4	18.5±1.4	18.3±1.4	18.0±1.4
马氏躯干腿长指数	91.7±0.5	87.8±4.9	90.2±5.6	90.4±4.8	91.0±5.1	91.0±4.1	90.3±5.0
身高下肢长指数	47.8±0.1	46.7±1.4	47.4±1.5	47.4±1.3	47.6±1.4	47.6±1.1	47.4±1.4
身体质量指数/（kg/m²）	22.4±2.5	25.3±3.7	25.1±3.2	25.4±3.8	26.1±2.7	23.4±3.4	25.3±3.3
身体肥胖指数	21.4±0.4	24.3±4.2	24.8±3.1	25.4±3.4	26.5±2.8	25.0±2.8	25.3±3.2
体脂率/%	17.9±2.5	20.8±7.1	21.3±5.0	21.7±7.5	25.7±4.7	25.4±7.0	22.8±6.2

表 6-2-9 裕固族女性头面部指数、体部指数和体脂率

指数	不同年龄组（岁）的指标值（$\bar{x}\pm s$）						合计	u
	18～	30～	40～	50～	60～	70～85		
头长宽指数	88.9±3.8	82.2±4.1	79.2±3.3	79.8±3.5	78.9±3.2	78.6±2.1	80.1±4.0	0.16
头长高指数	78.2±3.9	76.7±21.1	62.9±5.8	66.9±5.4	67.6±10.1	57.4±13.8	67.4±10.7	0.54
头宽高指数	88.3±7.3	93.7±28.7	79.4±7.1	83.8±7.2	85.9±12.2	72.9±16.5	84.2±13.2	0.57
形态面指数	88.7±6.1	86.6±6.0	86.4±3.7	90.6±6.6	92.1±7.2	93.9±9.3	90.0±6.7	1.85
鼻指数	75.7±6.3	71.9±5.0	72.9±10.3	69.5±7.2	74.6±10.2	67.6±9.5	71.9±8.7	0.41

续表

指数	不同年龄组（岁）的指标值（$\bar{x}\pm s$）						合计	u
	18～	30～	40～	50～	60～	70～85		
口指数	38.9±13.6	32.7±6.0	28.1±5.3	27.8±7.5	28.4±7.7	24.8±7.2	28.9±7.8	0.37
身高坐高指数	54.0±1.5	53.1±1.4	53.8±1.1	53.2±1.8	53.1±1.5	52.2±2.5	53.3±1.6	3.20**
身高体重指数	296.5±25.8	429.6±67.5	378.2±47.3	390.5±77.5	407.3±75.5	343.0±43.8	389.4±72.3	3.99**
身高胸围指数	49.5±5.0	57.5±5.4	55.4±4.3	56.6±7.0	59.4±6.3	55.6±1.7	56.8±6.3	2.24*
身高肩宽指数	21.1±1.1	20.8±1.6	20.9±1.1	21.0±1.0	21.2±1.2	20.8±1.6	21.0±1.2	2.68**
身高骨盆宽指数	17.1±1.4	19.2±1.6	18.5±1.2	18.7±1.8	19.4±1.2	19.5±1.8	18.9±1.6	4.13**
马氏躯干腿长指数	85.3±5.2	88.5±4.8	85.9±3.9	88.1±6.5	88.3±5.3	91.9±9.4	87.9±5.8	3.04**
身高下肢长指数	46.0±1.5	46.9±1.4	46.2±1.1	46.8±1.8	46.9±1.5	47.8±2.5	46.7±1.6	3.20**
身体质量指数/（kg/m²）	18.5±1.6	26.4±3.7	23.7±2.7	24.8±5.3	26.3±4.9	23.0±3.5	24.8±4.7	0.81
身体肥胖指数	24.7±3.3	29.4±4.0	29.1±2.2	30.1±4.9	33.1±4.4	32.3±3.2	30.5±4.6	9.01**
体脂率/%	21.9±1.3	35.2±7.4	30.9±4.8	32.4±9.9	37.9±8.0	34.8±5.3	33.6±8.6	9.66**

注：u 为性别间的 u 检验值。

*$P<0.05$，**$P<0.01$，差异具有统计学意义。

（海向军　魏　栋　莫晓丹　杨秀琳）

第三节　乌孜别克族

一、乌孜别克族简介

根据 2010 年第六次全国人口普查统计数据，中国境内的乌孜别克族人口为 10 569 人（国务院人口普查办公室，国家统计局人口和就业统计司，2012），散居在新疆维吾尔自治区多个市、县。民族语言为乌孜别克语，属阿尔泰语系突厥语族葛逻禄语支。

木垒哈萨克自治县境内的大南沟乌孜别克民族乡是全国唯一的乌孜别克族民族乡，地处北纬 43°14′～45°16′、东经 89°56′～92°16′，属干旱大陆性气候，年降水量 294.9mm，全年无霜期 139d。伊宁市地处伊犁河谷盆地中央，北纬 43°50′～44°09′、东经 80°04′～81°29′，属北温带大陆性气候，年降水量 245.1mm，全年无霜期 190d。

研究组在新疆维吾尔自治区的伊宁市和大南沟乌孜别克民族乡开展了乌孜别克族人体表型数据采集工作。乌孜别克族被调查成年男性年龄 45.0 岁±15.6 岁，女性年龄 45.0 岁±18.0 岁。

二、乌孜别克族的表型数据（表 6-3-1～表 6-3-9）

表 6-3-1　乌孜别克族男性头面部指标　　　　　（单位：mm）

指标	不同年龄组（岁）的指标值（$\bar{x}\pm s$）						合计
	18～	30～	40～	50～	60～	70～85	
头长	175.5±16.3	173.4±12.9	173.7±13.4	171.7±12.4	178.0±10.0	181.8±8.7	174.8±13.3
头宽	157.7±14.6	156.7±11.5	155.2±13.1	154.5±14.3	159.9±8.1	158.6±7.6	156.7±12.5
额最小宽	108.0±16.8	110.6±18.5	111.4±16.1	110.5±21.7	104.9±12.2	107.4±13.4	109.1±17.2
面宽	140.8±18.1	146.4±16.5	141.6±19.5	144.5±25.7	146.5±15.1	142.5±17.2	143.8±19.1
下颌角间宽	121.9±15.4	120.7±12.5	122.2±13.3	118.6±17.0	127.4±7.2	126.6±8.8	122.2±13.6
眼内角间宽	34.4±4.3	33.9±5.4	33.7±9.9	32.8±4.8	31.5±5.6	36.0±4.1	33.6±6.5
眼外角间宽	99.3±13.0	96.6±13.6	98.7±12.4	101.1±9.0	92.1±11.9	83.8±10.9	96.8±12.9
鼻宽	39.1±5.6	41.2±7.6	41.7±6.0	43.2±4.7	39.7±6.2	38.4±4.9	40.9±6.3
口宽	52.0±5.3	51.0±7.2	56.5±8.2	58.8±5.9	55.8±6.3	50.0±10.8	54.3±7.8
容貌面高	184.6±18.7	180.1±19.2	187.8±21.2	185.9±15.6	180.1±15.7	169.5±15.0	182.9±19.0
形态面高	131.2±12.5	128.7±9.0	132.7±11.5	136.3±8.4	137.0±12.2	132.8±13.1	132.7±11.3
鼻高	62.1±8.1	60.7±6.2	64.1±8.9	65.0±6.0	68.1±6.4	68.9±8.2	64.0±7.9
上唇皮肤部高	18.1±3.8	17.5±4.2	19.2±3.7	20.5±3.6	17.6±3.9	17.4±5.3	18.5±4.1
唇高	16.2±2.6	15.2±3.5	15.0±3.5	13.6±3.1	10.0±2.4	12.9±2.2	14.2±3.6
红唇厚度	8.1±3.2	8.4±2.5	7.1±3.1	6.4±3.0	4.9±2.1	6.3±2.5	7.1±3.1
容貌耳长	65.1±8.5	67.1±6.3	67.4±5.4	69.2±6.9	68.3±5.9	69.5±7.3	67.5±6.8
容貌耳宽	30.0±5.2	31.1±4.6	31.2±5.5	31.0±3.2	32.3±5.3	28.7±7.3	30.9±5.1
耳上头高	140.5±26.2	143.9±17.4	141.1±18.1	139.0±23.7	135.7±18.0	131.6±28.0	139.9±21.6

表 6-3-2　乌孜别克族女性头面部指标

指标	不同年龄组（岁）的指标值（$\bar{x}\pm s$）/mm						合计/mm	u
	18～	30～	40～	50～	60～	70～85		
头长	161.1±10.6	175.0±12.1	174.7±9.1	166.3±10.0	169.2±14.9	171.4±7.6	168.5±12.5	3.46**
头宽	145.1±10.5	148.0±8.2	160.9±11.0	145.2±11.9	156.8±9.3	152.7±8.2	150.3±11.7	3.75**
额最小宽	100.4±14.0	102.4±19.5	108.7±23.1	105.0±16.3	109.6±12.0	109.7±14.4	103.6±19.0	1.99*
面宽	135.9±13.8	137.1±16.6	132.6±15.3	130.5±10.5	138.9±17.3	137.3±7.8	133.4±15.3	2.12*
下颌角间宽	110.4±18.4	113.4±14.8	119.3±8.2	113.7±15.2	125.9±6.5	129.7±7.7	117.0±15.3	2.47*
眼内角间宽	31.7±3.2	32.9±4.8	34.2±3.7	30.2±5.4	28.3±5.5	32.0±2.4	31.4±4.8	2.85**
眼外角间宽	100.2±7.8	94.8±13.8	93.7±10.7	96.5±7.1	96.3±7.0	84.1±10.0	95.8±10.4	0.62
鼻宽	36.2±2.9	35.7±2.0	36.0±7.3	36.8±4.7	39.6±3.0	35.1±3.1	36.7±4.2	5.91**
口宽	52.3±7.3	48.8±7.2	53.3±5.2	55.5±6.5	54.2±3.8	48.7±5.9	52.4±6.7	1.88

续表

指标	不同年龄组（岁）的指标值（$\bar{x} \pm s$）/mm						合计/mm	u
	18～	30～	40～	50～	60～	70～85		
容貌面高	180.6±6.8	171.4±13.9	185.1±11.2	178.4±11.4	169.0±15.9	171.5±12.1	176.3±13.1	3.03**
形态面高	120.5±8.6	118.4±10.9	129.5±9.4	122.4±17.4	122.7±6.9	123.5±11.8	122.2±11.6	6.40**
鼻高	57.2±6.0	61.4±5.6	61.2±4.2	60.2±7.7	63.6±3.1	61.6±4.2	60.5±6.0	3.68**
上唇皮肤部高	17.0±3.4	16.5±2.8	18.6±4.9	19.9±2.9	18.5±2.9	16.6±3.0	17.9±3.6	1.12
唇高	16.8±4.9	15.1±2.6	12.3±2.8	17.0±4.9	12.3±3.6	13.6±2.0	14.9±4.4	1.18
红唇厚度	7.4±2.3	6.7±1.9	7.2±3.4	5.8±1.2	5.0±1.1	7.9±2.7	6.6±2.3	1.36
容貌耳长	58.7±7.2	58.7±6.9	63.8±3.4	62.9±4.9	60.5±6.0	74.7±10.1	61.7±7.8	5.43**
容貌耳宽	28.8±5.6	29.3±3.4	29.6±3.5	31.4±4.9	29.3±4.7	27.0±3.4	29.4±4.7	2.18*
耳上头高	137.8±18.2	138.0±16.6	142.4±26.8	128.6±21.7	133.1±25.5	148.4±15.2	136.8±21.7	1.00

注：u 为性别间的 u 检验值。

*$P<0.05$，**$P<0.01$，差异具有统计学意义。

表 6-3-3　乌孜别克族男性体部指标

指标	不同年龄组（岁）的指标值（$\bar{x} \pm s$）						合计
	18～	30～	40～	50～	60～	70～85	
体重	72.3±13.3	74.0±9.0	78.1±10.6	79.8±20.5	80.0±11.4	73.5±8.0	76.4±13.2
身高	1726.0±54.9	1724.3±53.6	1715.5±76.0	1694.6±68.5	1682.5±71.8	1641.7±64.7	1706.1±69.5
髂前上棘点高	972.1±45.5	974.6±57.2	983.2±67.9	976.5±77.2	968.8±62.6	922.7±52.3	971.9±63.9
坐高	865.1±56.8	895.0±62.4	871.3±71.5	855.1±69.9	876.6±40.3	824.1±38.4	870.1±64.0
肱骨内外上髁间径	58.3±11.3	57.8±14.1	59.5±18.9	61.5±12.7	61.2±9.2	63.0±11.2	59.7±14.1
股骨内外上髁间径	94.9±9.0	93.0±8.4	93.6±10.8	99.6±9.6	95.6±8.3	95.3±11.5	95.1±9.8
肩宽	395.9±23.3	393.3±21.1	394.2±23.3	398.7±27.9	392.3±19.5	382.8±24.8	393.9±23.6
骨盆宽	307.6±25.1	318.2±25.6	324.7±28.5	330.1±34.9	327.6±28.7	333.7±17.8	322.2±29.1
平静胸围	928.5±69.7	935.1±75.4	967.0±94.1	999.3±103.4	972.7±58.2	976.3±65.9	960.0±85.2
腰围	866.2±114.2	882.3±99.3	946.8±82.1	995.7±155.1	967.1±132.6	949.9±105.8	929.4±123.9
臀围	972.8±71.7	976.4±58.3	995.1±61.2	1011.0±87.7	986.6±66.0	966.1±54.5	986.4±69.2
大腿围	517.6±95.7	504.6±56.4	505.1±53.7	502.0±65.6	455.3±51.0	468.6±32.5	497.4±67.0
上肢全长	751.2±54.5	729.6±35.9	731.7±42.4	731.9±52.1	713.8±39.5	739.7±48.0	732.8±46.4
下肢全长	972.1±45.5	974.6±57.2	983.2±67.9	976.5±77.2	968.8±62.6	922.7±52.3	971.9±63.9

注：体重的单位为 kg，其余指标值的单位为 mm。

表 6-3-4　乌孜别克族女性体部指标

指标	不同年龄组（岁）的指标值（$\bar{x} \pm s$）						合计	u
	18～	30～	40～	50～	60～	70～85		
体重	53.5±8.8	57.6±8.9	74.1±3.9	72.0±11.7	67.3±9.8	69.4±13.3	63.8±12.5	6.94**

续表

指标	不同年龄组（岁）的指标值（$\bar{x} \pm s$）						合计	u
	18～	30～	40～	50～	60～	70～85		
身高	1614.6±60.1	1596.1±51.2	1571.8±41.1	1584.9±65.9	1574.7±46.5	1569.3±46.4	1589.9±56.9	13.30**
髂前上棘点高	940.0±47.0	914.3±54.8	877.6±73.3	917.3±89.9	898.5±50.3	876.5±30.2	911.1±65.0	6.60**
坐高	785.2±123.6	788.4±80.4	763.8±107.9	798.1±135.1	807.0±76.7	841.8±30.6	794.0±106.3	5.64**
肱骨内外上髁间径	48.7±9.6	54.6±7.4	52.5±14.8	55.3±12.8	55.2±12.9	65.1±11.4	53.9±12.2	3.17**
股骨内外上髁间径	93.0±10.5	86.3±13.5	99.0±9.1	90.8±11.4	91.5±6.4	89.7±12.4	91.6±11.3	2.27*
肩宽	358.1±21.5	360.0±27.9	365.3±14.4	357.3±33.1	352.2±17.1	353.7±50.7	357.8±27.5	9.63**
骨盆宽	293.4±25.9	318.1±24.1	320.0±36.4	333.7±46.5	320.4±12.3	343.2±21.7	317.1±33.8	1.11
平静胸围	868.0±95.6	884.6±63.0	1065.6±66.5	1006.2±153.3	988.2±85.0	1005.4±94.5	952.6±122.7	0.46
腰围	773.4±129.4	774.2±103.5	982.3±37.9	978.7±160.6	948.6±112.9	971.0±150.2	883.3±157.0	2.20*
臀围	951.8±72.8	942.6±47.8	1066.5±57.5	1018.0±94.2	987.9±62.5	985.5±69.7	985.3±80.5	0.10
大腿围	518.4±81.3	491.8±34.3	539.9±24.9	475.3±43.3	468.4±38.8	505.4±33.5	498.7±57.3	0.15
上肢全长	687.9±34.0	685.7±28.4	662.9±36.2	684.2±45.4	690.7±43.0	705.4±39.4	685.7±39.2	7.93**
下肢全长	940.0±47.0	914.3±54.8	877.6±73.3	917.3±89.9	898.5±50.3	876.5±30.2	911.1±65.0	6.60**

注：u 为性别间的 u 检验值；体重的单位为 kg，其余指标值的单位为 mm。

*$P<0.05$，**$P<0.01$，差异具有统计学意义。

表 6-3-5 乌孜别克族观察指标情况

指标	分型	男性		女性		合计		u
		人数	占比/%	人数	占比/%	人数	占比/%	
上眼睑皱褶	有	112	74.2	55	75.3	167	74.6	0.19
	无	39	25.8	18	24.7	57	25.4	0.19
内眦褶	有	50	33.1	22	30.1	72	32.1	0.45
	无	101	66.9	51	69.9	152	67.9	0.45
眼裂高度	狭窄	42	27.8	26	35.6	68	30.4	1.19
	中等	105	69.5	43	58.9	148	66.1	1.58
	较宽	4	2.6	4	5.5	8	3.6	1.07
眼裂倾斜度	内角高	60	39.7	27	37.0	87	38.8	0.40
	水平	80	53.0	46	63.0	126	56.3	1.42
	外角高	11	7.3	0	0.0	11	4.9	2.36*
鼻背侧面观	凹型	23	15.2	14	19.2	37	16.5	0.75
	直型	90	59.6	48	65.8	138	61.6	0.89
	凸型	35	23.2	11	15.1	46	20.5	1.41
	波型	3	2.0	0	0.0	3	1.3	1.21
鼻基底方向	上翘	20	13.2	15	20.5	35	15.6	1.41
	水平	78	51.7	45	61.6	123	54.9	1.41
	下垂	53	35.1	13	17.8	66	29.5	2.66**

续表

指标	分型	男性		女性		合计		u
		人数	占比/%	人数	占比/%	人数	占比/%	
鼻翼宽	狭窄	19	12.6	12	16.4	31	13.8	0.78
	中等	11	7.3	4	5.5	15	6.7	0.51
	宽阔	121	80.1	57	78.1	178	79.5	0.36
耳垂类型	三角形	105	69.5	52	71.2	157	70.1	0.26
	方形	41	27.2	17	23.3	58	25.9	0.62
	圆形	5	3.3	4	5.5	9	4.0	0.77
上唇皮肤部高	低	8	5.3	2	2.7	10	4.5	0.87
	中等	74	49.0	46	63.0	120	53.6	1.97*
	高	69	45.7	25	34.2	94	42.0	1.63
红唇厚度	薄唇	88	58.3	58	79.5	146	65.2	3.12**
	中唇	54	35.8	9	12.3	63	28.1	3.66**
	厚唇	9	6.0	6	8.2	15	6.7	0.63
利手	左型	9	6.0	5	6.8	14	6.3	0.26
	右型	142	94.0	68	93.2	210	93.8	0.26
扣手	左型	63	41.7	34	46.6	97	43.3	0.69
	右型	88	58.3	39	53.4	127	56.7	0.69
卷舌	是	82	54.3	39	53.4	121	54.0	0.03
	否	69	45.7	34	46.6	103	46.0	0.12

注：u 为性别间率的 u 检验值。

*$P<0.05$，**$P<0.01$，差异具有统计学意义。

表 6-3-6 乌孜别克族男性生理指标

指标	不同年龄组（岁）的指标值（$\bar{x}\pm s$）						合计
	18～	30～	40～	50～	60～	70～85	
收缩压/mmHg	131.4±9.9	131.8±14.2	139.3±16.4	150.8±31.7	158.7±26.1	152.8±22.2	141.7±22.8
舒张压/mmHg	78.9±9.6	80.6±10.2	85.5±11.6	86.5±15.1	89.8±12.9	88.8±13.3	84.2±12.5
心率/（次/分）	80.8±10.6	79.9±10.2	78.1±10.4	78.5±9.6	78.6±9.6	79.5±9.2	79.2±10.1

表 6-3-7 乌孜别克族女性生理指标

指标	不同年龄组（岁）的指标值（$\bar{x}\pm s$）						合计	u
	18～	30～	40～	50～	60～	70～85		
收缩压/mmHg	118.7±12.6	116.3±12.8	136.3±9.6	143.0±22.6	139.5±23.2	163.7±15.2	132.2±22.2	2.98**
舒张压/mmHg	77.1±10.9	72.6±6.8	84.6±8.0	81.4±12.3	75.7±11.0	89.5±12.0	78.8±11.4	3.22**
心率/（次/分）	85.2±13.3	74.6±9.1	80.0±8.6	75.9±7.8	79.2±11.3	89.0±12.1	80.3±11.7	0.69

注：u 为性别间的 u 检验值。

**$P<0.01$，差异具有统计学意义。

表 6-3-8　乌孜别克族男性头面部指数、体部指数和体脂率

指数	不同年龄组（岁）的指标值（$\bar{x} \pm s$）						合计
	18～	30～	40～	50～	60～	70～85	
头长宽指数	90.0±4.2	90.7±7.0	89.4±5.4	90.1±7.4	90.0±6.1	87.5±6.9	89.9±6.2
头长高指数	80.5±15.6	83.7±14.1	82.1±14.7	81.4±15.1	76.2±9.3	72.5±16.0	80.6±14.7
头宽高指数	81.6±17.4	82.6±15.4	82.0±16.5	90.9±18.4	84.9±10.8	83.1±17.9	85.9±16.5
形态面指数	100.5±16.0	102.4±15.7	104.7±19.6	107.4±21.6	100.5±16.9	108.3±19.7	104.4±19.2
鼻指数	64.0±11.9	68.3±13.0	66.4±13.8	66.7±7.6	58.8±10.3	56.2±7.5	64.7±12.2
口指数	31.3±4.5	29.1±5.7	26.8±6.5	23.3±6.2	18.2±4.9	27.9±12.0	26.4±7.5
身高坐高指数	50.1±3.1	51.9±3.6	50.8±3.4	50.4±3.4	52.1±1.7	50.3±2.6	51.0±3.3
身高体重指数	418.8±75.7	429.1±51.0	455.0±54.7	468.8±109.9	474.9±62.4	447.1±53.0	447.3±73.4
身高胸围指数	53.8±4.2	54.2±4.3	56.4±5.3	59.0±5.7	57.9±3.9	59.6±5.0	56.3±5.2
身高肩宽指数	23.0±1.5	22.8±1.3	23.0±1.2	23.5±1.7	23.3±1.2	23.3±1.4	23.1±1.4
身高骨盆宽指数	17.8±1.7	18.5±1.4	18.9±1.3	19.5±1.8	19.5±1.7	20.3±1.2	18.9±1.7
马氏躯干腿长指数	100.3±13.2	93.5±12.7	97.8±14.2	99.3±15.5	92.1±6.2	99.6±11.1	96.9±13.3
身高下肢长指数	56.3±2.4	56.5±2.9	57.3±2.6	57.6±3.7	57.6±2.4	56.2±2.2	57.0±2.9
身体质量指数/（kg/m²）	24.3±4.5	24.9±3.1	26.5±3.2	27.6±6.0	28.3±3.8	27.2±3.7	26.2±4.3
身体肥胖指数	25.0±3.6	25.2±2.8	26.4±3.3	27.9±3.9	27.3±4.0	28.0±3.5	26.4±3.6
体脂率/%	21.8±7.3	28.3±3.0	34.2±2.0	35.0±1.3	36.7±6.0	38.1±5.1	31.5±6.9

表 6-3-9　乌孜别克族女性头面部指数、体部指数和体脂率

指数	不同年龄组（岁）的指标值（$\bar{x} \pm s$）						合计	u
	18～	30～	40～	50～	60～	70～85		
头长宽指数	85.2±5.4	84.9±6.5	92.1±4.9	87.4±6.5	93.2±8.6	89.2±5.6	88.5±7.0	0.41
头长高指数	85.8±13.6	79.4±12.2	81.7±16.7	76.1±12.4	78.5±15.1	86.8±11.0	81.2±14.2	0.29
头宽高指数	85.4±16.0	83.6±12.2	89.0±18.4	86.9±12.8	85.4±18.5	87.9±15.3	85.2±13.0	0.57
形态面指数	105.5±15.0	112.7±16.9	110.5±19.5	110.9±14.9	114.0±15.4	114.5±8.4	111.4±16.4	2.02*
鼻指数	63.8±6.9	59.0±8.9	59.2±12.4	61.5±5.6	62.3±5.0	57.3±7.4	61.2±8.0	2.56*
口指数	32.6±10.6	31.1±4.0	23.2±5.5	30.6±7.8	23.0±7.1	28.5±5.7	28.8±8.6	2.04*
身高坐高指数	48.6±7.1	49.4±5.0	48.6±6.8	50.7±8.8	51.2±4.7	53.6±0.6	50.0±6.6	1.22
身高体重指数	331.4±51.3	360.1±49.2	472.0±31.4	460.0±67.0	428.2±65.4	442.0±81.8	403.1±80.1	3.98**
身高胸围指数	53.8±6.4	55.4±3.8	67.9±4.8	63.5±8.8	62.9±6.2	64.0±5.4	60.0±8.1	3.56**
身高肩宽指数	22.2±1.2	22.5±1.5	23.3±1.1	22.2±2.0	22.4±1.1	22.6±3.4	22.5±1.7	2.62**
身高骨盆宽指数	18.2±1.4	19.9±1.1	20.4±2.4	21.0±2.7	20.4±1.1	21.9±1.2	19.9±2.1	3.55**
马氏躯干腿长指数	111.2±36.7	104.8±24.2	110.6±34.8	103.3±36.5	97.2±23.0	86.5±2.2	104.1±31.4	1.88
身高下肢长指数	58.2±1.5	57.3±3.5	55.8±4.2	56.7±4.0	57.1±3.1	55.9±1.5	57.1±3.2	0.23

指数	不同年龄组（岁）的指标值（$\bar{x}\pm s$）						合计	u
	18～	30～	40～	50～	60～	70～85		
身体质量指数/（kg/m²）	20.5±3.1	22.6±2.8	30.1±2.6	29.1±4.1	27.3±4.5	28.2±5.2	25.4±5.3	1.12
身体肥胖指数	28.4±3.3	28.8±2.4	36.2±3.8	33.6±2.9	32.1±3.6	32.2±3.3	31.3±4.2	8.56**
体脂率/%	43.5±8.9	45.5±6.5	42.3±7.7	52.7±3.5	51.8±5.9	48.2±5.8	47.2±7.9	14.51**

注：u 为性别间的 u 检验值。

*$P<0.05$，**$P<0.01$，差异具有统计学意义。

（徐国昌）

第四节　门　巴　族

一、门巴族简介

根据 2010 年第六次全国人口普查统计数据，门巴族总人口为 10 561 人（国务院人口普查办公室，国家统计局人口和就业统计司，2012）。门巴族分布在中国和印度，为跨境族群，在我国主要分布在西藏自治区门隅、上珞瑜的墨脱和与之毗邻的东北边缘地带。其中，墨脱县是我国门巴族人口最多的县域。门巴族民族语言为门巴语，属汉藏语系藏缅语族藏语支，无本民族文字，通用藏文（杨圣敏，丁宏，2008）。

墨脱县位于西藏东南部，地处东经 93°45′～96°05′、北纬 27°33′～29°55′，平均海拔 1200m，属喜马拉雅山脉亚热带湿润气候，年平均气温 16℃，年降水量 2358mm 以上。

2016 年和 2019 年研究组在西藏自治区墨脱县、错那县、林芝市更章乡开展了人体表型数据采集工作。门巴族被调查成年男性年龄 42.1 岁±14.7 岁，女性年龄 43.2 岁±13.1 岁。

二、门巴族的表型数据（表 6-4-1～表 6-4-9）

表 6-4-1　门巴族男性头面部指标　　　　　（单位：mm）

指标	不同年龄组（岁）的指标值（$\bar{x}\pm s$）						合计
	18～	30～	40～	50～	60～	70～85	
头长	183.4±6.0	186.4±7.1	186.1±7.5	187.1±7.3	190.1±6.9	188.5±7.0	186.1±7.1
头宽	154.6±5.4	154.6±5.4	151.7±4.4	151.9±5.6	153.3±6.7	151.3±7.4	153.1±5.5
额最小宽	110.7±7.0	112.2±7.6	110.6±4.7	110.5±5.9	109.8±4.2	111.8±2.2	110.9±6.1
面宽	144.6±5.0	146.5±6.2	143.2±5.8	142.2±7.2	144.5±5.9	141.8±6.1	144.0±6.2
下颌角间宽	108.4±5.0	111.9±6.0	112.4±7.7	111.3±7.0	112.2±6.1	112.3±4.3	111.0±6.5
眼内角间宽	33.9±3.2	33.4±2.6	33.0±3.2	33.1±3.4	33.2±2.9	35.8±1.5	33.4±3.1
眼外角间宽	98.2±5.1	98.1±5.7	96.4±7.2	96.7±5.9	95.8±5.0	91.0±4.5	97.0±5.9

续表

指标	不同年龄组（岁）的指标值（$\bar{x} \pm s$）						合计
	18～	30～	40～	50～	60～	70～85	
鼻宽	37.9±3.1	38.0±3.2	38.0±3.2	38.0±2.8	38.1±3.5	41.0±2.4	38.1±3.1
口宽	50.5±4.6	52.1±4.4	49.9±3.7	50.9±4.8	51.6±4.3	49.8±4.5	50.9±4.5
容貌面高	185.1±7.0	188.4±8.3	187.9±9.1	190.0±7.3	187.3±7.1	188.5±7.0	187.8±7.8
形态面高	118.5±7.0	119.9±6.5	119.1±7.5	121.0±6.5	118.8±8.2	114.3±5.7	119.5±7.0
鼻高	51.1±3.6	51.5±3.9	52.0±5.1	52.1±4.4	51.6±4.9	45.3±4.0	51.5±4.4
上唇皮肤部高	13.2±2.0	14.7±2.4	15.0±2.9	16.2±3.0	16.4±2.7	16.0±3.2	14.9±2.8
唇高	16.0±3.3	14.8±3.1	15.2±3.8	15.1±4.2	13.3±4.7	10.0±4.5	15.0±3.9
红唇厚度	7.7±2.2	6.9±2.6	6.8±2.2	6.4±2.7	5.4±2.7	5.3±2.5	6.7±2.5
容貌耳长	59.8±4.7	61.9±5.1	62.6±3.9	64.6±6.2	65.4±6.3	63.5±3.7	62.6±5.5
容貌耳宽	33.3±3.4	35.0±2.4	35.3±3.2	36.8±4.3	35.5±2.9	36.3±4.6	35.2±3.7
耳上头高	126.7±10.6	127.8±9.3	122.1±7.4	122.2±10.5	121.1±12.8	127.8±16.3	124.5±10.3

表 6-4-2　门巴族女性头面部指标

指标	不同年龄组（岁）的指标值（$\bar{x} \pm s$）/mm						合计/mm	u
	18～	30～	40～	50～	60～	70～85		
头长	179.0±6.3	179.9±5.5	178.6±7.0	182.2±5.5	182.1±6.0	183.0±6.1	180.1±6.3	8.55**
头宽	149.4±6.8	148.2±5.1	148.5±5.6	146.0±5.0	145.8±4.7	146.9±5.2	147.8±5.6	9.23**
额最小宽	108.5±5.3	107.6±5.1	107.6±5.5	106.0±5.7	106.0±4.9	107.1±4.1	107.2±5.3	6.01**
面宽	137.7±7.4	137.6±5.2	137.6±5.5	135.2±6.2	135.5±5.4	135.3±5.4	136.9±6.0	11.16**
下颌角间宽	105.1±5.6	106.5±6.7	107.3±5.8	105.6±6.2	106.3±7.5	104.9±7.6	106.2±6.3	7.19**
眼内角间宽	33.5±2.7	32.4±2.6	32.5±2.6	31.7±3.0	31.8±3.8	33.0±4.2	32.4±2.9	3.18**
眼外角间宽	94.6±4.8	92.7±7.7	93.8±4.8	92.8±5.3	93.5±3.7	90.7±3.5	93.4±5.6	6.14**
鼻宽	34.9±2.5	35.1±2.7	35.2±2.6	36.7±2.7	37.8±3.8	37.3±4.5	35.7±2.9	7.54**
口宽	47.3±3.7	47.9±4.2	48.9±4.4	48.6±4.2	49.3±5.0	48.3±6.2	48.3±4.3	5.57**
容貌面高	181.0±6.6	180.5±7.2	180.5±8.5	181.2±8.7	178.9±9.6	181.0±8.1	180.6±8.0	8.85**
形态面高	109.3±6.2	111.4±6.6	111.9±7.1	112.4±7.1	109.6±5.7	111.1±5.5	111.2±6.7	11.64**
鼻高	46.4±3.5	47.1±4.2	46.7±3.6	46.7±4.3	48.4±3.8	47.4±2.9	46.9±3.9	10.56**
上唇皮肤部高	11.8±2.0	12.3±2.1	13.1±1.9	14.4±2.7	14.8±2.3	14.0±2.4	13.1±2.4	6.23**
唇高	16.9±3.2	15.5±4.1	14.9±3.5	15.0±3.3	11.9±3.3	12.6±3.7	15.1±3.8	0.12
红唇厚度	7.8±1.8	7.3±2.5	6.8±2.3	6.4±1.6	5.1±1.9	4.3±2.1	6.8±2.2	0.21
容貌耳长	58.3±4.9	57.4±4.2	57.7±5.3	59.2±4.6	61.7±4.7	64.3±5.8	58.6±5.0	7.23**
容貌耳宽	31.8±3.3	31.7±3.0	31.9±3.2	32.6±3.8	33.9±4.1	32.6±3.6	32.2±3.4	8.10**
耳上头高	120.5±9.6	118.8±9.5	120.5±11.0	119.0±11.2	120.7±8.5	117.3±14.3	119.7±10.3	4.44**

注：u 为性别间的 u 检验值。

**$P<0.01$，差异具有统计学意义。

表 6-4-3　门巴族男性体部指标

指标	不同年龄组（岁）的指标值（$\bar{x} \pm s$）						合计
	18～	30～	40～	50～	60～	70～85	
体重	58.4±6.9	63.7±11.8	65.5±9.4	66.4±11.1	62.8±10.1	57.7±16.9	63.2±10.4
身高	1639.8±47.8	1650.0±49.4	1634.3±40.1	1616.5±57.9	1557.9±57.7	1509.0±100.4	1624.7±59.5
髂前上棘点高	893.4±31.9	903.4±31.3	900.4±30.3	894.9±36.5	865.1±30.6	841.3±66.3	893.5±35.6
坐高	869.8±31.8	877.7±35.6	873.2±21.1	860.4±34.4	834.3±38.1	794.0±44.5	864.7±35.8
肱骨内外上髁间径	63.8±3.8	66.6±4.0	67.4±3.7	67.4±4.7	66.0±3.3	68.3±2.2	66.3±4.2
股骨内外上髁间径	89.8±4.8	92.5±5.9	93.0±5.0	92.7±6.7	92.8±4.3	97.3±5.2	92.1±5.7
肩宽	376.6±15.9	377.1±23.7	373.0±13.6	370.2±20.6	359.7±19.0	347.3±5.1	372.2±19.5
骨盆宽	266.7±17.4	276.0±25.5	270.5±19.9	264.5±22.9	270.0±24.4	282.8±27.2	269.2±22.0
平静胸围	862.6±50.0	899.4±74.6	919.9±60.7	942.0±72.9	927.5±73.0	897.5±91.7	907.7±72.0
腰围	784.0±61.7	843.4±74.1	877.0±87.7	878.7±98.8	889.1±112.3	861.0±117.4	854.7±94.1
臀围	891.7±50.9	922.1±74.5	939.0±59.9	958.3±60.9	950.6±68.5	941.5±104.1	930.2±67.1
大腿围	474.0±35.3	489.5±48.7	502.3±42.3	499.0±45.0	505.6±42.3	472.8±73.2	491.3±44.5
上肢全长	728.4±31.1	737.5±30.0	736.5±23.7	722.2±33.5	705.7±31.5	703.8±42.3	727.5±31.7
下肢全长	860.3±28.6	869.0±27.0	867.9±28.2	862.6±33.2	837.6±27.7	818.8±61.5	861.2±31.8

注：体重的单位为 kg，其余指标值的单位为 mm。

表 6-4-4　门巴族女性体部指标

指标	不同年龄组（岁）的指标值（$\bar{x} \pm s$）						合计	u
	18～	30～	40～	50～	60～	70～85		
体重	58.0±11.0	60.2±11.5	62.4±10.2	60.3±12.0	55.4±11.1	56.2±11.3	59.9±11.2	2.96**
身高	1517.7±41.9	1526.6±46.9	1519.6±56.8	1513.6±53.4	1474.7±69.5	1433.1±70.6	1513.2±56.2	18.47**
髂前上棘点高	839.3±37.0	842.9±32.0	842.3±38.2	834.9±34.2	817.5±41.1	806.7±47.2	837.2±37.0	15.00**
坐高	823.1±28.0	824.2±29.2	821.3±33.1	811.7±36.3	779.0±46.6	762.4±32.8	814.9±36.6	13.29**
肱骨内外上髁间径	58.7±3.8	59.9±4.0	61.2±4.8	61.6±4.1	60.8±7.0	62.3±3.7	60.5±4.6	12.54**
股骨内外上髁间径	85.3±6.1	85.9±6.1	87.6±7.2	86.7±5.3	86.0±8.5	84.9±4.5	86.4±6.5	9.17**
肩宽	340.8±12.1	339.1±14.1	336.7±16.0	333.5±19.5	318.7±17.2	324.0±24.6	335.4±17.1	19.14**
骨盆宽	261.8±19.6	266.1±21.6	271.6±18.6	269.5±22.2	269.1±18.9	256.3±20.9	267.5±20.5	0.77
平静胸围	884.4±76.2	910.5±82.3	929.1±75.2	915.0±77.0	900.6±78.9	897.7±60.7	910.8±78.1	0.40
腰围	832.5±106.9	872.2±96.6	920.8±78.5	906.3±105.6	918.3±115.4	919.9±87.1	891.0±101.6	3.13**
臀围	946.7±77.9	957.3±84.8	975.6±70.3	966.7±78.7	960.2±87.9	975.7±80.5	963.2±78.5	4.43**
大腿围	520.0±49.7	531.4±56.9	525.4±53.0	505.9±57.3	479.8±62.8	471.9±59.7	516.3±57.3	4.81**
上肢全长	666.9±28.4	671.0±32.1	668.9±39.2	670.0±34.1	656.3±42.7	627.3±50.2	666.9±36.1	17.42**
下肢全长	813.9±34.2	817.0±29.1	816.5±35.2	809.8±31.3	794.5±37.9	785.3±45.4	811.9±34.0	14.50**

注：u 为性别间的 u 检验值；体重的单位为 kg，其余指标值的单位为 mm。

**$P<0.01$，差异具有统计学意义。

表 6-4-5　门巴族观察指标情况

指标	分型	男性		女性		合计		u
		人数	占比/%	人数	占比/%	人数	占比/%	
上眼睑皱褶	有	81	73.6	130	67.7	211	69.9	1.08
	无	29	26.4	62	32.3	91	30.1	1.08
内眦褶	有	29	26.4	62	32.3	91	30.1	1.08
	无	81	73.6	130	67.7	211	69.9	1.08
眼裂高度	狭窄	59	53.6	78	40.6	137	45.3	2.19*
	中等	46	41.8	104	54.2	150	49.7	2.07*
	较宽	5	4.6	10	5.2	15	5.0	0.26
眼裂倾斜度	内角高	2	1.8	1	0.5	3	1.0	1.09
	水平	65	59.1	68	35.4	133	44.0	3.99**
	外角高	43	39.1	123	64.1	166	55.0	4.20**
鼻背侧面观	凹型	10	6.4	32	13.9	42	10.9	2.32*
	直型	121	77.6	184	80.0	305	79.0	0.58
	凸型	21	13.4	13	5.7	34	8.8	2.66**
	波型	4	2.6	1	0.4	5	1.3	1.82
鼻基底方向	上翘	39	35.4	66	34.4	105	34.8	0.19
	水平	62	56.4	114	59.4	176	58.3	0.51
	下垂	9	8.2	12	6.2	21	6.9	0.64
鼻翼宽	狭窄	3	1.9	17	7.4	20	5.2	2.38
	中等	58	37.2	98	42.6	156	40.4	1.07
	宽阔	95	60.9	115	50.0	210	54.4	2.11*
耳垂类型	三角形	74	47.4	87	37.8	161	41.7	1.88
	方形	15	9.6	26	11.3	41	10.6	0.53
	圆形	67	43.0	117	50.9	184	47.7	1.53
上唇皮肤部高	低	11	7.1	44	22.9	55	15.8	4.03**
	中等	132	84.6	146	76.0	278	79.9	1.98
	高	13	8.3	2	1.1	15	4.3	3.33**
红唇厚度	薄唇	68	61.8	128	66.7	196	64.9	0.85
	中唇	37	33.6	56	29.2	93	30.8	0.81
	厚唇	5	4.6	8	4.1	13	4.3	0.16
利手	左型	1	0.9	6	3.1	7	2.3	1.23
	右型	109	99.1	186	96.9	295	97.7	1.23
扣手	左型	5	3.2	107	46.5	112	29.0	9.20**
	右型	151	96.8	123	53.5	274	71.0	9.20**
卷舌	否	70	44.9	80	34.8	150	38.9	2.00*
	是	86	55.1	150	65.2	236	61.1	2.00*

注：u 为性别间率的 u 检验值。

*P＜0.05，**P＜0.01，差异具有统计学意义。

表 6-4-6　门巴族男性生理指标

指标	不同年龄组（岁）的指标值（$\bar{x} \pm s$）						合计
	18～	30～	40～	50～	60～	70～85	
收缩压/mmHg	115.7±13.0	130.3±14.9	122.4±11.9	137.6±16.2	127.4±13.9	154.0±28.8	129.0±17.5
舒张压/mmHg	71.0±13.6	83.9±13.5	77.2±11.0	88.3±12.4	86.2±11.7	91.0±8.3	82.0±13.9
心率/（次/分）	73.6±11.8	77.6±16.0	75.7±13.7	77.4±13.3	91.6±24.4	87.8±16.8	77.9±15.3

表 6-4-7　门巴族女性生理指标

指标	不同年龄组（岁）的指标值（$\bar{x} \pm s$）						合计	u
	18～	30～	40～	50～	60～	70～85		
收缩压/mmHg	110.1±8.9	116.1±14.9	128.3±18.3	141.1±23.9	151.8±28.0	144.9±20.6	127.6±23.0	0.59
舒张压/mmHg	72.7±9.1	78.8±10.6	82.1±12.2	90.2±14.8	91.3±17.4	87.3±9.4	82.4±13.8	0.24
心率/（次/分）	78.7±13.9	78.8±12.8	77.4±9.6	74.7±9.4	75.9±15.6	76.3±12.3	77.2±11.8	0.40

注：u 为性别间的 u 检验值。

表 6-4-8　门巴族男性头面部指数、体部指数和体脂率

指数	不同年龄组（岁）的指标值（$\bar{x} \pm s$）						合计
	18～	30～	40～	50～	60～	70～85	
头长宽指数	84.4±4.1	83.0±3.5	81.6±3.3	81.2±3.6	80.7±2.4	80.3±5.2	82.4±3.8
头长高指数	69.1±5.7	68.6±5.1	65.7±4.5	65.3±5.4	63.7±6.1	67.9±9.6	66.9±5.7
头宽高指数	82.0±7.0	82.8±6.7	80.5±4.7	80.5±6.9	78.9±7.3	84.5±10.4	81.3±6.7
形态面指数	82.0±4.4	82.0±5.6	83.3±5.7	85.3±6.3	82.2±5.2	80.8±6.0	83.1±5.6
鼻指数	74.7±8.2	74.0±7.8	73.8±9.3	73.4±7.7	74.6±10.7	91.0±7.7	74.5±8.7
口指数	32.0±7.2	28.8±6.9	30.5±7.2	29.8±8.7	25.6±8.9	19.6±7.9	29.7±8.0
身高坐高指数	53.1±1.5	53.2±1.4	53.4±1.0	53.2±1.2	53.5±0.6	52.6±0.8	53.2±1.2
身高体重指数	356.0±39.7	385.0±64.1	400.4±52.1	410.0±62.3	403.4±66.0	378.3±85.9	388.6±59.8
身高胸围指数	52.6±3.1	54.5±4.3	56.3±3.3	58.3±4.1	59.6±5.3	59.4±2.8	55.9±4.5
身高肩宽指数	23.0±0.8	22.8±1.2	22.8±0.8	22.9±1.3	23.1±1.2	23.1±1.6	22.9±1.1
身高骨盆宽指数	16.3±1.0	16.7±1.4	16.6±1.2	16.4±1.3	17.3±1.5	18.8±2.3	16.6±1.3
马氏躯干腿长指数	88.6±5.5	88.1±4.8	87.2±3.6	87.9±4.1	86.8±2.0	90.0±2.9	88.0±4.4
身高下肢长指数	52.5±1.3	52.7±1.0	53.1±1.3	53.4±1.2	53.8±0.9	54.3±2.7	53.0±1.3
身体质量指数/（kg/m²）	21.7±2.5	23.3±3.5	24.5±2.9	25.4±3.7	26.0±4.6	24.9±4.1	23.9±3.6
身体肥胖指数	24.5±2.9	25.5±3.0	27.0±2.6	28.7±3.1	31.0±4.3	32.7±2.2	27.0±3.7
体脂率/%	14.2±4.3	17.9±4.1	21.0±5.0	22.5±5.7	23.4±6.6	24.6±8.3	19.4±6.1

表 6-4-9　门巴族女性头面部指数、体部指数和体脂率

指数	不同年龄组（岁）的指标值（$\bar{x} \pm s$）						合计	u
	18～	30～	40～	50～	60～	70～85		
头长宽指数	83.5±4.6	82.4±3.3	83.3±3.9	80.2±3.2	80.1±3.2	80.3±2.8	82.1±3.9	0.59
头长高指数	67.4±5.6	66.0±5.1	67.5±6.1	65.4±6.5	66.3±5.0	64.2±8.1	66.5±5.8	0.70

续表

指数	不同年龄组（岁）的指标值（$\bar{x}\pm s$）						合计	u
	18～	30～	40～	50～	60～	70～85		
头宽高指数	80.8±6.5	80.2±6.0	81.1±6.9	81.5±7.8	82.8±6.1	79.9±9.5	81.0±6.8	0.40
形态面指数	79.5±5.6	81.0±4.9	81.4±5.4	83.3±6.3	80.9±4.3	82.2±4.1	81.4±5.5	3.03**
鼻指数	75.5±6.5	75.0±8.0	75.7±7.4	79.2±9.3	78.4±7.9	78.5±6.2	76.5±7.9	2.39*
口指数	36.0±8.0	32.6±8.9	30.7±7.9	31.2±7.3	24.2±7.3	26.2±8.3	31.4±8.5	2.06*
身高坐高指数	54.2±1.2	54.0±1.3	54.1±1.7	53.6±1.6	52.8±1.7	53.2±0.9	53.9±1.5	4.46**
身高体重指数	381.7±68.6	393.5±71.0	410.0±62.3	397.8±74.4	375.1±68.9	390.2±62.2	395.2±68.8	1.00
身高胸围指数	58.3±4.8	59.6±5.2	61.2±5.0	60.5±5.0	61.1±5.3	62.6±2.5	60.2±5.1	8.74**
身高肩宽指数	22.5±0.9	22.2±0.9	22.2±1.0	22.0±1.2	21.6±1.2	22.7±2.3	22.2±1.1	6.61**
身高骨盆宽指数	17.2±1.2	17.4±1.3	17.9±1.2	17.8±1.4	18.3±1.5	17.9±1.3	17.7±1.3	8.10**
马氏躯干腿长指数	84.5±4.1	85.3±4.4	85.1±5.8	86.6±5.7	89.5±6.1	87.9±3.1	85.8±5.3	4.33**
身高下肢长指数	53.6±1.7	53.5±1.5	53.7±1.6	53.5±1.3	53.9±1.6	54.8±0.9	53.7±1.5	4.51**
身体质量指数/（kg/m²)	25.1±4.3	25.8±4.5	27.0±4.0	26.3±4.7	25.4±4.5	27.1±3.3	26.1±4.4	5.34**
身体肥胖指数	32.6±3.9	32.7±4.0	34.2±4.2	34.0±4.2	35.7±5.3	38.9±3.5	33.8±4.3	16.53**
体脂率/%	28.9±3.9	30.6±4.8	33.7±3.2	34.3±3.9	33.3±5.3	34.0±4.2	32.2±4.5	22.33**

注：u 为性别间的 u 检验值。

*$P<0.05$，**$P<0.01$，差异具有统计学意义。

（宇克莉　张兴华）

第五节　鄂 伦 春 族

一、鄂伦春族简介

2010 年第六次全国人口普查统计资料显示，鄂伦春族人口为 8659 人，主要分布在内蒙古自治区呼伦贝尔市鄂伦春自治旗、布特哈旗、莫力达瓦达斡尔族自治旗，以及黑龙江省呼玛县、黑河市爱辉区、逊克县、嘉荫县。鄂伦春族是一个有语言没有文字的民族，语言属阿尔泰语系满–通古斯语族通古斯语支。

白银纳鄂伦春民族乡与十八站鄂伦春民族乡毗邻，位于大兴安岭地区呼玛县北部，地处东经 125°54′、北纬 52°24′，海拔 300～400m，属寒温带大陆性季风气候，年平均气温–2℃，年日照时数 2400～2800h，年降雨量 450mm 左右，全年无霜期 80～100d。

2018 年研究组在黑龙江省白银纳鄂伦春族乡开展了鄂伦春族人体表型数据采集工作。鄂伦春族被调查成年男性年龄 38.3 岁±12.3 岁，女性年龄 40.1 岁±13.7 岁。

二、鄂伦春族的表型数据（表 6-5-1～表 6-5-7）

表 6-5-1　鄂伦春族男性头面部指标　（单位：mm）

指标	不同年龄组（岁）的指标值（$\bar{x}\pm s$）						合计
	18～	30～	40～	50～	60～	70～85	
头长	182.5±5.2	183.3±5.6	186.7±6.4	184.4±7.6	192.7±7.6	—	184.6±6.4
头宽	155.7±6.6	158.6±7.8	157.2±6.9	155.9±6.3	158.2±2.4	—	157.0±6.7
额最小宽	120.8±11.2	120.3±8.3	119.1±11.6	124.6±7.5	124.3±14.0	—	120.9±10.1
面宽	144.8±10.1	146.7±10.7	145.0±10.5	148.7±7.3	142.4±13.9	—	135.7±10.0
下颌角间宽	118.5±8.6	118.7±11.3	126.5±14.3	119.7±9.9	125.8±9.8	—	121.1±11.3
眼内角间宽	35.9±4.0	35.2±4.2	37.1±5.1	33.7±3.6	36.3±0.6	—	35.8±4.2
眼外角间宽	96.2±5.4	96.6±6.5	99.3±8.5	97.4±5.9	98.4±6.1	—	97.3±6.5
鼻宽	38.8±3.8	38.2±3.6	39.5±3.8	38.4±2.4	40.3±3.5	—	38.9±3.5
口宽	51.1±4.7	52.6±4.2	52.5±4.5	51.8±4.5	56.1±5.5	—	52.2±4.5
容貌面高	191.5±11.2	192.0±10.5	197.3±9.0	191.7±7.5	190.8±8.2	—	193.0±9.9
形态面高	125.3±9.6	129.6±15.2	129.5±9.3	118.6±8.6	127.4±11.6	—	126.7±11.5
鼻高	55.0±4.2	55.9±7.0	58.2±5.8	53.4±3.1	57.1±3.7	—	55.9±5.4
上唇皮肤部高	16.7±2.2	15.8±2.4	17.3±2.7	14.9±3.3	16.5±1.9	—	16.4±2.5
唇高	16.5±3.9	17.0±5.3	15.8±4.0	12.1±4.3	17.4±4.8	—	15.9±4.5
红唇厚度	6.4±1.4	7.1±1.6	5.4±1.3	4.1±1.3	5.5±2.4	—	6.0±1.7
容貌耳长	65.8±4.2	64.1±3.9	70.0±5.4	68.1±4.7	71.0±5.3	—	67.0±5.0
容貌耳宽	32.6±1.3	33.3±3.5	33.9±3.1	33.3±3.8	33.9±3.0	—	33.3±2.8
耳上头高	138.0±17.1	129.7±15.5	134.2±15.2	124.1±14.8	131.2±2.0	—	132.6±15.6

表 6-5-2　鄂伦春族女性头面部指标

指标	不同年龄组（岁）的指标值（$\bar{x}\pm s$）/mm						合计/mm	u
	18～	30～	40～	50～	60～	70～85		
头长	174.4±5.2	176.2±6.5	178.0±7.4	179.5±7.0	184.7±6.5	185.0±4.7	177.4±7.0	6.62**
头宽	151.3±5.3	152.0±4.7	152.1±4.7	151.5±4.5	151.3±4.0	151.0±2.0	151.7±4.7	5.22**
额最小宽	113.8±10.7	113.2±7.1	111.9±7.2	114.5±9.0	115.5±11.3	104.3±2.9	113.0±8.8	4.93**
面宽	128.1±7.6	128.2±8.9	126.9±8.9	133.5±8.9	126.9±8.6	127.5±10.4	138.3±8.6	1.64
下颌角间宽	114.0±13.5	117.9±10.4	116.2±11.1	112.0±7.4	116.0±17.4	101.1±4.5	114.9±11.9	3.27**
眼内角间宽	35.2±3.2	35.5±3.8	34.5±3.6	33.5±3.9	34.0±2.5	34.0±3.8	34.8±3.5	1.52
眼外角间宽	95.4±7.7	92.8±5.8	91.7±7.1	91.8±6.7	91.9±5.6	88.1±3.3	92.9±6.9	4.03**
鼻宽	34.9±3.0	34.9±3.7	36.1±4.4	35.2±2.2	37.0±1.5	34.8±2.2	35.4±3.5	6.06**
口宽	48.4±4.3	48.7±4.5	48.8±4.3	47.1±4.2	48.3±4.5	47.0±1.8	48.4±4.3	5.19**
容貌面高	184.5±11.8	188.7±10.1	184.2±9.6	180.5±12.8	180.5±8.7	176.4±11.4	184.4±11.0	5.09**
形态面高	117.6±9.5	124.8±10.8	122.4±10.5	118.2±11.4	121.0±8.3	116.1±12.6	120.7±10.5	3.25**

续表

指标	不同年龄组（岁）的指标值（$\bar{x}\pm s$）/mm						合计/mm	u
	18～	30～	40～	50～	60～	70～85		
鼻高	50.2±4.8	52.6±6.5	52.3±5.4	53.9±6.0	52.6±6.2	54.1±8.9	52.0±5.8	4.28**
上唇皮肤部高	14.7±3.0	15.9±3.3	16.7±3.1	16.9±3.4	15.0±4.5	18.6±1.1	15.9±3.3	1.09
唇高	16.6±3.0	15.6±2.4	14.1±3.3	11.7±1.9	13.6±2.6	10.4±1.3	14.7±3.3	1.75
红唇厚度	6.2±1.2	6.0±1.6	5.8±2.2	4.5±1.1	5.3±1.7	3.5±1.3	5.7±1.7	1.07
容貌耳长	61.6±3.8	63.1±4.3	65.2±5.9	67.5±4.8	69.1±3.3	67.4±3.2	64.3±5.1	3.39**
容貌耳宽	30.1±3.5	30.1±3.3	31.4±3.0	32.9±3.4	33.8±3.3	31.6±3.4	31.1±3.4	4.45**
耳上头高	129.3±21.3	121.2±23.8	127.0±18.4	128.3±13.9	142.4±37.8	131.3±7.3	127.7±21.8	1.68

注：u 为性别间的 u 检验值。

**$P<0.01$，差异具有统计学意义。

表 6-5-3　鄂伦春族男性体部指标

指标	不同年龄组（岁）的指标值（$\bar{x}\pm s$）						合计
	18～	30～	40～	50～	60～	70～85	
体重	66.0±11.0	66.5±14.9	67.5±10.8	66.4±14.2	68.0±10.4	—	66.7±12.1
身高	1682.0±47.7	1656.9±44.7	1657.8±63.2	1589.9±104.2	1634.3±44.8	—	1654.5±65.0
髂前上棘点高	920.0±57.5	910.6±44.3	902.7±54.9	871.6±59.0	915.0±68.4	—	906.6±54.3
坐高	923.7±38.4	901.3±33.1	901.7±53.9	896.4±43.2	887.6±13.0	—	906.8±41.6
肱骨内外上髁间径	69.5±5.3	70.6±4.5	70.4±3.4	70.3±5.7	70.5±8.3	—	70.2±4.7
股骨内外上髁间径	92.1±7.9	93.0±13.1	98.2±6.7	92.1±10.7	93.7±4.7	—	93.9±9.6
肩宽	385.9±22.1	389.3±31.8	381.8±22.5	373.5±32.8	382.3±17.5	—	384.0±25.9
骨盆宽	292.6±15.9	294.2±27.3	298.7±20.7	299.4±18.9	294.0±13.0	—	295.5±20.3
平静胸围	884.8±80.4	928.4±102.4	942.8±88.6	944.6±86.1	964.3±89.0	—	922.9±90.4
腰围	817.3±117.8	861.4±134.0	883.0±104.3	890.1±108.3	926.7±107.9	—	860.9±117.8
臀围	926.1±70.5	921.9±96.0	924.6±54.6	936.7±73.1	923.0±22.5	—	925.8±71.3
大腿围	507.8±41.0	489.6±57.0	484.3±46.5	482.3±45.0	492.0±44.0	—	493.0±47.0
上肢全长	741.2±21.2	742.0±35.7	741.0±35.1	709.0±64.9	742.3±13.8	—	737.2±36.7
下肢全长	880.0±57.5	870.6±44.3	862.7±54.9	831.6±59.0	875.0±68.4	—	866.6±54.3

注：体重的单位为 kg，其余指标值的单位为 mm。

表 6-5-4　鄂伦春族女性体部指标

指标	不同年龄组（岁）的指标值（$\bar{x}\pm s$）						合计	u
	18～	30～	40～	50～	60～	70～85		
体重	58.2±13.0	63.3±10.6	60.7±9.7	63.3±13.0	58.4±7.6	46.5±6.9	60.2±11.4	3.31**
身高	1576.9±50.3	1541.9±46.4	1521.2±61.5	1505.1±67.7	1515.9±78.8	1459.8±35.5	1537.8±63.0	10.99**
髂前上棘点高	875.5±67.3	869.9±50.4	845.9±63.7	823.2±40.6	843.0±83.1	783.8±57.6	855.0±63.8	5.45**

续表

指标	不同年龄组（岁）的指标值（$\bar{x} \pm s$）						合计	u
	18～	30～	40～	50～	60～	70～85		
坐高	879.1±29.1	864.0±25.7	852.9±30.1	834.4±38.6	839.8±29.2	784.3±50.0	857.7±36.3	7.43**
肱骨内外上髁间径	61.5±5.5	63.6±4.2	61.5±4.8	61.8±6.4	63.2±5.3	61.4±4.1	62.1±5.1	10.18**
股骨内外上髁间径	88.2±9.1	91.7±12.1	88.8±10.7	88.6±10.2	89.3±11.3	82.3±4.0	89.1±10.4	2.95**
肩宽	348.2±20.1	360.4±25.0	346.1±25.7	353.5±23.0	348.9±23.5	327.5±13.5	350.4±23.8	8.06**
骨盆宽	290.0±24.8	302.1±27.1	293.8±22.2	306.5±25.8	292.9±27.6	282.0±11.2	295.6±25.0	0.03
平静胸围	897.3±88.3	936.2±104.2	954.8±86.9	963.7±109.3	932.6±51.1	865.8±87.6	930.4±94.8	0.50
腰围	819.8±112.9	881.6±111.2	884.5±96.7	909.1±121.1	910.9±69.1	910.0±50.5	870.4±109.1	0.01
臀围	928.1±87.5	950.1±86.0	933.2±65.7	963.3±84.5	948.5±69.2	889.8±71.1	938.6±79.7	1.05
大腿围	513.1±58.8	494.8±50.5	492.9±53.2	479.9±63.5	481.8±41.6	417.5±25.1	494.4±56.4	0.17
上肢全长	684.0±28.7	681.7±37.2	675.2±32.3	685.9±36.0	680.8±35.2	675.2±32.0	680.9±32.6	9.62**
下肢全长	835.5±67.3	829.9±50.4	805.9±63.7	783.2±40.6	803.0±83.1	743.8±57.6	815.0±63.8	5.45**

注：u 为性别间的 u 检验值；体重的单位为 kg，其余指标值的单位为 mm。

**$P<0.01$，差异具有统计学意义。

表 6-5-5 鄂伦春族观察指标情况

指标	分型	男性		女性		合计		u
		人数	占比/%	人数	占比/%	人数	占比/%	
上眼睑皱褶	有	23	43.4	60	49.6	83	47.7	0.75
	无	30	56.6	61	50.4	91	52.3	0.75
内眦褶	有	24	45.3	68	56.2	92	52.9	1.33
	无	29	54.7	53	43.8	82	47.1	1.33
眼裂高度	狭窄	13	24.5	43	35.5	56	32.2	1.43
	中等	38	71.7	71	58.7	109	62.6	1.63
	较宽	2	3.8	7	5.8	9	5.2	0.55
眼裂倾斜度	内角高	16	30.2	25	20.7	41	23.6	1.36
	水平	21	39.6	56	46.3	77	44.3	0.81
	外角高	16	30.2	40	33.1	56	32.2	0.37
鼻背侧面观	凹型	7	13.2	45	37.2	52	29.9	3.18**
	直型	37	69.8	72	59.5	109	62.6	1.29
	凸型	7	13.2	4	3.3	11	6.3	2.47*
	波型	2	3.8	0	0.0	2	1.1	2.15*
鼻基底方向	上翘	13	24.5	68	56.2	81	46.6	3.85**
	水平	24	45.3	37	30.6	61	35.1	1.87
	下垂	16	30.2	16	13.2	32	18.4	2.66**

续表

指标	分型	男性		女性		合计		u
		人数	占比/%	人数	占比/%	人数	占比/%	
鼻翼宽	狭窄	16	30.2	48	39.7	64	36.8	1.19
	中等	6	11.3	11	9.1	17	9.8	0.46
	宽阔	31	58.5	62	51.2	93	53.4	0.88
耳垂类型	三角形	15	28.3	43	35.5	58	33.3	0.93
	方形	19	35.8	33	27.3	52	29.9	1.14
	圆形	19	35.8	45	37.2	64	36.8	0.17
上唇皮肤部高	低	3	5.7	16	13.2	19	10.9	1.47
	中等	44	83.0	83	68.6	127	73.0	1.97*
	高	6	11.3	22	18.2	28	16.1	1.13
红唇厚度	薄唇	44	83.0	107	88.4	151	86.8	0.97
	中唇	8	15.1	13	10.7	21	12.1	0.81
	厚唇	1	1.9	1	0.8	2	1.1	0.60
利手	左型	38	71.7	81	66.9	119	68.4	0.62
	右型	15	28.3	40	33.1	55	31.6	0.62
扣手	左型	29	54.7	48	39.7	77	44.3	1.84
	右型	24	45.3	73	60.3	97	55.7	1.84
卷舌	否	34	64.2	90	74.4	124	71.3	1.37
	是	19	35.8	31	25.6	50	28.7	1.37

注：u 为性别间率的 u 检验值。

*P＜0.05，**P＜0.01，差异具有统计学意义。

表 6-5-6　鄂伦春族男性头面部指数、体部指数和体脂率

指标	不同年龄组（岁）的指标值（$\bar{x} \pm s$）						合计
	18～	30～	40～	50～	60～	70～85	
头长宽指数	85.4±4.3	86.6±4.8	84.3±5.4	84.7±4.8	82.1±2.2	—	85.2±4.7
头长高指数	75.7±10.2	70.7±8.0	72.0±9.2	67.4±8.4	68.1±1.7	—	72.0±9.1
头宽高指数	88.9±12.7	82.1±11.5	85.5±10.5	79.5±8.6	82.9±0.7	—	84.7±11.2
形态面指数	86.9±9.0	88.8±12.3	90.0±11.2	79.9±7.5	79.9±7.5	—	87.4±10.6
鼻指数	70.9±8.5	69.4±10.4	68.9±12.7	72.1±6.0	70.9±8.9	—	70.2±9.7
口指数	32.4±7.7	32.2±8.4	30.1±6.7	23.5±7.7	31.4±9.9	—	30.5±8.0
身高坐高指数	54.9±2.4	54.4±2.5	54.4±3.1	56.5±2.6	54.3±2.2	—	54.9±2.6
身高体重指数	392.1±63.3	400.9±88.7	406.9±59.4	415.1±66.5	416.2±66.5	—	402.4±68.5
身高胸围指数	52.6±4.9	56.0±6.2	56.9±5.2	59.5±4.6	59.1±6.3	—	55.8±5.7
身高肩宽指数	23.0±1.4	23.5±1.8	23.0±1.2	23.5±1.0	23.4±1.6	—	23.2±1.4
身高骨盆宽指数	17.4±0.9	17.8±1.6	18.0±1.4	18.9±1.4	18.0±0.7	—	17.9±1.3

续表

指标	不同年龄组（岁）的指标值（$\bar{x}\pm s$）						合计
	18～	30～	40～	50～	60～	70～85	
马氏躯干腿长指数	82.3±8.2	84.1±8.6	84.3±11.4	77.4±8.3	84.2±7.8	—	82.7±9.1
身高下肢长指数	52.3±2.6	52.5±1.9	52.0±2.7	52.3±2.3	53.5±2.7	—	52.4±2.3
身体质量指数/（kg/m²）	23.3±3.7	24.2±5.4	24.5±3.5	26.0±3.2	25.5±4.3	—	24.3±4.1
身体肥胖指数	24.5±3.1	25.3±4.8	25.4±3.0	29.0±5.2	26.2±0.7	—	25.6±4.0
体脂率/%	24.6±4.2	25.2±6.8	24.8±3.6	27.9±5.6	28.0±0.4	—	25.4±5.0

表 6-5-7　鄂伦春族女性头面部指数、体部指数和体脂率

指数	不同年龄组（岁）的指标值（$\bar{x}\pm s$）						合计	u
	18～	30～	40～	50～	60～	70～85		
头长宽指数	86.8±3.6	86.4±4.0	85.5±3.2	84.4±3.6	81.9±1.8	81.7±2.5	85.6±3.7	0.60
头长高指数	74.2±12.1	68.8±13.3	71.4±10.4	71.5±7.8	77.7±23.8	71.0±5.1	72.1±12.5	0.10
头宽高指数	85.7±14.7	80.0±16.2	83.6±12.4	84.8±9.9	94.6±27.3	86.9±5.0	84.4±15.0	0.13
形态面指数	85.5±9.2	90.7±9.9	89.8±10.2	82.7±10.3	88.6±6.9	84.5±6.5	87.7±9.8	0.18
鼻指数	70.0±8.1	67.3±11.0	69.8±11.2	66.0±8.7	71.3±10.4	65.7±11.2	68.8±9.9	0.86
口指数	34.3±5.8	32.3±6.2	29.1±6.9	24.9±4.7	28.3±5.0	22.1±3.0	30.6±6.8	0.08
身高坐高指数	55.8±2.5	56.1±1.8	56.1±1.6	55.5±2.5	55.5±1.8	53.7±2.7	55.8±2.1	2.41*
身高体重指数	368.6±80.3	410.1±65.4	419.1±114.3	420.2±80.8	384.2±38.6	318.2±41.5	396.8±87.8	0.41
身高胸围指数	56.9±5.6	60.7±6.6	62.9±6.5	64.1±7.2	61.6±2.9	59.3±5.1	60.6±6.6	4.59**
身高肩宽指数	22.1±1.2	23.4±1.8	22.8±1.7	23.5±1.4	23.0±0.9	22.4±0.7	22.8±1.6	1.57
身高骨盆宽指数	18.4±1.5	19.6±1.9	19.3±1.5	20.4±1.3	19.3±1.1	19.3±0.5	19.2±1.6	5.20**
马氏躯干腿长指数	79.6±8.4	78.5±5.8	78.4±5.0	80.6±8.4	80.5±5.9	86.6±9.6	79.4±6.9	2.62**
身高下肢长指数	52.9±3.1	53.8±2.7	52.9±2.8	52.1±2.2	52.9±3.4	51.0±4.3	53.0±2.9	1.33
身体质量指数/（kg/m²）	23.4±5.1	26.6±4.2	27.6±7.5	27.9±5.3	25.4±2.3	21.8±2.5	25.8±5.8	1.70
身体肥胖指数	28.9±4.8	31.7±4.7	31.8±4.2	34.2±4.3	32.9±3.6	32.4±3.2	31.3±4.7	7.68**
体脂率/%	34.8±4.2	36.0±3.9	35.7±2.8	38.7±3.2	37.2±6.1	37.6±4.5	36.0±4.0	14.84**

注：u 为性别间的 u 检验值。

*$P<0.05$，**$P<0.01$，差异具有统计学意义。

（张文虔　温有锋）

第六节　独　龙　族

一、独龙族简介

根据 2010 年全国人口普查统计数据，独龙族人口 6930 人（国务院人口普查办公室，国家统计局人口和就业统计司，2012）。独龙族分布在中国和缅甸等国家。国内独龙族主要分布在云南省西北部怒江傈僳族自治州及相邻的维西傈僳族自治县、西藏自治区察隅县等地（杨圣敏，丁宏，2008）。独龙族使用独龙语，属于汉藏语系藏缅语族景颇语支。

贡山独龙族怒族自治县位于云南省怒江傈僳族自治州东北部，地处东经 98°08′～98°56′、北纬 27°29′～28°23′，最高海拔 5128m，最低海拔 1170m，立体气候和小区域气候特征明显，年平均气温 16℃，年降雨量 2700～4700mm，空气湿度达 90%以上，年日照时数 1100～1400h，全年无霜期 280d。

2018 年研究组在云南怒江傈僳族自治州贡山开展了独龙族人体表型数据采集工作。独龙族被调查成年男性年龄 38.7 岁±13.7 岁，女性年龄 37.3 岁±14.2 岁。

二、独龙族的表型数据（表 6-6-1～表 6-6-9）

表 6-6-1　独龙族男性头面部指标　　　　　　　（单位：mm）

| 指标 | 不同年龄组（岁）的指标值（$\bar{x}\pm s$） | | | | | | 合计 |
	18～	30～	40～	50～	60～	70～85	
头长	185.9±6.8	185.9±6.7	185.2±8.7	185.9±7.0	183.6±7.9	191.3±2.3	185.7±7.2
头宽	148.2±5.1	149.5±6.1	148.8±5.7	151.3±5.2	150.4±6.5	152.3±2.1	149.3±5.7
额最小宽	105.4±5.3	108.1±6.3	105.5±7.5	106.1±5.8	105.1±4.7	103.7±2.1	106.2±6.1
面宽	139.4±5.0	141.4±5.1	140.5±5.5	141.6±5.6	140.4±7.8	149.0±4.0	140.7±5.6
下颌角间宽	106.9±5.9	109.7±7.7	109.6±6.3	108.6±6.1	111.5±6.9	118.7±2.5	109.0±6.8
眼内角间宽	34.8±3.2	35.0±3.0	34.3±3.3	35.2±4.0	35.7±2.0	34.3±4.0	34.9±3.2
眼外角间宽	94.2±7.3	90.9±6.0	92.1±6.3	88.9±7.0	87.2±6.1	82.3±2.5	91.4±7.0
鼻宽	37.0±3.0	37.4±2.8	37.6±3.3	38.1±3.0	39.2±2.4	39.7±2.9	37.6±3.0
口宽	48.9±4.7	48.1±4.1	48.8±5.7	49.5±4.6	48.9±4.7	47.3±2.3	48.7±4.6
容貌面高	182.4±8.2	183.0±6.8	182.3±8.7	181.3±8.9	180.8±8.6	186.3±6.4	182.3±7.9
形态面高	119.7±6.8	120.8±4.7	121.8±5.5	119.7±4.9	118.9±4.0	116.3±3.2	120.3±5.5
鼻高	52.1±3.9	53.6±3.4	54.6±3.4	54.0±3.1	54.8±4.2	57.0±4.4	53.5±3.8
上唇皮肤部高	14.0±1.9	15.2±2.3	15.7±2.2	16.6±2.3	16.1±2.3	15.0±2.6	15.1±2.3
唇高	17.2±2.7	16.8±3.4	15.7±2.7	13.7±3.4	11.1±4.5	9.3±1.5	15.7±3.8
红唇厚度	8.5±1.5	8.4±1.9	8.3±1.6	5.3±1.9	5.6±2.6	5.0±1.7	7.6±2.3
容貌耳长	59.5±3.9	61.0±4.0	61.7±4.5	64.3±4.6	64.1±4.1	65.3±7.5	61.4±4.5
容貌耳宽	33.3±2.8	34.3±2.9	33.6±3.1	35.8±3.2	34.9±3.4	40.0±6.9	34.2±3.2
耳上头高	126.1±8.6	123.8±8.4	122.3±8.5	124.5±8.6	118.2±10.4	121.7±0.6	123.8±8.8

表 6-6-2　独龙族女性头面部指标

| 指标 | 不同年龄组（岁）的指标值（$\bar{x}\pm s$）/mm | | | | | | 合计/mm | u |
	18～	30～	40～	50～	60～	70～85		
头长	176.3±6.5	179.4±6.5	176.4±6.7	181.8±5.8	181.1±4.9	181.0±3.6	178.1±6.6	10.60**
头宽	143.9±6.1	145.0±5.6	144.8±6.2	145.4±5.1	147.4±5.2	148.7±1.2	144.9±5.8	7.49**

续表

指标	不同年龄组（岁）的指标值（$\bar{x}\pm s$）/mm						合计/mm	u
	18～	30～	40～	50～	60～	70～85		
额最小宽	106.2±6.1	105.4±4.7	104.4±6.2	106.7±5.2	106.3±4.3	105.7±1.5	105.7±5.5	0.88
面宽	133.4±6.7	134.0±6.5	132.8±6.7	135.4±5.2	135.7±3.1	139.3±4.7	133.9±6.4	10.99**
下颌角间宽	104.0±6.5	105.1±6.5	103.1±8.3	108.3±4.8	109.1±4.2	109.7±5.0	105.0±6.8	5.67**
眼内角间宽	33.8±3.2	33.8±2.9	33.5±3.1	35.8±3.2	35.2±3.1	40.0±1.7	34.1±3.2	2.42*
眼外角间宽	89.5±6.0	87.7±5.9	86.6±6.9	81.9±4.3	80.8±3.9	79.3±5.8	86.9±6.5	6.46**
鼻宽	34.1±2.8	34.8±2.8	34.3±3.2	36.5±2.6	36.2±2.9	39.7±1.2	34.8±3.0	9.10**
口宽	45.5±3.4	46.3±3.5	44.4±3.5	45.0±2.7	44.2±4.3	46.3±5.8	45.4±3.5	7.88**
容貌面高	172.5±6.7	171.8±8.9	172.0±6.8	164.9±16.8	166.1±9.3	162.0±18.2	170.9±9.4	12.76**
形态面高	110.5±5.0	111.2±5.1	112.1±5.4	114.6±4.8	113.0±6.2	110.7±12.5	111.5±5.4	15.46**
鼻高	48.4±3.2	49.5±4.1	51.0±6.3	52.2±3.9	52.8±4.0	52.7±9.3	50.0±4.6	8.18**
上唇皮肤部高	12.2±1.5	12.8±1.8	13.6±2.1	15.1±1.9	13.4±2.8	12.7±2.1	13.0±2.0	9.58**
唇高	15.6±2.5	15.1±3.0	14.0±3.2	11.4±2.3	11.4±4.2	10.3±4.5	14.4±3.3	3.68**
红唇厚度	8.0±1.3	7.5±1.2	7.1±2.1	5.5±1.6	5.2±2.3	3.3±1.5	6.8±2.0	2.42*
容貌耳长	56.5±3.6	57.1±3.9	57.7±4.8	58.4±5.0	60.4±5.9	65.0±7.0	57.5±4.5	8.37**
容貌耳宽	32.1±3.0	32.0±3.2	33.4±2.5	32.9±3.1	34.4±3.9	39.0±5.6	32.7±3.2	4.50**
耳上头高	119.5±8.9	117.8±10.3	117.0±11.3	118.9±9.3	115.9±8.4	107.3±15.5	118.0±9.9	5.90**

注：u 为性别间的 u 检验值。

*$P<0.05$，**$P<0.01$，差异具有统计学意义。

表 6-6-3　独龙族男性体部指标

指标	不同年龄组（岁）的指标值（$\bar{x}\pm s$）						合计
	18～	30～	40～	50～	60～	70～85	
体重	54.2±7.5	56.9±9.1	54.1±7.1	52.7±6.8	50.8±5.3	61.6±10.5	54.6±7.9
身高	1585.2±55.9	1582.4±52.8	1573.2±43.9	1558.5±64.5	1536.7±62.6	1587.0±40.8	1574.7±56.0
髂前上棘点高	882.6±43.9	906.4±41.0	900.6±31.8	886.6±41.0	871.7±44.9	905.7±13.3	892.5±41.9
坐高	844.9±32.3	848.0±37.1	837.9±30.9	826.0±43.6	808.2±42.0	843.3±21.4	838.9±37.4
肱骨内外上髁间径	61.3±5.4	64.4±6.6	62.8±6.0	62.9±5.2	65.9±5.3	77.7±3.8	63.4±6.2
股骨内外上髁间径	87.9±6.4	89.3±6.9	88.6±6.6	86.8±6.4	88.8±5.1	93.7±3.8	88.5±6.4
肩宽	372.8±24.8	382.4±22.1	374.7±22.2	366.7±28.3	363.4±26.8	391.3±11.7	374.6±24.7
骨盆宽	272.1±16.6	281.2±18.9	275.9±13.0	283.8±16.1	287.2±19.4	298.7±19.0	278.6±17.7
平静胸围	864.6±49.2	885.9±60.4	878.0±46.2	873.3±41.8	864.1±50.4	945.0±89.7	875.4±53.1
腰围	766.2±69.9	788.3±78.6	785.9±60.0	791.5±58.5	766.3±54.7	846.7±123.6	783.1±70.4
臀围	868.5±54.4	887.2±61.9	873.0±56.2	875.9±51.7	862.0±57.0	926.7±60.1	875.9±57.3
大腿围	447.6±44.7	455.4±48.2	434.6±42.7	430.2±24.9	425.1±39.4	478.7±45.7	444.0±44.2
上肢全长	697.2±31.3	693.6±41.4	692.0±34.8	694.1±38.6	688.7±29.4	712.0±24.6	694.3±35.5
下肢全长	852.6±41.8	876.4±38.8	871.2±30.7	858.4±37.5	844.5±40.7	875.7±13.3	863.1±39.6

注：体重的单位为 kg，其余指标值的单位为 mm。

表 6-6-4　独龙族女性体部指标

指标	不同年龄组（岁）的指标值（$\bar{x}\pm s$）						合计	u
	18～	30～	40～	50～	60～	70～85		
体重	48.4±7.2	49.1±7.0	46.8±7.8	47.9±6.0	47.5±9.2	40.5±2.1	48.0±7.3	8.36**
身高	1474.1±38.8	1473.7±46.5	1456.9±45.9	1484.9±54.7	1453.4±57.9	1406.7±3.2	1469.0±46.4	19.97**
髂前上棘点高	814.9±32.8	819.7±35.4	805.5±36.1	841.8±43.0	834.9±34.1	796.0±17.1	818.1±36.3	18.42**
坐高	799.3±29.9	792.3±27.8	789.4±30.3	799.4±27.3	773.9±40.3	735.7±22.2	792.5±31.3	13.09**
肱骨内外上髁间径	56.0±5.9	56.5±5.2	56.0±5.8	63.6±3.8	63.1±3.3	66.0±3.6	57.6±6.0	9.16**
股骨内外上髁间径	81.3±7.0	81.5±6.6	79.4±5.7	83.2±5.3	83.5±5.6	85.3±4.9	81.4±6.5	10.69**
肩宽	342.4±20.4	342.7±20.5	334.1±19.8	343.6±14.4	343.9±20.1	315.0±19.5	340.7±20.1	14.66**
骨盆宽	272.6±18.8	277.9±19.1	273.6±16.1	292.9±15.2	291.8±14.9	292.0±10.8	277.9±18.9	0.38
平静胸围	835.6±54.5	846.7±65.2	834.7±58.4	846.7±42.6	865.4±74.5	825.7±43.5	841.6±58.9	5.83**
腰围	753.5±84.4	777.9±74.2	781.7±77.5	756.5±63.7	797.9±86.4	771.7±71.3	771.7±77.2	1.09
臀围	869.7±62.3	871.7±63.0	852.8±56.4	880.6±33.9	890.9±56.1	879.7±51.4	869.7±58.9	1.03
大腿围	466.8±54.4	468.1±50.7	453.8±54.2	480.8±38.0	461.3±46.5	420.0±22.3	464.8±51.4	4.20**
上肢全长	640.1±24.0	642.3±36.3	631.6±36.1	649.2±51.9	651.1±37.9	647.0±20.3	640.8±34.3	14.87**
下肢全长	792.8±31.2	796.9±33.7	784.1±34.7	818.8±40.0	814.1±33.1	776.0±17.1	796.0±34.7	17.49**

注：u 为性别间的 u 检验值；体重的单位为 kg，其余指标值的单位为 mm。

**$P<0.01$，差异具有统计学意义。

表 6-6-5　独龙族观察指标情况

指标	分型	男性		女性		合计		u
		人数	占比/%	人数	占比/%	人数	占比/%	
上眼睑皱褶	有	45	47.9	60	57.7	105	53.0	1.38
	无	49	52.1	44	42.3	93	47.0	1.38
内眦褶	有	46	48.9	43	41.3	89	44.9	1.07
	无	48	51.1	61	58.7	109	55.1	1.07
眼裂高度	狭窄	47	50.0	47	45.2	94	47.5	0.68
	中等	44	46.8	53	51.0	97	49.0	0.58
	较宽	3	3.2	4	3.8	7	3.5	0.25
眼裂倾斜度	内角高	0	0.0	0	0.0	0	0.0	
	水平	62	66.0	73	70.2	135	68.2	0.64
	外角高	32	34.0	31	29.8	63	31.8	0.64
鼻背侧面观	凹型	17	18.1	23	22.1	40	20.2	0.71
	直型	66	70.2	73	70.2	139	70.2	0.00
	凸型	5	5.3	6	5.8	11	5.6	0.14
	波型	6	6.4	2	1.9	8	4.0	1.59
鼻基底方向	上翘	47	50.0	54	51.9	101	51.0	0.27
	水平	46	48.9	50	48.1	96	48.5	0.12
	下垂	1	1.1	0	0.0	1	0.5	1.05

续表

指标	分型	男性 人数	男性 占比/%	女性 人数	女性 占比/%	合计 人数	合计 占比/%	u
鼻翼宽	狭窄	21	22.3	17	16.3	38	13.6	1.23
	中等	55	58.5	66	63.5	121	43.4	0.70
	宽阔	18	19.1	21	20.2	39	14.0	0.21
耳垂类型	三角形	27	28.7	40	38.5	67	33.8	1.45
	方形	23	24.5	18	17.3	41	20.7	1.24
	圆形	44	46.8	46	44.2	90	45.5	0.36
上唇皮肤部高	低	3	3.2	16	15.4	19	6.8	3.40**
	中等	86	91.5	88	84.6	174	62.4	1.00
	高	5	5.3	0	0.0	5	1.8	2.82**
红唇厚度	薄唇	40	42.6	58	55.8	98	49.5	1.86
	中唇	44	46.8	43	41.3	87	43.9	0.77
	厚唇	10	10.6	3	2.9	13	6.6	2.20*
利手	左型	1	1.1	4	3.8	5	2.5	1.25
	右型	93	98.9	100	96.2	193	97.5	1.25
扣手	左型	31	33.0	40	38.5	71	35.9	0.80
	右型	63	67.0	64	61.5	127	64.1	0.80
卷舌	否	39	41.5	41	39.4	80	40.4	0.30
	是	55	58.5	63	60.6	118	59.6	0.30

注：u 为性别间率的 u 检验值。

*$P<0.05$，**$P<0.01$，差异具有统计学意义。

表 6-6-6 独龙族男性生理指标

指标	不同年龄组（岁）的指标值（$\bar{x}\pm s$）						合计
	18～	30～	40～	50～	60～	70～85	
收缩压/mmHg	38.8±4.0	37.6±6.4	34.0±6.5	28.4±4.7	23.8±6.9	24.9±3.3	34.0±7.8
舒张压/mmHg	132.9±12.0	130.4±17.9	137.8±22.4	135.4±17.3	168.0±28.7	151.0±9.5	138.2±22.4
心率/（次/分）	76.1±11.3	78.5±11.7	85.6±16.5	80.1±14.1	93.1±10.7	92.3±12.6	81.7±13.7

表 6-6-7 独龙族女性生理指标

指标	不同年龄组（岁）的指标值（$\bar{x}\pm s$）						合计	u
	18～	30～	40～	50～	60～	70～85		
收缩压/mmHg	23.4±3.9	22.4±3.8	21.0±3.7	19.1±2.9	16.8±4.6	12.5±3.1	20.9±4.6	0.88
舒张压/mmHg	114.9±13.1	129.2±21.7	142.6±28.2	146.9±28.7	154.4±23.2	158.0±42.3	135.1±27.0	0.35
心率/（次/分）	70.7±9.3	80.7±15.4	87.4±18.6	90.2±17.7	81.8±12.2	78.3±9.8	81.0±15.9	0.43

注：u 为性别间的 u 检验值。

表 6-6-8　独龙族男性头面部指数、体部指数和体脂率

指数	不同年龄组（岁）的指标值（$\bar{x} \pm s$）						合计
	18～	30～	40～	50～	60～	70～85	
头长宽指数	8.5±1.5	8.4±1.9	8.3±1.6	5.3±1.9	5.6±2.6	5.0±1.7	80.5±3.1
头长高指数	1.9±0.6	1.9±0.7	1.8±0.4	1.0±0.0	1.3±0.5	1.0±0.0	66.8±5.4
头宽高指数	1.9±0.7	1.9±0.6	2.1±0.6	1.9±0.8	1.9±0.3	2.3±1.2	83.0±6.4
形态面指数	79.8±3.4	80.4±2.6	80.4±3.2	81.5±3.0	82.0±3.0	79.6±0.8	85.6±4.4
鼻指数	131.0±7.1	129.5±5.9	129.9±7.7	128.2±7.0	129.0±7.4	125.1±5.5	70.5±6.8
口指数	86.0±4.9	85.5±3.9	86.8±4.2	84.6±4.1	84.8±4.3	78.1±0.8	32.6±8.8
身高坐高指数	95.3±7.6	98.0±7.0	100.0±7.8	96.6±7.9	101.3±8.7	95.6±2.5	53.3±1.4
身高体重指数	75.6±3.5	76.4±3.7	75.0±3.9	74.9±3.1	74.9±4.0	69.6±2.6	346.3±45.1
身高胸围指数	71.4±7.7	70.0±6.0	69.2±6.6	70.7±7.0	71.9±7.4	69.6±0.7	55.6±3.3
身高肩宽指数	35.6±7.5	35.2±7.7	32.7±7.7	27.7±7.1	22.6±9.1	19.7±2.3	23.8±1.3
身高骨盆宽指数	56.1±4.9	56.3±5.0	54.6±5.1	55.8±5.0	54.7±6.0	61.0±6.3	17.7±1.1
马氏躯干腿长指数	54.6±2.8	56.0±3.5	55.8±2.8	56.1±3.1	56.3±4.0	59.5±4.4	87.8±5.1
身高下肢长指数	135.9±14.9	143.6±20.8	138.9±16.2	139.1±14.6	141.0±21.9	153.5±18.2	54.8±1.7
身体质量指数/（kg/m²）	23.8±0.8	24.3±1.1	24.0±0.9	24.0±0.8	24.1±1.2	24.8±1.0	22.0±2.7
身体肥胖指数	1.1±0.0	1.1±0.0	1.1±0.0	1.1±0.0	1.1±0.0	1.1±0.0	26.4±3.0
体脂率/%	3.6±1.4	4.3±1.9	3.8±1.5	3.7±1.3	3.6±1.6	5.3±2.0	15.6±5.2

表 6-6-9　独龙族女性头面部指数、体部指数和体脂率

指数	不同年龄组（岁）的指标值（$\bar{x} \pm s$）						合计	u
	18～	30～	40～	50～	60～	70～85		
头长宽指数	81.7±2.9	80.9±3.1	82.1±3.3	80.0±3.1	81.4±2.9	82.1±1.0	81.4±3.1	2.84**
头长高指数	67.9±5.7	65.8±6.6	66.4±6.6	65.4±4.8	64.0±4.6	59.4±9.1	66.4±6.2	0.65
头宽高指数	83.2±7.1	81.4±8.2	81.0±8.7	81.8±5.8	78.7±5.9	72.2±10.8	81.6±7.7	1.85
形态面指数	83.0±5.1	83.1±4.6	84.5±4.3	84.7±2.5	83.3±5.0	79.6±11.3	83.4±4.8	4.51**
鼻指数	70.6±7.2	70.7±6.3	68.0±9.2	70.2±6.1	69.0±8.3	77.0±14.6	70.1±7.5	0.59
口指数	34.6±6.3	32.9±7.6	31.7±7.4	25.3±5.2	25.9±9.5	22.6±10.9	31.9±7.8	0.85
身高坐高指数	54.2±1.7	53.8±1.5	54.2±1.3	53.9±1.7	53.2±1.5	52.3±1.6	54.0±1.6	4.38**
身高体重指数	327.7±45.1	333.2±45.1	320.7±50.3	322.2±35.9	326.0±55.1	287.9±15.3	326.6±45.9	4.21**
身高胸围指数	56.7±3.4	57.5±4.6	57.3±3.8	57.1±3.2	59.5±4.5	58.7±3.2	57.3±4.0	4.54**
身高肩宽指数	23.2±1.2	23.3±1.4	22.9±1.3	23.2±1.1	23.7±0.8	22.4±1.4	23.2±1.3	4.45**
身高骨盆宽指数	18.5±1.2	18.9±1.3	18.8±1.1	19.7±0.8	20.1±0.9	20.8±0.8	18.9±1.2	10.13**
马氏躯干腿长指数	84.6±5.7	86.1±5.2	84.7±4.5	85.8±5.8	88.0±5.2	91.3±6.0	85.5±5.4	4.33**
身高下肢长指数	53.8±1.6	54.1±2.0	53.8±1.7	55.1±1.3	56.0±1.0	55.2±1.3	54.2±1.8	3.41**
身体质量指数/（kg/m²）	22.2±2.9	22.6±3.0	22.0±3.4	21.7±2.4	22.4±3.4	20.5±1.1	22.2±3.0	0.80

指数	不同年龄组（岁）的指标值（$\bar{x} \pm s$）						合计	u
	18～	30～	40～	50～	60～	70～85		
身体肥胖指数	30.6±3.2	30.8±3.9	30.5±3.4	30.8±3.4	32.9±2.6	34.7±3.3	30.9±3.5	13.41**
体脂率/%	24.5±4.3	27.1±4.7	29.0±4.8	34.3±3.4	33.1±4.2	29.3±4.2	27.7±5.4	22.22**

注：u 为性别间的 u 检验值。

**$P < 0.01$，差异具有统计学意义。

（徐 飞 宇克莉 李 岩 范 宁）

第七节 赫 哲 族

一、赫哲族简介

2010 年第六次全国人口普查统计数据显示，赫哲族共有 5354 人（国务院人口普查办公室，国家统计局人口和就业统计司，2012）。黑龙江省是赫哲族唯一聚居的省份。赫哲族聚居区为同江市街津口赫哲族乡、八岔赫哲族乡、饶河县四排赫哲族乡和佳木斯市郊区敖其镇敖其赫哲新村。赫哲语属阿尔泰语系满–通古斯语族满语支，历史上曾使用，现在通用汉语。

街津口赫哲族乡和八岔赫哲族乡均隶属同江市，地处东经 132°18′～134°7′、北纬 47°25′～48°17′，属于大陆性季风气候，年平均气温 2.9℃，年降水量 532.7mm，年日照时数 2600h。敖其镇敖其赫哲新村位于佳木斯市境内西部，地处东经 129°29′～135°5′、北纬 45°56′～48°28′，属中温带大陆性季风气候，雨热同期，年平均气温 3℃，年日照时数 2319.3h。

2016 年研究组在黑龙江省街津口赫哲族乡、八岔赫哲族乡和敖其赫哲新村开展了赫哲族人体表型数据采集工作。赫哲族被调查成年男性年龄 42.2 岁±15.7 岁，女性年龄 43.4 岁±15.2 岁。

二、赫哲族的表型数据（表 6-7-1～表 6-7-7）

表 6-7-1　赫哲族男性头面部指标　　　　　　（单位：mm）

指标	不同年龄组（岁）的指标值（$\bar{x} \pm s$）						合计
	18～	30～	40～	50～	60～	70～85	
头长	180.3±5.5	176.8±7.4	179.0±5.3	179.8±3.5	182.9±8.5	180.5±6.3	179.9±6.1
头宽	152.9±10.9	154.5±4.7	154.8±5.9	148.3±12.0	151.7±10.3	153.9±1.6	152.7±9.1
额最小宽	124.4±13.2	128.3±7.3	128.9±8.3	125.6±6.6	124.5±9.3	124.8±1.1	126.0±9.5
面宽	134.0±10.5	136.5±9.4	141.2±6.9	134.5±8.0	137.8±13.9	137.8±9.5	136.6±9.9

指标	不同年龄组（岁）的指标值（$\bar{x}\pm s$）						合计
	18～	30～	40～	50～	60～	70～85	
下颌角间宽	111.9±9.5	114.9±7.1	120.0±7.5	112.0±5.6	117.5±11.4	122.5±12.0	115.3±9.0
眼内角间宽	34.8±3.0	34.1±4.9	33.8±4.7	35.3±4.2	34.6±1.2	30.4±0.3	34.3±3.6
眼外角间宽	96.3±11.3	98.3±6.1	94.9±8.0	95.0±10.5	95.5±7.6	94.4±10.1	95.9±8.9
鼻宽	35.8±3.1	37.6±4.4	37.0±3.0	39.5±5.1	37.3±2.4	36.3±3.2	37.1±3.6
口宽	48.7±3.7	52.7±3.2	51.4±3.3	54.7±6.4	53.2±3.6	53.5±2.3	51.7±4.4
容貌面高	181.3±9.1	185.4±9.7	188.6±11.3	189.0±11.1	190.6±10.2	188.9±3.5	186.4±10.2
形态面高	116.4±7.4	121.9±3.6	126.2±7.3	124.3±9.9	124.4±9.9	128.3±0.4	122.1±8.4
鼻高	49.1±4.9	51.5±3.9	54.5±4.0	53.3±4.7	54.0±4.9	55.8±0.6	52.2±4.8
上唇皮肤部高	13.7±3.1	16.2±3.1	16.8±3.2	16.6±3.9	16.8±3.8	20.1±1.6	15.9±3.6
唇高	18.5±3.2	15.9±2.1	16.1±1.7	14.5±3.6	16.1±3.4	11.0±6.9	16.3±3.4
红唇厚度	8.2±1.8	6.7±0.8	7.1±1.0	6.0±1.9	6.9±1.7	5.7±4.9	7.1±1.8
容貌耳长	60.7±4.8	63.3±5.9	64.7±4.3	66.0±4.3	67.1±2.7	68.9±6.6	64.1±5.1
容貌耳宽	28.8±2.3	29.4±4.9	33.2±1.8	32.9±5.4	31.9±5.5	34.1±0.0	31.1±4.2
耳上头高	136.4±9.6	134.5±4.0	127.6±8.1	127.8±8.9	126.3±6.5	139.5±22.6	131.5±9.4

表 6-7-2　赫哲族女性头面部指标

指标	不同年龄组（岁）的指标值（$\bar{x}\pm s$）/mm						合计/mm	u
	18～	30～	40～	50～	60～	70～85		
头长	169.1±4.3	164.2±3.3	170.8±6.7	178.4±5.0	172.8±1.8	173.0±8.0	170.8±6.6	6.43**
头宽	149.2±4.6	147.0±3.0	145.7±3.8	146.6±5.2	152.0±9.9	144.0±9.2	147.1±5.0	3.57**
额最小宽	120.7±7.9	122.7±10.5	115.0±7.8	112.2±6.3	127.8±13.1	110.4±12.3	117.6±9.5	3.99**
面宽	126.9±8.4	133.5±6.0	124.9±9.8	119.8±4.9	140.6±10.0	123.9±2.4	126.7±9.0	4.75**
下颌角间宽	106.1±7.1	111.4±3.4	110.3±12.5	107.9±10.4	118.9±7.2	102.0±7.3	108.8±9.3	3.19**
眼内角间宽	36.5±2.8	33.9±1.4	34.1±4.3	35.7±3.3	36.2±4.3	33.7±5.0	35.0±3.4	0.84
眼外角间宽	95.9±7.2	87.7±8.2	98.9±9.3	101.2±11.7	87.9±4.1	99.2±2.2	96.1±9.3	0.08
鼻宽	33.8±4.9	31.7±2.4	34.8±3.4	34.4±2.0	36.7±2.1	40.3±3.6	34.5±3.9	3.12**
口宽	45.8±3.6	48.3±3.0	48.6±2.6	47.2±2.6	53.3±0.4	53.4±2.2	48.3±3.6	3.92**
容貌面高	181.6±5.7	178.0±7.9	180.3±9.2	181.7±10.9	180.3±8.2	174.4±10.2	180.0±8.2	3.17**
形态面高	112.3±6.0	112.6±6.7	112.0±7.8	110.5±6.8	127.6±3.1	113.1±6.2	112.9±7.3	5.38**
鼻高	48.4±5.5	50.2±5.1	47.3±6.6	46.1±3.2	55.5±3.5	48.9±6.6	48.4±5.6	3.25**
上唇皮肤部高	12.5±3.4	11.6±3.1	15.4±2.3	17.6±1.5	15.2±0.0	20.7±1.5	14.8±3.6	1.31
唇高	19.2±2.9	17.6±1.4	16.7±3.5	16.3±2.0	13.9±3.0	14.8±2.6	17.1±3.0	1.10
红唇厚度	8.0±1.2	7.3±0.8	7.8±1.7	7.4±1.3	7.4±0.9	7.0±1.0	7.6±1.3	1.55

续表

指标	不同年龄组（岁）的指标值（$\bar{x}\pm s$）/mm						合计/mm	u
	18～	30～	40～	50～	60～	70～85		
容貌耳长	56.5±3.4	58.5±4.0	59.1±4.5	62.0±3.5	64.4±6.7	66.6±6.5	59.7±5.0	3.90**
容貌耳宽	28.4±3.9	29.0±1.7	29.2±4.2	28.7±1.0	30.2±1.1	31.5±4.7	29.1±3.2	2.47*
耳上头高	123.6±6.0	126.8±6.3	123.8±8.4	119.7±10.5	123.0±1.4	121.2±3.8	123.3±7.3	4.49**

注：u 为性别间的 u 检验值。

*$P<0.05$，**$P<0.01$，差异具有统计学意义。

表 6-7-3 赫哲族男性体部指标

指标	不同年龄组（岁）的指标值（$\bar{x}\pm s$）						合计
	18～	30～	40～	50～	60～	70～85	
体重	66.2±15.5	65.1±14.0	78.2±13.5	67.9±16.5	73.9±20.1	62.0±9.8	69.7±15.9
身高	1689.4±70.6	1688.1±53.6	1664.6±20.4	1649.3±81.8	1612.6±71.1	1659.3±20.9	1664.1±65.4
髂前上棘点高	915.3±50.3	923.3±46.7	904.4±25.8	913.6±56.8	868.8±52.1	909.3±7.4	906.0±47.7
坐高	958.1±38.2	968.6±53.5	916.6±63.0	884.4±101.6	898.5±77.1	909.7±29.3	928.5±68.9
肱骨内外上髁间径	65.5±6.8	67.4±2.4	67.8±3.1	66.5±2.4	67.8±4.0	64.4±3.7	66.7±4.5
股骨内外上髁间径	92.4±7.1	93.5±2.4	95.6±6.2	93.5±6.7	97.3±4.4	100.1±8.6	94.5±6.0
肩宽	391.6±24.7	400.8±19.2	397.1±17.4	383.7±13.7	377.3±28.1	386.6±20.6	390.2±22.1
骨盆宽	263.7±29.4	277.2±12.2	293.6±13.9	283.6±20.0	294.2±29.5	297.2±8.7	281.0±25.5
平静胸围	876.6±89.1	902.2±104.5	986.2±77.9	934.3±91.6	981.1±93.8	901.1±51.1	928.8±96.5
腰围	808.5±97.6	842.4±116.4	970.5±129.9	926.1±126.8	948.9±125.5	875.1±32.7	888.8±127.9
臀围	935.2±94.2	932.6±70.3	999.7±79.0	933.1±104.3	979.5±103.8	941.7±64.6	954.7±90.3
大腿围	521.9±70.7	498.0±69.4	536.5±39.0	498.5±72.0	527.0±66.8	484.2±45.5	516.9±62.9
上肢全长	747.7±38.2	746.8±38.5	744.2±15.8	750.9±43.7	736.4±30.0	759.0±2.8	745.9±32.6
下肢全长	915.3±50.3	923.3±46.7	904.4±25.8	913.6±56.8	868.8±52.1	909.3±7.4	906.0±47.7

注：体重的单位为 kg，其余指标值的单位为 mm。

表 6-7-4 赫哲族女性体部指标

指标	不同年龄组（岁）的指标值（$\bar{x}\pm s$）						合计	u
	18～	30～	40～	50～	60～	70～85		
体重	59.7±15.6	51.5±8.5	66.6±9.9	64.8±11.7	60.8±1.4	53.9±17.7	60.7±12.7	2.89**
身高	1557.3±66.3	1551.5±63.4	1576.6±53.9	1536.8±42.1	1515.0±9.9	1519.2±23.2	1552.7±54.8	8.43**
髂前上棘点高	843.9±55.3	840.6±39.1	853.2±47.8	845.6±30.9	844.5±17.7	847.0±56.2	846.5±43.0	5.95**
坐高	887.6±58.8	902.1±45.7	872.3±42.5	847.3±53.2	846.9±62.2	839.6±54.5	872.8±51.8	4.21**
肱骨内外上髁间径	57.5±2.5	55.4±2.5	64.1±7.1	65.6±7.0	61.0±0.0	60.2±2.2	60.8±6.1	4.92**

续表

指标	不同年龄组（岁）的指标值（$\bar{x} \pm s$）						合计	u
	18～	30～	40～	50～	60～	70～85		
股骨内外上髁间径	84.9±3.6	81.7±7.1	88.5±5.6	85.0±6.0	85.0±2.8	83.2±5.2	85.3±5.5	7.22**
肩宽	349.1±18.0	340.0±15.6	359.7±13.6	360.3±19.5	350.8±13.9	340.8±27.4	351.8±18.0	8.17**
骨盆宽	279.9±25.4	272.8±14.9	297.4±22.7	300.7±34.0	284.8±1.1	290.2±34.5	288.2±25.6	1.26
平静胸围	896.2±105.4	841.4±39.5	971.5±76.3	974.8±100.8	938.3±36.4	913.4±200.9	924.9±102.6	0.18
腰围	864.8±118.1	789.1±55.7	904.4±106.2	922.3±112.2	929.0±27.6	939.0±121.5	882.5±107.6	0.24
臀围	936.5±98.0	891.4±61.9	975.2±47.0	1004.7±77.2	934.8±11.0	910.7±109.1	948.8±79.5	0.31
大腿围	522.4±45.2	501.8±53.5	550.8±30.7	515.6±31.4	502.4±11.1	453.7±31.0	518.9±45.2	0.17
上肢全长	668.4±40.0	669.8±29.6	685.8±42.5	680.0±33.7	689.5±29.0	703.5±38.1	679.5±36.6	8.59**
下肢全长	843.9±55.3	840.6±39.1	853.2±47.8	845.6±30.9	844.5±17.7	847.0±56.2	846.5±43.0	5.96**

注：u 为性别间的 u 检验值；体重的单位为 kg，其余指标值的单位为 mm。

**$P<0.01$，差异具有统计学意义。

表 6-7-5　赫哲族观察指标情况

指标	分型	男性		女性		合计		u
		人数	占比/%	人数	占比/%	人数	占比/%	
上眼睑皱褶	有	21	44.7	22	61.1	43	51.8	1.48
	无	26	55.3	14	38.9	40	48.2	1.48
内眦褶	有	24	51.1	19	52.8	43	51.8	0.15
	无	23	48.9	17	47.2	40	48.2	0.15
眼裂高度	狭窄	20	42.6	13	36.1	33	39.8	0.59
	中等	27	57.4	21	58.3	48	57.8	0.08
	较宽	0	0.0	2	5.6	2	2.4	1.64
眼裂倾斜度	内角高	21	44.7	15	41.7	36	43.4	0.27
	水平	23	48.9	21	58.3	44	53.0	0.85
	外角高	3	6.4	0	0.0	3	3.6	1.54
鼻背侧面观	凹型	7	14.9	13	36.1	20	24.1	2.24*
	直型	40	85.1	21	58.3	61	73.5	2.74**
	凸型	0	0.0	2	5.6	2	2.4	1.64
	波型	0	0.0	0	0.0	0	0.0	—
鼻基底方向	上翘	22	46.8	24	66.7	46	55.4	1.80
	水平	22	46.8	10	27.8	32	38.6	1.77
	下垂	3	6.4	2	5.6	5	6.0	0.16
鼻翼宽	狭窄	2	4.3	8	22.2	10	12.0	2.49*
	中等	27	57.4	18	50.0	45	54.2	0.67
	宽阔	18	38.3	10	27.8	28	33.7	1.00

指标	分型	男性		女性		合计		u
		人数	占比/%	人数	占比/%	人数	占比/%	
耳垂类型	三角形	20	42.6	13	36.1	33	39.8	0.59
	方形	5	10.6	6	16.7	11	13.3	0.80
	圆形	22	46.8	17	47.2	39	47.0	0.04
上唇皮肤部高	低	7	14.9	9	25.0	16	19.3	1.16
	中等	30	63.8	22	61.1	52	62.7	0.25
	高	10	21.3	5	13.9	15	18.1	0.87
红唇厚度	薄唇	32	68.1	23	63.9	55	66.3	0.40
	中唇	14	29.8	12	33.3	26	31.3	0.35
	厚唇	1	2.1	1	2.8	2	2.4	0.19
利手	左型	40	85.1	31	86.1	71	85.5	0.13
	右型	7	14.9	5	13.9	12	14.5	0.13
扣手	左型	24	51.1	18	50.0	42	50.6	0.10
	右型	23	48.9	18	50.0	41	49.4	0.10
卷舌	否	13	27.7	13	36.1	26	31.3	0.82
	是	34	72.3	23	63.9	57	68.7	0.82

注：u 为性别间率的 u 检验值。

*$P<0.05$，**$P<0.01$，差异具有统计学意义。

表 6-7-6　赫哲族男性头面部指数、体部指数和体脂率

指数	不同年龄组（岁）的指标值（$\bar{x}\pm s$）						合计
	18～	30～	40～	50～	60～	70～85	
头长宽指数	84.8±5.8	87.5±4.6	86.5±2.8	82.5±7.5	83.0±5.6	85.4±3.8	84.9±5.4
头长高指数	75.7±5.6	76.2±4.2	71.3±4.9	71.1±5.7	69.2±4.9	77.6±15.2	73.2±6.0
头宽高指数	89.4±6.2	87.2±4.5	82.5±5.4	86.5±7.5	83.8±9.9	90.6±13.8	86.4±7.3
形态面指数	87.1±3.9	89.6±7.1	89.4±3.3	92.8±9.8	90.8±8.8	93.3±6.7	89.6±6.5
鼻指数	73.3±6.8	73.6±12.7	68.1±6.0	74.5±9.8	69.5±7.9	65.1±6.5	71.5±8.4
口指数	38.3±7.7	30.2±4.7	31.3±3.5	27.1±8.6	30.1±5.5	20.2±12.0	31.9±7.8
身高坐高指数	56.8±2.8	57.4±2.1	55.1±4.0	53.6±5.3	55.7±3.1	54.8±1.1	55.8±3.5
身高体重指数	389.8±80.3	386.3±86.2	470.4±83.8	409.4±84.5	454.8±104.3	373.3±54.1	418.0±89.0
身高胸围指数	51.9±4.4	53.5±6.7	59.3±5.0	56.6±4.0	60.8±3.9	54.3±2.4	55.9±5.7
身高肩宽指数	23.2±0.8	23.7±1.0	23.9±1.2	23.3±0.9	23.4±0.8	23.3±1.0	23.4±0.9
身高骨盆宽指数	15.6±1.6	16.4±0.8	17.6±1.0	17.2±1.3	18.2±1.2	17.9±0.3	16.9±1.5
马氏躯干腿长指数	76.5±9.3	74.5±6.6	82.4±13.5	88.2±19.5	80.2±10.6	82.5±3.6	80.0±12.2
身高下肢长指数	54.2±1.4	54.7±1.3	54.3±1.5	55.4±1.2	53.9±1.5	54.8±1.1	54.4±1.4

续表

指数	不同年龄组（岁）的指标值（$\bar{x}\pm s$）						合计
	18～	30～	40～	50～	60～	70～85	
身体质量指数/（kg/m²）	23.0±4.3	22.9±5.4	28.3±5.2	24.7±4.4	28.0±5.3	22.5±3.0	25.1±5.1
身体肥胖指数	24.6±3.3	24.6±3.8	28.6±4.1	26.0±3.4	29.8±3.2	26.0±2.2	26.5±3.9
体脂率/%	17.4±6.2	17.9±7.8	26.9±5.3	25.7±4.9	29.1±6.0	24.8±0.4	22.8±7.5

表 6-7-7　赫哲族女性头面部指数、体部指数和体脂率

指数	不同年龄组（岁）的指标值（$\bar{x}\pm s$）						合计	u
	18～	30～	40～	50～	60～	70～85		
头长宽指数	88.3±3.8	89.5±2.5	85.5±5.0	82.2±3.3	88.0±6.6	83.4±7.5	86.3±4.8	1.19
头长高指数	73.1±3.8	77.3±4.5	72.5±4.6	67.0±5.3	71.2±1.5	70.1±2.0	72.3±5.1	0.78
头宽高指数	82.9±4.1	86.4±5.7	85.1±6.9	81.5±5.1	81.1±4.3	84.4±5.5	83.9±5.5	1.80
形态面指数	88.7±4.7	84.4±4.4	89.8±3.8	92.3±5.6	90.9±4.2	91.3±3.8	89.2±4.9	0.34
鼻指数	71.4±17.1	63.5±5.4	74.7±12.0	74.8±5.4	66.3±7.9	83.4±14.0	72.3±12.4	0.31
口指数	42.0±5.8	36.5±2.0	34.4±7.0	34.6±4.9	26.1±5.4	27.7±3.7	35.7±6.9	2.31*
身高坐高指数	57.0±3.0	58.2±2.3	55.3±2.3	55.2±3.8	55.9±3.7	55.3±4.0	56.2±3.0	0.60
身高体重指数	382.6±92.3	330.4±43.7	422.7±61.2	420.7±68.9	401.4±12.0	355.0±116.8	390.1±76.5	1.53
身高胸围指数	57.6±7.2	54.2±1.8	61.7±5.1	63.4±6.0	61.9±2.0	60.1±13.0	59.6±6.6	2.71**
身高肩宽指数	22.4±0.8	21.9±0.4	22.8±1.1	23.4±1.1	23.2±0.8	22.5±2.0	22.7±1.1	3.46**
身高骨盆宽指数	18.0±1.8	17.6±1.2	18.9±1.4	19.6±2.0	18.8±0.2	19.1±2.3	18.6±1.7	4.67**
马氏躯干腿长指数	75.9±9.4	72.2±6.7	81.0±7.5	82.0±13.3	79.3±12.0	81.5±13.0	78.4±9.7	0.67
身高下肢长指数	54.2±1.5	54.2±1.1	54.1±1.4	55.0±1.0	55.7±0.8	55.7±2.9	54.5±1.5	0.31
身体质量指数/（kg/m²）	24.6±5.7	21.2±2.2	26.8±3.9	27.3±4.1	26.5±1.0	23.4±7.7	25.1±4.8	0.01
身体肥胖指数	30.3±5.6	28.1±2.2	31.3±2.6	34.7±3.2	32.1±1.1	30.6±5.5	31.1±4.1	5.13**
体脂率/%	33.2±5.8	31.0±6.4	38.7±3.8	40.8±3.4	43.2±3.1	35.0±6.6	36.3±6.1	9.04**

注：u 为性别间的 u 检验值。

*$P<0.05$，**$P<0.01$，差异具有统计学意义。

（李　欣　温有锋）

第八节　珞　巴　族

一、珞巴族简介

2010 年第六次全国人口普查统计数据显示，我国珞巴族共有 3682 人（国务院人口普查办公室，国家统计局人口和就业统计司，2012）。珞巴族分布在中国、印度等国家，中国境内主要分布于西藏自治区东南部的珞瑜地区，以米林、墨脱、察隅、朗县、隆子等最为集中（杨圣敏，丁宏，2008）。珞巴族没有自己的文字，通用藏文，属汉藏语系藏缅语族。

米林位于西藏东部，地处北纬 28°39′～29°50′、东经 93°07′～95°12′，平均海拔 3700m，属高原温带半湿润性季风气候。墨脱位于西藏东南部，地处北纬 27°33′～29°55′、东经 93°45′～96°05′，平均海拔 1200m，属喜马拉雅山脉亚热带湿润气候区，四季如春，雨量充沛。

2016 年和 2019 年研究组在西藏自治区林芝市墨脱、米林开展了珞巴族人体表型数据采集工作。珞巴族被调查成年男性年龄 40.3 岁±12.1 岁，女性年龄 41.9 岁±14.4 岁。

二、珞巴族的表型数据（表 6-8-1～表 6-8-9）

表 6-8-1　珞巴族男性头面部指标　　　　（单位：mm）

指标	不同年龄组（岁）的指标值（$\bar{x}\pm s$）						合计
	18～	30～	40～	50～	60～	70～85	
头长	190.1±4.9	190.0±5.7	192.3±6.3	192.0±6.5	193.0±7.7	—	191.1±6.0
头宽	156.9±6.1	153.9±6.5	153.9±6.0	153.1±6.8	152.3±5.8	—	154.2±6.3
额最小宽	110.4±8.2	109.6±5.7	111.4±5.5	110.7±5.2	107.5±6.5	—	110.1±6.1
面宽	145.8±4.5	143.6±6.0	145.4±5.4	143.0±5.8	143.3±9.5	—	144.3±5.9
下颌角间宽	111.1±4.4	110.0±4.9	111.2±5.8	110.6±8.2	106.8±4.5	—	110.3±5.6
眼内角间宽	33.6±2.3	33.4±2.7	34.4±2.9	33.6±2.8	32.8±3.3	—	33.7±2.7
眼外角间宽	97.9±6.1	98.6±4.3	99.8±6.0	92.7±5.8	98.3±6.1	—	97.9±5.7
鼻宽	36.9±2.3	38.1±2.8	38.2±2.3	37.6±3.4	39.7±3.0	—	38.0±2.7
口宽	48.2±4.8	50.9±3.9	53.8±5.5	50.6±4.0	54.3±5.5	—	51.3±4.9
容貌面高	191.5±6.2	190.9±10.8	191.1±6.2	192.5±6.6	194.7±3.6	—	191.6±8.1
形态面高	122.8±4.9	121.5±7.9	123.1±7.7	122.8±5.9	124.8±2.6	—	122.5±6.8
鼻高	51.4±3.0	52.4±4.9	54.0±5.1	49.1±7.9	54.8±3.4	—	52.3±5.3
上唇皮肤部高	14.9±2.1	14.9±2.5	15.4±2.6	16.2±2.5	17.7±1.5	—	15.4±2.5
唇高	16.5±3.4	15.8±2.8	14.8±3.3	13.3±3.7	12.5±2.6	—	15.1±3.3
红唇厚度	7.5±1.0	7.8±1.2	7.3±3.9	5.7±1.9	—	—	7.1±2.1
容貌耳长	59.5±5.7	61.5±3.6	63.6±5.0	64.4±4.3	65.7±4.4	—	62.3±4.8
容貌耳宽	33.9±3.6	33.2±3.7	35.1±2.4	36.5±2.7	38.7±5.5	—	34.6±3.8
耳上头高	128.9±8.5	128.0±9.6	127.7±6.7	120.3±11.3	126.3±7.7	—	126.9±9.2

表 6-8-2　珞巴族女性头面部指标

指标	不同年龄组（岁）的指标值（$\bar{x}\pm s$）/mm						合计/mm	u
	18～	30～	40～	50～	60～	70～85		
头长	182.3±7.0	182.9±6.3	182.9±7.0	186.9±9.6	183.2±6.4	187.4±6.6	183.6±7.2	7.93**
头宽	151.8±5.0	149.1±4.9	148.5±5.7	151.4±4.2	146.1±5.1	150.4±5.7	149.7±5.3	5.31**
额最小宽	107.8±5.7	105.8±4.6	105.3±4.5	108.9±5.2	102.9±4.3	106.4±5.8	106.3±5.1	4.57**
面宽	139.1±5.7	135.4±5.4	135.9±4.8	137.6±6.2	134.7±5.5	135.1±6.3	136.5±5.6	9.39**
下颌角间宽	106.1±4.7	103.8±5.3	103.8±5.6	107.2±4.3	103.8±6.8	104.3±8.0	104.8±5.5	6.96**
眼内角间宽	33.7±2.9	32.9±2.9	32.1±2.8	33.8±3.2	31.8±3.1	33.3±1.7	32.9±2.9	1.79
眼外角间宽	96.2±5.9	94.2±5.0	93.3±5.2	93.9±7.6	90.0±7.3	87.1±6.0	93.6±6.2	4.98**
鼻宽	34.8±2.6	35.2±3.3	35.3±2.3	37.1±3.7	35.2±1.7	37.3±1.4	35.5±2.9	6.02**
口宽	46.0±4.8	47.9±4.0	48.0±4.5	48.2±5.5	47.4±5.3	47.4±3.9	47.5±4.6	5.43**
容貌面高	180.3±8.1	182.6±9.5	180.4±8.1	184.0±8.9	170.8±9.6	174.3±9.7	180.5±9.4	8.91**
形态面高	111.2±5.3	112.6±7.0	113.2±5.3	117.3±4.5	109.2±6.1	112.4±8.3	112.9±6.3	10.12**
鼻高	45.8±4.5	47.1±3.4	46.8±4.1	47.8±4.2	47.1±3.2	46.3±2.5	46.8±3.8	8.01**
上唇皮肤部高	12.4±2.3	12.6±2.0	13.5±2.1	15.8±2.3	14.4±5.1	16.3±1.9	13.5±2.7	5.00**
唇高	14.7±3.3	15.6±3.6	14.3±3.2	13.4±3.4	13.4±4.1	12.1±4.3	14.5±3.6	1.26
红唇厚度	6.8±1.7	7.7±2.4	7.6±2.3	6.2±2.7	3.8±2.2	5.5±2.3	6.9±2.5	0.63
容貌耳长	56.3±4.4	57.1±4.7	58.7±4.5	60.8±3.8	57.3±4.9	63.6±2.5	58.2±4.7	6.01**
容貌耳宽	29.8±3.1	31.2±3.3	31.1±3.2	32.2±2.7	32.3±3.9	32.4±4.2	31.2±3.3	6.58**
耳上头高	125.0±9.8	123.3±8.7	122.7±7.6	124.7±10.9	121.0±7.5	122.3±14.7	123.5±9.2	2.57*

注：u 为性别间的 u 检验值。

*$P<0.05$，**$P<0.01$，差异具有统计学意义。

表 6-8-3　珞巴族男性体部指标

指标	不同年龄组（岁）的指标值（$\bar{x}\pm s$）						合计
	18～	30～	40～	50～	60～	70～85	
体重	60.4±6.9	62.7±11.5	65.4±9.7	61.9±7.0	58.4±8.1	—	62.5±9.6
身高	1678.1±44.2	1648.3±53.9	1655.1±37.7	1632.5±51.6	1643.8±51.8	—	1652.6±49.1
髂前上棘点高	913.4±24.9	901.5±38.2	921.9±35.4	899.2±42.4	913.0±25.4	—	908.9±35.6
坐高	898.2±31.2	878.9±28.4	877.5±23.5	870.1±30.1	868.8±41.9	—	880.0±29.9
肱骨内外上髁间径	64.4±4.4	66.3±4.3	66.2±3.7	68.8±5.2	65.8±2.2	—	66.3±4.3
股骨内外上髁间径	90.9±5.4	91.6±5.1	91.0±4.0	95.8±6.7	88.8±3.9	—	91.7±5.3
肩宽	388.6±14.7	378.9±15.9	379.6±11.1	368.6±15.9	354.5±14.7	—	377.5±16.7
骨盆宽	277.8±15.1	271.1±17.0	278.9±16.5	280.2±17.6	275.7±24.7	—	275.8±17.3
平静胸围	858.2±47.3	907.6±75.9	926.3±63.1	902.6±58.5	889.0±40.9	—	900.9±66.5
腰围	745.0±74.0	841.7±94.9	934.5±90.6	839.4±72.5	—		837.8±98.6
臀围	905.6±43.9	918.1±69.5	929.1±58.4	947.7±53.4	900.5±41.5		921.2±59.3

续表

指标	不同年龄组（岁）的指标值（$\bar{x}\pm s$）						合计
	18～	30～	40～	50～	60～	70～85	
大腿围	480.1±28.1	487.3±48.6	492.9±41.5	490.7±37.7	460.7±24.0	—	485.7±40.8
上肢全长	746.7±20.9	726.1±28.9	735.6±36.5	732.3±34.4	728.7±34.2	—	733.0±30.9
下肢全长	875.5±21.4	866.7±34.8	887.5±33.6	867.4±40.3	879.7±24.2	—	874.2±33.0

注：体重的单位为 kg，其余指标值的单位为 mm。

表 6-8-4　珞巴族女性体部指标

指标	不同年龄组（岁）的指标值（$\bar{x}\pm s$）						合计	u
	18～	30～	40～	50～	60～	70～85		
体重	53.6±9.6	55.7±8.2	57.2±8.7	60.0±11.4	53.3±13.1	47.4±9.9	55.6±9.8	4.93**
身高	1525.4±60.4	1534.4±57.1	1537.5±53.8	1508.5±58.9	1487.2±76.8	1429.7±94.8	1520.2±65.7	16.27**
髂前上棘点高	850.3±45.0	857.2±37.4	854.6±28.7	840.7±39.6	835.7±44.7	796.7±60.0	847.9±41.4	11.09**
坐高	829.7±39.7	831.9±35.9	822.9±35.0	817.4±36.3	785.1±50.0	777.6±65.9	820.9±42.1	11.60**
肱骨内外上髁间径	57.3±4.3	59.5±4.3	60.7±3.9	60.6±6.1	62.0±4.4	62.1±5.5	59.8±4.7	9.89**
股骨内外上髁间径	82.5±6.8	83.6±5.6	85.9±4.9	87.9±6.9	87.8±7.1	84.0±7.0	84.8±6.3	8.34**
肩宽	345.8±14.9	342.3±17.6	337.2±11.7	344.0±22.1	329.1±18.6	325.0±21.2	340.1±17.6	15.11**
骨盆宽	267.6±16.5	264.9±21.1	269.6±18.8	269.6±17.4	277.8±13.4	284.7±15.5	269.2±18.8	2.52*
平静胸围	860.3±72.0	874.7±64.5	885.6±70.7	917.4±86.6	868.4±70.3	816.9±58.8	876.4±73.1	2.44*
腰围	779.7±100.2	799.4±96.0	850.8±104.0	898.6±89.5	818.7±150.1	765.8±62.6	821.5±106.1	0.85
臀围	913.0±68.1	931.3±57.2	944.3±71.7	951.5±68.0	913.1±93.2	869.4±64.6	928.5±69.1	0.79
大腿围	496.3±54.9	499.3±45.1	488.6±46.3	497.1±56.5	459.6±81.0	433.6±16.6	489.3±53.1	0.54
上肢全长	663.7±34.9	672.1±32.7	678.2±26.6	665.7±34.8	662.6±57.9	633.4±46.2	668.0±36.1	13.58**
下肢全长	824.0±41.5	830.7±33.9	827.2±26.3	816.0±36.5	812.3±41.6	776.0±56.9	822.1±38.0	10.26**

注：u 为性别间的 u 检验值；体重的单位为 kg，其余指标值的单位为 mm。

*$P<0.05$，**$P<0.01$，差异具有统计学意义。

表 6-8-5　珞巴族观察指标情况

指标	分型	男性		女性		合计		u
		人数	占比/%	人数	占比/%	人数	占比/%	
上眼睑皱褶	有	40	51.3	54	65.9	94	58.8	1.87
	无	38	48.7	28	34.1	66	41.2	1.87
内眦褶	有	27	34.6	33	40.2	60	37.5	0.74
	无	51	65.4	49	59.8	100	62.5	0.74
眼裂高度	狭窄	17	41.5	29	35.3	46	37.4	0.66
	中等	23	56.1	50	61.0	73	59.3	0.52
	较宽	1	2.4	3	3.7	4	3.3	0.36

续表

指标	分型	男性		女性		合计		u
		人数	占比/%	人数	占比/%	人数	占比/%	
眼裂倾斜度	内角高	0	0.0	0	0.0	0	0.0	
	水平	13	32.5	20	24.4	33	27.0	0.95
	外角高	27	67.5	62	75.6	89	73.0	0.95
鼻背侧面观	凹型	7	9.0	24	19.7	31	15.5	2.04*
	直型	58	74.3	87	71.3	145	72.5	0.47
	凸型	6	7.7	7	5.7	13	6.5	0.55
	波型	7	9.0	4	3.3	11	5.5	1.72
鼻基底方向	上翘	7	17.1	31	37.8	38	30.9	2.35*
	水平	27	65.8	47	57.3	74	60.2	0.91
	下垂	7	17.1	4	4.9	11	8.9	2.23*
鼻翼宽	狭窄	1	2.4	4	4.9	5	4.0	0.65
	中等	12	29.3	47	57.3	59	48.0	2.94**
	宽阔	28	68.3	31	37.8	59	48.0	3.19**
耳垂类型	三角形	32	41.0	56	46.3	88	44.2	0.73
	方形	11	14.1	15	12.4	26	13.1	0.35
	圆形	35	44.9	50	41.3	85	42.7	0.49
上唇皮肤部高	低	5	6.4	23	18.9	28	14.0	2.47*
	中等	70	89.7	98	80.3	168	84.0	1.77
	高	3	3.9	1	0.8	4	2.0	1.49
红唇厚度	薄唇	23	56.1	51	62.2	74	60.2	0.65
	中唇	17	41.5	25	30.5	42	34.1	1.21
	厚唇	1	2.4	6	7.3	7	5.7	1.10
利手	左型	1	2.4	1	1.2	2	1.6	0.50
	右型	40	97.6	81	98.8	121	98.4	0.50
扣手	左型	26	33.8	51	41.8	77	38.7	1.13
	右型	51	66.2	71	58.2	122	61.3	1.13
卷舌	否	18	23.1	43	35.2	61	30.5	1.82
	是	60	76.9	79	64.8	139	69.5	1.82

注：u 为性别间率的 u 检验值。

*$P<0.05$，**$P<0.01$，差异具有统计学意义。

表 6-8-6　珞巴族男性生理指标

指标	不同年龄组（岁）的指标值（$\bar{x} \pm s$）						合计
	18～	30～	40～	50～	60～	70～85	
收缩压/mmHg	120.2±11.9	122.6±14.4	132.0±14.6	140.7±19.9	—	—	128.9±17.6
舒张压/mmHg	84.0±6.4	77.9±12.5	87.7±10.8	90.8±10.1	—	—	83.6±11.8
心率/（次/分）	76.0±10.4	75.8±12.2	86.8±18.2	79.2±9.6	—	—	78.9±12.9

表 6-8-7 珞巴族女性生理指标

指标	不同年龄组（岁）的指标值（$\bar{x}\pm s$）						合计	u
	18～	30～	40～	50～	60～	70～85		
收缩压/mmHg	115.5±16.9	121.2±17.4	132.1±17.4	138.3±22.4	124.8±20.3	137.2±11.8	126.8±19.4	0.61
舒张压/mmHg	76.9±13.1	83.0±13.8	84.1±9.8	90.0±17.8	81.2±17.4	83.8±16.4	83.2±14.2	0.17
心率/（次/分）	77.1±10.9	78.8±9.9	74.1±10.9	74.3±12.7	78.3±14.5	80.3±12.9	76.9±11.2	0.84

注：u 为性别间的 u 检验值。

表 6-8-8 珞巴族男性头面部指数、体部指数和体脂率

指数	不同年龄组（岁）的指标值（$\bar{x}\pm s$）						合计
	18～	30～	40～	50～	60～	70～85	
头长宽指数	82.6±3.7	81.0±3.3	80.1±3.3	79.8±2.9	79.0±1.9	—	80.8±3.4
头长高指数	67.9±4.8	67.5±6.0	66.5±4.2	62.8±7.1	65.6±5.3	—	66.5±5.7
头宽高指数	82.3±6.0	83.3±7.2	83.0±4.8	78.7±8.6	83.0±5.7	—	82.4±6.7
形态面指数	84.3±4.1	84.7±5.7	84.8±6.4	86.0±5.4	87.4±6.0	—	85.0±5.5
鼻指数	72.0±5.1	73.2±8.4	71.3±8.3	78.3±12.6	72.6±7.6	—	73.2±8.6
口指数	34.5±7.9	31.3±6.6	27.9±7.6	26.6±8.6	23.0±4.5	—	29.8±7.8
身高坐高指数	53.5±0.9	53.3±1.5	53.0±1.7	53.3±1.2	52.8±1.2	—	53.3±1.4
身高体重指数	360.0±37.1	379.5±61.2	394.6±56.0	378.8±40.7	355.2±46.0	—	377.5±52.9
身高胸围指数	51.2±2.9	55.1±4.1	56.0±3.7	55.3±4.1	54.1±2.6	—	54.5±4.0
身高肩宽指数	23.2±1.0	23.0±1.0	22.9±0.7	22.6±0.9	21.6±1.2	—	22.9±1.0
身高骨盆宽指数	16.6±0.9	16.5±1.0	16.9±1.0	17.2±1.2	16.8±1.6	—	16.7±1.0
马氏躯干腿长指数	86.9±3.2	87.6±5.2	88.7±6.6	87.7±4.1	89.3±4.3	—	87.9±5.0
身高下肢长指数	52.2±1.4	52.6±1.8	53.6±1.7	53.1±1.4	53.5±1.5	—	52.9±1.7
身体质量指数/（kg/m²）	21.5±2.1	23.0±3.3	23.8±3.3	23.2±2.6	21.6±2.7	—	22.8±3.1
身体肥胖指数	23.7±2.1	25.4±3.1	25.6±2.6	27.5±2.8	24.8±2.8	—	25.4±2.9
体脂率/%	11.0±4.2	16.2±5.1	19.7±5.9	21.6±6.2	17.2±4.5	—	16.9±6.2

表 6-8-9 珞巴族女性头面部指数、体部指数和体脂率

指数	不同年龄组（岁）的指标值（$\bar{x}\pm s$）						合计	u
	18～	30～	40～	50～	60～	70～85		
头长宽指数	83.4±3.0	81.6±2.9	81.3±3.3	81.1±3.6	79.8±2.3	80.3±0.7	81.6±3.1	1.74
头长高指数	68.6±5.5	67.5±4.7	67.2±4.6	67.0±7.6	66.1±3.8	65.2±6.5	67.3±5.3	1.00
头宽高指数	82.4±6.6	82.8±5.8	82.7±5.4	82.4±7.3	82.8±3.6	81.2±8.1	82.5±6.0	0.16
形态面指数	80.0±3.8	83.2±4.7	83.4±4.2	85.3±3.5	81.3±6.3	83.2±4.0	82.8±4.6	2.98**
鼻指数	76.6±9.3	75.1±8.4	76.0±7.9	77.8±7.9	75.1±6.3	80.7±4.0	76.3±8.1	2.53*
口指数	32.3±8.0	32.9±8.6	30.2±8.6	28.1±7.4	28.4±8.5	25.8±9.6	30.8±8.5	0.84
身高坐高指数	54.4±1.6	54.2±1.3	53.5±1.4	54.2±1.9	52.8±1.4	54.3±2.1	54.0±1.6	3.49**

指数	不同年龄组（岁）的指标值（$\bar{x} \pm s$）						合计	u
	18～	30～	40～	50～	60～	70～85		
身高体重指数	350.7±59.2	362.5±47.5	371.6±53.3	397.1±68.7	356.0±71.7	329.9±53.7	364.7±57.8	1.62
身高胸围指数	56.4±4.8	57.0±4.1	57.6±4.7	60.8±5.5	58.4±3.9	57.2±2.8	57.7±4.6	5.10**
身高肩宽指数	22.7±0.9	22.3±0.9	21.9±0.7	22.8±1.3	22.1±1.0	22.8±1.8	22.4±1.0	3.18**
身高骨盆宽指数	17.6±1.1	17.3±1.3	17.5±1.1	17.9±1.1	18.7±0.9	20.0±1.1	17.7±1.3	6.21**
马氏躯干腿长指数	84.0±5.5	84.5±4.3	87.0±4.9	84.7±6.5	89.6±5.2	84.2±7.3	85.3±5.4	3.39**
身高下肢长指数	54.0±2.0	54.1±1.2	53.8±1.3	54.1±1.5	54.6±1.0	54.3±1.6	54.1±1.5	5.13**
身体质量指数/（kg/m²）	23.0±3.8	23.6±2.9	24.2±3.4	26.3±4.3	23.8±3.8	23.1±3.3	24.0±3.6	2.39*
身体肥胖指数	30.5±3.6	31.0±2.7	31.6±3.9	33.4±3.4	32.3±3.3	33.0±3.9	31.6±3.5	13.64**
体脂率/%	27.5±4.9	29.2±3.9	31.2±4.6	36.2±3.8	32.7±5.1	30.8±3.0	30.6±5.0	16.45**

注：u 为性别间的 u 检验值。

*$P<0.05$，**$P<0.01$，差异具有统计学意义。

（宇克莉　张兴华）

第九节　塔塔尔族

一、塔塔尔族简介

2010 年第六次全国人口普查统计数据显示，塔塔尔族人口为 3556 人（国务院人口普查办公室，国家统计局人口和就业统计司，2012），主要分布在新疆维吾尔自治区的伊宁、塔城、乌鲁木齐、阿勒泰等城市。民族语言为塔塔尔语，属阿尔泰语系突厥语西匈语支。

奇台县位于新疆维吾尔自治区东北部，地处东经 89°13′～91°22′、北纬 42°25′～45°29′，最高海拔 4014m，最低海拔 506m，属温带大陆性气候，年平均气温 5.5℃，年平均相对湿度 60%，年降雨量 269.4mm，全年无霜期 153d。

2018 年研究组在新疆奇台县开展了塔塔尔族人体表型数据采集工作，被调查塔塔尔族男性年龄 47.1 岁±13.1 岁，女性年龄 44.0 岁±14.1 岁。

二、塔塔尔族的表型数据（表 6-9-1～表 6-9-9）

表 6-9-1　塔塔尔族男性头面部指标　　　　　（单位：mm）

指标	不同年龄组（岁）的指标值（$\bar{x} \pm s$）						合计
	18～	30～	40～	50～	60～	70～85	
头长	185.0±15.2	176.9±14.1	188.9±11.8	191.0±18.1	189.7±7.0	188.0±2.6	187.8±14.1
头宽	156.0±16.7	157.5±7.0	165.4±12.3	162.9±13.4	156.7±7.9	156.0±10.5	161.1±12.6
额最小宽	96.9±13.6	97.7±10.9	104.5±13.2	102.0±10.1	99.1±14.0	105.8±15.9	101.4±12.5

续表

指标	不同年龄组（岁）的指标值（$\bar{x}\pm s$）						合计
	18～	30～	40～	50～	60～	70～85	
面宽	138.3±26.0	127.3±9.1	139.8±14.9	140.1±11.5	131.2±7.2	130.0±1.7	136.8±15.1
下颌角间宽	105.5±18.1	106.2±13.7	117.8±11.7	119.3±11.0	114.0±13.2	125.2±38.5	115.0±14.9
眼内角间宽	33.6±6.4	32.3±3.4	32.8±3.3	32.8±2.4	33.1±3.2	30.8±1.0	32.8±3.6
眼外角间宽	92.2±9.2	91.8±6.9	93.5±9.3	93.2±5.2	92.3±7.1	87.7±4.6	92.7±7.6
鼻宽	39.2±9.3	44.5±10.6	40.5±5.6	40.4±3.9	40.7±5.3	40.5±5.1	40.7±6.4
口宽	53.0±7.8	57.9±5.0	58.0±7.6	58.7±6.5	61.5±6.4	59.5±1.8	58.0±7.1
容貌面高	179.6±20.8	193.9±11.2	194.6±17.5	187.9±12.5	185.7±8.9	189.0±8.9	189.3±15.6
形态面高	118.5±21.1	132.9±13.4	131.4±10.3	133.3±9.8	133.0±10.8	129.8±5.7	130.4±13.1
鼻高	55.1±13.7	65.3±6.2	66.9±8.2	67.0±5.3	73.2±11.6	70.7±9.3	66.1±10.0
上唇皮肤部高	17.6±3.7	20.2±4.9	20.3±3.7	21.0±4.3	21.0±3.9	19.8±4.5	20.2±4.1
唇高	17.5±5.3	14.3±3.2	14.1±3.5	13.9±4.4	11.8±3.4	13.3±5.0	14.2±4.2
红唇厚度	20.0±9.5	10.0±0.0	11.8±3.9	13.0±6.3	10.8±2.9	16.7±11.5	13.1±6.3
容貌耳长	58.5±7.3	64.9±6.6	68.3±9.5	70.9±5.0	68.8±6.5	72.5±4.4	67.5±8.2
容貌耳宽	27.2±5.5	31.7±7.3	31.8±4.5	31.8±4.2	30.2±3.8	32.0±1.3	31.0±4.9
耳上头高	148.6±24.2	131.7±34.3	133.5±31.1	126.6±39.2	133.2±18.4	137.7±7.1	133.7±31.2

表 6-9-2 塔塔尔族女性头面部指标

指标	不同年龄组（岁）的指标值（$\bar{x}\pm s$）/mm						合计/mm	u
	18～	30～	40～	50～	60～	70～85		
头长	178.4±15.0	180.5±7.0	188.1±16.8	185.5±15.3	182.7±8.3	178.6±2.1	183.5±13.7	1.80
头宽	153.6±16.3	155.4±8.8	159.5±17.5	157.2±8.0	156.3±5.5	150.5±7.8	156.6±13.2	2.01*
额最小宽	101.2±25.0	96.1±12.7	94.7±12.2	104.8±18.5	93.9±11.7	88.6±12.2	97.3±16.1	1.61
面宽	133.5±11.2	135.1±12.1	139.3±18.6	130.0±5.9	126.5±8.3	132.0±1.4	134.4±13.7	0.98
下颌角间宽	107.4±21.1	113.8±16.4	114.0±15.3	114.0±19.4	115.0±23.8	102.0±14.1	112.4±17.7	0.91
眼内角间宽	34.0±3.6	33.6±2.8	33.5±4.2	33.3±2.6	33.3±2.7	37.5±2.1	33.7±3.4	1.50
眼外角间宽	93.0±5.9	89.1±5.5	87.9±8.0	91.8±5.7	86.2±9.6	92.8±3.2	89.6±7.1	2.47*
鼻宽	36.7±4.9	39.7±10.4	39.6±7.2	37.1±4.9	37.2±3.2	40.5±2.1	38.5±6.8	1.92
口宽	52.7±6.9	54.7±4.7	58.6±10.0	56.3±4.8	54.5±7.2	56.1±8.6	55.9±7.6	1.65
容貌面高	177.1±9.6	183.8±16.4	181.2±13.3	178.5±5.1	176.0±11.5	185.0±5.7	180.1±12.1	3.94**
形态面高	118.0±12.0	125.0±17.4	124.7±10.6	123.7±12.0	122.9±12.4	119.8±11.0	123.0±12.5	3.37**
鼻高	57.7±8.4	62.5±6.6	61.9±5.6	64.5±13.2	62.6±6.5	60.2±11.4	61.6±7.9	2.98**
上唇皮肤部高	18.7±3.9	19.9±4.8	18.8±4.1	20.8±3.0	20.8±4.6	19.0±2.8	19.5±4.0	1.01
唇高	14.5±5.0	12.4±3.1	14.2±3.1	11.7±3.6	11.5±1.4	11.1±2.8	13.1±3.5	1.69
红唇厚度	12.0±6.3	10.9±3.0	12.2±5.5	12.5±7.1	10.0±0.0	10.0±0.0	11.6±5.0	1.57

续表

指标	不同年龄组（岁）的指标值（$\bar{x}\pm s$）/mm						合计/mm	u
	18～	30～	40～	50～	60～	70～85		
容貌耳长	59.5 ±7.0	66.3 ±8.3	64.3 ±8.6	66.8 ±5.3	64.6 ±5.8	60.3 ±10.3	64.1 ±7.7	2.50*
容貌耳宽	26.9 ±4.8	27.0 ±4.7	29.4 ±5.8	27.4 ±5.7	28.0 ±4.1	28.8 ±5.3	28.0 ±5.1	3.47**
耳上头高	148.3 ±16.3	131.3 ±33.2	130.3 ±35.0	133.4 ±23.2	134.3 ±16.3	144.0 ±8.5	135.1 ±27.9	0.28

注：u 为性别间的 u 检验值。

*$P<0.05$，**$P<0.01$，差异具有统计学意义。

表 6-9-3　塔塔尔族男性体部指标

指标	不同年龄组（岁）的指标值（$\bar{x}\pm s$）						合计
	18～	30～	40～	50～	60～	70～85	
体重	70.3 ±11.7	78.3 ±16.4	84.7 ±13.6	82.3 ±11.8	81.2 ±13.8	68.3 ±12.0	80.4 ±13.8
身高	1689.5 ±58.2	1725.2 ±82.1	1704.7 ±86.9	1706.4 ±69.7	1686.2 ±78.0	1542.8 ±80.0	1697.0 ±81.1
髂前上棘点高	957.9 ±54.1	1015.4 ±53.6	987.9 ±84.6	985.0 ±49.0	996.4 ±60.2	918.5 ±44.5	984.6 ±66.2
坐高	874.0 ±55.5	904.9 ±35.4	904.8 ±50.3	885.2 ±37.7	876.9 ±31.1	793.2 ±51.6	887.7 ±48.3
肱骨内外上髁间径	43.2 ±11.9	61.3 ±3.5	55.9 ±11.0	57.8 ±11.6	59.1 ±7.1	43.7 ±18.1	55.2 ±11.8
股骨内外上髁间径	85.2 ±16.1	89.8 ±19.2	84.6 ±17.9	85.8 ±18.2	90.0 ±15.0	69.3 ±9.8	85.7 ±17.3
肩宽	389.6 ±28.1	390.7 ±25.0	398.3 ±20.2	399.8 ±19.3	401.0 ±23.4	372.7 ±37.2	396.2 ±22.8
骨盆宽	301.9 ±32.6	309.4 ±40.2	331.4 ±27.2	334.3 ±24.5	339.9 ±26.4	291.3 ±63.6	325.6 ±32.6
平静胸围	889.9 ±144.1	957.6 ±93.1	1011.6 ±90.2	993.9 ±119.6	1005.6 ±115.3	953.3 ±25.2	981.7 ±114.3
腰围	864.1 ±130.5	916.9 ±110.3	983.8 ±120.2	1002.2 ±97.2	993.1 ±119.1	1006.7 ±51.3	967.3 ±120.2
臀围	970.9 ±94.4	986.4 ±86.5	1028.4 ±76.4	1028.0 ±86.4	1029.9 ±98.7	989.1 ±80.9	1014.9 ±86.6
大腿围	529.4 ±107.7	500.9 ±64.1	513.5 ±61.1	582.1 ±151.8	499.2 ±56.4	427.0 ±93.2	527.6 ±104.6
上肢全长	734.8 ±48.7	733.0 ±63.0	754.7 ±41.1	762.1 ±40.9	774.1 ±55.4	701.3 ±61.6	752.5 ±48.8
下肢全长	918.7 ±49.9	973.2 ±48.1	947.9 ±80.0	946.3 ±46.4	958.9 ±53.3	891.8 ±40.2	945.7 ±61.7

注：体重的单位为 kg，其余指标值的单位为 mm。

表 6-9-4　塔塔尔族女性体部指标

指标	不同年龄组（岁）的指标值（$\bar{x}\pm s$）						合计	u
	18～	30～	40～	50～	60～	70～85		
体重	56.3 ±7.8	64.5 ±9.5	69.6 ±7.1	68.9 ±11.7	64.1 ±16.4	62.4 ±4.8	65.2 ±10.5	7.42**
身高	1601.4 ±41.4	1634.7 ±44.4	1623.6 ±61.3	1576.8 ±47.5	1579.3 ±68.6	1589.8 ±56.9	1608.9 ±55.7	7.65**
髂前上棘点高	972.4 ±41.8	915.8 ±91.3	950.4 ±45.5	950.5 ±36.0	930.2 ±57.1	947.3 ±18.0	945.1 ±57.5	3.79**
坐高	819.0 ±45.2	840.8 ±34.7	837.5 ±39.6	816.9 ±33.4	810.5 ±45.4	839.8 ±59.8	828.9 ±39.9	7.91**
肱骨内外上髁间径	41.9 ±12.2	47.3 ±13.8	48.1 ±9.1	54.7 ±6.9	51.5 ±10.1	47.3 ±3.2	48.1 ±10.8	3.57**
股骨内外上髁间径	89.4 ±17.8	89.5 ±15.5	87.7 ±16.3	81.1 ±16.0	85.2 ±16.5	89.3 ±20.9	87.2 ±16.0	0.35
肩宽	351.7 ±22.6	372.2 ±26.5	371.1 ±24.7	356.4 ±19.7	362.7 ±15.4	371.6 ±2.3	364.8 ±23.4	7.82**
骨盆宽	294.8 ±17.5	315.4 ±30.4	312.4 ±28.1	331.1 ±19.8	311.5 ±14.4	311.0 ±29.7	312.4 ±25.9	2.81**
平静胸围	860.2 ±71.4	892.2 ±95.7	957.4 ±91.2	967.5 ±62.8	900.2 ±121.6	900.8 ±43.5	919.9 ±93.6	3.52**

续表

指标	不同年龄组（岁）的指标值（$\bar{x} \pm s$）						合计	u
	18～	30～	40～	50～	60～	70～85		
腰围	804.0±118.4	854.8±113.7	907.0±102.7	956.9±64.4	919.5±126.8	896.0±217.8	886.0±115.8	4.00**
臀围	942.1±32.9	957.5±75.7	994.0±86.3	1027.8±80.4	970.2±105.5	1024.0±50.9	980.7±79.7	2.38*
大腿围	508.5±47.8	476.6±67.0	521.5±121.9	520.1±43.3	446.8±64.3	475.0±63.6	500.1±85.3	1.74
上肢全长	687.1±31.6	730.8±68.8	699.2±48.2	676.0±35.6	695.4±39.4	647.5±67.2	697.6±50.7	6.24**
下肢全长	942.4±41.8	882.2±91.0	917.6±43.0	921.7±35.6	900.2±54.0	917.3±18.0	913.7±56.9	3.15**

注：u 为性别间的 u 检验值；体重的单位为 kg，其余指标值的单位为 mm。

*$P<0.05$，**$P<0.01$，差异具有统计学意义。

表 6-9-5　塔塔尔族观察指标情况

指标	分型	男性		女性		合计		u
		人数	占比/%	人数	占比/%	人数	占比/%	
上眼睑皱褶	有	68	78.2	45	81.8	113	79.6	0.53
	无	19	21.8	10	18.2	29	20.4	0.53
内眦褶	有	11	12.6	5	9.1	16	11.3	0.65
	无	76	87.4	50	90.9	126	88.7	0.65
眼裂高度	狭窄	8	9.2	2	3.6	10	7.0	1.26
	中等	75	86.2	48	87.3	123	86.6	0.18
	较宽	4	4.6	5	9.1	9	6.3	1.07
眼裂倾斜度	内角高	56	64.4	28	50.9	84	59.2	1.59
	水平	29	33.3	26	47.3	55	38.7	1.66
	外角高	2	2.3	1	1.8	3	2.1	0.19
鼻背侧面观	凹型	2	2.3	2	3.6	4	2.8	0.47
	直型	64	73.6	44	80.0	108	76.1	0.88
	凸型	17	19.5	9	16.4	26	18.3	0.48
	波型	4	4.6	0	0.0	4	2.8	1.61
鼻基底方向	上翘	24	27.6	24	43.6	48	33.8	1.97*
	水平	32	36.8	25	45.5	57	40.1	1.03
	下垂	31	35.6	6	10.9	37	26.1	3.27**
鼻翼宽	狭窄	5	5.7	9	16.4	14	9.9	2.07*
	中等	2	2.3	4	7.3	6	4.2	1.44
	宽阔	80	92.0	42	76.4	122	85.9	2.60**
耳垂类型	三角形	8	9.2	4	7.3	12	8.5	0.40
	方形	21	24.1	8	14.5	29	20.4	1.38
	圆形	58	66.7	43	78.2	101	71.1	1.48
上唇皮肤部高	低	1	1.1	0	0.0	1	0.7	0.80
	中等	34	39.1	26	47.3	60	42.3	0.96
	高	52	59.8	29	52.7	81	57.0	0.83

续表

指标	分型	男性		女性		合计		u
		人数	占比/%	人数	占比/%	人数	占比/%	
红唇厚度	薄唇	68	78.2	49	89.1	117	82.4	1.67
	中唇	11	12.6	3	5.5	14	9.9	1.40
	厚唇	8	9.2	3	5.5	11	7.7	0.81
利手	左型	5	5.7	6	10.9	11	7.7	1.12
	右型	82	94.3	49	89.1	131	92.3	1.12
扣手	左型	44	50.6	21	38.2	65	45.8	1.44
	右型	43	49.4	34	61.8	77	54.2	1.44
卷舌	否	48	55.2	21	38.2	69	48.6	1.97*
	是	39	44.8	34	61.8	73	51.4	1.97*

注：u 为性别间率的 u 检验值。

*$P<0.05$，**$P<0.01$，差异具有统计学意义。

表 6-9-6　塔塔尔族男性生理指标

指标	不同年龄组（岁）的指标值（$\bar{x} \pm s$）						合计
	18～	30～	40～	50～	60～	70～85	
收缩压/mmHg	134.3 ±17.6	139.6 ±22.7	139.5 ±20.9	151.6 ±23.6	161.8 ±17.2	159.3 ±27.5	145.7 ±22.6
舒张压/mmHg	80.1 ±12.9	78.8 ±16.8	85.6 ±13.9	92.2 ±14.8	92.4 ±13.7	95.0 ±12.1	87.1 ±14.8
心率/（次/分）	76.7 ±8.8	78.7 ±13.6	78.5 ±9.5	78.2 ±9.7	69.3 ±12.8	69.3 ±5.9	76.6 ±10.6

表 6-9-7　塔塔尔族女性生理指标

指标	不同年龄组（岁）的指标值（$\bar{x} \pm s$）						合计	u
	18～	30～	40～	50～	60～	70～85		
收缩压/mmHg	125.6 ±13.8	121.0 ±15.5	129.1 ±20.0	137.0 ±22.0	162.8 ±30.2	150.0 ±42.4	132.4 ±23.2	3.36**
舒张压/mmHg	77.4 ±6.9	72.1 ±14.0	75.9 ±12.5	83.1 ±12.6	88.5 ±11.3	69.5 ±13.4	77.6 ±12.5	4.10**
心率/（次/分）	81.8 ±18.7	76.7 ±8.1	71.6 ±9.6	69.1 ±6.1	75.5 ±9.9	78.5 ±2.1	74.8 ±11.5	0.94

注：u 为性别间的 u 检验值。

**$P<0.01$，差异具有统计学意义。

表 6-9-8　塔塔尔族男性头面部指数、体部指数和体脂率

指数	不同年龄组（岁）的指标值（$\bar{x} \pm s$）						合计
	18～	30～	40～	50～	60～	70～85	
头长宽指数	88.0 ±3.5	95.1 ±15.6	91.8 ±5.1	90.1 ±13.3	86.2 ±6.6	86.5 ±5.6	90.2 ±9.5
头长高指数	94.6 ±22.6	89.2 ±33.7	81.7 ±19.6	76.7 ±24.2	81.2 ±13.0	84.5 ±5.0	83.0 ±22.3
头宽高指数	108.0 ±27.4	92.2 ±22.2	89.1 ±22.2	86.8 ±28.1	94.0 ±12.2	97.9 ±7.2	92.4 ±23.8
形态面指数	98.8 ±21.7	118.4 ±8.7	106.5 ±13.4	107.5 ±12.7	114.5 ±6.9	113.0 ±6.3	108.3 ±14.2
鼻指数	79.8 ±47.7	68.4 ±14.8	61.8 ±14.6	60.6 ±6.0	56.4 ±7.7	57.6 ±6.6	63.8 ±21.2

续表

指数	不同年龄组（岁）的指标值（$\bar{x}\pm s$）						合计
	18～	30～	40～	50～	60～	70～85	
口指数	32.8 ±7.8	24.5 ±4.5	24.5 ±6.4	23.7 ±7.3	19.2 ±4.7	22.3 ±7.9	24.6 ±7.3
身高坐高指数	51.7 ±2.8	52.5 ±0.9	53.1 ±2.2	51.9 ±1.6	52.1 ±1.9	51.4 ±0.8	52.3 ±2.0
身高体重指数	415.9 ±66.1	452.0 ±78.7	495.3 ±65.3	481.3 ±58.4	481.7 ±77.6	440.8 ±56.0	472.4 ±70.1
身高胸围指数	52.6 ±8.0	55.6 ±5.7	59.4 ±5.0	58.3 ±6.8	59.8 ±7.2	61.8 ±1.6	57.9 ±6.6
身高肩宽指数	23.0 ±1.2	22.7 ±1.1	23.4 ±1.3	23.4 ±1.0	23.8 ±1.4	24.1 ±1.2	23.4 ±1.2
身高骨盆宽指数	17.8 ±1.6	17.9 ±1.8	19.4 ±1.3	19.6 ±1.6	20.2 ±1.4	18.8 ±3.4	19.2 ±1.7
马氏躯干腿长指数	93.8 ±10.9	90.6 ±3.3	88.6 ±7.8	92.9 ±6.1	92.3 ±7.1	94.6 ±3.2	91.4 ±7.5
身高下肢长指数	54.4 ±2.1	56.4 ±1.5	55.6 ±4.2	55.5 ±2.7	56.9 ±1.8	57.8 ±0.9	55.8 ±3.0
身体质量指数/（kg/m²）	24.6 ±3.9	26.1 ±3.9	29.0 ±3.4	28.2 ±3.2	28.6 ±4.7	28.5 ±2.2	27.8 ±3.9
身体肥胖指数	26.3 ±4.3	25.5 ±2.7	28.3 ±3.9	28.2 ±4.2	29.2 ±5.7	33.6 ±3.3	28.0 ±4.4
体脂率/%	21.3 ±4.0	23.6 ±3.2	28.7 ±2.9	32.0 ±2.8	30.3 ±3.4	32.2 ±2.6	28.4 ±4.9

表 6-9-9　塔塔尔族女性头面部指数、体部指数和体脂率

指数	不同年龄组（岁）的指标值（$\bar{x}\pm s$）						合计	u
	18～	30～	40～	50～	60～	70～85		
头长宽指数	90.3 ±4.7	90.3 ±5.2	88.6 ±5.9	89.0 ±6.0	89.8 ±4.2	88.3 ±6.2	89.4 ±5.2	0.65
头长高指数	97.3 ±13.5	84.1 ±20.3	79.6 ±20.6	83.5 ±15.7	85.4 ±11.8	93.8 ±4.3	85.5 ±18.1	0.73
头宽高指数	107.9 ±14.8	93.6 ±24.2	90.2 ±24.2	94.1 ±17.7	95.4 ±14.8	106.6 ±12.4	95.8 ±20.9	0.89
形态面指数	100.1 ±11.5	104.6 ±14.9	101.7 ±12.2	107.9 ±12.9	110.7 ±12.7	102.3 ±8.1	103.9 ±12.6	1.93
鼻指数	63.9 ±6.1	63.6 ±14.0	64.1 ±9.2	58.5 ±8.4	59.7 ±4.8	68.2 ±9.4	62.8 ±9.4	0.38
口指数	27.9 ±10.7	22.9 ±6.0	24.8 ±6.5	20.7 ±6.8	21.5 ±4.7	20.3 ±8.0	23.9 ±7.4	0.55
身高坐高指数	51.1 ±2.4	51.5 ±2.2	51.6 ±1.6	51.8 ±2.1	51.3 ±1.9	52.8 ±1.9	51.5 ±1.9	2.39*
身高体重指数	350.9 ±44.0	394.5 ±57.7	428.9 ±40.8	437.2 ±73.3	404.9 ±97.9	393.3 ±44.3	405.1 ±63.2	5.92**
身高胸围指数	53.7 ±3.7	54.7 ±6.4	59.1 ±6.1	61.4 ±4.4	57.1 ±8.5	56.7 ±4.8	57.2 ±6.2	0.64
身高肩宽指数	22.0 ±1.1	22.8 ±1.7	22.9 ±1.1	22.6 ±1.3	23.0 ±1.1	23.4 ±1.0	22.7 ±1.3	3.22**
身高骨盆宽指数	18.4 ±0.8	19.3 ±1.8	19.3 ±1.8	21.0 ±1.6	19.7 ±1.1	19.6 ±2.6	19.4 ±1.7	0.68
马氏躯干腿长指数	95.9 ±9.6	94.7 ±8.9	94.0 ±5.9	93.2 ±8.0	95.1 ±7.5	89.6 ±6.7	94.3 ±7.5	2.24*
身高下肢长指数	58.9 ±2.3	54.0 ±5.8	56.5 ±2.0	58.5 ±2.2	57.0 ±2.3	57.8 ±0.9	56.8 ±3.5	1.75
身体质量指数/（kg/m²）	21.9 ±2.6	24.2 ±3.6	26.4 ±2.7	27.8 ±4.8	25.6 ±6.0	24.8 ±3.7	25.2 ±4.0	3.81**
身体肥胖指数	28.5 ±1.0	27.9 ±4.3	30.2 ±5.6	34.0 ±5.2	31.1 ±7.0	33.2 ±5.3	30.2 ±5.1	2.64**
体脂率/%	32.1 ±2.0	32.1 ±2.1	35.2 ±1.8	37.9 ±3.9	38.6 ±3.8	38.5 ±1.8	34.9 ±3.5	9.20**

注：u 为性别间的 u 检验值。

*$P<0.05$，**$P<0.01$，差异具有统计学意义。

（于　婷　温有锋）

参 考 文 献

安守春，张效娟，马福兰，等，2018. 东乡族研究现状概述[J]. 青海师范大学学报（哲学社会科学版），40（3）：48-52.

国家卫生计生委计划生育基层指导司，中国人口与发展研究中心，2017. 人口与计划生育常用数据手册（2016）[M]. 北京：中国人口出版社.

国务院人口普查办公室，国家统计局人口和就业统计司，2012. 中国 2010 年人口普查资料[M]. 北京：中国统计出版社.

金力，褚嘉祐，2006. 中华民族遗传多样性研究[M]. 上海：上海科学技术出版社.

李绍明，冯敏，1993. 彝族[M]. 北京：民族出版社.

李咏兰，宇克莉，陆舜华，等，2014. 中国南方汉族群体的头面部特征[J]. 人类学学报，33（1）：101-108.

李泽然，朱志民，刘镜净，2012. 中华民族全书：中国哈尼族[M]. 银川：宁夏人民出版社.

李紫君，魏偏偏，孙畅，等，2020. 汉族鼻部观察类形态特征的地区性差异[J]. 解剖学报，51（4）：605-612.

刘武，杨茂有，王野城，1991. 现代中国人颅骨测量特征及其地区性差异的初步研究[J]. 人类学学报，（2）：96-106.

刘孝瑜，1989. 土家族[M]. 北京：民族出版社.

龙珠多杰，2006. 藏族[J]. 西藏人文地理，（6）：36-47+4.

努尔巴哈提·吐尔逊，2016. 中国哈萨克族跨国移民研究——以哈萨克斯坦为例[J]. 西北民族研究，（1）：84-98.

普忠良，2012. 中国彝族[M]. 银川：宁夏人民出版社.

宋蜀华，陈克进，2001. 中国民族概论[M]. 北京：中央民族大学出版社.

田喜凤，2016. 奇台县气候资源变化分析[J]. 新疆农垦科技，39（10）：59-61.

王雪晨，2010. 布朗族[M]. 长春：吉林出版集团有限责任公司.

徐杰舜，李辉，2014. 岭南民族源流史[M]. 昆明：云南人民出版社：85-324.

徐杰舜，李辉，2017. 分子人类学的视野：广西世居民族源流新论[J]. 广西师范学院学报（哲学社会科学版），38（4）：29-36.

杨圣敏，丁宏，2008. 中国民族志（修订本）[M]. 北京：中央民族大学出版社.

杨筑慧，2003. 壮侗语族民族//杨圣敏，丁宏. 中国民族志[M]. 北京：中央民族大学出版社：298-309.

殷杏，魏偏偏，孙畅，等，2020. 个体数据分析揭示汉族头面部测量特征的南北差异[J]. 解剖学杂志，43（4）：313-321.

尤伟琼，2012. 云南民族识别研究[D]. 云南大学.

宇克莉，郑连斌，李咏兰，等，2016. 中国北方、南方汉族头面部形态学特征的差异[J]. 人类学学报，47（3）：404-408.

袁志刚，姚永刚，马志雄，等，2001. 广西壮族人群线粒体 DNA 序列遗传多态性分析[J]. 遗传学报，28（2）：95-102.

张海国，2011. 肤纹学之经典和活力[M]. 北京：知识产权出版社.

张山，2015. 中国民族百科全书：第 8 卷[M]. 西安：世界图书出版西安有限公司.

张振标，1988. 现代中国人体质特征及其类型的分析[J]. 人类学学报，7（4）：314-323.

Nothnagel M，Fang G，Guo F，et al.，2017. Revisiting the male genetic landscape of China：a multi-center study of almost 38, 000 Y-STR haplotypes[J]. Human Genetics，136（5）：485-497.

Wen B，Li H，Lu D，et al.，2004. Genetic evidence supports demic diffusion of Han culture[J]. Nature，431（7006）：302-305.

Xu S，Yin X，Li S，et al.，2009. Genomic dissection of population substructure of Han Chinese and its implication in association studies[J]. Am J Hum Genet，85（6）：762-774.

Yan S，Wang CC，Zheng HX，et al.，2014. Y chromosomes of 40% Chinese descend from three neolithic super-grandfathers[J]. PLoS One，9（8）：1-5.

Zhang HG，Chen YF，Ding M，et al.，2010. Dermatoglyphics from all Chinese ethnic groups reveal geographic patterning[J]. PLoS One，5（1）：e8783.

附录　体质表型调查各个民族的样本量

民族	男性年龄组（岁）						合计	女性年龄组（岁）						合计
	18～	30～	40～	50～	60～	70～85		18～	30～	40～	50～	60～	70～85	
中原汉族	86	64	86	97	58	2	393	161	80	147	169	70	2	629
华东汉族	24	37	82	93	129	0	365	33	64	155	228	115	3	598
华南汉族	7	35	88	153	115	33	431	14	47	122	234	151	18	586
南宁壮族	0	9	22	28	45	23	127	2	31	65	119	103	33	353
百色壮族	7	42	44	55	36	24	208	14	48	69	69	33	39	272
河池壮族	2	33	75	112	103	2	327	5	41	118	151	148	4	467
回族	15	39	85	145	94	106	484	24	59	172	225	140	3	623
满族	115	5	15	68	145	108	456	129	24	81	226	319	144	923
维吾尔族	277	87	89	36	28	8	525	748	95	75	32	19	4	974
苗族	26	24	73	77	62	5	267	28	62	109	103	66	2	370
彝族	70	66	78	79	48	26	367	71	98	114	108	76	13	480
土家族	78	116	193	208	236	81	912	114	197	250	254	215	66	1096
西藏藏族	29	64	60	68	31	14	266	40	60	48	63	27	10	248
云南藏族	41	39	47	57	43	24	251	25	53	71	102	60	29	340
蒙古族	8	23	57	88	72	5	253	14	52	109	170	114	13	472
侗族	32	47	95	128	161	117	580	46	75	208	276	264	136	1005
布依族	33	56	131	152	134	96	602	34	78	147	186	196	139	780
瑶族	22	39	73	119	148	133	534	21	61	109	159	158	153	661
白族	9	21	60	77	70	39	276	13	40	125	143	111	86	518
哈尼族	5	37	36	45	55	21	199	9	47	73	73	76	49	327
黎族	64	60	62	60	37	25	308	60	60	62	60	43	14	299
哈萨克族	56	78	113	89	47	27	410	69	99	167	115	52	10	512
傣族	44	53	57	92	85	32	363	46	66	103	182	103	64	564
畲族	22	36	52	63	80	40	293	19	24	46	56	54	26	225
傈僳族	38	65	111	91	51	24	380	54	71	113	109	76	41	464
东乡族	32	91	106	113	81	65	488	52	116	177	181	101	69	696
仡佬族	25	26	53	32	54	38	228	24	16	44	59	54	63	260
拉祜族	30	67	86	84	34	18	319	42	67	94	96	45	22	366
佤族	106	154	130	66	38	5	499	81	126	131	107	51	14	510
水族	31	86	141	107	88	68	521	58	104	133	97	103	58	553

民族	男性年龄组（岁）						合计	女性年龄组（岁）						合计
	18～	30～	40～	50～	60～	70～85		18～	30～	40～	50～	60～	70～85	
纳西族	27	20	71	88	42	42	290	35	35	84	112	69	63	398
羌族	62	69	75	68	101	41	416	65	65	91	106	78	36	441
土族	12	26	49	81	82	40	290	17	35	59	88	70	28	297
仫佬族	3	6	15	53	120	101	298	7	17	52	112	128	86	402
锡伯族	14	36	76	75	66	22	289	25	29	75	88	72	10	299
辽宁锡伯族	4	8	16	19	31	8	86	5	10	10	25	24	4	78
南疆柯尔克孜族	118	100	115	74	36	11	454	195	189	167	65	18	2	636
北疆柯尔克孜族	17	31	20	23	20	6	117	8	22	24	28	24	4	110
景颇族	16	57	62	62	26	10	233	31	46	107	118	59	31	392
内蒙古达斡尔族	40	14	16	23	15	1	109	13	17	36	43	30	4	143
新疆达斡尔族	11	9	37	55	34	7	153	13	8	39	39	28	12	139
撒拉族	23	39	46	66	62	49	285	17	30	49	47	66	35	244
布朗族	44	77	79	50	43	25	298	64	94	125	100	57	34	474
毛南族	0	10	22	58	82	76	248	10	20	56	83	110	80	359
塔吉克族	21	26	36	17	12	1	113	30	55	48	19	5	1	158
普米族	34	38	64	48	27	13	224	24	46	81	65	40	33	289
阿昌族	26	57	49	49	35	8	224	37	69	78	112	78	13	387
怒族	24	26	28	35	15	12	140	23	26	37	39	9	0	134
鄂温克族	50	39	49	22	5	2	167	22	17	41	21	12	2	115
京族	7	19	31	65	95	0	217	17	61	87	115	140	0	420
基诺族	26	69	74	66	50	39	324	31	79	116	107	52	29	414
德昂族	19	65	44	49	34	17	228	49	90	74	89	50	30	382
保安族	7	8	20	38	24	12	109	4	11	25	18	27	8	93
俄罗斯族	4	22	54	84	47	24	235	2	22	38	76	41	36	215
裕固族	3	10	28	22	29	6	98	5	9	16	33	26	5	94
乌孜别克族	26	34	35	25	20	11	151	19	13	9	13	13	6	73
门巴族	39	30	28	43	12	4	156	39	54	63	47	20	7	230
鄂伦春族	16	14	13	7	3	0	53	35	27	32	14	8	4	120
独龙族	59	56	33	22	18	3	191	64	51	36	17	14	3	185
赫哲族	14	7	9	7	8	2	47	9	6	10	6	2	3	36
珞巴族	14	29	18	11	6	0	78	24	38	27	17	9	7	122
塔塔尔族	12	9	28	23	12	3	87	10	11	18	8	6	2	55
合计	2126	2659	3740	4110	3620	1805	18040	2999	3363	5247	6022	4530	1943	24105